综合风险防范关键技术研究与示范丛书

综合风险防范

全球变化与环境风险关系及其适应性范式

史培军　孙建奇　李　宁

汤秋鸿　龚道溢　王静爱　等　著

杨赛霓　汪　明　于德永

科学出版社

北　京

内 容 简 介

本书紧紧围绕全球环境风险防范中的三个关键科学问题开展研究工作，即如何从狭义环境风险的"剂量—响应"理论，发展为广义环境风险的"渐变—累积—突变"理论框架，并进而诊断全球变化对环境风险的影响途径？如何从"单灾种和多灾种"风险评估模型，发展为可以表征"灾害链"特征的综合环境风险评估模型，进而解决综合环境风险评估中量化、模拟与预估的问题？如何评价中国环境风险的特点及其在全球环境风险水平中的位置，进而解决以制度设计为核心的综合环境风险防御的范式问题？本书发展了环境风险的"渐变—累积—突变"理论和方法，阐明了全球变化与环境风险的关系，建立了综合环境风险评估模型，评估了中国环境风险在全球尺度所处的位置，揭示了中国与世界环境风险的区域分异规律，建立了社会-生态系统综合环境风险防范的凝聚力模式，提出了中国与全球综合环境风险防御的适应性范式。

本书可供全球变化科学、灾害风险科学、可持续性科学、地理学、大气科学、生态学、经济学、管理学和资源与环境领域的管理工作者、科研和工程技术人员等参考，也可作为高等院校相关专业本科生和研究生的参考教材。

图书在版编目（CIP）数据

综合风险防范：全球变化与环境风险关系及其适应性范式/史培军等著. —北京：科学出版社，2016.12

（综合风险防范关键技术研究与示范丛书）

ISBN 978-7-03-051786-9

Ⅰ.①综⋯　Ⅱ.①史⋯　Ⅲ. ①全球环境–风险管理–研究　Ⅳ.①X4

中国版本图书馆 CIP 数据核字(2017)第 028857 号

责任编辑：杨帅英　张力群 / 责任校对：张小霞　何艳萍
责任印制：肖　兴 / 封面设计：图阅社

科 学 出 版 社 出版

北京东黄城根北街 16 号
邮政编码：100717
http://www.sciencep.com

北京新华印刷有限公司 印刷

科学出版社发行　各地新华书店经销

*

2016 年 12 月第 一 版　　开本：787×1092 1/16
2016 年 12 月第一次印刷　　印张：32 3/4
字数：760 000

定价：268.00 元

(如有印装质量问题，我社负责调换)

前　　言

　　19 世纪初世界人口才达到 10 亿，然而仅经过 100 多年就达到了 20 亿。自那之后，世界人口增加 10 亿的时间间隔变得更短，从 60 亿增加到 2011 年的 70 亿仅用 12 年。据联合国预测，到 21 世纪末世界人口将突破 100 亿。目前全球已经进入"人类世"时代，全球环境变化的速度和强度是历史罕见的，当前人类生存环境的恶化也达到了前所未有的程度，大范围水、土、气的污染，生物多样性的减少，土地退化，淡水资源严重短缺，自然灾害频发等已成为人类社会可持续发展的重大障碍。

　　全球变化是指由自然和人文因素引起的地球系统功能的全球尺度的变化，其科学基础是地球系统科学，涉及数十年到百年或更长的时间尺度，气候变化和土地利用/覆盖变化是人类活动引起全球变化的突出表现。目前全球变暖的幅度、极端气候事件出现的频率及强度、全球环境风险都远远超出过去 100 年。应对以气候变化为主的全球变化已成为人类社会发展的头号大事。

　　1972 年，在斯德哥尔摩联合国人类环境研讨会上，国际社会正式提出可持续发展的理念(sustainable development)，即既满足当代人的需求，又不损害后代人满足其需求的发展。如今，可持续发展的理念已经得到广泛认同，并成为当前世界各国政府、科学家、社会各界积极努力探索、解决人类社会未来发展所面临一系列重大问题的有效途径。自然和人为因素共同引发的全球环境变化给社会—生态系统带来的环境风险防范，已是全球各界、特别是学术界非常关注并期待有重大突破的关键科技问题之一。自 20 世纪 80 年代，全球变化作为一个重大科学与社会问题出现以来，至今已超越科技领域，成为影响当今世界发展的重大政治、经济、社会、文化和外交问题。系统和深入地开展全球变化与环境风险关系的研究，为全球应对气候变化，为中国在国际气候变化谈判中维护公平和正义，全面参与联合国国际减轻灾害风险行动，最大限度地保障包括中国在内的发展中国家的权益提供科学依据，有着重大的理论与实践意义。

　　联合国教科文组织（UNESCO）、联合国环境规划署（UNEP）、联合国大学（UNU）、Belmont 论坛和国际全球变化研究资助机构（IGFA）等共同牵头组织，国际科学理事会（ICSU）、国际社会科学理事会（ISSC）实施了为期十年的"未来地球计划（future earth）（2014～2023）"。这一国际计划不仅整合和吸纳了 IGBP、IHDP、WCRP 和 DIVERSITAS 四个全球环境变化国际计划项目的项目，还新增加了一系列跨学科开展全球变化研究的重要国际网络平台。未来地球计划主要包括三个科学研究领域。一是动态星球；二是全球可持续发展；三是面向可持续发展转型。这一核心国际计划的要点是一方面要研究人类活动对地球系统的影响；另一方面要联合各种利益攸关方寻找人类适应全球变化，促进全球可持续发展的行动方案。

　　"未来地球计划"的提出，以及中国环境风险日益加剧，迫切需要中国科学家立足于自主科技创新，产出高水平、可靠性强的环境风险定量评估的研究成果，以满足世界和中国发展规划的需要。在中国 IHDP 国家委员会的领导下，由北京师范大学牵头，在 IHDP 框架下于 2010 年成功实施了国际综合风险防范科学计划（integrated risk governance，IRG/IHDP）。该计划第一个 5 年目标于 2014 年顺利完成后，于 2015 年成功入选"未来地球计划"的核心科学计划（integrated risk governance，IRG/ future earth），并开始了为其 10 年（2015～2024）的研究。中国与世界环境风险领域的科学家在综合风险防范领域上做出了积极的贡献，在国际全球变化研究领域争得了一席之地。

北京师范大学自然灾害风险研究团队依托地表过程与资源生态国家重点实验室、环境演变与自然灾害教育部重点实验室，联合中国科学院大气物理研究所、中国科学院地理科学与资源研究所、中国科学院寒区旱区环境与工程研究所、民政部国家减灾中心等国内灾害风险研究优势团队，得到了国家重大"全球变化"科学研究计划项目"全球变化与环境风险关系及其适应性范式研究(执行期限：2012～2016 年，批准号：2012CB955400)"的资助，开展了一系列相关研究工作，并进行了广泛的国内外学术交流，得到了良好反响，一些研究成果已经被国家和部分国际组织采用，成为制定全球气候变化应对、可持续发展战略和中国参与国际减轻灾害风险战略行动的重要依据。本书作为"十二五"国家重点图书出版规划项目，不仅系统总结了"全球变化与环境风险关系及其适应性范式研究"项目取得的成果，还就进一步开展全球变化风险研究，提出了有重要价值的建议，对我国当前正在组织开展的"全球变化与应对"国家重点科技专项也有一定的参考价值。

本书各章负责完成人员依次为：第 1 章史培军、于德永；第 2 章孙建奇、龚道溢；第 3 章李宁、杨赛霓、于德永；第 4 章汤秋鸿、王静爱；第 5 章史培军、汪明。全书由"全球变化与环境风险关系及其适应性范式研究"项目首席科学家史培军审定，项目办主任于德永负责全书的组织撰写和出版工作。

本书的部分相关研究成果已在国内外刊物上先行发表，在本书中作了系统的重新组织与总结，并增加了大量未发表的最新研究成果。

在此，我们对给予"全球变化与环境风险关系及其适应性范式研究"项目大力支持和指导的科技部"全球变化科学计划"专家委员会全体委员，科技部基础研究管理中心及其重大科学研究计划处、教育部科技司基础处、中国科学院大气物理研究所、中国科学院地理科学与资源研究所、中国科学院寒区旱区环境与工程研究所、民政部国家减灾中心、北京师范大学、北京师范大学地表过程与资源生态国家重点实验室、环境演变与自然灾害教育部重点实验室领导及负责科技项目管理的领导表示衷心感谢!对在该项目实施过程中提出中肯建议和意见的秦大河院士、丑纪范院士、刘燕华研究员、许小峰研究员、葛全胜研究员、林海研究员、吴绍洪研究员、邸永祺研究员、董文杰教授，对组织该项目申报过程中提出建设性意见的徐冠华院士、傅伯杰院士、宋长青研究员、高尚玉教授等专家和学者表示诚挚的感谢!

由于作者水平所限，书中难免存在不妥之处，欢迎广大读者批评指正。

北京师范大学地表过程与资源生态国家重点实验室
北京师范大学环境演变与自然灾害教育部重点实验室
北京师范大学民政部/教育部减灾与应急管理研究院
2016 年 5 月 8 日

目　　录

第1章 全球变化与环境风险关系及其适应性范式研究

全球变化与环境风险关系及其适应性范式研究于 2011 年被列为中国国家"全球变化"重大研究专项计划项目，2012 年开始实施。在我们准备申请这一国家招标项目时，国内外对全球变化与环境风险关系及其适应性范式研究，也刚刚起步，可资学习的文献不多。在这一背景下，我们认识到的全球变化与环境风险关系及其适应性范式研究的内容也非常有限。

在本章，我们对全球变化与环境风险研究的新进展作了简要评述，并对相关研究要点加以学习与认识。同时就我们申请"全球变化与环境风险关系及其适应性范式研究"项目时，对这一研究论题的认识作一阐述，为了作对比，基本保留了 2011 年的综述和论证内容。然后，就本项目取得的主要成果和进展，在第 2~4 章的基础上，针对该项目需回答的关键科学问题，作概要介绍。最后就未来全球变化与环境风险关系及其适应性范式的研究方向提出一些建议。

1.1 全球变化与环境风险研究新进展

2011 年 11 月 18 日，IPCC 全会通过了 SREX 的决策者摘要（IPCC，2012a），2012 年 3 月 28 日 IPCC 正式发布了《管理极端事件和灾害风险，推进气候变化适应》特别报告（SREX）（IPCC，2012b），其评估内容涉及可导致灾害的气候、环境和人类因素之间的相互作用，在局地、区域、国家及国际层面管理极端事件和灾害风险，增强可持续发展等，为全球决策者应对极端事件，管理灾害风险，提高气候变化适应能力提供了指南（秦大河等，2015）。

2012 年末英国发布了《英国气候变化风险国家报告》（UK-CRRA Report），报告在三种不同气候变化情景下，从气候均值变化和极端事件变化两个层次，针对 21 世纪 20 年代、50 年代和 80 年代三个时段，评估了气候变化造成的影响程度及其相应的信度水平，依据部门测算直接和间接损失，并最终折算成货币价值。这对开展国家尺度的气候变化风险评价提供了一个很全面的框架，很有参考价值。

2012 年 6 月 20~22 日，巴西里约热内卢召开的联合国可持续发展峰会上，未来地球计划（future earth）成立，从动态星球、全球可持续发展和面向可持续发展转型三个相关联的主题，广泛关注防范全球变化引起的环境风险、促进全球可持续发展（未来地球计划过渡小组，2015）。

2015 年 3 月 14 日～18 日，联合国在日本东北宫城县仙台市召开了第三次世界减轻灾害风险大会，这是继 1994 年横滨和 2005 年神户召开的第一次和第二次减轻灾害风险大会后，联合国举行的全球最大规模的减轻灾害风险大会。大会经过深入而持久的讨论

第1章撰写人员：史培军、于德永

与辩论，于 2015 年 3 月 18 日晚通过了《联合国 2015～2030 年减轻灾害风险框架》（以下简称《框架》）。这一框架把减轻灾害风险与应对气候变化，紧密联系在一起，以获得双赢的效果。

2015 年 3 月 15 日，在第三次世界减轻灾害风险大会的边会上，由秦大河主编的《中国极端天气气候事件和灾害风险管理与适应国家评估报告》（以下简称《报告》）对全球发布，同年 10 月由科学出版社正式出版。《报告》重点评估了中国气候变化背景下的极端气候事件、灾害以及灾害风险管理等问题。《报告》编写有助于中国在应对极端事件和灾害风险管理、适应和可持续发展上做出合理的策略选择，有助于将灾害风险管理实践和适应气候变化更紧密地结合起来。

2015 年 3 月 15 日，也在第三次世界减轻灾害风险大会的边会上，由 Shi 和 Kasperson 共同主编的《世界自然灾害风险地图集（英文版）》首发，作为"全球变化与环境风险关系及其适应性范式研究"的一项标志性成果，对全球 9 种与气候变化密切相关的台风、洪水、风暴潮、沙尘暴、干旱、热害、冷害、滑坡、野火等自然灾害风险进行了系统的评估，为各国防灾减灾和综合风险防范提供了依据。

与此同时，在全球尺度上的灾害风险评估也取得了显著的进展。由欧盟委员会联合研究中心（European Commission Joint Research Center）组织发布的 INFORM（*INdex For Risk Management Results*）报告利用传统的基于灾害风险指标的半定量评价方法，从灾害与暴露、脆弱性和缺乏应对能力三个维度，对全球国别尺度的灾害风险水平进行评估和排序。由联合国大学组织发布的《世界风险报告》（*world risk report*）中，也利用半定量评价方法，从暴露、敏感性、应对能力和适应能力四个角度对全球各国的灾害风险水平进行评价和排序。由达沃斯世界经济论坛发布的系列《全球风险报告》（*Global Risk Report*），近年也加强对包括气候变化风险在内的环境风险的评估。

1.1.1 未来地球与环境风险

1. 未来地球组织机构

未来地球（future earth）是一个重要的国际全球变化研究平台，为促使人类向可持续世界转型提供知识与技术支持。整合或与已经存在的全球环境变化领域的一些科学计划合作，形成一个为全球变化应对而开展国际合作研究的网络系统（未来地球计划过渡小组，2015）。

未来地球也是社会与科学用户合作参与知识创新的平台，向所有学科，包括自然科学、社会科学、工程学、人文科学及法学等开放。未来地球管理委员会由可持续发展解决方案网络（Sustainable Development Solutions Network，SDSN）、全球可持续性科学与技术联盟 STS 论坛及会员组成，包括国际科学委员会（International Council for Science，ICSU）、国际社会科学委员会（International Social Science Council，ISSC）、贝尔蒙基金论坛（Belmont Forum of funding agencies）、联合国教科文组织（United Nations Educational, Scientific, and Cultural Organization，UNESCO）、联合国环境规划署（United Nations Environment Programme，UNEP）、联合国大学（United Nations University，UNU）、世界气象组织（World Meteorological Organization）、国际生物多样性科学研究规划

（DIVERSITAS），国际地圈-生物圈计划（International Geosphere-Biosphere Programme，IGBP），国际全球环境变化人文因素计划（International Human Dimensions Programme，IHDP）和世界气候研究计划（World Climate Research Programme，WCRP）。

2. 未来地球研究领域

未来地球是协调新增加的、跨学科开展全球变化研究的重要国际网络平台。它主要包括三个科学领域。一是动态星球；二是全球可持续发展；三是面向可持续发展转型。

未来地球研究涉及很广泛的全球变化研究问题，每个领域都召号多领域、多学科、多部门的合作。这些研究领域由未来地球过渡团队通过一系列的咨询而设计，并得到多方资助，这些研究领域的设计为未来地球计划的实施构建了初始框架。这些研究领域根据未来地球 2025 版提出的面对重大全球可持续性挑战，响应面向可持续性需作出社会的、技术的、经济的和其他方面的转变而设计。未来地球的研究重点由未来地球科学委员会和临时执行委委员会经过广泛咨询全球利益攸关者，并在未来地球《战略研究议程 2014》中作了详细的阐述。

1）动态星球领域

本领域以观测、解释、理解、预测地球为基础，加深理解地球环境与社会系统发展趋势、驱动力、过程及其相互作用，预测和预估全球环境承载力阈值及其风险。

动态星球领域提供理解观测和预测地球系统趋势所需要的知识，包括自然和社会组分、两者的相互作用，以及全球和区域变化及极端事件等，开展观测、监测、解释和模拟地球和人类社会状态方面的研究。这类研究的结果有助于社会和决策者理解全球气候、空气质量、生态系统、流域、海洋、冰盖过去和当前还有未来变化及相互作用，环境变化的自然和人类驱动力。人类驱动力包括生产、消费、土地利用、自然资源开发、人口动态、贸易、技术与城市化，以及影响这些驱动力的价值观与政策。因此，迫切需要基础科学为研究这些问题打下坚实基础，尤其在我们是否要推进预测和有效管理地球方面更为迫切。

人类活动可能触发地球关键系统快速、不可逆转的转变，因此需要研究风险的触发点，解释、图解和预测脆弱性。地球物理、生物和社会学研究有助于理解地球系统动态，是未来地球研究计划的核心组成部分，这也正是环境风险研究中，揭示全球变化导致对人类致灾成害机理和过程研究的基础。

动态星球的相关研究，将促进对如下问题及其派生问题的理解。

- 哪些方法、理论、模型可以帮助我们解释地球、社会-生态系统的有效运行，理解这些机能的相互作用，识别这些系统之间的反馈及协同进化？
- 环境关键组分，如气候、土壤、低温层、生物地球化学循环、生物多样性、空气质量、淡水、海洋的状态和趋势如何演变？人类活动驱动力中人口、消费、土地和海洋利用、技术如何演变？这些因素与可持续发展的社会基础状态和动态有何关系？
- 哪些变化是通过自然和社会驱动力最可能的情景实现的？哪些地球、社会和生物系统响应是可以预测的？

- 地球系统快速和不可逆转变化，超过区域、全球承载阈值和行星边界会带来哪些风险？带来社会-环境危机的突变点是什么？
- 地球关键带和生物群系，如海洋、热带森林、半干旱区和极地区域当前和未来状况哪些可以被我们所理解和预测？
- 记录和模拟地球系统、人类驱动力及全球变化的影响需要哪些综合的全球和区域观测系统与数据平台？我们能够研发用于预测和提供大尺度快速变化早期预警所需要的监测系统、模型、信息系统和服务吗？

2）全球可持续发展领域

本领域以提供知识，使满足人类最迫切需求的产品，包括食品、水、生物多样性、能源、材料和其他生态系统功能和服务得到可持续、安全和公平的管理。

全球可持续发展领域框架下的研究，将提供理解全球环境变化与人类福祉和发展关系如何所需要的知识。未来地球计划将在科学与社会之间签订新的"社会契约"，将全球环境变化研究聚焦于解决人类发展最紧急的难题——为公众提供安全充足的食物、水、能源、健康、居所和其他生态系统服务，同时避免环境退化、生物多样性丧失、打破地球系统的平衡。

全球可持续发展领域聚焦于可持续发展和满足人类基本需求面临的急迫挑战，人类发展和全球与区域环境变化的交集，地球环境研究可阐明的发展目标等。

人类世时代，人类发展与土地、水、能源、材料和自然资源（包括生态系统、大气和海洋）紧密相连。这一领域将整合全球环境变化（如气候、空气质量、生物多样性、海洋或土壤）如何与社会和经济发展相关联，以及如何为之提供发展基础方面的研究。该领域研究也将关注人类发展如何增加全球环境问题，环境变化如何与人类安全、性别平等、土著文化和公平等发生联系。这也正是环境风险研究中，如何科学评价全球变化对人类、可更新资源与生态系统致灾成害过程研究的核心内容。

全球可持续发展领域的相关研究，将促进对如下问题及其派生问题的理解。

- 在地球、生物和社会科学领域，什么样的视角和革新对可持续发展的环境基础最重要？
- 平等、可持续利用资源和土地对应什么样的格局、权衡和选择？如何才能确保当代及未来人们能够可持续地获取食物、水、清洁空气、土地、能源、基因资源和材料？
- 包括气候变化在内的全球环境变化对食物、水、健康、人类居所、生物多样性和生态系统意味着什么？气候服务、生态系统管理和灾害风险评价如何能减少这些影响，增强其弹性？
- 生物多样性、生态系统、人类福祉和可持续发展的内在联系是什么？
- 如何构思、测量和实施发展项目及倡议的替代方案，使之兼顾社会与环境效益、效率和公平性？
- 为了实现世界发展和全球可持续性的双重目标，如何定义联合国的可持续发展目标？
- 减少环境影响、人类可选择的替代能源是什么？这些替代能源的社会影响是什么？

- 商业和工业部门如何通过管理它们的生产与供给链为发展、繁荣和履行环境职责作出贡献？
- 全球环境变化如何影响处于社会不同阶层的人们，如土著人群、妇女、儿童、自给自足的农民、穷人或老人？他们的环境科学知识如何有助于获取可持续发展的解决方案？
- 恢复可持续发展环境基础的生态系统恢复措施有哪些？

3）面向可持续发展转型领域

本领域以理解转换过程与选择能力，评价这些方面与人类价值观念、新技术和经济发展方式如何关联？评估跨部门、跨尺度治理与管理全球环境的战略。

面向可持续发展转型领域超越评价和实施对全球变化所做的响应及消除满足发展需要之间的隔阂。本领域将考虑更根本和更具创新性的长期转变，以塑造可持续的未来。

未来地球计划将发展理解、实施和评估这些转变方面的知识。这将包括政治、经济、文化价值观方面的巨大转变，体制结构和个人行为转变，大型系统转变和技术创新等以减少全球环境变化的速率、规模、幅度以及后果。理解地球系统过程对人类响应和治理的反馈，需要自然和社会学家之间的紧密合作。跨学科的研究工作，对预测能源政策和生态系统管理对生物化学循环和生物多样性的影响是必要的。

另一方面的重要工作是理解政策和国际协议，如何影响正在进行的温室气体排放监测需求。辨识不同响应策略的社会和文化后果是一个重要焦点。对全球环境变化做出响应不仅仅是各国政府的事，同时也是地方政府、国际组织、民间团体、私人部门和个人的事。面向可持续发展转型领域研究，需要为可持续未来工作的广大利益攸关者（包括社区、商业、人道主义者、保护组织及文化领袖）的参与。这也正是环境风险研究中，探求全球变化风险综合防御范式的关键内容。

面向可持续发展转型专题的相关研究，将促进对如下问题及其派生问题的理解。

- 不同层次、不同尺度全球环境变化的治理和决策如何保持一致，以促进可持续发展？不同参与者在不同尺度使用不同策略管理全球环境变化方面，哪些是成功的，哪些是失败的？
- 技术能够提供切实可行的全球环境变化解决方案，促进可持续发展吗？与新技术（如地质工程技术、合成生物技术）有关的机会、风险和感悟是什么？技术和基础设施选择如何与制度和行为变化相结合，从而实现低碳转变、食品安全和水安全？
- 价值观、信仰和世界观如何影响个人与集体的行为，促进生活方式、贸易格局、生产和消费更可持续、更精心？在个体、组织和系统水平上，什么能够引发和促进深思熟虑的转型？这会引发哪些社会政治和生态风险？
- 地球系统、理念、技术和经济过去发生的转变，哪些能够为我们所知晓？从中获取的知识和教训如何指导未来的选择？
- 面向可持续的城市未来和景观，成功和可持续的蓝色社会和绿色经济的长期发展途径有哪些？

- 全球环境变化对物种和景观保护，包括恢复的概率、退化的逆转和重建意味着什么？
- 地球和社会系统如何适应包括下个世纪增温超过 4℃ 的环境变化？
- 我们当前的经济系统、理念和发展实践，能够为取得全球可持续发展提供必要的框架吗？如果不能，什么可以转变经济系统、措施、目标和发展策略，进而服务于全球可持续发展？
- 为治理和管理地球系统实现可持续发展而作出的努力，对于科学的观测、监测、指标和分析具有哪些借鉴意义？什么样的科学可以评价和评估政策，促进转型和使之合法化？
- 如何能够使巨量的、新的地球物理、生物和社会数据（包括当地知识和社交媒体）得到管理和分析，以便为认识全球环境变化的原因、性质和后果提供新的视角，进而促进解决方案的认定和传播？

3. 未来地球包括的核心科学研究计划

未来地球是国际全球变化科学与地球系统科学协作的平台，为国际社会提供知识，共同面对全球环境变化带来的风险，抓住向全球可持续发展转型的机会。未来地球处于一系列与全球环境变化有关的核心科学计划联盟和倡议的核心位置。

这些核心科学计划是在四个全球环境变化项目下派生出来的，即：国际地圈-生物圈计划（International Geosphere-Biosphere Programme，IGBP），国际全球环境变化人文因素计划（International Human Dimensions Programme，IHDP），世界气候研究计划（World Climate Research Programme，WCRP）和国际生物多样性科学研究规划（DIVERSITAS）。另外一些核心科学计划是从地球系统科学联盟（Earth System Science Partnership，ESSP）派生出来的。这些核心科学计划申请正式加入未来地球计划的过程仍在进行中，已经完成这一过程的核心科学计划列举如下。

地球系统分析、集成和模拟（Analysis, Integration and Modelling of the Earth System AIMES），生物发现（bioDISCOVERY），生源论（bioGENESIS），气候、农业和食品安全（Climate Change, Agriculture and Food Security，CCAFS），生态健康（ecoHEALTH），生态服务（ecoSERVICES），地球系统治理（Earth System Governance，ESG），未来地球海岸（Future Earth Coasts），全球碳计划（Global Carbon Project，GCP），全球环境变化与人类健康（Global Environmental Change and Human Health，GECHH），全球土地计划（Global Land Project，GLP），全球山地生物多样性评价（Global Mountain Biodiversity Assessment，GMBA），全球水系统计划（Global Water System Project，GWSP），全球大气化学（International Global Atmospheric Chemistry，IGAC），地球上人们的历史与未来（Integrated History and Future of People on Earth，IHOPE），综合土地生态系统-大气过程研究（Integrated Land Ecosystem-Atmosphere Processes Study，iLEAPS），综合海洋生物地球化学和生态系统研究（Integrated Marine Biogeochemistry and Ecosystem Research，IMBER），综合风险防范（Integrated Risk Governance Project，IRG），季风亚洲区域综合研究（Monsoon Asia Integrated Regional Study，MAIRS），过去全球变化（Past Global Changes，PAGES），生态系统变化与社会方案（Programme on Ecosystem Change and

Society，PECS），表层海洋-低层大气研究（Surface Ocean–Lower Atmosphere Study，SOLAS），城市化与全球环境变化（Urbanization and Global Environmental Change，UGEC）等。

未来地球计划全面关注全球变化与环境风险关系及其适应性范式研究，并从促进世界可持续发展的目标出发，探求减缓与适应全球环境变化、发现人-地协同发展的有效途径。这也正是我们于 2011 年申请"全球变化与环境风险关系及其适应性范式研究"的目标。

1.1.2 联合国 2015～2030 年仙台减轻灾害风险框架

联合国于 2015 年 3 月 14～18 日在日本东北宫城县仙台市召开了第三次世界减轻灾害风险大会，这是继 1994 年横滨和 2005 年神户的第一次和第二次减轻灾害风险大会后，联合国举行的全球最大规模的减轻灾害风险大会。大会经过深入而持久的讨论与辩论，于 2015 年 3 月 18 日晚通过了《联合国 2015～2030 年减轻灾害风险框架》（以下简称《框架》）。这一《框架》的主要内容解读如下。《框架》共包括六个部分，共 50 条，主要内容解读如下（史培军，2015）。

1. 序言

本部分共包括 15 条内容。

第 2 条，给出了联合国制定这一"框架"的意义与作用。这正如在《框架》第 1 条中写到的："通过一份简明扼要、重点突出、具有前瞻性和注重行动的 2015 年后减少灾害风险框架，完成对《2005～2015 年兵库行动框架：加强国家和社区的抗灾能力》执行情况的评估和审查；审议区域和国家减少灾害风险战略/机构和计划取得的经验和提出的建议，以及执行《兵库行动框架》的相关领域的执行情况；根据承诺确定执行 2015 年后减轻灾害风险框架开展合作的方式，以及确定 2015 年后减轻灾害风险框架执行情况的定期审查办法。本条还明确了各国承诺将减轻灾害风险酌情纳入各级政策、计划、方案和预算之中，并在相关框架中予以考虑。

本部分中最主要的内容是对《兵库行动框架》执行情况的评估，即："经验教训、存在的差距和未来挑战"。这一内容占据了本部分的 13 条内容。

第 3 条，充分肯定了《兵库行动框架》执行所取得的进展。从全世界看，部分自然灾害造成的危害有所下降，各国和地区都加强了本国和本地区的灾害风险管理能力，全球推进减轻灾害风险的合作机制基本建立，《兵库行动框架》成为各国开展减轻灾害风险的一个主要的指南，大大促进了世界减轻灾害风险的进程。

第 4 条，明确了在这 10 年期间，灾害不断造成严重损失的全球局面并没有彻底改观。2005～2014 年，灾害造成 70 多万人丧生、140 多万人受伤和大约 2300 万人无家可归，有超过 15 亿人受到灾害影响。确认了气候变化也加剧了灾情，其频率和强度越来越高，严重阻碍了实现可持续发展的进程。

第 5～8 条，明确了减轻灾害风险仍是全世界的当务之急，提升抗灾能力应成为全人类的共同行动。

第 9 条，给出了《兵库行动框架》执行与期望的若干差距，即在克服潜在灾害风险因素、制定目标和优先行动事项、提高各级灾害恢复力和确保采取适当执行手段等。

第 10～15 条，呼吁制定新的减轻灾害风险框架的重要性与必要性，并明确了这一框架与联合国已制定的有关消除贫困、应对气候变化应有着密切联系，从而为实现联合国制定的千年发展目标，形成全世界和全人类共同的合力，即凝聚力。同时指出新的"框架"应着重开展以下工作：监测、评估与理解灾害风险，并分享这些信息，加深对风险形成的认识；加强各相关机构和各部门间在灾害风险防范与管理中的协调，让利益相关方充分切实参与各级决策过程；全面投入提升在各个领域和各个利益相关方综合减轻灾害风险的能力建设；加强多灾种预警系统、备灾、应急、恢复、安置和重建工作和能力提升；加强发达国家与发展中国家、国家与国际组织之间的国际合作。在第 15 条，还特别明确了本《框架》中的灾害是指自然与人为致灾因子引发的灾害风险，以及相应的环境、技术和生物致灾因子与风险，明确《框架》的目的是指导各级政府各部门内部和跨部门对多灾种灾害风险的管理。

2. 预期成果与目标

本部分共包括 3 条内容。

第 16 条，明确了在《兵库行动框架》基础上，力求在未来 15 年取得以下成果："大幅减少在生命、生计和卫生方面，以及在人员、企业、社区和国家的经济、实物、社会、文化和环境资产方面的灾害风险与损失"。

第 17 条，为了实现预期成果，须设法实现以下目标："预防产生新的灾害风险和减轻现有的灾害风险。为此，要采取综合和包容经济、结构（工程性）、法律、社会、卫生、文化、环境、技术、政治与体制等各方措施，防止和减少承灾体的暴露性和脆弱性，加强应急和恢复的备灾能力，从而提高综合防灾减灾救灾能力（resilience）。

第 18 条，明确了 7 项全球性减轻灾害风险的具体目标。这 7 个具体的目标是：

（1）到 2030 年大幅降低灾害死亡人口，使 2020～2030 年年平均每十万人全球灾害死亡率须低于 2005～2015 年。

（2）到 2030 年大幅减少全球平均受灾人数，为实现这一具体目标，使 2020～2030 年平均每十万人受灾人数须低于 2005～2015 年平均受灾人数 。

（3）到 2030 年，使灾害直接经济损失与全球国内生产总值（GDP）的比例有所减少。

（4）到 2030 年，大幅减少因灾造成的重要基础设施的损坏和服务的中断，特别是要通过提高综合防灾减灾救灾能力，降低卫生和教育设施的受损程度。

（5）到 2020 年，已制订国家和地区减轻灾害风险战略的国家数目大幅度增加。

（6）到 2030 年，提高发展中国家的减灾国际合作，对执行本《框架》的发展中国家完成其国家行动提供充足和可持续的支持。

（7）到 2030 年，大幅增加人民可获得和利用多灾种预警系统，以及灾害风险信息和评估结果的机会。

3．指导原则

本部分共包括 1 条内容。

第 19 条，含 13 项内容。该条款借鉴了《建立安全世界的横滨战略：预防、防备和减轻自然灾害的指导方针》，及其《行动计划》，以及《兵库行动框架》所载原则，《框架》原则同时考虑到各国国情，以及与国内相关法律和国际义务与承诺保持一致。在这 13 项内容中，核心是强调了国家和地区中央政府承担着主要责任，以及倡导全社会的参与和合作，也特别关注了增强地方政府和社区减轻灾害风险的权利和能力。与此同时，强调考虑多灾种、多尺度、多措施、多利益相关者和多阶段原则，以及加强全球各类合作和关注最不发达国家、小岛屿发展国家、内陆发展中国家，非洲各国，以及面临特殊灾害风险（如巨灾风险）的中等收入国家。

4．优先行动事项

本部分共包括 15 条内容。

第 20 条，明确了 4 个空间尺度、即地方、国家、区域和全球、4 个优先领域，即

（1）理解灾害风险；

（2）加强灾害风险防范，提升管理灾害风险的能力；

（3）投资减轻灾害风险，提升综合防灾、减灾、救灾能力；

（4）加强备灾以提升有效响应能力，在恢复、安置、重建方面做到让"灾区明天更美好"。

第 21～22 条，明确了各国和地区应结合本国和本地区自身的情况，在与本国和本地区相关法律保持一致的情况下，将上述四个优先行动统筹考虑。并通过国际合作，以实施上述四项优先行动。

第 23 条，明确了第一个优先行动的核心内容，即理解灾害风险所包括的主要内容：脆弱性，防范风险能力，人员与财产的暴露，致灾因子与孕灾环境的特征。

第 24～25 条，从国家和地方与全球和区域二组空间尺度，就了解灾害风险的内容一一作了详细的阐述。前者的核心是数据、标准、信息技术，经济、分析、传播、共享等方面的知识与技术，包括灾害教育与科技减灾的相关领域；后者的核心是加强科技减灾领域的国际合作，实现灾害信息的共享、模型、评估、制图、监测、多灾种预警系统等方面的研发合作工作。深入推进已有的相关活动，进一步深化科技减灾与灾害教育的工作。

第 26 条，明确了第二个优先行动的核心内容，突出防灾，减灾，备灾，核灾，恢复和重建，以提升灾害风险防范的能力，推动综合防范减灾救灾与可持续发展领域的密切合作。

第 27～28 条，分别从国家和地方与全球和区域二组空间尺度，就加强灾害风险防范，提升管理灾害风险的能力作了详细阐述，前者核心是制度设计及管理风险能力的改善与提升，包括战略、规划、政策、法律、法规、计划、标准、程序等的制定；后者的核心是统筹已有的相关行动，如气候变化、生物多样性、可持续发展、清除贫困、环境、农业、卫生、粮食和营养等领域的行动。促进在全球和区域尺度的多领域合作，充分发

挥已有各类全球、区域、次区域和专题平台的作用，促进跨境合作，充分提升非敏感减灾信息共享的能力。

第29条，明确了第三个优先行动的核心内容。大力倡导全方位投资于防灾减灾救灾各个领域，明确加强个人、企业、社区和国家的财产、经济、社会、健康和文化方面的综合防灾减灾救灾能力。

第30~31条，分别从国家和地方与全球和区域二组空间尺度，就加强减轻灾害风险投资，提高综合防灾减灾救灾能力作了详细阐述。前者的核心是保障减轻灾害风险的投资和强化灾害风险的转移、动员提升公共和私人部门对减轻灾害风险的投资，推动把灾害风险评估纳入土地使用政策的制定和执行工作之中，以及从多个层面提升各个领域综合防灾减灾救灾能力，特别强调了推动防灾减灾与金融财政政策的融合；后者的核心是推动与可持续发展、灾害风险管理有关的各个系统、部门和组织之间的协作，强化灾害风险转移和分担机制的完善，开发减轻灾害风险的新产品，推动全球和区域金融机构之间的合作，推动和支持相关公共与私营方间的相互合作，增强企业的抗灾能力。

第32条，明确了第四个优先行动的核心内容。突出全方位和全过程的备灾能力提升，强调在恢复、安置与重建中，让灾区建设得更美好。

第33~34条，分别从国家和地方与全球和区域二组空间尺度，就加强全方位、全过程的备灾能力提升与重视恢复、安置、重建工作的重要性作了详细阐述。前者的核心是动员各方力量，提升对多灾种、多环节的备灾能力，特别是加强以人为本的多灾种、多环节部门预报和早期预警系统，灾害风险和应急通信机制、社会技术以及灾害监测通信系统等的建设；后者的核心是加强与整合区域减轻灾害风险的协同机制，完善标准、编码、操作程序，促进经验教训的共享，完善国际合作与资源共享机制。

5. 各利益相关方的角色

本部分共包括3条内容。

第35条，进一步明确了国家担当着减轻灾害风险的全部责任和政府与各利益相关方的共同责任。

第36条，特别明确了公民社会、志愿者及其组织，以及社区组织所应承担的责任，特别需关注妇女、儿童和青少年、残疾人以及组织、年长者、原住居民、移民等人群，以及与学术相关的机构和组织、企业、专业协会和私营部门的金融机构、媒体等应发挥其主要的作用。

第37条，明确了各利益相关方在减轻灾害风险领域中的各项承诺，以支持建立地方、国家、区域和全球各级伙伴关系。

6. 国际合作与全球伙伴关系

本部分共包括13条内容。

第38~46条，明确了减轻灾害风险国际合作应考虑的一般性因素，如国家发展水平的差异，特别是灾害频发的发展中国家，即包括最不发达的国家、小岛屿发展中国家和内陆发展中国家，以及非洲国家和面临特殊挑战（如巨灾）的中等收入国家等应予以特别关注和援助。同时强调对已形成的一些相关领域国际合作的协同实施，如南北合作辅之南南合作和三角合作等。

第 47 条，明确国际合作的具体实施方法，强调发展中国家需要更多的资源用于减轻灾害风险，利用现有的机制、平台将减轻灾害风险中的信息共享、技术转移等纳入多边与双边发展援助方案。

第 48 条，明确了国际组织的支持领域和主要内容，强调战略协调、加大支持力度、充分发挥已有平台的作用，特别重视制定《联合国减轻灾害风险促进抗灾能力提升行动计划》，以及发挥联合国减灾署科技咨询委员会的作用，号召金融组织为发展中国家加大财政支持和贷款力度，提升联合国系统协助发展中国家减轻灾害风险的整体能力。

第 49～50 条，明确了后续行动，重点考虑将《框架》纳入联合国各次大会和首脑会议统筹协调后续进程，并建议联合国大会在第 69 届会议设立一个由成员国提名专家组成的不限名额的政府间工作组，负责为计量本《框架》全球执行进展制定一套可能的标准，以推进《框架》的实施。

《框架》在中国实施中需关注的几项重要工作如下。

一是要更加重视各级政府在减轻灾害风险所承担的主要责任。联合国减灾"横滨战略"强调建设更安全的世界，"安全"（safer）一词成为该框架的高频率术语。联合国减轻灾害风险《兵库行动框架》，强调加强国家和社区的恢复力，"恢复力"（resilience）一词成为该框架的高频率术语。联合国减轻灾害风险《仙台行动框架》，强调了加强综合灾害风险防范（governance），"防范"（governance）一词成为该框架的高频率术语。从减轻灾害强调"安全"建设，减轻灾害风险强调提升"恢复力"，到减轻灾害风险加强"防范"，显示出国际减轻灾害风险行动在重视发挥社会各界作用的同时，更加强调政府承担着主要责任。

二是要强调对多灾种灾害风险的减轻。这不仅是强调狭义的由自然致灾因子引发的多灾种灾害风险，诸如地震地质，气象水文、海洋、生物、生态环境灾害风险，还包括由自然致灾因子引发的技术与环境灾害风险，以及相关联的人为灾害风险。

三是强调减轻灾害风险的不同空间尺度。这不仅强调国家和地方尺度，还强调全球和区域尺度，把减轻灾害风险从地方、企业、国家、区域上升至全球，形成一个完整的体系。

四是强调减轻灾害风险中的多措并举（多措施）。这不仅要强调工程措施，也要强调非工程措施；不仅要强调由设防、救助、应对与风险转移组成的结构性措施，也要强调由备灾、应急、转移与安置、恢复与重建组成的功能性措施；不仅强调防灾、减灾，还特别突出满足灾前、灾中与灾后不同需求的备灾与救灾。

五是强调从多领域开展减轻灾害风险。这不仅包括经济、政治、社会领域，还包括文化、卫生和环境领域。

六是强调从多级组织开展减轻灾害风险。这不仅包括发挥个人、企业、社区和整个国家的作用，还包括发挥各利益相关方、区域和国际组织的作用。

《框架》更加明确各级政府在减轻灾害风险中承担着的主要责任，并充分发挥社会各界的作用，这既是对中国多年坚持在减轻灾害风险中，充分发挥各级政府主导作用方针的肯定，也是对完善这一方针的重要启示，即如何协调各级政府与社会各界的作用。针对多灾种，通过多尺度、多措施、多领域和多组织共同开展减轻灾害风险，形成一个全面而系统的综合减轻灾害风险的体系，不仅是《联合国 2015～2030 年仙台减轻灾害风险框架》的最大特色，也应成为中国实施这一框架需要关注的重要工作，这也是对中国多年开展综合防灾减灾救灾工作提出的新的要求和新的挑战，也是"全球变化与环境风险关系及其适应性范式研究"需高度关注的核心内容。

1.1.3 中国极端天气气候事件和灾害风险管理与适应国家评估报告

为更好理解气候变化与极端天气气候事件的关系，以及气候变化所产生的与灾害风险相关的一系列问题，中国气象局联合国内多个部门，由秦大河院士任主编，组织百余位专家共同编写了《中国极端天气气候事件和灾害风险管理与适应国家评估报告》（精华版）。报告借鉴了国际、国内相关评估报告的方法和思路，综合分析了天气学、气候学、气候（系统）变化科学、大气化学、地理学、水文学，以及气候变化适应和灾害风险管理等多领域成果，并在总结过去应对极端天气气候事件经验的基础上，提出未来控制灾害风险的政策和实践方向，以期增进社会各界应对气候变化与灾害风险管理的认识，为各级政府制定相关政策、企业采取行动提供科技支撑，为全社会提升灾害风险防范意识和能力提供基础信息。

《中国极端天气气候事件和灾害风险管理与适应国家评估报告》（精华版），由序、决策者摘要、精华版三部分组成（秦大河等，2015）。在精华版部分中，共包括四部分。一是极端天气气候事件和灾害风险管理：背景与内涵，即理论、政策与实践，气候变化与极端天气气候事件，灾害风险管理与可持续发展。二是极端天气气候事件的特征、变化和成因，即中国极端天气气候事件的特征，20世纪中叶以来极端天气气候事件变化，极端天气气候事件变化的原因。三是极端天气气候事件和灾害的影响及脆弱性，即极端天气气候事件和灾害的影响，承灾体的暴露度和脆弱性，典型案例。四是天气气候灾害风险管理实践与策略选择，即国家、区域和地方层面的天气气候灾害风险管理实践，综合灾害风险管理在经济社会重点领域的实践，天气气候灾害风险管理实践的成效和不足，未来极端天气气候事件变化趋势和灾害风险，策略设计与选择。

1. 明确了与极端天气气候事件和气候灾害风险管理的重要术语的含义

《中国极端天气气候事件和灾害风险管理与适应国家评估报告》（精华版）给出了与极端天气气候事件和天气气候灾害风险管理相关的一些术语的基本概念定义。

气候变化（climate change）：能够使用统计检验等方法识别出的气候系统要素平均值、方差、统计分布等状态的变化，且这种变化能够持续几十年甚至更长时间。自然因素和人类活动都可以导致气候变化。

极端天气气候事件（climate extremes）：天气或气候变量值高于（或低于）该变量观测值区间的上限（或下限）端附近的某一阈值时的事件，其发生概率一般小于10%。

暴露度（exposure）：承灾体受到致灾因子（hazards）不利影响的范围或数量。范围越大或数量越多，暴露度越大。

脆弱性（vulnerability）：承灾体的内在属性，其大小取决于承灾体对致灾因子不利影响的敏感程度及其自身的应对能力。敏感程度越高或应对能力越弱，脆弱性越大。

灾害（disaster）：由致灾因子直接或间接导致人类社会正常运行发生变化，并造成损失和损害的后果。

治理（governance）：一种全社会参与的综合风险应对体系，包括决策、管理和执行过程。

适应（adaptation）：在人类社会层面，指针对已发生的和潜在的影响而制订和采取的趋利避害的政策与措施；在自然系统层面是指针对已发生的不利影响或新的变化进行调整的过程。有效的人为干预可能提升自然系统的适应效果。

恢复（能）力（resilience）：人类社会或自然系统预防、承受和适应不利影响并得以复原的属性。

灾害风险（disaster risk）：危害性自然事件的发生概率及其可能的不利结果。

灾害风险管理（disaster risk management）：为减轻灾害风险，对其进行监测、识别、模拟、评估和处置，旨在以最小成本获得最大安全保障的科学管理体系。

风险防范（risk governance）：政府与利益相关者为应对可能发生的风险进行互动和决策的过程，包括风险识别、评估、管理和沟通等。风险防范有时也称为风险治理。

综合风险防范（integrated risk governance）：从全球、区域和全灾种、全过程、全方位、全社会的视角出发，将政治、经济、文化和社会等各要素统筹进行的风险防范，强调政府、企业、社区、公众协调互动，实现安全设防、救灾救济、应急响应、风险转移的结构综合和备灾、应急、恢复、重建的功能综合。综合风险防范也有时称为综合风险治理。

风险转移（risk transfer）：将自然灾害风险从一方转移到另一方或多方而采取的相关手段或措施。

2. 观测到的中国极端天气气候事件和灾害及未来趋势

中国是世界上极端天气气候事件及灾害最严重的国家之一。在中国及全球气候变化大背景下，随着中国国民经济快速发展，生产规模日趋扩大，社会财富不断积累，天气气候灾害的损失和损害趋多趋重，已成为制约经济社会持续稳定发展的重要因素之一。天气气候灾害风险取决于致灾因子以及承灾体的暴露度和脆弱性，与风险防范、监测预警、处置救援、恢复重建直接相关，是气候安全的主要内容之一（图 1.1）。气候安全是指人类社会的生存与发展不受气候系统变化威胁的状态。作为一种全新的非传统安全，它与防灾减灾、应对气候变化和生态文明建设等密切相关，是粮食安全、水资源安全、生态安全及国家安全体系中其他安全的重要保障。

图 1.1　灾害风险管理示意图

观测到的中国极端天气气候事件和灾害及未来趋势如下。

1）观测到的中国极端天气气候事件与灾害

中国极端天气气候事件种类多，频次高，阶段性和季节性明显，区域差异大，影响范围广（高信度）。高温热浪、干旱、暴雨、台风、沙尘暴、低温寒潮、霜冻、大风、雾、霾、冰雹、雷电、连阴雨等各类极端天气气候事件普遍存在，频繁发生，影响广泛。极端天气气候事件区域特征明显，季节性和阶段性特征突出，灾害共生性和伴生性显著。极端高温高发区较集中，干旱分布广泛，极端强降水多发于南部，台风登陆时间集中，沙尘暴季节性明显，霜冻及寒潮北强南弱，大风区域性特点突出。

近 60 年中国极端天气气候事件发生了显著变化，高温日数和暴雨日数增加，极端低温频次明显下降，北方和西南干旱化趋势加强，登陆台风强度增大，霾日数增加（高信度）。全国年平均最高气温值、最低气温值和高温日数均显著增加；全国平均冷昼日数略趋减少；区域性极端低温事件频次以每十年 1.99 次的速率明显下降；冰冻日数以每十年 0.9 天的速率显著减少；全国性寒潮频次明显下降，从 1955～1990 年的年均 2.0 次下降到 1991～2013 年 1.2 次；2007～2013 年，区域性、阶段性低温冷冻时有发生。暴雨频率增高，强度趋强，影响范围扩大。东北、华北和西南地区干旱化趋势明显，1997～2013 年中等以上干旱日数较 1961～1996 年分别增加 24%、15% 和 34%。西北太平洋和南海生成的台风数呈下降趋势，但登陆中国台风的强度明显增强，21 世纪以来登陆台风中有 50% 最大风力超过 12 级，华东及东南沿海地区台风降水趋于增多。沙尘暴频次呈波动性减少趋势，以 1983 年为界，后 25 年较前 25 年发生沙尘暴的站次平均值减少了 58%。中国中东部冬半年平均霾日显著增加，尤其是华北地区因霾导致能见度明显下降。天气气候灾害影响不断加重，未来灾害风险会进一步增强。

中国群发性或区域性极端天气气候事件频次增加，范围有所增大（高信度）。1960～2013 年，全国共发生 784 次十站以上单次群发性暴雨，平均每年 14.5 次，每年发生的群发性暴雨事件从 13.5 次增加到 17.3 次，增幅 28%；暴雨强度和范围也有所增大。同期区域性热浪年频次普遍增加，特别是长江中下游和华南区域 1997～2008 年热浪事件的年均频次，比 1976～1994 年的年均频次增加近 2 次。

极端天气气候事件会导致天气气候灾害。20 世纪 80 年代以来，中国天气气候灾害影响范围逐渐扩大，影响程度日趋严重，直接经济损失不断增加，但死亡人数持续下降（高信度）。1984～2013 年，天气气候灾害平均每年造成直接经济损失 1888 亿元，相当于国内生产总值（GDP）的 2.05%，其中 1991 年最高，达 6.28%。2001～2013 年天气气候灾害年均直接经济损失相当于 GDP 的 1.07%（同期全球经济损失相当于 GDP 总和的 0.14%）。1981～2013 年天气气候灾害年均死亡 4587 人，其中 20 世纪 80 年代 6775人，90 年代 5296 人，2001～2010 年 2626 人。暴雨洪涝、干旱、台风、低温冷害和风暴潮的经济损失，分别由 1984～2003 年的年均 802.0 亿元、164.3 亿元、194.2 亿元、38.1 亿元和 117.5 亿元，增加到 2004～2013 年的 1228.3 亿元、636.7 亿元、534.5 亿元、336.8 亿元和 151.0 亿元；台风和风暴潮由 1984～2003 年的年均死亡 465 人和 332 人，下降到 2004～2013 年的 288 人和 181 人。2013 年 1 月共发生三次大范围雾霾灾害，1 月 22 日影响范围波及 20 多个省（自治区、直辖市），影响面积超过 222 万 km^2。

随着天气气候灾害影响范围扩大和人口、经济总量增长，各类承灾体的暴露度不断增大（高信度）。中国所有地区均遭受不同程度极端天气气候事件和灾害的威胁。1949~2013 年，旱灾面积以年均 17.3 万 hm^2 速率扩大，成灾面积超过 1000 万 hm^2 的重灾年份有 25 年，其中 1981~2013 年重灾年份占总数的 76%。1984~2013 年受台风影响的省（自治区、直辖市）达 23 个（含台湾省），受台风影响省份的 GDP 总和由 1984 年的 0.7 万亿元，增加到 2013 年的 55.1 万亿元（未计台湾省）。北京、上海、广州受高温热浪影响的人口，由 1984 年的 2668.5 万人，增加到 2013 年的 5822.6 万人。中国城镇化率由 2000 年的 36.22%增加到 2013 年的 53.73%，天气气候灾害暴露度随之增加。

中国人口老龄化、高密度化和高流动性，社会财富的快速积累和防灾减灾基础薄弱，使各类天气气候灾害的承灾体脆弱性趋于增大（高信度）。中国 65 岁及以上人口占总人口的比例由 1984 年的 4.9%（约 5056 万）上升到 2013 年 9.7%（约 1.32 亿），社会明显老龄化。北京、上海、广州外来流动人口数量由 2000 年的 1123 万人增加到 2013 年的 2479 万人。2004~2013 年相对 1984~1993 年，绝大多数省份暴雨洪涝受灾人口增加；江西、湖南、贵州和广西直接经济损失与 GDP 的比值最大。干旱、台风和低温冷害受灾人口比例由 1984~1993 年的年均 2.0%、1.0%和 0.3%，增加到 2004~2013 年的 10.1%、3.0%和 3.6%。高温热浪灾害脆弱性逐渐增大，高脆弱性面积比例逐渐增大。由于经济产值和人口持续向城市主城区和新兴开发区集中，以及防灾减灾基础设施薄弱，城镇人口、经济和基础设施对天气气候灾害的脆弱性增大；在缺少有效保护措施的农村地区，人口和基础设施等具有很高的脆弱性。

2）中国极端天气气候事件与灾害的发展趋势

根据中等排放（RCP4.5）和高排放（RCP8.5）情景，采用多模式集合方法，预估 21 世纪中国的高温和强降水事件呈增多趋势（高信度）。到 21 世纪中期（2046~2065 年）和末期（2080~2099 年），中国暖事件增加，冷事件减少，高温日数增加，日最高气温最高值、日最低气温最低值升高，高排放情景下的变幅更大。强降水事件增多，强度增强，强降水量占年降水量比例增大。全国范围内中雨、大雨和暴雨事件很可能显著增多，毛毛雨发生频次相对减少。

预估到 21 世纪末中国高温、洪涝和干旱灾害风险加大（中等信度）。温室气体排放情景越高，高温、洪涝和干旱灾害风险越大。高排放情景下，中国高温致灾危险性在 21 世纪近期（2016~2035 年）、中期和后期逐渐增大，高温灾害风险趋于加大，Ⅳ级及以上高温灾害风险等级范围扩大。未来各时段洪涝灾害风险较高的地区主要位于中国中东部地区，21 世纪后期Ⅳ级风险地区比 1986~2005 年有所减少，但Ⅴ级风险范围略有增加。华北、华东、东北中部和西南地区干旱灾害风险较大，到 21 世纪中后期，旱灾高风险范围显著增大（图 1.2）。

预估 21 世纪人口增加和财富积聚对天气气候灾害风险有叠加和放大效应（中等信度）。预计 2026~2037 年间中国人口将达到 14.6 亿的峰值，2030 年 65 岁及以上人口 2.3 亿左右，城镇化率 65%~70%。经济社会发展、人口增长及结构变化、城镇化水平提高，

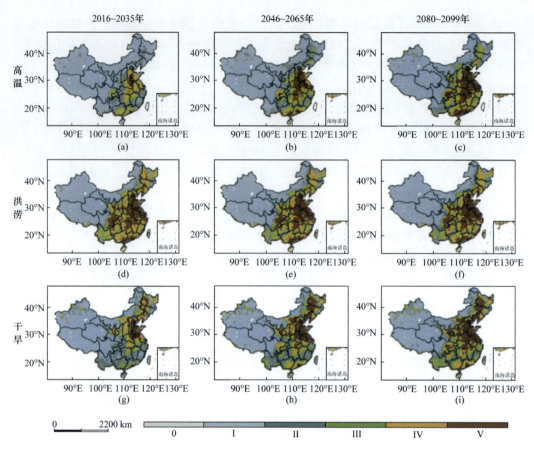

图 1.2   高排放（RCP8.5）情景下中国未来高温、洪涝和干旱灾害风险等级分布（Ⅰ到Ⅴ表示风险等级逐渐增大，Ⅰ为最低等级，Ⅴ为最高等级）

与未来高温、洪涝和干旱灾害增多增强相叠加，中国面临的天气气候灾害风险将进一步加大，绝对经济损失进一步加重。

中国在灾害风险管理方面仍然存在一些薄弱环节（证据确凿，一致性中等）。一是对新风险和巨灾风险的关注、管理依然不足；二是管理体系不完善，部门职能分散，协同合作有待加强；三是综合防灾减灾体系、机制、管理和能力建设仍面临诸多挑战；四是市场机制与风险转移机制缺失；五是国家对防灾减灾工作的科技支撑能力亟待加强，天气气候灾害监测和预警以及风险评估等能力仍有待进一步提升；六是全民防灾减灾教育不足，公众参与意识和能力仍有待提高。

1.2   全球变化与环境风险

全球变化（global change）是指由自然和人文因素引起的，影响地球系统功能的全球尺度的变化，其科学基础是地球系统科学。风险通常定义为未来损失的不确定性（Crane，1984）。环境风险被划分为狭义和广义的两种类型，狭义的环境风险是指环境污染造成的风险，而广义的环境风险是指人类生存环境不利变化形成的风险（Jones，

2001）。本研究的环境风险是指由气候、生态系统与土地利用变化引起的对人类社会造成的不利影响和气候灾害风险。

以全球变暖为主要特征的气候变化是全球变化的重要表现之一。自然和人为因素共同引发的全球环境变化给社会-生态系统带来的环境风险，是全球学术界非常关注并期待有重大突破的关键科学问题（秦大河等，2005）。中国2005年制定的《国家中长期科学和技术发展规划纲要（2006－2020年）》，将"全球变化与区域响应"列为未来15年面向国家重大战略需求的基础研究的10个方向之一，这也是国家全球变化重大科学研究计划"十二五"规划的重点研究方向。

1.2.1 灾害风险研究的两个国际科学计划

全球变化问题是当前最重要的热点问题，是各国政府面临的重大共同挑战（林海，1997；史培军等，2009；徐冠华等，2010）。全球变化与环境风险研究是全球关注并期待有重大突破的关键科学问题，也是我国中长期科技规划的重大部署。过去百年的全球变化，已经对人类社会和自然生态系统产生了明显可辨的影响,使业已存在的生态与环境问题变得更加严重（Schneider et al.，2007）。面对气候变化的严峻挑战，国际社会普遍认识到，应在减缓温室气体排放的同时，努力提高各国尤其是发展中国家适应气候变化的能力。为此，2007年12月的巴厘岛联合国气候会议上通过的《巴厘行动计划》，将适应问题列为推动气候变化国际制度的四个关键要素之一。在联合国提出千年发展目标中，把减轻各种灾害风险的影响，提高应对各种灾害风险的能力作为一项重要的措施（史培军等，2007）。

1. 国际全球变化人文因素计划——综合风险防范核心科学计划（IHDP-IRG）

为响应全球变化的影响,中国科学家于2006年提出了《综合风险防范（integrated risk governance，IRG）科学研究计划》。该计划强调全球变化与环境风险关系的研究，重点关注社会-生态系统脆弱性评价、综合风险评估模型的建立，以及综合风险防御范式的研究。2010年9月，在德国波恩IHDP科学委员会大会上，该科学计划被正式列为IHDP的核心科学项目，并进入了为期10年的实施阶段（2009～2019），这标志着中国综合风险研究水平得到了国际学术界的认可，迈进了一个新的阶段。开展全球变化与环境风险的关系研究，不仅对防范环境风险有重要的实践价值，而且对发展地球系统科学、促进国家、区域和全世界可持续发展有着极为重要的理论和实践价值（史培军等，2009）。由于国际全球变化研究做了战略性调整，IRG科学研究计划从2015年起，正式成为未来地球计划（future earth）第一批入选的核心科学计划。

2. 国际科学联合会、社会科学联合会与联合国国际减灾署灾害风险综合研究计划（IRDR）

国际科学联合会理事会（ICUS）、国际社会科学理事会（ISSC）和联合国国际减灾战略（UN/ISDR）于2008年共同提出了《灾害风险综合研究计划》（integrated research on disaster risk），该计划旨在通过地球物理学、海洋学、水文气候学等领域所关注的自然与环境致灾因子进行综合分析，系统评价这些致灾因子强度和灾害损失之间的关系，最终使各国政府能科学应对自然与环境灾害，降低灾害带来的损失（ICSU，2008）。这些研究为本研究开展相关研究奠定了良好基础。

1.2.2　全球变化与环境风险研究

1. 主要进展

1）全球变化与环境风险形成机理的理论和方法研究

人类活动和全球气候系统的变化是环境风险形成的两个根本原因（符淙斌和安芷生，2002；IPCC，2007；Raymond et al.，2008；Singer，2008；Spencer，2008；Plimer，2009）。对于人类赖以生存的地球环境而言，科学界普遍认为全球气候系统的变化是灾害发生、环境风险加剧的根本触发因素，而人类活动则是对于灾害发生造成的损失和风险起了放大器的作用（Milly et al.，2002；Palmer et al.，2002）。例如，全球气候变化引发的高温热浪事件，在人类活动集中和高度密集的城市区发生的频率和强度，远远高于人类活动稀少的偏僻地区（Amato et al.，2010；Shi et al.，2007）等利用水文模型分析了城市化过程中土地利用类型的改变，使强降雨事件引发更大的洪峰流量，可能给当地造成巨大的经济损失。因此，要深入开展环境风险研究，必须从气候系统变化的角度去探讨环境风险形成的原因，同时考虑人类活动的影响，这样才能给出一幅较为全面的环境风险发生机理的客观图像。

作为环境风险的触发机制，全球气候系统既可以通过气候突变导致极端事件（高温热浪、冰冻雨雪等）的发生，也可以通过气候渐变引发灾害事件（如干旱化）。当前，科学界普遍关注气候突变引发的极端天气事件带来的环境风险问题，以及气候系统渐变过程引发的气候平均状态下的环境风险变化过程，很少关注气候渐变、累积到突变过程所引发的环境风险问题的研究（Palmer et al.，2002；Milly et al.，2002；IPCC，2007）。例如，我国学者研究发现，中国升温趋势明显大于全球的平均水平（王绍武等，1998）；在全球变化背景下，我国降水模态出现重大变动，20世纪70年代末的东部地区降水出现持续"南涝北旱"型（Wang，2001），使华北和黄河流域出现持续性的严重干旱（黄荣辉等，2006；符淙斌等，2008），而长江流域夏季洪涝频发（Zou et al.，2005）。与此同时，西北地区在80年代末出现了由暖干向暖湿的转型（施雅风等，2003）；近些年来，该地区极端冷暖事件呈增加和增强的趋势。但是，气候系统的渐变过程对于环境风险的影响，需要在较长时间尺度上才能得以体现，它虽然没有极端事件那么剧烈，但是其造成的累积性环境风险却更为严重。例如，持续干旱造成气候带的偏移、生态系统结构和功能的改变等。因此，研究气候系统的渐变、累积到突变过程对人类生存环境的影响更为重要，为弄清全球变化与环境风险的形成机理，我们必须从气候系统的渐变、累积到突变过程入手，耦合目前世界上先进的陆面过程模型的多模式超级集合CMIP5模式，可望更有效地提高预估未来气候变化的能力和水平。

全球环境变化对于生态系统具有深远影响（Nemani et al.，2003）。近50年来，全球生态系统的脆弱性明显加剧，农业生产面临的环境风险加大，粮食产量波动明显（Schneider et al.，2007）。中国也是如此，李克让等（2005）研究发现我国草地退化以

200 万 hm^2/a 的速度发展；陆大道（2002）也报道了中国 27.3 %的国土出现荒漠化，每年新增荒漠化土地达 2460 km^2。生态系统的日益恶化使得中国环境风险剧增，导致生态系统生产力下降、物种迁移和植被带变迁等（李克让等，2005）。为探讨极端气候变化与环境风险的关系，许多学者利用 IPCC 第三次和第四次评估报告的多个耦合气候模式结果或排放情景，对未来可能的气候变化对生态环境的影响做了大量研究（高学杰等，2003；张勇等，2007；吴绍洪等，2007）。研究结果显示，未来全球变暖对气候灾害事件和自然生态系统退化都产生了显著影响，这种影响将会随着温度升高而不断加剧，严重威胁可持续发展。但是需要注意的是，因为之前的 IPCC 报告主要以全球为研究对象，在不同程度上忽视了针对区域差异和区域气候变化的评估，评估结果的精度有较大的提升空间。

因此利用历史资料以及 CMIP5 的气候系统模式最新成果，从气候系统变化和人类活动引起的土地利用/覆盖变化（LUCC）两个基本驱动源入手，科学地判断全球变化对环境风险是否有影响？以及全球变化如何影响环境风险？有望解决气候变化作用于地表环境和生态系统后从渐变、累积到突变的环境风险形成机理问题。

2）环境风险的演变过程以及评估方法研究

环境风险是指人类生存环境可能遭受不利影响的可能性，它包括不利事件发生的概率以及由此造成的损失这两个重要因素，这里的不利事件既有气候变化带来的突发性的气候灾害事件（如暴雨、洪涝、高温热浪、低温冷害等），也包括一些自然和人为因素带来的渐发性或累积性事件（如干旱化等）（Jones，2001）。环境风险评价方法主要有历史统计指标法或灾害指数法，未来情景分析法，以及系统模型分析法等（Wang et al.，2002，2006；Pelling，2004；Dillcy et al.，2005）。基于历史灾情记录的数理统计模型是比较常见的风险评价方法，其拟合度较高，检验效果较好，但解释性不强，而且灾害损失资料的短缺难以满足统计分析上大样本的需要，因此其应用存在一定的局限性（Renn，2008）。为此，Huang 等（2008）提出的关于信息扩散理论的方法为信息不完备条件下进行风险评价提供了可能。未来情景分析法是在未来发展变化的情景驱动情况下，灾害事件引发不利后果的风险评价。例如，气候变化情景下区域农作物产量的模拟和预测（Kumar，2001）。相对于历史统计法，未来情景分析法，显然考虑了气候平均状态的特征值，如全球平均气温升高 1℃或 2℃的情景下，由气候变化所产生的环境风险，但是其仍然属于一种静态的风险评价方法。基于灾害发展过程、灾情形成机理的系统模型的动态风险评价方法，越来越引起人们的重视，已发展成灾害风险评价的一个重要方向（张继权等，2007；Renn，2008）。例如，从成灾机制角度出发，利用表征机理与过程的作物模型，进行风险评价，已取得了长足的进展，为开展动态风险评估奠定了良好的基础。由于该方法的机理性强、同时可以模拟出不同灾情、不同作物、不同生长环境和管理措施等可能出现的结果，因此对极端气候事件引发的农业灾害的影响评价具有重要意义。

近年来，国际上先后实施了三个自然灾害风险评估计划：灾害风险指标计划（DRI）、多发区指标计划（hotspots）和美洲计划（american programme）。DRI 以全球视角开发了相对脆弱性（死亡率值）和社会—经济脆弱性指标（24 个社会、经济和环境指标）（Pelling，2004）。Hotspots 定义了死亡、总的经济损失和经济损失率等 3 个风险指数，并绘制了单灾种省级（州）分辨率的全球灾害风险区划图。美洲计划通过定义不同灾害指数[灾害赤字指数（DDI）、地方灾害指数（LDI）、普适脆弱性指数（PVI）和风险管理指数（RMI）]（Dillcy et al.，2005），建立了基于系列变量的灾害风险模型来评价不同国家风险等级。中国学者也先后进行过环境风险的相关研究。例如，Wang 等（2006）通过建立农业干旱化指标体系，分析农业脆弱性，评估干旱化对中国农业造成的可能损失；胡爱军等（2009）以 2008 年中国南方冰冻雨雪灾害为例，应用非正常投入产出模型评估了电力和交通基础设施破坏造成的间接经济损失，总损失超过 100 多亿元。蒋卫国等（2008）分析了 1990～2000 年马来西亚洪水灾害风险演变规律，发现空间分布格局及时间演变过程上都发生了显著变化，表现为高风险区与较高风险区的面积在增加，较低风险区、中等风险区的面积在逐渐减少。王耕等（2007）则从地理科学和安全科学的角度出发，考虑灾变和缓变的差异性，以辽河流域为例探讨了生态安全灾变风险与态势问题，意在揭示生态安全灾变的规律，建立了生态安全风险演变与分析方法。另外，佘升翔和陆强（2010）基于环境风险具有不确定性、时间距离、空间距离和社会距离等特点，建立了研究环境风险演变的理论框架体系。但是，由于上述研究的风险表征指标未包含致灾因子（环境风险因子）可能造成的损失，因此并不是纯粹科学意义上的风险评估。

当前国际风险评价多是针对单灾种，少数针对多灾种，很少针对灾害链（Margaret 等，2005；史培军，2003）。史培军（1991）将灾害链定义为由某一种致灾因子或生态环境变化引发的一系列灾害现象，并将其划分为串发性灾害链与并发性灾害链两种。由于社会-生态系统对风险的传递和放大，由某一小灾害事件引发的多灾害的链式反应可能比一个大灾影响更大、更具破坏性。因此，基于单灾种的风险评价理论已经不能适应目前的环境风险评价。正因为如此，近年来学术界开始关注基于"灾害链风险评估"的方法，特别是巨灾造成的灾害评估通常都属于"灾害链风险评估"问题。目前国内外基于灾害链的风险评估研究尚处于探索的初级阶段，可以借鉴的成熟研究成果很少。

环境风险的形成是一个复杂动力学过程，因此，可望运用已有的成熟复杂系统理论来评价社会-生态系统中的灾害链风险（Gell-Mann，1994；Kauffman et al.，2010）。Rene Thom 30 多年前就提出了突变理论，将自然界中各种形态的发生归因于对称破缺和分叉突变，提供了一个关于形态发生的数学描述。同时，史培军（2002）提出的灾害系统动力学模型，将灾害形成"机理"与灾害形成"过程"耦合，其中"机理"是定量表达灾害形成过程中各要素之间相互作用的函数关系，"过程"是定量展示灾情在离散时段的状态函数。目前的难题是如何定量地表述灾害链之间的能量传递规律或动力转变过程，特别是对能量扩散与衰减的估计，结构分布格局的定量表达，能量-结构响应曲线的建立，对灾害链的主次因素考虑等。在渐发性灾害动力学模型的建立中，"临界阈值"（critical threshold）的确定，"累积效应（accumulative effect）"的认识，机理复杂性的理解，环境场空间边界的确定，演化过程的重建和对"反馈机制"的认识等对解析环境风险形成与演化的复杂性和动力学机制至关重要，然而目前相关研究仍十分缺乏。因此本研究面临许多挑战，但同时也为取得创新突破提供了契机。

3）环境风险的区域分异规律及其区划研究

国际科学联合委员会（ICSU，2008）指出环境风险研究必须同时包含自然和人为因素引发的灾害风险，其中人为影响既包括气候变化，也包括土地利用变化带来的易损性变化。相应的，同时考虑气候变率、气候变化和易损性变化的风险格局演变机制研究，已成为当前环境风险区域规律研究的主流（Prabhakar et al.，2009）。当前三个重要的国际环境风险研究计划都采用过往的灾害记录估算风险，其分析结果无法对未来环境风险变化提供足够的指导；同时，IPCC（2007）的研究报告过多强调气候变化带来的"新"灾害，对人类社会为降低灾害脆弱性所做的努力考虑严重不足。因此，世界减灾大会提出环境风险区域规律研究应该在已考虑的气候自然变率基础上，分析气候变化带来新风险的影响。因此，结合气候变化适应性和灾害理论，研究气候变化以及社会环境变化对环境风险格局的影响，其关键问题是阐明环境风险区域分异的形成机制，甄别气候变化和土地利用/覆盖变化对环境风险格局变化的贡献。

IPCC（2007）分析了过去气候变化，进而预估了未来气候可能的时空变化，以及由此导致的农作物产量、土地退化、人群死亡风险的改变。虽然IPCC报告指出改善土地利用管理可以更加适应气候变化，但是当前的研究较少评估以减灾为目的已经采取了的适应性措施的影响，更少诊断土地管理不善和气候变化耦合形成的环境风险。在土地利用/覆盖变化（LUCC）执行战略（Lambin et al.，1999）的推动下，LUCC研究取得了显著进展。Liu 等（2010）分析了中国近期土地利用变化，认为政策和经济驱动是导致我国土地利用变化时空差异的主因。但是，当前LUCC的环境效应分析主要集中在土地利用变化对环境的直接影响，较少分析与气候变化耦合作用下产生的环境风险，也未能定量评估相关因素带来的可能损失。针对构成环境风险各相关要素时空变化在国内外已有不少研究，但是这些研究通常只强调了影响构成环境风险时空差异的某一方面，在历史风险格局和未来风险格局变化之间、模型模拟估算和历史灾害记录之间都存在严重脱节，因此综合分析、对比环境风险各相关要素时空变化是环境风险研究的重要发展方向，也是国际减灾战略确定的核心活动之一（ISDR，2008）。

环境风险综合区划是有效防范环境风险的基础，是制定适应性对策的重要科学依据。国内外开展了一系列灾害风险综合区划研究。例如，世界银行提出的"自然灾害热点"事实上就是一种综合区划方案（Dilley et al.，2005）。自然灾害综合区划已被列为中国21世纪议程的防灾减灾优先行动之一，已有多位学者开展了全国性自然灾害以及生态风险区划研究（王平，1999；付在毅，2001；邢鹏，2006）。但是，基于有限的数据将中国划分为高环境风险区域的研究结果，引起了科学界和政府机构的广泛争议（Margaret，2005；UN-ISDR，2009）。另外，当前灾害风险区划都是基于对历史灾害格局的认识。然而，全球变化下的环境风险可能存在较大的不确定性，已有的灾害风险区划难以对全球变化下的风险管理提供足够指导。因此，在深入认识气候变化和 LUCC 对环境风险影响的基础上，提出适用于现在和未来的综合环境风险区划方案是当前环境风险管理的迫切要求，是综合区划研究的重要发展方向（Sperling and Szekely，2005）。

4）综合环境风险防御的适应性理论和方法研究

适应是指一个系统通过改变自己的行为从而更好地应对即将发生或已经存在的外部影响，而这种改变的能力则被称为适应能力（Smit et al.，2000；2006），这与我国科学家叶笃正等（2001）强调在"人-地系统"中通过"有序人类活动"使得自然环境能在长时期、大范围不发生明显退化，甚至能持续好转的同时，满足当时社会经济发展对自然资源和环境的需求的认识基本一致。Smit 等（2000，2006）提出了适应气候变化及其影响的主体框架，即要求首先回答"适应什么""谁或者什么来适应""适应如何产生"以及"适应有多好"等问题。全球环境变化下的环境风险适应内容，一方面可以针对环境风险的脆弱性而展开，包括对暴露性、敏感性的降低和设防能力的提高等（Adger et al.，2005；Smit and Wandel，2006）；还可以通过提高应对致灾事件的恢复能力得以实现，如应急响应能力、转移分摊能力、重建能力和再发展能力（Turner et al.，2003；Luers et al.，2003）。同时，我国科学家刘燕华等（2004）、陈宜瑜（2004）认为适应性研究的关键是综合评价全球变化影响的利弊，区分有利和不利的变化，识别受损和受益的部门，认识直接影响和间接影响。不同决策者对适应的具体内容会有所偏好。在 IHDP-IRG（2009）的框架下，则采用引起风险事件的"转入"和"转出"理论来讨论适应内容。对"转入"适应的核心是提高"转入"的门槛，即通过降低脆弱性来实现（Adger et al.，2005；Smit and Wandel，2006）；"转出"适应则是促使社会-生态系统迅速和有序地向正常状态恢复，其具体内容上近似于针对恢复性的适应，即提高恢复性水平。然而，"转入"-"转出"适应比针对脆弱性和恢复性的适应更强调应对能力的动态变化和全面提高减灾资源利用效率与效益的水平。

在全球变化影响下，适应对象主要针对农业生产系统和大都市区生活与生产系统。农业生产系统是在全球变化影响下环境风险的"高暴露-高脆弱"系统，全球变化给农业生产系统造成的直接影响及其后续的社会经济影响是广泛而深远的，尤其对粮食安全的影响（FAO，2007）。同时，频繁的人类活动、温室气体的大量排放等使得大都市也成为全球变化下的高风险区（Wilbanks et al.，2007）。气候变化已经导致了城市化地区面临更多的极端天气事件（如洪涝、台风和风暴潮等）的影响；另外，当前在中美洲、亚洲和非洲等大部分地区出现了干旱化趋势，使得本来用水比较紧张的城市地区面临更严峻的挑战，同时热浪、低温、冰冻、雨雪等极端事件也在不断发生，影响到整个社会经济领域。

制定适应性的对策主要遵循以下基本原则：应立足于区域特征；适应的核心是资源的管理与规划问题（Lobell et al.，2008）；适应是进行"成本-效益"分析基础上的优化选择；适应需依赖时空尺度（国家、区域、地方；短期、中期、长期），建立在政府、企业、居民等利益相关者共赢的基础之上（Adger et al.，2005），并关注适应性的效益、效率、公平和合法性；适应需要通过社会-生态系统的制度、经济、社会和生态四大子系统（IHDP-IRG，2010）分别实施的。例如，运用气候模型，针对不同的情景分析开展不同空间尺度上的结构优化（如产业结构优化、作物结构优化等）和规划调整（如土地利用规划、城市景观规划等），并将成果转化到适应性措施的具体制定中。

在执行适应性对策方面，可通过自上而下（Top-down）和自下而上（Bottom-up）两种方式的协同运作机制得以实现。自上而下的方法强调借助中央政府强有力的立法与政策手段，制定整体规划、宏观立法，为不同部门和行业创造适当的环境，该方法有利于中央对各部门、各单位进行综合协调优化（Otero et al.，1995；史培军，2005；史培军等，2006），此外，中央政府的事前政策与对策储备，有利于区域减轻由于气候变化导致的灾害风险，做好区域应对灾害事件的准备（Owens et al.，2003）。然而，由于不同区域的自然、政治、经济等的差异，国家层面的政策在很大程度上，往往不能满足区域、尤其是社区开展适应全球变化与环境风险的需求，因此需要自下而上的措施来补充和完善。本土知识（local knowledge）也是一个区域或地区应对全球变化非常重要的一个组成部分，它对于区域环境风险管理和综合环境风险评估起着极为关键的作用（Burton et al.，2007）。

因此，为了解决全球变化引发的综合环境风险防范中的适应性问题，亟须开展适应性的内容与范围；适应性对策的定量评估与优化；适应性对策实施中的协同运作；社会-生态系统适应行为对环境风险的反馈作用等方面的研究。

2. 亟待解决的问题

综上所述，全球变化与环境风险关系及其适应性对策研究存在以下四个亟待解决的问题。

国际综合风险防范科学计划（IHDP-IRG）仅提供了概念框架，没有具体实施的理论依据与计算方法，同时，现有研究缺乏系统阐明全球变化与环境风险关系的内在机理。

已有的相关研究没有很好的揭示环境风险"渐发—累积—突发"演进过程的本质，并且缺乏相应的综合环境风险定量评估模型。

目前对全球变化引起的环境风险区域差异的认识，仍然缺少更翔实的数据基础与综合分析的有效手段，特别是对中国在全球环境风险格局中的位置判断证据不足。

目前全球变化适应性研究主要针对气候变化的适应，缺乏针对全球变化引发不同时空尺度的环境风险的适应性研究。

1.2.3　全球变化与环境风险研究的意义

1. 国家需求

（1）提供全球变化与环境风险关系的诊断方法，提高环境风险变化的预估能力，制定适应全球气候变暖的长期发展战略，是保证国家生态安全和粮食安全、经济安全和国防安全急需参考的科学依据。

近几十年来，全球环境变化的速度和强度是历史罕见的，当前生存环境的恶化也达到了前所未有的程度，大范围水、土、气的污染，生物多样性的减少，土地退化和沙漠化，水资源严重短缺等已成为人类社会可持续发展的重大障碍。自 20 世纪 80 年代以来全球变化作为一个重大科学问题出现，至今已超越科技领域，成为影响当今世界发展的重大政治、经济和外交问题。系统和深入地开展全球变化与环境风险关系的研究，为中国在国际气候变化谈判中维护公平和正义，全面参与国际减轻灾害风险行动，最大限度地保障包括中国在内的发展中国家的权益亟需相关研究提供科学依据。

（2）定量评估全球变化对环境风险的影响程度和影响途径，提出综合环境风险定量评估的关键参数和模型，提高对环境风险的预估能力和精度，是中国有效应对环境风险、制订适应全球气候变化与环境风险变化长期战略的迫切需要。

针对全球气候变化议题，人类社会除了关心全球平均温度升高多少度，更加关心自己的国家和地区受气候变化与人类活动耦合作用的影响所形成的环境风险，这些关键问题涉及全球变化与环境风险的关系及其综合评估等方面（史培军等，2009）。对这些问题的研究不仅是 21 世纪国际地球科学的前沿，而且，对当今世界政治、经济发展和外交事务具有重大和深远的影响。中国的环境风险日益提高、并极有可能对我国社会经济可持续发展产生重大影响，迫切需要中国科学家立足于自主科技创新，产生高水平、可靠性强的环境风险定量预估的研究成果。

（3）揭示中国环境风险的特点及其在全球所处的水平，对比分析全球综合环境风险适应性对策的国别案例，制定中国自主发展的防御环境风险的适应性范式和战略对策，是中国有效应对国际气候变化外交谈判和科学制定风险防范政策的科学基础。

气候变化与人类活动对生物圈结构和功能造成了越来越严重的影响，也给社会经济的可持续发展带来了严峻挑战（Turner et al.，2003）。中国的环境变化迅速、生态系统退化加剧，环境风险形势日益严峻，亟待提高中国参与全球环境变化的国际合作能力。现有的经济和产业结构体系，在全球变化快速演进的条件下，是否还能适应未来环境风险防范需求？仍面临较大不确定性。如何调整经济和产业结构？以适应未来可能发生的变化，达到综合风险防范"趋利避害"的目的，是在战略层面上国家正在面临的重大任务和挑战。随着中国社会经济的快速发展，对环境风险的应对能力和中国可持续发展的保障能力，都提出了更高的要求，迫切需要开展全球变化与环境风险关系的研究工作，科学地评估我国与全球环境风险变化的发展趋势、环境风险对人类生存、经济与社会的影响，从而提出合理的应对策略，这既是满足国家重大战略决策的需求，也是加快综合风险防范科学与灾害风险科学发展的重大举措。

（4）全球变化与环境风险关系及其适应性范式研究，是地球系统科学联盟中三大国际计划的核心内容之一，也是综合风险防范（IHDP-IRG）与综合灾害风险研究（IRDR）的重点突破方向。

在地球系统科学联盟（ESSP）中，以研究地球系统中生物地球化学过程为主要内容的国际地圈生物圈计划（IGBP），以研究物理气候过程为主要内容的世界气候研究计划（WCRP）和以研究人类与全球环境变化相互关系为主要内容的国际全球环境变化人文因素计划（IHDP），这三大国际计划之间的界限越来越重叠和交叉。未来国际全球变化研究将围绕下列热点展开：①不同尺度气候变化的变率及其自然与人为原因辨识；②地球系统各圈层之间及区域之间的相互作用过程；③人类活动对全球变化的影响；④全球变化的影响、风险与适应；⑤全球变化的观测、监测和数据融合；⑥地球系统模式的研制和改进及全球变化的模拟与预测。这些国际计划需要提供发展中国家制定环境风险防御范式的科学依据，本项目的研究结果将为中国引领和参与国际科学计划、提升我国在地球系统科学联盟中的话语权起到积极的推动作用。

通过建立风险防御范式改善全球环境条件是人类适应全球变化的一个重要途径。但由于综合风险防范对科学、技术和管理的要求很高，长期以来关于范式的研究在发达国家一直处于领先地位。目前，北京师范大学在 IHDP 框架下成功推动了国际综合风险防范科学计划（integrated risk governance）的论证、评审和启动，在综合风险防范领域上做出了积极的贡献，在国际学术界争得了一席之地。然而，由于一直没有设立环境风险机理、评估与防御范式的重大研究项目，先前一些科学家主要从事零星分散和孤立的研究工作，使得该国际核心科学计划实施带来的机遇没有得到充分的利用。与此同时，国际科学理事会、国际社会科学理事会和联合国国际减灾战略共同实施的综合灾害风险研究（IRDR）计划，也迫切需要科学界加快开展全球变化与环境风险关系和适应性范式的系统研究。因此，本研究提出的综合环境风险研究对国际国内都有重大需求。

2. 科学意义

（1）解析全球变化与环境风险的关系，了解未来气候变化情境下环境风险的变化趋势，将有助于加深对全球变化与人类活动关系本质的认识

针对上述国家重大需求，亟需开展全球和中国的环境风险驱动力的研究，揭示环境风险形成和发展的机理与过程，为制定环境风险适应性对策提供科学依据。全球环境变化对社会、政治、经济的可持续发展已造成严重影响，如农牧交错带经历的长期和持续的干旱化问题。大量历史学家和考古学家提供的证据表明，虽然社会-生态系统能承受住个别、单次高强度的旱灾，但是，持续性的干旱化所引起的区域自然资源承载能力的衰退和人类掠夺行为（如战争）直接导致了人类大规模的被动迁徙和文明的没落。揭示不同等级环境灾害事件发生的频率是否增加？未来气候变化情境下环境风险是否存在增高趋势的研究？有利于正确认识全球变化与人类活动关系的本质，有利于阐明全球变化与环境风险的关系。

（2）构建综合环境风险的评估体系和量化模型，有利于提高对环境变化影响程度的总体预估能力与科学水平，有利于推动中国全球变化科学实现突破性发展。

生物过程与物理、化学过程的相互联系产生的全球环境问题的研究，从 20 世纪 90 年代进入了一个新的时期，主要表现在从认识地球系统基本规律为主的纯基础研究，扩展到与人类社会可持续发展密切相关的生存环境实际问题的研究；从研究人类活动对环境变化的影响，扩展到研究人类如何适应全球环境的变化。建立环境风险的评估体系和量化模型的研究，揭示环境风险复杂系统中各要素间的相互关系和耦合机制，建立表征灾害链风险传递和放大效应的综合环境风险评估模型，降低环境风险评价的不确定性和提高其评估的可信度，有利于提高对环境变化影响程度总体预估水平和能力的科学水平，有利于推动中国全球变化科学实现突破性发展。

（3）利用环境风险的模拟结果，可以解析中国与全球环境风险的特点和时空格局，定量评估中国与全球环境风险水平并进行区划，在此基础上系统地提出我国综合环境风险防御的适应性范式，为促进综合风险防范科学发展做出积极贡献。

环境风险的适应性是降低社会-生态系统脆弱性对风险转入的影响，同时提升社会-生态系统恢复性促进风险转出过程，提出人类社会适应环境风险的防御范式将使环境风险的直接和间接的影响大大降低。社会-生态系统宏观层面的结构优化和微观层面的功能优化，以及"自上而下"与"自下而上"协同运作机制的实现，有利于建立我国综合环境风险防御的适应性范式，可进一步增强目前全球变化适应性对策的合理性。加深对这些对策能否适应未来环境风险防范需要的理解与认识，能够指导国家制定应对全球环境变化方案和行动计划，进而提高国家可持续发展能力，为履约国际谈判、践行国际权利与义务等做出贡献。

（4）开展综合环境风险的研究，是实现推动中国环境风险研究和综合风险防范科学发展的重要步骤，有利于加大多学科联合研究的力度，提升我国在全球变化与环境风险关系和其适应性范式研究的创新能力，促进综合风险防范科学及灾害风险科学的加快发展。

目前环境风险评估和适应性研究现状中的局限性，严重制约了对我国环境风险机理、过程、模型和适应本质等的研究工作。目前，要从科学的角度准确的回答这些问题存在极大的困难。已有的研究尚不能准确的回答未来几十年全球环境风险趋势是否有进一步增高的可能，以及这种增高趋势是否会导致生态系统服务功能及社会发展能力的下降。已有的研究表明，温度升高一旦超过某一阈值，不利的天气状况可能会相对增多，这些伴随大气环流的持续异常，气候型态可能会发生转变。若未来几十年气候突变一旦发生，势必会造成气候冷暖交替或旱涝转换扰动，触发生态灾难、气候灾害的频发，无疑会对我国的工业、农业产生巨大影响，特别是对我国粮食主产区和大都市区的影响，潜藏着很大的危险性。因此，无论是公众还是政府都应该对此有清醒的认识，必须有充分的战略准备和加强多学科联合研究的能力。

本研究在全球变化与环境风险的形成机理、过程演变与综合评估，环境风险区域规律、适应性对策等理论和技术方法等方面，取得创新成果和突破性进展，对国家制定应对气候变化方案和行动指南等方面具有重要科学价值与实践意义。

3. 引领未来科学和技术发展的贡献

本书在全球变化与环境风险形成机理、环境风险的复杂演变过程模拟和评估模型、中国环境风险在全球环境风险格局中所处的水平及其区域规律、全球与中国环境风险防御范式等学科前沿问题研究方面，有可能取得突破性进展。

揭示全球变化与环境风险的关系及环境风险形成的机理，预估环境风险的变化趋势。

定量评估环境风险的强度及其传导过程与路径，发展表征环境风险复杂性演变过程的模拟方法，建立综合环境风险评估模型。

解析中国在全球气候变化过程中所承受的环境风险的特点和水平，拟定中国环境风险与气候灾害风险的区划方案。

构建环境风险适应性的协同运作机制，提出基于结构与功能调整和协同性优化的环境风险系统适应能力的评估方法，建立全球与中国综合环境风险防御的适应性范式。

促进中国综合风险评估能力的提高和灾害风险科学的发展，为国家有关部门制定全球变化与环境风险适应性对策提供科学依据，促进我国国民经济与社会的可持续发展。

1.2.4 全球变化与环境风险研究框架

1. 总体研究思路与技术途径

1）学术思路

本书学术思路如图 1.3 所示。

2）技术途径

本研究利用对地观测数据、基础地理数据、社会经济数据、生态系统数据、气候灾

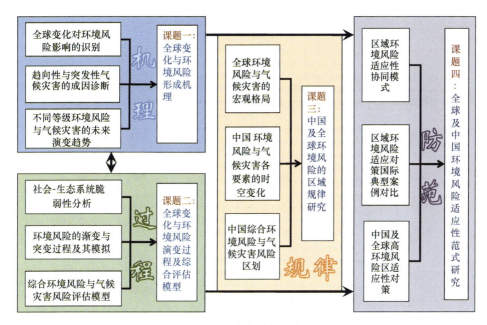

图 1.3　本书学术思路

害数据及其他辅助专题数据等，研究环境风险的成因诊断和预估方法、环境风险演化过程与量化模拟方法和环境风险的区域规律，提出中国与全球环境风险适应性范式。本研究的技术途径如图 1.4 所示。

气候系统诊断与模式分析　结合气候观测资料，建立全球气候突变值与渐变值的检测方法，研究全球变化引起的各个环境要素趋向性、累积性以及尺度效应，阐明全球变化与环境风险的关系及作用机理，在各种气候模式支撑下，预估未来气候变化背景下我国陆地环境、生态系统服务水平、气候灾害演变的趋势。

环境风险复杂系统动力学模拟　依据全球变化与环境风险的关系，建立社会-生态系统脆弱性评价指标体系与评价方法，在环境风险"渐变—累积—突变"过程模拟的基础上，建立表征"灾害链"传递与放大过程的综合环境风险评估模型。

区域环境风险数字制图　以全球变化影响下中国环境风险的有效管理为主要目标，基于数字制图技术，评价我国环境风险在全球及区域环境风险的水平及各环境要素的时空变化特征，在此基础上拟定我国环境风险的区划方案，识别中国高环境风险与气候灾害风险区。

实证案例分析　筛选全球及中国与全球变化相关联的巨灾案例，对其形成机理、演变过程及应对措施进行深入的调查与深度分析，验证对环境风险形成机理、演变过程与综合防御范式研究的理论与方法，特别是综合环境风险评估模型的精度。

综合环境风险适应性范式的制定　通过对全球高环境风险区的案例对比，筛选表征防御环境风险能力的关键指标及有效制度，发展环境风险适应性的"转入"-"转出"理论，建立环境风险防御体系结构与功能适应及其优化方法，提出全球与中国综合环境风险适应性范式。

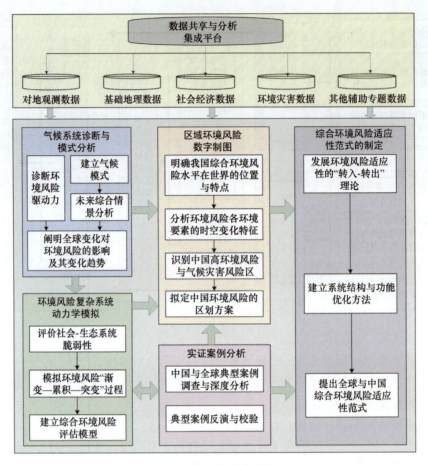

图 1.4　本研究技术流程

2. 与国内外同类研究相比的创新性与研究特色

1）创新性

阐明全球变化与环境风险之间的内在联系及驱动力的复杂性，建立综合环境风险的诊断方法，发展环境风险形成的"渐变—累积—突变"理论　传统的"剂量-响应"（dose-response）理论难以解释环境风险的形成与演变机理。建立全球变化引起的各个环境要素趋向性、累积性以及尺度效应的分析方法，阐明全球变化与环境风险之间的内在联系及驱动力的复杂性，发展环境风险研究的"渐变—累积—突变"理论。

发展环境风险"渐变—累积—突变"过程的模拟方法，建立表征"灾害链"传递与放大过程的综合环境风险评估模型　对渐发性和累积性致灾因子的特征进行客观的表征，分等级建立概率模型与社会-生态系统脆弱性评价指标体系与方法，估计其影响程度，发展环境风险"渐变—累积—突变"的过程模拟方法。在"单灾种、多灾种"突发性灾害风险评估模型的基础上，建立"表征灾害链"传递与放大过程的综合环境风险评估模型。

发展环境风险防御的结构与功能协同运作模式的综合优化方法，构建综合环境风险防御适应性范式　在对全球与中国高环境风险与气候灾害风险区识别的基础上，针对环境风险形成的区域分异规律，建立环境风险适应性的"转入"-"转出"模式，发展环境风险防御的"自上而下"与"自下而上"结构、功能协同运作模式的综合优化方法,给出社会-生态系统脆弱性、恢复性与适应性为一体的不同等级环境风险综合防御的范式。

2)研究特色

定位站点观测数据与遥感对地观测、历史记录资料和实地考证资料相结合;多学科集成分析与气候系统诊断和模拟相结合,实证分析与模型模拟相结合,渐发性和突发性环境风险诊断相结合;分尺度揭示社会-生态系统复杂性及环境风险的形成机理及演变趋势;基于"灾害链"的定量化环境风险综合评估体系,编制高精度和高分辨率的中国与全球环境风险与气候灾害风险图;建立环境风险"转入"与"转出"相结合的适应性范式与对策。

3. 全球变化与环境风险研究的主要内容

1)本研究解决的关键科学问题

如何从狭义环境风险的"剂量—响应"理论,发展为广义环境风险的"渐变—累积—突变"理论,并进而诊断全球变化对环境风险的影响途径?全球变化特别是气候变化引起的环境风险,是一个系统而复杂的科学问题,传统上对狭义环境风险诊断与评价所发展的"剂量-响应"理论难以解释广义环境风险的形成与演变机理,以此所建立的环境风险预估模式,很难阐明全球变化与环境风险之间的内在联系及驱动力的复杂性。因此,通过对全球变化引起的各个环境要素变化的趋向性、累积性以及尺度效应的分析,并对其达到社会—生态系统承受的临界阈值进行测度,建立一整套广义环境风险研究的理论与方法论,为建立系统的环境风险形成机理的诊断体系、综合环境风险评价体系和模型,以及综合环境风险防御对策奠定科学基础。

如何从"单灾种和多灾种"风险评估模型,发展为可以表征"灾害链"特征的综合环境风险评估模型,进而解决综合环境风险评估中量化、模拟与预估的问题?已有的环境风险评估多是"单灾种、多灾种"环境风险评估(Dilley et al., 2005)、并只注重突发性的致灾因子,没有考虑到渐发性的、累积性的致灾因素,以及由灾害链传递和放大作用形成的系统性环境风险。在已有定性的综合环境风险评估模型(Risk= Hazards × Vulnerability, ISDR 2004)的基础上,对渐发性或累积性的致灾因子分等级建立概率模型,并结合社会-生态系统的脆弱性评价模型,发展能够定量估计综合环境风险的方法与模型。利用复杂系统动力学方法、归因分析和复杂网络理论等手段,建立社会-生态系统所承受的综合环境风险渐变—累积—突变的过程模拟。综合评估生态环境与气候灾害事件导致的直接与间接经济损失和影响,通过典型的重、特大生态环境与气候灾害案例,对所发展的方法和模型进行验证与改进,提出综合环境风险与气候灾害风险评估模型。

如何评价中国环境风险的特点及其在全球环境风险水平中的位置,进而解决以制度设计为核心的综合环境风险防御的范式问题?环境风险的空间格局对区域经济社会的布局有着重要的影响。目前,国际上对全球环境风险格局的初步研究结果表明,中国是环境风险的高风险区域(Dilley et al., 2005)。但是,由于这些研究缺少足够的数据基础(ISDR, 2008),其研究结果引起许多争议。因此,通过对全球环境风险宏观格局的研究,以客观地判定我国环境风险在全球环境风险中的位置有着重要的实践价值。对环境风险的适应性对策研究主要集中在对气候变化的适应性领域，很少从综合的角度考虑将气候变化引起的环境变化、生态系统变化和气候灾害风险在区域上统筹考虑，并对适应的对象、内容、主体、方法和尺度的系统性也缺乏整体性的理解和认识，特别是关于环境风险适应的理论基础与优化方法的研究仍然处在起步阶段。因此，以环境风险适应性的"转入-转出"理论为基础，以复杂系统动力学与福利经济学方法为手段，建立环境风险适应的结构与功能优化及协同运作模式的综合集成方法，以解决社会-生态系统脆弱性、恢复性与适应性为一体的，以制度设计为核心的综合环境风险防御的范式问题。

　　2）主要研究内容

　　全球变化与环境风险形成机理　研究全球变化对环境风险影响的驱动力因子特征，发展环境风险形成的"渐变—累积—突变"理论，建立各个环境要素趋向性、累积性以及尺度效应的分析方法，研究近几十年来，不同等级环境风险与气候灾害发生频率的变化情况，揭示全球气候变化情景下的内部驱动和外界强迫对环境风险的影响，预估环境风险的变化趋势，揭示全球变化与环境风险的关系及其作用机理。

　　全球变化与环境风险演变过程与综合评估模型　分析全球变化引发的单灾种、多灾种和典型灾害链环境风险演变过程和互动机制，建立环境风险和气候灾害风险的综合评估指标体系，以及社会-生态系统对全球变化引发的环境风险因子脆弱性评估量化模型，建立并发展综合环境风险"渐变—累积—突变"的过程模拟方法，构建环境风险直接损失和间接损失定量化评估指标体系和评估方法，在已有的定性综合环境风险评估模型基础上，给出能够定量估计综合环境风险的方法与模型。

　　中国及全球环境风险的区域规律研究　对全球尺度的环境风险进行评估，编制全球环境风险宏观格局图，厘定我国环境风险水平在全球的位置。研究中国环境风险各要素的时空变化，结合未来气候变化情景，诊断我国环境风险区域分异的变化趋势，编制中国和全球环境风险地图，辨识中国高环境风险区，并阐明其形成原因，提出中国综合环境风险与气候灾害风险区划的理论、方法及方案。

　　全球及中国环境风险适应性范式研究　基于一般性的"转入"-"转出"理论，发展适合于综合环境风险防御的"转入"-"转出"适应性理论；开展由全球变化引发的环境风险防范模式的国别比较，构建综合"自上而下"和"自下而上"的综合环境风险防御协同运作模式，发展环境风险适应能力评估与综合优化方法，系统地提出全球综合环境风险防御的宏观范式和我国典型区域不同等级环境风险的适应性对策和范式。

1.3　全球变化与环境风险研究取得的主要进展与标志性成果

　　在项目组及各课题组的努力下，全球变化与环境风险关系及其适应性范式研究，取得了显著的进展。项目与课题都完成了预期的目标，就第二节提出的关键问题，也给出了具体的答案。项目共发表第一标注的论文 201 篇，其中 SCI（E）检索论文 96 篇；出版"《世界自然灾害风险地图集（英文版）》、《中国环境风险地图集（英文版）》各一册，专著一部。

在全球气候变化与环境风险形成机制、气候变化风险评估模型、全球与中国环境风险区域规律、社会-生态系统环境风险综合防范模式以及自然灾害风险评价与制图等领域取得了一些标志性成果。为国家防灾减灾规划、自然灾害保险、重特大自然灾害评估与应对提供了科学依据和科技支撑。

1.3.1　全球和区域主要环境风险形成机理与预估

1. 全球和区域主要环境风险形成机理

1) 全球热害风险形成机理

利用北极海冰和积雪覆盖的卫星遥感数据以及再分析资料,探讨了中纬度地区高温热浪天气和冰雪消融之间的联系。结果表明,北极冰雪消融可能导致中纬度地区出现更多高温热浪天气;随着全球升温,高温热浪变化具有明显的区域特征,北美和亚欧大陆人口密集地区比其他地区遭遇更多高温热浪危险的威胁。其机理是气候变化下北极增温高于中纬度,导致中高纬之间温差减少,西风急流减弱,为形成高温热浪提供了有利的环流条件(Tang et al.,2014)。

2) 中国热害风险形成机理

利用 CMIP5 的 20 个模式积分 140 年的结果表明,由于 CO_2 引起的增暖,极端暖事件频次增加且强度增强,即一年中最热天(TXX)温度显著升高,20 个模式升温幅度为 0.26～0.59℃/10a,多模式集合结果为 0.46℃/10a;一年最冷天(TNN)响应(4.7%/℃)比 TXX(3.5%/℃)要大得多。因此,大多数模式表明温度日较差(DTR)微弱减小,多模式集合结果仅为–0.5%/℃,但是各模式间的差异较大。(Chen and Sun,2014)。

由于 CO_2 排放增加引起的增暖使得中国的作物生长期(GSL)以 0.97%/10a 速率增加。就全国平均而言,和控制试验相比,GSL 在 CO_2 倍增情景下,会增加 12.5d,在 $CO_2$3 倍情景下,增加 22.8 天。热持续指数(WSDI)对 CO_2 增暖的敏感性最高,即每升高 1℃,将延长 4 倍甚至 5 倍,但是模式间差异较大(Chen and Sun,2014)。

通过分析 34 个 CMIP5 模式结果,表明全球升温 2℃时中国近半地区出现酷暑的概率超过 99%。若未来某地夏季多年均温超过历史期酷暑温度,将对人口和经济产生较大的影响,称之为高温敏感区。随着全球升温,中国高温敏感区占面积比大于全球平均,表明中国面临更大威胁(Leng et al.,2016;Leng et al.,2015;Tang et al.,2013)。

3) 中国干旱风险形成机理

在世纪时间尺度上,干旱为增强趋势的地区有:东北、华北、华中、西南地区,干旱为减弱趋势的地区主要为:华东地区。从 20 世纪 80 年代末期以来,中国西北地区的降水显著增加,同时干旱状况显著缓和,然而从世纪的时间尺度上看,中国西北地区则表现为最强的变干趋势。中国北部地区,干旱变化对温度的响应较强,而在中国南部地区,干旱变化对温度的响应较弱,而对降水异常的响应较大(Chen and Sun,2015)。

SPEI_PM 指数在监测中国干旱时要优于 SPEI_TH 指数,尤其是干旱地区。另外,SPEI_PM 指数对中国观测的土壤湿度和河流径流量都有很好的刻画能力(Chen and Sun,

2015）。2009/2010 年干旱过程的环流异常主要体现在：青藏高原上空反气旋异常，贝加尔湖、阿拉伯海气旋异常，菲律宾—南海—孟加拉湾地区反气旋异常（位置偏西，且暖池区域上空的西太副高西伸），中东急流减弱。干旱区呈现中纬度干冷空气异常南下，气流异常下沉的特征（Yang et al.，2013）。

青藏高原和菲律宾—南海—孟加拉湾地区反气旋异常以及中东急流强度的降低使得南支槽减弱，向西南地区的水汽输送减少。贝加尔湖上空的气旋异常引起东亚大槽加深西移，槽后的干冷空气易于从西北方向侵入中国西南一带。水汽输送减少和干冷空气南下引发中国 2009/2010 年西南地区的干旱（Chen and Sun，2015）。

4）中国强降水风险形成机理

对于东北地区，强降水事件发生频次在 20 世纪 60 年代、80 年代、90 年代偏多，而在 70 年代、21 世纪初偏少；对于华北地区，20 世纪 60 年代、70 年代 90 年代偏多，而 80 年代、21 世纪初偏少；对于黄淮地区，20 世纪 80 年代、21 世纪初偏多，而在 20 世纪 70 年代、90 年代偏少；对于长江中下游，60 年代、21 世纪初偏多，而在其他时期偏少；对于华南地区，20 世纪 70 年代、90 年代偏多，而其他时期偏少。中国东部年降水量的变化与强降水事件有密切关系（Chen et al.，2012）。并且，强降水事件天数的变化对年降水量有重要的贡献，而强降水事件的强度对年降水量变率的贡献相对较弱（Chen and Sun，2013）。湿润地区降水量的变化趋势主要是由极端降水的变化引起，而干旱区域则主要受到非极端降水变化的影响。因此，变暖背景下极端降水事件的增加会使湿润的地区更加湿润，而非极端降水事件的减少会使干旱的地区更加干旱。

过去 50 年，随着冬季变暖的加剧，中国冬季降水和极端降水与温度在年代际尺度上表现出一致的增加趋势。在 20 世纪 80 年代，中国冬季降水、极端降水发生了一致的年代际的突变。另外，冬季极端降水对变暖的敏感性强于平均降水（Sun and Ao，2013）。冬季北极涛动与中国 P80th 呈正相关。在 287 个站点中，238 个站点具有正相关，90 个站点为负相关，信度水平均超过 95%。具有较高水平正相关的站点主要分布在中国的中南部。北极涛动与中国中南部 P80th 的关系可能与 2 个因素相关：中东急流和南支槽活动。北极涛动正位相通常伴随着强中东急流和南支槽活动，这将导致从西亚到孟加拉湾的天气扰动增强。因此，南支槽活动的增强可能使中国中南部地区水汽供应和空气上升运动加强。所以，中国中南部地区的降水和极端降水事件频率增加（Mao et al.，2011）。

强火山喷发后东亚夏季风显著减弱，强火山喷发后 1~2 年中国东部地区为南风异常，同时，华南华北降水减少而江淮流域降水增多，降水异常空间分布与东亚夏季风减弱型降水异常分布相似，即"南涝北旱"（Cui et al.，2014）。

5）中国台风风险形成机理

西北太平洋热带气旋活动特征于 20 世纪 90 年代末期存在显著的年代际变化。热带气旋生成数目在西北太平洋南部（S-WNP：5°~20°N，105°~170°E）表现为显著的减少，而在西北太平洋北部（N-WNP：20°~25°N，115°~155°E）呈现少许的增加，并且热带气旋西北移动路径呈现显著的增强，并成为西北太平洋热带气旋移动的最主导路径，而西移路径以及东北转向路径却表现为不同程度的减弱（He et al.，2015）。

热带气旋活动频数的变化主要受控于热带气旋生成频数变化、移动路径迁移以及局地生命期变化这三方面因素。而热带印度-太平洋海表面温度的年代际突变是影响上述这三方面因素变化背后的实质原因。变暖停滞期内（1998 年至今），菲律宾海（5°～25°N，125°～140°E）内 9 月强台风活动频数在 21 世纪 00 年代中期之后呈现为显著的增加。菲律宾海强台风活动频数的异常增加主要归因于局地热带气旋生成数目的增加，以及有利热带气旋增强的大尺度环境。其中，菲律宾海内热带气旋生成数目的增加主要是由于动力场的贡献所致，具体为低层相对涡度的正异常以及异常的上升运动，它们对应于季风槽的西南向迁移及加强（He et al.，2016）。

在有利的大尺度环境变量中，由于水汽通量辐合加强导致的相对湿度增加在热带气旋增强中起到了关键作用。这些有利于菲律宾海强台风活动的大气环境条件，主要是与 21 世纪 00 年代中期热带印度-太平洋海表面温度的变化有关。除此之外，热带气旋对于环流场的正反馈作用同样有利于菲律宾海强台风活动频数的异常增加（He et al.，2016）。

2. 全球和区域主要环境风险预估

1）CMIP5 耦合模式对平均气候以及极端气候事件的模拟性能

全球耦合模式是进行未来气候变化预估研究的最有利手段之一。从全球、东亚、中国不同空间尺度上系统评估了 CMIP5 耦合模式对平均气候以及极端气候事件的模拟性能，并与 CMIP3 的结果进行了比较。CMIP5 模式能够很好地再现不同尺度平均气候的空间型分布，也能够较好地模拟出极端气候事件的气候态分布特征，但对于年际变率的模拟仍然较弱。

相较于 CMIP3 模式，CMIP5 模式对东亚以及中国地区平均降水的模拟能力有了一定的提高，但依然明显高估了其降水频次（主要是高估弱降水频次所引起）。对于极端降水来说，多模式集合能够很好再现东亚及中国地区强降水高频中心，但仍然低估了主要降水中心的强降水频次，而高估了低纬度海洋地区的强降水。虽然如此，多模式集合模拟的强降水比降水频次更接近观测结果。

所有模式都低估了强降水强度，而强降水强度的低估是造成降水强度低估的主要原因。而且 CMIP5 模式对中国温度的模拟仍然存在冷偏差。总之，CMIP5 模式对气候以及极端气候的模拟相比 CMIP3 都有了一定的提升，但模式之间的差异仍然很大（Chen and Sun，2013，2015）。

2）CMIP5 耦合模式对中国年均温度模拟结果

基于 CMIP5 耦合模式模拟结果，相比基准气候时段（1986～2005 年），中国年均增温在 21 世纪初期（2016～2035 年）四种情景下分别为 1.0℃（RCP2.6）、1.0℃（RCP4.5）、0.9℃（RCP6.0）和 1.1℃（RCP8.5）；至 21 世纪中期（2046～2065 年），增温分别为 1.5℃（RCP2.6）、1.9℃（RCP4.5）、1.7℃（RCP6.0）和 2.6℃（RCP8.5）；至 21 世纪末期（2081～2099 年），增温幅度有所增加，分别为 1.4℃（RCP2.6）、2.5℃（RCP4.5）、

3.0℃（RCP6.0）和 4.7℃（RCP8.5）（Jiang et al.，2015）。

在 RCP4.5 情景下，年温度显著变暖的信号最早出现在青藏高原北部和东部、西北南部和西南西北部，时间为 2006～2009 年；东北、华北显著变暖信号出现最晚，时间为 2015～2020 年。季节上，除了东北和华北显著变暖信号最早出现在秋季，其他地区显著变暖信号最早出现在夏季。季节显著变暖信号最早出现在青藏高原南部和东部、新疆东部和华南沿海，时间为 2008～2012 年；东北、华北季节显著变暖信号出现最晚，时间为 2015～2020 年（Sui et al.，2015）。

3）CMIP5 耦合模式对中国年均降水模拟结果

在 21 世纪初期所有排放情景下，降水相对于基准年增加范围为 2.5%至 3.5%；到了 21 世纪中期，中国区域年均降水相对于基准时段分别增加 6.2%（RCP2.6）、6.5%（RCP4.5）、5.3%（RCP6.0）和 8.4%（RCP8.5）；到了 21 世纪末期，降水增加幅度分别为 6.1%（RCP2.6）、9.3%（RCP4.5）、9.6%（RCP6.0）和 16.2%（RCP8.5）。

年降水显著增加的信号最早出现在青藏高原东部和北部以及新疆南部，出现时间在 2059～2090 年；年降水显著增加的信号其次出现在东北北部、华北、西北局部和青藏高原中南部，在 RCP8.5 情景下在 2060～2090 年，而 RCP4.5 情景下并未出现显著变化信号。

季节上，RCP4.5 情景下，降水显著增加的信号只出现在新疆南部的冬春季和四川中部的春季等极少部分地区；RCP8.5 情景下，季节显著增加的信号在北方大部分地区多发生在冬季，但在内蒙古西部发生在秋季，在青藏高原东北部发生在春季，在青藏高原西南部发生在夏季。季节降水显著增加的信号最早也出现在青藏高原南部、新疆南部和东北西北部，在 2050～2070 年；在南方、华北、东北南部和青藏高原中部等地，季节降水显著变化的信号直到 21 世纪末也未出现。其他地区季节降水显著增加的信号则出现在 2070～2090 年（Jiang et al.，2015；Sui et al.，2015）。

4）CMIP5 耦合模式对中国极端降水事件模拟结果

中国区域极端气候事件也发生显著变化。相比当前气候，在 RCP4.5 情景下，区域平均的毛毛雨降水频次将减少 3.7%，雨量将减少 3.3%。在 RCP8.5 情景下减少更多，频次和雨量分别减少 7.0%和 6.4%。在 RCP4.5 和 RCP8.5 情景下，小雨雨量分别相对增加 1.1%和 1.8%；大雨雨量分别相对增加 12.0%和 16.7%；频次分别相对增多 11.3%和 15.3%；降水强度分别相对增强 3.4%和 6.5%。在 RCP4.5 情景下，大雨频次增加 24.2%，强度增强 10.0%，雨量增加 25.3%。RCP8.5 情景下增幅更大，大雨频次增加 41.7%，强度增强 18.35，雨量增加 44.4%。

暴雨事件的变化是最显著的。相比当代气候，区域平均暴雨频次、强度和雨量在 RCP4.5 情景下分别相对增加 57.7%、44.7%和 62.9%，贡献率增加 19.5%。在 RCP8.5 情景下分别相对增加 135.9%、98.8%和 153.7%，贡献率增加 25.0%（Chen，2013）。

5）CMIP5 耦合模式对中国干旱模拟结果

在全球变暖背景下，中国区域有明显的变干趋势。相比基准时段，近期短期干旱发生次数在中国许多地区都明显增加,增加次数较多的地区主要位于华北东北部、内蒙古、新疆中南部、青藏高原和华南。

到 21 世纪中期和末期,短期干旱发生次数的增幅变大,增加最明显的地区位于内蒙古中部和新疆南部。不同于短期干旱,未来长期干旱的变化幅度较小,发生次数增加最明显的地区主要位于新疆中南部,其他如东北南部、华南、长江中游地区的长期干旱也有增加趋势,但变化幅度较小(刘珂和姜大膀,2015)。

6)区域模式对中国气候变化模拟评价

全球耦合模式的分辨率一般较粗,进行区域尺度气候变化分析和极端事件研究时,尚存在许多不足,研究结果也存在较大的不确定性。系统的模式评估显示,区域模式可以提高模式对中国气候,尤其是降水的模拟能力。

利用 GFS 预报资料驱动 WRF 模式,对北京"7·21"暴雨事件回报试验表明,WRF模式提前 36 小时即可预报出暴雨,同时,地形对"7·21"暴雨有至关重要的影响。针对中国东北季节暴雪,WRF 模式可以合理模拟出其时空分布,高分辨率表现出较大的优势,同时,暴雪对 WRF 模式的微物理过程和陆面过程更为敏感(Yu et al.,2013)。

利用 MIROC5 和 WRF 模式嵌套,进行中国高分辨率长期模拟,结果显示嵌套系统对中国平均气候及极端气候都表现出较好的模拟能力,对时空分布、变率及趋势等模拟都十分合理。而对中国下垫面复杂的西部干旱区,模式也表现出较好的模拟水平。利用多个嵌套模式系统,对中国西部干旱区未来气候变化进行预估分析,结果显示西部干旱区未来温度将持续升高,极端降水可能出现增多的趋势(于恩涛等,2015)。RegCM3预估结果则显示东亚冬季风未来可能会减弱(Sui et al.,2012)。

3. 环境风险形成过程

1)水分亏缺的累积效应及其对植被的影响

要理解水分亏缺的累积效应及其对植被生长的影响,需要首先分析反映植被生理干旱的 NDVI 异常值与反映水分亏缺累积状况的不同时间尺度的 SPEI 之间的关联性,从而构建反映植被差异的最佳的 SPEI 指标(SPEIopt),进而通过 SPEIopt 来揭示气候变化中的水分亏缺对植被影响的累积效应,从而更好的应用于树种水平或区域水平的干旱评估研究。为了确定不同植被类型最佳时间尺度,需将能够反映气候条件的气象干旱指数(如 SPEI)和能够反映植被生理干旱的指示器(如 NDVI 异常值)结合起来。

首先,基于不同气象站点多时间尺度的 SPEI 和生长季 NDVI 异常值值,利用皮尔逊相关分析计算 NDVI 异常值序列和 SPEI 序列的相关性,得到相关系数。其次,从中挑选出通过显著性检验($p < 0.05$)的相关系数及其对应的月份和时间尺度。最后,对气象站点按照植被类型进行分类,同时对每个气象站点相关系数最大值对应的 SPEI时间尺度进行概率统计,频率最高的时间尺度作为该植被类型最佳时间尺度(SPEIopt)。NDVI 异常值和 SPEIopt 呈现出明显的正相关,利用 SPEIopt 监测区域干旱格局(Li et al.,2015,2016)。

2）植被对干旱响应的渐变、累积与突变（临界值）

要准确评估气候变化对生态系统的影响，需要综合考虑气候因素变化的渐变与累积效应。基于美国西部 2002 年的大范围的极端干旱事件的案例分析表明，由树木年轮所获得的理论上的 SPEI 阈值在区域尺度上也具有适用性，它所揭示的阈值能够有效反映到大尺度的遥感干旱监测信息中。当干旱程度超过理论上的 SPEI 阈值时，NDVI 显著下降，标准化的植被异常指数低于 1 个标准差。NDVI 的显著降低原因是这些区域的森林受到的干旱胁迫影响大，出现了不同程度的树木顶枯或死亡，导致森林生态系统的退化。树木年轮综合了叶片的光合作用、活生物量的呼吸作用等多种过程，它是树木对干旱响应的综合反映，这与遥感监测的 NDVI 与 EVI 等植被指数主要反映的是叶片的绿度与光合作用强度不同，树木年轮更能反映植被净的碳收支能力。因此，轮宽与干旱之间的定量关系比遥感监测到的林冠的植被指数与干旱之间的关系更为重要，它反映的不是树木对干旱的瞬时响应，而是干旱对树木影响的长期累积与综合影响。

通过建立最优时间尺度上的 SPEI 与树木 RWI 的回归模型，确定了树木停止生长时所对应的气象干旱条件，可以揭示该树种生理干旱的阈值。通过研究不同树种的生理干旱阈值，有助于理解不同树种对干旱响应的差异，对进一步认识不同树种暴露在未来气候变化的脆弱性至关重要（Huang et al.，2015）。通过对干旱频发的云南省的天然林与人工林的对比研究发现，在正常年和短期干旱年间水分亏缺对天然林与人工林生长的影响一致，但在极端干旱年间，水分亏缺对天然林的影响更大。在未来极端干旱的频率和强度增大的气候变化背景下，更应关注对天然林的负面影响（罗惠等，2016）。

3）植被 NPP 与 NEP 对气候变化响应的非气候（人文）因素

气候变化与人类活动(森林砍伐、植树造林)均显著影响森林生态系统的 NPP 与 NEP。定量区分气候因素或气候变化的贡献率是评估气候变化对森林生态系统影响的基础。未去除林龄影响时，NPP 与温度、降水的关系为：温度升高 1℃，NPP 增加 28.6 gC/（m²·a）；降水增加 1mm，NPP 增加 0.4 gC/（m²·a）；剔除林龄影响后，Residual NPP 与温度、降水的关系为温度升高 1℃，NPP 增加 13.3 gC/（m²·a）；降水增加 1mm，NPP 增加 0.2 gC/（m²·a）；结果是：当忽略林龄因素潜在影响时，温度增高 1℃（降水增加 1mm）所导致的 NPP 增加量中的约 53%（50%）实际上是林龄（森林管理）等非气候因素导致的；如不剔除森林管理因素，气候变化的影响被显著夸大（Gao et al.，2016）。

1.3.2　环境风险综合评价模型

1. 多灾种传递影响模型

1）多灾种格局建模——时空聚类模型

引入时空扫描模型对区域多灾种进行可视化分析，发现区域多灾种特征。选取典型研究区域，关注多种自然灾害的时空联系，集成时空聚类方法。采用时空扫描统计方法，对京津冀地区干旱-暴雨-热浪时空变化特征进行分析。综合考虑时空两个维度，在地理空间上构建时空二维圆柱活动窗口,圆柱底面代表空间维,圆柱高度代表时间维。随着地理单位中心不断变化半径大小和时间周期,以每一个时空实体为中心进行扫描,借助统计检验方法确定自然灾害集聚区域,寻找出灾害事件时间集中和空间上集聚的特征,关注自然灾害重心迁移和影响范围扩展。

自然灾害重心迁移用于描述多灾种空间结构变化,可以更加有效地体现各灾种在二维地域空间分布的偏离性和演化规律方法。模型通过京津冀地区气象数据、高速公路流量数据和社会经济数据进行参数标定与模型验证。案例分析显示该影响评估模型可以较好的捕捉整个灾害过程的演化。不同的参数设置下,模型的表现较为稳定;但对关键时间段内的影响评估有较大差异,即模型可以模拟放大或缩小了灾害事件对系统的影响。

2)多灾种过程建模——二分网络模型

引入二分网模型分析典型多灾种灾害事件过程,深入理解灾害过程特征。以复杂网络为基础,综合多种致灾因子在时间维和空间维信息,解决了灾害学传统方法无法统筹时空信息的耦合问题。2008年中国南方低温雨雪冰冻灾害是典型的多灾种叠加事件。以2008年中国南方低温雨雪冰冻灾害为例,针对多灾种综合致灾过程,构建低温雨雪灾害二分网络模型。借鉴合作-竞争网二分图建模思路,将2008年中国南方低温雨雪冰冻灾害抽象为:点集(V)、边集(E)和边权集(W)组成的网络 G={V、E、W}:

节点的形成。低温雨雪冰冻灾害网络节点 V 共有两部分构成:一是灾害事件,代表时间维度演化特征;一是承灾体,代表空间维度分布特征。在时间维度上,构建节点有2种尺度:①南方雪灾5个发展阶段,$N_1=\{V_1, V_2, V_3, V_4, V_5\}$;②南方雪灾逐日雨雪变化 $N_2=\{V_1, V_2, \cdots, V_{n-1}, V_n\}$,$n=34$;在空间维度上,构建节点策略为:①"气象格网"策略,数据为2008年1月8日～2月12日全国0.5°×0.5°逐日气温和降水格网数据,以逐日发生雨雪事件格网数构建空间维节点;②"行政单元"策略,数据为2008年1月8日至2月12日全国0.5°×0.5°逐日气温和降水格网数据,以省级行政单元30.0%以上区域发生雨雪或低温事件的构建空间维节点。"气象格网"策略侧重反映灾害时间演化特征;"行政单元"策略侧重反映低温与雨雪灾害叠加效应。

连边的形成。二分网络由两类节点以及两类节点之间的连边组成,同类节点之间不存在连边关系。因此,在构建低温雨雪冰冻灾害网络时,灾害事件或承灾体之间并无连边关系。其逻辑框架如下:①不同阶段灾害事件,可以关联不同区域;②同一个区域可以被多次灾害事件关联;③在同一个时期内,灾害事件不同阶段与承灾体构成复杂网络;④不同阶段复杂网络,可以反映灾害事件演化过程;⑤多维灾害事件相互叠加,可以反映灾害事件叠加效应。在网络方向和权重问题上,低温雨雪冰冻灾害网络为有向无权网,其投影时间维和空间维的子网络为无向有权网,边权为二分网络投影到单顶点网络连边数,反映承灾体空间分布聚集特征(图3.13)。

二分图矩阵表达。边集 E 由低温和雨雪致灾因子存在叠加关系的边组成。如果一个省级单元 P_j 在时刻 T_i 低温和雨雪灾害叠加,则它们之间有一条由 T_i 节点向该省级单元节点的有向边 e_{ij},记为 $a_{ij}=1$;反之,如果一个省级单元 P_j 在时刻 T_i 没有发生低温和雨雪灾害叠加,或仅有低温(雨雪)灾害,则有向边 e_{ij} 不存在,记为 $a_{ij}=0$,其中 i,

$j \in \{1, 2, \cdots, N\}$；由 a_{ij} 值构成中国南方低温雨雪冰冻灾害复杂网络 G 的邻接矩阵 $A=\{a_{ij}\}$，矩阵维度为 $N \times N$。并利用 Netdraw 软件，对 2008 年南方低温雨雪冰冻灾害邻接矩阵进行可视化。

3）多灾种综合建模——功能风险（灾害链）模型

引入功能风险的概念，提供了量化评估典型自然灾害下交通基础设施风险的工具。功能风险（灾害链）模型能够对热带气旋对公路网的功能性损害进行定量评估，即可定量评估其强度及其传导过程与路径；海南省案例证明该模型量化评估方法有效可行。

两灾种的间隔时间对承灾体状态的破坏程度有着显著非线性负相关关系。两灾种影响随时间间隔变化趋势与线性叠加相反，3 小时之前，受两灾种关联影响大于线性叠加的结果，之后两灾害交互影响消失模型能够揭示多灾种情境下关联影响传播产生的和放大衰减过程的问题

4）多灾种联合影响模型——联合分布模型

应用 Copula 函数方法建立联合分布，主要包括以下几个步骤：根据各变量的观测值序列，确定各变量的分布类型并进行参数估计；进行变量间的相关性度量；根据相关性结构，初步选择合适的 C 函数并进行参数估计；拟合优度检验，选定最优的 Copula 函数模型；根据变量间的相关性度量选择 Copula 函数构建联合分布时，需根据拟合优度检验选定最优的 C 函数；建立联合分布。联合分布模型将多个随机变量的联合分布与它们各自的边缘分布连接，描述变量间的不同相关结构，从理论上解决了多致灾因子不同相关结构下非线性综合的问题。

内蒙古沙尘暴联合重现期模拟显示，对于一般灾害事件，双变量联合有明显优势。对于重现期较长（大于 10 年）的极端事件，重现期的计算结果更加接近实际。

2. 多损失评估模型

1）直接损失评估

引入直接影响、间接影响、系统相互依存性和系统特性，模拟灾害过程中系统关键变量的变化过程，从而进行区域灾害的影响评估和风险评估。从资产形成及资产价值损耗周期视角，利用经济学中的资产盘存法，估计"固定资本存量"大小，作为灾害最大损失值参数，更符合资产价值演变的经济规律，符合实物资产价值核算的一般原则。可以一定程度上解决区域气象灾害最大损失值参数在空间域不确定性的问题，提升了灾害直接损失评估依据的科学性和评估价值准确度。

固定资本存量为灾害损失评估提供了重要参数：一方面"固定资本存量"表征的是当地历史固定资产投资形成的财产价值累积量，结合受灾范围，可以快速知道灾区完全破坏的最大损失程度；另一方面，可以根据历史灾情构建的模型，快速估计出目前灾害强度等级下，灾害造成的最大期望损失。最终为科学定量化的评估灾害综合损失提供依据。

基于固定资本存量的灾害直接损失评估模型可以初步表述为：Dloss=$W \times \alpha$（其中：DLoss 表示灾区遭受的直接经济损失，W 表示灾区的固定资本存量总量）（即灾害破坏

可能造成的最大直接经济损失值），α表示固定资产损失比率（与致灾因子强度和灾区的抗灾能力密切相关），反映了灾区的脆弱性，可以根据历史灾情建立致灾因子强度下资产损失率曲线（Wu et al.，2014）。

2）灾害损害（Damage）（间接损失）评估

在传统 CGE 模型基础上，构建了灾害损害（间接损失或影响）评估模型。选用 CGE 模型系统中省级尺度 CGE 模型，设定的模型特征有：包括多个生产部门；生产要素分为资本和劳动力；机构账户有居民，企业，政府和贸易；政府账户区分中央政府与省级政府；贸易区分省际贸易和国际贸易；模型的动态部分采用递推动态形式，意味着当期的资本总量，由上一期的资本存量去掉折旧后，加上上期的投资组成。设定的 CGE 模型基本模块有：生产模块、贸易模块、收入分配和需求模块、市场均衡模块、宏观闭合模块，上述模块构成模型的静态部分，称为"静态 CGE 模型"。在此基础上，添加递归动态部分，称为"动态 CGE 模型"。

假设自然灾害破坏财产后，对经济系统的冲击是使最终需求减少了 ΔY，接下来对经济的第一轮影响为 $A\Delta Y$，第二轮影响直到无穷大的影响为 $A^2\Delta Y$，$A^3\Delta Y$，$\cdots$，$A^\infty\Delta Y$。这正是自然灾害冲击在经济系统中的产业链效应。总效应为 $\Delta Y+A\Delta Y+A2\Delta Y+A3\Delta Y+\cdots+A\infty\Delta Y$。所选用的 CGE 模型，在灾害经济影响评估与灾后恢复策略模拟方面可以刻画以下现象：灾害对经济系统的冲击表现在破坏财产、降低财产效率，并且致使人员伤亡。CGE 模型的生产模块同样可以评估企业因自身财产破坏、效率下降导致的减产，即灾害经济影响Ⅰ，也可以评估企业因产业关联导致的减产，即灾害经济影响Ⅱ。CGE 模型能够模拟灾后重建对劳动力需求突然增加，但劳动力供给无法立即满足，从而导致灾后建筑工人工资上涨等现象。

2008 年南方雪灾之后，重灾地区消费者价格指数上升等也能在 CGE 模型中模拟，这其实是当地因灾商品供给与需求不匹配。CGE 模型中的生产函数是非线性的，有利于刻画灾后经济系统中的替代性、效率提高等行为，这些行为是典型的灾后恢复性行为。CGE 模型是一个牵一发而动全身的符合现实经济系统的模型。它可以很灵活的把各种灾害冲击引入到模型中，除上述引入外，也可以根据具体的灾情数据和研究问题的实际需要改变引入方法。另外，CGE 模型能够刻画经济系统中的各种链式反映，除了上述产业链之外，还可以刻画价格的链式反映，刻画企业、居民、政府和区外中某一个、几个经济主体行为发生变化后，对其他经济主体以及整个经济系统的影响（Xie et al.，2014；Hu et al.，2014）。

3. 社会-生态系统风险（等级）综合评估模型

1）社会脆弱性评估模型

研究借鉴 SoVI 的构建思路，采用因子分析识别影响社会脆弱性的主要因子，建立了中国县域的社会脆弱性指数（SoVI-China）。据此探讨了中国社会脆弱性。模型可评估社会脆弱性。全面系统地揭示了改革开放以来中国县域社会脆弱性明显的时空演变规律。

西南部地区的社会脆弱性在过去 30 年来均保持在相对较高的水平，东南沿海地区的水平相对较低。农村状况、城市化发展、经济状况、教育、人口变化等是社会脆弱性的主要影响因子；社会经济水平发展的提高有助于增强应对灾害的能力和恢复力，从而降低社会脆弱性。

根据社会-生态脆弱性全局莫兰指数曲线图可以看出，1991～2005 年社会-生态脆弱性在空间分布上呈现出较大的波动性，但整体趋势上呈集聚模式，且波动曲线呈现较显著的上升趋势，说明 SEVI 在地理空间上相互依赖性呈现出增强趋势（Zhou et al., 2014）。

2）生态脆弱性评估模型

通过 MaxEnt 模型模拟杉木生态系统的潜在分布效果较好，模拟结果的可接受特征曲线（receiver operating characteristic，ROC）下面积（area under the curve，AUC）达到 96%（最高为 100%），验证数据的 ROC 曲线下面积（AUC）达到 93%。研究结果表明水分条件是影响杉木潜在分布的最重要影响因子，而温度条件次之。杉木的潜在分布范围在未来气候变化情景下（2050s）将逐渐北移，在 CCCMA 和 CSIRO 情景下甚至将向北扩展至江苏北部、湖北北部和陕西南部地区；但 CSIRO 情景下杉木在广东南部、广西南部和四川东部的潜在分布范围有所减少，CCCMA 情景下杉木在江西南部和广东北部的潜在分布范围有所减少，表明不同气候变化情景对潜在分布范围预测的影响较大。

未来杉木 NPP 下降的主要原因是温度和水分胁迫增大以及自养呼吸增加。未来月均气温升高延长了杉木生长季节并降低了杉木在冬季的温度胁迫，但增大了杉木在夏季的温度胁迫。月总降水量在未来增长难以弥补温度升高所导致的蒸散增加和可利用水分地减少。未来气候变化使得江苏和湖北北部、陕西南部更适宜种植杉木，不利影响主要体现在南方杉木林。通过模拟气候变化对森林生态系统结构和功能上的影响，可以帮助制定更加合理的森林管理策略以适应气候变化带来的不利影响。

3）极端气候事件下的生态系统突变与渐变过程模拟

将气候变化对生态系统的影响视作气候趋势变化、波动变化和极端气候事件的总和。应用谐波方程及其振幅、相位和谐波个数能较好地模拟这种变化特征并抑制由观测误差所带来的白噪声。

以湖南地区为研究区，选择 2001 年至 2011 年的 NPP 作为生态系统关键参数，气温、降水和 PAR 作为气候因子，提出气候趋势、波动信号分解和贡献评价模型来研究 NPP 对气候变化的响应。研究发现气候趋势、波动变化和极端气候事件均会对生态系统生产力产生巨大影响。研究结果表明在湖南地区气候趋势变化和波动变化对生态系统 NPP 变化的解释率分别为 68% 和 17%。极端气候事件对湖南地区生态系统 NPP 影响的持续时间远远超过了灾害发生的持续时间，本研究进一步证明除时间因素之外，相同程度的极端气候事件对不同类型的生态系统的影响程度也不尽相同。

2008 年湖南森林生态系统 NPP 比草地生态系统 NPP 受极端低温与冰冻灾害影响更小（NPP 下降程度更低），表明森林生态系统具有较高的弹性来抵消极端气候事件所带来的不利影响并减少生态系统功能的损失，但其受灾后恢复速度较慢产生恢复慢化现象；与之相比，具有较低弹性的草地生态系统 NPP 在 2008 年大幅降低但在受灾之后迅速恢复。

1.3.3　全球与中国主要环境风险区域规律

1. 全球环境风险与气候灾害的宏观格局

1）世界人口与 GDP 气象灾害综合风险评价

依据《世界自然灾害风险图集》中台风、洪水、滑坡、风暴潮、沙尘暴、干旱、热害、冷害、野火等 9 种气候相关致灾因子的评价结果，计算了综合气候相关致灾因子年期望强度指数（M_{ch}）。并通过建立历史灾情损失率与 M_{ch}、国家人均 GDP 的关系模型，对世界综合气象灾害的脆弱性进行了评价。通过计算年期望影响人口数、死亡人口数和 GDP 损失量，得到了 2020 年至 2030 年空间分辨率为 0.5°×0.5°的世界年期望综合气候相关致灾因子影响人口、死亡人口与 GDP 损失风险图。

结果表明：风险总值排名较高的国家为世界人口大国（如中国、印度）或 GDP 大国（如美国、中国和日本），降低暴露、提升灾害风险防范能力，能够最直接地降低全球的综合气候相关致灾因子风险的总量；除去暴露影响后的损失率排名较高的国家为 M_{ch} 高值区、经济水平较低的国家（如菲律宾、孟加拉国和缅甸），这些国家是世界气象灾害防灾减灾工作规划和布局的重点地区，应主要通过提高气象灾害应对能力来降低风险。本书提出的计算气候相关致灾因子导致的死亡人口、影响人口和 GDP 损失期望值的方法，能够定量地刻画气候变化背景下的极端气候事件及其相关气象灾害对人类社会造成的影响，为气候变化背景下的防灾减灾战略框架的制定实施提供科技支持（Shi et al.，2016）。

2）气候变化下世界人口热害风险评价

热浪危险性的评估主要采用韦伯极值分布理论进行重现期的计算。根据相似的气候类型以及相近的纬度，将 IPCC SREX 报告中的 26 个区域分为六个类型，分别建立对应波士顿、布达佩斯、达拉斯、里斯本、伦敦和悉尼六个城市的脆弱性曲线，将这六个城市的热浪人口脆弱性曲线匹配到相应的区域，得到全球各个区域的热浪人口脆弱性（IPCC，2013）。

结果表明，世界人口热害死亡风险较高的区域较为分散，北半球热害死亡人口期望风险显著高于南半球。网格级别的高风险地区主要分布在南亚、欧洲和北美洲东部，最高风险区出现在印度北部，北半球高纬度地区的风险低于其他地区。热害死亡人口年遇型风险的格局与热害死亡人口期望风险格局基本一致，其中 50 年一遇最高风险范围远远大于 10 年一遇的最高风险范围。50 年一遇风险中，印度大部分处于最高风险，中国东部处于中高风险。美国东部和欧洲的部分区域从 10 年一遇的中等风险上升到中高风险（Shi and Kasperson，2015）。

在 RCP8.5，SSP3 情景下，未来世界人口热害风险主要向中低纬度的欠发达地区转移，特别是非洲的部分国家，以及南亚、东南亚、中美洲地区。从全球和大洲区域尺度来分析，未来世界人口热害风险增长最快的大洲为非洲，其次为南美洲、亚洲和北美洲；欧洲和大洋洲的人口热害风险增长很缓慢。未来世界受热害影响的人口总数也是在快速增长的，特别是在非洲以及南美洲，增长速度非常快。

在 RCP6.0，SSP2 和 RCP8.5，SSP3 情景下，全球在非常高风险下的人口数量到 2100 年分别达到近 34 亿和 100 亿，占世界人口总量 38%和 76%。在 RCP2.6-SSP1 情景之下，这个值达到 3 亿，占世界人口的 5%。相应的，处于较低和非常低风险的人口数量不断减少。在区域尺度，各大洲在非常高风险下的人口数量从几千万到几亿（欧洲、北美洲和南美洲）到数十亿（非洲和亚洲）不等。

到 21 世纪末 RCP8.5-SSP3 情景下，非洲和亚洲的人口总数达到 50 亿多，而非常高风险下的人口则分别增长到 50 亿和 40 亿，占总人口的 94%和 72%。在 RCP6.0-SSP2 情景下，这两个地区的这个值分别超过 20 亿和 9 亿。

在 RCP2.6-SSP1 下非常高风险的人口的比例相对较低。在 RCP2.6-SSP1，RCP6.0-SSP2 和 RCP8.5-SSP3 情景下，北美洲处于非常高风险下的人口分别达到 1300 万（2%）、1.53 亿（25%）和 3.81 亿（65%）。在南美洲这三个值分别是 100 万（0.01%）、9700 万（23%）和 4.18 亿（61%）。本世纪欧洲的人口不断下降，但是处于非常高风险下的人口有所增长。大洋洲没有非常高风险人口（Dong et al.，2014；Dong et al.，2015）。

3）气候变化下世界粮食生产和主要农作物旱灾风险

对比 CMIP3 和 CMIP5 模式结果，发现副热带干旱气候区水资源减少，或将制约粮食生产；利用水资源和作物模型评估未来灌溉可利用水量变化对粮食生产的影响，结果表明中国、印度、美国西南和中东等区域将因水资源短缺无法维持现有灌溉规模，从而导致粮食减产（Zhang et al.，2014；Elliott et al.，2014；He et al.，2016）。

选择以 EPIC 作物模型为基本工具，在风险理论框架指导下，采用基于 Matlab 平台，开发了具有脆弱性曲线拟合和风险评价功能的 SEPIC-V-R（Spatial-EPIC-Vulnerability-Risk）模型进行农作物风险评价（Yin et al.，2014）。

结果表明，玉米旱灾损失率风险高值区主要分布在北半球中纬度地区。其中北美洲中部平原的玉米带以及墨西哥中部地区、中亚及中国西北地区和欧洲的地中海北岸（包括伊比利亚半岛、意大利半岛、多瑙河中游平原与东欧平原）是北半球三个高风险中心。此外，阿富汗中北部，巴西高原东侧、阿根廷的潘帕斯、非洲东部、东非大裂谷以东地区、埃塞俄比亚北部以及南非中北部的玉米旱灾损失率风险也较高。

春小麦的旱灾风险要高于冬小麦。其中春小麦旱灾风险较高的区域主要分布于中国西北地区、巴基斯坦中部、南美洲西海岸以及北美洲墨西哥与美国接壤处、非洲肯尼亚和南非东部。此外，加拿大中南部及与其接壤的美国北部、乌克兰北部、地中海沿岸和澳大利亚西南地区的风险也较高。

冬小麦的旱灾高风险区主要分布于阿富汗及其北方地区、美国中西部、西欧平原以及英格兰东部、南非东南部，此外中国华北地区、土耳其中部等区域风险也较高。

水稻旱灾风险高值区主要分布在中亚地区（主要包括阿富汗、巴基斯坦和乌兹别克斯坦等）、澳大利亚东部、欧洲西班牙和葡萄牙、坦桑尼亚西北部等。中国华北部分地区、印度中部地区、乌克兰、非洲撒哈拉沙漠南部边缘区、马达加斯加南部、巴西东部、乌拉圭等为中等风险区。低风险区主要分布在东南亚地区，包括泰国、缅甸、孟加拉国等。此外，非洲几内亚湾附近、南美洲亚马孙流域外围地区也是风险较低的区域（Shi and Kasperson，2015）。

4）气候变化背景下全球陆地生态系统风险评价

在多气候变化情景支持下，应用 LPJ-DGVM（dynamic global vegetation models，DGVMs)模型模拟未来气候变化对全球陆地生态系统碳循环（NPP、碳通量和异氧呼吸）、水循环（地表径流）、火扰动（火灾损失碳）等关键参数的影响。

结果表明：在未来气候情景下，潜在分布面积相比当前气候条件下有所增加的植被类型包括：热带季雨林、温带常绿针叶林、温带常绿阔叶林、温带落叶阔叶林、寒带落叶阔叶林、草地（C₃途径）和草地（C₄途径）。热带常绿阔叶林和寒带常绿针叶林的潜在分布面积有所降低。

全球 NPP 在当前（1981～2000 年）气候条件下为 51.74 PgC/a，在未来（2041～2060 年）气候情景下增加至 61.60～68.30 PgC/a，北美洲、欧亚大陆和非洲的绝大部分地区 NPP 将有所上升，南美洲北部、中美洲和加勒比海地区、地中海地区、西亚、澳大利亚东海岸等地区有所下降。

全球碳通量在当前（1981～2000 年）气候条件下为 2.27 PgC/a，在未来（2041～2060 年）气候情景下为 1.83～3.98 PgC/a，碳通量呈现下降趋势的地区包括北美洲高纬度地区、中美洲和加勒比海地区、亚马孙热带雨林、刚果热带雨林、东欧、中国南部地区、俄罗斯北高加索等地区。全球碳通量总量在 RCP2.6 情景中下降最为剧烈，在 RCP4.5 情景和 RCP8.5 情景中有所增加但不确定性较高。

全球地表径流在当前（1981～2000 年）气候条件下为 37080 km³/a，在未来（2041～2060 年）气候情景下为 45080～46210 km³/a，未来气候情景下地表径流在北美洲和南美洲西部、欧亚大陆、非洲中南部大幅增加，在南美洲北部和东南部、中美洲和加勒比海地区、北美洲东部、地中海地区、澳大利亚东海岸和西海岸、非洲西部、中亚、东南亚、中国南方地区、日本等地区减少。

全球异氧呼吸在当前（1981～2000 年）气候条件下为 46.17 PgC/a，在未来（2041～2060 年）气候情景下为 56.49～60.19 PgC/a，全球除南美洲北部、地中海地区、中美洲和加勒比海地区有所降低外，其他地区均有所增加。

全球火灾损失碳总量在当前（1981～2000 年）气候条件下为 3.30 PgC/a，在未来（2041～2060 年）气候情景下为 3.53～3.91 PgC/a，在北美洲高纬度地区、南美洲、欧亚大陆高纬度地区、中国西北部地区、中亚、南亚、非洲中部等地区火灾损失碳均呈现降低趋势，在其他地区呈现增加趋势。

5）土地退化导致的全球陆地生态系统风险评价

风蚀致灾因子危险度评估考虑了影响沙漠化发展的自然和人为因子，通过风蚀气候指数因子和土地利用因子得到。水土流失和沙漠化导致的生态系统脆弱性评价是基于 NPP 指标进行的评价。

结果表明：水土流失风险高值区主要分布在坡度较高的区域，亚洲主要包括喜马拉雅山脉，黄土高原，云贵高原等区域，非洲主要包括东非大裂谷，美洲在科迪勒拉山系，欧洲主要分布在阿尔卑斯山脉，其中 50 年一遇的风险高值区比 10 年一遇的高值区更高，范围更大。

沙漠化风险最高的国家和地区主要有澳大利亚、哈萨克斯坦、蒙古、土库曼斯坦、索马里、毛里塔尼亚等国家；而较高沙漠化风险水平的国家和地区主要有加拿大、阿根廷、沙特阿拉伯、苏丹、乍得和南非；俄罗斯、美国、中国、巴西、印度、阿尔及利亚等国家沙漠化风险水平处于中等位置；较低和低风险地区则主要分布在秘鲁、墨西哥以及非洲刚果盆地、地中海沿岸等国家和地区。

高、较高、中、较低和低等级风险水平的陆地生态系统面积占全球陆地生态系统面积的比例依次为 3.18%、6.69%、8.78%、5.08%、6.87%，累计 30.6%。

6）土地退化导致的世界玉米风险评价

土地退化综合风险由单一土地退化风险综合而来，其中单一土地退化风险包括农田水蚀风险、风蚀风险、盐渍化风险。由于三种单一土地退化风险都选择玉米，最终的期望风险是玉米的损失率，将三者通过等权叠加，从而得到世界农田土地退化对玉米的综合风险评价结果。根据巴黎协定，全球平均气温升高幅度拟控制在 2℃内，与 RCP2.6 最接近，因此选择 RCP2.6 下的水蚀风险、风蚀风险、盐渍化风险，从而得到世界玉米种植土地退化综合风险。

结果表明：干旱半干旱区域土地退化风险类型多样，玉米损失严重，亚洲是土地退化类型最多、玉米损失最重的大洲。其中水蚀、风蚀和盐渍化均发生的区域主要分布在中国农牧交错带和中亚的部分区域；风水复合侵蚀风险主要在中国农牧交错带、欧洲、非洲南部、美国西部等区域；风蚀和盐渍化区域重合较多，主要分布在干旱半干旱区域。从玉米种植土地退化风险的损失来看，中国北方和中亚、西亚是土地退化玉米损失最严重的区域。

2. 中国环境风险与气候灾害各要素的时空变化

1）中国热浪灾害风险

RCP2.6 情景下，主要以轻度与中度危险影响为主，高度以上危险区仅出现在西北新疆地区。RCP2.6 情景下，近期危险性主要以轻度危险为主，中度以上危险性主要分布在西北及华北中部区域；至中期，华北、长江中游地区中度危险区域影响进一步扩大；至远期，华北、长江中下游大部都为中度危险区，其他区域变化不大。从 RCP2.6 来看，近期（2011～2040 年）高温风险相对较低，而中期（2041～2070 年）华北、长江中下游及华南等地区风险明显增高，远期（2071～2099 年）华北、黄淮区域高温死亡高风险区范围进一步扩大。

在 RCP8.5 情景下，近期高温危险空间分布与 RCP2.6 情景相似，中期在西北部高度以上危险区明显增加，而其余各区（除青藏高原外）大部都为中度危险区，到远期，西北区的新疆区域大部为重度危险区，华北与长江中下游则成为高温死亡的高度危险区。随着浓度增加，人群高温死亡危险性增高，由近期至远期，高温危险区域由北向南扩展。在 RCP8.5 情景下，人群高温死亡风险增高趋势更加明显。近期，高风险区主要分布在华北中部；至中期，高风险区则扩展至长江中下游及西南的四川、重庆等区域；到远期，中国华北、长江中下游及华南大部分区域为高风险区，华北平原中南部则为重度风险区。

在 RCP2.6、RCP4.5、RCP6.0、RCP8.5 的 4 种情景中，西北区在任何时段其危险程度最高，远高于其他区域；华北与长江中下游平均危险指数相差不大，其余依次是东南、东北和西南区。在 RCP2.6 情景下，由基期向近期危险指数增加较快，但中、远期增加较慢，东北区中期与近期比较，平均危险指数还有所下降；RCP4.5 情景下，除东南区外，其余各区在中期危险指数增加较快。在 RCP6.0、RCP8.5 情景下，近期危险指数增量不大，但到后期危险指数增加明显加快，特别是在远期两种浓度下的危险程度指数呈陡升趋势。中国人群高温死亡风险在未来不同气候变化情景下总体增高。

由于不同模式数据评估存在差异性，利用标准差分析了 RCP8.5 情景下 2071～2099 年评估结果的不确定性。从人群高温风险指数不确定性来看，华北中东部、长江中游大部分地区为 0.35 人/km^2 以上，最大值为 0.76 人/km^2。东南南部为 0.15～0.25 人/km^2，其余大部为 0.01～0.15 人/km^2，西南除重庆地区不确定性较高外，其余地区不确定性较低，东北地区中部不确定性指数为 0.01～0.25 人/km^2，其余都在 0.01 人/km^2 以下，而西北绝大部分区域不确定性较小，均在 0.01 人/km^2 以下。

2）中国粮食作物生产风险

选择中国三种主要粮食作物玉米、水稻和小麦，以及一种油料作物大豆，基于 Inter-Sectoral Impact Model Intercomparison Project（ISI-MIP）提供的单产模拟数据，分析 RCP 8.5 情景下 21 世纪中国及各区域 4 种农作物产量变化，评估气候变化给 4 种主要农作物和粮食产量带来的减产风险，同时分析了造成风险不确定的因素。

结果表明：就整个中国而言，未来水稻和大豆单产持续增加；1995～2025 年，两者增加幅度相似；2025 年之后，大豆增产幅度大于水稻；21 世纪末，水稻和大豆单产增加约为 8% 和 11%。玉米和小麦单产在 2025 年前基本保持不变；2025 年之后呈先增加后减少的趋势；21 世纪末，单产减少分别约为 3% 和 1%。整体来看，中国玉米和小麦气候变化风险较高，水稻和大豆气候变化风险较低（Yin et al.，2015）。

中国玉米气候变化高风险区主要位于华南、华北、西南地区东南部、新疆等地区，且随时间呈增加趋势；中国小麦气候变化高风险区主要位于华北、西南地区东南部及华南和新疆的部分地区等，且随时间呈增加趋势；中国水稻气候变化高风险区主要位于华南地区西南部、华东地区北部、华中地区东北部、华北地区南部及新疆的部分地区等，且随时间呈增加趋势；中国大豆气候变化高风险区主要位于华北、西南地区东南部、华南地区西南部及新疆的部分地区等，且随时间呈增加趋势。

农作物气候变化高适应区主要分布在东北向西南的农牧交错带地区及东北北部和新疆的部分地区。高风险区主要分布在中国的东南部，以及新疆的部分地区，且分布范围随时间而逐渐扩大。

中国农业生态系统气候变化高风险区主要位于华北、华南、西南地区东南部及东北、西北和新疆的部分地区等，且随时间呈增加趋势；中度以上风险在近期、中期和远期所占面积百分比分别为：2%、6% 和 23%。各时期，农业生态系统气候变化无风险区所占面积最大，分别为 51.1%、57.5% 和 44.7%。近期，农业生态系统气候变化风险以较低和低风险为主，所占面积比分别为 35.3%和 11.6%。中期，农业生态系统气候变化风险以较低、低和中度为主，所占面积比分别为 23.1%、13.4%和 4.3%；高和极高风险主要分布在华北和西南的部分地区。远期，农业生态系统气候变化风险以中、高和极高风险为主，所占面积分别为 10.8%、7.8%和 4.4%。

3）中国生态系统风险

1982～2012 年中国区域生长季 NDVI 均值呈现从东南向西北递减的趋势，大致以"胡焕庸线"为界，不同类型植被区域植被覆盖状况不同。1982～2012 年中国植被整体上呈增加趋势，但存在区域差异。其中亚热带常绿阔叶林区域中的华北平原、黄土高原地、黄河中下游平原，温带荒漠区域中的新疆部分地区增幅较大，其线性变化率普遍高于 0.002 a^{-1}。在 1982～1990 年、1991～2000 年、2001～2012 年三个不同时期中国陆地植被变化趋势各异。20 世纪 80 年代，中国陆地植被生长季 NDVI 在全国范围内增加较快，以亚热带常绿阔叶林区域尤为突出；20 世纪 90 年代中国陆地植被 NDVI 生长季均值出现较大范围的下降，在温带草原区域中的内蒙古东部、暖温带落叶阔叶林区域中的华北平原等地迅速减少；进入 21 世纪后，位于温带草原区域和暖温带落叶阔叶林区域相交的黄土高原地区增加速度最快，而温带针叶阔叶混交林区域中的云贵高原大部出现剧烈下降趋势。

1982～2012 年中国区域年均 NPP 大致以"胡焕庸线"为区域分异性界线，表现为从低纬度、湿润区向高纬度、干旱区递减，从低海拔高热区向高海拔高寒区递减。中国 NPP 年、季均值有区域性的显著增加或减少，线性变化率为–4～4 gC/（$m^2 \cdot a$）。夏季变化趋势最为显著，春季、秋季次之，冬季显著性最小。1982～2012 年中国区域平均 NPP 年总量变化范围为 2.64～3.26PgC，平均值为 2.93PgC/a，序列呈显著线性增加趋势，线性变化率为 0.138PgC/10a。从季节上看，春、秋两季增加趋势显著（通过显著性水平 0.05 的检验），夏、冬两季增加趋势不显著。

中国生态系统风险随 RCP 情景强度的增加而增大，高风险区集中分布在青藏高原地区和自东北向西南的农牧交错带地区。在 RCP 2.6 情景下，中国绝大部分地区属于极低和低风险，所占面积百分比分别为 79.3%和 14.4%；青藏高原地区零星分布着仅有的高和极高风险区，二者所占面积比为 1.7%。在 RCP 4.5 情景下，极低风险所占面积最大，主要分布在西北、内蒙古、东部地区，所占面积比约为 52%，其次是低和中风险区，主要分布在青藏高原和农牧交错带地区，二者所占面积比为 30%；高和极高风险主要分布在青藏高原地区，所占面积比约为 8.8%和 2.6%。在 RCP 6.0 和 RCP 8.5 情景下，随 RCP 情景增加，风险进一步增大；中、高和极高风险面积进一步扩大，主要分布在青藏高原地区和自东北向西南的农牧交错带地区，三者所占面积比分别为 30%和 40%（Yin et al.，2016）。

4）中国环境风险区划

针对社会经济、自然系统和人类等不同承灾体，在评估了气候变化下农业、生态和高温热浪三种环境风险基础上，参考 Shi 和 Kasperson（2015）多灾害风险指数估算气候变化下的综合环境风险。综合环境风险分为 10 级，1 表示风险级别最低，10 表示风险级别最高。

利用该综合环境风险指数，以 2071～2099 年这一时段为例，评估了 4 种气候变化情景（RCP2.6、RCP4.5、RCP6.0 和 RCP8.5）下的中国综合环境风险。总体来看，RCP2.6 情景下中国综合环境风险最低，RCP8.5 情景下综合环境风险最高。

RCP2.6 情景下，综合环境风险主要集中在黄淮海平原地区，风险等级主要在 3～5 级之间。青藏高原极少部分地区也有轻微风险，其面临的主要环境风险是气候变化下生态系统的不稳定性。

RCP4.5 情景下，中国西部地区的综合环境风险有一定程度增加，尤其是青藏高原地区，综合环境风险等级最高可达 4 级，范围扩大至高原东部边缘地区。西北地区，如甘肃和青海部分地区，以及黄河上游地区也存在一定程度（3～4 级）的综合环境风险。该情景下珠江流域少部分地区也开始出现较轻综合环境风险，主要是这一地区某些作物生长在变暖情况下受到较大影响，造成一定的农业风险。

RCP6.0 情景下，中国西部、黄淮海平原以及东北地区综合环境风险均有增加。青藏高原地区综合环境风险级别更高，范围向周边扩大，甚至延伸到云南、四川等地区。黄淮海平原地区也有类似变化，部分地区综合风险级别达到 6 以上，综合环境风险主要来自农业和高温热浪风险。东北地区风险增加区域主要在黑龙江东部和内蒙古东部地区，该地区处于高纬度地区，综合环境风险主要来自农业和生态领域。

RCP8.5 情景下，综合环境风险显著增加，尤其是黄淮海平原，大部分地区风险等级达 7 级以上；长江中下游地区也出现了较明显的综合环境风险。青藏高原地区大部分地区综合环境风险依然处于 5 级以下、少部分地区达 5～6 级水平，波及范围进一步往周边扩大。东北地区综合环境风险范围略有扩大，少部分地区风险等级达 5～6 级。值得注意的是，四川盆地和珠江流域均出现了较为显著（6～7 级水平）的综合环境风险。农牧交错带部分地区也存在一定程度的综合环境风险。中国南部和东部大部分地区都面临较大的高温热浪和农业风险，生态系统也更趋于不稳定。

中国陆域综合环境风险区划共分为 6 个区，分别为低风险区、东北生态较低风险区、晋陕农业-生态中度风险区、青藏高原生态高风险区、华南农业较高风险区，以及黄淮海农业-热浪高风险区。尽管在西北地区存在一定的农业风险，但由于该地区农业面积所占比例很小，人口密度也很低，因此将该地区归为气候变化低风险区。

3. 中国环境风险在世界环境风险中的位置

1）中国在全球主要气象灾害风险格局中的位置

根据全球主要气象灾害国家单元风险评价格局，对国家单元进行排名，给出各气象灾害中排在前 10%的国家。在全球主要气象灾害风险中，中国处在世界较高水平，各项主要气象灾害风险排在前 10 位，其中全球小麦旱灾年均期望风险、全球沙尘暴影响畜牧业年均期望风险、全球冷害影响人口年均期望风险、全球台风影响人口和影响 GDP 期望风险均排在世界第 1 位。气象灾害对中国人口、经济、农作物产量的影响非常大，中国需要加强和提高气象灾害风险防范水平和力度。

全球旱灾年均期望风险。全球玉米风险：美国、中国、俄罗斯，巴西、西班牙、阿富汗、肯尼亚、阿根廷、墨西哥、土耳其、乌克兰、哈萨克斯坦、南非、坦桑尼亚和伊拉克；全球小麦风险：中国、俄罗斯、美国、哈萨克斯坦、加拿大、肯尼亚、蒙古国、巴基斯坦、墨西哥、智利和南非；全球水稻风险：阿富汗、中国、西班牙、巴基斯坦、印度、坦桑尼亚、巴西、俄罗斯、布基纳法索、澳大利亚和哈萨克斯坦。

全球洪水年均期望风险。全球洪水死亡人口风险：孟加拉国、中国、印度、柬埔寨、巴基斯坦、巴西、尼泊尔、荷兰、印度尼西亚、美国、越南、缅甸、泰国、尼日利亚和日本；全球洪水经济（GDP）损失风险：美国、中国、日本、荷兰、印度、德国、法国、阿根廷、孟加拉国、巴西、英国、泰国、缅甸、柬埔寨和加拿大。

全球热害死亡人口年均期望风险。印度、巴基斯坦、美国、伊拉克、俄罗斯、乌克兰、西班牙、中国、德国、土耳其、法国、伊朗和波兰。

全球冷害影响人口年均期望风险。中国、印度、美国、俄罗斯、巴基斯坦、孟加拉国、巴西、墨西哥、德国、埃及、日本、韩国、伊朗、英国、土耳其和乌克兰。

全球风暴潮风险。全球风暴潮影响人口风险：孟加拉国、印度、中国和越南；全球风暴潮影响 GDP 风险：美国、中国和日本。

全球沙尘暴年期望风险。全球沙尘暴影响人口风险：巴基斯坦、美国、印度、沙特阿拉伯、苏丹、马里、布基纳法索、埃塞俄比亚、也门和中国；全球沙尘暴影响 GDP 风险：美国、沙特阿拉伯、巴基斯坦、印度、西班牙、伊朗、苏丹、伊拉克、阿尔及利亚、中国和埃及；全球沙尘暴影响畜牧业风险：中国、巴基斯坦、苏丹、马里、印度、蒙古国、阿尔及利亚、美国、毛里塔尼亚、伊朗和布基纳法索。

全球台风年均期望风险。全球台风影响人口风险：中国、菲律宾、日本、美国、越南和韩国；全球台风影响 GDP 风险：中国、菲律宾、日本、美国、越南和韩国。

2）中国在世界人口 GDP 综合气象灾害风险格局中的位置

在综合气象灾害格网单元风险结果计算的基础上，按照国家或地区的行政界线进行空间统计分析，计算了全球各个国家综合气象灾害各项评价结果的排名情况，分析了中国在各项排名中的位置，包括：综合气象灾害年期望强度指数排名、气象灾害人口和 GDP 暴露排名、以及综合气象灾害年期望死亡人口风险、影响人口风险和 GDP 损失风险排名。除突出中国的排名之外，本节同时列出排在前 15 名（约占评价国家总数的前 10%）的高风险国家。

世界综合气象灾害年期望死亡人口风险值、影响人口风险值较高的地区主要集中在亚洲环太平洋地区，其中中国的年期望死亡人口风险值为 2181 人/年，排在第 2 位；死亡人口率为 1.50 人/（百万人·年），排在第 19 位；年期望影响人口风险值为 7.89 百万人/年，排在第 1 位；年期望影响人口率为 5.44 人/（千人·年），排在第 15 位。世界综合气象灾害年期望 GDP 损失风险值较高的地区主要为亚洲、欧洲和北美洲地区。其中中国的年期望 GDP 损失风险值为 758.51 亿美元/年，排在第 1 位；GDP 损失率为 1.33%/年，排在第 11 位。

与暴露值的相对排名相比，具有绝对意义的排名能够更加准确、客观地反映中国在全球气象灾害风险格局中的位置，可以总结为：①从风险总值来看，中国综合气象灾害影响人口、死亡人口和 GDP 损失均位于世界前列；②从损失率来看，中国综合气象灾害影响人口率、死亡人口率和 GDP 损失率位于世界较高水平。

3）中国在全球土地退化陆地和农田（玉米）生态系统风险格局中的位置

在水土流失和沙漠化陆地生态系统年均期望风险中，中国处在世界中等水平，而在水蚀和风蚀、盐渍化和综合土地退化农田生态系统平均期望风险中，中国处在世界中高水平。在水蚀和风蚀、盐渍化和综合土地退化总量期望风险中，中国均处于世界土地退化风险高水平的位置，其中水蚀、盐渍化和综合土地退化的风险总值居世界第 1 位。土地利用/土地覆盖变化尤其是土地退化对中国的生态系统特别是农田生态系统影响巨大，中国需要加强农田土地退化风险防范水平和力度。

对水蚀、风蚀、盐渍化以及土地退化综合的陆地和农田（玉米）生态系统风险按照国家单元进行排名，给出前十位的国家，并给出中国在其中的位置。

水蚀。全球水蚀农田（玉米）生态系统年均期望风险：新喀里多尼亚、帕莱斯蒂纳、牙买加、斐济、所罗门群岛、黑山、菲律宾、巴布亚新几内亚、东帝汶和韩国，中国排第 55 位；全球水蚀农田（玉米）生态系统总量期望风险：中国、美国、印度、俄罗斯、缅甸、阿富汗、巴西、土耳其、马达加斯加和伊朗，中国排第 1 位。

风蚀。全球风蚀生态系统风险：蒙古国、哈萨克斯坦、毛里塔尼亚、土库曼斯坦、冈比亚共和国、索马里、塞内加尔、澳大利亚和尼日尔，中国排第 45 位；全球风蚀农田（玉米）生态系统年均期望风险：塞浦路斯、牙买加、伊拉克、乌兹别克斯坦、土库曼斯坦、多米尼加共和国、沙特阿拉伯、利比亚、科威特和阿拉伯联合酋长国，中国排第 43 位；全球风蚀农田（玉米）生态系统总量期望风险：中国排第 4 位。

盐渍化。全球盐渍化农田（玉米）生态系统年均期望风险：埃及、土库曼斯坦、乌兹别克斯坦、也门、伊拉克、纳米比亚、科威特、亚美尼亚、叙利亚和索马里，中国排第 19 位；全球盐渍化农田生态系统总量期望风险：中国排第 19 位。

综合土地退化。全球综合土地退化农田（玉米）生态系统年均期望风险：牙买加、新喀里多尼亚、帕莱斯蒂纳、斐济、所罗门群岛、黑山、菲律宾、埃及、巴布亚新几内亚和东帝汶，中国排第 47 位；全球综合土地退化农田（玉米）生态系统总量期望风险：中国、俄国、美国、哈萨克斯坦、伊朗、澳大利亚、阿根廷、印度、阿富汗和巴基斯坦，中国排第 1 位。

1.3.4 全球及中国环境风险适应性范式

1. 环境风险适应性协同运作模式

1）气候变化适应的区划

近 50 年（1961～2010 年）中国气温的年代际变化趋势整体上呈上升趋势，存在明显的南-北分异格局，即北方地区气温上升速率较快，而南方地区气温上升速率较慢；中国降水量的年代际变化趋势整体上呈上升趋势，存在明显的东-中-西分异格局，即东部地区降水量快速上升，中部地区降水量快速下降，西部地区降水量缓慢上升；中国气温的年际波动整体上呈减弱趋势，其中东北、华北、西北和西藏地区以气温波动减弱为主,而南方大部分地区以气温波动增强为主;中国降水量的年际波动整体上呈增强趋势,其中东北、华东、华中、华南和新疆地区以降水量波动增强为主,华北、西北(除新疆外)和西南地区以降水量波动减弱为主。

在近 50 年中国气候变化一级区划研究中,中国快速变暖/变湿类型区占全国面积 29.3%,快速变暖/变干类型区占全国面积 19.4%,缓慢变暖/变湿类型区占全国面积 32.3%,缓慢变暖/变干类型区占全国面积 18.9%,变冷/变干类型区占全国面积 0.1%;在二级区划研究中,中国气温波动增强/降水波动增强类型区占全国面积 21.5%,气温波动增强/降水波动减弱类型区占全国面积 16.8%,气温波动减弱/降水波动增强类型区占全国面积 33.5%,气温波动减弱/降水波动减弱类型区占全国面积 28.2%。

基于气候变化区划的基本原则、指标体系和区划方法,将中国气候变化(1961～2010年)划分为 5 个变化趋势带和 14 个波动特征区。

近百年(1901～2010 年)世界气温的年代际变化趋势整体上呈上升趋势,存在明显的纬度地带性,即北半球中高纬度地区气温上升速率较高,北半球低纬度地区和南半球气温上升速率较低,此外北美洲南部和南美洲西部地区气温呈下降趋势,全球陆地(除南极洲外)气温下降面积占总面积的 4%;世界降水量的年代际变化趋势整体上呈上升趋势,其中欧洲(除地中海地区外)、北亚、中亚、南亚、大洋洲、北美洲及南美洲地区以降水量上升为主,地中海欧洲、非洲、西亚、东亚及东南亚地区以降水量下降为主;世界气温的年际波动整体上呈增强趋势,其中非洲(除西非外)、欧洲(除北欧外)、亚洲、北美洲北部及南美洲地区以气温年际波动增强为主,西非、北欧、大洋洲及北美洲南部地区以气温年际波动减弱为主;世界降水量的年际波动整体上呈减弱趋势,其中非洲北部、东欧、西亚、中亚、东亚、北美洲及南美洲东部以降水量波动减弱为主,非洲南部、西欧、南亚、东南亚、大洋洲及南美洲西部以降水量波动增强为主。

在近百年世界气候变化一级区划研究中,快速变暖/变湿类型区占世界面积 42.0%,快速变暖/变干类型区占世界面积 19.3%,缓慢变暖/变湿类型区占世界面积 19.4%,缓慢变暖/变干类型区占世界面积 15.3%,变冷/变湿类型区占世界面积 2.6%,变冷/变干类型区占世界面积 1.4%;在二级区划研究中,气温波动增强/降水波动增强类型区占世界面积 31.5%,气温波动增强/降水波动减弱类型区占世界面积 43.8%,气温波动减弱/降水波动增强类型区占世界面积 12.7%,气温波动减弱/降水波动减弱类型区占世界面积 12.0%。

基于气候变化区划的基本原则、指标体系和区划方法,将世界气候变化(1901～2010年)划分为 12 个变化趋势带和 28 个波动特征区(Shi et al.,2014;史培军等,2014;Shi et al.,2015)。

2)风险防范的凝聚力理论框架

传统的灾害风险理论中,缺乏一种表达系统通过自身结构和功能的调整以有效防范风险的能力,这种调整是个动态的过程,与传统理论中的脆弱性、恢复性、适应性等紧密相连。本研究提出了凝聚力的原理,用以阐释社会-生态系统综合防范风险时达成共识和产生聚力的过程,以及达到"凝心"和"聚力"目标的能力。凝聚力模式的提出,进一步揭示了促使社会-生态系统有效和有序协同运作的驱动力。协同宽容、协同约束、协同放大和协同分散四个基本原理揭示了系统凝聚力在协同运作上的四种表现，同时也是凝聚力在"凝心"和"聚力"具体问题上的四种优化目标的阐释。综合风险防范理论体系强调了以制度设计为核心的系统结构与功能的优化，凝聚力模式将四个协同原理及其优化目标转化为社会认知普及化、成本分摊合理化、组合优化智能化、费用效益最大化等一系列手段，以实现综合风险防范产生的共识最高化、成本最低化、福利最大化以及风险最小化。这一过程的完成，必须通过社会-生态系统结构和功能的改变从而采取相应的适应措施，这些措施得益于制度结构和功能调整的保障，也得益于该模式中强调的从"目标"到"产出"再到"目标"的循环调整与优化过程。

社会-生态系统凝聚力是复杂系统自身的一种属性，它阐释的是社会-生态系统进行协同运作的能力，在灾害风险系统中，表现出的是系统综合风险防范的能力，强调的是综合的过程及效果。社会-生态系统凝聚力的最大化提升是综合风险防范、协同运作以及社会-生态系统结构和功能优化的目标，而制度设计是实现这一过程和达成多目标优化的核心。凝聚力模式的提出，为社会-生态系统综合风险防范中的"综合"与"协同"寻找出一种可量化的途径和一种进行复杂问题探究的新思路。

社会-生态系统是一个复杂网络系统，受其中综合灾害风险管理实践中"凝心聚力，共度时艰"现象的启发，本小节提出一个全新的网络系统属性：凝聚度。凝聚度是一个基础性、普适性的网络属性。凝聚度不仅可以描述社会-生态系统抵抗干扰的能力，还能代表更广泛的实际意义，如由于信号同步程度、设备的兼容性、合作意愿、社会价值、个人态度或文化差异等因素引起的系统性能差异。基于凝聚度概念，提出了一系列的网络系统新属性和新模型，从而形成了一套研究复杂系统的全新理论体系。基于凝聚度的网络系统所描述的内容，是完全不同于传统复杂系统研究中所用的基于联结度的理论体系。换而言之，基于联结度的网络系统属性和模型不能涵盖或替代基于凝聚度的网络系统属性和模型。事实上，凝聚度是被普遍化了的联结度，而联结度只是凝聚度的一种特例。基于凝聚度的新体系为我们提供了一个认识复杂系统的全新视角，这个视角是现有网络属性和模型所缺失的。例如，社会-生态系统中的"凝心聚力"现象就是现有的网络理论和方法所不能描述和测度的。本研究所提出的基于凝聚度的网络系统属性和模型的新体系，不仅可以描述和测度这种"凝心聚力"现象，而且还能为实现系统最强的"凝心聚力"效果提供优化工具。

本小节所提出的网络系统凝聚度新体系还只是一个理论雏形。还需要开展大量的理论和应用研究工作。以下是几个推进凝聚度研究工作的重要方向。将凝聚度概念具体落实到各种实际复杂系统中去，计算分析实际系统的凝聚度，检验凝聚度与系统实际性能之间的关系。象研究联结度分布一样，探寻实际系统中凝聚度分布的规律。从网络系统结构和功能优化的角度出发，设计和应用基于凝聚度的模型和方法。例如，在综合灾害风险管理研究中，应用基于凝聚度的模型和方法，以帮助实现一个社会-生态系统在防灾、抗灾和救灾过程中，以及在制定综合风险防范对策过程中的结构和功能优化（Shi et al.，2012；胡小兵等，2014；史培军等，2014）。

3）结构-功能综合优化方法

政府在环境风险防范中财政投入的首要目标是最大化程度地减轻环境风险。即在单位财政投入的条件下，使环境风险得到最大程度的减少。依据福利经济学的相关原理，将政府在综合环境风险防范财政投入的原则归纳为三条：效益原则、效率原则、公平原则。

在综合环境风险防范的"结构优化模式"中，政府可从安全设防、救灾救济、应急管理和风险转移四个方面通过财政资金的投入加强区域综合环境风险防范的能力。政府综合环境风险防范财政投入的功能体系是指政府在备灾、应急、恢复与重建等环境风险防范周期的四个环节上分别进行财政投入。

从风险防范的结构（安全设防、救灾救济、应急管理和风险转移）和功能（备灾、应急、恢复和重建）构建了系统动力学模型，定义了结构-功能转换矩阵和功能-效益转换矩阵，提出了新的针对离散和连续两类问题的多目标优化求解方法。

在涟漪扩散模型和算法的理论的基础上，提出了一套有效的求解多目标优化问题的完整 Pareto 最优面的方法（现有方法都只能求解近似的 Pareto 最优面）。该方法以求解前 k 最好单目标解为突破口，在理论上和可操作性上同时保证找到完整的 Pareto 最优面。一旦求解出完整 Pareto 最优面，决策者就可以进行更加科学细致的决策。有了完整 Pareto 最优面后，就可以清楚地知道对于不同范围的不确定性，哪个解是最理想的。

多目标求解的问题转化为涟漪扩散模型的过程，是一个综合风险防范投资组合优化问题的完整帕累托面求解，预期回报和预期风险是这个多目标优化问题的两个指标。有了完整 Pareto 前沿，就能精确无误地计算出每个 Pareto 最优解所适用的折算率范围。在不确定性为主导要素的综合风险防范的优化问题中，此方法有明确且实际的应用价值（Hu et al.，2013a，2013b，2014a，2014b）。

2. 环境风险适应性的典型案例研究与对比

1）全球国别适应能力评估

"转入适应能力"是指一个国家或地区所具备的提高进入环境风险事件门槛的能力，用暴露性、敏感性与设防能力三个维度来评价；"转出适应能力"是指一个国家或地区所具备的提高从环境风险事件中恢复、重建与再发展的能力，用应急能力、恢复能力、重建能力与再发展能力四个维度来评价。

环境风险的"转入-转出"适应能力评价不是风险本身的评价，而是防范与适应风险的能力的评价；是在风险"转入"与"转出"框架下评价防范能力；应在"社会-生态系统"的结构与功能体系下理解其调整与适应的能力。

在这一逻辑框架下，强调了适应主体"社会-生态系统"在"转入"能力与"转出"能力两个方面的动态调整能力，即适应能力。社会-生态系统的制度、经济、生态与社会子系统所对应的政府的治理能力、经济表现、生态状况和社会支持等"适应"能力对静态性的"转入"与"转出"能力评价结果产生影响，进而形成最终的"转入适应"与"转出适应"能力。

评价社会-生态系统风险"转入"能力指标体系：暴露性、敏感性、设防能力；"转出"能力的指标体系：应急能力、恢复能力、重建能力、再发展能力；"适应能力"的指标体系：治理能力、经济表现、社会支持、生态状况。

社会-生态系统四个子系统的适应与调整能力分别作用于风险"转入"与"转出"的各个维度上会产生不同的影响和结果。为了定量刻画这种差异性，通过专家经验打分法，或基于观测数据采取相对权重的方法，制定了社会-生态系统四个子系统所表达的适应能力对风险"转入"和"转出"能力的调整系数。

结果表明：在193个国家中，中国的"转入"适应能力排在79位，中国的"转出"适应能力排在85位，中国与巴西、阿根廷、墨西哥、俄罗斯、新西兰等国家同属于综合风险水平最高、综合适应能力中等偏上的国家，相比同样高风险水平的美国、日本、澳大利亚、加拿大而言，综合适应能力仍有差距（Wang et al.，2015；Ye et al.，2012）。

2）典型粮食生产区环境风险适应性案例研究及对比

干旱是中国宁夏地区最严重的一种气象灾害，其分布最广，发生频次占总灾害频次的1/2以上，为各项灾害之首，对农业生产影响最大。在澳大利亚，为了应对干旱与水危机，实现生态健康和社会经济可持续发展，优先从农业部门着手。在宁夏地区，可用黄河水被规定的约束条件下，建设现代高效节水农业既是适应目标，又是通往社会经济可持续发展的重要途径。宁夏地区的这些战略与措施形成了一条新的路径，该路径可持续利用水资源，实现社会经济的可持续发展（Tan et al.，2015；Yang et al.，2015；谭春萍等，2014）。

中国湖南常德市鼎城区种植业自然灾害风险防范优化措施：加强政府防汛抗旱投入，关注其对因旱涝灾害减产损失率的滞后效应，以及因旱涝灾害减产损失率对同年政府防汛抗旱投入的反馈作用。水稻保险对于水稻生产者是有益的风险转移工具，政府总补贴效益应为开展保费补贴后的新增风险保障，新增投保面积由总播种面积和新增参保率共同确定。政府总补贴支出则由总承保面积、单位面积保费水平和补贴率共同决定。在总投资额给定的条件下，位于Pareto最优面上的分配方案才是决策者应该考虑的，对于任何非Pareto最优面上的分配方案，总可以找到至少一个Pareto最优点，能够在同样的总投资额条件下，至少提高"挽回农业减产"和"新增保险保障"中的一项指标，而另一指标至少保持同样好（Ye et al.，2015；Du et al.，2013）。

全球玉米种植面积最大的是亚洲，多年平均种植面积为4238.87万hm²，占比32.16%；其次是北美洲，种植面积为3936.75万公顷，占比为29.87%；非洲、南美洲、欧洲和澳大利亚占比分别为17.09%、13.78%、7.05%和0.06%。玉米热冷害指标确定为关键生长期内高温阈值为30℃，低温阈值为16℃。冷害强度每升高1℃，墨西哥的玉米产量将减少3.71%（0.28%～7.13%）。中国、印度、美国和全球的热害强度每十年分别增加了0.51℃，0.21℃，0.23℃，0.23℃。相应地，由热害造成的产量每十年损失分别为1.13%（0.15%～2.11%）、0.64%（0.09%～1.19%）、1.12%（0.51%～1.73%）和1.54%（0.35%～2.73%）。而墨西哥由于冷害强度的降低，每十年减少0.14℃，因此会形成一定的增产，达到0.53%（0.04%～1.01%）。采用改良的玉米耐热品种，对美国最为有利，可大大降低该国受影响的面积。物候期的调整对于各个国家降低热害影响面积的作用并不明显。改良品种，发展耐热性好，营养价值、产量高的优质玉米才是适应未来气候变化，抵抗高温热害最有效的方法（Shuai et al.，2013；Wang et al.，2014；Song et al.，2014；

Zhang et al.，2014；Shuai et al.，2015）。

3）典型城市化地区环境风险适应性案例研究及对比

中国与美国综合环境风险防范模式对比。中国与美国国家体制不同、国情也有区别，两国的综合灾害风险防范模式自然也有很大的差异。尽管无法断言两种国家体制下的哪种功能模式最好，但可以通过比较，吸收两种国家体制下的好的经验，进而完善各国的综合风险防范模式。通过对比同为巨灾的 2008 年雨雪冰冻灾害与 2005 年卡特里娜飓风灾害，发现两者在灾害系统复杂性方面都具有非常典型的链式效应与遭遇效应，但是中美两国在应对巨灾的四个环节上却具有显著差异。在巨灾备灾中：中国"自上而下"的主动应对模式，能够快速地调集大量的人力、物力与财力，但容易造成资源配置不合理；美国"自下而上"的被动应对模式，能够根据地方和州政府的实际需求进行资源的合理配置，但难以在超出地方和州政府应对能力的巨灾中，短时间迅速调用资源。在巨灾应急中：在中国，基于灾情严峻状况，国家减灾委启动一级响应时，"自上而下"的主动应对模式能够在短时间内迅速协调各级政府进行有效应急。在美国，基于灾情严峻情况，总统发布国家重大自然灾害事件，"自下而上"的被动应对模式就难以应对超出地方和州政府能力的巨灾，从而导致应急不力。在巨灾恢复中：在中国，"自上而下"的主动应对模式使得在各级地方政府无力应对巨灾时，中央政府能够在短时间内迅速起到主导作用，实现快速有效的灾后恢复，达到社会稳定。在美国，"自下而上"的被动应对模式使得在地方和州政府无力应对灾情时，联邦政府无法在短时间内组织灾后恢复，从而恢复缓慢。在巨灾重建中：在中国，以"举国应对范式"迅速帮助灾区重建，但很少发挥市场作用，几乎完全依赖中央财政支出。在美国，联邦、州和地方政府、个人职责分明，市场资源配置起重要作用，份额高达 45.4%，但重建时间历时长。美国在巨灾应对管理中的备灾、应急中的预警部分与灾后重建利用市场机制的对策，值得中国借鉴；但在应急行动与恢复阶段，美国应该借鉴中国主动高效的应对策略。

选取北京和美国凤凰城（Phoenix，Arizona）两地对其高温热害现象及应对措施/法律法规进行了对比。北京高温热浪现象呈逐年上升趋势。据统计，截至 2013 年年底，北京 65 岁及以上户籍老年人口 191.8 万人，占总人口的 14.6%。而凤凰城 65 岁及以上老年人口为 12.7 万，占总人口的 8.4%。北京面临更为严峻的高温热害风险。北京更关注能源结构的调整，运用节能减排措施缓解气候暖化的问题；美国凤凰城更多的是从城市自身缓解气候变化的影响的角度出发，开展具体的适应性措施。凤凰城注重树冠盖度的增加，同时配合开展大面积屋顶降温措施，特别是对公共房屋实施有计划的白色屋顶行动。凤凰城在节能建筑方面推行了强制性的量化标准，对用水和能耗的减少有明确的要求。凤凰城注重政府帮助推动非营利组织的适应气候变化项目的实施，并鼓励私人资本参与相关项目，用于城市可持续发展的建设。北京仍然需要大力推行节能建筑，推广屋顶绿化；加强热岛效应的宣传教育，关注弱势群体，广泛发动志愿者力量；在制定宏观节能减排法规的基础上，应制定更为具有针对性的强制性行政法规（如凤凰城 The Green Construction Code 规定所有新修建筑必须使用节能屋顶）。同时，应当将气候变化适应与环境治理、可持续发展等诸多问题协同设计和推进，实现多种措施并举而产生更大的综合协同效能。

深圳地处珠江三角洲前沿，平均每年受热带气旋（台风）影响四五次，2003 年 9 月，台风"杜鹃"正面袭击了深圳市，共造成 22 人死亡，全市直接经济损失 2.5 亿元。利用台风风险模型对深圳市台风大风引起的建筑物损害进行了模拟和仿真。仿真结果确认了防风加固的作用。随着加固等级不断上升，建筑物的总体脆弱性也逐渐降低，以损失面积为测量的年期望物理损失逐渐降低。防风加固措施的效益中考虑了其对救助、保险补贴这两项措施的溢出效益至关重要，使得其经济效益从负值转为正值，不能带来很高的效益-成本比，在深圳地区只进行防风加固投入是不划算的。通过对防风加固、救助、保险补贴三种不同的台风风险防范投入措施进行综合效益成本分析，在深圳这一设防水平已经较高的城市化地区，应坚持以风险转移为优先、救灾救济为辅助，在有余力的情况下进行防风加固的风险防范投资策略（Ye et al.，2015；Chen et al.，2015）。

3. 全球与中国高环境风险区综合环境风险适应性范式

1）个体尺度环境风险适应性的认知与意愿案例

基于湖北农村地区的实证研究工作，针对农户的气候变化认知和减缓、适应、转移风险措施的偏好进行了问卷调查，通过统计分析，结果表明：偏好减缓气候变化风险措施（如节能减排等）的农户，更为关注气候变化、认为气候变化一定会发生、认为气候变化的不利影响将会加剧、认为目前防范气候变化风险的能力有限、但认为气候变化还需较长的时间才会产生影响；偏好适应气候变化风险措施（如农田水利建设、作物品种改良等）的农户，更为倾向认为气候变化的发生存在不确定性、并认为当地受其风险的影响较小；偏好转移气候变化风险措施（如保险等）的农户，更为倾向认为气候变化的后果存在不确定性、并认为当地受其风险影响的可能性较大，但认为能够慢慢适应气候变化；决定不采取任何措施的农户，对气候变化认知低、对此风险不担忧，虽然倾向认为气候变化会发生，但认为气候变化的后果存在不确定性、且认为能够慢慢适应气候变化。

基于全国范围问卷调查结果表明：偏好减缓气候变化风险措施主要为：发展公共交通，鼓励公交出行；参与植树造林活动；选择低排放和低能耗的商品；"非常愿意"依次采取的适应措施为：发展公共交通，鼓励公交出行；使用保温节能门窗，少用空调暖气；更换成节能灯；参与植树造林活动；）选择低排放和低能耗的商品。而支付适应成本则为显著的负向贡献（Wang et al.，2015；Ye et al.，2013，2015）。

2）综合风险防御范式

针对巨灾所造成的全球性影响，提出巨灾防范的凝聚力模型（consilience model），并以此建立全球巨灾防御范式。通过"凝练"政府、事业、企业、个人在综合巨灾防御中的政治、社会、经济和文化等核心作用，"聚合"政府、事业、企业和个人协调、合作、建设和沟通等关键功能，形成综合系统的防范巨灾的行动体系。

凝聚力理论的协同原理为社会-生态系统的综合风险防范提供了新的模式。围绕社会-生态系统综合风险防范的目标，应用系统协同宽容、协同约束、协同放大和协同分散原理，通过社会认知普及化、成本分摊合理化、组合优化智能化、费用效益最大化等一系列手段，实现系统综合风险防范达成共识的最高化、成本最低化，以及福利最大化、风险最小化。这一过程的完成，必须通过系统结构和功能的改变，并采取相应的适应措施来实现，而这些措施得益于制度结构和功能的调整。凝聚力是评价社会-生态系统综合风险防范的基本变量，凝聚力的最大化提升是综合风险防范、协同运作以及系统结构和功能优化的目标，而制度设计是实现这一过程和完成这一目标的核心。

实践综合灾害风险防范的凝聚力模式，要求通过凝练政府、事业、企业及个人在综合灾害风险管理中的政治、社会、经济和文化等核心作用，聚合政府、事业、企业和个人协调、合作、建设和沟通等关键功能，形成综合风险防范的体系。这是综合减灾从管理向风险防范转变的关键，而政府的角色定位和作用在此转变中至关重要。

凝聚力模式的核心是利益相关者之间的"凝神聚气"和"凝心聚力"，使减轻灾害风险资源利用效率与效益最大化。通过制度设计，创造一个让全社会中的各个灾害风险利益相关者发挥其最大效能的宽松环境，协调各方力量、形成合力，应对各类不同危害水平的灾害风险，以实现减灾资源利用效益最大化。

政府还要通过完善机制、体制，使应对灾害风险的各个环节无缝连接，即"纵向到底，横向到边"。在机构职能设计上，必须实现基本设防、应急管理、风险转移、救灾救济的协同优化；在风险管理周期上，应强化备灾、应急、恢复、重建各环节的统筹安排。通过合理的经济结构、产业结构、土地利用结构和生态结构的布局与调整，全面实现生态服务、环境友好、资源节约与区域发展的各项功能，从而全面提高综合灾害风险防范的能力。

在政府的协同领导下，企事业单位要把防范各种灾害风险作为运营的基本成本，像提高自主创新能力一样，全面提高防范灾害风险的能力。个人要通过各种教育与培训和演练等各种手段，掌握基本的防灾减灾常识和灾难逃生技能，全面培育安全文化，系统改进自救与互救的能力与水平。

3）典型区环境风险的适应性对策

典型干旱农区未来旱灾的应对需以"节水"为核心，由危机应对转向以风险防范适应为理念，走政策引导、经济与技术支持、技能培训、社会服务和风险管理相结合的可持续发展道路。制度方面：加强干旱法律、法规的执行力度，以国家和地方干旱政策为指导；建立干旱影响、恢复的贷款优惠政策；建立针对旱灾影响的财政补贴政策。科学、技术与工程方面：国家提高抗旱品种研发技术，引进抗旱节水与产量双赢的作物品种；加强旱灾的预警预报，提高其普及与落实度，帮助百姓提前为干旱做准备；提高人工降雨的技术和质量；大力引进滴灌等技术，加强高效节水农业的推广；继续推广覆膜技术，实现节水与经济效益共赢；提高集雨蓄水工程的设计标准与实效性；通过加强灌渠的维护、改扩建，减少输水渗漏，充分利用有限的水资源，同时需实现兼顾短期省水与生态环境效益共赢；可继续利用如硒砂瓜压砂覆膜等技术，保障特殊地区百姓的经济收入，但需采取措施减小由此引起的气候与土壤负面影响。管理方面：加强水资源分配与利用的管理；加强对土地流转的引导与管理，以农户自愿为前提，规范流转方式，合理定位政府角色，为失地农户提供保障其生计的技能培训与再就业机会；加强牲畜、农作物和土壤等的管理。社会服务方面：加强公众宣传，提高百姓的干旱防御和节水意识；加强移民调村的后续支持服务，实现搬出、稳住与致富共赢；建立专门的干旱援助计划，在各级政府组建干旱援助小组，并公开向百姓提供干旱援助的联系方式；设立用水、债务等纠纷的调解部门；提供保险建议、农村金融发展和风险管理的咨询服务；提供抗旱减灾相关的技能培训，提高百姓对旱灾风险的防范适应能力；充分利用互联网技术，建立微信公众平台，适时提供干旱预警信息，灾后及时公布灾情。其他方面：提供专门针对干旱的保险，帮助农民转移旱灾风险；全球变暖给大部分国家和地区的玉米生产带来了严重的威胁，不同适应措施比较发现，改变玉米的抗热品种能极大提高玉米生产的适应能力，而推迟或提前播种期效果并不很理想；政府应在气候变化适应中占仍是主导作用；各类适应措施中，应优先提升应对极端气候事件的设防能力，辅以风险转移手段；农村居民对区域气候变化特征有清晰和较为准确地感知；但需加强对适应气候变化的措施的宣传与普及。

典型城市地区应当坚持工程与非工程措施协同的适应性对策，具体如下：城市应对气候变化应将工程措施和非工程措施并举。工程措施提升城市应对极端气候事件的能力，提高防洪抗风的设防水平，改善城市建筑物布局，加强生态用地建设。非工程措施以政策调整带动城市功能疏解，进而推动产业结构和土地利用布局调整，起到降低人群暴露度的作用。政府应创造政策环境，鼓励创新适应气候变化的风险转移金融措施，动员社会资本参与，与工程性措施形成合力，提升政府资金效益。

4）综合适应性对策

（1）尊重气候变化的多样性，制定区域化的适应性对策。在应对气候变化引发的各种灾害与生态环境风险时，必须充分考虑其时空尺度。为此，目前联合国正在制定应对全球气候变化对策时，必须充分考虑到气候多样性这一因素，单纯仅从全球空间尺度或仅从全球百年时间尺度，制定统一的适应全球气候变化的对策是不科学，也是不合理的。人类必须寻求适应气候多样性的对策。只有大面积提高人类应对极端天气和气候事件的设防水平，才能够从根本上缓解气候在时间上的多样性给人类造成的负面影响，整体提升人类及其活动适应气候多样性的能力。提高设防极端天气和气候事件的水平，关键在于提高投资防范风险的人力、财力和物力。对发达国家来说，由于设防水平较高，进而通过保险等金融手段，提高对极端天气和气候事件风险的转移能力；对广大发展中国家，特别是一些较为贫困的国家和地区，提高设防水平的困难就在于缺少资金、技术及人才（Shi et al., 2011）。

（2）大力促进应对气候变化与防灾减灾相结合。一是大力倡导适应性的生产、生活与生态模式。应对气候变化应视为推动社会经济发展和全球公平目标中的一部分。建立适应气候变化和综合灾害风险防范的区域发展模式，调整产业结构，节约资源，推进"两个市场"与"两个资源"协调发展，提高自然资源利用效率与效益，倡导适应性的生产、生活与生态模式。在实施这一模式过程中，将减轻灾害风险战略、规划、行动与经济发展、消除贫困等有机结合，建立各利益相关者之间的有效协同。二是大力推行"除害与兴利并举"的绿色经济战略。发展绿色经济具有可持续、低风险、高收益等特征，是可持续发展的有效途径，可兼顾经济发展与应对气候变化和防范巨灾风险。通过已有技术转化和创新，增加地球表面植被覆盖，大幅度提高二氧化碳吸收能力。将绿色经济和巨灾风险防范行动联系起来，寻求"除害与兴利"并举的全球战略。

（3）全面提升可持续发展和防范巨灾风险的能力。一是加快转变经济发展方式。坚持把经济结构战略性调整作为加快转变经济发展方式的主攻方向，坚持把科技进步和创新作为加快转变经济发展方式的重要支撑。二是建立多样化的能源保障与供应链体系。通过提高新能源比例，改善能源供应结构的同时，强化能源供应的多元化。通过新的与气候相关的国际合作机制，促使各国和地区引进、消化、吸收先进能源技术。通过WTO全球协同规则，有效规避和缓解巨灾的全球影响。三是全面提升国家和地区间的巨灾风险分担能力。广泛开展国际交流合作，在有效实现巨灾信息、知识和技术共享的基础上，加快建立国家和地区间的巨灾风险分担机制。建立国家和地区政府、跨国企业、国际金融机构等利益相关者风险共担的"全球巨灾风险金融管理体系"，逐步形成有效的国家和地区间的巨灾风险转移机制，在全球范围内实现风险分散和分担。

（4）系统推动全球巨灾风险防御范式与联盟的建立。一是建立全球巨灾防御范式。依据巨灾防范的凝聚力模型，建立全球巨灾防御范式。把降低脆弱性、提高恢复力与强化适应性的措施集成为一体，整合经济、政治、文化、社会和生态文明建设行动。把优化"安全设防、救灾救济、应急响应和风险转移"行动的结构体系，完善"备灾、应急、恢复和重建"行动的功能体系进一步聚合，实现减灾资源利用的高效率和高效益。二是建立全球巨灾风险基金。依据综合风险防范的凝聚力模型，倡议建立类似支持世界经济发展的"世界银行（World Bank）"和"国际货币基金（IMF）"之类平台，建立全球巨灾风险基金（global risk foundation，GRF），实现"一方有难，八方支援"的应对巨灾战略。三是建立全球巨灾应对网络。充分发挥联合国国际减灾战略（UNISDR）和其建设的"全球减轻灾害风险平台（GPDRR）"的导向功能，形成统一标准和规范的"全球灾害信息网络"。通过"共建共享"，形成一个可覆盖全球的应对巨灾的网络教育和科研平台（Shi et al，2011）。

参 考 文 献

陈宜瑜. 2004. 对开展全球变化区域适应研究的几点看法. 地球科学进展, 19(4): 496-499

符淙斌, 安芷生. 2002. 我国北方干旱化研究——面向国家需求的全球变化科学问题. 地学前缘, 9(2): 271-275

符淙斌, 马柱国. 2008. 全球变化与区域干旱化. 大气科学, 32(4): 752-760

付在毅, 许学工. 2001. 区域生态风险评价. 地球科学进展, 16(2): 267-271

高学杰, 赵宗慈, 丁一汇, 等. 2003. 温室效应引起的中国区域气候变化的数值模拟Ⅱ: 中国区域气候的可能变化. 气象学报, 61(1): 29-38

胡爱军, 李宁, 史培军, 等. 2009. 极端天气事件导致基础设施破坏间接经济损失评估. 经济地理, 29(4): 529-534

胡小兵, 史培军, 汪明, 等. 2014. 凝聚度——描述与测度社会生态系统抗干扰能力的一种新特性. 中国科学(信息科学), (11): 1467-1481.

黄荣辉, 周连童. 2006. 我国重大气候灾害的形成机理和预测理论研究. 地球科学进展, 21(6): 564-575

蒋卫国, 盛绍学, 朱晓华, 等. 2008. 区域洪水灾害风险格局演变分析——以马来西亚吉兰丹州为例. 地

理研究, 27(3): 502-508

李克让, 曹明奎, 於琍, 等. 2005. 中国自然生态系统对气候变化的脆弱性评估. 地理研究, 24(5): 653-663

林海. 1997. 中国全球变化研究的战略思考. 地学前缘, 4(1-2): 35-43

刘珂, 姜大膀. 2015. RCP4.5 情景下中国未来干湿变化预估. 大气科学, 39(3): 489-502

刘燕华, 葛全胜, 张雪芹. 2004. 关于中国全球环境变化人文因素研究发展方向的思考. 地球科学进展, 19(6): 889-895

陆大道. 2002. 关于地理学的"人-地系统"理论研究. 地理研究, 21(2): 135-145

秦大河, 陈宜瑜, 李学勇. 2005. 中国气候与环境演变评估报告. 北京: 科学出版社

秦大河, 张建云, 闪淳昌, 等. 2015. 中国极端天气气候事件和灾害风险管理与适应国家评估报告(精华版). 北京: 科学出版社

佘升翔, 陆强. 2010. 环境风险知觉和评价的整体框架. 生态环境学报, 19(7): 1760-1764

施雅风, 沈永平, 李栋梁, 等. 2003. 中国西北地区气候由暖干向暖湿转型的特征及趋势探讨. 第四纪研究, 23(2): 152-164

史培军. 1991. 灾害研究的理论与实践. 南京大学学报(自然科学版), (11): 37-42

史培军. 2002. 三论灾害研究的理论与实践. 自然灾害学报, 11(3): 1-9

史培军. 2003. 中国自然灾害系统地图集(中英文对照). 北京: 科学出版社

史培军. 2005. 四论灾害研究的理论与实践. 自然灾害学报, 14(6): 1-7

史培军. 2015. 仙台框架: 未来 15 年世界减灾指导性文件. 中国减灾, (07): 30-33

史培军, 李宁, 叶谦, 等. 2009. 全球环境变化与综合灾害风险防范研究. 地球科学进展, 24(4): 428-435

史培军, 邵利铎, 赵智国, 等. 2007. 论综合灾害风险防范模式——寻求全球变化影响的适应性对策. 地学前缘, 14(6): 43-53

史培军, 孙劭, 汪明, 等. 2014. 中国气候变化区划(1961~2010 年). 中国科学(地球科学), (10): 2294-2306

史培军, 汪明, 胡小兵, 等. 2014. 社会——生态系统综合风险防范的凝聚力模式. 地理学报, (06): 863-876

史培军, 王静爱, 冯文利, 等. 2006. 中国土地利用/覆盖变化的生态环境响应与调控. 地球科学进展, 21(2): 111-119

谭春萍, 杨建平, 李曼, 等. 2014. 干旱变化、影响及适应调查与分析——以宁夏回族自治区为例. 灾害学, (02): 84-89

王耕, 王利, 吴伟. 2007. 区域生态安全灾变态势分析方法——以辽河流域为例. 生态学报, 27(5): 2002-2011

王平. 1999. 自然灾害综合区划研究的现状与展望. 自然灾害学报, 8(1): 21-29

王绍武, 叶瑾琳, 龚道溢. 1998. 近百年中国年温度序列的建立. 应用气象学报, 9(4): 392-401

未来地球计划过渡小组. 2015. 未来地球计划初步设计. 曲建升, 曾静静, 王云伟等译. 北京: 科学出版社

吴绍洪, 戴尔阜, 黄玫, 等. 2007. 21 世纪未来气候变化情景(B2)下中国生态系统的脆弱性研究. 科学通报, 52(7): 811-817

邢鹏, 钟甫宁. 2006. 粮食生产与风险区划研究. 农业技术经济, 1: 19-23

徐冠华, 宫鹏, 林海, 等. 2010. 我国全球变化研究急需加强的几个问题. 见: 宫鹏. 全球变化研究评论. 北京: 高等教育出版社

叶笃正, 符淙斌, 董文杰, 等. 2001. 有序人类活动与生存环境. 地球科学进展, 16(4): 453-460

于恩涛, 孙建奇, 吕光辉, 等. 2015. 西部干旱区未来气候变化高分辨率预估. 干旱区地理, 38(03): 429-437

张继权, 李宁. 2007. 主要气象灾害风险评价与管理研究的数量化方法及其应用. 北京: 北京师范大学出版社

张勇, 许吟隆, 董文杰, 等. 2007. SRES B2 情景下中国区域最高、最低气温及日较差变化分布特征初步

分析. 地球物理学报, 50(3): 714-723

Adger W N, Arnella N W, Tompkins E L. 2005. Successful adaptation to climate change across scales. Global Environmental Change, 15(2): 77-86

Amato G D, Cecchi L, Amato M D, et al. 2010. Urban Air Pollution and Climate Change as Environmental Risk Factors of Respiratory Allergy: An Update. Journal of Investigational Allergology and Clinical Immunology, 20(2): 95-102

Arnold M, Chen R S, Deichmann U, et al. 2005. Natural Disaster Hotspots: A Global Risk Analysis. World Bank

Burton I, Bizikova L, Dickinson T, et al. 2007. Integrating adaptation into policy: Upscaling evidence from local to global. Climate Policy, 7(4): 371-376

Chen H P, Sun J Q, 2013. How large precipitation changes over global monsoon regions by CMIP5 models? Atmospheric and Oceanic Science Letters, 6(5): 306-311

Chen H P, Sun J Q, Fan K. 2012. Decadal Features of Heavy Rainfall Events in Eastern China. Acta Meteorol Sin 26(3): 289-303

Chen H P, Sun J Q. 2014. Sensitivity of climate changes to CO_2 emissions in China. Atmospheric and Oceanic Science Letters, 7(5): 422-427

Chen H P, Sun J Q. 2015. Assessing model performance of climate extremes in China: an intercomparison between CMIP5 and CMIP3. Climatic Change, 129(1-2): 197-211

Chen H P, Sun J Q. 2015. Drought response to air temperature change over China on the centennial scale, Atmos Oceanic Sci Lett, 8(3): 113-119

Chen H P. 2013. Projected change in extreme rainfall events in China by the end of the 21st century using CMIP5 models. Chinese Science Bulletin, 58(12): 1462-1472

Chen Y, Zhang Z, Shi P, et al. 2015. Public perception and responses to environmental pollution and health risks: evaluation and implication from a national survey in China. Journal of Risk Research: 1-19

Crane F G. 1984. Insurance Principles and Practices(2nd Eds.). New York: Wiley

Cui X, Gao Y, Sun J. 2014. The response of the East Asian summer monsoon to strong tropical volcanic eruptions. Adv Atmos Sci, 31(6): 1245-1255

Dilley M, Chen R S, Deichmann U, et al. 2005. Natural Disaster Hotspots: A Global Risk Analysis. Washington DC: Hazard Management Unit, World Bank

Dong W, Liu Z, Liao H, et al. 2015. New climate and socio-economic scenarios for assessing global human health challenges due to heat risk. Climatic Change, 130(4): 505-518

Dong W, Liu Z, Zhang L, et al. 2014. Assessing Heat Health Risk for Sustainability in Beijing's Urban Heat Island. Sustainability, 6(10): 7334-7357

Du J, Fang J, Xu W, et al. 2013. Analysis of dry/wet conditions using the standardized precipitation index and its potential usefulness for drought/flood monitoring in Hunan Province, China. Stoch Env Res Risk A, 27(2): 377-387

Easterling D R , Evans J L, Groisman P Y, et al. 2000. Observed variability and trends in extreme climate events: A brief review. Bulletin of the American Meteorological Society, 81(3): 417-425

Elliott J, Deryng D, Muller C, et al. 2014. Constraints and potentials of future irrigation water availability on agricultural production under climate change. Proceedings of the National Academy of Sciences, 111(9): 3239-3244

FAO Inter-departmental Working Group on Climate Change. 2007. Adaptation to climate change in agriculture, forestry and fisheries: perspective, framework and priorities

Gao S, Zhou T, Zhao X, et al. 2016. Age and climate contribution to observed forest carbon sinks in East Asia. Environmental Research Letters, 11(3): 034021

Gao S, Zhou T, Zhao X, et al. 2016. Age and climate contribution to observed forest carbon sinks in East Asia. Environ Res Lett, 11(3): 034021

Gell-Mann M. 1991. Complex adaptive systems. In: GA Cowan, D Pines and D Meltzer. Complexity: Metaphors, Models, and Reality. MA: Addison-Wesley Publishing Co

He H, Yang J, Gong D, et al. 2015. Decadal changes in tropical cyclone activity over the western North Pacific in the late 1990s. Climate Dynamics, 45(11-12): 3317-3329

He J, Yang X, Li Z, et al. 2016. Spatiotemporal Variations of Meteorological Droughts in China During 1961–2014: An Investigation Based on Multi-Threshold Identification. International Journal of Disaster Risk Science: 1-14

Hu A J, Xie W, Li N, et al. 2014. Analyzing regional economic impact and resilience: a case study on electricity outages caused by the 2008 snowstorms in southern China. Natural Hazards, 70(2): 1019-1030

Hu X B, Leeson M S. 2014. Evolutionary computation with spatial receding horizon control to minimize network coding resources. The Scientific World Journal, (1): 174-175

Hu X B, Leeson M S. 2014b. Evolutionary computation with spatial receding horizon control to minimize network coding resources. The Scientific World Journal, 2014.

Hu X B, Wang M, Leeson M S. 2013b. Ripple-spreading network model optimization by genetic algorithm. Mathematical Problems in Engineering , (3): 831-842

Hu X B, Wang M, Paolo E D. 2013a. Calculating complete and exact pareto front for multiobjective optimization: a new deterministic approach for discrete problems. Cybernetics, IEEE Transactions on cybernetics, 43(3): 1088-1101

Hu X B, Wang M, Ye Q, et al. 2014a. Multi-objective new product development by complete Pareto front and ripple-spreading algorithm. Neurocomputing: 142(1): 4-15

Huang C F, Ruan D. 2008. Fuzzy risks and an updating algorithm with new observations. Risk Analysis, 28(3): 681-694

Huang K, Yi C, Wu D, et al. 2015. Tipping point of a conifer forest ecosystem under severe drought. Environmental Research Letters, 10(2): 024011

Huang K, Zhou T, Zhao X. 2014. Extreme drought-induced trend changes in MODIS EVI Time series in Yunnan, China. IOP Conference Series: Earth and Environmental Science. 17(1): 012070

ICSU. 2008. A Science Plan for Integrated Research on Disaster Risk: Addressing the Challenge of Natural and Human-induced Environmental Hazards. Paris: ICSU

IHDP-IRG Project. 2010. Integrated Risk Governance Science Plan. Beijing: IHDP-IRG

International Council for Science. 2008. A science plan for integrated research on disaster risk: addressing the challenge of natural and human-induced environmental hazards.

IPCC. 2007. Climate Change 2007-Impacts, Adaptation and Vulnerability: Contribution of Working Group II to the Fourth Assessment Report of the Intergovernmental Panel on Climate Change. Cambridge: Cambridge University Press

IPCC. 2012a. Summary for policymakers. In: Managing the risks of extreme events and disasters to advance climate change adaptation. A special report of working groups I and II of the intergovernmental panel on climate change. Cambridge: Cambridge University Press

IPCC. 2012b. Managing the Risks of Extreme Events and Disasters to Advance Climate Change Adaptation. Cambridge: Cambridge University Press

IPCC. 2013. Managing the Risks of Extreme Events and Disasters to Advance Climate Change Adaptation. A Special Report of Working Groups I and II of the Intergovernmental Panel on Climate Change. Cambridge, UK, and New York, NY, USA: Cambridge University Press

ISDR. 2008. Environment and Disaster Risk, Emerging Perspectives. United Nations Environment Programme, Nairobi, Kenya

Jiang J, Yue S, Lang X M. 2015. Projected climate change against natural internal variability over China. Atmospheric and Oceanic Science Letters , 8(4): 193-200

Jones R N. 2001. An Environmental Risk Assessment/Management Framework for Climate Change Impact assessments. Natural Hazards, 23(2-3): 197-230

Kauffman S A, Pastor R, Sole R V. 2010. Scaling and Phase Transitions in Complex Systems. Oxford: Oxford University Press

Kumar K S K, Parikh J. 2001. Indian agriculture and climate sensitivity. Global Environmental Change, 11(2), 147-154

Lambin E F, Baulies X, Bockstael N, et al. 1999. Land-use and land-cover change(LUCC): Implementation strategy. IGBP Report 48, IHDP Report 10. IGBP, Stockholm, 125

Leng G Y, Tang Q H, Huang S Z, et al. 2016: Assessments of joint hydrological extreme risks in a warming climate in China. International Journal of Climatology, 36(4): 1632-1642

Leng G, Tang Q, Huang M, et al. 2015. A comparative analysis of the impacts of climate change and irrigation on land surface and subsurface hydrology in the North China Plain. Regional Environmental Change, 15(2): 251-263

Leng G, Tang Q, Huang S, et al. 2015. Assessments of joint hydrological extreme risks in a warming climate in China. International Journal of Climatology, 36: 1632-1642

Li Z, Zhou T, Zhao X, et al. 2015. Assessments of Drought Impacts on Vegetation in China with the Optimal Time Scales of the Climatic Drought Index. International journal of environmental research and public health, 12(7): 7615-7634

Li Z, Zhou T, Zhao X, et al. 2016. Diverse spatiotemporal responses in vegetation growth to droughts in China. Environmental Earth Sciences, 75(1): 1-13

Li Z, Zhou T. 2015. Optimization of forest age-dependent light-use efficiency and its implications on climate-vegetation interactions in china. The International Archives of Photogrammetry, Remote Sensing and Spatial Information Sciences, 40(7): 449-454

Liu J, Zhang Z, Xu X, et al. 2010. Spatial patterns and driving forces of land use change in China during the early 21st century. Journal of Geographic Sciences, 20(4): 483-494

Lobell D B, Marshall B B, Claudia T, et al. 2008. Prioritizing Climate Change Adaptation: Needs for Food Security in 2030. Science, 319(5863): 607-610

Luers A L, Lobell D B, Sklar L S, et al. 2003. A method for quantifying vulnerability, applied to the agricultural system of the Yaqui Valley, Mexico. Global Environmental Change, 13(4): 255-267

Mao R, Gong D, Yang J, et al. 2011. Linkage between the Arctic Osillation and winter extreme precipitation over central-southern China. Climate Research, 50(2-3): 187-201

Milly P C D, Wetherald R T, Dunne K A, et al. 2002. Increasing risk of great floods in a changing climate. Nature, 415(6871): 514-517

Nemani R R, Keeling C D, Hashimoto H, et al. 2003. Climate-driven increases in global terrestrial net primary production from 1982 to 1999. Science, 300(5625): 1560-1563

Otero R C and Marti R Z. 1995. The impacts of natural disasters on developing economies: Implications for the international development and disaster community. In: Munasinghe M, Clarke C. Disaster Prevention for Sustainable Development: Economic and Policy Issues. Washington DC, World Bank, 11-40

Owens T, Hoddinott J, Kinsey B. 2003. Ex-Ante actions and ex-post public responses to drought shocks: Evidence and simulations from Zimbabwe. World Development, 31(7): 1239-1255

Palmer T N, Raisanen J. 2002. Quantifying the risk of extreme seasonal precipitation events in a changing climate. Nature, 415(6871): 512-514

Pelling M. 2004. Visions of Risk: A Review of International Indicators of Disaster Risk and its Management. ISDR /UNDP: King's College, University of London, 1-56

Plimer I R. 2009. Climate change, a geologist's view. Materials World, 17: 38-39

Prabhakar S, Ancha S, Shaw R. 2009. Climate change and local level disaster risk reduction planning: need, opportunities and challenges. Mitigation and Adaptation Strategies for Global Change, 14(1): 7-33

Raymond P A, Oh N H, Turner R E, et al. 2008. Anthropogenically enhanced fluxes of water and carbon from the Mississippi River. Nature, 24(7177): 449-452

Renn O. 2008. Risk Governance: Coping with Uncertainty in a Complex World, Earthscan, USA: Sterling, Virginia

Renn O. 2008. Risk Governance: Coping with Uncertainty in a Complex World. Sterling, Virginia, USA: Earthscan.

Royal Swedish Academy of Sciences, Stockholm, Sweden.

Schneider S H, Semenov S, Patwardhan A, et al. 2007. Assessing key vulnerabilities and the risk from climate change. In: Parry M L, Canzi-ani O F, Palutikof J P, et al. Climate Change 2007: Impacts, Adaptation and Vulnerability. Contribution of Working Group II to the Fourth Assessment Report of the Intergovernmental Panel on Climate Change. Cambridge, United Kingdom and New York: Cambridge University Press

Shi P, Kasperson R. 2015. World Atlas of Natural Disaster Risk. Berlin Heidelberg Springer-Verlag

Shi P, Xu W, Ye T, et al. 2011. Developing Disaster Risk Science. Journal of Natural Disaster Science, 32(2): 79-88

Shi P, Yang X, Fang J, et al. 2016. Mapping and ranking global mortality, affected population and GDP loss risks for multiple climatic hazards. J Geogr Sci, 26(7): 878-888

Shi P, Yuan Y, Zheng J, et al. 2007. The effect of land use/cover change on surface runoff in Shenzhen region, China. Catena, 69(1): 31-35

Shi P J, Sun S, Wang M, et al. 2014. Climate change regionalization in China (1961-2010). Sci China Earth Sci, 57(11): 2676-2689

Shi P J, Ye Q, Han G Y, et al. 2012. Living with Global Climate Diversity-Suggestions on International Governance for Coping with Climate Change Risk. International Journal of Disaster Risk Science, 3(4), 177-184

Shuai J B, Zhang Z, Tao F L, et al. 2016. How ENSO affects maize yields in China: understanding the impact mechanisms using a process-based crop model. Int J Climatol, 36(1): 424-438

Shuai J, Zhang Z, Liu X, et al. 2013. Increasing concentrations of aerosols offset the benefits of climate warming on rice yields during 1980–2008 in Jiangsu Province, China. Regional Environmental Change, 13(2): 287-297

Singer S F. 2008. Nature, Not Human Activity, Rules the Climate: Summary for Policymakers of the Report of the Nongovernmental International Panel on Climate Change. Chicago: The Heartland Institute

Smit B, Burton I, Klein R, et al. 2000. An anatomy of adaptation to climate change and variability. Climatic Change, 45(1): 223-251

Smit B, Wandel J. 2006. Adaptation, adaptive capacity and vulnerability. Global Environmental Change, 16(3): 282-292

Song X, Zhang Z, Chen Y, et al. 2014. Spatiotemporal changes of global extreme temperature events(ETEs)since 1981 and the meteorological causes. Natural hazards, 70(2): 975-994

Spencer R. 2008. Climate Confusion: How Global Warming Leads to Bad Science, Pandering politicians and Misguided Policies that Hurt the Poor. New York: Encounter Books

Sperling F, Szekely F. 2005. Disaster risk management in a changing climate. Discussion Paper, prepared for the World Conference on Disaster Reduction on behalf of the Vulnerability and Adaptation Resource Group

Sui Y, Lang X, Jiang D. 2015. Temperature and precipitation signals over China with a 2° C global warming. Climate Research, 64(3): 227-242

Sun J, Ao J. 2013. Changes in precipitation and extreme precipitation in a warming environment in China. Chinese Science Bulletin, 58(12): 1395-1401

Tan C, Yang J, Li M. 2015. Temporal-Spatial variation of drought indicated by SPI and SPEI in Ningxia Hui autonomous region, China. Atmosphere, 6(10): 1399-1421

Tang Q H, Zhang X J, Francis J A. 2014. Extreme summer weather in northern mid-latitudes linked to a vanishing cryosphere. Nature Climate Change, 4(1): 45-50

Tang Q, Leng G. 2013. Changes in cloud cover, precipitation, and summer temperature in North America from 1982 to 2009. Journal of Climate, 26(5): 1733-1744

Turner B L, Kasperson R E, Matson P A, et al. 2003. A framework for vulnerability analysis in sustainability science. Proceedings of the national academy of sciences, 100(14): 8074-8079

Turner B L. 1997. The sustainability principle in global agendas: Implication for understanding land use and land cover change. The Geographical Journal, 163: 133-140

UN-ISDR. 2005. Hyogo framework for action 2005-2015: Building the resilience of nations and communities to disasters. In: Extract from the final report of the World Conference on Disaster Reduction(A/CONF. 206/6)

UN-ISDR. 2009. Risk and poverty in a changing climate: Invest today for a safer tomorrow. 2009 Global Assessment Report on Disaster Risk Reduction

Wang H J. 2001. The weakening of the Asian monsoon circulation after the end of 1970s. Advances in Atmospheric Sciences, 18(3): 376-386

Wang J, Su Y, Shang Y. 2006. Vulnerability identification and assessment of agriculture drought disaster in China. Advances in earth science, 21(2): 161-168

Wang J, Sun H, Xu W. 2002. Spatial temporal change of drought disaster in China in recent 50 years. Journal of natural disasters, 11(2): 1-6

Wang M, Ye T, Shi P J. 2015. Factors Affecting Farmers' Crop Insurance Participation in China. Canadian Journal of Agricultural Economics/Revue canadienne d'agroeconomie, 64(3): 479-492

Wang P, Zhang Z, Song X, et al. 2014. Temperature variations and rice yields in China: historical contributions and future trends. Climatic change, 124(4): 777-789

Wilbanks T, Patricia R L, Bao M, et al. 2007. Chapter 7: Industry, Settlement and Society. In: Martin P, Canziani O, Palutikof J, et al. Climate Change 2007: Impacts, Adaptation and Vulnerability, Contribution of Working Group II to the Fourth Assessment Report of the Intergovernmental Panel on Climate Change. Cambridge and New York: Cambridge University Press

Wu J, Li N, Shi P. 2014. Benchmark wealth capital stock estimations across China's 344 prefectures: 1978 to 2012. China Economic Review, 31: 288-302

Xie W, Li N, Wu J D, et al. 2014. Modeling the economic costs of disasters and recovery: analysis using a dynamic computable general equilibrium model. Natural Hazards and Earth System Sciences, 14(4): 757-772

Yang J, Bao Q, Wang X C. 2013. Intensified eastward and northward propagation of tropical intraseasonal oscillation over the equatorial Indian Ocean in a global warming scenario. Adv Atmos Sci, 30(1): 167-174

Yang J, Tan C, Wang S, et al. 2015. Drought Adaptation in the Ningxia Hui Autonomous Region, China: Actions, Planning, Pathways and Barriers. Sustainability, 7(11): 15029-15056

Ye T, Liu Y, Wang J, et al. 2015. Farmers' crop insurance perception and participation decisions: empirical evidence from Hunan, China. Journal of Risk Research, 2015: 1-14

Ye T, Wang M. 2013. Exploring risk attitude by a comparative experimental approach and its implication to disaster insurance practice in China. Journal of Risk Research, 16(7): 861-878

Yin Y, Tang Q, Liu X. 2015. A multi-model analysis of change in potential yield of major crops in China under climate change. Earth System Dynamics, 6(1): 45-59

Yin Y, Tang Q, Wang L, et al. 2016. Risk and contributing factors of ecosystem shifts over naturally vegetated land under climate change in China. Scientific Reports, 6: 20905

Yin Y, Zhang X, Lin D, et al. 2014. GEPIC-V-R: A GIS-based tool for regional crop drought risk assessment. Agricultural Water Management, 144: 107-109

Yu E. 2013. High-resolution seasonal snowfall simulation over Northeast China. Chinese Science Bulletin, 58(12): 1412-1419

Yue S, Lang X M. 2012. Monsoon change in East Asia in the 21st century: Results of RegCM3. Atmospheric and Oceanic Science Letters, 5(6): 504-508

Zhang X, Tang Q, Zhang X, et al. 2014. Runoff sensitivity to global mean temperature change in the CMIP5 Models. Geophysical Research Letters, 41(15): 2014GL060382

Zhang Z, Liu X, Wang P, et al. 2014. The heat deficit index depicts the responses of rice yield to climate change in the northeastern three provinces of China. Regional environmental change, 14(1): 27-38

Zhou Y, Li N, Wu W X, et al. 2014. Local Spatial and Temporal Factors Influencing Population and Societal Vulnerability to Natural Disasters. Risk Anal, 34(4): 614-639

Zou X, Zhai P, Zhang Q. 2005. Variations in droughts over China: 1951-2003. Geophysical Research Letters, 32(4): L04707

第2章 全球变化与环境风险形成机理

本章阐述全球变化对环境风险影响的驱动力因子特征，发展环境风险形成的"渐变—累积—突变"理论，建立各个环境要素趋向性、累积性以及尺度效应的分析方法，研究近几十年来，不同等级环境风险与气候灾害发生频率的变化情况，揭示全球气候变化情景下的内部驱动和外界强迫对环境风险的影响，预估环境风险的变化趋势，揭示全球变化与环境风险的关系及其作用机理。

2.1 全球变化与环境风险

近几十年来，全球环境变化的速率和强度是历史罕见的，这已经对人类生存与发展造成了不同程度的影响，使得人类居住的环境风险加大。那么，近几十年来中国环境风险的变化是否与全球气候变化之间存在联系呢？本节围绕这一问题展开分析，辨识和揭示全球气候变化对我国生态环境的影响，发展环境风险形成的"渐变—累积—突变"理论框架。

2.1.1 全球变化对环境风险影响的识别

1. 水分亏缺的累积效应及其对植被生长的影响

在气候变暖进程中，全球气温升高、降水格局改变，导致干旱发生的频率、强度、持续时间等不断增加，从而在全球范围内影响到水资源、自然生态系统、农业和社会发展（Beguería et al.，2010；Bryant，2005；Wilhite et al.，2000）。1990~2010年全球有超过 9 亿人都受到干旱的影响。世界上绝大多数区域（干湿地区）都发生过干旱（Dai，2011；Xu et al.，2015），而且由于全球变暖造成降水的减少和蒸散发增加使得干旱发生的频率和严重程度都有所增加（Dai，2013；Sheffield et al.，2009，2012；Seneviratne，2012）。干旱是中国最严重的自然灾害之一（Xu et al.，2015），在过去的50年，受干旱影响的范围也逐渐加大（Wang et al.，2012）。中国尤其是云南地区经常发生比较严重的干旱事件（Zhang and Wu，2012；Zhao et al.，2013）。干旱引起的水分亏缺能够导致生态系统功能发生一系列变化，特别是持续性干旱的影响更为严重，因此，研究水分亏缺的时间尺度与累积效应对于生态系统的风险评估具有重要意义。

第2章撰写人员：孙建奇，龚道溢，周涛，陈活泼，杨静，隋月，于恩涛，毛睿，胡芩，郭东林，王涛，郎咸梅，韩婷婷，郝鑫，李惠心，李戎遐，黄凯程，李铮，罗惠，何浩哲，亓欣

1）水分亏缺累积效应的定量描述

影响植被生长的水分状况不仅与当月的水分收支有关，而且与之前的降水和水分条件有关，表现为植被对水分的响应具有滞后性和累积性（Wu et al.，2015）。干旱指数一般被作为水分亏缺的一个指标。用于评价干旱特征的气象干旱指数有很多，主要包括降雨距平百分率（PNP）（Werick et al.，1994）、降水成数也称十分位（deciles）、标准化降雨指数（SPI）（Mckee et al.，1993）和帕默尔干旱指数（PDSI）（Palmer，1965）等。不同方法考虑因素不同，计算方法各异，因而各具优缺点。降雨距平均百分率（PNP）是以历史水平为基础确定旱涝程度，是计算最简便的气象干旱指数，但没有考虑蒸散发对干旱的贡献。PDSI 是基于水平衡方程供给和需求定义，然而其主要的缺陷是固定时间尺度和自相关的特性（Guttman，1998）。SPI 是基于可利用的累积降水并结合不同时间尺度的概率分布方法（Vicente-Serrano et al.，2014），但它只包含降水的信息，并没有考虑其他能够影响干旱发生频率的变量（如温度和蒸散发等）（Vicente-Serrano et al.，2010）。SPEI 是基于降水和潜在蒸散发的月水平衡方程，能够和自校准的 PDSI 进行比较（Wells et al.，2004）。

SPEI 相比于其他气象干旱指数的主要优势在于其时间的灵活性以及空间的连贯性，并且能够反映不同时间尺度的水分亏缺，因此它成为评价湿度条件的一个重要工具（Potopová et al.，2015）。一般常用固定时间尺度（如 3 个月或 12 个月）的 SPEI 来研究植被对干旱的响应，然而干旱对植被生长的影响会根据植被类型的不同而有所差异（Vicente-Serrano，2007；Pasho et al.，2011；Li et al.，2015），因此确定与植被类型相关的最佳时间尺度的 SPEI 对于研究干旱对植被的影响是十分必要的。

归一化植被指数（NDVI）广泛应用于植被活力的监测，它的异常值是反映植被生理干旱条件的一个很好的替代（Kim et al.，2014；Bi et al.，2013；Parida et al.，2014）。通过比较不同时间尺度的 SPEI 和标准化的 NDVI 异常值的相关系数的强弱，可以得到与植被类型有关的最佳时间尺度，该时间尺度的 SPEI 与反映植被生理干旱的 NDVI 异常值之间具有最强的关联性。

综上所述，要理解水分亏缺的累积效应及其对植被生长的影响，需要首先分析反映植被生理干旱的 NDVI 异常值与反映水分亏缺累积状况的不同时间尺度的 SPEI 之间的关联性，从而构建反映植被差异的最佳 SPEI 指标（$SPEI_{opt}$），进而通过 $SPEI_{opt}$ 来揭示气候变化中的水分亏缺对植被影响的累积效应。

2）最佳尺度 SPEI 确定

SPEI 值的变化主要反映的是气候因素（温度、降水）的影响，对植被因素的考虑不足。因此，要基于 SPEI 指标来监测或预测干旱对植被的影响，首先需建立不同时间尺度的 SPEI 与反映植被干旱胁迫的 NDVI 变化之间的关联性强度，挑选关联强度最大的时间尺度作为 SPEI 指标计算的基础，即获得最优的 SPEI（$SPEI_{opt}$）。

为了确定不同植被类型最佳时间尺度，首先基于不同气象站点多时间尺度的 SPEI（1～12 月）和生长季（4～10 月）NDVI 异常值，利用皮尔逊相关分析计算 7 个月的 NDVI 异常值序列（4～10 月）和 12 个月（1～12 月）时间尺度 SPEI 序列的相关性，得到 84

个相关系数。其次，从中挑选出通过显著性检验（$p < 0.05$）的相关系数及其对应的月份和时间尺度。最后，气象站点按照植被类型进行分类，同时对每个气象站点相关系数最大值对应的 SPEI 时间尺度进行概率统计，频率最高的时间尺度作为该植被类型最佳时间尺度（SPEI$_{opt}$）。

由于 SPEI$_{opt}$ 考虑了不同植被类型对水分亏缺响应的累积效应，因此它与反映植被生理干旱的 NDVI 之间的关系更好，能够更好地揭示植被对干旱的响应。例如，在 2009 年 10 月至翌年 3 月，云南地区由于降水减少及温度增加发生极端干旱事件（张万诚等，2013）。利用 SPEI$_{opt}$ 监测到绝大多数气象站点均发生干旱，而基于 12 个月固定时间尺度的 SPEI（SPEI-12）并没有监测到明显的干旱特征。NDVI 异常值和 SPEI-12 得到的相关性并不显著，表明 SPEI-12 并不能够很好地反映该地区真实的干旱状况，导致其对植被干旱胁迫监测的效力降低。NDVI 异常值和 SPEI$_{opt}$ 呈现出明显的正相关（$r = 0.425$，$p < 0.05$），利用 SPEI$_{opt}$ 监测到的干旱格局有明显的从东到西的空间差异，中部和东部的干旱较西部更为严重（Li et al.，2015），这与之前进行云南干旱研究得到的结果较为一致（张万诚等，2013；王佳津等，2012）。

3）不同植被水分亏缺累积效应的差异

从全国尺度上看，中国的植被类型在空间上存在显著的差异，它们对水分亏缺的累积效应也存在显著差异（表 2.1）。相对而言，针叶林，阔叶林和灌丛的最佳时间尺度分别是 11 个月、10 个月、12 个月，均属于长时间尺度（10~12 个月）。对于草原，草甸和栽培植被，最佳时间尺度分别是 3 个月、4 个月、2 个月，均对应短时间尺度（2~4 个月）。如果采用与植被类型相关的 SPEI$_{opt}$，SPEI 和 NDVI 变化之间的相关性会明显增强。与不区分植被差异的固定时间尺度的 SPEI（SPEI-12）相比，SPEI$_{opt}$ 与 NDVI 异常值之间的相关系数明显增大（表 2.2）。除灌丛外的其他植被类型得到的相关系数均有所增加。对于森林来说，相关系数增加的比例为 5.9% 和 10.6%。对于草原，草甸和栽培植被来说，最佳时间尺度分别是 3 个月、4 个月、2 个月。这三种植被类型的最佳时间尺度短于 12 个月的固定时间尺度，得到的相关系数增加的百分比分别是 20%，16.3% 和 28.4%（表 2.2）。

表 2.1 不同植被类型 SPEI 最佳累积时间尺度（Li et al.，2015）

植被类型	站点个数	最佳时间尺度	季节
针叶林	39	11	夏季
阔叶林	26	10	夏季
灌丛	46	12	夏季
草原	39	3	夏季
草甸	32	4	秋季
栽培植被	323	2	夏季

为了比较不同植被类型对干旱响应的差异，分别建立了标准化的 NDVI 异常值和 SPEI$_{opt}$ 以及 SPEI-12 的回归模型。结果表明，反映植物生理干旱胁迫的 NDVI 异常值和 SPEI$_{opt}$ 之间的回归分析能够更好地反映植被对干旱的响应，并且所有植被

表 2.2　基于 SPEI$_{opt}$ 得到的相关系数的变化（Li et al.，2015）

植被类型	相关系数增加百分比/ %
针叶林	5.9
阔叶林	10.6
灌丛	0
草原	20
草甸	16.3
栽培植被	28.4

类型均通过显著性检验。利用 SPEI$_{opt}$ 得到的植被对干旱响应的结果比 SPEI-12 更好，除灌丛外，所有植被类型的回归模型的解释率均有明显增加（2.1%～12.6%）。其中，干旱地区的草原、草甸和栽培植被的可决系数（R^2）增加得更为明显，它们对应短时间尺度，并在生长季期间总是处于水分亏缺状态，因此对水分条件更加敏感。森林主要处在水分充裕的地区，根系较为发达，对应于长时间尺度。因此，反映当前森林植被生长状况的 NDVI 与更长时间尺度上的水分收支（盈余或亏缺）存在关联性。

2. 不同时间尺度干旱监测的比较

干旱评价指数主要有两种：一个是发生干旱的气象站点占总气象站点的比值（P_i），另一个是基于每一个气象站点得到的变干趋势（a_j）。这两种指数能够在大尺度上很好地反映干旱的时空变化、趋势以及发生范围（黄晚华等，2010）。P_i 主要是用来评价在时间演变过程中干旱发生的范围：

$$P_i = \frac{m}{M} \times 100\% \qquad (2.1)$$

式中，m 为发生干旱的气象站点个数；M 为所有气象站点的个数（$M=505$）；i 为在 1982 年到 2011 年某一个特定的年份。干旱评价主要是基于 SPEI 值（SPEI ≤ −1）（Potop et al.，2014；Merlin et al.，2015）。

a_j 主要用来反映空间变干的趋势：

$$y(j) = a_j \times x(j) + b_j \qquad (2.2)$$

式中，j 为气象站点；x 为每一个气象站点的 SPEI 时间序列；a_j 和 b_j 为回归系数。

特定时间尺度的 SPEI，如 12 个月时间尺度的 SPEI（SPEI-12）常用干旱监测，因为其时间尺度固定，计算方便。SPEI 为−1 是干旱发生的临界值（Potop et al.，2012），当某一气象站点的 SPEI 值小于−1 表示其发生干旱。基于 P_i 的干旱研究表明干旱发生的范围逐渐增加，尤其在 21 世纪之后。基于 a_j 的干旱空间形势表明中国绝大部分地区均有变干的趋势。在全国范围内，有 434 个气象站点有变干的趋势。通过显著性检验（$p <$ 0.05）的气象站点主要集中在中国北部地区。

相对于固定时间尺度的 SPEI，基于最佳时间尺度的 SPEI（SPEI$_{opt}$）考虑了不同植被类型的特性，以及它们对于累积水平衡的敏感性。不同植被类型 SPEI 最佳时间尺度以及对应的季节见表 2.1。针叶林，阔叶林和灌丛的最佳时间尺度分别是 11 个月、10

个月、12 个月，均属于长时间尺度（10～12 个月）。对于草原，草甸和栽培植被，最佳时间尺度分别是 3 个月、4 个月、2 个月，均对应短时间尺度（2～4 个月）。

与植被类型有关的 $SPEI_{opt}$ 能够更具体和全面地反映干旱的时空特性（图 2.1）。从时间演变的角度来看，从 1982 年到 2011 年，干旱发生的范围逐渐增加，尤其是在 21 世纪之后 [图 2.1（a）]。

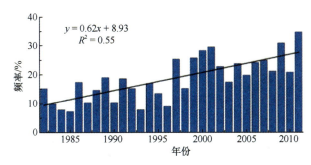

$$y = 0.62x + 8.93$$
$$R^2 = 0.55$$

(a) 从1982年到2011年基于$SPEI_{opt}$监测的干旱发生的频率

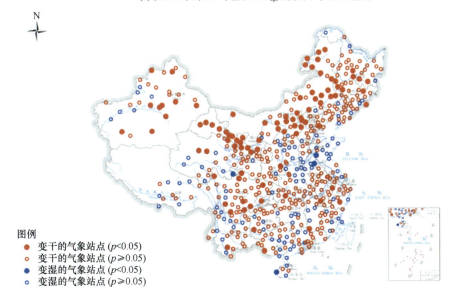

图例
● 变干的气象站点（$p < 0.05$）
○ 变干的气象站点（$p \geqslant 0.05$）
● 变湿的气象站点（$p < 0.05$）
○ 变湿的气象站点（$p \geqslant 0.05$）

(b) 基于$SPEI_{opt}$时间序列监测的变干的趋势

图 2.1　基于 $SPEI_{opt}$ 干旱监测的时空特性（Li et al., 2015）

与固定时间尺度的 SPEI-12 相比，基于 $SPEI_{opt}$ 回归模型的 R^2 增加了将近 7%。从干旱的空间分布来看，从 1982～2011 年中国地区的变干趋势是比较明显的。395 个气象站点有变干的趋势，相比于 SPEI-12，$SPEI_{opt}$ 通过显著性检验（$p < 0.05$）的气象站点主要集中在中国的北部地区。中国的南部地区也有变干的趋势，但范围并不像 SPEI-12 那样广泛。

3. 大范围干旱比较

基于 SPEI 时间序列可以监测到两次大范围的干旱事件。第一个干旱事件发生在 1999～2001 年，另一次干旱事件发生在 2009～2011 年。这两次大范围干旱事件的空间分布如图2.2所示。SPEI-12得到的大范围干旱事件（1999～2001年）的严重程度比SPEI_opt监测的更为严重。

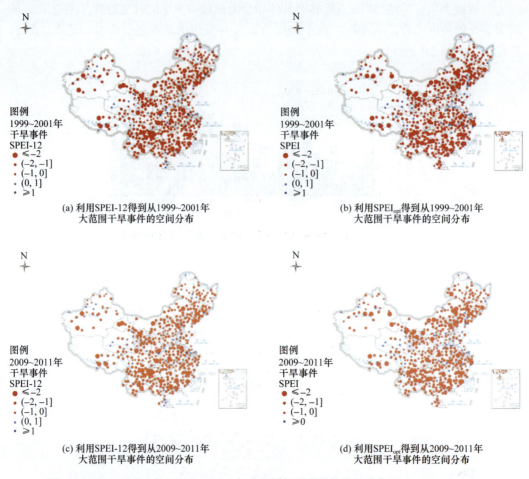

图 2.2 1999～2001年、2009～2011年大范围干旱事件的空间分布（Li et al.，2015）

基于 SPEI-12 得到的干旱主要集中在中国的东北以及华北部分地区。基于 SPEI_opt 得到的干旱在中国东北地区更严重，而在中国华北部分地区相对较轻。基于SPEI_opt［图2.2（d）］得到的在 2009 年到 2011 年发生的干旱的空间格局相比于 SPEI-12［图2.2（c）］更为明晰。SPEI_opt 所揭示的干旱更集中在中国的北部和南部地区，尤其是中国的东北地区，中国中部并没有一个明显的干旱信号。

2.1.2 森林对干旱累积效应的响应与临界值

1. 反映干旱胁迫强弱的树轮指标

森林生态系统是陆地生态系统的重要组成部分，对于维护区域生态环境具有重大意义。近年来，热浪和干旱引起的大规模树木死亡事件在全球范围内屡屡发生（Allen et al.，2010；van Mantgem et al.，2009）。水分亏缺可导致树木干物质的形成和分配产生一系列变化，表现为树木各个器官的干物质储量减少，叶与根的分配比率变化，根冠比率增大（高小锋等，2010；肖冬梅等，2004；Rosales-Serna et al.，2004），从而影响到植被的生长。树木停止生长时所对应的水分亏缺程度就是树木生理干旱理论上的阈值，一旦干旱程度进一步加剧，树木可利用的水分将不足以满足维持生命的基本水平，将面临死亡或出现顶枯（dieback/die-off），最终导致大面积的森林退化。

树木年轮能反映水分状况对树木生长的影响，是研究干旱对树木生长影响的非常宝贵的生理数据。当森林受到干旱胁迫时，叶片的气孔会收缩从而减少植物体内水分的损耗，但同时导致进入叶片的 CO_2 降低，从而影响光合作用强度与有机质的合成，出现所谓的"碳饥饿"。当出现"碳饥饿"时，叶片合成的有机碳更优先地分配树叶与细根的生长，而树干的径向生长所分配的碳的优先级要低，导致年轮宽度变窄（Mcdowell et al.，2008）。从树木年轮上看，表现为轮宽变窄。已有的比较研究发现，巨杉的极窄轮与生长地在生长季发生严重干旱的年代吻合很好（Hughes et al.，1992），可以利用巨杉多年的年表，推断美国西部发生严重干旱的历史（Hughes et al.，1996）。

树木年轮综合了叶片的光合作用、活生物量的呼吸作用等多种过程，它是树木对干旱响应的综合反映，这与遥感监测的 NDVI 与 EVI 等植被指数主要反映的是叶片的绿度与光合作用强度不同（Wu et al.，2015），树木年轮更能反映植被净的碳收支状况。因此，轮宽与干旱之间的定量关系比遥感监测到的林冠的植被指数与干旱之间的关系更为重要，它反映的不是树木对干旱的瞬时响应，而是干旱对树木影响的长期累积与综合影响。

本节研究以美国西南部森林为对象，以树木年轮的轮宽指数（ring width index，RWI）作为树木生理特征的指标，定量分析 RWI 变化与反映不同时间尺度水分亏缺累积效应的气象干旱指标 SPEI 变化之间的关系，确定能够反映生理干旱胁迫的 SPEI 的最佳干旱时间尺度；在此基础上，构建包含最佳干旱时间尺度的优化后的 SPEI 与年轮之间的统计关系模型，进而推断出现树木死亡与森林退化时的理论阈值（SPEItp），并结合遥感数据，分析出现树木死亡与森林退化时所对应的遥感干旱监测指数（vegetation index anomaly，VIA）的大小，为采用单纯的气象干旱指数或遥感干旱指数进行干旱影响评估提供参考。

2. 不同树种对干旱胁迫的响应特征与差异

为了研究不同树种对不同程度的干旱胁迫的响应特征与差异，选取了美国地区密集分布的七种树种为研究对象，这些树种包括美国西部圆柏（JUOC），洛矶山核果松（PIED），美国黄松（PIPO），大果黄杉（PSMA），北美黄杉（PSME），道格拉斯栎（QUDG），星毛栎（QUST）。总共采用了 269 个采样站点树木年表作为反映树木生长的指标（表 2.3），每条年表数据代表了每个采样站点的树木平均生长状态，它们采用的树木年表数据通过 ARSTAN 程序进行了标准化去趋势处理，是一个无量纲的轮宽指数序列（Huang et al.，2015）。

为了研究每个树种"RWI-SPEI"关系的整体情况，并确定该地区干旱对树木生长影响最明显的月份和时间尺度，首先分别将每个树种的所有站点的皮尔逊相关系数矩阵进行平均处理，获得七个树种的"RWI-SPEI"关系的相关系数矩阵，选取最大相关系数所对应的 SPEI 月份和时间尺度代表干旱对树木生长影响最显著的指标（$SPEI_{opt}$），并构建反映水分状况的生理指标 RWI 与反映气候因素的 $SPEI_{opt}$ 之间的统计模型。

表 2.3　树木年轮年表的基本情况（黄凯程，2015）

树种	站点数量	站点的平均样本数量	平均海拔/ m	平均年龄/ a
JUOC	10	23	2072	851
PIED	53	21	2151	428
PIPO	63	23	2277	368
PSMA	19	22	1460	273
PSME	64	22	2298	477
QUDG	23	49	595	471
QUST	37	43	335	284

结果表明，反映树木生理特征的 RWI 与单纯反映气象干旱的 SPEI 之间存在关联性，但这种关联性的强弱依赖于 SPEI 的干旱时间尺度，大多数树种的 RWI 与干旱时间尺度为 12 个月左右的 SPEI 关系最好，但不同树种之间存在一定差异。对于 JUOC、PIED、PIPO、PSMA、PSME、QUDG 这 6 种树种而言，短时间的干旱（时间尺度小于 6 个月）对它们的生长影响并不大，长时间的干旱（时间尺度约 1 年）对它们的生长才会产生显著的影响。其中，PSMA 对干旱的响应最为缓慢，需要长达 2 年的干旱才会对其生长产生显著的影响。而对于 QUDG 而言，该树种对干旱的响应较为敏感，短期的干旱（时间尺度为 6 个月）就会对其生长产生显著的影响（表 2.4）。

表 2.4　$SPEI_{opt}$ 对应的月份及干旱时间尺度（黄凯程，2015）

树种	月份	SPEI 时间尺度/月
JUOC	7	17
PIED	7	11
PIPO	7	11
PSMA	8	24
PSME	7	13
QUDG	5	6
QUST	6	12

优化后的 SPEI（$SPEI_{opt}$）与 RWI 之间的统计关系表明，QUDG、QUST、PSMA、JUOC 四种树种的生长状况与水分条件存在很强的相关性，生长状况随着水分状况的改善而增大（表 2.5）。同样的，PSME、PIED、PIPO 这三种树种的平均生长水平 RWI 随着平均水分状况 $SPEI_{opt}$ 的升高而增加（表 2.6）。但当水分条件持续改善超过一定范围后（SPEIup= 0.3），PSME、PIED、PIPO 三种树种的生长速率与水分之间的关联性降低，此时水分不再是限制树木生长的主导因子（表 2.6）。

3. 不同树种对干旱胁迫响应的阈值

树轮宽度是树木对干旱敏感的多种生理过程的最终产品，也是树木碳平衡的指标。经常缺失年轮或年轮较窄的针叶树通常防御甲虫的树脂含量较少，而这使得在严重干旱

表 2.5　RWI 与优化后的 SPEI 的回归模型参数表（黄凯程，2015）

树种	α	β	R^2
JUOC	512.73	1041.8	0.94
PSMA	501	1028.7	0.89
QUDG	483.06	988.02	0.98
QUST	450.11	1074.4	0.95

表 2.6　不同水分条件下 RWI 与优化后的 SPEI 的回归模型参数表（黄凯程，2015）

树种	$\overline{SPEI} < \overline{SPEI}_{up}$			$\overline{SPEI} > \overline{SPEI}_{up}$		
	α	β	R^2	α	β	R^2
PSME	570.63	993.52	0.96	942.38	978.12	0.51
PIED	612.13	1032.8	0.98	565.1	1318.1	0.17
PIPO	578.31	953.46	0.97	1107.5	940.09	0.68

过程中，树木更易遭遇病虫害而极大增加死亡概率。相关研究通过分析树木在受到干旱胁迫时的生理机制发现（Mcdowell et al.，2013；Anderegg et al.，2012；Brodribb et al.，2009），在应对干旱的过程中，树木通过关闭气孔，可以不断调节碳水合物和水分状况，从而避免由于缺水造成树木死亡。这使得光合作用形成的碳不断减少，直至其大致等于呼吸消耗的部分（Huntingford et al.，2000；Mcdowell et al.，2008）。这过程造成树木停止生长，表现为 RWI = 0。当干旱程度持续加剧，树木所存储的碳水合物无法运送至各部分组织，或消耗殆尽时，树木死亡的风险将大幅上升（Sala et al.，2010）。树木在经历了极端干旱胁迫后，通常不会在树干上形成树轮。在干旱过程中最终死亡的树木通常比同种存活下来的树木的缺失树轮或较窄树轮更多。

因此，本研究将 RWI 为 0 时所对应的干旱程度作为该树种的生理干旱阈值。根据干旱胁迫时所建立的"$\overline{RWI} - \overline{SPEI}_{opt}$"的回归模型，推断出各个树种 $\overline{RWI}$ 为 0 时，所对应的气象干旱程度的 SPEI 值（记作 $SPEI_{tp}$）。

结果显示（表 2.7），七种树种的 $\overline{SPEI}_{tp}$ 为 –2.38～–1.62。其中 PSMA 最为耐旱，它对水分盈亏变化的响应时间长达 24 个月，这与它的生理特征有关。Aussenac 等（1989）在比较 PSMA 与 PSME 的干旱响应特征时就发现，PSMA 在水分胁迫时比 PSME

表 2.7　不同树种对干旱胁迫响应的阈值（黄凯程，2015）

树种	$SPEI_{opt}$		$SPEI_{tp}$
	月份	干旱时间尺度/月	
JUOC	7	7	–2.03
PIED	7	7	–1.69
PIPO	7	7	–1.62
PSMA	8	8	–2.05
PSME	7	7	–1.74
QUDG	5	5	–2.04
QUST	6	6	–2.38

能更迅速加快根部的生长，并通过根部深入土壤吸收地下水，从而能在水分胁迫下维持正常生理过程。

　　研究所揭示的树木生长与干旱之间的关系，以及树木停止生长的干旱胁迫的生理阈值，与实验结果具有一致性。例如，Domec 等（2004）的研究表明 PSME 水分再分配的能力强于 PIPO，使得水分更容易从土壤中较湿的部分经由植物的根系传导而运动到土壤中较干的部分，从而可以推迟土壤水势降至引发根部栓塞的临界水势的时间，减少浅根功能的损失，因此，PSME 在遭受水分胁迫时，由根木质部栓塞导致的导度损失率（percent loss of conductivity）低于 PIPO。我们的结果也揭示出 PIPO 相比 PSME 更容易受到干旱的影响，表现在 PIPO 对干旱响应的时间尺度比 PSME 短暂，且生理干旱阈值低于 PSME。又如，研究结果发现 JUOC 比 Pinus 更耐旱，而 Delucia 等（2000）实验研究也发现 JUOC 比 Pinus 更耐旱，原因在于 JUOC 不容易形成木质部栓塞，其差异具体表现在 JUOC 的干旱时间尺度（17 个月）比松树的（11 个月）要长，且生理干旱阈值较松树更低。Klos 等（2009）在研究干旱对树木生长与死亡的影响时认为，碳水化合物的储存能够帮助栎类在遭受干旱胁迫时度过负的净碳平衡阶段，因此栎类也具有相应的耐旱性，我们的研究发现，QUST 对干旱响应的速度较慢（12 个月），而对于 QUDG，尽管它对干旱响应的速度较快（6 个月），然而要出现生理干旱，仍需要较强的干旱强度（−2.04）。

　　4. 树木生理干旱阈值在大尺度上的应用

　　基于小尺度的树木年轮数据，可以构建最佳时间尺度的 SPEI 与年轮之间的统计模型，从而建立了气象干旱指数与生理干旱胁迫之间的定量关系，并从年轮的零增长推断了树木顶枯或死亡理论上的 SPEI 阈值。然而，基于小尺度的树木年轮数据所揭示的生理干旱的阈值能否适用于大的区域尺度，也就是说，通过该阈值所揭示的树木生长的变化是否反映在区域尺度的遥感干旱监测指标中，目前还存在较大的争议。

　　美国西南部 2002 年发生的极端干旱是史无前例的，超过 90%的松（pinus edulis）的树冠出现顶枯现象（dieback /die-off），整个西南部地区树冠枯死的面积超过 12000km²，给当地的森林生态系统造成了严重的破坏（Breshears et al，2005）。以美国西部 2002 年的大范围的极端干旱事件作为案例，结合大尺度的遥感数据，可以分析由 RWI-SPEI 所得到的理论上的 SPEI 阈值在大尺度上的适用性，从而揭示小尺度上的树木顶枯与死亡在大尺度的遥感监测的标准化的植被指数异常（vegetation index anomaly，VIA）方面的联系。

　　美国西部的优势树种是 PIED 和 PIPO。由于 PIED 和 PIPO 两种树种对水分变化的响应较为相似，即 $\overline{SPEI}_{opt}$ 所对应的月份均为 7 月，干旱时间尺度均为 11 个月，且生理干旱阈值 $\overline{SPEI}_{tp}$ 分别为−1.69 和−1.62，差异仅为 0.07。因此，我们将这两种树种作为一个整体，研究两种树种对水分变化的共同响应，以匹配以这两种树为优势树种的森林生态系统在区域尺度上的遥感信息（图 2.3）。根据 PIED-PIPO 树木生理干旱阈值 $\overline{SPEI}_{tp}$（−1.64）将该森林地区划分为区域一和区域二，区域一代表干旱状况没有达到生理干旱阈值 $SPEI_{tp}$（SPEI $>$ $\overline{SPEI}_{tp}$），而区域二代表干旱状况超过了 $SPEI_{tp}$（SPEI $<$ $\overline{SPEI}_{tp}$）。

通过分析极端干旱年（2002 年）VIA 的空间格局发现，区域一大部分地方的 VIA 在 ±1 个标准差之内；而区域二大部分地方的 VIA 值超过 –1 个标准差。统计结果显示，区域一的 NDVI 标准化异常值的平均值为 –0.28，在 1 个标准差之内，说明当 SPEI > $\overline{\text{SPEI}}_{\text{tp}}$（即水分胁迫强度未达到临界点）时，遥感监测的植被的生长状况并未发生显著变化，即并未受到干旱影响。区域二的 NDVI 标准化异常值的平均值为 –1.22，超过了 1 个标准差，表明 SPEI < $\overline{\text{SPEI}}_{\text{tp}}$ 时，森林生长状况发生显著变化，这意味着森林生长受到干旱的严重影响。

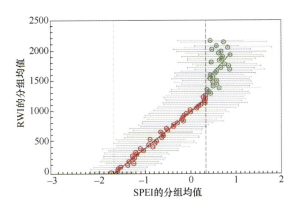

图 2.3　RWI 和 SPEI$_{11, \text{Jul}}$ 的分组均值之间的统计关系（Huang et al.，2015）

SPEI$_{11, \text{Jul}}$ 是 7 月份 11 个月时间尺度的 SPEI 值，表示 7 月份前 11 个月累积的水分平衡。将范围在 0～3000 的 RWI 按照每组 30 个单位进行划分，与 RWI 对应的 SPEI 也进行相应划分，并计算各个分组内的 RWI 均值与 SPEI 均值，然后做两个分段回归，红圆圈代表较干旱的气候条（SPEI < SPEI$_{\text{up}}$ = 0.35），绿色圆圈代表较湿的条件。在较干旱条件下的临界值（SPEI$_{\text{tp}}$ = – 1.64）表示 RWI=0 时理论上的 SPEI 临界值，SPEI$_{\text{up}}$ 是上边界线，超出这个边界线树木生长受水分的影响减弱

表 2.8　区域一与区域二在干旱前与干旱年的平均 VIA 对比（Huang et al.，2015）

区域对比	t 值	显著性（p）	均值差
干旱前	– 0.378	0.707	– 0.05555
干旱后	–13.679	0.000	– 0.93910

2.1.3　人工林与天然林对气候变化响应的差异性

1. 人工林和天然林生长与 SPEI 的关系

全球气候变化导致干旱发生的频率、持续时间以及强度不断增加，严重影响森林的正常生长状态。受人类活动影响，人工林的面积逐渐增大，其对不同强度干旱胁迫的响应是否与天然林存在显著差异，目前仍存在争议。目前，我国人工林面积已达 0.69 亿 hm^2，占森林总面积 1/3，居世界之首。其中云南省的人工林所占的比例最大，其人工林的面积占总森林面积的 23.71%（SFA，2015）。从气候变化看，云南位于中国西南部，该地区经常遭受不同强度、不同持续时间的气候灾害，其中干旱对云南森林的影响备受关注（Zhao et al.，2015；覃顺萍等，2014）。因此，云南是研究人工林和天然林对干旱的响应差异的理想场所。

本节研究运用表征森林生长状态的增强型植被指数 EVI 和表征干旱程度的标准化干旱指数 SPEI，对比人工林与天然林对水分胁迫的响应特征，揭示人工林和天然林的生长状态在正常年（2001～2008 年）与极端干旱年（2009～2014 年）期间对水分胁迫响应的差异性。

通过分析反映不同时间尺度的气象干旱指数（SPEI）与反映植被生长状态的遥感监测的增强植被指数（EVI）之间的相关性的强弱，获得了人工林和天然林 1～12 月份的 EVI 与 1～12 个月时间尺度的 SPEI 的相关系数矩阵，并从中得到了相关系数最高值所在的 EVI 月份与 SPEI 时间尺度（表 2.9）。

表 2.9　反映 EVI 变化的人工林与天然林 SPEI 的最佳时间尺度（罗惠等，2016）

森林类型	SPEI 时间尺度	EVI 月份	最大相关系数（r）	显著性（p）
人工林	9	6	0.78	<0.001
	5	6	0.78	<0.001
天然林	5	6	0.83	<0.001

结果表明，6 月份的人工林、天然林的 EVI 与 SPEI 有较好的关联性。其中人工林 6 月份的 EVI 与时间尺度为 9 个月、5 个月的 SPEI 的正相关强度最大（r=0.78），而天然林则是 6 月份的 EVI 与时间尺度为 5 个月的 SPEI 相关性最好（r = 0.83）。这些结果表明，基于降水与温度数据计算的气象干旱指数不仅可以反映天然林生长状况对干旱的响应，而且可以反映人工林生长状况对水分胁迫的影响。人工林与天然林的气象干旱指数的最佳时间尺度相似，均表现为森林生长受前 5 个月（2～6 月份）累积降水的影响。

从相关性强度看，气象干旱指数能更好地反映天然林生长状况的变化，这反映了天然林受人类活动的影响相对较小，其生长更易受气候波动（如降水）的影响。由于人工林与天然林均表现为 6 月份的 EVI 与时间尺度为 5 个月的 SPEI 关系最好，为了增强森林之间的可比性，本节选择人工林和天然林 6 月份的 EVI 标准化值 ESA（ESA-6）和 5 个月时间尺度的 SPEI（SPEI-5）来表征森林生长状态与干旱程度。

2. 人工林和天然林对水分胁迫响应的差异

无论是人工林还是天然林，其森林生长均受水分胁迫的影响，相对水分条件较好的正常年（2001～2008 年），在极端干旱年间（2009～2014 年），遥感监测到的植被的生长状态（ESA）均显著低于正常年。省级尺度的统计结果表明，2001～2008 年，时间尺度为 5 个月的 SPEI 的值大多高于–0.5，只有 2005 年的 SPEI-5 低于–0.5（SPEI=–0.773），表现为轻度干旱。而在极端干旱年（2009～2014 年），时间尺度为 5 个月的 SPEI 值始终小于–0.5，表现出程度不一的持续性干旱，这与遥感监测到的 EVI 的变化一致。

进一步比较正常年（2001 年）与极端干旱年（2012 年）人工林与天然林 ESA 分布的结果（图 2.4）表明，在正常年水分不是主要限制性因素时，天然针叶林与人工针叶林的 ESA 的相似，同样，天然混交林与人工混交林的 ESA 的分布亦相似。但在极端干旱年（2012 年），天然林与人工林的 ESA 的分布存在明显差异，无论是针叶林还是混交林，均表现出天然林 ESA 降低的程度大于人工林。这表明，尽管在正常年和短期干旱年水分亏缺对天然林与人工林生长的影响一致，但在极端干旱年，水分亏缺对天然林的影响更大。在未来极端干旱的频率和强度增大的气候变化背景下，更应关注对天然林的负面影响。

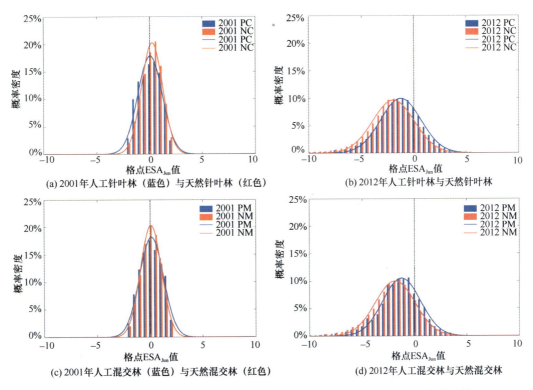

图 2.4 正常年（2001）与极端干旱年（2012）人工林与天然林 ESA 分布的比较
（Luo et al.，2016）

基于气象站点的泰森多边形的对比分析表明，云南大多数泰森多边形内的天然林生长状态受干旱的影响大于人工林，表现为更低的 ESA 值。在同时有人工林和天然林分布的 27 个泰森多边形中，19 个泰森多边形（占总数的 70.4%）的天然林的 ESA 均值小于人工林。

2.2 中国主要气候灾害的成因诊断

本节利用动力诊断和数值模拟的方法，探寻影响我国极端气候事件形成的主要气候因素，以及这些气候因素影响我国极端气候变化的物理过程，从而揭示全球气候变化对我国极端气候的影响。

2.2.1 干旱的时空分布及成因

1. 中国区域干旱变化特征

干旱是指比较广阔的地区,由于长期无降水或降水异常偏少,导致降水与蒸发不平衡,水分供求严重不足的一种气候现象。各类气象灾害中,干旱造成的损失最重。近年来中国遭受了严重的持续性干旱,干旱面积在过去近 50 年以 3.72%/10a 的速度增加,IPCC 第五次评估报告指出不断增加的温室气体的排放无疑加剧了全球变暖,这使得未来干旱化加剧,因此干旱问题受到政府和普通大众越来越多的关注。

目前,有很多研究工作定义了一些干旱指数来提高干旱的检测和监测。帕尔默干旱指数(PDSI)和标准化降水指数(SPI)是干旱研究中应用较为广泛的两个指数。PDSI 指数,基于土壤水分平衡方程,是世界上应用最为广泛的指数之一。其随着时代的发展,自身得以不断修正和改进,但是主要的缺点,即内置固定的时间尺度(9~12 月)问题依然没有改善。SPI 指数以降水概率方法为基础,可以反映多时间尺度的干旱现象,近年来在研究工作和实际生产中被广泛接受。但是 SPI 指数在计算过程中只考虑了降水的变化。尽管干旱主要是由于降水偏少引起的,但是在干旱初期温度的影响也是显著的。全球气候模式模拟结果显示,PDSI 指数可以很好的模拟由于增暖引起的干旱,但是 SPI 指数结果较差。因此,Vicente-Serrano 等(2010)提出了一种新的标准化降水蒸散发指数(SPEI),SPEI 计算过程中对蒸散发的计算方法主要有两种,分别是利用 Thornthwaite 公式(Thornthwaite,1948)和 Penman-Monteith 公式(Monteith,1965),这两种方法计算得到的 SPEI 记为 SPEI_TH、SPEI_PM。

很多研究表明 SPEI_TH 方法计算的 ET 在干旱和半干旱地区值偏小,而在湿润地区值偏大。而 SPEI_PM 方法计算的蒸散发能更为合理地评估全球干旱。因此,Chen 和 Sun(2015a)使用 FAO 的 PM 方法计算了 SPEI,并对中国干旱变化特征进行了初步分析。

1)SPEI_PM 和 SPEI_TH 监测中国干旱的比较

中国年降水有很强的区域特征,其中西北、江南和华南沿海地区有显著的变湿趋势,华北西部和西南地区有显著的变干趋势。由年均 SPEI_TH 的空间分布模态来看,中国大部分地区有显著的变干趋势,新疆的部分地区、东部沿海和西南地区有显著的变湿趋势。SPEI_PM 的结果和 SPEI_TH 的结果差异较大,尤其是在西北地区。和年降水变化类似,年均 SPEI_PM 在西北大部分地区有显著的变湿趋势。SPEI_TH 和 SPEI_PM 两种结果均显示过去 50 年中国东北、内蒙古地区、华北、西北地区东部和西南地区东部有变干的趋势,而且 SPEI_TH 结果比 SPEI_PM 结果变干趋势更为显著。SPEI_TH 结果显示江南和华南的小部分地区有显著的变湿趋势,SPEI_PM 结果显示变湿的地区范围更大。SPEI_PM 结果在黄淮流域更为合理。

为了进一步验证 SPEI_PM 和 SPEI_TH 的性能,分析了中国地区年平均自适应帕尔默干旱指数(scPDSI_PM)的 MK 趋势的空间分布。结果显示,scPDSI_PM 变化的空间模态与年降水量和 SPEI_PM 结果是一致的，但是和 SPEI_TH 相比在某些地区则存在一些差异，尤其在中国西部地区差异较大。

基于以上分析可以发现，SPEI_TH 监测中国干旱时扩大了温度的作用，尤其是在西北地区。西北地区年降水量不超过 200mm，该地区的 SPEI_TH 年均值的变干趋势主要是由温度升高引起的。因此 1980s 中期的变湿没有被检测出来。当引入 PM 方法计算潜在蒸散发时，因为考虑风速和水汽压，温度的作用被限制了。这在中国的干旱区域尤其重要。SPEI_PM 和 SPEI_TH 只是在湿润地区差异不大，因为湿润区降水充足，降水（P）大于蒸发（E），P-E 的变化没有差异。

将 SPEI_PM 和 SPEI_TH 年均值的变化与站点观测的不同深度土壤湿度变化进行比较。结果一致显示土壤湿度的空间分布为西北、华北、黄淮显著变湿，而东北和内蒙古的部分地区显著变干。SPEI_TH 和 SPEI_PM 都显示西北的大部分地区有显著变干的趋势，虽然 SPEI_PM 结果显示个别站点变湿趋势较为明显。此外，土壤湿度和 SPEI_PM 的结果都显示华北局部、黄淮和东北的南部地区变湿。

此外，SPEI_PM 比 SPEI_TH 可以更好地监测河流径流量的变化。虽然河流径流量和两种 SPEI 指数的相关性都很高（和 SPEI_TH 的相关系数为 0.56，和 SPEI_PM 的相关系数为 0.59），但是河流径流量的增加趋势只有 SPEI_PM 指数监测出来了，而 SPEI_TH 则是下降趋势。不过由于数据的局限性，结果尚且存在一些不确定性，未来还需要更多的资料进行进一步分析。

简单来说，SPEI_PM 在监测中国干旱方面比 SPEI_TH 性能要好很多，尤其是在干旱地区。因此使用 SPEI_PM 指数对中近 50 年中国区域干旱的变化特征进行了分析。

2）中国干旱变化特征

中国区域的干旱面积有明显的年代际变化，20 世纪 80 年代以前和 90 年代末至今干旱面积相对较大，80 年代中期～90 年代干旱面积相对较小，60 年代是最干旱的时期，而且当前中国的干旱强度比早期要弱。

中国的干旱、半干旱、半湿润和湿润区的干旱面积变化特征类似，都是 20 世纪 60 年代、70 年代、80 年代早期和 90 年代末至今干旱面积相对较大，而 80 年代中期至 90 年代干旱面积相对较小。但是四类区域干旱变化特征也有明显不同。对于干旱和半干旱区来说，严重干旱主要发生在 60 年代和 70 年代。虽然 21 世纪初较 20 世纪 90 年代干旱面积增加，如今的干旱面积比 60 年代和 70 年代要小很多。对于半湿润区而言，自 90 年代末干旱范围显著扩大，和 60 年代和 70 年代的干旱面积相当。和前期相比，90 年代末后大范围干旱发生频次增加。湿润区的干旱面积自 90 年代末后也显著扩大，干旱频次也增加。简单来说，湿润区和半湿润区的干旱面积自 90 年代急剧增加，而干旱区和半干旱区变化较小。

为了更好地了解中国的干旱变化情况，分时段来分析干旱事件的年代际变化特征，即两个干旱期（1970～1980 年和 2000～2010 年）和一个湿润期（1985～1995 年）。从干旱频次年代际变化的空间分布来看，和 1970～1980 年相比，1985～1995

年期间中国大部分地区干旱频次减少，尤其是西北、华北、内蒙古和东北和青藏高原东部地区。然而，华南和东南地区东部的个别站点干旱频次增加。相反地，本世纪初中国大部分地区干旱频次开始增加。华北和东北的一些台站在 2000～2010 年比 1985～1995 年干旱频次增加；然而西南地区的个别站点干旱频次持续减少。中国东部站点变化相对较弱，但是年代际变化仍较为显著，1970～1980 年和 2000～2010 年干旱发生频次比 1985～1995 年频繁。此外，中国区域干旱的年际变化在不同的年代际背景和不同地区也不尽相同。在 2000～2010 年，东北和内蒙古的干旱主要发生在秋季，西南地区的干旱主要发生在春季和夏季。中国东部大部分地区，包括华北、黄淮和江南地区，干旱大部分发生在春季和夏初。进一步的分析结果显示干旱、半干旱、半湿润和湿润区都是在 1985～1995 年期间发生干旱的频次最少，中国区域平均也是如此。在干旱区，1970～1980 年期间干旱发生较为频繁，近年来相对较少。在半干旱和半湿润地区，1970～1980 年和 2000～2010 年期间干旱发生次数相当，比 1985～1995 年期间干旱发生频次要高。湿润区情况不同，1985～1995 年和 1970～1980 年期间干旱发生频次相当，都偏少。而 2000～2010 年干旱发生频次则相对偏多。上述结果表明最近 10 年中国大部分地区干旱化加剧，尤其是在湿润区。

从过去几十年的干旱强度年代际变化空间分布来看，其模态与干旱频次的变化模态是一致的，干旱频次减少的地区通常干旱强度也减弱。和 1970～1980 年相比，1985～1995 年期间的干旱强度在中国大部分地区都偏弱很多，但是 2000～2010 年期间中国大部分地区干旱强度增强，特别是东北、华北、黄淮、内蒙古和西南地区。进一步地分析表明近年来中国干旱化加剧，特别是北方地区。从干旱强度的时间序列也可以看出，全国区域平均和四个子区域在过去 50 年干旱强度均有两次峰值。结果表明中国在 20 世纪 60 年代、70 年代和 21 世纪 00 年代干旱相对严重，而 80 年代和 90 年代相对湿润。四个子区域特征也是一致的，尤其是干旱地区在近几十年干旱强度变化相对较大。

从中国区域干旱持续时间的空间分布来看，西南局部地区、东北、华北、内蒙古和东南地区干旱持续超过 12 个月，新疆地区某些台站干旱甚至超过 18 个月。和 1970～1980 年相比，1985～1995 年期间持续性干旱事件数量减少；但是 2000～2010 年期间，中国地区大多数台站持续性干旱事件增加。此外，持续性干旱的强度在近年来显著增强。上述结果表明中国近年来干旱化加剧，而且未来随着增暖持续，干旱化趋势也会增强。

3）干旱对降水和温度的响应

设计几组试验来分析温度和降水变化对 SPEI_PM 的影响，试验设计见表 2.10。

结果显示，在情景 1 试验，最近 20 年中国干旱化加剧显著，尤其是北方地区。中国区域平均干旱频次增加，强度增强，不过区域变化很大。频次增加最多和强度增强最大的地区都是干旱区，其次是半干旱和半湿润区，湿润区变化最小。也就是说，如果降水不变，外界温度对中国干旱起着重要作用。

情景 2 试验中，中国区域干旱情况缓解，而且南方地区 SPEI_PM 对降水增加

表 2.10　数值实验设计（Chen and Sun，2015a）

试验	情景设计
参照试验	温度和降水均使用历史数据
情景 1	叠加温度逐渐升高 2℃，使用真实月降水资料，即基于 1961～2012 年观测资料
情景 2	叠加降水逐渐增加 10%，使用真实月温度资料，即基于 1961～2012 年观测资料
情景 3	叠加温度逐渐升高 2℃同时降水逐渐增加 10%

响应相对较大，其他地区相对较小。中国区域干旱强度对降水的响应是一样的。这可能与南方地区降水增加相对较多，导致降水变率比其他地区相对较大有关。就全国平均而言，如果降水增加 10%，干旱频次将减少 11%，干旱强度也将减弱 9%。对干旱区而言，除了新疆北部的几个台站，大多数台站响应较弱。干旱区的干旱频次和强度分别减少 4%和 3%。半干旱和半湿润区的响应较大，干旱频次和强度分别减少 9%和 8%。变化最为显著的是湿润区，干旱频次和强度分别减少 14%和 11%。从上述结果可以看出，SPEI_PM 对温度和降水的响应空间分布不均匀，其可能原因是当地总降水量的变化。在湿润区，降水量大于 PEI 中水量需求，即使升温显著也是如此。因此该地区干旱对降水变化的响应比对温度变化的响应要大。中国其他地区情况相反，尤其是干旱和半干旱地区。这些地方由于降水量小于 PEI 的水量需要，即使该地区降水量增加也是如此。因此这些地区干旱对温度变化的敏感性比对降水变化的敏感性要大。

为了进一步说明这个问题，进行了情景 3 试验。结果显示干旱频次在湿润区显著减少而其他地区增加，其中干旱区增加 47%，半干旱和半湿润区增加 10%。干旱强度响应一致，即湿润区减弱 5%，而干旱区增强 27%，半干旱和半湿润区增强 7%。

综上所述，SPEI_PM 对温度和降水异常的响应在因地而异。对温度异常响应较大的区域主要是北方地区，而对降水异常响应较大的是南方地区。未来进一步验证这些结果可能与温度和降水异常大小有关。因此增补了试验 4，设计为温度增加 4℃，降水增加 20%，结果与前面试验是类似的，只是异常加倍。

那么近几年中温度和降水在中国干旱变化中的实际作用如何呢？这个问题较为复杂，因为温度、降水和干旱的关系不是线性的。这里我们试图通过假定气象要素（如降水、温度和风）对干旱的影响是线性的来设计增补试验回答这个问题。用实际气候条件与上述两个试验的差值评估干旱对温度和降水异常的作用（表 2.11）。

表 2.11　增补试验设计（Chen and Sun，2015a）

序号	试验设计
试验 1	月温度为 1960 年的月温度值；其他气象要素没有变化
试验 2	月降水为 1960 年的月降水量；其他气象要素没有变化

结果发现，近几十年来温度变化对中国北部地区和青藏高原地区的干旱有加剧作用，对南方地区影响较小。结果表明近 20 年干旱区约 42%的干旱事件是由于温度异常导致。半干旱和半湿润地区温度导致的干旱事件约占 22%，而湿润地区仅占 5%。温度对干旱强度的影响结果类似，干旱地区比例约为 45%，半干旱和半湿润地区约为 22%，

湿润区约为 5%。温度影响的空间不一致性主要是以下两个原因：其一中国总降水量的空间分布不均匀；其二是近几十年增暖的空间分布不均匀，北方和青藏高原地区升温幅度较大，南方地区升温幅度较小。此外，降水影响不同。中国地区由于降水变化干旱缓解，尤其是南方的部分地区、新疆北部和青藏高原地区。另外南方地区、北方部分和东北部分地区干旱强度减弱，因此这些地区的干旱主要受降水变化的影响（降水量大于潜在蒸发量）。和降水为常量的试验相比，湿润区的干旱强度缓解近 35%，半湿润和半干旱区为 21%，干旱区为 9%。另外，由于降水变化的影响，干旱频次在干旱区、半干旱和半湿润区、湿润区分别减少约 10%、7%、5%。

4）SPEI_PM 和 SPEI_TH 差异的可能原因

刘珂和姜大膀（2015a）利用两种 SPEI 计算方法对中国区域的干旱进行分析，发现虽然 SPEI_TH 和 SPEI_PM 在时间演变和空间分布上具有很好的一致性，但在具体区域和季节间仍有不同。差异较大的地区主要位于新疆、云南、华南和西藏高原北部等地区；差异较大的季节是冬、春季节。那么 SPEI_PM 和 SPEI_TH 的差异原因是什么呢？

在降水量和干湿变化的对应关系上，我们发现降水量是一个地区干湿变化的决定性因子，但是在某些地区和季节，干湿变化更多地受到潜在蒸散发的影响。通过对比分析 Thornthwaite 公式和 Penman-Monteith 公式计算所得的中国区域平均潜在蒸散发（分别记为 PET_TH 和 PET_PM）结果，发现两种结果在季节循环和年际变化趋势上都存在较大不同。总体来看，PET_TH 计算的潜在蒸散发比 PET_PM 结果要小。季节循环上，4～6 月两者间差异最大；年际变化趋势上，由于 Thornthwaite 公式是 SPEI 原始潜在蒸散发计算公式，仅考虑了温度，因此 PET_TH 变化与温度变化趋势一致；Penman-Monteith 公式综合考虑热量因子项和空气动力因子项两个气象要素，因此 PET_PM 变化趋势更为复杂。进一步分析表明，春夏季节辐射因子项是主导因子，秋冬季节空气动力作用逐渐起主导作用。空间分布上，和南方相比，北方地区空气动力因子对总潜在蒸散发的影响更大。1949～2008 年，空气动力因子对北方地区潜在蒸散发总的贡献约增加了 10%，尤其是秋季、冬季、春季节最明显。而对南方地区而言，辐射因子项是潜在蒸散发的决定因子。

计算潜在蒸散发原理的不同是造成两种 PET 计算结果存在较大差异的主要原因。对比而言，Thornthwaite 公式计算潜在蒸散发方法较为简单，且在夏季、秋季两种 SPEI 结果差异较小，因而基于 Thornthwaite 公式的 SPEI 使用更为方便；而基于 Penman-Monteith 公式的 SPEI 则对中国秋季、冬季、春季节北方地区的干湿变化特征有更为合理的刻画能力。

2. 中国夏季和冬季极端干旱年代际变化及成因分析

相对于一般干旱，极端干旱造成的影响和损失更严重，所以对极端干旱的研究是不容忽视的。20 世纪 60 年代提出了一种衡量干旱状况的干旱指数 PDSI（Palmer，1965），其定义为：数月或数年内，水分供应持续低于气候上所期望的水分供应的一个时间段。由安顺清和邢久星（1985）计算出的适合中国实际情况的 PDSI 指数。当 PDSI≤-3.0 时，为严重或极端干旱。

随着大气中二氧化碳等温室气体的增多以及自然变化，20世纪全球气温呈上升趋势，80年代以来增温尤其显著，在全球变暖的背景下，全球各地区的气候也在发生着变化。以往的研究发现全球变暖背景下"干的地方更干，湿的地方更湿"，中国不同程度干旱的发生频次以及影响的面积呈现出增加的趋势，特别是东北和华北等北方地区（翟盘茂和邹旭恺，2005；Zou et al.，2005；马柱国和符淙斌，2006）。由于干旱变化表现出区域性的特征，不同区域降水的变化趋势不同，有必要对各个区域干旱情况进行单独分析，其中气温和降水是两个重要的因子。而且考虑到东亚地区季风气候特征，夏季高温多雨，冬季寒冷少雨，所以刘珂和姜大膀（2014）对中国各区域夏、冬两个季节的气温、降水和极端干旱情况进行了分析。中国大陆分为了8个自然地理区域，分别是①东北、②华北、③长江中下游及淮河流域（简称江淮）、④华南、⑤西南、⑥高原东部、⑦西北西部和⑧西北东部。

研究发现1961~2009年，中国北方地区（东北、华北、江淮、西北西部和西北东部）除了东北之外的夏季气温在年际尺度上经历了两个阶段，前期降温后期升温，而且后期的升温强度比降温大。东北地区夏季气温一致呈现上升趋势，1990年后上升趋势尤为显著。1961~2009年，中国北方东北和西北东部的升温最强，其他地区由于前期降温后期升温的特征，降温抵消了一部分升温的效果，总体升温幅度相对东北和西北东部来说较小。中国北方除了江淮和西北东部夏季降水都经历了三个变化阶段：先减少再增加再减少，其中西北西部前期减少阶段不明显。江淮和西北东部夏季降水变化相对较简单，前期增加后期减少。中国南方地区（华南、西南和高原东部）夏季气温在1961~2009年经历了两个变化阶段，20世纪70年代中期前降温，70年代中期后明显升温。由于高原东部和西南地区前期降温不明显，所以总体升温幅度较华南地区明显。相对于气温变化，中国南方降水变化较复杂，西南和华南地区降水经历了三个阶段的变化，先减少再增加再减少，与中国北方大部分地区降水变化一致。高原东部在70年代晚期前夏季降水有明显地减少趋势，之后则有不明显的增加。

相对于夏季，冬季气温增幅更大。除了江淮外的北方地区，冬季气温年代际变化呈现前期降温而后期升温的特征，其中20世纪70年代后期到90年代中后期为显著增温阶段。1961~2009年北方冬季降水变化的一致性较差，但除了西北东部地区降水减少外，其他地区降水总体来说都增加。20世纪90年代后，北方各区域的气温为上升趋势，降水为增加趋势，北方冬季表现为暖湿趋势。1962~2009年南方地区冬季气温变化呈现前期不显著降温而后期显著升温。华南和高原东部地区冬季降水在20世纪90年代以前为增加趋势，之后为减少趋势，西南地区则整个时段为持续减少趋势。说明20世纪90年代之后南方冬季转为暖干趋势。

夏季中国35°N以南地区极端干旱发生率较低，北方地区发生率较高，其中北方的西北中部和东北地区是极端干旱的高发区域。冬季，整个中国除了东北，其他地区极端干旱发生率都较低，西北地区极端干旱发生率最低，东北地区极端干旱发生率最高。可以看出，中国夏季极端干旱发生率呈南北型空间分布，冬季呈东西型分布。且研究发现降水变化对极端干旱发生率影响比气温影响大，且相较于夏季，冬季气温和降水对极端干旱的发生影响更大。

1961～2009 年期间中国夏季极端干旱发生率的趋势在 1990 年前后发生了变化，高原东部地区夏季极端干旱发生率转为下降趋势，其他地区极端干旱发生率则呈现增加趋势，其中东北地区夏季极端干旱发生率在 20 世纪 90 年代后增长率最大（图 2.5）。整个时段来看，东北、华北、江淮和西北东部地区极端干旱发生频次都增多，而西北西部地区极端干旱发生频次则减少。那么，这种夏季极端干旱发生率的变化主要原因什么呢？进一步分析表明夏季极端干旱发生率的变化主要是由于降水的变化所引起，即降水增加，极端干旱发生率减小，反之亦然。但 2000 年后气温急剧升高，气温的变化对极端干旱发生率的影响变得不能忽视，并主导着极端干旱发生概率的变化，使极端干旱发生率呈增加趋势，虽然降水的主导作用被气温变化所削弱，但降水和气温对极端干旱发生率影响的叠加导致发生率增加趋势加强。高原东部地区的极端干旱的发生始终由降水所主导。

同样，冬季极端干旱的发生率也在 20 世纪 90 年代发生了转折。20 世纪 90 年代后东部季风区的东北、华北、华南和西南极端干旱发生频次明显增多，位于内陆的西北西部和高原东部地区则明显减少。就 1961～2009 年整个时段而言，东部季风区极端干旱发生率增加，西北西部为明显减少，其他地区变化不明显。与夏季相似，冬季降水是冬季极端干旱发生率变化的主导因子。但 2000 年后，这种主导作用有所减弱，这与冬季的剧烈增温相对应。这说明，极端干旱发生概率除了年代际变化外，也受到气温和降水年际变化的影响。

3. 中国的干旱对温度变化在世纪时间尺度上的响应

干旱是中国最严重的自然灾害之一，对农业、工业、水循环、生态系统等带来毁灭性的灾害。然而，受干旱评估方式及资料不确定性的影响，干旱与温度变化之间的关系并没有得到很好的揭示。例如，近期研究发现，利用不同的大气蒸散发计算评估指出，温度升高与全球极端干旱事件有近乎相反的结果。当关注的空间尺度越小时，其分析结果的不确定越大。一些研究表明，随着全球变暖，伊比利亚半岛变得更加干旱；而一些研究则说明，一些地区的干旱与全球变暖并无显著关系。中国的增暖速度相对于全球而言更快，在过去 50 年带来了更多更严重的干旱事件。20世纪以来，利用仪器观测表明中国的气温增加了 1.5℃。那么，这个时期以来的干旱对温度变化的响应是什么样的呢？到目前为止，这个问题还没有得到很好的解答。为了解决这个问题，Chen 等（2015b）对中国地区干旱的长时间尺度的变化趋势及其对世纪尺度温度变化的响应进行研究。其中，用标准化的降水蒸散发指数（SPEI）来量化干旱，并且将小于-1.28 的指数定义为干旱事件，这种选择方法相当于在概率密度函数中有 10%的干旱发生的可能。

中国大部分地区是变干占主导的，仅有小部分地区有干旱减弱的趋势。世纪时间尺度上，干旱为增强趋势的地区有：东北、华北、华中、西南地区，干旱为减弱趋势的地区主要为：华东地区。这与过去 50 年的变化是一致的。但是，世纪尺度上中国西北地区的干旱变化与近几个年代的变化有差异：从 20 世纪 80 年代末期以来，中国西北地区的降水显著增加，干旱状况显著缓和，然而从世纪的时间尺度上，中国西北地区则表现为最强的变干趋势。从过去一个世纪中国地区的潜在蒸散发变化可以看到全国表现为一致的增加趋势。这种潜在蒸散发的一致增加有可能导致实际蒸发量的增加，并可能与地表感热的增加并随之加重局地的干旱状态有直接的联系。世纪时间尺度上，干旱事件的变化与潜在蒸散发的变化格局有很强的一致性。干旱事件的增强与潜在蒸散发

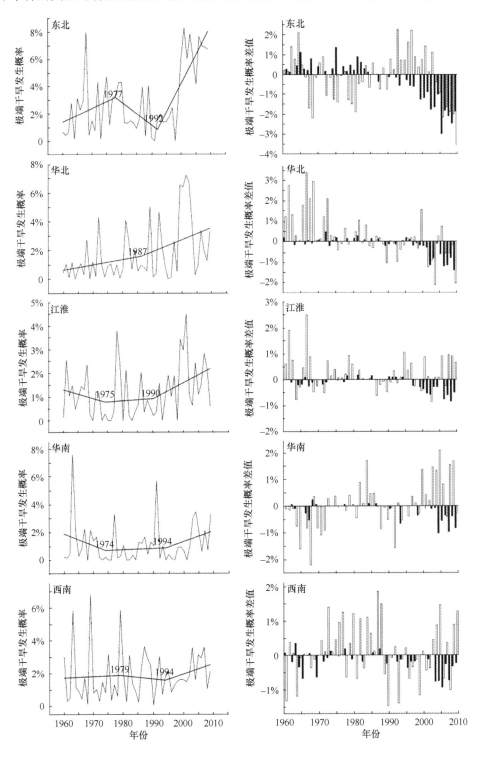

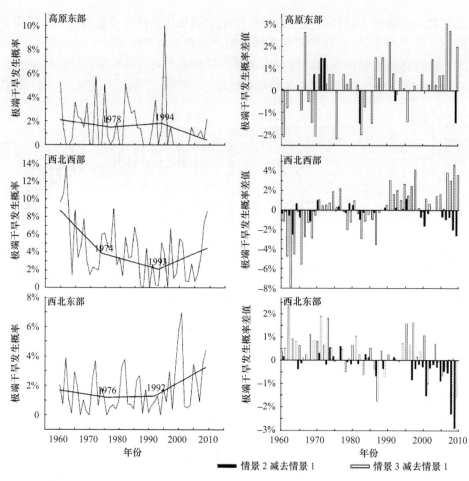

图 2.5 1961～2009 年 8 个区域夏季极端干旱发生概率的变化（左列）和情形 2 和 3 下极端干旱发生概率与情形 1 的差异（右列）及其夏季极端干旱发生概率（情形 2：实际降水变化和去掉年代际变化趋势的气温变化下的极端干旱；情形 3：实际气温变化和去掉年代际变化趋势的降水变化下的极端干旱）（刘珂和姜大膀，2014）

的大量增强有很强的关系，尤其是在中国的北方地区。在中国南方地区，尽管潜在蒸散发显著增加，但变干旱的趋势相对较弱或者有减弱的趋势。这意味着干旱对温度的响应是有区域性变化特征的。北方的响应较强，而南方的响应则相对较弱。这种空间响应的不均匀性与局地总降水量的变化部分相关。中国南方地区有足够的降水来达到潜在蒸散发的需求，从而导致干旱与温度的微弱联系；而对于中国的北方地区，情况则是相反的，干旱与温度的联系非常密切。这些结果与过去 50 年的时间尺度结论一致。

从时间序列变化可以看到，中国强干旱时期主要在：20 世纪 40 年代、80 年代和 21 世纪 00 年代。同时，干旱范围也经历了增加的趋势。在 1902～2013 年，中国的干旱趋势显著增强，频次的增加系数为 0.1 月/10 年，范围的增加系数为 1.3%/10 年。干旱与温度异常有一致性的变化，而且严重干旱往往对应异常高温。尽管如此，过去 10 年的干旱状况是自 1850 年有记录以来，中国历史上最为严重干旱的时期，同时也是最温暖的时期。这些证据说明气温是干旱的重要驱动因子，它的变化决定了干旱的发生、持续时间和强度。

为了进一步理解中国地区干旱对温度的响应，对 SPEI 和 SPI 指数的差异进行了分析。两者的差异主要反映了气温变化对干旱的影响，这是由于 SPI 仅与降水相关。中国地区 SPEI、SPI 的时间序列有所差异，SPI 表示的干旱在世纪的时间尺度上有相对较弱甚至是无趋势。相比于 SPEI，当仅考虑降水因素时，SPI 所描述的干旱也会偏弱。尤其是过去 10 年的干旱事件，从 SPEI 的角度而言，它们是过去 100 年以来最强的事件，然而从 SPI 的角度，干旱频次和干旱面积异常都是低于平均态的。SPEI 和 SPI 的逐年差异的干旱频次、干旱区域都有显著增加的趋势，意味着温度对干旱变化表现为正的响应影响。这种影响是对过去 100 年来温度与干旱关系的强有力的证据。接下来计算 SPEI 与 SPI 的差异与中国温度变化的相关，对于干旱频次来说，与温度变化的相关系数达到了 0.74，而干旱面积与温度变化的相关系数达到了 0.71。这意味着，在世纪尺度上，温度和降水变化在干旱发生过程中基本有着同等重要的作用。

4. 2009/2010 年冬中国西南地区极端干旱事件气候分析

2009 年秋至 2010 年春，中国西南地区遭遇了严重的干旱（http：//cmdp.ncc.cma.gov.cn/）。据民政部统计，约有两千一百万群众饮水短缺，经济损失近 300 亿美元（Consultation draft of National Disaster Committee，March 2010）。理解本次干旱的成因对提高西南地区干旱预测水平从而减少灾害损失具有重要意义。Yang 等（2013）利用站点数据、无线探空数据和再分析数据，对此次干旱的特征及与之相关的异常环流进行分析，以期揭示其可能的触发机制。

1）2009/2010 年的西南干旱特征

据中国气象局国家气候中心观测（http：//cmdp.ncc.cma.gov.cn/Monitoring/bulletin.php），本次干旱从 2009 年秋一直持续到 2010 年早春。根据降水量比月平均气候态偏少 70% 的干旱标准，西南地区（包括云南省、四川省和贵州省）干旱最严重的时间段是 2009 年 10 月至 2010 年 2 月，下文中我们将这一时期称为"干旱期"，而在其他年份中选用同样的时间段作为参考期。这里，西南干旱地区的参考区域定义为（23°～29°N，100°～106°E），共包括 39 个站。

为衡量 2009/2010 年西南地区干旱在过去 50 年中的干旱程度，我们首先绘制了 50 年来 39 个站区域平均的降水距平百分率，如图 2.6（a）所示。可以发现，2009/2010 年降水距平百分率达到了–60.4% 的最低值，标准偏差为–2.34。为进一步检验本次干旱是否为过去 100 年最为严重的一次，我们又从资料时长超过 100 年的季降水量距平图集（1880～2010 年）中选取了西南地区的五个站，它们分别是：西昌、贵阳、昆明、百色、蒙自。由于这些站只有季平均降水数据，我们使用 9～11 月和 12 月至翌年 2 月的平均来代表干旱期。经计算，两组数据在反映降水的连续变化上具有很高的相关性，相关系数达 0.86。因此，这五个站可以较好地描述西南地区过去 100 年的降水变化。2009/2010 年干旱也是自 1880 年以来同时期最为干旱的一次过程。

降雨日数是刻画我国西南地区冬季（旱季）干旱程度的又一指标。图 2.6c 是 50 年来 39 个站无雨日数（降水量<0.1mm/天）区域平均的时间序列。过去 50 年，干旱期的无雨日数呈显著增长的趋势（通过了置信水平为 95% 的 t 检验），而且 2009/2010 年的干旱过程，无雨日数达到了 1959 年以来的最大值（119.6 天），比气候平均态多 17.6 天。

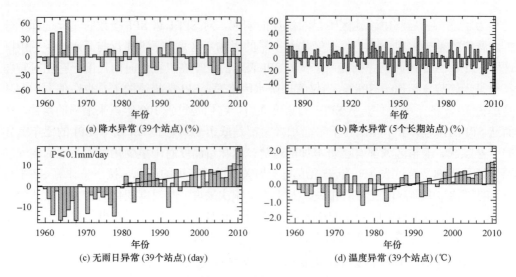

图 2.6　39 个站不同量区域平均的时间序列（Yang et al，2013）

（a）降水距平百分率；（b）1880/1881 年至 2009/2010 年冬半年（9 月～11 月和 12 月～翌年 2 月）5 个站降水距平百分率区域
平均的时间序列；（c）干旱持续天数距平，（d）1959/1960 年至 2009/2010 年干旱期温度距平

明显增多的无雨日数明显促成了这次持续性干旱的发生。

比湿距平和相对湿度距平是衡量干旱的重要方式。在 2009/2010 年干旱期间，我国西南地区对流层中低层有明显的比湿负距平。在参考区域内，有三个站通过了显著性检验。从这三个站平均相对湿度的垂直廓线来看，对流层低层尤其干燥。50 年来，本次干旱中近地面相对湿度偏低 25%。对流层中低层水分的缺失不利于层状云和对流云降水的形成。

我们又进一步地探究了 1959～2010 年区域平均的地表温度，发现 1980 年之后增暖趋势明显（图 2.6d）。在 2009/2010 年干旱期间，地表温度达到过去 50 年中同期最高值（11.8℃），比气候平均态高出 1.4℃。同时，上述三个站的垂直廓线图表明，显著的异常增暖不仅体现在地表，在对流层的中低层（从地表到 400hPa）同样有所体现。

总之，2009/2010 年我国西南地区的极端干旱是近 50 年来冬季（11 月至翌年 2 月）干旱最为严重的一次事件——降水距平百分率最低（同时也是自 1880 年以来降水距平百分率最低的一次），无雨日数最多。在干旱期间，西南地区对流层中低层干热特征明显。

2）环流特征

影响冬季南方地区的四个天气系统：对流层上层的西风急流（含中东急流），对流层中层位于青藏高原南侧的南支槽，欧亚大陆东岸的东亚大槽，以及西太平洋副热带高压。而从 2009/2010 干旱期间的异常环流形势可以发现，对流层上层主要表现为中东急流减弱；在对流层中低层，青藏高原上空反气旋异常，贝加尔湖和阿拉伯海地区气旋异常，从菲律宾-南海海域到孟加拉湾，反气旋异常偏弱。西太平洋和印度洋地区的 500hPa 风场和位势高度为正距平，表明该季节西太平洋副热带高压西伸且强度增强。此外，在干旱区对流层中低层监测到明显的异常下沉气流。同时，水汽输送异常（Li，2010）表现为与气候平均态相反的中纬度干冷空气的异常南下。

上述环流特征是如何与 2009/2010 年干旱联系起来的呢？首先，中高纬度贝加尔湖地区的气旋偏向西北，阿拉伯海域的气旋东移到中东地区（表现为中东急流的强度降低），二者均利于青藏高原地区的反气旋出现异常。该异常造成的南支槽减弱，直接导致我国西南地区水汽输送减少，引发当地干旱。同时，反气旋异常弱化了青藏高原的抽吸效应，西南地区的水汽输送进一步减少。其次，贝加尔湖上空的气旋异常引起东亚大槽加深西移，槽后的干冷空气易于从西北方向侵入我国西南一带，使该地区近地层大气更加干燥。再次，南支槽的形成、变化与中东急流中罗斯贝波的传播相关（Suo，2008）。根据"中东急流-南支槽"联系机制，中东急流强度降低会使南支槽减弱。最后，西太平洋副热带高压增强并西伸，南支槽进一步减弱，西南地区下沉气流加强。

为检验这些环流特征是 2009/2010 年西南地区干旱所特有的，还是在历史干旱事件中同样出现过，我们挑选出 1960～2010 年间我国西南地区 12 次较为严重的干旱事件（1963 年，1969 年，1970 年，1979 年，1985 年，1986 年，1989 年，1994 年，1998年，2004 年，2005 年和 2010 年）加以验证。这些年份干旱期的降水距平百分率偏低20%以上（图 2.6）。图 2.7 是合成的 12 次干旱事件的环流异常，结果显示，中东急流减弱，贝加尔湖的气旋异常，暖池区西太平洋副热带高压加强、西伸以及阿拉伯海北部气旋异常等前述环流特征，在合成结果中同样明显。

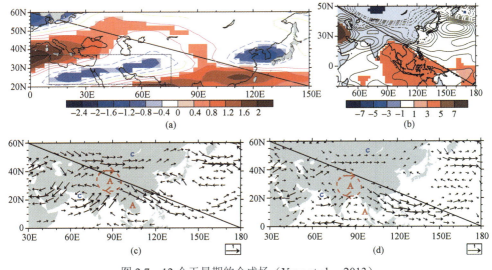

图2.7　12 个干旱期的合成场（Yang et al.，2013）

（a）200hPa 纬向风距平（m/s）；（b）500hPa 位势高度距平；（c）500hPa 风场距平（m/s）；（d）700hPa 风场距平（m/s），
图示结果置信水平高于 90%。"A"表示"反气旋异常中心"，"C"表示"气旋异常中心"

3）造成异常环流形势的影响因子

为考察造成 2009/2010 干旱的气候因素，我们首先计算干旱指数（降水距平百分率的区域平均，图 2.6a）与影响亚洲冬季气候的三种主要海气指数之间的相关系数。这三个指数分别是：北极涛动指数（AO）（http：//www.cpc.noaa.gov/products/precip/CWlink/daily_ao_index/ao_index.html）（Thompson and Wallace，1998；Gong and Ho，2003），"东部型"厄尔尼诺指数（Niño3 区）（Trenberth，1997；Zhou et al.，2007）和"中部型"厄尔尼诺指数（EMI）（Ashok et al.，2007；Weng et al.，2007）。计算结果显示，干旱指数与负位相的北极涛动指数存在明显正相关关系（相关系数为 0.53），与"中部型"厄尔尼诺指数（EMI）相关关系较弱，而与传统的"东部型"厄尔尼诺指数（Niño3 区）

基本不相关（相关系数接近于 0）（表 2.12）。

表 2.12　1959/1960 年至 2009/2010 年干旱期（12 月～翌年 2 月）干旱指数与三种海气指数（北极涛动指数，Niño3 指数和"中部型"厄尔尼诺指数）的相关系数（Yang et al., 2013）

	北极涛动指数	Niño3 指数	"中部型"厄尔尼诺指数
干旱指数	−0.53[*]	0.01	0.16

[*]代表该项置信水平高于 95%

　　我们分析了 12 次干旱事件的逐月降水距平百分率，叠加上逐月北极涛动指数和"中部型"厄尔尼诺指数。可以发现，有 8 次干旱事件（包括 2009/2010 年干旱）伴随着北极涛动指数的负位相，有 11 次事件表现出与"中部型"厄尔尼诺指数（EMI）正位相超前或同步的特征。因此，我们假设西南地区秋冬季节在以下两种情况下易产生干旱，一是当北极涛动指数呈负位相时，干旱同时发生；二是干旱发生在赤道中太平洋增暖（"中部型"厄尔尼诺）之后，或与其同时发生。鉴于以上结果是从合成分析与个例分析中得到，我们认为北极涛动指数和"中部型"厄尔尼诺指数是造成西南地区干旱的两个可能原因。

　　北极涛动指数负位相与北半球冬季西南地区干旱有何联系？从与北极涛动指数负位相相关的标准化回归环流场可以发现，在北半球冬半年，北极涛动指数呈现负位相的时候，中东急流减弱、阿拉伯海气旋异常、贝加尔湖气旋异常和青藏高原上空反气旋异常等前面提到的利于西南干旱发生的异常环流场均相伴出现。

　　"中部型"厄尔尼诺事件与冬季西南地区干旱又有何联系？从干旱期、气候平均态、传统厄尔尼诺年（通过 Niño3 区 12 月～翌年 2 月温度确定：1983/1984 年，1987/1988 年，1992/1993 年 和 1997/1998 年）和"中部型"厄尔尼诺年（通过 9～11 月的 EMI 指数确定：1994 年，2004 年，2005 年，2010 年）西太平洋副热带高压 5875 等位势高度线合成位置来看，与传统厄尔尼诺发生时的冬季和气候平均态相比，"中部型"厄尔尼诺事件发生时，冬季西太平洋副热带高压明显西伸。Weng 等（2009）基于偏回归分析的研究，亦有同样结果。其工作表明西太副高的强烈西伸是由于赤道中太平洋增暖引起菲律宾—南海—孟加拉湾地区沃克环流异常下沉所致。从这层意义上来看，"中部型"厄尔尼诺事件与西南地区干旱的重要联系在于西太平洋副热带高压的西伸。

　　为什么 2009/2010 年干旱最为严重？一方面，2009/2010 年冬半年北极涛动指数负位相从 2009 年 10 月一直持续到 2010 年 3 月，并且达到 50 年来的最低值，因而与之相对应的、利于西南干旱发生的环流异常在过去半个世纪中最强。另一方面，2009/2010 年北半球秋冬季节发生的"中部型"厄尔尼诺事件有利于西太平洋副热带高压西伸，促进了西南地区干旱的发生。此外，我们还发现与"中部型"厄尔尼诺事件发生时的合成位置相比，2009/2010年干旱时西太平洋副热带高压位置更加偏西。我们认为与北极涛动指数相关的阿拉伯海地区气旋异常引起印度半岛南部降水异常增多，进一步加剧了西太副高的西伸。根据 Sverdrup 涡度平衡方程（Sverdrup, 1947；Wu and Liu, 2003；Hoskins and Wang, 2006）：

$$\beta v = f \frac{\partial \omega}{\partial p} \tag{2.3}$$

式中，v 为经向风，ω 为垂直速度，f 为科式参数，β 为 f 的经向梯度。

　　异常增多的降水所释放的潜热使上升运动增强，这在热带对流层中层尤为明显。所以，$\dfrac{\partial \omega}{\partial p}$ 在对流层低层是正值，即降水正距平能加强南部来自低纬度较小行星涡度的水平平流，这种增加的向北经向平流位于西太副高的西侧，从而引起西太副高的强烈西伸。因此，北极涛动指数负位相和"中部型"厄尔尼诺事件理论上可以共同触发有利于2009/2010 年西南地区发生严重干旱的异常环流场。

2.2.2 极端降水和高温事件的时空分布及成因

1. 中国东部强降水事件的年代际变化

极端降水事件日数的空间分布特征与年平均降水的空间分布特征较为一致。主要表现为长江中下游、华南地区及四川盆地部分地区降水天数偏多，而华东以北的地区降水天数偏少。同时，年平均极端降水天数的标准差分布与其气候态分布特征相似，大值中心主要集中在华东地区以南，表明这些区域的强降水事件具有强年际变率的特征，而华北大部分地区标准差较小，说明这些区域强降水事件的变率相对较弱。

Chen 和 Sun（2012）利用 1960～2009 年每相邻 10 年强降水事件天数的差异来检验中国东部地区发生的年代际的变化。同时，将中国东部地区划分为 5 个子区域，分别为：东北（≥40°N，≥120°E），华北（35°～42.5°N，105°～120°E），黄淮流域（32～35°N，≥105°E），长江中下游流域（27°～32°N，≥105°E）和华南（≤27°N，≥105°E）。从 20 世纪 60～70 年代，东北、华北、黄淮流域强降水事件的天数显著减少，而长江中下游地区、华南为显著增加。从 70～80 年代，华北、华南的强降水事件的天数减少，而东北、黄淮、长江中下游地区增加。从 80～90 年代的变化与从 70～80 年代的变化相反。从 90 年代到 21 世纪初，中国东部大部分地区的强降水事件的天数减少，仅黄淮地区增强，这是由 20 世纪 90 年代末期中国雨带北移造成的。

强降水事件的年代际空间分布与其逐年变化显著相关。利用 1960～2009 年标准化的强降水事件频次的旋转经验正交函数（REOF）可以得到前 20 个 EOF 模态（解释方差为 66.9%），其中前 5 个模态恰好分别对应中国东部的五个子区域。分别分析了 5 个子区域强降水事件发生频次的时间序列，可以发现均表现出强年际变率特征，相对于所有子区域的解释方差高达 60%。对于长时间的趋势而言，在过去 50 年里，东北、华北地区的强极端降水事件天数表现出减弱趋势，而其他三个区域则表现为增强的趋势，但是这些增强、减弱的趋势都是很微弱的，并没有通过显著性检验。与长时间尺度的趋势不同，过去 50 年里，5 个区域均表现出强年代际的变化特征，其解释方差可占总方差的 30%。对于东北地区，强降水事件发生频次在 20 世纪 60 年代、80 年代、90 年代偏强，而在 70 年代、21 世纪初偏弱；对于华北地区，60 年代、70 年代、90 年代偏强，而 80 年代、21 世纪初偏弱；对于黄淮地区，80 年代、21 世纪初偏强，而在 70 年代、90 年代偏弱；对于长江中下游，60 年代、21 世纪初偏强，而在其他时期偏弱；对于华南地区，70 年代、90 年代偏强，而其他时期偏弱。

利用去线性趋势后的小波分析可以得到进一步的确认（图 2.8）。各子区域的强降水事件天数均呈现出显著的年际变率及年代际变率特征。对东北 [图 2.7（a）]，有 3 个转折点，分别为 1966/1967 年，1983/1984 年和 1999/2000 年，均通过 95%显著性检验。最强的年代际转折发生在1983/1984年。由1967～1998年的4.5天/年到1983～1984年的5.4天/年。华北[图2.7（b）]的年代际的变化相对于东北而言较弱，在1972/1973年和1990/1991年前后。黄淮流域则在1988/1989年和2002/2003年发生年代际变化，同时在1980年后有5～8年的年际变率。长江中下游在1979/1980年和2002/2003年前后发生年代际变化，第一个时段可能与东亚夏季风减弱有关。华南有最强的2～8年准周期振荡，且在1970/1971年，1983/1984年，1992/1993年和2002/2003年发生年代际变化。

降水强度是除了频次外另一个重要的强降水事件的指标。在长时间尺度上，两者有较为一致的变化趋势。同时，强降水事件强度也有显著的年际、年代际的变化特征。在年际尺度上，东北、华北、长江中下游地区的强降水事件强度与频次一致，而另外两个区域（黄淮、华南）存在显著的差别。在年代际尺度上，东北、华北、长江中下游两者也是一致的，另外两个区域则是独立的。

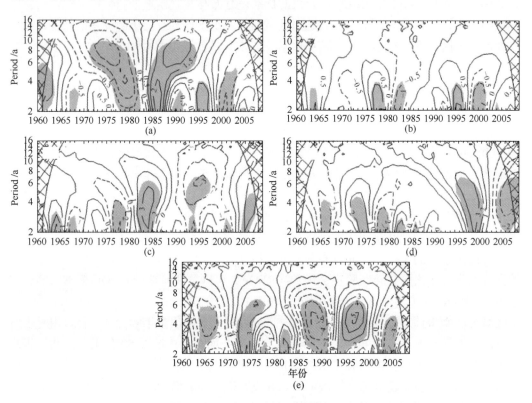

图2.8　用墨西哥帽小波分析方法得到的1960～2009年强降水天数的小波分析谱（Chen and Sun，2012）
（a）东北（b）华北（c）黄淮流域（d）长江中下游（e）华南。阴影区域为通过99%显著性检验区域，交叉区域为未确定区

2. 中国冬季降水和极端降水对变暖的响应

1）温度、降水、极端降水的气候态特征

根据克劳修斯-克拉伯龙方程，温度增加会导致水汽含量和降水的增加。但是降水与增暖的定量关系还具有较大争议，不同资料的分析结果有很大的差异，甚至相反。因此，从较长时间尺度很难准确估计全球降水对温度的敏感性。同时，全球变暖并非一致的，区域差异明显。中国区域是增暖最显著的区域之一，探讨中国区域降水对该区域变

· 92 ·

暖的敏感性的研究是比较有意义的，因此 Sun 和 Ao（2013）分析了冬季降水和极端降水对变暖的响应，其中极端降水取 95%分位值。

中国区域冬季温度与降水、极端降水的关系是研究的重点，因此首先分别了解 3 个气象要素的气候态分布特征以及在过去半个世纪的趋势特征。

中国冬季气温在气候态上呈南北反向的分布特征。以山东半岛到西南地区的一条东北—西南向的斜线为界，其南部气温高于零摄氏度，以北低于零摄氏度。由于中国南北跨度大，因此温差可达 40℃。中国的气温变化趋势与全球变暖一致，其中北方地区的增暖更为显著，而中国西南地区的增暖相对较弱。

我国南方地区是降水集中的地区，在冬季也不例外。降水的分界与气温基本一致，气温高于零摄氏度的南方地区也对应着降水的集中地区。这主要由于暖湿空气为降水提供较好的水汽条件，利于形成降水过程。而北方降水偏少的原因主要是受强北风的影响，来自低纬地区的暖湿空气不易到达北方地区，从而没有足够的水汽形成大量的降水。在变化趋势方面，除了华北和西部部分零星区域外，整个中国在过去半个世纪冬季降水都呈现出增加的趋势。

对于极端降水的气候态，与降水基本类似，且量值约为冬季总降水量的 1/3。趋势与总降水基本一致。

2）温度与降水的关系

利用奇异值分解方法（SVD）得到冬季气温、降水的第一模态的空间格局及时间序列。这种方法能够较好地反映出两个气象要素场的耦合关系。SVD 结果显示，中国冬季降水与温度在年代际尺度上的共变非常一致，第一模态的解释方差为 93.8%。其中，温度场呈现出空间一致的变暖，变暖的大值在中国北方；在时间序列上，中国区域的温度在过去 40 年里表现出明显的上升趋势，并且在 20 世纪 80 年代中期发生了一次显著的突变。降水空间变化的一致性虽然稍弱，但中国大部分呈现出一致增加的特征。因此，在东亚区域增暖的背景下，中国冬季降水整体增加，大值位于南方。与气温变化相一致，降水的时间序列也表现出增加的趋势，并在 20 世纪 80 年代中期发生突变，气温和降水的时间序列相关系数为 0.83。这说明，中国区域的冬季降水对变暖具有很强的敏感性，降水随着温度的升高而增加。

与平均降水相一致，中国区域极端降水对气温变化也较为敏感。SVD 第一模态的温度场也表现出整体一致增温的特征，极端降水的分布与降水相类似，大部分地区增加，说明中国地区极端降水对变暖也有很强的响应。此外，极端降水与温度的关系更为密切，两者 SVD 第一模态的解释方差高达 95.4%，两者时间序列的相关系数高达 0.92，同样也是在 20 世纪 80 年代中期发生了年代际突变。因此，SVD 结果显示中国区域的气温、降水和极端降水在年代际尺度上的整体变化具有很高的一致性。

进一步，利用散点图的分布来考察中国区域平均的冬季温度与降水和极端降水的对应关系。发现，在年代际尺度上，随着温度的增加，中国区域冬季降水和极端降水均有所增加。定量结果显示，中国区域平均温度每增加 1℃，中国冬季降水、极端降水分别增加 9.7%和 22.6%。这说明在全球变暖的背景下，中国冬季极端降水的增加率显著大于非极端降水的增加率。

3）中国极端降水对总降水量的贡献

统计结果表明,过去几十年,极端事件导致的农业经济损失呈增加趋势,其中 27.5%的损失是由极端降水事件引起的。中国北部和东北地区,极端降水事件呈减少趋势,但在西北和长江中下游地区呈增加趋势。除了线性趋势以外,中国的极端降水事件呈现较强的年代际变化。但极端降水的频次和强度变化并不是一致的。越来越多的研究开始关注极端降水事件,已有大量工作研究了极端降水的频次和强度变化,然而这些变化不能很好解释极端降水事件对总降水量的贡献。Sun（2012）针对极端降水对总降水量的贡献变化做了研究。

（1）总降水量、极端降水量的气候态特征。

中国的总降水量具有明显的空间分布特征,最大值在南方地区,往西北呈现递减的趋势,降水最小值出现在西北地区。极端降水的分布与降水总量的分布相似,南方极端降水超过 400 mm/a,一直向西北递减,最低值小于 50 mm/a。对比降水总量与极端降水可以发现,极端降水对总降水量的贡献分布呈现不同的分布。极端降水量对总降水量的贡献定义为:总极端降水量/总降水量。一般情况下,极端降水对总降水量的贡献在大部分地区为 30%左右。四川盆地的贡献值最大,超过了 40%,最小值在青藏高原东部和新疆南部,不足 30%。相较而言,东部的贡献率大于西部。虽然极端降水量只占到总降水量的 1/3,但是极端降水的标准偏差却能解释大部分地区 70%的降水总量的标准偏差。这也表明,极端降水的变化主导了总降水量的变化。而且中国大部分地区极端降水与降水总量的相关系数超过 0.8,这也再次表明两者年际变化的一致性,确定了极端降水变化对总降水量变化的主导作用。

（2）极端降水对降水年代际变化的贡献。

为了研究极端降水对降水年代际变化的贡献,选出了两个时间段,分别为 1990～2009年和 1960～1979 年。与之前的时间段相比,总降水量在中国东南和西部地区偏高,从中国北方到东北地区偏低,极端降水的差值与总水量差值的空间分布相似。但与总降水量差值的分布相比,中国东北南部西南向到中国中部的极端降水减小的区域范围比总降水量的小,而在东南部的极端降水增强区域范围比总降水量的大。为了进一步定量研究极端降水对总降水量年际变化的贡献,比较了四个区域（东南地区、西部地区、东北南部华北地区和中部地区）在 1990～2009 年和 1960～1979 年两个时间段的年代际差异。发现过去50 年以来,极端降水对总降水量年代际变化的影响在干旱区和湿润区有所不同。对于湿润的东南地区,从 1960～1979 年到 1990～2009 年,总降水量和极端降水量的增长率分别为 47 mm/a 和 56 mm/a。极端降水的增长率大于总降水量的增长率,这表明东南地区总水量的年代际变化是由极端降水的变化主导。对于西部地区而言,极端降水能解释 55%的总降水量变化,表明极端降水事件相对于非极端降水事件对总降水量的变化具有更大的贡献。相反,在较变旱的区域,如东北南部华北地区,极端降水只能解释 43%的总降水量变化,表明非极端降水事件对总降水量变化有更大的贡献。对于中部地区,极端降水的变化率为 11 mm/a,远远低于总降水量的变化率（59 mm/a）,主要受到非极端降水事件变化的控制。以上分析表明,湿润地区降水量的增加主要是由极端降水的变化引起,而干旱化区域降水量的减少则主要受到非极端降水变化的影响。因此,变暖背景下极端降水的增加可能会使湿润化的地区更加湿润，而非极端降水的减少可能会使干旱化的地区更加干旱。

4）北极涛动和中国极端降水事件的关系

北极涛动是北半球中高纬的一个主要大气模态，研究表明北极涛动和我国中部及西南地区冬季的月降水量和季节降水量呈现正相关（Gong and Wang，2003）。然而，很少有研究阐述北极涛动和我国极端降水事件的关系。一些个例分析指明至少在一定程度上，北极涛动与 2008 年 1 月我国中南部发生的雪灾是有关联的（Wen et al.，2009）。此外，冬季北极涛动常常会伴随着青藏高原南侧西风急流的显著变化，这对我国冬季大范围降水事件有非常大的影响（Suo and Ding，2009；Zhang et al.，2009）。因此，我们推测近几十年来冬季北极涛动对于我国极端降水事件有显著的影响。Mao 等（2011）研究了 1954~2009 年北极涛动和我国极端降水事件关系，并探讨了相关的大尺度环流特征。

极端降水频次用百分位数来表示，对于一个给定的站点及季节，首先在 1971~2000 年的参考期内，将日降水量的第 80 百分位数作为阈值，然后统计极端降水事件频次，当日降水量超过阈值时，这一天就被认为是一个极端降水事件，通过统计降水量超过阈值的日数，最后得到极端降水事件频次的时间序列（P80th）。为了突出小概率事件，我们也用了更严格的 90 分位数来分析极端降水事件（P90th）。

（1）北极涛动与 P80th 的相关性。

为了确定北极涛动和极端降水事件是否有统计上的显著关系，Mao 等（2011）首先计算了北极涛动和我国 P80th 之间的相关性。由于北极涛动在冬季最为活跃（12 月到翌年 3 月），我们计算了逐月同期北极涛动与 P80th 的相关系数，结果表明北极涛动和 P80th 同步相关关系在 1 月和 2 月是显著的，在其他月份是不显著的。北极涛动和 P80th 的同步相关系数在 1 月达到了 0.32，2 月达到了 0.22，这些结果都达到了 90%信度水平。1~2 月北极涛动和 P80th 的相关系数达到了 0.38，通过了 99%的信度水平。同时我们也检查了北极涛动和 P90th 的相关性，发现相关系数也是在 1 月和 2 月显著。北极涛动和 P90th 的同步相关系数在 1 月是 0.31，2 月是 0.25，这些结果同样达到了 90%的信度水平。将 1 月和 2 月平均后，北极涛动和 P90th 的相关系数达到了 0.38，达到了 99%的信度水平。P90th 和 P80th 的结果表明，北极涛动和极端降水事件在 1~2 月可能存在显著正相关关系。在下文中，我们主要分析了冬季北极涛动和极端降水及降水量的联系，其中冬季定义为 1~2 月。

除了极端降水事件之外，我们还研究了北极涛动和降水量之间的关系。北极涛动和降水量的同步相关系数在 1 月达到了 0.21，在 2 月达到了 0.17。尽管这些相关系数都不显著，但是 1~2 月平均的北极涛动和降水量之间相关系数达到了 0.31，通过了 95%的信度水平（表 2.13）。因此，北极涛动和降水量的关系与北极涛动与极端降水事件频次的关系是一致的。

表 2.13　1~2 月降水总量、极端降水事件和强 SBT 与北极涛动的关系（Mao et al.，2011）

项目	除去 ENSO 序列	原始序列
P80th[†]	0.54[a]（0.43[a]）	0.49[a]（0.38[a]）
P90th[†]	0.54[a]（0.44[a]）	0.47[a]（0.38[a]）
降水总量[†]	0.50[a]（0.38[a]）	0.45[a]（0.31[a]）
强南支槽频率	0.55[a]	0.55[a]

a 达到 99%置信水平；† 括号外的相关性是中国中南部平均值，括号内是中国的平均值

接着，我们计算了每个站点 P80th 与北极涛动指数的相关系数，来表明北极涛动与 P80th 相关系数的空间特征。结果表明我国大部分地区呈现出正相关，只有在我国的东北部存在负相关。在 287 个站点中，238 个站点呈现正相关，49 个站点呈现负相关，在这些站点中，82（104）个站点达到了 95%（90%）信度水平。其中具有显著正相关关系的站点大部分位于我国中南部。我们提取中南部显著正相关关系的站点，构造了我国中南部 1~2 月的 P80th 时间序列，计算了其与北极涛动指数的相关系数。结果表明这两个时间序列呈现正相关关系，二者相关系数达到了 0.49，通过了 99% 的信度水平（表 2.13）。当北极涛动为正（负）位相时，极端降水频次增加（减少）。由于两个时间序列呈现出较明显的线性趋势，这种长期趋势可能导致虚假的高相关关系，所以我们去除了两个时间序列的线性趋势，然后计算了二者的相关系数。新得到的相关系数为 0.45，置信水平为 99%。所以，北极涛动与我国中南部地区的 P80th 的相关关系是显著的。

最后，我们检查了北极涛动和降水量的相关关系的空间分布特征。与北极涛动和 P80th 的相关关系的空间分布类似，北极涛动和降水量的相关关系在我国大部分地区呈现出正相关，只有在我国东北部的少部分站点呈现出负相关。呈现出显著正相关的地区同样位于我国中南部，在 287 个站点中，有 230 个站点呈现出正相关，其中 92（113）个站点达到了 95%（90%）置信水平。同样的，我们计算了我国中南部地区的平均降水量的时间序列，比较了其和北极涛动指数的关系。结果表明北极涛动指数和降水量呈现出显著的正相关关系，两者的相关系数达到了 0.45，达到了 99% 的信度水平（表 2.13）。

（2）大气环流和水汽输送的变化。

环流场分析结果表明，当北极涛动处于正位相时，风场异常主要体现为 4 个不同的异常中心：在东北亚地区（35°~55°N 和 110°~140°E）和阿拉伯海地区（10°~25°N 和 40°~70°E）有 2 个反气旋异常；在西西伯利亚地区（40°~60°N 和 40°~80°E）和孟加拉湾（15°~25°N 和 80°~100°E）有 2 个气旋异常。同时，我国南部，尤其是我国中南部盛行异常偏南风，这会导致极端降水事件和降水量的增加。异常的南风可能与孟加拉湾的气旋异常和东北亚地区的反气旋异常的配置有关。更重要的是，孟加拉湾的气旋异常可能是南支槽（也称印缅槽）在孟加拉湾活动频繁的标志。经常出现在 700hPa 高度的南支槽是我国冬季形成降水的重要天气系统（Suo and Ding，2009）。之前的许多研究都表明活跃的南支槽可能会加强孟加拉湾到我国中南部地区的大气垂直运动和水分供应（Bao et al.，2010），进而导致我国中南部地区降水的增加和极端降水事件的发生。

我们还分析了和北极涛动正位相相关联的对流层中层 500hPa 高度场异常。北极涛动正位相与 3 个显著的对流层中层高度场异常有关：2 个分别在东北亚（35°~55°N 和 110°~140°E）和阿拉伯海（10°~25°N 和 40°~70°E），其中东北亚的高度场正异常意味着存在一个偏弱的东亚大槽，西西伯利亚的高度场负异常意味着存在一个偏弱的乌拉尔高压。东亚大槽和乌拉尔高压的变化意味着偏弱的东亚冬季风，这和位于我国北部到蒙古国的对流层低层的异常东南风一致。较弱的东亚冬季风为暖湿气流从孟加拉湾和我国南部向北输送到我国中部提供了有利条件。所以我国中南部的南风异常和我国较弱的冬季风都有利于我国中南部极端降水事件的发生以及降水总量的增加。

为了研究与北极涛动变化相关的对流层高层异常，我们对 200hPa 纬向风和北极涛动指数做了回归。当北极涛动为正位相时，正异常有两个部分：我国东北部以北（50°～60°N，100°～160°E）和亚洲西部（25°～40°N，40°～80°E）。与此同时，从阿拉伯海（10°～25°N 和 40°～70°E）到日本以南地区存在大面积的负异常，负异常中心在阿拉伯海中心和日本以南。这些异常都达到了 95%信度水平。日本以南的负异常表明存在弱的东亚急流。西亚（25°～40°N 和 40°～80°E）的正距平意味着存在强的中东急流。许多前人的研究（Wen et al.，2009）都强调了对流层上层的急流（如中东急流）对我国中南部的降水异常的影响。中东急流的加剧将加强南支槽（Wen et al.，2009）。这使得更多的水汽从孟加拉湾被输送到我国的东部。与 Yang 等（2004）相似，我们将 20°～30°N 和 40°～70°E 的 200hPa 纬向风减去 30°～40°N 和 15°～45°E 的纬向风作为中东急流指数。得到中东急流和我国中南部 P80th 的相关系数为 0.43，达到了 99%置信水平。同时，北极涛动-中东急流的相关系数为 0.36，置信水平为 99%。北极涛动、中东急流指数和我国中南部地区 P80th 的显著的相关性为印证中东急流可能是连接北极涛动和我国中南部地区降水的重要因素提供了支持。

我们计算了水汽输送与北极涛动指数的回归场。当北极涛动处于正位相时，水汽通量具有以下的特征：孟加拉湾存在气旋异常，我国南部存在西南风异常，日本以南地区（15°～30°N 和 120°～160°E）存在一个大范围的东风异常，阿拉伯海（10°～25°N 和 40°～70°E）存在一个反气旋异常。上述的异常都达到了 90%信度水平。我国南部，尤其是我国中南部的西南风水汽通量异常有利于降水总量的增加，同时极端降水事件发生的频率也会增多。这与对流层低层的偏南风异常一致。需要指出的是我国中南部的西南水汽通量异常可能与孟加拉湾气旋式水汽通量异常和日本以南（15°～30°N 和 120°～160°E）的大范围偏东水汽通量异常有关。孟加拉湾的气旋式水汽通量异常与频繁的南支槽活动相关。当北极涛动为正位相时，孟加拉湾南支槽活动增强时，它将导致气旋式水汽通量异常，造成大量水汽比往常更偏北直达我国南部。同时，东北亚地区的对流层中层高度场异常也可能导致日本以南存在向西的水汽通量异常，进而加强从太平洋到我国中南部的水汽输送，有助于我国中南部产生更多的极端降水事件。

此外，我们分析了与北极涛动相关的大气垂直运动的变化（用 700hPa 和 500hPa 的 ω 平均值来表示）当北极涛动处于正位相时，孟加拉湾东部到我国中南部大气上升运动偏强（达到 95%置信水平）。显著上升运动可能是由孟加拉湾的南支槽活动增强引起的。南支槽活动的增强不仅加强了从孟加拉湾到我国中南部地区的水汽输送，同时增强了我国南部的上升运动（Suo and Ding，2009）。因此孟加拉湾的南支槽可能是导致我国中南部地区极端降水事件产生的一个重要因素。

总之，与北极涛动正位相相关的我国中南部地区的上升运动增强和增强的水汽输送配置，增加了我国中南部地区极端降水事件发生的可能性。在此过程中，南支槽活动的增强起到了重要作用。同时，日本以南地区往西的水汽通量异常也会导致水汽输送的增强。

（3）天气尺度扰动的变化。

月尺度、季节尺度的环流变化为极端事件的发生提供了气候背景，但是天气活动是极端降水事件发生的直接原因。为了进一步阐明北极涛动和 P80th 的关系，我们分析了与北极涛动正位相相关的天气尺度的天气活动的异常。首先，我们检查了与北极涛动异常相关的强经向风频率的变化。强经向风频率的计算是在 700hPa 日经向风数据的基础上，通过计算百分位数得到的。具体计算方法如下：获取 1971~2000 年 1~2 月 700hPa 经向风的气候值，然后根据 700hPa 的经向风气候值确定阈值，当 700hPa 经向风是南风（北风），阈值即为 1971~2000 年 1~2 月日经向风值的第 80（20）百分位数，最后统计每个点的强经向风频次，对于一个气候态为南风（北风）的格点，强经向风频次为 700hPa 日经向风超过（低于）阈值的频次。

我们利用北极涛动指数对强经向风频次进行了回归分析。在北极涛动处于正位相时，从孟加拉湾东部到我国南部的强南风发生频率更高，同时在孟加拉湾西部发生强北风的频率更高。这意味着冬季北极涛动的正位相常常伴随着频繁的强烈的南支槽活动。南支槽活动的增强有助于我国中南部地区的降水增加。同时，当北极涛动处于正位相时，从蒙古国到我国的北部强北风发生频率降低。这表明东亚大槽已经东移，并引起了冷空气活动路径偏东，从而引起湿润的空气进一步向北推进，到达我国的中南部，有助于降水的增加。

上述分析表明，南支槽是我国中南部地区产生降水的重要天气系统。为了描述天气尺度上南支槽的活动，我们定义了一个南支槽指数，将南支槽经常存在的区域分为两个部分，即区域 1（80°~90°E 和 15°~25° N）和区域 2（90°~100°E 和 15°~25° N），把两个区域逐日 700hPa 经向风的差值（区域 2-区域 1）作为南支槽指数，高南支槽指数代表着两区域有较大的差异，意味着南支槽活动的增强。我们分析了强南支槽活动频次、北极涛动和我国中南部地区 P80th 之间的关系。强南支槽是由逐日南支槽指数的百分位数定义的。强南支槽的阈值是 1971~2000 年 1~2 月的逐日南支槽指数的第 80 百分位数。我们统计了每年 1~2 月的逐日南支槽指数超过阈值的日数，然后得到了 1954~2009 年强南支槽频次的时间序列。北极涛动指数与强南支槽指数的相关系数是 0.55，达到了 99%信度水平。从原始时间序列去除 ENSO 的影响后，二者的相关关系仍为 0.55，置信水平仍然为 99%（表 2.13）。同时，强南支槽活动和我国中南部 P80th 的相关系数是 0.51，置信水平为 99%。从原始时间序列中去除 ENSO 影响后，相关系数变为 0.58，同样达到了 99%信度水平。这些高相关性表明北极涛动的正位相可能通过强南支槽活动影响极端降水事件的发生频次。

我们进一步分析了北极涛动异常对南支槽的影响。选取北极涛动指数最高的五年（1989 年，1990 年，1993 年，2002 年和 2008 年）和最低的五年（1956 年，1963 年，1965 年，1968 年和 1969 年），比较了最高年份和最低年份 1~2 月的逐日南支槽指数的差别。在北极涛动处于正位相的年份，逐日南支槽指数的均值和方差分别是 3.8m/s 和 11.66m²/s²，相反在北极涛动处于负位相的年份，南支槽指数的均值和方差分别是 1.9m/s 和 7.76m²/s²。在北极涛动正位相年，高南支槽指数占所有日数的比率为 35%，但是在北极涛动处于负位相的年份，高南支槽指数的比率降到了 10%。这种比率的变化与北极涛动和高南支槽频次的显著正相关是一致的，即北极涛动正位相伴随着强南支槽事件的增加，进而导致我国中南部的降水增加以及极端降水事件增加。

为了更好地了解大规模垂直运动在极端降水与北极涛动相关关系中所起的作用，我们分析了北极涛动、P80th 与垂直运动的天气尺度扰动的关系。垂直运动的天气尺度扰动用 $\sqrt{w'^2}$ 表示，其中 w 代表着 omega 值，w 右上角的指数表示高通滤波后的异常，横线代表 1~2 月的平均值。天气活动的典型时间尺度是 7 天，所以我们使用高通滤波器来去除 7 天以上的组分，保留 7 天以下的组分。北极涛动与垂直运动的天气尺度扰动的正相关位于西亚（25°~40°N，40°~70°E），印度北部（20°~30°N，70°~85°E）和缅甸（15°~25°N，90°~100°E）。东北亚地区（30°~55°N，100°~140°E）同样出现了正相关关系。正相关关系从西亚（25°~40°N，40°~70°E）延伸到缅甸（15°~25°N，90°~100°E）的带状分布显然是沿着中东急流在青藏高原南部传输。这表明中东急流可能是北极涛动处于正位相时，孟加拉湾地区天气活动增强的一个重要因素。孟加拉湾和我国南部地区南支槽的天气活动增强并不是一个局部的现象，可能与北极涛动异常伴随的西风急流异常现象有关。

此外，我们研究了垂直运动天气尺度扰动和我国中南部地区 P80th 的关系。二者在西亚（25°~40°N，40°~70°E），缅甸（15°~25°N，90°~100°E），我国南部（10°~30°N，100°~120°E）和东北亚地区（30°~55°N，100°~140°E）存在正相关关系，说明上述地区垂直运动的天气尺度扰动增加与我国中南部 P80th 增加相关联。有趣的是，从孟加拉湾到我国南部以及西亚等地分布的正相关关系，表明中东急流和青藏高原南侧的南支西风大气环流的天气尺度变化可能与我国中南部的 P80th 有关。所以当北极涛动处于正位相时，常常存在强中东急流和南支槽，这可能增强孟加拉湾北部和中南亚的天气活动，其中垂直运动的扰动增强会增加降水总量并导致我国中南部极端降水事件更加频繁的发生。

5）东亚夏季降水与夏季北大西洋涛动关系的变化

东亚夏季的气候变率非常复杂，很多因素都能影响东亚夏季气候的变化。在所有的这些影响因子当中，ENSO 对全球气候具有显著的影响，所以 ENSO 一直是学者们研究东亚夏季气候变化的一个重要系统。但近年来的研究发现，自 20 世纪 70 年代中后期，ENSO 对东亚夏季气候的影响在减小，而夏季北大西洋涛动（Summer North Atlantic Oscillation，SNAO）对东亚夏季气候的影响开始逐渐增加，尤其是 SNAO 对北半球夏季气温的影响显著的增强，既然 SNAO 对北半球夏季的温度影响显著的增强，那么降水是否也显著的增强呢？Sun 和 Wang（2012）围绕这一问题展开了分析。

图 2.9 为 SNAO 与夏季降水的相关性分布，从空间上可以看出，在突变前东亚地区只有零星分散的少部分地区的夏季降水与 SNAO 存在显著的相关性，说明东亚夏季降水与 SNAO 在 20 世纪 70 年代前的相关性很弱。当 SNAO 突变后，显著相关性的区域明显的扩大，并且呈现出一个偶极子的结构：在东亚中部地区存在显著的正相关，在东亚的北部地区存在显著的负相关，说明在 70 年代中后期的突变后，SNAO 与东亚夏季降水的相关性显著增强。因为突变后东亚夏季降水与 SNAO 在空间上呈现出偶极子的结构，所以分别计算东亚北部地区和中部地区夏季降水指数与 SNAO 的滑动相关性，经过计算发现，北部和中部的夏季降水指数与 SNAO 在 60 年代前存在很弱的正相关，60 年代之后东亚中部地区与 SNAO 保持正相关并逐渐地增强，到 70 年代中后期两者的相关性显著的增强，并且通过了显著性检验。60 年代之后东亚北部地区与 SNAO 的负相关性逐渐增强，在 70 年代中后期二者的相关性也通

过了显著性检验。从时间上分析也可以看出 SNAO 对东亚中部和北部地区的降水在
70 年代之后相关性显著的增强。

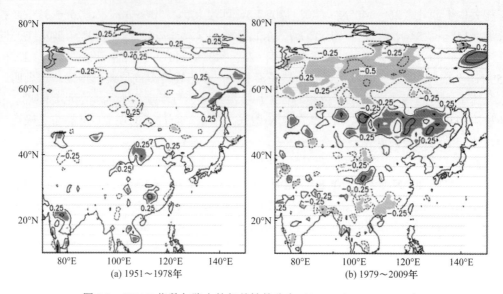

图 2.9　SNAO 指数与降水的相关性的分布（Sun and Wang，2012）
阴影区通过 95%的显著性检验的地区

　　根据上述相关性的分析，我们发现东亚夏季降水与 SNAO 之间的相关性存在年
代际的突变，那么这样的突变是怎么造成的呢？通过分析 SNAO 模态发现在 20 世纪
70 年代之前，SNAO 模态的两个活动中心主要位于北大西洋地区，与 SNAO 相关的
大气环流主要控制北大西洋地区，SNAO 的影响不能到达东亚地区，因此 SNAO 与
东亚夏季降水在 70 年代前的相关性很弱。在 70 年代中后期，SNAO 模态发生了明
显的转变，SNAO 的南部中心显著向东移动到地中海地区。由于亚洲的副热带急流
入口正好位于地中海地区上空，在这个区域环流的异常变化就会使得亚洲地区高空
纬向环流模态发生改变，当 SNAO 南部中心向东移动到地中海地区后，欧亚大陆上
空纬向波的活动发生改变，就会在东亚地区上空形成经向大气环流偶极子模态，这
个偶极子模态具有正压的结构，异常的低压（高压）对应降水增加（减少），造成了
东亚中部和北部降水的反向变化。
　　SNAO 通过在东亚地区产生经向的偶极子环流模态影响东亚地区夏季降水。如图
2.10 所示，东亚地区不同高度上 SNAO 正负位相年的位势高度差异场呈现一个偶极子
结构的环流异常。在 SNAO 的正位相年，东亚地区中部位势高度减小，北部地区位势高
度增加，东亚中部地区降水增多，北部地区降水减少。SNAO 负位相年情况相反。与 SNAO
相关的正压偶极子模态能够在东亚地区产生异常的辐散环流运动。图 2.11 为 SNAO 正
负位相年辐散运动差异的垂直廓线，在 SNAO 正位相年，东亚中部地区高层辐散低层辐
合，东亚北部地区高层辐合低层辐散。
　　由连续方程可知，异常的垂直辐合辐散就会造成垂直运动。在 SNAO 的正（负）位
相年，东亚中部地区低层辐合（辐散）高层辐散（辐合），产生垂直上升（下沉）运动，
有利于（不利于）水汽凝结；北部地区低层辐散（辐合）高层辐合（辐散），产生垂直

下沉（上升）运动，不利于（有利于）水汽凝结。

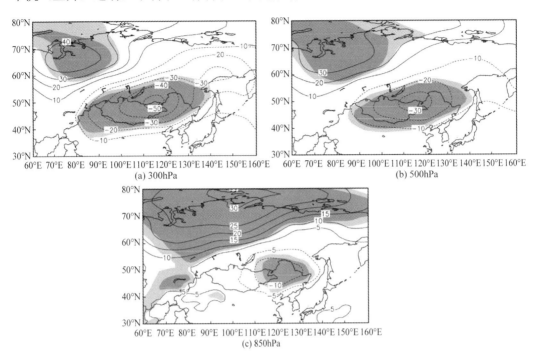

(a) 300hPa   (b) 500hPa

(c) 850hPa

图 2.10   不同的高度上在 SNAO 正负位相年的位势高度的差异（Sun and Wang，2012）

数据来源：ERA-Interim 1979～2009 年的数据；深（浅）色阴影区域表示通过 95%（90%）的显著性检验

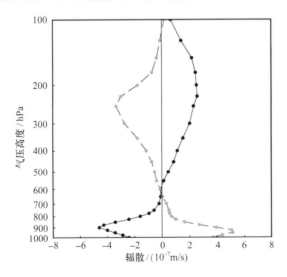

图 2.11   在 SNAO 正负位相年的辐散环流（10^{-7}m/s）差异的垂直廓线（Sun and Wang，2012）

数据来源：ERA-Interim 1979～2009 年的数据；

实线表示东亚中部部地区，虚线表示东亚北部地区

    水汽是产生降水的一个主要的影响因子。因为水汽主要分布在对流层低层，当与 SNAO 相关的低层异常辐合（辐散）伴随着垂直积分的水汽通量在东亚中部（北部）地区辐合（辐散），水汽的辐合（辐散）造成降水的增多（减少）。

    降水来自云，因此云越多降水越多。在 SNAO 的正（负）位相年，东亚地区中部云

量增多（减少），北部地区云量减少（增加）。云量的变化与水汽含量和垂直运动有关，水汽含量越多，垂直上升运动越强，总云量越多。这样与SNAO相关的总云量的变化就会导致东亚夏季降水的偶极子模态。

不仅夏季NAO在20世纪70年代中后期发生了年代际的突变，冬季的NAO（WNAO）也在70年代中后期发生了年代际的突变。由于WNAO的这种转变，使WNAO对北大西洋地区的温度、海冰的输送、气旋的活跃程度、热量的输送均发生了改变。

6）2013年江淮地区极端高温与北大西洋破纪录高海温的关系

随着全球气候变暖，极端天气气候事件呈现出显著增强增加趋势，特别是极端高温事件在最近几十年来发生的频率显著增加，强度明显增强。我国的极端高温事件在20世纪90年代中期开始显著的增加，持续的高温天气给当地居民的健康、生活和工作带来严重的影响，同时也会导致干旱、农作物减产，所以极端高温一直以来都受到广泛的关注。江淮地区属于我国极端高温的易发区，且人口密度大经济发达，极端高温对该地的农牧业以及人民的生命财产安全产生了重大的影响，带来严重的经济损失。因此，孙建奇（2014）分析了2013年江淮地区极端高温事件及其成因。

影响我国极端高温的主要大气环流因子是中高层的位势高度异常，因为正位势高度异常有利于晴好天气，反之亦然。目前大部分研究江淮地区的极端高温的工作主要关注西太副高的影响。但2013年7月江淮地区出现的破纪录高温天气，西太副高虽偏强偏西，但并不是历史最强，这说明除了西太副高之外，还存在着其他重要因子。

东亚副热带西风急流是影响我国气候异常的重要系统之一。之前大部分的研究都集中在副热带西风急流与我国降水之间的关系。既然西风急流与降水有关，那么它也有可能对气温产生影响。于是，孙建奇（2014）研究了2013年夏季气温和西风急流的变化，发现2013年7月江淮地区的气温是近三十多年来的最高值，同时江淮地区上空的纬向西风也达到同期的最低值。因此，2013年7月我国江淮流域的破纪录高温事件可能与西风急流的变化存在更为密切的关系。

进一步的研究发现，2013年7月北大西洋中纬度地区海温破纪录的偏高，偏高的海温可以激发大气波列，通过遥相关方式影响到下游东亚气候。这样北大西洋中纬度地区的海温变化可以通过遥相关的方式与东亚上空的纬向西风和江淮地区的气温产生联系。为了进一步验证北大西洋中纬度地区的海温与江淮地区温度之间的关系，孙建奇（2014）以上海站的气温资料为代表，研究了百年时间尺度上江淮地区的温度与北大西洋中纬度地区的海温的关系，发现两者变化非常一致，说明北大西洋中纬度地区的海温可以通过遥相关的方式影响到我国江淮地区的气温。由此可见，研究江淮地区的极端高温事件，不应该仅仅局限于西太副高的影响上，中高纬度系统的影响也十分重要。

7）极端气候事件对CO_2排放的响应

越来越多的研究表明在全球变暖的背景下，极端气候事件的风险增加，包括极端降水事件、降雪、干旱和洪涝事件等极端事件强度增强，但是目前很少有研究工作评估气候变化对人类活动的敏感性。近来，Lau等（2013）的研究表明，从全球平均来看，CO_2

排放增加将会引起暴雨增多，中雨减少，小雨增加，干旱期延长。那么在区域尺度上极端气候对 CO_2 增加引起的增暖的响应是如何呢？这是一个更为复杂具有挑战性的问题。基于此，Chen 和 Sun（2014）利用 CMIP5（第五次全球耦合模式比较计划）的模式结果对中国区域极端气候事件对 CO_2 排放增加的敏感性进行了初步分析。该研究主要采用 CMIP5 的 20 个模式积分 140 年的结果，积分过程中 CO_2 浓度每年固定增加 1%。这种 CO_2 的增加率相当于 IPCC（政府间气候变化专门委员会）的 RCP8.5（高辐射强迫情景）的排放情景，但是后者还包含了其他的温室气体和气溶胶变化的影响。基于模式输出的日资料，计算了 27 个极端气候指数。使用了气候敏感性（（dP/P）/dT）作为对全球变暖的响应，定义为控制实验和相比于控制实验 2 倍 CO_2（DCO_2）和 3 倍 CO_2 排放（TCO_2）时期的统计差值。

对于暖事件而言，一年中最热天（TXX）温度显著升高，20 个模式升温幅度为 0.26～0.59℃/10a，多模式集合结果为 0.46℃/10a。同时，一年最冷天（TNN）也显著升温，各模式升温率为 0.40～0.69℃/10a，多模式集合结果为 0.53℃/10a。两种情景下，对于 CO_2 引起的增暖，TNN 响应（4.7%/℃）比 TXX（3.5%/℃）要大得多。因此，大多数模式表明温度日较差（DTR）微弱减小，多模式集合结果仅为–0.5%/℃。但是各模式间的差异较大，甚至比多模式集合结果要大。DTR 的敏感性有明显的区域特征，华南地区 DTR 增加，而中国其他区域 DTR 减小。

一般来说，包括夏季日数（SU）和暖夜日数（TR）的暖事件对 CO_2 排放表现为正的响应，而冷事件如霜冻日数（FD）和冰日（ID）为负的响应。TCO_2 情景下，SU（以固定的 25℃为阈值）显著增加了 57.3%，增加趋势为 12.3%/℃；TCO_2 情景下，TR（以固定的 20℃为阈值），增加趋势为 27.1%/℃。但是全国 FD 和 ID 分别减少了 3.8d/10a 和 3.0d/10a。和极端暖事件相比，极端冷事件的响应较弱，FD 和 ID 的减少趋势分别为 4.7%和 7.0%。极端事件的空间分布变率较大。以 FD 和 SU 为例，FD 在华南对温度变化有很强的负响应，在其他区域较弱；而 SU 在全国范围有正的响应，其中东北和华北部分区域较强，在南部和西南干旱区域较弱。

对于 CO_2 排放增加引起的增暖，中国的作物生长期（GSL）显著增加了 2.1d/10a 或者 0.97%/10a。就全国平均而言，和控制试验相比，GSL 在 DCO_2 情景下会增加 12.5d，在 TCO_2 情景下增加 22.8d。两种情景下敏感性相似，为 2.2%/℃。

对与降水有关的极端气候的变化分析表明未来降水日数将增加，但是模式的差异较大，只有 11 个模式有增加趋势。同时，所有的模式表明降水强度（SDII）明显增强，多模式集合结果表明如果中国表面温度升高 1℃，SDII 将增加 2.6%。因此，我们可以得出未来 CO_2 排放增加将使得中国降水事件向极端化发展的趋势。其他极端气候指数的变化也验证了这一结论。所有模式均表明暴雨（R10 mm）和强暴雨（R20mm）均有增加的趋势，多模式集合结果分别为 1.0%/10a 和 2.2%/10a。对于 R10 mm 和 R20 mm，全国为正的响应。在 DCO_2 情景下，R10 mm 和 R20 mm 的响应均为正值（分别为 0.3～6.6%/℃和 1.4～13.2%/℃）。TCO_2 情景下强度类似，多模式集合结果显示 R10 mm 和 R20 mm 的趋势分别为 2.3%/℃和 5.15%/℃。此外，CO_2 引起的增暖也会导致极端降水量（R95p、R99p）都显著增加。多模式集合指出 R95p 增加趋势为 10.9%/℃，R99p 为 21.9%/℃。总体来说 CO_2 排放增加，中国极端降水事件发生频次显著增加。

2.2.3 台风时空分布及其成因

1. 研究进展

热带气旋（Tropical Cyclone，TC）（最大维持风速超过 17.5m/s），是沿海地区最严重的自然灾害，其带来的经济和社会损失在自然灾害损失中占极大的比例（Zhang et al.，2009；Peduzzi et al.，2012）。作为世界上 TC 活动最活跃的海盆，西北太平洋（western North Pacific，简称：西太）受全球约 1/3 的 TC 所影响（Chan，2005）。因此，描述和理解西太 TC 活动的长期变化对于区域 TC 预报以及防灾减灾至关重要，并且已成为东亚地区最关键的研究问题之一。

夏季西太 TC 活动存在明显的年代际或趋势变化。TC 生成数目上，显著的年代际变化已经被确定：20 世纪 60 年代中期与 90 年代早期为高值期，70 年代中期为低值期（Yumoto and Matsuura，2001；Matsuura et al.，2003）。最近的研究发现，南海、菲律宾海以及西太东南部海区的 TC 生成数目在 1998~2011 年间存在显著的减少（Kubota and Chan，2009；Tu et al.，2009；Liu and Chan，2013；Yokoi and Takayabu，2013）。对于 TC 活动频数，Ho 等（2004）发现 1980 年之后的 6~9 月 TC 活动频数在菲律宾海以及东海南部表现为减少，而在南海北部表现为增加。而另外两个研究（Wu et al.，2005；Yokoi and Takayabu，2013）发现，TC 活动频数在 1961~2010 年期间的 6~10 月在东海表现为增加趋势，而在同一时间段内南海表现为减少趋势。此外，Tu 等（2009）发现影响台湾岛的 TC 数目在 2000 年之后表现为明显地减少。对应地，TC 的主要移动路径同样存在年代际尺度上的变化（Ho et al.，2004；Wu et al.，2005；Kossin et al.，2007；Liu and Chan，2008；Tu et al.，2009；Yokoi and Takayabu，2013）。正如我们所知，太平洋海表面温度分布形态在 20 世纪 90 年代末期存在一个显著的年代际变化，具体表现为中纬度海区显著增暖、赤道太平洋海区异常冷却（McPhaden et al.，2011；Hong et al.，2014），由该变化导致的众多区域性气候变化现象已经被确定（例如：Kajikawa and Wang，2012；Xiang et al.，2012；Xiang and Wang，2013）。基于前人的研究可以发现，尽管存在零星的研究关注于该变化如何影响西太 TC 活动，但是至今我们仍然不能得到一个被广泛接受并认可的解释。

此外，对于 TC 强度的研究，业内一般关注于强台风（即 4~5 级台风，指生命期内 1 分钟平均最大维持风速超过 59 m/s）数目的变化。现实中，由于强台风具有更大的风速以及更长的高风速持续时间，强台风具有普通 TC 无法比拟的破坏性。因此，认识和理解强台风的变化特征更具重要性。强台风的增强不仅与普通 TC 的生成具有相同的环境偏好（Chan，2005，2008；Wang and Zhou，2008），而且需要有利的风暴结构以及其他的大气/海洋条件（Gray，1979；Emanuel，1988，1999；Frank and Ritchie，2001；Emanuel 等，2004；Lin et al.，2014；Cione et al.，2013）。此外，迅速加强是强台风发展过程中的一个重要特征。北大西洋所有的 4~5 级飓风（Kaplan and DeMaria，2003）以及西太 90%的强台风（Wang and Zhou，2008）在它们的生命期内都至少经历一次迅速加强过程。迅速加强过程与大气/海洋的动力、热力因子密切相关（例如：Kaplan and DeMaria，2003；

Wang and Zhou，2008；Kaplan et al.，2010；Hendricks et al.，2010）。还需要注意的是，TC 生成位置以及主要移动路径也可以通过调制可用于 TC 增强的生命期，进而影响 TC 强度。从长期变化来看，Webster 等（2005）发现强台风数目以及其在所有 TC 中所占比例，在 1985～2004 年期间在所有海盆均表现为增加。Emanuel（2005）发现由观测 TC 强度、生命期长度以及频数构成的能量耗散系数，在 20 世纪 70 年代中期之后表现为显著的增加。但是，一系列后续的研究成果与这些发现存在不同点（Landsea，2005；Chan，2006，2008；Landsea et al.，2006；Klotzbach，2006；Kossin et al.，2007；Song et al.，2011；Klotzbach and Landsea，2015）。

因此可能有以下问题仍然未被解决。①20 世纪 90 年代末期该气候年代际变化背景下，西太 TC 活动的区域性变化特征（包括：生成、活动频数以及移动路径）是怎样的？②这些 TC 活动的区域性变化与 20 世纪 90 年代末期大尺度背景场的变化之间又存在怎样的联系呢？③西太强台风最近 20 年是否存在与 TC 相似的变化？④如果没有，那么强台风的变化是怎样，原因又是如何？为解决上述问题，He 等（2015，2016）基于三套热带气旋最佳路径资料进行分析。这三套热带气旋数据分别是：由联合台风预警中心 [the Joint Typhoon Warning Center，JTWC]、东京区域专业气象中心 [the Regional Specialized Meteorological Center，RSMC Tokyo] 以及中国气象局（the China Meteorological Administration，CMA）三家中心提供的最佳路径资料。

2. 方法介绍

首先需要注意的是，三套 TC 最佳路径资料分别采用了三个不同的最大持续风速标准，即 JTWC 为 1 分钟平均，CMA 为两分钟平均，RSMC 为 10 分钟平均。这样的 TC 强度不一致性将会给本书研究带来了不必要的干扰。因此，我们基于 Knapp 和 Kruk（2010）的工作，将 RSMC（CMA）的 10（2）分钟平均的最大持续风速 MSW_{10}（MSW_2）转换为 1 分钟平均的最大持续风速（MSW_1）。

本节中，TC（强台风）表示其整个生命期过程内存在 MSW_1 大于或等于 17.5（59）m/s 记录的热带气旋。TC（强台风）生成位置的定义为该系统第一次达到热带风暴强度（17.5 m/s）时所处的位置。西太海区内（0°～45°N，100°～180°E），TC（强台风）生成位置被累加于 5°×5°格点方框内。每个格点方框内的 TC（强台风）累计生成数目被定义为 TC（强台风）生成频数。类似地，TC 活动频数被累加于 2.5°×2.5°格点方框内。此举的目的在于，获得一个更为精细的 TC 活动频数分布，以利于概念性地表征 TC 的主要移动路径。

另外，为了探讨 TC 生成频数变化的归因问题，本节引入热带气旋潜在生成指数（Genesis Potential Index，GPI），该指数由 Emanuel 和 Nolan（2004）提出，由 TC 生成所依赖四项大尺度环境条件计算得到。本节中具体使用的为 GPI 的改进版本（Murakami and Wang，2010），该版本是在 Emanuel 和 Nolan（2004）的基础上加入了垂直运动项。具体计算公式如下：

$$GPI = \left|10^5 \eta\right|^{\frac{3}{2}} \left(\frac{RH}{50}\right)^3 \left(\frac{V_{pot}}{70}\right)^3 (1 + 0.1V_s)^{-2} \left(\frac{-\omega + 0.1}{0.1}\right) \qquad (2.4)$$

式中，η 为 850 hPa 绝对涡度，s^{-1}；RH 为 700 hPa 相对湿度，%；V_{pot} 为最大潜在强度，

m/s；V_s 为 850 与 200 hPa 之间的垂直风速切变；ω 为 500hPa 垂直移动速度，Pa/s。这些变量中，仅有垂直风速切变与 GPI 之间为负相关关系。相对湿度与最大潜在强度被视为热力因素。最大潜在强度实际上为一经验变量，其变化主要受温度垂直廓线、水汽以及海表面温度控制。最大潜在强度的定义是基于 Emanuel（1995）的工作，并经 Bister 和 Emanuel（1998）最终修订为上述版本，其具体公式如下：

$$V_{\text{pot}}^2 = \frac{C_k}{C_D} \frac{T_s}{T_0} (\text{CAPE}^* - \text{CAPE}^b) \tag{2.5}$$

式中，C_k 为海气相互作用中热熵的转换系数；C_D 为摩擦的拖曳系数；T_s 为海表面温度，K；T_0 为平均外流温度，K。而变量 CAPE^*（CAPE^b）为饱和湿空气由海平面（边界层）上升所具备的对流有效位能。

为了获得时间序列中的年代际变化突变点，我们采用了稳态突变点提取算法（Rodionov，2004）。另外，仅有超过 95%信度检验的突变在下述的分析中被考虑。

3. 20 世纪 90 年代末期西北太平洋热带气旋活动年代际变化

1）热带气旋活动年代际变化特征

1979～2012 年，西太每年约有 17.7 个 TC 于峰值期（7～10 月）内生成，占 TC 年生成数目（25.8 个）的 69%［图 2.12（a）］。从年际变化上来看，峰值期内 TC 生成数目与 TC 的年生成数目之间存在密切的相关关系，整个研究时段内相关系数为 0.79。因此，我们工作侧重于峰值期内的 TC 活动变化。

图 2.12（b）所示的为峰值期内 TC 生成数目的年际变化。根据年代际变化突变点提取算法（Rodionov，2004），一个高值期（1989～1997 年）以及两个低值期（1979～1988 年与 1998～2012 年）可以一致地从三套最佳路径资料中被统计确定。由于美国空军于 1987 年停止了自 1945 年开始的西太 TC 飞机观测业务（Guard et al.，1992；Knapp et al.，2013），此举带来的观测不连续性可能导致 TC 历史记录于 1987 年前后的不一致（Kamahori et al.，2006；Kossin et al.，2007；Song et al.，2010）。因此，本节关注于后两个阶段（即：1989～1997 年与 1998～2012 年）所体现出的 TC 活动年代际变化特征，具体的年代际变化突变时间点为 1997/1998 年。如图 2.11（b）所示，峰值期内 TC 的年平均生成数目由 1989～1997 年（下文简称为 P1）阶段内的 22.1 个，减少至 1998～2012 年（下文简称为：P2）的 15.7 个。进一步分析两个阶段内 TC 生成频数的空间分布特征，发现：P1 阶段，TC 生成频数的最大值分布于 10°～20°N，110°～150°E 这一带状区域内；相较于 P1 阶段，P2 阶段 TC 生成频数表现为明显地减少，其中，最大的减少出现在南海北部、菲律宾海以及西太东南部海域。同时，我们可以发现于 20°～25°N 纬度带内，台湾岛及其以东海域（115°～155°E）表现为 TC 生成频数的增加。

TC 生成频数这样的空间分布变化特征，意味着 P2 阶段西太海盆内 TC 生成数目的整体减少主要是由于西太南部海区（5°～20°N，105°～170°E）的显著减少导致。同时，我们还发现了西太北部海区（20°～25°N，115°～155°E）内 TC 生成数目的增加。在一定程度上，上述的这种空间分布变化特征反映出了 TC 主要生成位置的向北迁移。为了进一步确认如上推测的 TC 主要生成位置北移，我们分析了 1989～2012 年海盆范围内 TC 生成纬度平均的时间变化序列（图 2.13）。基于此，我们确实发现了 TC 主要生成位

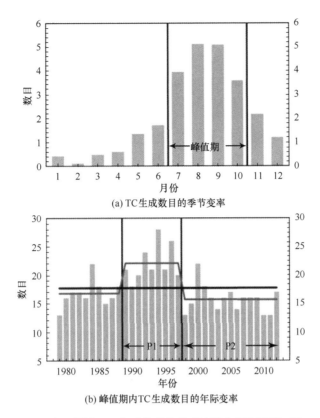

(a) TC生成数目的季节变率

(b) 峰值期内TC生成数目的年际变率

图 2.12 1979~2012 年，西太 TC 生成数目的季节变率与年际变率（He et al.，2015）

图（a）中的垂直实线用以突出西太 TC 活动的峰值期（7～10 月）。基于年代际变化提取算法，图（b）中的垂直实线将 1979~2012 年分割为西太 TC 生成数目偏多的一个阶段和偏少的两个阶段。图（b）中灰色实线则分别表示上述三个阶段的平均值，黑色实线表示 1979~2012 年西太峰值期内 TC 生成数目的气候平均值

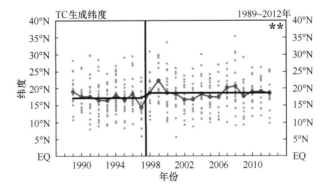

图 2.13 1989~2012 年峰值期内西太 TC 生成纬度季节平均值的时间序列（灰色标记线）（He et al.，2015）

图中灰色实心散点表示每年峰值期内各 TC 的生成纬度。图中的垂直实线将 1989~2012 年分割为西太 TC 生成数目偏多的一个阶段和偏少的一个阶段。黑色实线表示各阶段内 TC 生成的平均纬度。"**"表示 TC 生成纬度的年代际变化通过 95% 信度检验

置的显著北移，由 P1 阶段的 17.2°N 北移至 P2 阶段的 18.7°N，该北移通过了 95%信度的显著性检验。上述 TC 生成位置的显著北移可能与 Kossin 等（2014）提出的 TC 生命期内最大强度所处位置的北移存在着密不可分的关系。

如图 2.14 所示，峰值期内西太 TC 活动频数季节累加值的时间序列显示：于 20 世纪 90 年代末期，其经历了一个与 TC 生成数目一致的年代际变化［图 2.12（b）］。因此，我们进一步分析了两个阶段内 TC 活动频数的空间分布特征［图 2.15（a）与图 2.15（b）］。在 P1 阶段，TC 活动频数的高值出现在以下三个区域：南海-菲律宾海、台湾岛以东的菲律宾海以及北马里亚纳群岛附近海区。上述三个 TC 活动频数的带状高值区正好对应于西太 TC 的三条主要移动路径，西移路径（路径 I），西北移路径（路径 II）以及东北转向路径（路径 III）［图 2.15（a）］。相较于 P1 阶段，P2 阶段内 TC 活动频数增加的最大区域为中国东南部以及冲绳诸岛附近（southeastern China and the Okinawa Islands；SEC-O）。相反地，以下几个区域则经历了 TC 活动频数的显著减少：南海（the South China Sea；SCS）、菲律宾海（the Philippine Sea；PS）、日本及其以东海域（Japan and east of Japan；J-E）。基于如上介绍的 TC 活动频数变化特征，我们推测三条 TC 主要移动路径经历了下述的变化：①西北移路径加强成为最主要的 TC 移动路径模态；②西移以及东北转向路径则经历了显著的减弱。同时，我们还注意到中国东南部展现出了更高的 TC 登陆风险。

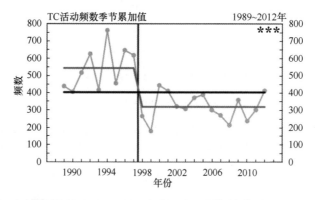

图 2.14　1989～2012 年峰值期内西太 TC 活动频数季节累加值的的时间序列（灰色标记线）（He et al.，2015）

图中的垂直实线将 1989～2012 年分割为西太 TC 生成数目偏多的一个阶段和偏少的一个阶段。黑色水平实线表示峰值期内西太 TC 活动频数季节累加值的的气候平均。图中"***"表示 TC 生成纬度的年代际变化通过 99%信度检验

2）热带气旋活动年代际变化的归因

这里，我们将讨论与 20 世纪 90 年代末期 TC 生成频数变化相关的直接因子。首先，我们分析了局地环境条件的阶段性差异（P2—P1）。基于热带气旋潜在生成指数（Emanuel and Nolan，2004）及其改进版本（Murakami and Wang，2010），我们分析了其中所包含的各个潜在的热力、动力要素（图 2.16）。结果显示，低层相对涡度以及中层垂直移动速度为西太 TC 生成频数变化中最主要的动力要素［图 2.16（a）与图 2.16（b）］。特别是在西太南部海区，它们的作用显得格外明显。相较于 P1 阶段，P2 阶段内西太南部海域表现为显著的负相对涡度异常以及异常的下沉运动，这两类环境条件均不利于 TC 的生成。此外，与 Liu 和 Chan（2013）的发现类似，南海以及西太东南部海域内的 TC 生成频数减少也与纬向风垂直风速切变的异常增大之间存在关系。相反地，西太北部海区内低层相对涡度的正异常、异常的上升运动、海表面温度的异常偏暖以及相对湿度的正异常都有利于该海区内 TC 的生成。

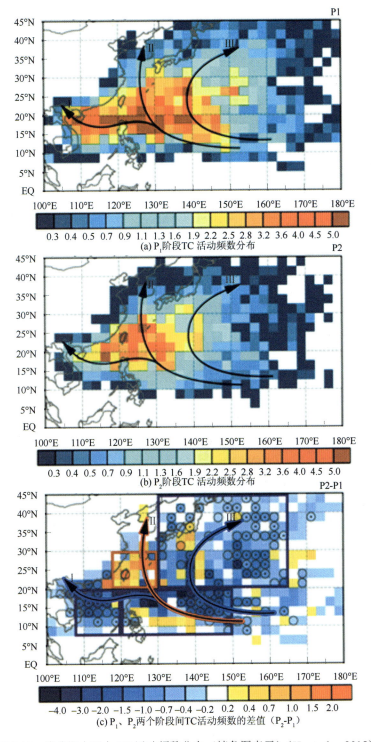

图 2.15　峰值期内西太 TC 活动频数分布（填色图表示）（He et al.，2015）

图（a）、（b）以及（c）中带箭头的黑色实线表示西太内 TC 移动的主要路径。图（c）中带箭头的黑色实线所带的描边表示潜在的 TC 移动路径变化，红色（蓝色）表示 TC 移动路径增强（减弱）。图（c）中灰色空心圆圈以及中心带点的灰色空心圆圈表示 TC 活动频数的两阶段差值分别通过 90%、95%信度检验。另外，图（c）中的矩形框定 TC 活动频数显著变化的区域此外，我们还进一步查看了两个阶段之间大尺度环流的差异。首先，我们注意到西太南部海区的低层大气中存在一个显著的反气旋异常，而在西太北部海区则是表现为一个相对弱的气旋性异常 [图 2.16（a）]。上述的异常环流分布，与之前提到的西太南部（北部）负的（正的）低层相对涡度以及异常的下沉（上升）运动相匹配。这样的变化意味着西太南部海区内季风槽的减弱。基于前人研究的结果（Ritchie and Holland，1999；Zhan et al.，2011a，2011b），季风槽的减弱将不利于 TC 的生成。另外，我们还发现西太海盆内

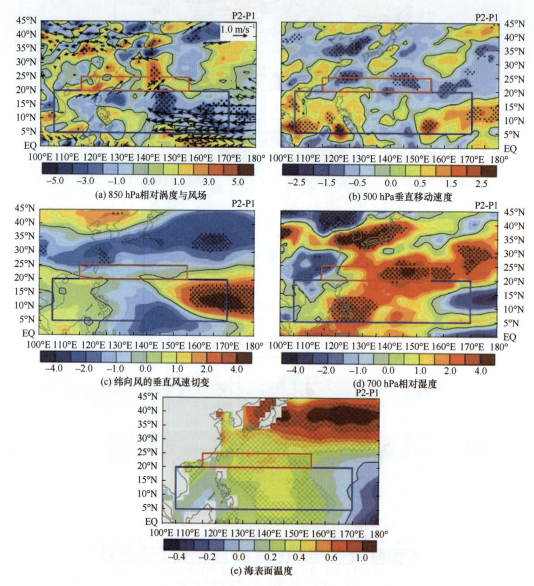

图 2.16　P1、P2 两阶段间不同变量的差值场分布（P2–P1）（He et al.，2015）

（a）850 hPa 相对涡度（单位：10^{-6} s1，填色图）与风场（单位：m/s，矢量箭头），（b）500 hPa 垂直移动速度（单位：Pa/s），（c）纬向风的垂直风速切变（单位：m/s），（d）700 hPa 相对湿度（单位：%），（e）海表面温度（单位：K）。图（a）、（b）、（c）与（d）中的点以及图（e）中的格网表示两阶段的差值通过 95% 信度检验。对于图（a）中的 850 hPa 风场，只有两阶段的差值通过 90% 信度检验的矢量箭头出现于图中。图（a）中的"A"与"C"分别表示反气旋异常以及气旋性异常的中心位置。图中出现的矩形表征 TC 生成频数变化显著的区域

存在一个清晰可辨的局地哈德来环流反向异常分布，其异常上升支位于 20°～25°N 区域，而异常下沉支位于 5°～20°N 区域内。根据前人的研究结果（Zhang and Wang，2013），这样的局地经向环流变化将抑制西太南部海区内 TC 的生成，并且同时有助于西太北部的 TC 生成增加。根据两个阶段间 TC 活动频数的空间分布差异［图 2.15（c）］，我们将着重关注于以下四个 TC 活动频数显著变化的海区：南海（SCS）、菲律宾海（PS）、日本以东海域（J-E）以及中国东南部与冲绳诸岛（SEC-O）。大体上，海区内的 TC 活动源自于两个部分：一为局地内的 TC 生成，另一为其他海域内生成 TC 的移动进入。理论上，TC 的移动主要受大尺度引导气流以及量级偏小的 β 漂移这两方面因素控制（Wu and Wang，2004；Wu 等，2005）。但是，于气候尺度下，TC 移动路径的迁移主要为大尺度引导气流变化的结果（Wu et al.，2005）。这里，我们基于气候平均的大尺度引导气流框定出各关键海区所对应的 TC 主要生成源地。其中，大尺度引导气流为 850 至 300 hPa 风场气压权重平均的结果（Holland，1993）。进入南海的 TC 主要来自于其东侧（95%；括号内的数字表示从某一特定区域进入的 TC 数目于进入该海区的 TC 总数目中所占的百分比）；进入菲律宾海的 TC 同样主要源自于其东部海区（82%）；到达日本及其以东海域的 TC 主要来自于其南侧（84%）；而抵达中国东南部以及日本冲绳群岛的 TC 存在两个主要源地，一为其东南部海区（60%），另一为其南部海区（18%）。

为了定量化地确定局地以及附近区域的贡献，我们首先定义了几个重要的简称：局地 TC 生成数目（N_g），其他源地内生成而后进入的 TC 数目（N_{es}），源地内生成的 TC 数目（N_{gs}），对应地表示 N_{es}、N_{gs} 之间比值的百分比（P_s）（该百分比可用于定量地确定 TC 路径的变化迁移），以及区域内 TC 的平均生命期（D）。具体地，相关的统计结果罗列于表 2.14 中。

表 2.14 四个关键海区局地 **TC 生成数目**（N_g）、特定源地移动进入的 **TC 数目**（N_{es}）、特定源地内 **TC 生成数目**（N_{gs}）、表征 N_{es}/N_{gs} 的百分比（P_s）以及局地 **TC 生命期的变化。表中 S_i（i = Ⅰ 或 Ⅱ）为关键海区具有两个源地时的源地编号（He et al.，2015）

	N_g	N_{es}		N_{gs}		P_s		D
南海	−1.9[c]	−1.6[b]		−4.8[c]		−2.2		−0.3
菲律宾海	−3.1[c]	−1.0[a]		−1.7[a]		+7.8		−0.8[c]
日本以东海域	+0.1	−3.4[c]		−4.4[c]		−7.2		−0.5
中国东南部与日本冲绳群岛	+0.3	$S_Ⅰ$	$S_Ⅱ$	$S_Ⅰ$	$S_Ⅱ$	$S_Ⅰ$	$S_Ⅱ$	+0.5[b]
		+0.3	−0.3	−0.9	−4.4[c]	+27.3[b]	+22.9[c]	

a，b，c 分别表示 90%，95%，99% 显著性水平

三个区域于 20 世纪 90 年代末期之后表现为 TC 活动频数的显著减少，它们分别为南海、菲律宾海以及日本以东海域。根据表 2.15 中的统计结果，南海内的 TC 活动频数减少主要归因于局地 TC 生成的减少以及 TC 进入的减少。而对于 TC 进入的减少，受控于两方面因素，一为其源地内 TC 生成的减少，另一为 P_s 的减少。其中，P_s 的减少正好对应于路径Ⅰ的减弱。鉴于菲律宾海内的 TC 活动主要来自于海区内部 TC 的生成（占 82.4%），局地内 TC 生成数目的减少对于菲律宾海内 TC 活动频数的减少起到了决定性的作用。另外，TC 进入的减少以及菲律宾海内 TC 局地生命期的减短也对 TC 活动频数

的减少起到了一定的作用。尽管，由于路径Ⅱ加强所导致的 P_s 少许增加有助于部分抵消 TC 进入的减少，但是其源地内 TC 生成数目的减少主导了 TC 进入的减少。对于日本及其以东海域，TC 活动频数的减少主要源自于进入的 TC 减少，其又可进一步归因于源地内 TC 生成以及进入的比例（P_s）减少。特别地，P_s 的减少与之前提到的路径Ⅲ的减弱相一致。

此外，另一个区域（中国东南部以及冲绳诸岛）内 TC 活动频数经历一个显著的增加。然而在中国东南部以及冲绳诸岛海区内，不论是局地生成的 TC 数目或是移动进入的 TC 数目都基本保持不变。那么问题就出现了：是什么导致中国东南部以及冲绳诸岛海区内 TC 活动频数的增加呢？对于中国东南部以及冲绳诸岛海区，我们首先注意到源自于两个不同源地的 P_s 均展现为显著的增加。值得注意的是，这两个 P_s 增加均对应于路径Ⅱ的增强。另外，中国东南部以及冲绳诸岛海区内 TC 的局地生命期也表现为显著的延长（表 2.14）。因此，中国东南部以及冲绳诸岛海区内 TC 活动频数的增加是 TC 移动路径的迁移变化以及 TC 局地生命期的延长这两方面因素共同作用的结果。

TC 活动频数的变化与大尺度引导气流的变化以及 TC 移动路径的迁移相一致。其中，西太南部的反气旋异常以及其所对应的异常东风导致大部分的 TC 向菲律宾海移动，而菲律宾海内的南风异常则引导更多的 TC 进入中国东南部以及冲绳诸岛。同时，副热带地区显著的东风异常不利于 TC 的东北转向。因此，路径Ⅱ成为了 TC 移动路径中的最主要模态，同时伴随着路径Ⅰ以及路径Ⅲ的减弱。

对于局地内 TC 生命期的变化，菲律宾海内异常的东风与南风叠加于气候态的东风引导气流之上，从而导致菲律宾海内 TC 移动速度的加快及局地内 TC 生命期的减短。25°～40°N 带状区域内异常的东风与气候态的西风引导气流相反，进而导致 TC 东移的速度放缓。同时，中国东南部以及冲绳诸岛内异常的北风分量也对 TC 的北向移速起到了减慢的作用。此外，局地内动力、热力条件（海表面温度暖异常、相对湿度正异常、正的相对涡度异常以及异常的上升运动）均有利于 TC 在中国东南部以及冲绳诸岛这一区域内维持。对应于以上两方面因素，局地 TC 的生命期最终在这一区域内显著延长。

为了能够阐明之前提到的大尺度引导气流变化的原因，我们先确定每个格点上的主导层次。主导层次的定义为风场气压权重后展现出风速最大变化的层次。所以，主导层次上的风场变化也定会对引导气流的改变产生最为重要的影响。西太南部的主导层次为对流层低层，而副热带地区的主导层次为对流层上层。我们进一步的分析发现：西太南部 850 hPa 的环流变化以及副热带地区 300hPa 的风场变化均与大尺度引导气流的变化相一致。换言之，也就说明主导层次上环流的变化可以在局地上表征大尺度引导气流的改变。

为了探讨前述的 20 世纪 90 年代末期局地环境条件以及环流中的变化，我们分析了两阶段间海表面温度的差异。分析显示，两阶段间海表面温度的差异表现为热带中、东太平洋的异常冷却、西太平洋广阔的 K 型区域异常变暖以及热带印度洋的异常增暖。总体上看，印度—太平洋海表面温度的年代际变化形态与典型的拉尼娜型海温分布相似，这种海表面温度变化分布型已在前人研究中多次被报道（Burgman et al.，2008；Chikamoto et al.，2012；Wang et al.，2013a；Hong et al.，2014）。此外，我们还发现了在北大西洋上存在与大西洋多年代际振荡有关的增暖（Wang et al., 2013a）。

前人的工作已经为热带印度—太平洋海表面温度与西太南部反气旋异常之间的物理联系奠定了扎实的科学基础。一方面，热带中太平洋的海表面温度异常冷却可导致西太南部的反气旋异常。其具体过程是热带中太平洋的海表面温度冷却使得正常的沃克环流位置迁移。因此，160°E 附近区域的对流活动减弱，同时海洋性大陆的对流活动得到增强。其中，受抑制的对流活动可以通过西北向激发的下沉罗斯贝波作用，进而产生反气旋异常（Gill, 1980；Wang et al., 2013b；Zhan et al., 2013, 2014；Mei et al., 2014；Wang et al., 2014）。另一方面，热带印度洋的海表面温度暖异常可以通过深对流中的湿绝热调整，引起对流层温度升高，进而在对流层中激发向东的暖性赤道开尔文波，从而导致西太南部低层大气的反气旋异常（Xie et al., 2009；Du et al., 2011；Zhan et al., 2011a, 2011b；Tao et al., 2012）。上述两类海表面温度的异常强迫与西太南部环流响应之间的物理联系，已经在不同的数值模拟试验中得到多次验证（Xie et al., 2009；Du et al., 2011；Zhan et al., 2011b；Wang et al., 2013b；Xiang et al., 2013；Zhan et al., 2014）。另外，一些数值试验的结果认为北大西洋的海表面温度增暖同样与西太南部反气旋异常的形成存在一定的联系（Wang et al., 2013a）。如此情况下，我们倾向于认为西太低层反气旋异常可能是热带中太平洋冷却及热带印度洋增暖共同作用的一个结果。

相反地，西太北部气旋性异常的产生原因仍然存在不确定性。这里，我们给出两个可能的原因：第一，与西太南部反气旋异常有关的局地下沉运动可能会引起一个异常的局地经圈环流，从而导致西太北部局地的异常上升运动；第二，西太北部异常偏暖的海表面温度异常可能引发大气的对流不稳定以及正的降水异常（Wang et al., 2012）。上述两个过程可能有利于西太北部气旋性异常的生成。

同时，我们认为对流层上层的异常东风主要与以下两个过程有关。一为热带中太平洋的异常冷却可以通过向西北方向激发下沉的斜压罗斯贝波，在西太同时产生低层的反气旋性环流异常以及高层的气旋性环流异常（Ge et al., 2007），从而导致对流层上层西风气流的减速。另一为西太海表面温度经向梯度的减小，导致的对流层上层西风急流的减弱（Yang et al., 2002）。

4. 21 世纪 00 年代中期后 9 月菲律宾海强台风的异常变化

1）菲律宾海强台风的异常变化特征

前人的研究发现在峰值期（7～10 月）内西太 TC 活动在 20 世纪 90 年代末期存在一个显著的年代际变化（He et al., 2015）。对应地，我们好奇强台风活动是否存在类似的变化。图 2.17（a）为峰值期内西太强台风活动频数的时间序列。根据年代际变化突变点算法（Rodionov, 2004），一个显著的变化可以在 20 世纪 90 年代末期被确认，与西太海盆 TC 生成数目的变化相一致（He et al., 2015）。不同于西太海盆 TC 生成数目的变化，强台风活动数目在 20 世纪 00 年代中期存在一个异常的增加，这个增加在 RSMC 与 CMA 资料中表现得格外明显。为了确认强台风活动频数在最近 15 年中的这个异常增加，我们分别检查了各月份（7 月、8 月、9 月、10 月）强台风活动频数的变化。基于年代际变化突变点算法（Rodionov, 2004），一个显著的变化可以在 20 世纪 00 年代中期，在三套资料的 9 月强台风活动频数时间序列中一致地被确定。具体地，9 月强台风活动数目由 21 世纪 00 年代中期之前（1998～2005 年）的 1.1/0.6/0.5 次每年，增加至 00 年代中期之后（2006～2012 年）的 2.3/1.9/1.7（JTWC/RSMC/CMA）次每年。而其余三个月（7 月、8 月、10 月）的强台风活动频数变化或是在三套资料中表现不一致，或是其变化在统计上不显著。因此，我们可以有把握地推断，峰值期内西太强台风活动频数在 00 年代中期之后的增加，是 9 月强台风活动频数的变化所导致。鉴于这个原因，下面的分析将侧重于关注变暖停滞期内由 00 年代中期分割所成的两阶段 [1998～2005 年（下文中为 P1 阶段）以及 2006～2012 年（下文中为 P2 阶段）] 间，西太 9 月强台风的变化。

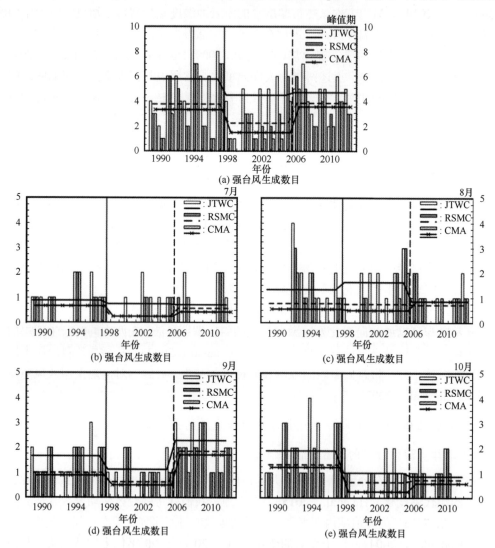

图 2.17　1989～2012 年峰值期、7 月、8 月、9 月、10 月西太强台风生成数目的时间序列（He et al., 2016）基于年代际变化提取算法，图中的垂直直线将 1989～2012 年分割为西太强台风生成数目偏多、偏少的三个阶段。其中，垂直实线是基于峰值期内强台风生成数目的变化所得到，而垂直虚线则表征 9 月强台风生成数目的突变点。图中，白色、灰色、格栅化柱状图分别为 JTWC、RSMC、CMA 资料的结果水平实线、虚线、标记线分别表征 JTWC、RSMC、CMA 资料在各阶段的平均值

　　此外，我们检查了 9 月强台风生成频数在两阶段的空间分布差异。相较于 P1 阶段，P2 阶段内最显著的增加位于菲律宾海（5°～25°N，125°～140°E），该现象一致地展现于

三套资料当中。现在，我们知道了西太 9 月强台风活动在 21 世纪 00 年代中期的变化主要是发生于菲律宾海。从菲律宾海强台风生成数目的时间序列［图 2.18（a）］，我们可以发现在 21 世纪 00 年代中期之前 9 月强台风很少生成于菲律宾海，但是在 21 世纪 00 年代中期之后强台风的平均生成数目达到 1.6/1.4/1.3 次/年（JTWC/RSMC/CMA），该变化的统计显著性水平超过了 99%。

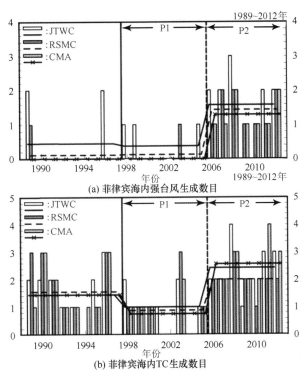

图 2.18　1989～2012 年菲律宾海内 9 月强台风和 TC 生成数目（白色、灰色、格栅化柱状图分别为 JTWC、RSMC、CMA 资料的结果）的时间序列（He et al.，2016）

图中水平实线、虚线、标记线分别表征 JTWC、RSMC、CMA 资料在各阶段的平均值

2）菲律宾海强台风的异常变化的贡献因子

为什么 9 月菲律宾海强台风活动频数会在 21 世纪 00 年代中期经历这样一次异常增加呢？为了回答这个问题，我们检查了两个潜在的贡献因子，即 TC 生成以及 TC 增强。对于 TC 生成，两阶段 TC 生成频数空间分布差异显示三套资料中最大的增加均出现在菲律宾海。三套资料中菲律宾海内 TC 生成数目，尽管在 20 世纪 90 年后末期后呈现为略微的减少，但是在 21 世纪 00 年代中期之后呈现为一致的异常增加。在 TC 生成数目由 P1 阶段到 P2 阶段的增量当中，强台风的增加占到 83.8%/115.9%/70.6%（JTWC/RSMC/CMA）。因此，毫无疑问 TC 生成的增加有利于菲律宾海强台风活动频数的增加。

此外，为了检查 21 世纪 00 年代中期之后是否 TC 发展成为强台风的比例增加，即是否生成于菲律宾海的 TC 在 21 世纪 00 年代中期之后更可能发展为强台风，该比例被定义为生成于菲律宾海的强台风数目在菲律宾海生成的总 TC 数目中所占的比例。鉴于 21 世纪 00 年代中期之前有数年没有 TC 在菲律宾海内生成，我们计算该比例使用的是阶段统计值而非逐年的数值。结果显示该比例由 21 世纪 00 年代中期之前的 37.5%/14.3%/0.0%（JTWC/RSMC/CMA），增加至之后的 64.7%/71.4%/50%（JTWC/RSMC/CMA），该结果说明 P2 阶段内生成于菲律宾海的 TC 更可能加强为强台风。

为了进一步理解 TC 增强，我们检查了两阶段内西太强台风生成以及生命期内最大强度的发生位置。我们发现在 21 世纪 00 年代中期之后强台风的生成位置存在明显的西南向迁移，中心位置由 140°E 以东迁移至菲律宾海。此外，强台风的生命期内最大强度发生位置也聚集到扩大的菲律宾海内（5°～25°N，122°～140°E）。两阶段内 TC 生成以及生命期内最大强度发生位置的比较，说明 P2 阶段内强台风在更短的距离内增强达到它们的生命期内最大强度。同时，平均的增强时间也由 P1 阶段的 3.8/4.0/4.8d（JTWC/RSMC/CMA）减少至 P2 阶段的 3.2/2.6/3.6d（JTWC/RSMC/CMA）。因此，我们可以推断强台风的增强与 P2 阶段更有利 TC 增强的环境条件有关。

如上文中提到的，菲律宾海强台风活动频数的异常增加主要归因于 TC 生成的增加及更加有利于 TC 增强的环境条件。所以，这里我们将探索与它们相关的局地环境条件。

对于 TC 生成，我们首先检查了两阶段 9 月 GPI 的整体变化（P2 阶段至 P1 阶段）以及由单一因子变化得到的 GPI 变化。通过对式（2-1）进行对数运算，右侧由各单一因子变化所得到的 GPI 变化之和等于左侧 GPI 的整体变化。尽管 GPI 与 TC 生成频数异常的最大中心位置存在少许差异，但是 GPI 与 TC 生成频数的正异常均出现在菲律宾海。对于由单一因子变化得到的 GPI 变化，结果显示低层涡度以及中层垂直速度是菲律宾海内 TC 生成增加的最重要的动力贡献因子。P2 阶段内，气旋性涡度、异常的上升运动与相对湿度的增加共同作用，为 TC 在菲律宾海内生成提供了一个更有利环境条件。

此外，GPI 内各潜在的动力、热力贡献因子的两阶段空间分布差异也进一步被检查。显著的低层相对涡度正异常以及异常上升运动出现在菲律宾海，同时伴随有显著的 700 hPa 湿异常以及暖海温异常，共同为热带扰动在菲律宾海的发展提供了有利的条件，正好对应于 P2 阶段 TC 生成频数的显著增加。不同于菲律宾海的暖海温异常，最大潜在强度并没有在菲律宾海展示出任何显著信号，这可能是与高层外流温度变化有关。

此外，我们还发现尽管 700 hPa 相对湿度展现为海盆尺度的增加，但是其异常的最大值中心位于南海以及菲律宾海，正好对应于气旋性涡度异常以及异常上升运动所处在的位置。因此，我们进一步探寻相对湿度增加的原因。正如我们所知，当比湿保持不变，温度增加，相对湿度减少。而在这里，由于 700 hPa 温度上升，所以相对湿度的增加是由于比湿增加所导致。为了理解湿过程是如何导致 700 hPa 比湿的增加，水汽通量以及水汽通量辐合（Banacos and Schultz，2005）被检查。水汽通量辐合可以写为

$$\text{MFC} = -\nabla \cdot (qV_h) = -V_h \cdot \nabla q - q\nabla \cdot V_h , \tag{2.6}$$

$$\text{MFC} = -u\frac{\partial q}{\partial x} - v\frac{\partial q}{\partial y} - q(\frac{\partial u}{\partial x} + \frac{\partial v}{\partial y}) \tag{2.7}$$

式（2.4）中，平流项（$-u\frac{\partial q}{\partial x} - v\frac{\partial q}{\partial y}$）代表比湿的水平平流，而辐合项 $[q(\frac{\partial u}{\partial x} + \frac{\partial v}{\partial y})]$ 表

示比湿与水平质量辐合的共同产物。但低层大气的变湿是由于水汽通量辐合的加强所致，其主要来自于辐合项的贡献。由于辐合项主要受动力因子所影响，所以结果说明P2 阶段内菲律宾海 TC 生成频数增加，主要为动力因子变化（如低层相对涡度以及中层垂直速度）的产物，而非热力因子的作用。此外，尽管相对湿度在其余三个月份表现出类似却相对偏弱的增加，而动力因子基本不变，TC 生成频数也基本没有表现出显著的变化。上述的结果与之前的研究相一致，即动力因子是 TC 生成变化中的最主要贡献因子（Hsu et al., 2014；He et al., 2015）。

两阶段相关的大尺度环流差异主要表现为季风槽的差异。具体地，我们注意到菲律宾海存在一个镰刀状的低层气旋异常，对应于之前提到的菲律宾海的低层正涡度异常以及异常上升运动。这些变化说明了季风槽的西南向迁移及加强。最终，菲律宾海位于加强的季风槽区内。根据前人的研究，季风槽是一个重要的大尺度环流系统，它可以为TC 的生成提供有力的动力、热力条件（Gray，1968，1975；Ramage，1974；Frank，1987；Holland，1995；Briegel and Frank，1997；Ritchie and Holland，1999；Chia and Ropelewski，2002；Chen et al.，2006；Zong and Wu，2015）。

正如前文所述，扩大的菲律宾海内 TC 增强为强台风的趋势明显增加，它与有利于TC 增强的环境条件有关。根据之前的研究（Kaplan and DeMaria，2003；Wang and Zhou，2008；Kaplan et al.，2010；Hendricks et al.，2010），TC 增强主要是受下列因子所影响：850 hPa 相对涡度、500 hPa 垂直速度、纬向垂直风速切变、200 hPa 散度、200 hPa 温度、700 hPa 相对湿度、海表面温度、有效热焓（感热、潜热通量之和）、26℃等温线深度与热带气旋热势。因此，我们分别从年际和年代际的时间尺度检查了各潜在影响因子在扩大的菲律宾海内面积平均的时间序列。可以清楚地看到在 21 世纪 00 年代中期，垂直移动速度以及 200hPa 散度突然变得有利于 TC 增强，即表现为异常的上升运动以及上层辐散 [图 2.19（b）、图 2.19（d）]。同时，两个大尺度热力因子（即：700hPa 相对湿度与海表面温度）也在 21 世纪 00 年代中期之后呈现为明显的增加[图 2.19（f）、图 2.19（g）]，它们为 9 月扩大的菲律宾海提供了一个有利于 TC 增强的大尺度热力环境。在年代际尺度上，上述这些相关因子同样非常好地契合于 9 月菲律宾海强台风活动频数。上文提到的这些相关因子中，相对湿度展现出与 9 月强台风活动频数之间最高的相关系数，于时间段 1998～2012 年内年际尺度上相关系数具体为 0.58/0.65/0.57（JTWC/RSMC/CMA）。这意味着相较于其他因子，对流层低层湿度的增加可能对于强台风活动频数的异常增加所起到作用更为重要。

为了进一步验证相对湿度的变化，我们检查了两阶段相对湿度垂直廓线的差异。ERA-interim 的结果显示，相较于 P1 阶段，P2 阶段内相对湿度在对流层中低层（850～400hPa）表现为一致的增加。另外两套资料 [NCEP-DOE（Kanamitsu et al.，2002）与MERRA（Rienecker et al.，2011）] 也支持这一结果。因此，中低层相对湿度的增加为TC 增强提高了有利的条件，它可能是 21 世纪 00 年代中期强台风活动变化的主要贡献因子。中低层相对湿度对于 TC 增强的作用，已经在前人的研究工作中多次被验证（Kaplan and DeMaria，2003；Emanuel et al.，2004；Hendricks et al.，2010；Kaplan et al.，2010；Wu et al.，2012）。

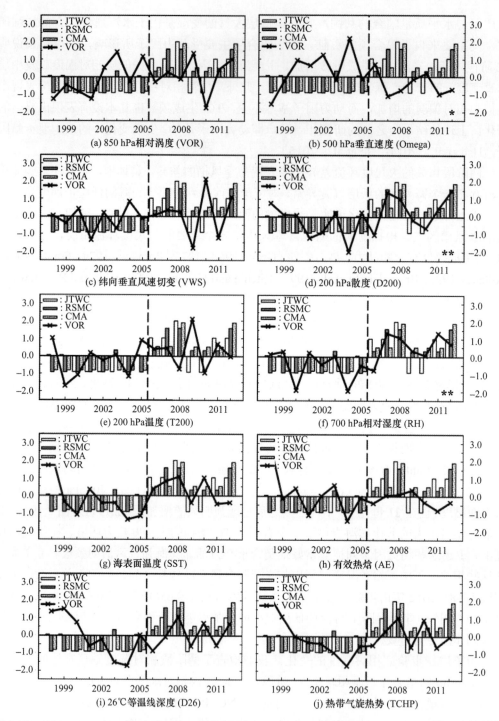

图 2.19　1998～2012 年 9 月（a）850 hPa 相对涡度、（b）500 hPa 垂直速度、（c）纬向垂直风速切变、（d）200 hPa 散度、（e）200 hPa 温度、（f）700 hPa 相对湿度、（g）海表面温度、（h）有效热焓、（i）26℃等温线深度、（j）热带气旋热势在扩大的菲律宾海（5°～25°N，122°～140°E）平均值的时间序列（He et al.，2016）

图中显示的为各因子受其标准偏差标准化之后的结果

图中"**"与"*"分别表示相关因子与强台风生成数目之间的相关关系通过 95% 或 90% 的显著性水平

3）热带印度-太平洋海表面温度异常的可能影响

为探寻上文中提到的 21 世纪 00 年代中期环境条件以及环流变化的可能原因，我们检查了两阶段海表面温度的差异。正如我们所知，TC 的高风速不可避免地会使得较冷的次表层海水与表层海水混合，从而冷却局地海表面温度（Price，1981；Price et al.，1994；Emanuel，1999；Bender and Ginis，2000；Emanuel et al.，2004；Cione and Uhlhorn，2003；Lin et al.，2013）。考虑到 TC 对于海表面温度的冷却效应（Price，1981；Price et al.，1994；Bender and Ginis，2000），当我尝试检查海表面温度对于 TC 的影响时，需要去除 TC 对于背景场条件的影响。这里，我们去除 TC 影响的策略是去除有效半径内的 TC 潜在影响区域。根据前人的研究，有效半径被定义为由 TC 中心向外 10°（Chavas and Emanuel，2010；Lin et al.，2015）。相较于 P1 阶段，P2 阶段内热带西太以及热带东太平洋异常增暖，而热带中太平洋异常冷却。同时，印度洋上表现为一个类印度洋两极子的海表面温度异常分布，具体表现为西南印度洋异常增暖，苏门答腊-爪哇岛沿岸异常冷却。

此外，海表面温度异常对于降水以及大尺度环流的影响也被检查。如我们所知，TC 不仅可以产生强降水，而且对于季节平均的大尺度环流贡献显著（特定区域可超过 50%）（Hsu et al.，2008）。考虑到如此大量的 TC 出现在菲律宾海，我们好奇前文提到的有利的大尺度环流背景场，是否是 TC 或者是 TC 降水潜热释放的结果。因此，同样的方法被应用于降水以及 850hPa 风场，以去除 TC 的影响。结果显示，降水场的异常分布基本与海表面温度异常的分布相一致。显著的降水变化出现在南海、菲律宾海、热带南印度洋中部以及热带东太平洋。根据 Gill（1980）理论，海表面温度、降水以及大尺度环流异常之间的动力联系十分清楚。第一，热带西太海区的异常增暖有利于对流，因此南海、菲律宾海的降水增加。降水的正异常可以通过西北向激发上升罗斯贝波，从而产生气旋性异常。此外，正的降水异常还可以向东激发暖性赤道开尔文波，从而导致反气旋异常。第二，苏门答腊岛以西的异常冷却抑制局地降水，通过激发向东传播的冷性赤道开尔文波，从而导致南海、菲律宾海的气旋异常。同时，降水负异常与南海、菲律宾海的降水正异常构成了相反的降水变化，可能在印度-太平洋暖池区形成赤道不对称加热，从而可以导致异常的越赤道气流，并加强南海、菲律宾海的气旋异常。第三，热带南印度洋中部海区的暖异常可以引起对流增强，向西激发上升罗斯贝波，从而导致气旋异常，从而加强索马里急流，进而引发南亚明显的西风异常。因此，南海、菲律宾海的气旋异常、南亚的西风异常与菲律宾海东部反气旋异常的异常东风共同作用，加强菲律宾海的水汽通量辐合，从而使得菲律宾海的对流层中低层比湿增加。与上述不同的是，导致热带东太平洋降水负异常的原因仍不清楚，但是受抑制的降水与热带东太平洋东部的反气旋环流异常相一致。在未来的工作中，我们仍需要使用数值模拟来进一步探寻上述的物理过程。

到此，我们已经介绍了在不含 TC 的情况下，海表面温度、降水以及环流场的变化分布。它们有利于菲律宾海水汽通量辐合的加强，从而有利于 TC 的生成和加强。那么，我们进一步提出问题，即加入 TC 之后又是什么样的呢？因此，我们对比了不同情景下（即含 TC 与不含 TC 情况下）海表面温度、降水以及风场的分布。结果显示，两个情景下海表面温度的变化相似，但是降水和环流上存在出一定的差异。例如，我们可以看到南海、菲律宾海降水正异常的向北扩张，这说明 TC 降水对于南海、菲律宾海北部的降水正异常具有很大程度的贡献。此外，我们还发现在 TC 加入之后，南海、菲律宾海的气旋异常以及菲律宾海东侧的反气旋异常均表现为明显的增强。这些结果说明，TC 与南海、菲律宾海的气旋异常及菲律宾海东侧的反气旋异常之间具有正反馈机制，即通过强降水的潜热释放调制环流场，从而进一步有利于菲律宾海 TC 的生成和加强。

考虑到 TC 对于背景场的潜在影响，我们同样再一次检查了前文中提到的有利于强台风活动的环境条件（相对涡度、垂直速度、散度、相对湿度与海表面温度），在去除 TC 之后的分布情况。结果显示，去除 TC 之后，相对湿度在中低层的增加基本保持不变，而局地的相对涡度以及垂直移动速度的变化减弱。类似的现象同样出现在相关因子的年际、年代际时间序列当中。去除 TC 之后，动力因子与强台风生成数目之间在年际（年代际）尺度上的相关性（契合度）减弱，而热力因子与强台风生成数目之间的相关性（契合度）基本维持不变。上述的结果再次确认了 TC 对于大尺度环流（动力因子）具有可观的贡献。它们也进一步强调了热力背景场条件（相对湿度与海表面温度）对于 TC 加强的关键作用。

2.2.4　东亚季风对热带火山强喷发的响应

火山喷发是气候变化的一个重要外强迫。强的火山喷发将大量的二氧化硫喷射到平流层，并随之转化成硫酸盐气溶胶。如此大量的硫酸盐气溶胶一方面通过对短波辐射的反射和散射作用，减少到达地表的太阳辐射，使地面温度降低；另一方面吸收长波辐射，使平流层气温升高，进而影响大气各圈层之间的能量平衡，并显著影响全球气候。

火山喷发是如何影响东亚夏季风及东亚夏季降水的呢？在此方面已有一些研究。刘永强等（1993）认为火山爆发导致赤道东太平洋海温升高，从而调节中国东部干湿状况。Shen 等（2007）则表明火山爆发可能造成欧亚大陆冬季积雪增多，来年夏季偏冷从而海陆热力对比减小，导致东亚夏季风减弱；此外夏季偏冷加强东亚高空脊或阻塞形势，造成副热带高压南移，引起中国北部干旱而江淮流域降水增多。Peng 等（2009）指出火山爆发减小了亚洲大陆和临近海洋的热力对比，同时由于热带海洋蒸发减少使中国东部水汽来源减弱。这些早期提出的机制都主要集中于对流层低层环流对火山爆发的响应。由于火山爆发后有大量的灰尘和气体涌入平流层，平流层和对流层高层的气候异常可能对调制东亚夏季风和东亚夏季风降水也起着重要的作用。针对这些问题，Cui 等（2014）基于再分析资料和模式 BCM（Bergen Climate Model；Otterå et al.，2009）的自然强迫试验，研究东亚夏季风以及中国东部夏季风降水对火山强爆发的响应，并探索其相应的高层和低层大气环流的变化。

1948 年后的几十年里，共发生四次强的火山喷发：1963 年阿贡（Agung）火山，1974年富埃戈（Fuego）火山，1982 年厄·奇冲（EL Chichón）火山和 1991 年皮纳图博（Pinatubo）火山。考虑到东亚夏季风盛行区域风场的变化，Cui 等（2014）采用 wang（2002）定义的东亚夏季风指数：将 110°E～125°E，20°N～40°N 范围内夏季（6～8 月平均）850 hPa风速作区域平均值。该指数表征了我国东部地区经向风的强弱，当夏季风较强时，较强的低层风携带更多的水汽到达我国华北地区，导致华北降水增多；而江淮流域由于水汽量偏少导致降水的负异常。东亚夏季风指数随时间演变的结果显示火山强喷发之后，东亚夏季风则呈现减弱趋势。如果火山喷发是在夏季以前则东亚夏季风的减弱发生在喷发当年，而如果火山喷发是在夏季以后则东亚夏季风的减弱发生在喷发次年。由于 1982 年的厄·奇冲火山是在 4 月份爆发，东亚夏季风减弱发生在火山爆发后第一个夏季。其余火山喷发后的第一个夏季则从火山爆发次年算起。在近 60 年来的这四次火山强喷发年，对去除趋势的东亚夏季风指数进行时间序列叠加分析，发现火山强喷发后东亚夏季风显著减弱。火山强喷发后 1～2 年中国东部地区为北风异常。同时，华南华北降水减少而江淮流域降水增多，与徐群（1986）对台站资料的分析结果相一致。这种降水异常空间分布与东亚夏季风减弱型降水异常分布相似，即"南涝北旱"。

模式 BCM 自然强迫试验，选取了近 600 年来 18 个火山强喷发事件（表 2.15，全球平均大气层顶辐射通量减少超过 1W/m²）。模式结果也显示在绝大多数火山喷发的当年东亚夏季风强度显著减弱，随后便逐渐恢复正常。在火山强喷发当年的夏季，对流层低层西北太平洋出现一个气旋异常环流，中国东部上空北风异常，表明东亚夏季风减弱。中国东部降水对火山强喷发的响应表现为三极型分布，即华北和华南地区降水减少，江淮流域以及日本南部降水增多，与近几十年东亚夏季风减弱的降水特征"南涝北旱"相似。由于东亚夏季风偏弱期间中国东部南风减弱，从海洋到中国大陆的水汽通量减少，我国华南和华北地区为辐散异常降水减少，而长江流域、朝鲜半岛以及日本南部为显著的辐合异常，水汽辐合上升形成降水。

表 2.15　各强热带火山的详细信息以及火山爆发后的第一个夏季（6～8 月）/冬季（12 月，1 月，2 月）
（引自 Cui et al.，2014）

年份	火山名	纬度	辐射强迫	火山喷发强度指数	火山爆发后的首个夏季/冬季
1453	Kuwae	16.8°S	−4.2	6	6, 7, 8（1453）/ 12（1453），1, 2（1454）
1460	Unknown		−1.3		6, 7, 8（1460）/ 12（1460），1, 2（1461）
1586	Kelut	7.9°S	−1.3	5	6, 7, 8（1587）/ 12（1586），1, 2（1587）
1600	Huaynaputina	16.6°S	−1.9	6	6, 7, 8（1600）/ 12（1600），1, 2（1601）
1620	Unknown		−1.1		6, 7, 8（1620）/ 12（1620），1, 2（1621）
1641	Parker	6.1°N	−1.7	5	6, 7, 8（1642）/ 12（1641），1, 2（1642）
1674	Gamnokara	1.4°N	−1.5	5	6, 7, 8（1674）/ 12（1674），1, 2（1675）
1680	Unknown		−1.1		6, 7, 8（1680）/ 12（1680），1, 2（1681）
1693	Serusa	6.3°S	−1.1	4	6, 7, 8（1694）/ 12（1693），1, 2（1694）
1809	Unknown		−2.9		6, 7, 8（1809）/ 12（1809），1, 2（1810）
1815	Tambora	8.3°S	−5.6	7	6, 7, 8（1816）/ 12（1815），1, 2（1816）
1831	Babuyan Claro	19.5°N	−1.3	4	6, 7, 8（1831）/ 12（1831），1, 2（1832）
1835	Cosiguina	13.0°N	−1.4	5	6, 7, 8（1835）/ 12（1835），1, 2（1836）
1883	Krakatau	6.1°S	−2.6	6	6, 7, 8（1884）/ 12（1883），1, 2（1884）
1902	Santa Maria	14.8°N	−1.3	6	6, 7, 8（1903）/ 12（1902），1, 2（1903）
1963	Agung	8.3°S	−1.9	4	6, 7, 8（1964）/ 12（1963），1, 2（1964）
1982	El Chicon	17.4°N	−2.1	5	6, 7, 8（1982）/ 12（1982），1, 2（1983）
1991	Pinatubo	15.1°N	−3.3	6	6, 7, 8（1992）/ 12（1991），1, 2（1992）

再分析资料和模式结果都表明在火山强喷发后，东亚夏季风有减弱的趋势，中国东部夏季降水异常呈现"南涝北旱"的特征，表征为近几十年来东亚夏季风减弱的降水特征。Cui 等（2014）更进一步探讨了这种响应的物理机制。早期的研究提出了一些火山强喷发影响东亚夏季风的可能性机制，但没有分析火山强喷发排放到平流层的气溶胶可否通过影响平流层底以及对流层顶的环流来改变低层环流和降水。但 Cui 等（2014）研究中再分析资料和模式结果都揭示了一条通过高层影响低层环流的物理过程，火山强喷发后，大量的硫酸盐排放到平流层，由于大多数火山爆发在热带地区，所以热带地区平流层硫酸盐气溶胶含量较高。气溶胶吸收长波辐射使得平流层温度升高，低纬度升温幅度比高纬度强。而对流层则由于火山气溶胶散射作用而降温，高纬度降温幅度比低纬度强，这可能是由于海冰的正反馈作用所引起的（Robock，2000）。对流层不同纬度上温度异常的差异导致径向温度梯度的变化，中高纬度（32°N 以北）对流层高层有强降温，低纬度无显著变化，所以对流层上层径向温度梯度增大，由于热成风原理东亚夏季西风急流南移且增强。根据准地转关系，急流的变化会导致其伴随的次级环流随之发生变化。在增强的高空急流右侧为反气旋异常，且产生辐合上升运动，低层大气西太平洋上空则为气旋异常，导致了东亚夏季风减弱以及东亚夏季风降水的异常。另外，模式结果表明，强火山喷发后，由于海洋的热容量较陆地大，所以在强火山喷发当年，海表温度无显著的变化，而陆地表面温度显著减弱。热带海洋与亚洲大陆之间的温差减小，导致了海陆热力差异的变化，引起东亚局地 Hadley 环流负异常，最终也将有助于东亚夏季风减弱。由于东亚副热带高空急流在火山喷发当年最为显著，且海陆温差的异常在火山喷发第二年后逐渐减弱，所以东亚夏季风及其降水的变化在火山强喷发的当年最为显著，随后逐渐恢复正常。

最新的模式研究表明，东亚冬季风也可能受到热带火山强喷发的影响。Miao 等（2016）进一步分析 BCM 的自然强迫试验发现，火山强喷发之后的第三个冬季，西伯利亚高压增强、东亚大槽加深、东亚冬季风环流显著增强。不同于火山喷发对东亚夏季风的影响，这一系列变化并不是紧接着火山强爆发发生的，而是由火山喷发后第三个冬季热带太平洋类 La Niña 型海温及相关环流异常所引起的。由于近几十年热带火山强喷发的样本数较小，还未能从再分析资料中检测到东亚冬季风对热带火山强喷发类似的响应，仍待进一步研究。

2.3 极端气候事件的未来演变趋势

随着全球变化加剧，全球天气气候发生了很大变化，主要表现为温度上升，降水变率加大，各种极端天气气候事件频发，已对社会、生态系统、水资源等造成了严重破坏，对人们日常生产生活的影响也日益凸显。而且最新的 IPCC 第五次评估报告指出，未来温度仍将急剧增加。在这种背景下，未来气候与极端气候如何变化是非常值得关注的事情。为了回答这一问题，我们基于 CMIP5 全球耦合模式模拟结果，从不同空间尺度，即全球、东亚及中国，详尽分析了平均气候和极端气候事件的未来演变趋势及特征，以明确中国气候以及极端气候变化在全球变化中所处的位置，这可为国家的防灾减灾以及应对气候变化相关政策的制定提供科学依据。

2.3.1 全球极端降水事件的未来演变趋势

1. CMIP5 模式对全球极端降水事件的模拟能力评估

相较之前的 CMIP 计划，CMIP5 中的气候或地球系统模式针对以往不足采用了更合理的参数化方案、通量处理方案和耦合器技术等改进模式系统，以前所未有的复杂性和真实性模拟了地球系统，为未来气候变化预估奠定了基础（Taylor et al.，2012），但模式的预估结果仍存在很大的不确定性。预估结果的不确定性主要来自模式内在误差、模式间误差以及情景误差（Hawkins and Sutton，2009）。为了提高预估结果的可信度，在研究气候和极端气候未来趋势演变之前，需对 CMIP5 模式模拟能力进行全面评估（Chen et al.，2014）。

泰勒图是进行大量模式模拟能力评估的一种最有效的表达形式，它能够简洁地表达模式模拟结果与观测之间的相关系数、中心均方根误差、标准差比，能够直观刻画模式模拟能力。基于泰勒图结果，尽管模式间有差异，但 CMIP5 的多模式集合结果与观测匹配较好。对于年平均降水而言，模拟结果与观测可比性很强，空间相关系数为 0.65～0.83。多模式集合结果比单个模式要好，相关系数高达 0.83，均方根误差（RMSE）为 0.93mm/day。进一步细致的比较发现，对于年平均降水而言，在区域尺度上，多模式集合结果在西非、东南亚相对于观测而言明显高估，而亚马孙河流域部分地区低估。对于干旱指数而言，大多数模式可以成功再现干旱指数的变化特征。对于无雨日，多模式集合结果与观测的相关系数高达 0.82；对于最大连续无雨日，相关系数高达 0.87。模式在很多地区也有所低估，尤其是在低纬度地区，如西非、东南亚、亚马孙河流域、澳大利亚北部地区，这种低估主要与降水日数，尤其是对小雨事件的低估有关。与干旱相反，极端降水量（R95p）在大多数地区明显高估，尤其在西非、东南亚、亚马孙河流域。各模式模拟结果与观测的相关系数为 0.64～0.80，而多模式集合结果与观测的相关达到了 0.80。相对于其他指数，连续五天最大降水量的模拟结果与观测可比性较强，多模式集合结果与观测的相关系数达 0.85。总体而言，CMIP5 大多数模式可以很好地再现当前极端降水事件的气候态分布特征，尤其是多模式集合结果。

2. 全球气候灾害事件的未来演变趋势

1）全球干旱事件的未来演变趋势

这里的干旱分析主要基于无雨日、最大连续无雨日（CDD）和土壤湿度的变化。研究表明，无雨日在北半球高纬度地区显著减少，而在其他地区增加；CDD 与无雨日有着基本一致的变化特征。北半球高纬度地区干旱减弱，尤其是在北亚、东北亚、阿拉斯加、格陵兰地区。CDD 的变化也存在季节差异，减弱最强信号主要发生在冬季（12 月、翌年 1 月、2 月），其次是春季（3 月，4 月，5 月）、秋季（9 月，10 月，11 月），最后是夏季（7 月，8 月，9 月）。地中海地区、南非、澳大利亚、亚马孙河流域、南美南部地区的干旱显著增强，并一直持续到 21 世纪末期。CDD 指数在北半球夏季增强最明显，其次是秋季、冬季，最后是春季。CMIP5 和 CMIP3 模式结果基本一致。

对于全球陆地平均而言，多模式集合平均的 21 世纪近期（2016～2035 年）CDD 相对于当前气候（1986～2005 年）增加 0.32 天，到 21 世纪中期（2046～2065 年）增加了 0.4 天，到 21 世纪末期（2080～2099 年）增加了 0.67 天。年平均的 CDD 增加主要源于北半球夏季、秋季的增加，而春季、冬季的变化则呈现出负贡献。到了 21 世纪末，CDD 在夏季增加 0.71 天，秋季增加 0.30 天，春季减少 0.16 天，冬季减少 0.40 天。CDD 还存在显著的区域变化特征。大部分模式表明，CDD 在北半球高纬度大部分地区减少，而在南半球大部分陆地地区增加。年平均 CDD 减少幅度最大的区域为格陵兰区域，到了 21 世纪末期相对当前气候减少达 4.36 天；增加最明显的区域为南非地区，到 21 世纪末期增加幅度达 10.76 天。

CDD 的变化也可以从土壤湿度的变化中得到较好的反映。例如，两种指数一致表明地中海流域、南非、澳大利亚、亚马孙河流域及北美一些地区未来干旱将增强。当然，土壤湿度与 CDD 变化也有所差异，如冬季东亚地区，CDD 减少，但在土壤湿度的变化中并没有反映出来。

2）全球极端降水事件的未来演变趋势

这里的极端降水分析主要基于极端降水频次、极端降水量（R95p）和最大连续五天降水量（R5d）的变化。分析结果显示，全球大部分地区极端降水日数增加，尤其是北半球中高纬度地区。北半球大部分地区模式预估结果的一致性较好，而南半球大部分地区一致性较差，如南非、澳大利亚、南美部分地区。R95p 变化结果表明，全球大部分地区极端降水量增加，强信号主要集中在北半球中高纬地区，最强信号主要集中在东亚、南亚地区，但是模式一致性相对较弱。在南半球干旱增加的区域极端降水量在减少，尤其在夏季的南非部分地区、澳大利亚、美国中部地区。R5d 指数是衡量洪涝的一个指标，到了 21 世纪末期，绝大多数模式一致指出 R5d 在全球大部分地区增强，这意味着全球陆地大部分地区洪涝灾害发生的可能性在增加，尤其是亚洲季风区。

相对于 1986～2005 年，全球平均的极端降水日数在 21 世纪初期相对当前气候增加了 0.53 天，到了中期增加了 1.12 天，末期增加了 1.48 天。对于极端降水强度来说，季节、年平均都有显著的增加。尤其是冬季，增加幅度达 1.06 mm/day，大于年平均增加的 0.89 mm/day。类似的，R5d 也显著增加。相对于全球平均而言，区域平均结果的不确定性更大，这主要是由于模式间的差异导致的。

3）预估结果不确定性讨论

为了使得预估结果更加可信，我们对预估结果的不确定性进行了讨论，主要涉及模式内部变率和模式间的差异部分。对年平均降水而言，内部变率大的区域主要集中在热带地区。与之类似，模式间离散度大的区域也主要在热带地区，并随着时间而增加。而在北半球高纬度地区，模式内部变率和模式间变率相对较弱。季节平均和年平均结果较为相似。

对干旱指数而言，模式内部变率和模式间变率的空间分布格局与平均降水有很大的区别。对无雨日而言，模式内部变率、模式间变率在撒哈拉和亚马孙河流域最小；对 CDD，预估增加的区域往往对应着模式内部变率和模式间变率比较大的区域，如撒哈拉地区、南非、澳大利亚北部、亚马孙河流域及中亚。除北欧、阿拉斯加、北美地区以外，CDD 的模式间变率和内部变率比无雨日要大得多。而对于极端降水事件，模式内部变率、模式间变率在 21 世纪前期对预估结果不确定性有很大的贡献，但随着时间推移，模式间变率所造成的不确定性在增加，而且明显大于模式内部变率所造成的不确定性。

另外，我们也利用信噪比（S/N）来评估全球气候和极端气候变化预估结果的可靠性。北半球中高纬度尤其是北欧、北亚、阿拉斯加、格陵兰这些降水增加的地区。一些地区 S/N 较低，则意味着弱信号及降水和极端降水变化的高不确定性。对干旱指数而言，S/N 指数在北半球高纬度地区较大，意味这些区域无雨日、CDD 减少的可信度较高。对湿润指数而言，最强的 S/N 也在北半球中高纬度地区，对应着极端降水日数增加、最大连续五天降水量显著增加的区域。这意味着在全球变暖情景下，北半球中高纬度强降水事件发生的可能性在增加，而干旱发生的风险在减小。对于其他人口密集的区域，如地中海区域，S/N 指数较高，平均降水虽然减少，但预估的干旱、湿润指数都在增加，这也意味着未来地中海地区发生干旱、洪涝的风险同时增加。对于东亚地区，年平均降水、极端降水日数、最大连续五天降水量都明显增加，而且也是 S/N 指数较高的区域，这也说明未来发生洪涝的风险在增加。

2.3.2　东亚极端降水事件的未来演变趋势

1. CMIP5 模式对东亚夏季极端降水的模拟

以往大量研究结果表明 CMIP3 中大部分的全球海气耦合模式都明显低估了东亚地区平均降水，而且难以再现梅雨雨带的北进和南退过程，对东亚地区夏季降水的模拟存在很大的局限性（孙颖等，2008）。而对于东亚极端降水事件的模拟能力更弱，明显低估了该区域内极端降水事件的发生。基于 CMIP3 的预估结果指出，到了 21 世纪末，东亚地区平均降水明显增加，极端降水发生频次增加、强度增强，这也意味着发生洪涝的风险在增加。相比 CMIP3 模式，CMIP5 模式有了很大的改进。基于 CMIP5 模式结果，下面将着重介绍 CMIP5 模式对东亚地区夏季降水和极端降水的模拟以及未来预估（Chen and Sun，2013）。

与 CMIP3 模式结果相似，CMIP5 中的大部分耦合模式能够很好地再现东亚季风区当前降水变化特征，但基本都低估了中国、韩国和日本区域的降水量。在参与分析的 CMIP5 模式中，分辨率最高的 MIROC4h 模式能够很好地模拟出梅雨雨带的分布，且其模拟降水的偏差最小，小于 0.01mm/d。由于大部分模式都低估了东亚地区平均降水，所以多模式集合也低估了东亚地区的降水量，但集合结果能够很好地再现东亚地区的平均降水以及梅雨雨带。其中对当前气候具有"最好"模拟能力的 6 个模式的简单算术平均集合以及考虑权重的多模式集合结果都优于不考虑权重因子的多模式集合结果。多模式集合比单个模式的模拟效果好，但是仍然比模拟能力最高的 MIROC4h 模式差。相较于 CMIP3 模式，发现 CMIP5 模式对东亚地区平均降水的模拟能力有了一定的提高。

观测结果显示，在中国南方、日本和低纬度海洋区域为降水高频次地区，所有模式基本都能模拟出这几个降水发生的高频中心，但明显高估了东亚地区降水的发生频次。分辨率最高的 MIROC4h 模式对平均降水和降水频次模拟能力最强。水平分辨率次之的 MRI-CGCM3 模式也能够很好地再现当前气候。但是 MIROC-ESM 和 MIROC-ESM-CHEM 却不能较好地模拟出降水频次的空间分布，而且这两个模式对平均降水的模拟也很差。总的来说，MIROC4h 和 MRI-CGCM3 两个模式在模拟平均降水及降水频次方面都要优于其他模式。多模式集合不论是否考虑权重都能很好地模拟出东亚地区降水频次的分布特征，而且各种多模式集合效果比任何单个模式的效果要好，特别是模拟降水频次最好的 6 个模式的集合结果。

CMIP5 大部分模式都低估了中国东部、韩国、日本以及邻近海域的降水强度，其中 MIROC4h 虽然模拟的降水强度与观测最为接近，但仍是低估了降水强度。模拟降水强度较好的 6 个模式也与平均降水和降水频次的模式略有不同，只有 MIROC4h 是在这 3 个方面都有较强的模拟能力。这些模式模拟降水强度的能力比模拟降水频次低，多模式集合亦如此。虽然考虑权重和不考虑权重的多模式集合模拟的降水强度空间分布与观测具有高度一致性，但低估仍是明显的。模拟最好的 6 个模式集合结果偏差比多模式（19 个模式）集合结果大，但多模式集合模拟效果比 MIROC4h 差。

大部分 CMIP5 模式都能较好地重现当前气候状态下的东亚平均降水、降水频次和降水强度，那么模式对极端降水事件的模拟能力如何呢？强降水事件一般集中在中国南方、韩国和日本地区，邻近海域的强降水频次比陆地少。大部分模式基本都能很好模拟出强降水频次的空间分布。模式对强降水的模拟相较于弱降水模拟更好，也优于东亚地区降水频次的模拟。模式对弱降水（日降水量<10mm/d）频次的高估是造成对总降水频次高估的主要原因。对强降水事件模拟能力最强的 6 个模式也略别于对降水频次模拟最好的 6 个模式，其集合结果与多模式集合结果基本一致。多模式集合能够很好再现东亚地区强降水高频中心，但仍然低估了中国南方、韩国和日本三个中心地区的强降水频次，而高估了低纬度海洋地区的强降水。虽然如此，多模式集合模拟的强降水比降水频次更接近观测结果。所有模式都低估了强降水强度，而强降水（日降水量>10mm/d）强度的低估是造成降水强度低估的主要原因。由于部分模式对强降水强度模拟较差，导致多模式集合结果亦是如此，但模拟最好的 6 个模式集合结果比多模式集合结果好。值得注意的是，分辨率最高的 MIROC4h 模式对强降水频次和强度的模拟并非最佳，但也属于模拟能力最高的 6 个模式之一。从上述分析结果可以看出，MIROC4h 模式是所有参与分析模式中唯独一个对东亚地区降水以及极端降水事件都模拟较好的模式。这也说明了模式水平分辨率的提高对提升模式在模拟区域气候等方面的能力有重要的科学意义。当然，这一结论还需要更多的例子进行论证。

2. 东亚夏季极端降水的未来趋势演变

CMIP5 模式预估的东亚地区夏季降水频次变化存在较大的差异。有些模式结果表明中国东部、韩国和日本地区降水频次将减少，而有些模式结果指示这些地区降水频次将增加。不论考虑权重与否，多模式集合结果都表明降水频次在中国东部和日本周边地区将减少，而在其他地区将增加；而模拟能力最好的 6 个模式集合预估结果也与多模式集合预估结果基本一致。

CMIP5 模式结果基本一致显示，东亚大部分地区的降水强度都将明显增强，模式间差异不大，多模式集合结果亦是如此。模拟能力最好的 6 个模式集合结果也同样表明东亚大部分地区降水强度将增加，其预估的降水强度的空间分布与平均降水基本一致。总的来说，未来东亚大部分地区夏季降水将增加，降水强度将增强，而降水频次在中国东部和日本周边地区将减少，而其他地区将增加。考虑了模式权重因子与不考虑权重因子的预估结果没有明显差异。对当前气候具有、"最好"模拟能力的模式对东亚地区的未来降水变化也做了预估研究，其结果与所有模式集合结果一致。

同时，预估结果表明，除了日本北部地区，几乎整个东亚地区弱降水都将减少。与弱降水的变化不同，除了中国南方和日本地区以外，东亚其他地区的强降水都将增加，这对整个东亚地区总降水量的增加表现为正贡献。由于在日本地区强降水量的减少抵消了弱降水事件在该地区的增加，日本地区总降水量总体上是减少的。强降水频次和强度的增加对东亚地区平均降水的增加起到了主要贡献。此外，到了 21 世纪末，降水频次在中国东部大部分地区将减少，在东亚其他地区将增加，而几乎整个东亚地区降水强度都将增加，可见降水强度的增加对东亚地区总降水量的贡献比降水频次贡献要大。但同时，强降水频次在东亚地区也是增加的，虽然在中国东部和日本部分地区存在很大的不确定性。估算结果表明，对于整个东亚地区，强降水频次的增加在 21 世纪初对平均降水的增加贡献约为 40.8%，到了 21 世纪末，增加到了 58.9%；而强度增强在 21 世纪初贡献为 29.9%，到了 21 世纪末将贡献 30.1%。这也意味着变暖背景下，东亚地区将会出现更多强度更强的强降水事件。这些预估结果与 CMIP3 模式的模拟结果基本一致，其预估结果相对 CMIP3 的预估结果更加可靠。

2.3.3　中国气候灾害的未来演变趋势

1. 中国平均气候的未来变化趋势

1）IPCC 近三次评估报告中的模式对中国平均气候的模拟

Jiang 等（2016a）基于观测和再分析数据，选取了参与政府间气候变化专门委员会（IPCC）第三（TAR）、第四（AR4）和第五（AR5）次评估报告的共 77 个全球气候耦合模式（GCMs），系统评估了模式对中国及东亚季风区 2m 表面气温和降水的平均态以及年际变率的模拟能力。结果表明模式较好地再现了各个变量的空间分布。与观测相比，大多数模式模拟的温度有着地形依赖的冷偏差（尽管比先前的研究偏小），降水偏多，但低估了东南至西北的降水梯度，高估了温度和降水的年际变率，而且对东亚季风强度的模拟明显不足。比较第三、第四和第五次评估报告中的模式，结果表明对温度的模拟改进较大，但对降水和东亚季风的模拟无明显改进。模式对季节气候的模拟能力也存在较大差异，并一定程度上受到了水平分辨率的影响。多模式算术集合平均和中位数集合结果差异不大，多模式集合平均在各方面都优于绝大多数模式。

（1）平均温度。

对于中国区域，分别计算了 1961～2000 年每个模式结果与观测的年平均温度和季节平均温度的空间相关系数，归一化标准偏差，以及中心化均方根误差。结果表明，空间相关系数变化从 0.55 至 0.98，对于年平均、春季、夏季、秋季和冬季，归一化标准差分别为 0.80～1.19，0.78～1.14，0.87～1.35，0.64～1.24 和 0.84～1.15。年均气温的中心化均方根误差为 0.27～0.68，春季为 0.32～0.96，夏季为 0.26～0.84，秋季为 0.24～0.65，冬季为 0.28～0.60。综上所述，模式可以较为可靠模拟年及季节温度变化，而且模式之间的差异较小；另外，对于冬季和秋季的模拟明显要好于其他季节。比较三个不同阶段的模式，结果表明 AR5 模式表现最佳，而 TAR 的模式表现最差。同时，选取了 17 个来自同一个模式组的 AR5 和 AR4 模式进行比较，17 个模式中有 12 个 AR5 模式胜过 AR4 版本，而其余 5 个 AR5 模式与 AR4 版本表现不相上下。

从空间分布来看，观测的年和季节平均温度一般从南到北递减，而在青藏高原地区由于地形的影响有一个低值区。各个模式及多模式集合结果都能较好地模拟其气候态的分布特征，但大部分模式模拟的中国区域温度偏低。在中国西部，年和季节平均温度在青藏高原有显著的冷偏差，这种偏差受模式地形的影响。中国东部有超过一半区域在年、夏季、秋季和冬季有冷偏差，但是在春季为暖偏差，而这种偏差几乎存在于所有模式中。

模式在模拟温度年际变率上的能力要弱于平均温度。对于年平均而言，空间相关系数为 0.02～0.88，春季为 –0.07～0.85，夏季为 –0.17～0.71，秋季为 0.01～0.82，冬季为 –0.36～0.83。对于年平均、春季、夏季、秋季和冬季，标准差分别为 0.59～2.43，0.56～2.62，0.88～3.61，0.68～1.94，0.61～2.45。对于中心化均方根误差而言，年均气温为 0.56～2.34，春季为 0.61～2.54，夏季为 0.96～3.26，秋季为 0.78～1.89，冬季为 0.65～2.42。因此，大多数模式较好地再现了年和季节平均温度年际变率的空间分布但明显高估了年平均和季节平均的年际变率，尤其是夏季。

总体而言，AR5 模式相比 TAR 和 AR4 有了一定的改进。17 个 AR5 模式中有 9（5）个模式相比它们前一代 AR4 模式有着更好（差）的表现。模式在模拟中国区域年和季节平均温度的年际变化能力方面从 TAR 到 AR4 提高很多，但从 AR4 到 AR5 改进并不明显。考虑到模式间模拟能力的差异，设定了选取模式的标准：正的空间相关系数和中心化的均方根误差低于 2.00。基于这个标准，有 20 个模式（4 个 TAR 模式，8 个 AR4 模式和 8 个 AR5 模式）被剔除，剩下 57 个模式。这 57 个模式的集合结果较好地再现了观测中年和季节平均温度的年际变率从南到北增加的空间分布特征，而且其年际变化的量级大小与观测也较为接近。多模式集合的季节平均温度的年际变率相对观测的偏差分别为春季 0.17℃，夏季 0.12℃，秋季 0.14℃，冬季 0.18℃。从区域上来看，在新疆北部、内蒙古大部、东北北部、东南部分地区以及东部沿海部分地区年平均温度的年际变率模拟偏小。模式高估了青藏高原南部至东北部冬季温度的年际变率，而低估了新疆西北部、内蒙古中北部和华南部分的年际变率。模式对于中位数集合的一致性偏差在春季、夏季、秋季和冬季分别为 78%、79%、80% 和 75%。

（2）平均降水。

IPCC 近三次评估报告中的模式对中国区域降水的模拟能力比温度要差得多。对年平均来说，所有 75 个模式空间相关系数为 0.35～0.86，归一化标准偏差在为 0.58～2.15，中心化均方根误差为 0.54～1.73。模式对中国区域年和季节平均降水从 TAR 至 AR5 没有明显地改善。根据空间相关系数为正以及中心化的均方根误差低于 1.50 的标准，挑选出的 57 个模式能够较为合理地模拟年和季节平均降水的空间分布特征。此外，多模式集合优于大多数单个模式结果。

观测的中国区域年和季节平均降水通常是从东南往西北逐渐减少。57个模式集合结果较好地再现了年和季节平均降水的空间分布，但模式明显高估了中国绝大部分地区的降水（除了我国东南地区）。多模式集合模拟的年平均、春季、夏季、秋季和冬季相比观测偏多了27%、48%、11%、22%和67%。此外，全国平均的降水和温度偏差之间没有明显关系。但是，模式明显低估了中国区域内从东南至西北方向的降水梯度，而且模式高估了西北的干旱、半干旱半湿润地区的年和季节平均降水，而低估了东南湿润地区的降水。57个模式相对中位数集合的一致性在夏季为75%，对年平均和其他季节为85%～92%。

由于每个模式和观测之间的年和季节平均降水的空间相关系数范围为0.19～0.92，而且较为合理地再现了中国区域降水年际变率的空间分布。归一化标准差为0.26～2.16，除了冬季，对于其他季节75个模式中有超过一半的模式都大于1.00。大多数模式的中心化均方根误差为0.50～1.50，这一结果主要是因为对降水年际变率的空间变化模拟较差。在17个AR5模式中，有8（4）个模式比它们在AR4中的版本表现得更差（好），其余的5个同模式组模式在AR4和AR5中表现相似。

考虑到每个模式模拟年和季节平均降水年际变率的能力，我们选择了中心化均方根误差小于1.50的模式，因此75个模式中有6个无法满足这一条件而被剔除。对于年和季节平均降水的年际变率，无论是69个模式的简单算术集合平均、中位数集合，还是所有75个模式集合，其结果基本都是一致的。与平均降水空间分布相似，降水年际变率同样也是从东南到西北逐步减小，极大值出现在夏季，其次出现在春季和秋季，极小值出现在冬季。69个模式的中位数集合结果表明年和季节平均降水的空间分布与观测都很接近。然而，在中国大部分地区模式明显高估了降水的年际变率。这种高估在年平均、夏季和秋季的中国西部干旱地区和青藏高原的西部和南部地区、冬季中国东北和除新疆西北部外的中国西部、春季在中国西部和内蒙古东部大部分地区表现得很明显。相比之下，低估主要出现在中国东南部地区。总体而言，IPCC近三次评估报告的模式模拟的降水年际变率在年平均、春季、夏季、秋季和冬季分别高估了22%、39%、15%、29%和40%。

2）中国平均气候的未来演变

Jiang等（2015）利用42个CMIP5模式结果，系统预估了RCP2.6、RCP4.5、RCP6.0和RCP8.5情景下，21世纪初期（2016～2035年）、21世纪中期（2046～2065年）和21世纪末期（2081～2099年）中国年和季节平均温度和降水的变化信号。

（1）平均温度。

多模式中位数集合预估结果表明，相比基准气候时段（1986～2005年），中国区域年平均温度在各个排放情景下均呈现上升趋势，北方增暖幅度大于南方。随着温室气体浓度对应辐射强迫的增强和时间的推移，变暖程度也在增加，增加较为明显的区域为西部和东北（图2.20）。相对于基准时段，不同排放情景下年均增温在21世纪初期分别为1.0℃（RCP2.6）、1.0℃（RCP4.5）、0.9℃（RCP6.0）和1.1℃（RCP8.5）；至21世纪中期，增温分别为1.5℃（RCP2.6）、1.9℃（RCP4.5）、1.7℃（RCP6.0）和2.6℃（RCP8.5）；

至 21 世纪末期，增温幅度有所增加，分别为 1.4℃（RCP2.6）、2.5℃（RCP4.5）、3.0℃（RCP6.0）和 4.7℃（RCP8.5）。

未来 2016~2035 年在不同 RCPs 情景下，气候变暖的显著信号已基本覆盖整个中国区域。至 2081~2099 年，中位数集合结果显示相对于基准时段，RCP2.6、RCP4.5、RCP6.0 和 RCP8.5 情景下，年均温度相比气候系统内部变率标准差分别增加了 9.9 倍、19.3 倍、22.8 倍和 35.9 倍，且有超过 90%的模式结果显示是一致的。可见，21 世纪不同时段内，增温的气候变化信号显著（图 2.20）。

在 21 世纪初期，辐射强迫最低的 RCP2.6 情景下，季节内气候变暖信号已经在中国区域广泛出现，尤其在夏季和秋季。春季变暖信号集中在西部，变暖幅度较大的区域位于高原和新疆北部；夏季和秋季变暖信号在不同情景下基本覆盖了整个中国区域。冬季显著变暖的信号主要分布在青藏高原，且北方整体增温幅度高于南方。变暖信号出现的区域基本随着温室气体排放情景的增加，增温幅度增大且范围扩大。

至 21 世纪中期，即使是在辐射强迫最低的 RCP2.6 情景下，气候变暖信号在四个季节也覆盖了整个中国区域，但冬春季变暖信号在东北仍出现较晚。季节上，变暖幅度较大的区域与 21 世纪初期一致，春季高原增温幅度较大，夏季变暖明显的地区主要位于新疆北部，秋季则主要位于东北，冬季增温以北方最为明显。不同 RCPs 情景下，冬春两季的增温幅度明显大于夏秋季。

21 世纪末期不同 RCPs 情景下增温幅度都达到最大。RCP2.6 情景下，春季变暖的显著信号在东北地区出现最晚；夏季和秋季变暖信号已经出现在整个中国区域；冬季变暖信号首先出现在中国青海及青藏高原地区。相同时段其他情景下气候变化显著的信号在四个季节中均覆盖了整个中国区域。不同 RCPs 情景下季节增暖存在显著区域差异。春季，在 RCP2.6 和 RCP4.5 情景下，中国区域增温较为均匀。在 RCP6.0 和 RCP8.5 情景下，变暖地区集中于中国西部；新疆北部和西北中部，是夏季变暖幅度较大的区域。冬季增暖主要集中在东北和青藏高原地区，并随着辐射强迫程度的增加而增加。在不同情景下冬季表现为北方增暖幅度大于南方，尤其在东北表现最为显著。

（2）平均降水。

多模式中位数集合预估结果表明，相比基准时段，在各个排放情景下，未来中国大部分地区降水呈现增加趋势。随着辐射强迫的增强和时段的推移，降水增幅和范围也在加大，增加较为明显的区域为中国北方（图 2.21）。21 世纪初期，在 RCP2.6、RCP6.0 和 RCP8.5 情景下西南及东南沿海局部地区降水减少；但到了 21 世纪末期，这些区域的降水减少现象逐渐消失。在 21 世纪初期，所有排放情景下降水相对于基准时段增加 2.5%~3.5%；到了 21 世纪中期，中国区域平均年降水相对于基准时段分别增加 6.2%（RCP2.6）、6.5%（RCP4.5）、5.3%（RCP6.0）和 8.4%（RCP8.5）；到了 21 世纪末期，降水增加幅度分别为 6.1%（RCP2.6）、9.3%（RCP4.5）、9.6%（RCP6.0）和 16.2%（RCP8.5）。

在 21 世纪初期降水年变化超过内部变率两倍的信号在不同情景下均未出现（图 2.21）。到了 21 世纪中期，多模式中位数集合的年降水变化小于内部变率的一倍标准差出现范围有所缩小，主要表现在中东部地区；降水显著增加的信号仅出现在 RCP6.0 和 RCP8.5 情景下的青藏高原北部。到了 21 世纪末期，多模式中位数集合的年降水变化小

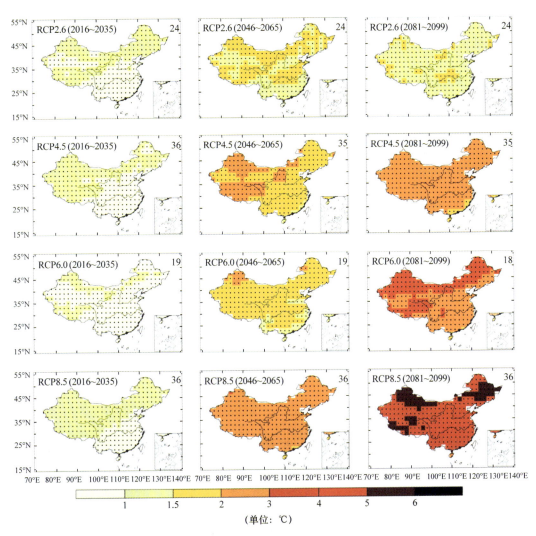

图 2.20　不同 RCPs 情景下，21 世纪不同时段相对于 1986～2005 年多模式中位数的年温度变化（Jiang et al.，2015）

打点区：多模式中位数集合年温度变化大于内部变率 2 倍标准差，且超过 90% 的模式结果一致；空白区：年温度变化为内部变率的 1～2 倍标准差。图右上角的数字表示可用的模式个数

于内部变率的一倍标准差的区域主要集中在中东部，而降水显著增加的信号在 RCP6.0 和 RCP8.5 情景下出现的范围更大，除了青藏高原北部地区以外，还出现在东北地区；但是在较低的辐射强迫情景下，即使在 21 世纪末期降水继续增加，仍未表现出明显的增强信号。多模式中位数集合结果显示，2081～2099 年相对于气候基准时段，不同 RCPs 情景下年降水相比气候系统内部变率标准差分别增加了 1.6（RCP2.6）、2.3（RCP4.5）、2.7（RCP6.0）以及 4.0（RCP8.5）倍，且超过 90% 的模式结果一致。

在 21 世纪初期，不同辐射强迫情景下，季节降水以增加为主要特征，增加幅度较大的区域出现在冬季的新疆北部和东北地区，其他季节增幅在空间分布上较为均匀。春季降水减少集中在西南和华南；夏季降水减少的区域主要位于中部地区；冬季降水减少出现在西南，并随着辐射强迫的增加扩展到江淮流域。不同情景下季节降水均未出现明显变化信号，仅在青藏高原地区降水变化在内部变率的 1～2 倍标准差。

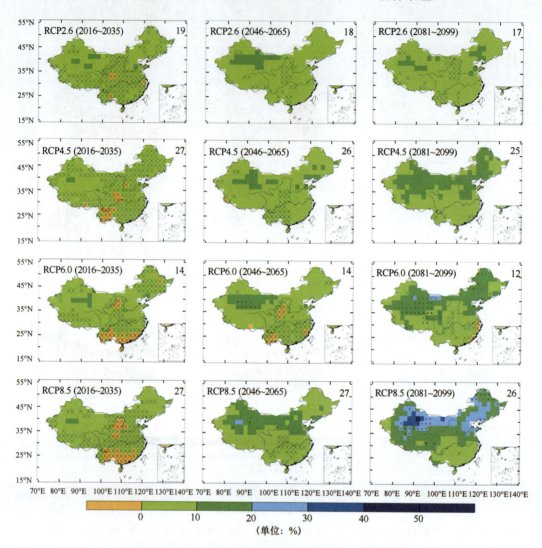

图 2.21 不同 RCPs 情景下，21 世纪不同时段相对于 1986～2005 年多模式中位数集合年降水变化百分比（Jiang et al.，2015）

打点区：多模式中位数集合降水变化大于内部变率 2 倍标准差，且超过 90%的模式结果一致；空白区：降水变化为内部变率的 1～2 倍标准差；叉号区：多模式中位数集合降水变化小于内部变率 1 倍标准差。右上角的数字表示可用的模式个数

21 世纪中期降水变化的空间分布与初期基本一致。不同之处在于：21 世纪中期，夏季降水在空间分布上增幅较为均匀，秋季降水增加主要位于西北；季节降水变化明显的信号仅在 RCP6.0 和 RCP8.5 情景下出现在青藏高原地区，其降水变化同样介于模式内部变率的 1～2 倍标准差，但相较于 21 世纪初期，范围有所扩大。

到了 21 世纪末期，在最低和最高辐射强迫情景下，季节降水均表现出大范围增加，特别是中国北方；降水减少的地区主要出现在 RCP8.5 情景下冬季中国东部地区。在 RCP2.6 情景下，中国大部季节降水变化表现为小于内部变率的 1 倍标准差。在 RCP8.5

情景下，冬季和春季的青藏高原北部以及东北地区出现明显的降水增加信号，表明年降水增加的信号主要取决于冬春季降水的变化。在中等辐射强迫情景 RCP4.5 与 RCP6.0 下，同样以北方降水增加为主要特征，降水减少的地区出现在 RCP6.0 情景下的冬季江淮以及青藏高原南部。在 RCP4.5 情景下，仅在冬季出现降水显著增加信号，主要位于青藏高原北部以及东北地区。在 RCP6.0 情景下，降水显著增加信号在四个季节中均有所反映，冬季主要集中在新疆西南部以及东北西北部；春秋季主要位于青藏高原北部；夏季在青藏高原南部及中国东北南部地区。

2. 中国极端气候的未来变化趋势

1) CMIP5 模式对中国极端气候的模拟

(1) 极端温度事件。

基于 CMIP3 和 CMIP5 耦合模式输出的逐日资料，系统比较分析了 CMIP3 和 CMIP5 模式对中国极端气候事件的模拟能力（Chen et al.，2015c）。这里主要分析的是国际上通用的由气候变化监测和指标专家组 ETCCDI 提出的 27 个极端气候指数。

与观测相比，CMIP5 多模式集合可以很好地再现日最高气温（TXx）和日最低气温（TNn）的空间分布，但是仍存在一些细节上的差异。模式模拟的最高气温在中国东部和新疆地区偏高，而青藏高原偏低。模拟的最低温度除东北北部外其他地区都有负的偏差。这些空间分布特征和其他绝对阈值指数是一致的，包括夏季日数（SU），热夜日数（TR），霜冻日数（FD）和冰冻日数（ID）。相比 CMIP3，虽然 CMIP5 模式有了显著的改善，但是和观测相比，冷偏差仍较为明显。因此一些绝对阈值指数仍然明显低估，尤其是在青藏高原地区。例如，模式模拟的日最低温度和作物生长期长度（GSL）比观测分别低估了 3.0℃和 22.5 天。而 FD 和 ID 分别高估了 9.2 天和 25.6 天。同时模拟的 TXx 比观测偏高了 0.6℃，特别是在中国东部和天山地区。模式模拟的冷夜日数（TN10p）较观测一致偏高。而暖昼日数（TX90p）各区域差别较大，在西藏部分区域、华北和东北地区，TX90p 模拟值较观测偏小，而在其他地区偏大，尤其是南方地区。模式模拟的暖昼持续指数（WSDI）和冷昼持续指数（CSDI）的空间分布特征和观测较为一致，只是模式模拟的 CSDI 较观测一致偏高，WSDI 一致偏低。模式对日较差（DTR）的模拟能力最弱，且各模式间差异较大。分析结果一致表明无论是绝对阈值指数还是相对阈值指数，多模式集合结果都优于单个模式结果。

和 CMIP3 模式结果相比，CMIP5 模式有所改善，它可以更合理地再现中国极端温度指数的气候态分布特征，而且模式之间的不确定性范围有所减小。CMIP3 多模式集合的绝对阈值指数比 CMIP5 要大得多，但是相对阈值指数是非常一致的。CMIP5 多模式集合的绝对阈值指数的不确定性范围较 CMIP3 要小。而且综合比较分析了六种再分析资料（ERA-interim、NECP-2、JRA25、CFSR、ERA40 和 NCEP-1）对与温度有关的极端指数的再现情况，分析结果指出再分析资料之间也存在很大的不确定性，因此在选取再分析资料评估气候模式模拟能力时需要十分慎重。

同时，也分析了 CMIP5 模式对全国区域平均极端气温指数时间序列的模拟能力，可以看到 CMIP5 模式模拟的绝对阈值指数的不确定性范围比 CMIP3 要小得多，但是多模式集合结果基本是一致的。由于模式模拟中国地区存在冷偏差，除了 TXx 和 TNn 外，模式模拟的极端温度指数时间序列与观测差异较大。和观测相比，多模式集合明显低估了 TNn、TXn、SU、GSL 和 DTR，而高估了 FD、ID 和 TNx 的变化。

对于极端温度指数的年际变化，再分析资料之间的差异也很大，它们之间的变化范围与 CMIP 模式相当，甚至超过了 CMIP 模式间的差异。然而，同一研究中心的再分析资料之间的差异比不同研究中心再分析资料的差异普遍要小。此外，相比于前期版本的再分析资料（如 ERA40 和 NCEP-1），CMIP5 和 CMIP3 的模拟结果与较新版本再分析资料结果（如 ERA-interim、NECP-2、JRA25 和 CFSR）更为一致。模式和再分析资料模拟的绝对阈值指数的时间序列变化和观测结果是较为接近的。而对于相对阈值指数其差异较大，这主要由其本身的定义造成的。但总体而言，模式和再分析资料的结果和观测基本一致，极端暖事件指数随时间有增多的趋势，而极端冷事件随时间有减少的趋势；而且多模式集合结果能够合理再现各个指数的长期变化趋势，并且 CMIP3 模式和 CMIP5 模式有着较好的一致性。

（2）极端降水事件。

CMIP5 模式能够较好地再现与降水相关的极端气候指数的气候态空间分布特征，包括最大连续五天降水量（RX5day）、极端降水量（R95p）和暴雨频数（R20 mm）。但模式明显高估了中国地区总降水量（PRCPTOT）和日降水强度（SDII）。从空间上看，CMIP5 多模式集合较为合理地模拟出了南方地区的总降水量分布，但是在其他地方，尤其是北方和青藏高原地区，模拟结果明显偏大，这与模式的粗分辨率难以描述这些区域的复杂地形有关。RX5day、R95p 和 R20 mm 的模拟结果与总降水量空间分布类似。CMIP5 多模式集合也较为合理地再现了最大连续无雨日数（CDD）的气候态分布特征，但是南方地区和新疆北部部分地区模拟值偏大，而其他地区模拟值偏小。与观测值相比，CMIP5 和 CMIP3 模式模拟的中国大部分地区的连续降水日数（CWD）偏多。在 11 个极端降水指数中，CWD 的空间变率最大。

从全国区域平均的与降水相关的绝对阈值指数时间序列变化来看，除了 CDD 外，CMIP5 模式间的差异较 CMIP3 要小。但是 CMIP5 多模式集合结果的值要大于 CMIP3 的结果，这与 CMIP5 模式空间分辨率的提高有关（Sillmann et al.，2013）。但与观测相比，CMIP5 和 CMIP3 模式模拟的降水指数（除了 CDD 外）都存在正偏差。再分析资料结果与观测之间也存在较大的差异，而且其差异的范围甚至大于 CMIP3 和 CMIP5 模式之间的结果。

CMIP3 和 CMIP5 模式对与降水相关的极端指数的模拟能力都要弱于对与温度相关的极端指数的结果。CMIP5 模式对与降水相关的极端指数的模拟不确定性相比 CMIP3 模式几乎没有减小。不过多模式集合仍优于单个模式结果。总体来说，CMIP5 模式模拟能力更好。另外，再分析资料的 RMSEs 也比较大，数值和模式结果相当，甚至更大。

（3）模式综合性能。

为了进一步分析模式的综合性能，使用 Gleckler 等（2008）提出的评估模式模拟气候态（MCPI）和年际变率（MVI）的指数来分析气候模式对极端气候指数的综合模拟能力。前者通常可以反映模式模拟气候态空间分布的能力，负值表示模式的模拟能力优于多数模式；后者可以反映模式对年际变率的模拟能力，值越小，模拟性能越好。

图 2.22 给出了 CMIP3 和 CMIP5 模式对我国极端气候事件模拟的综合性能。图 2.22
（a）中的行代表极端气候指数，列代表模式。根据 MCPI 指数的大小对模式的模拟性能
进行排序。模式误差大小用颜色表示，一般冷色调表示模式模拟能力优于多数模式；暖
色调相反。可以看到，模式间的模拟性能有着很大的差异。对于单个极端指数来说，不
同模式模拟结果之间存在较大差异；对于单个模式来说，对不同极端指数的模拟能力也
存在很大的差异，但多模式集合要优于单个模式结果。对年际变率的模拟结果亦是如此
[图 2.22（b）]。而且可以看出大部分 CMIP5 模式对中国极端气候指数的模拟能力相比
CMIP3 模式有了一定的提高。进一步可以发现，模式对极端指数的气候态模拟能力有所
提高的同时，其对年际变率的模拟能力也通常会有所提升。

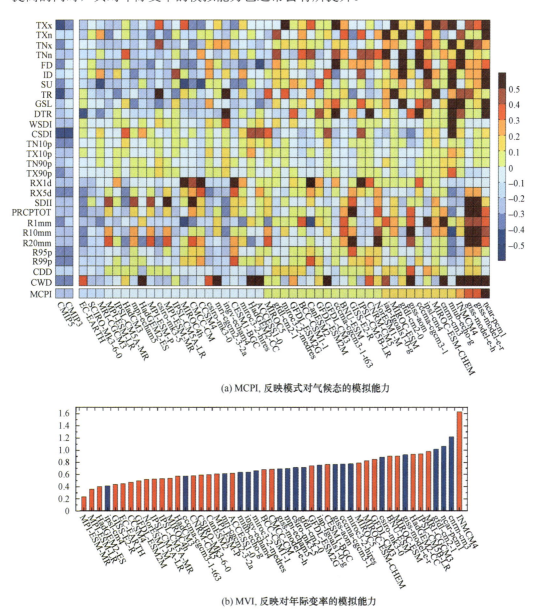

(a) MCPI, 反映模式对气候态的模拟能力

(b) MVI, 反映对年际变率的模拟能力

图 2.22 CMIP5 和 CMIP3 模式对中国区域极端气候指数模拟能力的评估（Chen et al., 2015c）

2）中国极端气候的未来变化趋势

（1）中国极端降水的未来演变。

这里将降水分为不同等级，包括毛毛雨（0.1～1.0mm/d）、小雨（1.0～10mm/d）、中雨（10～25mm/d）、大雨（25～50mm/d）和暴雨（>50mm/d），详细分析未来变暖背景下这些不同等级降水事件的变化趋势（Chen，2013）。

在 RCP4.5 情景下中国区域未来年降水量相比当前气候明显增加，其中北方地区增幅较大而南方地区增幅较小，分析表明有 90%以上的模式一致表明北方地区年降水量增加。多模式集合结果指出到了 21 世纪末，中国年降水量在 RCP4.5 情景下增加8.8%，而 RCP8.5 情景下增幅更大（13.9%）。有效降水频次的变化和年降水量的变化存在一定差异。两种排放情景（RCP4.5 和 RCP8.5）的预估结果一致表明未来北方地区和青藏高原东部地区的降水频次将增加，而青藏高原西部、长江中下游流域和东南沿海地区未来降水频次将减少。但是模拟预估的降水频次变化在中国大部分地区存在较大的不确定性。与年降水增加相反，中国区域平均的降水频次在 RCP4.5（RCP8.5）情景下减少 0.3%（1.7%）。总降水量增加而降水频次减少，这说明未来降水强度将增加。降水强度在 RCP4.5（RCP8.5）情景下增加 9.3%（16.7%）。

进一步研究显示，中国毛毛雨的强度较当前气候有所增加，但是由于其降水频次显著减少，所以未来整个中国区域的毛毛雨量有减少的趋势。在 RCP4.5 情景下，区域平均的毛毛雨降水频次将减少 3.7%，雨量将减少 3.3%。在 RCP8.5 情景下减少更多，频次和雨量分别减少 7.0%和 6.4%。中国小雨雨量的变化有明显的区域特征。多模式集合结果表明中国北方地区小雨雨量显著增加，尤其是西北地区增幅明显大于北方其他区域，但是南方地区显著减少。就区域平均而言，在 RCP4.5 和 RCP8.5 情景下分别相对增加 1.1%和 1.8%，区域平均小雨雨量对年降水量增加的贡献率分别是 9.6%和4.1%。和当前气候相比，RCP4.5 和 RCP8.5 情景下区域平均中雨雨量分别相对增加12.0%和 16.7%；频次分别相对增多 11.3%和 15.3%；降水强度分别相对增强 3.4%和6.5%，对年降水量增加分别贡献 40.7%和 38.3%。对于大雨而言，中国区域大雨频次增加 24.2%，强度增强 10.0%，雨量增加 25.3%。RCP8.5 情景下增幅更大，大雨频次增加 41.7%，强度增强 18.35，雨量增加 44.4%。暴雨事件的变化是最显著的。结果表明 RCP4.5 和 RCP8.5 情景下暴雨发生频次增加，强度增强，暴雨雨量显著增多。相比当代气候，区域平均暴雨频次、强度和雨量在 RCP4.5 情景下分别相对增加 57.7%、44.7%和62.9%，贡献率增加 19.5%。在 RCP8.5 情景下分别相对增加 135.9%、98.8%和153.7%，贡献率增加 25.0%。各模式预估结果和多模式集合结果类似。

上述结果表明，在全球变暖背景下，降水和与降水有关的极端事件显著增加，但是不同等级降水事件的变化有所差别。所有模式预估结果一致表明到 21 世纪末全国区域毛毛雨显著减少，而西北地区由于小雨增加，年降水量增多。华北和东北地区年降水量增加主要是由于中雨增多。南方地区年降水量增加主要是由于大雨和暴雨的增多，而小雨对年降水量贡献为负。

（2）中国干旱的未来变化趋势。

在全球变化的背景下，气候变暖已成为各国政府和民众普遍关心的焦点。在各类极端气候事件中，干旱可以认为是影响最大的一种气象灾害，因此研究干旱有着重要的科学与现实意义。因此本章使用 CMIP5 中 RCP4.5 情景下 21 个模式，以土壤湿度和干旱指数——SPEI 为指标，研究了中国未来干湿变化，以期更好地理解未来气候变化及其影响评估。

a. SPEI 指数的未来变化趋势

21 世纪中国区域年和季节平均 SPEI 指数在 RCP4.5 情景下总体呈现减小趋势（图 2.23）。在 10 年际尺度上，年和季节平均 SPEI 均为下降趋势，且降幅在 20 世纪 50 年代左右达到最大，之后趋于平缓。模式间的离散度在 20 世纪和 21 世纪末期差异较大，21 世纪中期差异较小（图 2.23 右列），这说明 20 世纪 50 年代前后的中国区域的变干趋势在模式间具有很高的一致性。季节尺度上春季变干最为明显，秋季和夏季次之，冬季则相对较小。而中国区域平均在四季 SPEI 都为减小，其中春季减幅最大。在时空变化上，SPEI 变化具有很强的地域性和季节性。在包括东北、华北、西北的北方地区，春季和夏季 SPEI 减小最明显；而在江淮、华南、西南等南方地区，SPEI 减小最明显的季节主要是冬季和春季；在各子区域中，西北西部地区变干程度最强，从春季至秋季均变干且程度逐渐增强。

SPEI 显示中国区域未来有明显的变干趋势，但不同区域之间变干时间不同。我们把干旱定量化，将干旱分为两类：一类是短期干旱，即当 SPEI 值连续 4~6 个月小于-0.5 为一次短期干旱；另一类是长期干旱，即 SPEI 值至少连续 12 个月小于-0.5 为一次长期干旱。相对于参考时段，短期干旱发生次数在中国各地区都明显增加。到 21 世纪中期和末期，短期干旱次数增幅明显变大，最显著地区位于内蒙古中部和新疆南部。而短期

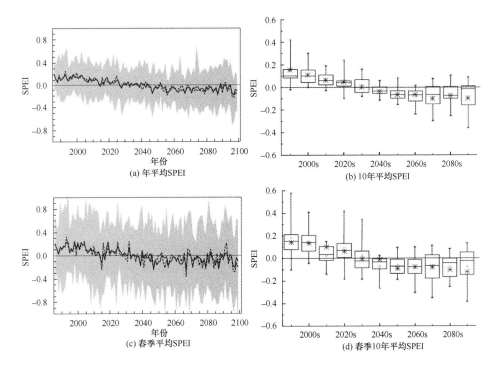

(a) 年平均SPEI   (b) 10年平均SPEI

(c) 春季平均SPEI   (d) 春季10年平均SPEI

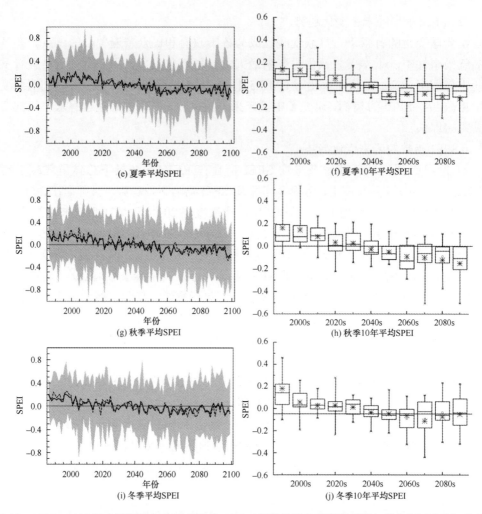

图 2.23　1986～2100 年中国区域年和季节平均 SPEI（标准化降水蒸散发指数）的年际（左列）和十年际（右列）变化（刘珂等，2015b）

（a）、（c）、（e）、（g）、（i）中实线和虚线分别为 MME-21 和 MME-10 结果，阴影区代表模式结果范围；箱状图（b）、（d）、（f）（h）、（j）中方框代表所有模式模拟 SPEI 的内四分位距，上下叉号分别代表模式最大和最小值，空心点和叉号分别代表 MME-21 和 MME-10 结果

干旱减少的空间范围和幅度都较小。不同于短期干旱，长期干旱未来变化较小，增加最显著地区主要有新疆中南部。

我们进一步用内四分位距研究了两类干旱在不同区域的变化特征。结果表明短期干旱和长期干旱在中国及其子区域次数均为增加。短期干旱在西北东部和华南的增加最显著；在东北和西南地区变化最不明显。长期干旱的增加在西北西部和华南最明显。另外，未来时段 2016～2035 年、2046～2065 年、2081～2100 年干湿变化在各模式间离散度随时间增加，这说明随全球变暖加剧，模式之间模拟的干湿变化差异性也随之加大。

b. 土壤湿度的未来变化趋势

模式模拟结果表明，中国区域平均土壤湿度及其离散度在各月间变化较小；区域尺度上东北、华北、西北西部和西北东部月平均土壤湿度减少，且江淮、华南和西南地区则呈现出些许季节性。尽管各模式之间因其陆面过程或其土壤分层和深度等不同造成标准化后的模式土壤湿度有较大差异，但仍可得知 RCP4.5 情景下中国区域土壤湿度有着明显变化。未来中国土壤湿度减小，特别是在夏季。其未来变化分为两类：一类是不明显增加；另一类则是显著下降。增加的区域主要位于华北和江淮；土壤湿度明显减小的区域主要包括西北、东北、西南和华南，土壤湿度季节性减小最明显的区域是华南。可以发现在华南和西北地区土壤湿度和 SPEI 均减小，所以这些地区未来变干有较大可信度；而在东北和西南地区，土壤湿度和 SPEI 变化反向，未来干湿变化不确定性较大。造成东北和西南地区土壤湿度和 SPEI 之间成相反变化的原因有三个：一是模式间陆面过程差异；二是因为两地区内部的干湿空间变率较大；三是增温使冬、春季积雪融化，导致更多的地表水分，而模式对此的模拟能力有别。

  c. 干旱风险评估及其影响

  提前对未来可能发生的极端事件制定适当对策，能够在一定程度上减小各种灾害的风险，降低造成的影响和损失。通常情况下，极端事件变化与气象指标均值的变化相关，因此对气象指标均值变化进行显著性检验，可作为极端气候事件变化的信号。图 2.24 给出了相对于 1986～2005 年均值 RCP4.5 情景下中国及其 7 个子区域年平均 SPEI 和土壤湿度变化显著性差异的 T 检验结果，表明多区域 SPEI 和土壤湿度均值出现显著性差异的时间有着比较好的一致性。江淮和华南则相对较晚，而西北和西南出现的时间较早；且在东北、江淮和华南地区，差异较大。表明未来干旱趋势在西北地区发生较早，在华南发生较晚，而在东北和西南地区则有较大不确定性。根据预估结果，中国区域未来在整体上有变干倾向。短期和长期干旱都有所增加，区域的干湿气候特性也将发生变化。相对于参考时段的平均态，RCP4.5 情景下未来中国湿润、半湿润和半干旱区面积发生了显著变化。2016～2035 年，大多数模式模拟的湿润区和极端干旱区面积都减小，而半

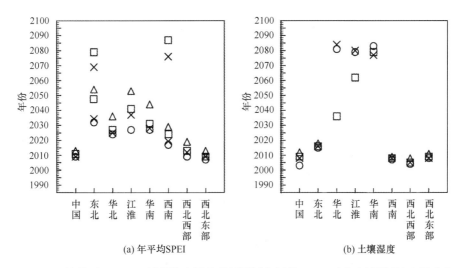

图 2.24　RCP4.5 情景下 MME-10 模拟的中国及其子区域年平均 SPEI（a）和土壤湿度（b）相对于 1986～2005 时段的均值差异显著性检验（刘珂等，2015b）

空心圈〇、叉号×、方框□、三角△分别代表95%、98%、99%、99.9%信度，图中四种标记对应的年份代表20年的中间年份

湿润和半干旱区面积增加。2046～2065 年，湿润区和极端干旱区减少，半湿润和半干旱区增加，且变化幅度要大于前一时期。2081～2100 年，干湿气候区面积变化不明显，半干旱区面积增加，且与 21 世纪前两个时段相比，不确定性加大。就 MME-21（21 个模式集合平均）和 MME-10（10 个模式集合平均）结果来说，2016～2100 年中国湿润区面积比 1986～2005 年减少了 1.5%～3.5%，2016～2065 年这部分面积主要转变成了半湿润区，而到 2081～2100 年则主要变成了半干旱区。

3）2℃全球变暖时全球温度和降水变化及显著信号

（1）关键问题。

气候变化问题不仅仅是科学问题，而且还是事关各国重大利益的政治和外交问题。而一系列国际气候变化谈判中制定温室气体减排目标的主要依据就是将相对于工业化前全球平均升温幅度控制在 2℃ 以内。已有的 2℃ 阈值研究一方面关注于如何控制温室气体排放以使全球平均升温不超过工业化前 2℃（Meinshausen et al.，2009；Rogelj et al.，2011；Smith et al.，2012；Steinacher et al.，2013）；另一方面，由于碳循环和气候对变暖响应的不确定性，全球平均温度何时超过 2℃ 也是同等重要的问题（Kaplan and New，2006；Joshi et al.，2011；Zhang，2012；张莉 et al.，2013；Vautard et al.，2014）。然而，这些预估的参考时段都是过去近 150 年中的某一个时段，和 2℃ 阈值的定义相矛盾。另一个关键问题是 2℃ 全球变暖时的气候变化是否超出了其自然内部变率，这在之前的 2℃ 预估中是没有被考虑的。因此，Jiang 等（2016b）基于合理的参考时段（工业化革命前期参照试验最后 200 年，即近似 1850 年），并考虑气候系统自然内部变率后，科学预估了全球增暖 2℃ 时全球气候到底如何变化？

（2）2℃全球变暖发生时间。

Jiang 等（2016b）首先探讨了在最新的 RCPs 情景下，相对于工业化前全球平均升温 2℃ 是否会发生以及何时发生。在 RCP2.6 情景下，所有 27 个全球模式模拟结果显示相对于工业化前 21 世纪全球平均温度将继续升高。其中，7 个模式模拟的全球升温将超过 2℃，发生时间为 2019 年［BCC-CSM1.1（m）］到 2061 年（BCC-CSM1.1），而其他模式模拟的 21 世纪全球升温都不会超过 2℃。所有 27 个模式的中位数结果表明，RCP2.6 情景下 21 世纪 2℃ 全球变暖将不会发生。在 RCP4.5 情景下，37 个模式中有 32 个模式模拟结果表明 21 世纪全球升温将超过工业化前 2℃，发生时间为 2017 年（BCC-CSM1.1（m））至 2087 年（FIO-ESM 和 MRI-CGCM3），而其他 5 个模式模拟的 21 世纪全球升温将不会超过 2℃。37 个模式中位数结果显示 RCP4.5 情景下 2℃ 全球变暖将于 2054 年发生。这比 Zhang（2012）和张莉等（2013）的 17 和 29 个模式集合平均预估时间晚 7 年，比 Vautard et al.（2014）中位数预估时间晚 4 年。原因之一是他们的研究中参考时段分别是 1860～1899 年（Zhang，2012）、1871～1900 年（张莉等，2013）和 1881～1910 年（Vautard et al.，2014），而这些时段内的外强迫是随时间变化的。例如，Jiang 等（2016b）用的 37 个全球模式中位数结果显示，1883 年的喀拉喀托火山喷发（Gao et al.，2008）将导致相应三个时段内全球平均温度比工业化前分别低 0.04℃、0.04℃ 和 0.07℃。另一个原因是使用的模式不同。在这三种情景下，RCP8.5 下 21 世纪全球升温幅度最大。所有 39 个模式模拟的 21 世纪全球升温都超过了 2℃，发生时间为 2017 年（BCC-CSM1.1（m））到 2058 年（GFDL-ESM2G）。这 39 个模式中位数结果显示 2℃全球变暖将于 2042 年发生。同样，这个发生时间也比张莉等（2013）的 29 个模式集合平均晚 4 年，和 Vautard 等（2014）的模式中位数结果一样，原因同上。总体来说，基于所有模式等权重结果，RCP2.6、RCP4.5 和 RCP8.5 情景下 2℃全球变暖发生的可能性分别为 27%、83%和 100%。所有模式中位数结果表明，RCP2.6 情景下 2℃全球变暖将不会发生，而 RCP4.5 和 RCP8.5 情景下将会出现 2℃全球变暖。综合前人基于 CMIP3 的预估研究（Joshi et al.，2011；姜大膀和富元海，2012），在 RCPs 和 SRES 的中等和高排放情景下 2℃全球变暖将在 21 世纪中期发生。这意味着为了防止 2℃全球变暖发生，在 21 世纪中期以前采取相应的减缓措施是十分必要的。Perrissin 等（2014）指出如果在最近十年还不采取有效措施，那么 2℃全球变暖将很有可能发生。

（3）2℃全球变暖时全球年和季节温度变化。

相对于工业化革命前期，RCP4.5 情景下 2℃全球变暖时全球年温度普遍升高，但有明显的区域性，升温幅度为 0.6～7.5℃，这种区域气候响应的差异主要源于外部强迫条件、反馈过程和热容量等因素的区域差异。主要表现为，陆地增温强于海洋，北半球增温强于南半球，主要是因为海洋比陆地的热容量大。定量来看，2℃全球变暖时，区域平均的全球陆地（海洋）、北半球陆地（海洋）和南半球陆地（海洋）分别增温 2.7℃（1.7℃）、2.9℃（2.1℃）和 2.2℃（1.5℃）。其中，北极增暖幅度最大，大部分地区增温 4.0～6.0℃，而巴伦支海、新地岛和喀拉海的增温幅度更大，在 6.0～7.5℃。这种现象也被称为北极增暖放大效应，与海冰/海洋/雪—地表反照率反馈过程、水汽—云反馈过程以及和植被与永冻土等变化相关的正反馈过程等密切相关（Collins et al.，2013）。除了北极，欧亚大陆北部和北美大陆北部的增温幅度也达到了 4.0～6.0℃，南美大陆南部、中南半岛以及印度尼西亚群岛的增温幅度小于 2.0℃，其他大部分陆地增温幅度在 2.0～4.0℃。除了北半球高纬度海洋、北太平洋北部和毗邻南极西部的海洋，其他大部分海洋增温幅度都小于 2.0℃，增温最小值在南半球中高纬度海洋。气候态上，50°S～60°N 纬向平均海洋温度高于陆地，而 2℃全球变暖时纬向平均海洋增温比陆地小，这将导致纬向平均海陆热力差异减小 0.5～1.0℃，尤其是北半球中纬度。季节尺度上，2℃全球变暖时，全球季节温度也将升高，陆地增温强于海洋，空间分布类似于年温度的变化。不同的是，由于热量输送和水汽—云反馈等气候系统内的各种过程，使得北极增暖放大效应在秋冬季表现得更强；在夏季，这种效应会减弱，主要因为融化的冰和海洋具有较大的热惯性（Lu and Cai，2009；Collins et al.，2013）。

除了上面讨论的气候变化幅度，另一个重要的问题是这些气候变化幅度是否会超过其自然内部变率。通常，气候变化幅度与其自然内部变率的比值（即信噪比）越大，局地气候变化越易被觉察（Mahlstein et al.，2011；Mora et al.，2013）。用工业化革命前期参照试验最后 200 年的年温度标准差（或称之为年温度的年际变率）来表示年温度的自然内部变率（或称之为气候噪声）。上述 37 个模式年温度年际变率的中位数显示其空间分布呈现从低纬向高纬增加，范围在 0.1～2.0℃，全球平均为 0.5℃。这种空间分布和前人基于 CMIP3 的模式中位数结果一致（Hawkins and Sutton，2012）。年温度年际变率低值区（小于 0.2℃）分布在赤道的印度洋、西太平洋和大西洋，高值区（大于 1.0℃）分布在 70°N 附近以及西半球 70°S 附近。除了非洲南部、澳大利亚、赤道东太平洋和南美洲中南部以及赤道的印度洋、西太平洋和大西洋，50°S~40°N 之间的其他大部分地区年温度年际变率在 0.2~0.5℃。北半球中纬度和 80°N 以北以及南半球 50°N 以南（不包括西半球 70°S 附近）年温度年际变率在 0.5~1.0℃。总的来说，气候态的年温度越高，其年际变率越小。季节温度年际变率的空间分布和年平均类似，即极地大于赤道，陆地大于海洋。定量来看，全球平均的春季、夏季、秋季和冬季温度年际变率分别为 0.7℃、0.6℃、0.7℃和 0.8℃，比年温度年际变率大，而且这种季节放大在极地尤其明显。

再来看一下 2℃全球变暖时年温度变化与其年际变率的比值。全球年温度的信噪比范围为 1.0~13.2。除了 55°S~60°S 和 135°W~160°W 的地区，其他大部分地区年温度的变化都超过了其年际变率。上面结果显示最强的年增温出现在北极，而年温度信噪比的最大值出现在低纬，主要因为低纬年际变率较小。与 Jiang 等（2016b）的结果一致，Hawkins 和 Sutton（2012）基于 15 个 CMIP3 模式预估 21 世纪低纬增温最先超过其年际变率；Mora 等（2013）也指出中高排放情景下热带气候变化最先超过其历史时期的变率。具体说来，除了赤道中东太平洋（信噪比为 1.0~5.0），低纬大部信噪比为 5.0~13.0（即局地增温是其年际变率的 5.0~13.0 倍），高值区（信噪比为 9.0~13.0）在印度尼西亚群岛、赤道印度洋、赤道西太平洋和赤道大西洋中东部。另外，北极信噪比也较大，为 5.0~7.0，主要因为那里的增温幅度远大于其他地区。其他中高纬大陆信噪比为 3.0~5.0；中高纬海洋的信噪比为 1.0~5.0，尤其是南大洋和北大西洋，信噪比小于 3.0。2℃全球变暖时全球年温度信噪比的平均值为 5.0，其中信噪比在 3.0~5.0 的地区最多，占全球面积的 45%，其次是信噪比在 5.0~7.0 的地区，占全球面积 25%，信噪比为 1~3 的地区第三，占全球面积的 14%。另外，除了北极，年温度信噪比和其气候态的空间分布相似。季节尺度上，2℃全球变暖时季节温度信噪比的空间分布基本和年温度的类似，但信噪比偏小，主要因为季节温度年际变率比年平均大。除了 120°W~180°E 之间的南大洋和北大西洋北部，其他地区季节增温都超过了其年际变率，全球平均春季、夏季、秋季和冬季地表温度信噪比分别为 3.3、3.6、3.7 和 3.2。相对于工业革命前，RCP8.5 情景下 2℃全球变暖时的年和季节温度的变化及其信噪比和上述 RCP4.5 情景下得到的结果基本一致。

（4）2℃全球变暖时全球年和季节降水变化。

相对于工业化前参照试验最后 200 年的气候态，2℃全球变暖时年降水变化的空间分布不均一，变化幅度为-0.7~1.3 mm/d，百分比变化为-28%~55%，全球平均值分别为 0.1 mm/d 和 2%。在 10°S~10°N、40°N 以北以及 45°S 以南的地区，年降水增加。降水百分比增加最多（大于 30%）的地区分布在北极东部，降水百分比增加 20%~30%的地区有北极的其他地区、格陵兰东部、部分热带太平洋以及南极大陆，而降水百分比增加 10%~20%的地区分布在高纬度的欧亚大陆和北美大陆以及南大洋。10°N~40°N 和 10°S~45°S 的地区，年降水减少，其中降水百分比减少 10%以上的地区位于副热带，包括副热带的非洲、南印度洋东部、南太平洋东部、南大西洋东部和北大西洋。季节上，降水百分比变化的空间分布和年降水类似，但幅度略大。例如，副热带大陆季节降水百分比减少得更多，北极秋季和冬季降水百分比增加得更多。全球平均来看，春季、夏季、秋季和冬季的降水百分比分别变化 0.5%、−0.7%、1.2%和 1.6%。

全球年降水量年际变率为 0.006~2.2 mm/d，全球平均值为 0.4 mm/d。年降水年际变率从低纬向高纬减小，在 30°S~30°N 海洋大于陆地。年降水年际变率高值区（1.5~2.2 mm/d）出现在部分赤道西太平洋和赤道东印度洋；次大值区（1.0~1.5 mm/d）出现在其他大部分赤道印度洋和赤道中西太平洋；其他大部分低纬年际变率一般在 0.5 mm/d 以上。年降水年际变率低值区（0.006~0.1 mm/d）出现在 70°N 以北、70°S 以南东半球、80°S 以南西半球以及副热带北美、南太平洋东部和南大西洋东部，次小值区（0.1~0.5 mm/d）分布在中高纬其他地区。空间分布上，气候态降水量越大，其降水年际变率越大。季节尺度上，季节降水年际变率和年降水的空间分布类似，但其数值更大。全球平均来看，春季、夏季、秋季和冬季降水年际变率分别是 0.8 mm/d、0.7 mm/d、0.7 mm/d 和 0.8 mm/d。纬向平均上，在 10°S~10°N，季节降水量的年际变率最大，超过 1.2 mm/d。

有关降水未来变化的预估研究已经有很多，主要观点是全球来说，"湿者越湿，干者越干"（Russo and Sterl，2012）。这里关于 2℃全球变暖时降水百分比的变化也呈现这种特征。然而，从信噪比的角度来看，这种观点并不成立。研究表明 2℃全球变暖时全球年降水信噪比范围是−1.4~2.3，全球平均值仅为 0.2。可见，年降水信噪比远小于年温度信噪比，这和 Hawkins 和 Sutton（2011）基于 CMIP3 的多模式集合平均预估降水的研究一致。高纬年降水信噪比绝对值大于中低纬度。定量上，年降水信噪比为−1.0~1.0 的地区基本分布在中低纬度，占全球面积的 86.0%，这也就意味着 2℃全球变暖时，这些地区的年降水变化没有超出其自然的年际变率。气候态上，副热带一般降水少，热带降水多，而 2℃全球变暖时，副热带降水减少，热带降水增加，这也就是上面说的"湿者越湿，干者越干"；但是，从信噪比角度来看，这些地区降水增加或减少都小于其自然内部变率。2℃全球变暖时，虽然大部分中高纬的降水增加，但只有高纬降水增加幅度超过了它的自然内部变率，尤其是在北极，降水增加超出其自然内部变率 2.0 倍以上，主要原因是高纬年际变率小。季节尺度上，2℃全球变暖时，季节降水信噪比空间分布和年降水类似，但数值偏小。全球平均来看，春季、夏季、秋季和冬季降水信噪比分别为 0.09、0.05、0.11 和 0.12。空间分布上，只有秋冬季北极大部和欧亚大陆高纬降水增加超过了其自然内部变率。

4）2℃全球变暖时中国温度和降水变化及显著信号

（1）关键问题。

前面深入探讨了 RCPs 情景下 2℃全球变暖时全球平均气候变化。然而，由于区域气候是复杂的局地过程的综合作用结果，对全球气候变化的响应也有差异（Christensen et al.，2013）。所以，很有必要为中国的决策者提供相关信息，如最新 RCPs 情景下 2℃全球变暖对中国意味着什么，尤其是从信噪比的角度来研究。鉴于此，Sui 等（2015）对以下问题进行了研究：①2℃全球变暖时中国温度和降水如何变化？②这些变化是否会超出其自然内部变率？③这些变化的不确定性范围有多大？

（2）2℃全球变暖时中国年和季节温度变化。

Sui 等（2015）分析了 RCP4.5 和 RCP8.5 情景下 2℃全球变暖时，相对于 1986~2005 年我国年平均温度变化，幅度为 1.3~2.6℃。在大尺度上年温度升高表现为从南向北加强，青藏高原中部比它周边的升温幅度大，这与 20 世纪后半段观测到的中国年温度变化的空间分布特征一致（Ding et al.，2007；Ren et al.，2012）。相对于1986～2005年我国区域平均增温 2.1℃，这表示相对于工业化革命前期我国变暖 2.6℃（1986～2005年相对于工业化革命前期升高 0.5℃），高于同期全球平均2℃变暖。这与先前 16 个全球气候模式在 SRES B1、A1B 和 A2 情景下得到的 2.7～2.9℃一致（姜大膀和富元海，2012），但幅度要小 0.1～0.3℃。

对于适应气候变化和风险评估来说，这些局地增温幅度是否超出其自然内部变率更为重要。我国年温度信噪比的空间分布呈现从南向北减少，青藏高原中部小于其周边地区的特征，与年温度变化和年际变率的空间分布呈负相关。RCP4.5（RCP8.5）情景下我国年温度的信噪比为 2.7～5.7，高值区（5.0～5.7）分布在青藏高原东北部和云南西北部，低值区（2.7～3.0）分布在东北西北部，全国区域平均为 4.0（3.9）。也就是说，区域平均来看，2℃全球变暖时我国年温度的增加幅度是其自然内部变率 4 倍。

季节尺度上，RCP4.5 下相对于 1986～2005 年我国春季、夏季、秋季和冬季温度区域平均升高 1.9℃、2.0℃、2.2℃和 2.3℃，幅度基本和年增温 2.1℃接近。空间上，也和年温度变化类似，但秋冬季增温大于年增温，尤其是在我国北方和青藏高原地区。这种在高纬度和某些高海拔地区的增温放大现象在全球尺度的观测事实和预估研究中也有发现，尤其是在冷季（Pepin and Lundquist，2008；IPCC，2013；Rangwala et al.，2013），而气候系统中的正反馈过程起了重要作用（Collins et al.，2013）。有一些相同的物理机制来解释北方和青藏高原的增温放大现象，如雪/冰-反照率反馈过程（Giorgi et al.，1997）。目前，定性、定量地对这种增温放大效应的机制解释还有待研究，包括云（Duan and Wu，2006）、大气中水汽含量（Chen et al.，2006）、大气环流（Li et al.，2012）、逆温层（Bintanja et al.，2011）以及土地利用（Du et al.，2004）等作用。从信噪比角度来看，2℃全球变暖时季节温度信噪比的空间分布和年情形类似，但数值偏小。主要因为季节尺度温度年际变率，尤其是春季和冬季，比年尺度温度年际变率大（Sui et al.，2014）。空间上，春季、夏季、秋季和冬季温度信噪比高值区（低值区）也分布在青藏高原东北部和云南西北部等（华北和东北），数值分别为 2.0～3.0（1.0～2.0）、4.0～5.0（2.0～3.0）、3.0～4.0（2.0～3.0）和 2.0～3.0（1.0～2.0）。区域平均的季节增温幅度是其自然内部变率 1.7（冬季）～3.3（夏季）倍。

气候变化预估研究中，不确定性范围也是一个很重要的方面。Sui 等（2015）用26 个模式 5%～95%置信区间来衡量模式之间的不确定性范围。需要说明的是，这种估计方式有一定的局限性，如模式之间的独立性以及并不能代表全部的真实情况等（IPCC，2013）。我国年和季节温度变化的 5%和 95%分位数上的空间分布，与其中位数类似，即从南向北加强，青藏高原中部大于其周边地区。具体来说，我国南方年温度变化 5%～95%区间为 0.6～3.0℃，北方为 1.0～4.0℃，青藏高原为 1.0～5.5℃。我国东北年温度信噪比 5%～95%区间为 1.0～5.0，青藏高原北部和东部以及云南西北部为 2.0～9.0，其他地区为 1.0～7.0。这表示在 5%～95%的置信区间，全国年增温都将大于其自然内部变率。区域平均的我国年温度变化及其信噪比的 5%～95%的置信区间分别为 1.1～3.2℃和 1.9～6.3℃。

季节上，夏季和冬季温度变化 5%～95%的置信区间大于春季和秋季，尤其是在我国北方和青藏高原地区。全国区域平均的春季、夏季、秋季和冬季温度变化 5%～95%的区间分别为 0.8～3.1℃、1.0～3.5℃、1.1～3.4℃和 0.6～3.8℃。相应信噪比的置信区间的空间分布和其中位数也类似。具体说来，夏季大于其他季节，尤其是在我国西北和西南，而春季和冬季小于秋季。在 5%分位数上，除了青藏高原东部和西北部的春季增温，我国春季和冬季温度变化幅度小于其自然内部变率；大部分地区夏季和秋季增温是其自然内部变率 1.0～2.6 倍。在 95%分位数上，季节温度信噪比在青藏高原北部和东部以及云南西北部为 3.0（春季和冬季）～10.5（夏季），北方为 2.0（春季和冬季）～7.0（夏季），其他地区为 3.0（春季和冬季）～7.0（夏季）。全国区域平均的春季、夏季、秋季和冬季温度变化幅度与其自然内部变率比值的 5%～95%置信区间分别为 0.7～3.2、1.4～5.7、1.2～4.5 和 0.4～3.2。基于 21 个 RCP4.5 情景下的模式结果也得到类似结论。

（3）2℃全球变暖时中国年和季节降水变化。

RCP4.5（RCP8.5）情景下 2℃全球变暖时，相对于 1986～2005 年我国大部分地区年降水增加，变化幅度为–0.05(–0.04)～0.40(0.30)mm/d，百分比变化为–1.8%(–1.1%)～17.8%（20.2%），全国区域平均值分别为 0.13（0.11）mm/d 和 7.2%（6.8%）。空间上，南方降水百分比变化小于 5.0%，北方降水百分比为 5.0%～20.2%，尤其是西北，大于10.0%。这种降水大范围的增加可能是由于对流层升温引起的大气含水量增加（IPCC，2013；Seo and Ok，2013）以及东亚季风环流的弱增加所导致的（Jiang and Tian，2013）。从信噪比来看，其空间分布和降水百分比变化的空间分布类似，变化幅度为–0.1～1.1，区域平均为 0.4。这表示我国大部分地区年降水变化都小于自然内部变率，青藏高原东北部除外。

季节尺度上，相对于 1986～2005 年我国大部分地区季节降水是增加的，而东南春季、西北和部分中部夏季、长江中下游秋季以及西南冬季降水是减少的。其中，冬季青藏高原南部降水变化可能是因为全球模式分辨率不够高，对地形处理能力不足（高学杰等，2012）。定量上，降水增加的高值区（20.0%～39.4%）分布在华北、东北和塔里木盆地的冬季以及部分内蒙古的秋季；其他降水增加的地区的增加幅度在 20.0%以下；在降水减少地区的减少幅度在 12.6%以下。我国春季、夏季、秋季和冬季降水的信噪比的空间分布和其降水百分比变化的空间分布类似，全国区域平均分别为 0.3、0.2、0.2 和0.3（0.4）。总之，2℃全球变暖时我国季节降水的变化都小于其自然内部变率。

我国年、春季、夏季、秋季和冬季降水百分比变化和信噪比的 5%～95%的置信区间的空间分布也是区域依赖的。在 5%分位数上，我国年和季节降水都是减少的；而在95%分位数上，年和季节降水则是增加的，大尺度的空间分布也呈现从南到北降水百分比增大。就年降水百分比变化的 5%～95%的置信区间而言，南方为–10.0%～20.0%，青藏高原为–10.0%～40.0%，东北为–20.0%～40.0%，西北为–31.1%～95.8%。季节上，南方为–40.0%（秋季和冬季）～80.0%（冬季），东北为–40.0%（冬季）～80.0%（冬季），青藏高原为–48.0%（冬季）～80.0%（夏季），华北为–40.0%（春季和秋季）～100.0%（冬季），西北为–46.3%（夏季和秋季）～200.0%（秋季和冬季）。可见，西北降水百分比变化的 5%～95%置信区间最大，主要原因是参考时段气候态降水量少，尤其是秋季和冬季（Sui et al.，2013）。5%～95%的置信区间显示，2℃全球变暖时我国降水变化的不确定性要大于温度，原因之一可能是模式对气候态降水模拟能力没有对温度的模拟能力好。总体来看，2℃全球变暖时全国区域平均的年、春季、夏季、秋季和冬季降水百分比变化的 5%～95%的置信区间分别为–8.8%～29.2%、–17.9%～39.3%、–17.9%～40.5%、–22.7%～52.5%和–19.8%～59.8%。

就信噪比而言，在 5%分位数上，2℃全球变暖时，我国绝大部分地区年和季节降水的减少幅度都是小于自然内部变率的。在 95%分位数上，青藏高原中部和北部的年和季节降水增加幅度是其自然内部变率 1.0～3.9 倍，北方的降水增加幅度是其自然内部变率的 1.0～2.0 倍，而南方的降水增加幅度没有超出其自然内部变率。总的来说，2℃全球变暖时，全国区域平均的年、春季、夏季、秋季和冬季降水信噪比的 5%～95%的置信区间分别为–0.5～1.6、–0.6～1.2、–0.7～1.3、–0.7～1.2 和–0.5～1.4。基于 21 个 RCP4.5情景下的模式结果也可以得到类似的结论。

（4）2℃增暖时中国极端气候变化。

那么，中国增暖 2℃时其极端气候又是如何变化？这里详细分析了国际通用的 27个 ETCCDI 极端气候指数的变化特征（Chen and Sun，2015d）。极端温度事件在增温1℃时变化信号相对较弱；在 2℃时，变化幅度增加；到 3℃时，变化明显增强，并且影响范围也在明显增加。相比 1986～2005 年，在不同程度增暖情况下，中国区域日最高温度（TX）的年最大值和日最低温度（TN）的年最小值都普遍升高。多模式集合结果指出日最高气温（TXx）和日最低气温（TNn）的升温幅度较平均温度要大得多。而且在各个 RCP 排放情景下，TNn 的升温幅度比 TXx 要大得多，特别是在高纬地区，如东北、新疆和青藏高原的一些区域。就全国区域平均而言，TXx 和 TNn 在 RCP2.6 情景下增暖 1℃时分别升温 1.10 和 1.05℃，在 RCP4.5 情景下增暖 1℃时分别升温 1.19 和1.22℃，在 RCP8.5 情景下增暖 1℃时分别升温 1.11 和 1.12℃，而且在增温 1℃、2℃和3℃时二者长期趋势基本一致。各模式结果和多模式集合基本一致。由于模式间差异和模式内部变率的存在，总方差和和变化信号强度相当，但是空间分布更加不均匀。

随着平均温度升高，霜冻日数（FD）和冰冻日数（ID）显著减少，但是夏季日数（SU）和热夜日数（TR）显著增多。FD 和 ID 在青藏高原显著减少，但是变率相对较大，在 RCP8.5 情景下增暖 3℃时减少幅度最大。在三种 RCP 情景下，未来南方地区 ID 均显著减少，但是幅度比北方地区要小的多。就中国整体而言，各个模式结果一致显示在三种 RCP 情景下增暖 1℃、2℃和 3℃，FD 和 ID 都减少。在最低辐射强迫即 RCP2.6 情景下 FD 减少超过 8 天，ID 减少超过 6 天。SU 和 TR 在中国东部一些区域增加幅度最大，特别是在 RCP8.5 情景下升温 3℃时，但是显著增加的地区往往对应着变率也比较大。青藏高原 SU 和 TR 增加幅度相对较小，变率也较小。多模式集合显示在 RCP2.6情景下中国增暖 1℃时，SU 和 TR 分别增加 7 天和 6 天。随着温度升高，SU 和 TR 有长期增加的趋势；在 RCP8.5 情景增暖 3℃时，SU 和 TR 分别增加超过 25 天和 19 天。虽然由于模式间差异不同造成的变率较大，但是各模式结果和多模式集合基本一致。上述结果表明如果未来气候遵循这三种 RCP 排放情景下的变化，未来中国将遭受更多极端高温天气的威胁。

和平均温度变化一致，作物生长期（GSL）在三种 RCP 情景下都是延长的。这对增加农业产量有重要意义。全国 GSL 一致延长，在青藏高原地区最为显著。随着温度和辐射强迫增加，变化幅度也增加。和其他地区相比，青藏高原地区的变率相对较大。GSL在升温 1℃时增加 9 天，在 2℃增加 20 天。在 RCP8.5 情景下升温 3℃增加超过 28 天。

与 1986～2005 年相比，三种 RCP 情景下冷夜（TN10p）和冷昼（TX10p）未来一致减少；而暖夜（TN90p）和暖昼（TX90p）增加，且变化幅度较 TN10p 和 TX10p 要大得多。对这些相对阈值指数而言，变化信号强往往对应着不确定性也较大，但是信号的显著性通常大于其本身的噪声。多模式集合显示从 1℃到 3℃增暖过程中，TN10p 和 TX10p 均减少自 3%增加到 6%。暖事件快速增加，TX90p 在 1℃时增加 7%，在 2℃时增加超过 17%，在 3℃时增加超过 25%；TN90p 的增加幅度远超 TX90p。上述结果表明未来中国将遭受更多的极端暖事件。

在未来增暖背景下，中国大范围地区总降水量（PRCPTOT）显著增加，在 RCP8.5 情景下升温 3℃时东北、华北和青藏高原地区增加幅度最大。PRCPTOT 减少的地区主要集中在西南地区，这表明如果未来气候沿着这三种 RCP 情景变化，那么西南地区干旱情况可能会持续，尽管该地区的不确定性比其他地区相对要大。此外，西南地区日降水强度（SDII）增强，这说明未来该地区降水日数也在减少。

极端降水事件的变化和 PRCPTOT 有所不同。极端降水量（R95p）和大暴雨日数（R20mm）显著增加。升温越大，R95p 增加幅度越大，R95p 对年总降水量贡献也在增加，特别是在 RCP8.5 情景增温 3℃时增加幅度最大。最大连续 5 天降水量（RX5day）和最大日降水（RX1day）变化与其变化基本一致。特别是 RX5day，在全国范围内一致增加，东部和西南地区在升温 2℃时增值最大。虽然在西南地区模式间差异相对较大，但是预估结果显示未来该地区遭遇极端降水和洪涝灾害的风险也在增加。在 PRCPTOT增加的区域，连续干旱日数（CDD）显著减少而最大连续降水日数（CWD）增加。中国北方地区 CDD 减少，CWD 增加，这说明未来北方地区干旱情况将缓解，而华南和西南地区 CDD 增加，CWD 减少。尤其是西南地区，CDD 增加的同时 RX5day 也增加。这说明尽管该地区总降水量减少，但是发生干旱和洪涝风险同时增加。

气候越极端，增加幅度越大，模式间的一致性也越好。当升温 1℃时，总降水量增加了近 15mm，这主要是由极端降水（R95p）的显著增加引起的。增加幅度随温度增加而增加，当升温 3℃时，R95p 增加近 57mm，PRCPTOT 增加近 68mm。各模式结果也一致显示，随着总降水量增加，日降水事件（RX1day）强度也在增强，意味着降水事件更趋极端化。对 CDD 来说，近 2/3 的模式在不同 RCP 情景和增暖背景下变化一致。在 RCP2.6 情景升温 1℃时，CDD 减少近 0.5 天，在 RCP8.5 情景升温 3℃时减少近 2 天。但 CWD 在不同模式和不同排放情景下的变化差异较大。

上述结果显示中国在变暖背景下将经历更多强度更强的极端降水事件，而且全国发生洪涝的风险明显增加，北方地区的干旱将会得到缓解。也有一些地区，如西南地区，发生洪涝和干旱的风险都会增加，尽管其降水量减少。也就是说，在变暖背景下，未来该地区干旱将持续甚至加剧。

5）中国气候变化显著信号出现时间

（1）关键问题。

前面从信噪比的角度预估了 2℃全球变暖时全球和中国的气候变化特征。从中引申出另外一个气候变化预估中的重要问题：RCPs 情景下 21 世纪我国平均气候变化是否会超出其自然内部变率，以及何时超出？气候变化信号超出其自然内部变率的出现时间，也就气候显著变化信号的出现时间，下面简称为 ToE（Time of Emergence）。IPCC AR4 中已关注了该问题，就温度变化而言，季节温度显著变化的 ToE 一般比年温度晚，大多数地区夏季温度显著变化的 ToE 早于其他季节（Christensen et al.，2007）。基于 CMIP3 的模式结果，Mahlstein 等（2011）发现显著变暖信号最先出现在低纬度国家，尤其是在夏季；Hawkins 和 Sutton（2012）也得到低纬度显著变暖信号的 ToE 将比中纬度早几十年，尤其是在夏半年。对于降水来说，IPCC AR4 指出降水变化 ToE 最早出现在极地，其次出现在中纬度，最晚在低纬度出现（Christensen et al.，2007）。基于 CMIP3 的模式结果，Giorgi 和 Bi（2009）预估了 14 个降水变化热点地区的降水变化 ToE，也得到高纬度热点地区的降水变化 ToE 出现于 21 世纪初，北半球中低纬度热点地区的降水变化 ToE 出现于 21 世纪中期，南半球低纬度热点地区的降水变化 ToE 出现于 21 世纪末或更晚。值得注意的是，上述这些预估多关注全球尺度或大陆尺度，然而，区域尺度气候变化预估更有意义，因为它将直接影响人类和自然系统，尤其是像中国这样的人口大国。因此，Sui 等（2014）系统预估了 RCP4.5 情景下 21 世纪我国平均气候变化是否会超出其自然内部变率，以及何时超出？

（2）中国温度变化显著信号出现时间。

基于 RCP4.5 情景下 25 个模式中位数的信噪比（S/N），得到这 25 个模式中位数的 ToE。在 RCP4.5 情景下，年温度显著变暖的信号最早出现在青藏高原北部和东部、西北南部和西南西北部，当 $S/N > 1.0$（$S/N > 2.0$）时，中位数 ToE 在 2006～2009 年（2018～2025 年）。东北、华北显著变暖信号出现最晚，当 $S/N > 1.0$（$S/N > 2.0$）时，中位数 ToE 在 2015～2020 年（2030～2040 年）。季节上，除了东北和华北显著变暖信号最早出现在秋季，其他地区显著变暖信号最早出现在夏季。空间上，季节显著变暖信号最早出现在青藏高原南部和东部、新疆东部和华南沿海，当 $S/N > 1.0$（$S/N > 2.0$）时，中位数 ToE 在 2008～2012 年（2020～2030 年）。东北、华北季节显著变暖信号出现最晚，当 $S/N > 1.0$（$S/N > 2.0$）时，中位数 ToE 在 2015～2020 年（2040～2050 年）。

用 25 个模式的 5%～95%不确定性范围来表示模式之间的不确定性。RCP4.5 情景下，年和季节温度显著变化信号在 5%～95%置信区间内表现为显著变暖。就年温度 ToE 的不确定性来说，RCP4.5 情景下，在青藏高原北部、西南局部和华南最小，在 17～30 年之间；在青藏高原中部、东北和华北最大，在 40～60 年。季节上，RCP4.5 情景下，除了东北秋季温度 ToE 不确定性最小，其他大部分地区夏季温度 ToE 不确定性最小。RCP4.5 情景下青藏高原东南部、西南西部和长江以南局部的季节温度 ToE 的不确定性最小，在 20～30 年之间；华北、东北、青藏高原北部和西部的季节温度 ToE 的不确定性最大，超过 40 年，尤其是在华北和东北局部，其季节变暖信号在 21 世纪末以前都未出现。

（3）中国降水变化显著信号出现时间。

RCP4.5 情景下，当 $S/N > 1.0$ 时，其次年降水显著增加的信号最早出现在青藏高原东部和北部以及新疆南部，年降水中位数 ToE 出现在 2059～2090 年之间。年降水显著增加的信号出现在东北北部、华北、西北局部和青藏高原中南部。黄河以南的大部分地区年降水显著变化的信号直到 21 世纪末都未出现。季节上，RCP4.5 情景下，当 $S/N > 1.0$ 时，降水显著增加的信号只出现在新疆南部的冬春季和四川中部的春季等极少部分地区。年和季节降水 ToE 的不确定性远大于温度 ToE 的不确定性。

2.3.4 区域模式预估的我国未来气候灾害演变趋势

1. 区域模式模拟性能系统评估

1）嵌套模式系统的模拟能力

（1）对全国气候及极端气候的模拟能力。

Yu 等（2015）利用 CMIP5 计划中 MIROC5 模式 historical 试验结果，驱动 WRF 模式，进行了我国区域气候的长时间模拟，并对模式对我国气候平均态及极端气候事件的模拟能力进行了系统评估，评估时段为 1986～2005 年。

从气候平均态来看，观测中夏季平均气温呈现从南到北递减的趋势，东南部沿海地区最高（约为 24℃～27℃），青藏高原由于高大的地形影响，成为一个冷中心（低于 3℃）。MIROC5 模式总体上可以再现气温从南到北递减的分布特征，但对一些局地细节却模拟较差。如 MIROC5 模拟出的东南高温区一直延伸到了长江下游地区，这比观测偏北了将近 5°。WRF 相较于 MIROC5 模拟性能有明显的改善，特别是在中国东南地区、长江流域和西北地区，模拟的区域特征与观测更加吻合。对四川盆地和塔里木盆地的局地温度分布特征，WRF 也可以合理的再现出来。MIROC5 模拟的温度和观测的空间相关系数为 0.9，而 WRF 为 0.97。同时也可以看到，这两个模式都高估了青藏高原的温度变率，因此，在高海拔的地形复杂地区，现有模式仍需进一步改善。另外，WRF 模式模拟的夏季温度与观测十分吻合，但模拟的冬季气温显著偏低，这可能与模式中积雪反馈过程的缺陷所致。

选择了多个典型的极端气温指标（表 2.16），评估了模式的模拟能力。观测中热夜（TR）在我国低纬度地区为高值区，并从东南到西北递减。MIROC5 模拟存在明显的高估，另外，在其他地区也都存在较大偏差。而 WRF 模拟的偏差在华北、东北和西北地区都要明显低于 MIROC5 模式。MIROC5 和观测比较，显著高估了冷日持续指数（CSDI），特别是在青藏高原地区，而在东北和西北地区，则存在着明显的低估。WRF 对 CSDI 高估的地区比 MIROC5 小，而偏差值也更小，尤其是在青藏高原地区，WRF 模拟与观测的空间相关系数（0.8）高于 MIR0C5（0.75），表明 WRF 的模拟能力更好。夏日（SU）的空间分布与气温较为一致，而 WRF 和 MIROC5 都能较好的模拟 SU 的分布。而 WRF 模拟与观测的空间相关系数（0.97）显著高于 MIROC5（0.90）。此外，两个模式都对冰冻日数（ID）存在高估，而 WRF 模式与观测的相关系数更高，模拟结果更接近观测。

观测中我国夏季降水从东南到西北呈现递减趋势。降水中心位于我国东南地区，降水量超过了 800 mm，而西北地区降水稀少，降水量少于 100 mm。MIROC5 和 WRF 都可以再现我国夏季降水的总体分布，但都存在高估。WRF 模拟与观测降水的空间相关

表 2.16 所选极端气温和极端降水的指数（Yu et al., 2015）

英文缩写	指数名称	定义	单位
ID	冰冻日数	日最高温度（TX）<0℃ 的全部日数	天
TR	热夜	日最低气温（TN）>0℃ 的日数	天
SU	夏日	日最高气温大于 25℃ 的日数	天
TN10p	冷夜	日最低气温（TN）<10%分位值的日数	天
TX90p	暖昼	日最高气温（TX）>90%分位值的日数	天
CSDI	冷日持续指数	每年至少连续 6 天日最低气温（TN）<10%分位值的日数	天
R10	大雨日数	一年之中日降水量超过 10mm 的日数	天
R95t	极端降水	极端降水量（日降水量≥1961~1990 年日降水 95%分位数）之和占该年总降水量的百分率	%
R5d	连续五天最大降水量	一年中连续 5 天降水量之和的最大值	mm
CWD	持续湿日	日降水量连续≥1mm 的最长时期	天

系数为 0.85，略高于 MIROC5 模拟结果（0.84）。WRF 模式对降水的改善主要集中在局地细节上，原因主要是 WRF 模式使用了更高的分辨率。例如，在西北地区，WRF 模拟的降水空间分布与观测更加吻合。MIROC5 在四川盆地模拟的降水和观测不一致，而 WRF 模拟则有明显的改善。在青藏高原东南部，MIROC5 模拟的降水存在明显的高估，这可能是由于地形因素所导致。由于 MIROC5 模式分辨率不高，导致模式中喜马拉雅山等地的高度低于现实值，从而使得水汽可以越过高原侵入我国，从而带来降水。而 WRF 由于分辨率较高，从而可以克服这个缺陷，从而使得模拟结果与观测更为吻合。

而从降水的季节变化上看，两个模式均能模拟出我国夏季降水多而冬季降水少的特征，但在量值上，都存在高估，特别是夏季。WRF 模拟在我国华北、西北和青藏高原等地区模拟的偏差较小，量级上都与观测更加接近。另外，对我国东部地区雨带的季节变化的模拟上，MIROC5 和 WRF 均能较好的再现雨带的南北移动，但都对南方的降水有明显的高估，对降水量和持续时间的模拟值都明显高于观测，而 WRF 模式模拟结果和 MIROC5 比较，其模拟的偏差较小，和观测更为接近。

此外，对极端降水的模拟结果进行了评估。观测中大雨日数（R10mm）的空间分布与降水的气候态基本一致，呈现从东南向西北递减的特征。两个模式在西南和青藏高原地区都存在明显的高估，但 WRF 模式存在偏差的区域更小。连续湿日（CWD）的空间分布和 R10mm 一致，表现为东南高，西北低。MIROC5 能再现总体的空间分布特征，但对大部分地区存在高估。WRF 和 MIROC5 相比，对我国东南、长江流域和北方地区的模拟存在显著的改进，但对青藏高原地区，也存在存在较大的负偏差。大于第 95 个百分位降水率（R95t）空间分布表现为从东南向西北递减，两个模式均能较好再现其空间分布，但都存在高估。WRF 模拟结果和 MIROC5 比较，显示出明显的改善。连续 5 天最大降水量（R5d）的空间分布和降水气候态比较一致，MIROC5 和 WRF 均能较好模拟 R5d 的分布，但都存在高估，而 WRF 模拟的偏差区域和量级都要小于 MIROC5。

这些结果表明，MIROC5 和 WRF 均能较好的再现气温的时空变化特征，WRF 模式相对 MIROC5 的改善主要集中在区域细节上。对温度的年际变率的模拟上，模式模拟都存在较大的不确定性，但 WRF 的模拟结果与观测更为一致。与 MIROC5

模式相比，WRF 模式能够更好的模拟出我国降水的空间分布、变化趋势及雨带随时间的移动特征。WRF 模式的改进也表明在未来气候变化预估中使用动力降尺度的重要性和必要性。

（2）对西部干旱区的模拟能力。

我国西部干旱区是典型的气候敏感区，因此针对模式的模拟能力也进行了系统评估。观测中我国西部干旱区气温的主要特征是：山区由于海拔较高导致地表气温与周边相比较低，而沙漠地区由于特殊的下垫面状况往往成为高温中心。于恩涛等（2015）的分析结果表明，WRF 可以合理地再现我国西部干旱区年平均气温的空间分布，模拟结果与观测比较吻合，如 WRF 能够合理的再现祁连山、天山、昆仑山和阿尔泰山地区的低温，同时也可以模拟出塔克拉玛干沙漠、古尔班通古特沙漠和巴丹吉林沙漠的高温。另外，在量值上，WRF 模拟和观测差别较小。

对夏季平均和冬季平均气温的模拟与年平均气温一致，WRF 模式表现出较好的模拟能力。如观测中，盆地的夏季气温多高于 21℃，而山区则约为 9℃。WRF 模拟气温和观测比较一致。而 MIROC5 使用较低的分辨率，对气温局地细节模拟较弱，特别是伊犁地区。

观测的西部干旱区冬季气温在盆地多低于–2℃，最低温则低于–20℃。MIROC5 模拟的高温区范围过大，而伊犁地区的低温则无法模拟出来。而 WRF 模式有显著的改进，对气温的空间分布和量值的模拟与观测十分吻合。

MIROC5 和 WRF 模拟的气温与观测的空间相关系数如表 2.17 所示。从表中可以看出，WRF 结果和 MIROC5 比较有明显提高。如 WRF 模拟的年平均气温与观测的空间相关系数为 0.96，除冬季外，相关系数都约为 0.97，而 MIROC5 的空间相关系数则为 0.8 左右。同时也可以看出，两个模式都对冬季气温模拟较差，这可能和模式中冰雪反馈过程描述不足有关。

表 2.17 **WRF 和 MIROC5 模拟的气温与观测的空间相关系数**（于恩涛等，2015）

模式	年平均	春季	夏季	秋季	冬季
WRF	0.96	0.97	0.97	0.97	0.79
MIROC5	0.81	0.82	0.84	0.81	0.71

WRF 模式对我国西部干旱区降水的空间分布的模拟与 MIROC5 比较也有明显改进。如观测年平均降水在山区多大于 200 mm，最大值大于 500 mm。而盆地地区由于都是沙漠，降水稀少，年降水量都低于 50 mm。MIROC5 虽然可以再现降水的总体特征，但对局地细节模拟较差，如对盆地地区极端干旱的范围和观测相差很大，同时，对山区降水较多地区模拟范围过大。而 WRF 能够合理再现年平均降水的空间分布，降水量值和观测也更为吻合。

WRF 在沙漠地区模拟的降水低于观测，这也有可能与观测资料有关，沙漠地区由于缺少气象站点，观测数据则多由临近站点插值得出，这会导致和实际降水存在差别。有观测表明塔里木盆地内部年平均降水低于 25 mm，而沙漠边缘地区则为 50 mm 左右，这和 WRF 的结果是吻合的。

2. 中国区域气候灾害未来演变趋势

1) 西部干旱区未来气候变化预估

于恩涛等（2015）利用 MIROC5 和 WRF 嵌套，进行了 RCP6.0 情景下的预估模拟。研究结果显示，21 世纪气温将持续变暖，增温幅度末期显著高于中期，增温幅度约为 2℃。空间分布特征则为南部增温高于北部，山区高于盆地，增温最高地区主要位于昆仑山北坡和阿尔金山一带。

21 世纪中期，年平均温度增加 2~3℃，昆仑山、阿尔金山和天山山区增温明显，而盆地增温多低于 2℃。夏季的增温幅度高于年平均，其中阿尔金山夏季增温最为明显。冬季增温幅度小于夏季，增温幅度较大地区集中在盆地地区，如准噶尔盆地、柴达木盆地及哈密吐鲁番地区一带。

21 世纪末期，年平均气温变化主要是山区增温高于盆地，南部高于北部。总体上末期增温的幅度高于中期，增温幅度都超过 3℃。夏季增温更大，如昆仑山北坡和阿尔金山等地增温幅度大多超过 4℃。冬季增温幅度低于夏季，其主要特点是盆地增温较高，增温幅度约为 4℃。这种气温变化可能会使盆地气温年较差减小，而山区增大。

从西部干旱区降水变化可以得出，无论是中期还是末期，降水变化的主要特征是山区降水减少而盆地增加。与温度不同，中期和末期降水变化幅度比较相似，并没有显著的差异。夏季降水变化幅度高于年平均，山区降水减少，变化明显；而冬季的主要特征则是盆地降水显著增加。

21 世纪中期和末期，年平均降水在大部分地区增加，其中塔里木盆地、准噶尔盆地及阿拉善地区降水增加，增加幅度超过 20%，而山区降水则减少，特别是昆仑山北坡地区。夏季降水变化的空间分布和年平均比较类似，总体为山区减少，盆地增加。昆仑山和阿尔金山降水减少超过 40%，天山山区降水减少约 20%，由于这些地区是主要的降水中心，降水的大幅减少对气候将产生重要影响。由于这些地区的降水主要来源于本地，未来变暖会导致水汽更难饱和，从而使得降水减少。而夏季盆地降水略有增加，这可能和未来西风带水汽输送增强有关。冬季降水总体呈现增加趋势，其中新疆南部地区降水增加比较明显。

计算了 WRF 模拟的西部干旱区和全国区域平均气温、降水变化曲线，WRF 可以合理地模拟区域平均的温度变化，模拟和观测十分吻合。未来西部干旱区无论是年平均还是夏季平均气温都持续增加。21 世纪中期年平均温度升高约 2℃，而末期区域平均增温接近 4℃。夏季增温高于年平均，21 世纪末期夏季气温增温将超过 4℃。和全国平均相比，西部干旱区增温幅度都高于全国平均水平，如在 21 世纪末，西部干旱区年平均增温幅度比全国平均高 0.2℃。夏季增温更强烈，21 世纪末期高比全国平均超过 0.6℃。

从 21 世纪年平均和夏季平均降水变化可以得出，模式对降水的模拟存在很大的不确定性。而 WRF 基本可以再现降水的总体变化趋势。未来我国西部干旱区年平均降水变化不明显，只在 21 世纪末期有微弱的减少趋势。这有别于预估的我国区域平均的年平均降水的增加趋势。西部干旱区和全国平均的夏季降水变化区别更加明显，如在 21

世纪中期西部干旱区降水略有增加，末期降水则显著减少，特别是 2080～2100 年，区域平均夏季降水减少接近 20%，而全国平均的夏季降水依然增加。另外，21 世纪末西部干旱区夏季降水变率增大，表明未来干旱区夏季极端降水事件可能增加。

另外，利用多个区域模式，进行了西部干旱区其他情景的预估模拟，结果显示，在 RCP4.5 和 RCP8.5 的情景下，21 世纪中期气温将会增暖，RCP8.5 比 RCP4.5 情形增暖的幅度更大。在 RCP4.5（RCP8.5）情景下，年平均气温增加 2.03℃（2.63℃），季节上冬季和夏季增暖的幅度高于春季和秋季。在 RCP4.5 情景下，增暖主要集中在西部山区，夏季气温增幅超过 3℃的地区大于其他季节，但气温增幅最大出现在冬季，其中在盆地边缘地区增温多超过 4℃。西部干旱区在 RCP8.5 情景下增温比 RCP4.5 显著，其中夏季、秋季和冬季的温度增加均超过 3℃。

在 RCP4.5 和 RCP8.5 的情景下西部干旱区年平均降水约增加 10%，且春季和冬季的增加幅度大于夏季和秋季。两种情景下降水变化的空间分布比较一致，多数地区年平均降水增加，降水中心位于东部地区，而在塔里木盆地和准噶尔盆地，降水则减少。21 世纪中期春季和冬季呈现变湿的趋势；在夏季，盆地地区降水减少，而吐鲁番地区降水增加；秋季西部干旱区昆仑山降水减少，其他地区降水增加。

模式集合结果与观测气温分布十分吻合，表明模式可以很好模拟温度的变化趋势。在 RCP4.5 和 RCP8.5 两种情景下，干旱区区域平均气温显著上升，到 21 世纪中期在 RCP8.5 情景下上升 3℃；而在 RCP4.5 情景下，温度上升不明显，特别是 21 世纪中叶前十年中，温度上升的趋势显著减弱。季节平均气温的变化与年平均比较一致，而不同季节存在差异。春季和冬季气温变率增大，表明未来可能出现更多的极端冷事件。

集合模式对西部干旱区降水的模拟能力较弱，但对降水趋势模拟性能较好。在 RCP4.5 和 RCP8.5 情景下，年平均和季节平均降水均增加，到 21 世纪中期年平均降水将增加 20%，冬季降水将增加 50%且降水变率增强，说明未来冬季可能会发生更多的强降雪事件。

由于西部干旱区气候的敏感性，很有必要对未来的气候变化进行预估研究。从模式结果来看，21 世纪中期年平均温度增加，降水增多，且冬季气温和降水变率增强程度大于其他季节，意味着未来冬季可能发生更多的极端天气气候事件。

2）青藏工程走廊多年冻土消融与地面沉降灾害时间预估

青藏高原多年冻土作为典型的高海拔多年冻土对气候变化十分敏感（Guo et al.，2012；Guo and Wang，2016）。气候变暖导致的青藏高原多年冻土消融很可能会对青藏高原公路和铁路的稳定性造成潜在威胁（Guo and Sun，2015）。预测气候变暖引起的青藏工程走廊地表沉降灾害时间对冻土工程设施的建造与维护十分重要。已有研究主要集中在站点的敏感性试验研究，以及灾害等级区划方面（孙增奎等，2004；张建明等，2007；Zhang and Wu，2012；阮国锋等，2014）。Guo 和 Sun（2015）利用第五次耦合模式对比计划（CMIP5）的多模式和多情景数据、通用陆面模式 CLM4 模拟的高分辨率土壤温度数据，ERA-Interim 再分析资料以及青藏高原冻土观测资料在区域尺度上对青藏工程走廊多年冻土消融以及相关融沉灾害发生的具体时间进行了预估。

模拟的当时（1986～2005 年）集合平均多年冻土分布与青藏高原多年冻土十分接近。

青藏高原工程走廊内 41 个模拟格点中，仅仅有 5 个格点的模拟结果与青藏高原冻土图不一致。这 5 个格点分布在青藏工程走廊南部较暖的多年冻土区。李树德和程国栋（1996）的结果显示青藏工程走廊南部多为小面积的岛状多年冻土。模式较粗的分辨率可能不能识别这些小面积的多年冻土。

CLM4 模拟的 1986～2005 年的区域平均土壤温度变化与 ERA-Interim 数据十分接近，相关系数为 0.57，通过了 99%的信度水平。气候模式集合平均土壤温度与它们两个的平均也具有较好地对应，相关系数为 0.49，通过了 95%的信度水平。到 2099 年，集合平均 1 米深处土壤温度将增加 1.0℃（RCP2.6）、1.9℃（RCP4.5）和 4.5℃（RCP8.5）。不同模式之间表现出了一个较宽的升温范围。

年平均地温指多年冻土地温年较差为零的深度处的地温。它被认为能够很好地反映多年冻土对长期气候变化的响应（徐敦祖等，2010）。在青藏高原上，年平均地温一般指 15m 深处的土壤温度（Wu and Zhang，2010）。模拟的集合平均 15m 深处土壤温度变化与 CLM4 模拟结果接近，相关系数为 0.89，超过了 99%的信度水平。与 1m 深处土壤温度变化相比，15m 深处土壤温度在将来的升温范围较小。到 2099 年，集合平均土壤温度将增加 1.0℃（RCP2.6）、1.9℃（RCP4.5）和 3.6℃（RCP8.5）。

随着土壤温度的升高，活动层显著加深。1986～2005 年，集合平均活动层厚度增加率为 0.15m/10a。这个趋势与 CLM4 模拟的 0.13m/10a 十分接近。与土壤温度相比，活动层厚度变化更为敏感。到 2060 年，集合平均活动层厚度将增加 0.98m（RCP2.6），1.65m（RCP4.5）和 4.3m（RCP8.5）。不同模式之间存在一个较大的增加范围。

对于 RCP2.6 情景下沉降灾害发生时间出现在近期的模拟格点，其灾害发生时间随排放情景增加变化很小。而对于沉降灾害发生时间晚于近期的模拟格点，其灾害发生时间随排放情景增加而明显提前。在 RCP2.6 情景下，39 个模拟格点中，有 14 个格点的集合平均灾害发生时间早于 2050 年。在 RCP4.5 和 RCP8.5 情景下，灾害发生时间早于 2050 年的格点数分别增加到了 16 个和 24 个。但是不同模式之间存在差异，表现出一个较大的不确定范围。

Wu 等（2003）发现路基的热沉降随着年平均地温的增加而增加。通过对比，我们发现这个关系在估计的沉降灾害发生时间和观测的年平均地温之间也存在。二者的相关系数为 0.82，通过了 95%的信度水平。

以上结果仅仅针对的是气候变暖导致的天然地表沉降灾害。实际上，在修建铁路的时候，一些补救措施被实施。例如，修建热棒、通风管、块石结构路基。这些措施能够有效缓解气候变暖对路基稳定性的影响（马巍等，2013）。马巍等（2013）发现修建块石路基能使得多年冻土上限抬升约 3.0m（对于冷多年冻土）和 2.7m（对于暖多年冻土）。为了估算考虑补救措施后的实际沉降灾害发生时间，我们假定气候变暖首先要抵消补救措施引起的天然多年冻土上限的抬升，然后再导致地表热沉降。由于路基中不含冰，所以沉降不可能发生在第一个阶段。在计算中，我们用了最大的天然多年冻土上限抬升高度 3.0m（马巍等，2013），这意味着估算的灾害发生时间是最晚的发生时间。

在 RCP8.5 情景下，考虑补救措施后，格点平均的灾害发生时间推迟了约 14 年。对于较冷的多年冻土［格点 1～28，模拟格点编码见 Guo 和 Sun（2015）］，推迟时间更长，约 17 年。但对于较暖的多年冻土（格点 29～39），推迟时间较短，约 6 年。在所有的

39 个格点中，有 8 个（RCP2.6）、10 个（RCP4.5）和 12 个（RCP8.5）格点的集合平均灾害发生时间出现在 2050 年以前。这些格点包含了西大滩、北麓河南部、开心岭和安多地区。并且，青藏公路和铁路经过了这 12 个（RCP8.5）格点中的一半格点，这些格点在将来应该给予更多的关注。

预估的上述沉降灾害发生时间与观测的年平均地温具有显著的相关关系，相关系数为 0.82，通过了 95% 的信度水平。这在一定程度上表明了这些估计灾害发生时间的合理性。

虽然这些结果不一定能反映真实情况，但是它们能作为将来工程设计和维护的一个参考。这些结果的不确定性可能主要由所用的地下冰数据和粗分辨率模式数据引起。本研究从气候模式角度给出了一个有价值的研究多年冻土消融导致地表沉降灾害发生的方法，希望能够抛砖引玉。将来可以利用更详细、准确的地下冰数据和高分辨率动力降尺度数据进行深入研究。

3）21 世纪东亚季风变化：RegCM3 结果

东亚季风在东亚气候系统中有着重要作用。基于高分辨率区域气候模式 Regional Climate Model version 3（RegCM3，Pal 等，2007）在 SRES A1B 情景下的模拟结果（Gao et al.，2012），Sui 和 Lang（2012）预估了 21 世纪东亚季风的变化。首先，将模式结果与 NCEP-NCAR 再分析数据进行比较，表明模式结果较可靠地重现东亚冬季风和东亚夏季风气候态。其次，预估结果显示东亚冬季风在 21 世纪可能会稍微削弱。21 世纪中后期冬季异常的南风将主宰华东地区北部，因为海陆热力对比预计将变小，从而导致了陆地比海洋更暖的增温。而 21 世纪东亚夏季风将显著增强，由于东亚和西北太平洋热力差异将变得更大，导致在东亚和邻近海洋海平面气压梯度增大。

所用模式数据的范围覆盖了中国大陆及周围区域，水平分辨率为 25 km，垂直气压分为 18 层，最上面一层为 10 hPa。模式模拟时长为 153 年（1948 年 1 月至 2100 年 12 月）。1986～2005 作为基准时段，2041～2060 年作为 21 世纪中期，2081～2100 年作为 21 世纪末期。评估模式所用观测资料为 NCEP-NCAR 再分析数据。所有数据都被插值到 0.2°×0.2° 分辨率上。

为了评估 RegCM3 模式对现代东亚季风气候态的模拟能力，Sui 和 Lang（2012）计算了在基准时段内观测数据与模式数据 850 hPa 经向风的空间相关系数和均方根误差。冬季计算区域为 25°～45°N 和 105°～120°E，包含 7396 个计算格点，夏季计算区域为 20°～40°N 和 105°～120°E，包含 7295 个格点。结果表明，空间相关系数在冬季为 0.85，夏季为 0.79，都通过了 99% 显著性检验。均方根误差冬季为 2.38 m/s，夏季为 1.84 m/s。所以 RegCM3 模式可以很好地模拟现代东亚季风气候态。

在 21 世纪中期，冬季亚洲大陆气温上升了 2～5℃（除青藏高原南部增温 5～7℃），在邻近的西北太平洋有 1～3℃ 增温。也就是陆地增温比海洋强，海陆纬向热力对比变小。因此，亚洲北部海平面气压上升，引起了 35°N 以北陆地与海洋间海平面气压梯度的减小，这就可以解释北部研究区域 850 hPa 偏南风异常。然而，35°N 以南海平面气压改变很小，导致了南部研究区域 850 hPa 风场几乎无变化。在 21 世纪末期，冬季亚洲大陆气温上升 4～8℃（除青藏高原南部增温 7～12℃），在邻近的西北太平洋有 2～4℃ 增温。海平面气压在亚洲北部和青藏高原减小得更为强烈，但在亚洲南部和西北太平洋有所增加。这种南北海平面气压梯度的增加导致了研究区域 850 hPa 风场西风异常。总而言之，21 世纪末期在北部研究区域有显著的南风异常，而在其余地区则无这一明显现象。因此，21 世纪末期冬季风强度指数只显示了轻微减弱趋势。

21 世纪夏季风强度呈 1.24%/10 年的增长趋势。850 hPa 风场上，21 世纪末期整个研究区域都被南风异常所控制，并且南风异常幅度在 21 世纪末期比 21 世纪中期大得多。更进一步地研究表明，在 21 世纪中期尽管夏季温度在亚洲地区和太平洋地区都增加，但是亚洲大陆地区增温强度要比西北太平洋强得多，导致了东亚和西北太平洋纬向海陆热力对比地增强。因此，海平面气压在亚洲大陆西北部减小，亚洲热低压系统增强。同时，从西北太平洋到邻近的中国东部地区海平面气压都增加，以致高原系统也相应增强。在 21 世纪末期，中国东部地区和邻近海洋间的海陆热力对比变得更强，且海洋上的海平面气压增长了很多。因此，21 世纪末期东亚南风异常变得更强。所以，夏季风强度表现为显著增强。

参 考 文 献

安顺清, 邢久星. 1985. 修正的帕默尔干旱指数及其应用. 气象, 12: 17-19

高小锋, 王进鑫, 张波, 等. 2010. 不同生长期干旱胁迫对刺槐幼树干物质分配的影响. 生态学杂志, 29(6): 1103-1108

高学杰, 石英, 张冬峰, 等. 2012. RegCM3 对 21 世纪中国区域气候变化的高分辨率模拟. 科学通报, 57(5): 374-381

黄凯程. 2015. 典型森林生态系统对极端干旱的响应研究——从树木年轮到遥感监测. 北京: 北京师范大学博士学位论文

黄晚华, 杨晓光, 李茂松, 等. 2010. 基于标准化降水指数的中国南方季节性干旱近 58a 演变特征. 农业工程学报, 26(7): 50-59

姜大膀, 富元海. 2012. 2℃全球变暖背景下中国未来气候变化预估. 大气科学, 36(2): 234-246

李树德, 程国栋. 1996. 青藏高原冻土图. 兰州: 甘肃文化出版社

刘珂, 姜大膀. 2014. 中国夏季和冬季极端干旱年代际变化及成因分析. 大气科学, 38(2): 309-321

刘珂, 姜大膀. 2015a. 基于两种潜在蒸散发算法的 SPEI 对中国干湿变化的分析. 大气科学, 39(1): 23-36

刘珂, 姜大膀. 2015b. RCP4.5 情景下中国未来干湿变化预估. 大气科学, 39(3): 489-502

刘永强, 李月洪, 贾朋群. 1993. 低纬和中高纬度火山爆发与我国旱涝的联系. 气象, 19(11): 3-7

罗惠, 周涛, 吴昊, 等. 2016. 云南人工林和天然林对短期与持续干旱响应的差异性. 北京师范大学学报(自然科学版), 52(4), 518-524

马巍, 穆彦虎, 李国玉, 等. 2013. 多年冻土区铁路路基热状况对工程扰动及气候变化的响应. 中国科学: 地球科学, (3), 478-489

马柱国, 符淙斌. 2006. 1951~2004 年中国北方干旱化的基本事实. 科学通报, 51(20): 2429-2439

阮国锋, 张建明, 柴明堂. 2014. 气候变化情景下青藏工程走廊融沉灾害风险性区划研究. 冰川冻土, 36(4): 811-817

孙建奇. 2014. 2013 年北大西洋破纪录高海温与我国江淮-江南地区极端高温的关系. 科学通报, 59(27): 2714-2719

孙颖, 丁一汇. 2008. IPCC AR4 气候模式对东亚夏季风年代际变化的模拟性能评估. 气象学报, 66(5): 765-780

孙增奎, 王连俊, 魏庆朝, 等, 2004. 青藏铁路多年冻土区路基温度场的模拟与预测. 北方交通大学学

报, 28(1): 55-59

覃顺萍, 吴巩胜, 李丽, 等. 2014. 1961~2010 年云南省极端干旱的特征分析. 海南师范大学学报(自然科学版), 27(3): 306-311

王佳津, 孟耀斌, 张朝, 等. 2012. 云南省 Palmer 旱度模式的建立——2010 年干旱灾害特征分析. 自然灾害学报, 21(1): 190-197

肖冬梅, 王淼, 姬兰柱. 2004. 水分胁迫对长白山阔叶红松林主要树种生长及生物量分配的影响. 生态学杂志, 25(5): 93-97

徐群. 1986. 1980 年夏季我国天气气候反常和 St.Helens 火山爆发的影响. 气象学报, 44(4): 426-431

徐敦祖, 王家澄, 张立新. 2010. 冻土物理学. 第 2 版. 北京: 科学出版社: 102-103

于恩涛, 孙建奇, 吕光辉, 等. 2015. 西部干旱区未来气候变化高分辨率预估. 干旱区地理, 38(3): 429-437

翟盘茂, 邹旭恺. 2005. 1951~2003 年中国气温和降水变化及其对干旱的影响. 气候变化研究进展, 1(1): 16-18

张建明, 刘端, 齐吉琳. 2007. 青藏铁路冻土路基沉降变形预测. 中国铁道科学, 28(3): 12-17

张莉, 丁一汇, 吴统文, 等. 2013. CMIP5 模式对 21 世纪全球和中国地区年平均地表气温变化和 2℃增温阈值的预估. 气象学报, 71(6): 1047-1060

张万诚, 郑建萌, 任菊章. 2013. 云南极端气候干旱的特征分析. 灾害学, 28(1): 59-64

Allen C D, Macalady A K, Chenchouni H, et al. 2010. A global overview of drought and heat-induced tree mortality reveals emerging climate change risks for forests. Forest Ecology and Management, 259(4): 660-684

Anderegg W R L, Berry J A, Field C B. 2012. Linking definitions, mechanisms, and modeling of drought-induced tree death. Trends in Plant Science, 17(12): 693-700

Ashok K, Behera S K, Rao A S, et al. 2007. El Niño Modoki and its possible teleconnection. Journal of Geophysical Research, 112: C11007

Aussenac G, Grieu P, Guehl J M. 1989. Drought resistance of two Douglas fir species(Pseudo-tsuga menziesii(Mirb.)Franco and Pseudotsuga macro-carpa(Torr.)Mayr.): relative importance of water use efficiency and root growth potential. EDP Sciences, 46Suppl, 384s-387s

Banacos P C, Schultz D M. 2005. The use of moisture flux convergence in forecasting convective initiation: historical and operational perspectives. Weather and Forecasting, 20(3): 351-366

Bao Q, Yang J, Liu Y, et al. 2010. Roles of anomalous Tibetan Plateau warming on the severe 2008 winter storm in central-southern China. Mon Weather Rev, 138: 2375-2384

Beguería S, Vicente-Serrano S M, Angulo M. 2010. A multi-scalar global drought data set: The SPEI base: A new gridded product for the analysis of drought variability and impacts. Bull Am Meteorol Soc, 91: 1351-1354

Bender M A, Ginis I. 2000. Real-case simulations of hurricane-ocean interaction using a high-resolution coupled model: Effects on hurricane intensity. Monthly Weather Review, 128: 917-946

Bi J, Xu L, Samanta A, et al. 2013. Divergent arctic-boreal vegetation changes between North America and Eurasia over the past 30 years. Remote Sens, 5: 2093-2112

Bintanja R, Graversen R G, Hazeleger W. 2011. Arctic winter warming amplified by the thermal inversion and consequent low infrared cooling to space. Nature Geoscience, 4: 758-761

Bister M, Emanuel K A. 1998. Dissipative heating and hurricane intensity. Meteorology and Atmospheric Physics, 65: 233-240

Breshears D D, Cobb N S, Rich P M, et al. 2005. Regional Vegetation Die-off in Response to Global-Change-Type Drought. Proceedings of the National Academy of Sciences of the United States of America, 102(42): 15144-15148

Briegel L M, Frank W M. 1997. Large-scale influences on tropical cyclogenesis in the western North Pacific. Monthly Weather Review, 125: 1397-1413

Brodribb T J, Cochard H. 2009. Hydraulic Failure Defines the Recovery and Point of Death in Water-Stressed Conifers. Plant Physiology, 149(1): 575-584

Bryant E A. 2005. Natural Hazards. 2nd ed. Cambridge: Cambridge University Press

Burgman R J, Clement A C, Mitas C M, et al. 2008. Evidence for atmospheric variability over the Pacific on decadal timescales. Geophysical Research Letters, 35: L01704

Chan J C L. 2005. Interannual and interdecadal variations of tropical cyclone activity over the western North Pacific. Meteorology and Atmospheric Physics, 89: 143-152

Chan J C L. 2006. Comments on "Changes in tropical cyclone number, duration, and intensity in a warming environment". Science, 311: 1713b

Chan J C L. 2008. Decadal variations of intense typhoon occurrence in the western North Pacific. Proceedings of the Royal Society of London, 464A: 249-272

Chavas D R, Emanuel K A. 2010. A QuikSCAT climatology of tropical cyclone size. Geophysical Research Letters, 37: L18816

Chen H P, Sun J Q, and Chen XL. 2014. Projection and uncertainty analysis of global precipitation-related extremes using CMIP5 models. Int J Climatol, 34: 2730-2748

Chen H P, Sun J Q. 2012. Decadal features of heavy rainfall events in eastern China. Acta Meteor. Sinica, 26(3): 289-303

Chen H P, Sun J Q. 2013. Projected change in East Asian summer monsoon previpitation under RCP scenario. Meteorology and Atmospheric Physics, 121: 55-77

Chen H P, Sun J Q. 2014. Sensitivity of climate changes to CO_2 emissions in China. Atmospheric and Oceanic Science Letters, 7: 422-427

Chen H P, Sun J Q. 2015a. Changes in drought characteristics over China using the standardized precipitation evapotranspiration index. J Climate, 28: 5430-5447

Chen H P, Sun J Q. 2015b. Drought response to air temperature change over China on the centennial scale. Atmos Oceanic Sci Lett, 8: 113-119

Chen H P, Sun J Q. 2015c. Assessing model performance of climate extremes in China: an intercomparison between CMIP5 and CMIP3. Climatic Change, 129: 197-211

Chen H P, Sun J Q. 2015d. Changes in climate extreme events in China associated with warming. Int J Climatol, 35: 2735-2751

Chen H P. 2013. Projected change in extreme rainfall events in China by the end of the 21st century using CMIP5 models. Chinese Science Bulletin, 58(12): 1462-1472

Chen T C, Wang S Y, Yen M C. 2006. Interannual variation of the tropical cyclone activity over the western North Pacific. Journal of Climate, 19: 5709-5720

Chen Y, Aires F, Francis J A, et al. 2006. Observed relationships between Arctic longwave cloud forcing and cloud parameters using a neural network. Journal of Climate, 19: 4087-4104

Chia H H, Roplewski C F. 2002. The interannual variability in the genesis location of tropical cyclones in the northwest Pacific. Journal of Climate, 15: 2934-2944

Chikamoto Y, Kimoto M, Watanabe M, et al. 2012. Relationship between the Pacific and Atlantic stepwise climate change during the 1990s. Geophysical Research Letters, 39(21): L21710

Christensen J H, Hewitson B, Busuioc A, et al. 2007. Regional Climate Projections. In: Solomon S, Qin D, Manning M, et al. Climate Change 2007: The Physical Science Basis. Contribution of Working Group I to the Fourth Assessment Report of the Intergovernmental Panel on Climate Change. Cambridge, United Kingdom and New York: Cambridge University Press: 847-940

Christensen J H, Krishna K K, Aldrian E, et al. 2013. Climate Phenomena and their Relevance for Future Regional Climate Change. In: Stocker TF, Qin D, Plattner G-K, et al. Climate Change 2013: The Physical Science Basis. Contribution of Working Group I to the Fifth Assessment Report of the Intergovernmental Panel on Climate Change. Cambridge, United Kingdom and New York: Cambridge University Press: 1217-1308

Cione J J, Kalina E A, Zhang J A, et al. 2013. Observations of air-sea interaction and intensity change in hurricanes. Monthly Weather Review, 141: 2368-2382

Cione J J, Uhlhorn E W. 2003. Sea surface temperature variability in hurricanes: implications with respect to intensity change. Monthly Weather Review, 131: 1783-1796

Collins M, Knutti R, Arblaster J, et al. 2013. Long-term Climate Change: Projections, Commitments and

Irreversibility. In: Stocker T F, Qin D, Plattner G-K, et al. Climate Change 2013: The Physical Science Basis. Contribution of Working Group I to the Fifth Assessment Report of the Intergovernmental Panel on Climate Change, Cambridge, United Kingdom and New York: Cambridge University Press: 1029-1136

Cui X D, Gao Y Q, Sun J Q. 2014. The response of the East Asian Summaer Monsoon to strong Tropical Volcanic Eruptions. Advances in Atmospheric Sciences, 31: 1245-1255

Dai A. 2011. Drought under global warming: A review. Wiley Interdiscip Rev Clim Chang, 2: 45-65

Dai A. 2013. Increasing drought under global warming in observations and models. Nat Clim Chang, 3: 52-58

Delucia E H. Climate-driven changes in biomass allocation in pines. Global Change Biology, 2000, 6(5): 587-593

Ding Y, Ren G, Zhao Z, et al. 2007. Detection, causes and projection of climate change over China: An overview of recent progress. Advances in Atmospheric Sciences, 24: 954-971

Domec J C, Warren J M, Meinzer F C, et al. 2004. Native root xylem embolism and stomatal closure in stands of Douglas-fir and ponderosa pine: mitigation by hydraulic redistribution. Oecologia, 141(1): 7-16

Du M, Kawashima S, Yonemura S, et al. 2004. Mutual influence between human activities and climate change in the Tibetan Plateau during recent years. Global and Planetary Change, 41: 241-249

Du Y, Yang L, Xie S P. 2011. Tropical Indian Ocean influence on Northwest Pacific tropical cyclones in summer following strong El Niño. Journal of Climate, 24: 315-322

Duan A, Wu G. 2006. Change of cloud amount and the climate warming on the Tibetan Plateau. Geophysical Research Letters, 33: L22704

Emanuel K A, DesAutels C, Holloway C, et al. 2004. Environmental control of tropical cyclone intensity. Journal of the Atmospheric Sciences, 61: 843-858

Emanuel K A, Nolan D S. 2004. Tropical cyclone activity and global climate. Preprints, 26th Conference on Hurricanes and Tropical Meteorology, Miami, FL, Amer Meteor Soc: 240-241

Emanuel K A. 1988. The maximum intensity of hurricanes. Journal of the Atmospheric Sciences, 45: 1143-1155

Emanuel K A. 1995. Sensitivity of tropical cyclones to surface exchange coefficients and a revised steady-state model incorporating eye dynamics. Journal of the Atmospheric Sciences, 52: 3969-3976

Emanuel K A. 1999. Thermodynamic control of hurricane intensity. Nature 401: 665-669

Emanuel K A. 2005. Increasing destructiveness of tropical cyclones over the past 30 years. Nature, 436: 686-688

Frank W M, Ritchie E A. 2001. Effects of vertical wind shear on the intensity and structure of numerically simulated hurricanes. Monthly Weather Review, 129: 2249-2269

Frank W M. 1987. Tropical cyclone formation. In: Elsberry R L, Frank W M, Holland G J, et al. A global view of tropical cyclones. Naval postgraduate school, Monterey: 53-90

Gao C, Robock A, Ammann C. 2008. Volcanic forcing of climate over the past 1500 years: An improved ice core-based index for climate models. Journal of Geophysical Research, 113: D23111

Gao X J, Shi Y, Zhang D F, et al. 2012. Climate change in China in the 21st century as simulated by a high resolution regional climate model.Chinese Sci Bull, 57: 1188-1195

Ge X, Li T, Zhou X. 2007. Tropical cyclone energy dispersion under vertical shears. Geophysical Research Letters, 34: L23807

Gill A E. 1980. Some simple solutions for heat-induced tropical circulation. Quarterly Journal of the Royal Meteorological Society, 106: 447-462

Giorgi F, Bi X. 2009. Time of emergence(TOE)of GHG-forced precipitation change hot-spots. Geophysical Research Letters, 36: L06709

Giorgi F, Hurrell J, Marinucci M R, et al. 1997. Elevation dependency of the surface climate change signal: a model study. Journal of Climate, 10: 288-296

Gleckler P J, Taylor K E, Doutriaux C. 2008. Performance metrics for climate models. Journal of Geophysical Research-Atmospheres, 113: D06104

Gong D Y, Ho C H. 2003. Arctic Oscillation signals in East Asian summer monsoon. J Geophys Res, 108(D2): 4066

Gong D Y, Wang S W. 2003. Influence of Arctic Oscillation on winter climate over China. J Geographical Sci, 13: 208-216

Gray W M. 1968. Global view of the origin of tropical disturbances and storms. Monthly Weather Review, 96: 669-700

Gray W M. 1975. Tropical cyclone genesis. Dept of Atmos Sci Paper No. 234, Colorado State University, Ft. Collins, CO, 121. http: //shoni2.princeton.edu/ftp/lyo/journals/Atmos/ Gray-TropCycloneGenesisColState UnivReport1975.pdf

Gray W M. 1979. Hurricanes: their formation, structure and likely role in the tropical circulation. In: Shaw DB(ed)Meteorology over the tropical oceans. R Meteorol Soc: 155-218

Guard C P, Carr L E, Wells F H, et al. 1992. Joint Typhoon Warning Center and the challenges of multibasin tropical cyclone forecasting. Weather and Forecasting, 7: 328-352

Guo D L, and Sun J Q. 2015: Permafrost thaw and associated settlement hazard onset timing over the Qinghai-Tibet engineering corridor, International Journal of Disaster Risk Science, 6: 347-358

Guo D L, Wang H J, Li D. 2012. A projection of permafrost degradation on the Tibetan Plateau during the 21st century, Journal of Geophysical Research 117(D5): D05106

Guo D L, Wang H J. 2016. CMIP5 permafrost degradation projection: a comparison among different regions, Journal of Geophysical Research: Atmospheres, 121: 4499-4517

Guttman, N B. 1998. Comparing the Palmer drought index and the standardized precipitation index. J Am Water Resour Assoc, 34: 113-121

Hawkins E, Sutton R. 2009. The potential to narrow uncertainty in regional climate predictions. Bull Am Meteorol Soc, 90: 1095-1107

Hawkins E, Sutton R. 2011. The potential to narrow uncertainty in projections of regional precipitation change. Climate Dynamics, 37: 407-418

Hawkins E, Sutton R. 2012. Time of emergence of climate signals. Geophysical Research Letters, 39: L01702

He H, Yang J, Gong D Y, et al. 2015. Decadal changes in tropical cyclone activity over the western North Pacific in the late 1990s. Climate Dynamics, 45: 3317-3329

He H, Yang J, Wu L, et al. 2016. Unusual growth in intense typhoon occurrences over the Philippine Sea in September after the mid-2000s. Climate Dynamics, doi: 10.1007/s00382-016-3181-9

Hendricks E A, Peng M S, Fu B, et al. 2010. Quantifying environmental control on tropical cyclone intensity change. Monthly Weather Review, 138: 3243-3271

Ho C H, Baik J J, Kim J H, et al. 2004. Interdecadal changes in summertime typhoon tracks. Journal of Climate, 17: 1767-1776

Holland G J. 1993. Tropical cyclone motion. In: Holland G J. The Global Guide to Tropical Cyclone Forecasting. chap. 3, World Meteorol Org, Geneva, Switzerland. http: //www.bom.gov.au/bmrc/pubs/tcguide/ ch3/ch3_tableofcontents.htm

Holland G J. 1995. Scale interaction in the western Pacific monsoon. Meteorology and Atmospheric Physics, 56: 57-79

Hong C C, Wu Y K, Li T, et al. 2014. The climate regime shift over the Pacific during 1996/1997. Climate Dynamics, 43: 435-446

Hoskins B J, Wang B. 2006. Large-scale atmospheric dynamics. In: Wang B, The Asian monsoon. New York: Springer: 357-415

Hsu H H, Hung C H, Lo A K, et al. 2008. Influence of tropical cyclones on the estimation of climate variability in the tropical western north Pacific. Journal of Climate, 21: 2960-2975

Hsu P C, Chu P S, Murakami H, et al. 2014. An abrupt decrease in the late-season typhoon activity over the western North Pacific. Journal of Climate, 27: 4296-4312

Huang K, Yi C, Wu D, et al. 2015. Tipping point of a conifer forest ecosystem under severe drought. Environmental Research Letters, 10: 024011

Huang K, Zhou T, Zhao X. 2014. Extreme Drought-induced Trend Changes in MODIS EVI Time Series. IOP Conf Ser: Earth Environ Sci: 17

Hughes M K, Brown P M. 1992. Drought frequency in central California since 101 B.C. recorded in giant sequoia tree rings. Climate Dynamics, 6(3~4): 161-167

Hughes M K, Touchan R, Brown P M. 1996. A multimillennial network of giant sequoia chronologies for dendroclimatology. Tree rings, environment and humanity. Radiocarbon: 225-234

Huntingford C, Cox P M, Lenton T M. 2000. Contrasting responses of a simple terrestrial ecosystem model to global change. Ecological Modelling, 134(1): 41-58

IPCC. 2013. Climate change: The physical science basis. In: Contribution of Working Group I to the Fifth Assessment Report of the Intergovernmental Panel on Climate Change. Cambridge and New York: Cambridge University Press: 1535

Jiang D, Sui Y, Lang X. 2016b. Timing and associated climate change of a 2℃ global warming, Int J Climatol, 36(14): 4512-4522

Jiang D, Tian Z, Lang X. 2016a. Reliability of climate models for China through the IPCC Third to Fifth Assessment Reports. International Journal of Climatology, 36: 1114-1133

Jiang D, Tian Z. 2013. East Asian monsoon change for the 21st century: Results of CMIP3 and CMIP5 models. Chinese Science Bulletin, 58: 1427-1435

Jiang J, Sui Y, Lang X. 2015. Projected climate change against natural internal variability over China. Atmos Oceanic Sci Lett, 8(4): 193-200

Joshi M, Hawkins E, Sutton R, et al. 2011. Projections of when temperature change will exceed 2℃ above pre-industrial levels. Nature Climate Change, 1: 407-412

Kajikawa K, Wang B. 2012. Interdecadal change of the South China Sea summer monsoon onset. Journal of Climate, 25: 3207-3218

Kamahori H, Yamazaki N, Mannoji N, et al. 2006. Variability in intense tropical cyclone days in the western North Pacific. SOLA, 2: 104-107

Kanamitsu M, Ebisuzaki W, Woollen J, et al. 2002. NCEP-DOE AMIP-II reanalysis(R-2). Bulletin of the American Meteorological Society, 83: 1631-1643

Kaplan J O, New M. 2006. Arctic climate change with a 2℃ global warming: timing, climate patterns and vegetation change. Climatic Change, 79: 213-241

Kaplan J, DeMaria M, Knaff J A. 2010. A revised tropical cyclone rapid intensification index for the Atlantic and East Pacific basins. Weather and Forecasting, 25: 220-241

Kaplan J, DeMaria M. 2003. Large-scale characteristics of rapidly intensifying tropical cyclones in the north Atlantic basin. Weather and Forecasting, 18: 1093-1108

Kim Y, Kimball J, Zhang K, et al. 2014. Attribution of divergent northern vegetation growth responses to lengthening non-frozen seasons using satellite optical-NIR and microwave remote sensing. Int J Remote Sens, 35: 3700-3721

Klos R J, Wang G G, Bauerle W L, et al. 2009. Drought impact on forest growth and mortality in the southeast USA: an analysis using Forest Health and Monitoring data. Ecol Appl, 19(3): 699-708

Klotzbach P J, Landsea C W. 2015. Extremely intense hurricanes: revisiting webster et al. (2005)after 10 years. Journal of Climate, 28(19): 7621-7629

Klotzbach P J. 2006. Trends in global tropical cyclone activity over the past twenty years(1986-2005). Geophysical Research Letters, 33: L10805

Knapp K R, Knaff J A, Sampson C R, et al. 2013. A pressure-based analysis of the historical western North Pacific tropical cyclone intensity record. Monthly Weather Review, 141: 2611-2631

Knapp K R, Kruk M C. 2010. Quantifying interagency differences in tropical cyclone best-track wind speed estimations. Monthly Weather Review, 138: 1459-1473

Kossin J P, Emanuel K A, Vecchi. 2014. The poleward migration of the location of tropical cyclone maximum intensity. Nature, 509: 349-352

Kossin J P, Knapp K R, Vimont D J, et al. 2007. A globally consistent reanalysis of hurricane variability and trends. Geophysical Research Letters, 34: L04815

Kubota H, Chan J C L. 2009. Interdecadal variability of tropical cyclone landfall in the Philippines from 1902 to 2005. Geophysical Research Letters, 36: L12802

Landsea C W, Harper B A, Hoarau K, et al. 2006. Can we detect trends in extreme tropical cyclones? Science, 313: 452-454

Landsea C W. 2005. Hurricanes and global warming. Nature, 438: E11-E12

Lau W K M, Wu H T, Kim K M. 2013. A canonical response of precipitation characteristics to global warming from CMIP5 models. Geophysical Research Letters, 40: 3163-3169

Li B, Chen Y, Shi X. 2012. Why does the temperature rise faster in the arid region of northwest China? Journal of Geophysical Research: Atmospheres, 117: D16115

Li X Z, Wen Z P, Zhou W. 2010. Long-term change in summer water vapor transport over south China in recent decades. J Meteorol Soc Jpn, 89: 259-306

Li Z , Zhou T, Zhao X, et al. 2015. Assessments of drought impacts on vegetation in China with the optimal time scales of the climatic drought index. International Journal of Environmental Research and Public Health, 12(7): 7615-7634

Lin I I, Black P, Price J F, et al. 2013. An ocean cooling potential intensity index for tropical cyclones. Geophysical Research Letters, 40: 1878-1882

Lin I I, Pun I F, Lien C C. 2014. "Category-6" supertyphoon Haiyan in global warming hiatus: Contribution from subsurface ocean warming. Geophysical Research Letters, 41(23): 8547-8553

Lin Y, Zhao M, Zhang M. 2015. Tropical cyclone rainfall area controlled by relative sea surface temperature. Nature Communications, 6: 6591

Liu K S, Chan J C L. 2008. Interdecadal variability of western North Pacific tropical cyclone tracks. Journal of Climate, 21: 4464-4476

Liu K S, Chan J C L. 2013. Inactive period of western North Pacific tropical cyclone activity in 1998–2011. Journal of Climate, 26: 2614-2630

Lu J, Cai M. 2009. Seasonality of polar surface warming amplification in climate simulations. Geophysical Research Letters, 36: L16704

Luo H, Zhou T, Wu H, et al. 2016. Contrasted responses of planted and natural forests to drought intensity in Yunnan, China. Remote Sensing, 8(8): 635

Mahlstein I, Knutti R, Solomon S, et al. 2011. Early onset of significant local warming in low latitude countries. Environmental Research Letters, 6(3): 329-346

Mao R, Gong D Y, Yang J, et al. 2011. Linkage between the Arctic Oscillation and winter extreme precipitation over central-southern China. Climate Research, 50: 187-201

Matsuura T, Yumoto M, Iizuka S. 2003. A mechanism of interdecadal variability of tropical cyclone activity over the western North Pacific. Climate Dynamics, 21: 105-117

Mcdowell N G, Fisher R A, Xu C, et al. 2013. Evaluating theories of drought-induced vegetation mortality using a multimodel–experiment framework. New Phytologist, 200(2): 304-321

Mcdowell N, Pockman W T, Allen C D, et al. 2008. Mechanisms of plant survival and mortality during drought: why do some plants survive while others succumb to drought?. New Phytol, 178(4): 719-739

McKee T B, Doesken N J, Kleist J. 1993. The relationship of drought frequency and duration to time scales. Preprints, Eighth Conf. on Applied Climatology, Anaheim, CA. Amer Meteor Soc: 179-184

McPhaden M J, Lee T, McClurg D. 2011. El Niño and its relationship to changing background conditions in the tropical Pacific Ocean. Geophysical Research Letters, 38: L15709

Mei W, Xie S P, Zhao M, et al. 2014. Forced and internal variability of tropical cyclone track density in the Western North Pacific. Journal of Climate, 28: 143-167

Meinshausen M, Meinshausen N, Hare W, et al. 2009. Greenhouse-gas emission targets for limiting global warming to 2℃. Nature, 458: 1158-1162

Merlin M, Perot T, Perret S, et al. 2015. Effects of stand composition and tree size on resistance and resilience to drought in sessile oak and Scots pine. For Ecol Manag, 339: 22-33

Miao J P, Wang T, Zhu Y L, et al. 2016. Response of the East Asian winter monsoon to strong tropical volcanic eruptions. Journal of Climate, doi: 10.1175/JCLI-D-15-0600.1

Monteith J L. 1965. Evaporation and environment. Symposium of the Society for Experimental Biology, 19: 205-234

Mora C, Frazier A G, Longman R J, et al. 2013. The projected timing of climate departure from recent variability. Nature, 502: 183-187

Murakami H, Wang B. 2010. Future change of North Atlantic tropical cyclone tracks: projection by a 20-km-mesh global atmospheric model. Journal of Climate, 23: 2699-2721

Otterå O H, Bentsen M, Bethke I, et al. 2009. Simulated pre-industrial climate in Bergen Climate Model(version 2): model description and large-scale circulation features. Geoscientific Model Development, 2: 197-212

Pal J S, Giorgi F, Bi X Q, et al. 2007. Regional climate modeling for the developing world: The ICTP RegCM3 and RegCNET, Bull Amer Meteor Soc, 88: 1395-1409

Palmer W C. 1965. Meteorological Drought. Washington, D C, USA: U.S. Department of Commerce Weather Bureau Research Paper

Parida B, Buermann W. 2014. Increasing summer drying in North American ecosystems in response to longer nonfrozen periods. Geophys Res Lett, 41: 5476-5483

Pasho E, Camarero J J, Luis M, et al. 2011. Impacts of drought at different time scales on forest growth across a wide climatic gradient in north-eastern Spain. Agric For Meteorol, 151: 1800-1811

Peduzzi P, Chatenoux B, Dao H, et al. 2012. Global trends in tropical cyclone risk. Nature Climate Change, 2: 289-294

Peng Y, Shen C, Wang WC, et al. 2009. Response of summer precipitation over Eastern China to large volcanic eruptions. Journal of Climate, 23(3): 818-824

Pepin N C, Lundquist J D. 2008. Temperature trends at high elevations: Patterns across the globe. Geophysical Research Letters, 35: L14701

Perrissin F B, Pottier A, Espagne E, et al. 2014. Why are climate policies of the present decade so crucial for keeping the 2℃ target credible? Climatic Change, 126: 337-349

Potop V, Boroneant C, Možný M, et al. 2014. Observed spatiotemporal characteristics of drought on various time scales over the Czech Republic. Theor Appl Climatol, 115: 563-581

Potop V, Možny M, Soukup J. 2012. Drought evolution at various time scales in the lowland regions and their impact on vegetable crops in the Czech Republic. Agric For Meteorol, 156: 121-133

Potopová V, Štěpánek P, Možný et al. 2015. Performance of the standardized precipitation evapotranspiration index at various lags for agricultural drought risk assessment in the Czech Republic. Agric For Meteorol, 202: 26-38

Price J F, Sanford T B, Forristall G Z. 1994. Forced stage response to a moving hurricane. Journal of Physical Oceanography, 24: 233-260

Price J F. 1981. Upper ocean response to a hurricane. Journal of Physical Oceanography, 11: 153-175

Ramage C S. 1974. Monsoonal influences on the annual variation of tropical cyclone development over the Indian and Pacific Oceans. Monthly Weather Review, 102: 745-753

Rangwala I, Sinsky E, Miller J R. 2013. Amplified warming projections for high altitude regions of the northern hemisphere mid-latitudes from CMIP5 models. Environmental Research Letters, 8: 024040

Ren G, Ding Y, Zhao Z, et al. 2012. Recent progress in studies of climate change in China. Advances in Atmospheric Sciences, 29: 958-977

Rienecker M M, Suarez M J, Gelaro R, et al. 2011. MERRA: NASA's Modern-Era Retrospective Analysis for Research and Applications. Journal of Climate, 24: 3624-3648

Ritchie E A, Holland G J. 1999. Large-scale patterns associated with tropical cyclogenesis in the western Pacific. Monthly Weather Review, 127: 2027-2043

Robock A. 2000. Volcanic eruptions and climate. Rev Geophys, 38(2): 191-220

Rodionov S N. 2004. A sequential algorithm for testing climate regime shifts. Geophysical Research Letters, 31(L09204): 2004G

Rogelj J, Hare W, Lowe J, et al. 2011. Emission pathways consistent with a 2℃ global temperature limit. Nature Climate Change, 1: 413-418

Rosales-Serna R, Kohashi-Shibata J, Acosta-Gallegos J A, et al. 2004. Biomass distribution, maturity acceleration and yield in drought-stressed common bean cultivars. Field Crops Research, 85(2~3): 203-211

Russo S, Sterl A. 2012. Global changes in seasonal means and extremes of precipitation from daily climate model data. Journal of Geophysical Research, 117: D01108

Sala A. 2010. Physiological mechanisms of drought-induced tree mortality are far from being resolved. New Phytologist, 186(2): 274-281

Seneviratne S I. 2012. Climate science: Historical drought trends revisited. Nature, 491, 338-339

Seo K H, Ok J. 2013. Assessing future changes in the East Asian summer monsoon using CMIP3 models: Results from the best model ensemble. Journal of Climate, 26: 1807-1817

SFA (State Forestry Administration).2015. National forest resource inventory of China (2009–2013). http: //211.167.243.162: 8085/8/index.html[2015-12-3]

Sheffield J, Andreadis K M, Wood E F, et al. 2009. Global and continental drought in the second half of the twentieth century: Severity-area-duration analysis and temporal variability of large-scale events. J Clim, 22: 1962-1981

Sheffield J, Wood E F, Roderick M L. 2012. Little change in global drought over the past 60 years. Nature, 491: 435-440

Shen C, Wang W C, Hao Z et al. 2007. Exceptional drought events over eastern China during the last five centuries. Climatic Change, 85(3~4): 453-471

Sillmann J, Kharin V V, Zhang X, et al. 2013. Climate extremes indices in the CMIP5 multimodel ensemble: part 1. Model evaluation in the present climate. Journal of Geophysical Research-Atmospheres, 118: 1716-1733

Smith S M, Lowe J A, Bowerman N H A, et al. 2012. Equivalence of greenhouse-gas emissions for peak temperature limits. Nature Climate Change, 2: 535-538

Song J J, Han J J, Li S J, et al. 2011. Re-examination of trends related to tropical cyclone activity over the western North Pacific basin. Advances in Atmospheric Sciences, 28: 699-708

Song J J, Wang Y, Wu L. 2010. Trend discrepancies among three best track data sets of western North Pacific tropical cyclones. Journal of Geophysical Research: Atmospheres, 115: D12128

State forestry administration of the people's republic of China(SFA). The main results at eighth national forest resources inventory(2009~2013)2015. http: //www.forestry.gov.cn/main/65/content-659670.html

Steinacher M, Joos F, Stocker T F. 2013. Allowable carbon emissions lowered by multiple climate targets. Nature, 499: 197-201

Sui Y, Jiang D. Tian Z. 2013. Latest update of the climatology and changes in the seasonal distribution of precipitation over China. Theor. Appl. Climatol., 113: 599-610

Sui Y, Lang X, Jiang D. 2014. Time of emergence of climate signals over China under the RCP4.5 scenario. Climatic Change, 125: 265-276

Sui Y, Lang X, Jiang D. 2015. Temperature and precipitation signals over China with a 2℃ global warming. Climate Research, 64(3): 227-242

Sui Y, Lang X. 2012. Monsoon change in East Asia in the 21st century: Results of RegCM3. Atmos Oceanic Sci Lett, 5(6): 504-508

Sun J Q, Ao J. 2013. Changes in precipitation and extreme precipitation in a warming environment in China. Chinese Science Bulletin, 58(12): 1395-1401

Sun J Q, Wang HJ. 2012. Changes of the connection between the summer North Atlantic Oscillation and the East Asian summer rainfall, J. Geophys Res, 117: D08110

Sun J Q. 2012. The Contribution of Extreme Precipitation to the Total Precipitation in China. Atmospheric and Oceanic Science Letters, 5: 499-503

Suo M Q, Ding Y H, Wang Z Y. 2008. Relationship between Rossby wave propagation in southern Branch of westerlies and the formation of the Southern Branch Trough in Wintertime. J Appl Meteorol 19: 731-740

Suo M Q, Ding Y. 2009. The Structures and Evolutions of the Wintertime Southern Branch Trough in the Subtropical Westerlies. Chinese J Atmos Sci, 33: 425-442

Sverdrup H U. 1947. Wind-driven currents in a baroclinic ocean: with application to the equatorial currents of the eastern Pacific. Proc Natl Acad Sci USA, 76: 3051-3055

Tao L, Wu L, Wang Y Q, et al. 2012. Influences of tropical Indian Ocean warming and ENSO on tropical cyclone activity over the western North Pacific. Journal of the Meteorological Society of Japan, 90: 127-144

Taylor K E, Stouffer R J, Meehl G A. 2012. An overview of CMIP5 and the experiment design. Bull Am Meteorol. Soc, 93: 485-498

Thompson D W J, Wallace J M. 1998. The Arctic Oscillation signature in the wintertime geopotential height and temperature fields. Geophys Res Lett, 25: 1297-1300

Thornthwaite C W. 1948. An approach toward a rational classi-fication of climate. Geographical Review, 38: 55-94

Trenberth K E. 1997. The definition of El Niño. Bull Am Meteorol Soc, 78: 2771-2777

Tu J Y, Chou C, Chu P S. 2009. The abrupt shift of typhoon activity in the vicinity of Taiwan and its association with western North Pacific–East Asian climate change. Journal of Climate, 22: 3617-3628

Tu K, Yang Z W, Zhang X B, et al. 2009. Simulation of precipitation in monsoon regions of China by CMIP3 models. Atmospheric and Oceanic Science Letters, 2(4): 194-200

van Mantgem P J, Stephenson N L, Byrne J C, et al. 2009. Widespread increase of tree mortality rates in the western United States. Science, 323(5913): 521-524

Vautard R, Gobiet A, Sobolowski S, et al. 2014. The European climate under a 2℃ global warming. Environmental Research Letters, 9(3): 9-10

Vicente-Serrano S M, Beguería S, López-Moreno J I. 2010. A multiscalar drought index sensitive to global warming: The Standardized Precipitation Evapotranspiration Index. J Clim, 23: 1696-1718

Vicente-Serrano S M, Camarero J J, Azorin-Molina C. 2014. Diverse responses of forest growth to drought time-scales in the Northern Hemisphere. Glob Ecol Biogeogr, 23: 1019-1030

Vicente-Serrano S M. 2007. Evaluating the impact of drought using remote sensing in a Mediterranean, semi-arid region. Nat Hazards, 40: 173-208

Wang B, Lee J Y, Xiang B Q. 2014. Asian summer monsoon rainfall predictability: A predictable mode analysis. Climate Dynamics, 44(1~2): 1-14

Wang B, Liu J, Kim H J, et al. 2013a. Northern Hemisphere summer monsoon intensified by mega-El Niño/southern oscillation and Atlantic multidecadal oscillation. Proc Natl Acad Sci U.S.A, 110: 5347-5352

Wang B, Xiang B, Lee J Y. 2013b. Subtropical high predictability establishes a promising way for monsoon and tropical storm predictions. Proc Natl Acad Sci U.S.A, 110: 2718-2722

Wang B, Zhou X. 2008. Climate variability and predictability of rapid intensification in tropical cyclones in the western North Pacific. Meteorology and Atmospheric Physics, 99: 1-16

Wang H J. 2002: The instability of the East Asian summer monsoon ENSO relations. Advances in Atmospheric Sciences , 19(1): 1-11

Wang L, Li T, Zhou T J. 2012. Intraseasonal SST variability and air-sea interaction over the Kuroshio Extension region during boreal summer. Journal of Climate, 25: 1619-1634

Webster P J, Holland G J, Curry J A, et al. 2005. Changes in tropical cyclone number, duration and intensity in a warming environment. Science, 309: 1844-1846

Wells N, Goddard S, Hayes M J. 2004. A self-calibrating Palmer Drought Severity Index. J Clim, 17: 2335-2351

Wen M, Yang S, Kumar A, et al. 2009. An analysis of the large-scale climate anomalies associated with the snowstorms affecting China in January 2008. Mon Weather Rev, 137: 1111-1131

Weng H Y, Ashok K, Behera S K, et al. 2007. Impacts of recent El Niño Modoki on dry/wet conditions in the Pacific rim during boreal summer. Clim Dyn, 29: 113-129

Weng H Y, Behera S K, Yamagata T. 2009. Anomalous winter climate conditions in the Pacific rim during recent El Niño Modoki and El Niño events. Clim Dyn, 32: 663-674

Werick W J, Willeke G E, Guttman N B, et al. 1994. National drought atlas developed. Eos, Transactions American Geophysical Union, 75(8): 89-90

Wilhite D A. 2000. Drought as a natural hazard: Concepts and definitions. In: Whihite D A. Drought: A Global Assessment. London: Routledge

Wu D, Zhao X, Liang S, et al. 2015. Time-lag Effects of Global Vegetation Responses to Climate Change. Global Chang Biology, 21: 3520-3531

Wu G, Liu Y. 2003. Summertime quadruplet heating pattern in the subtropics and the associated atmospheric circulation. Geophys Res Lett, 30: 1201

Wu L G, Wang B, Geng S. 2005. Growing typhoon influence on East Asia. Geophysical Research Letters, 32: L18703

Wu L G, Wang B. 2004. Assessing impacts of global warming on tropical cyclone tracks. Journal of Climate,

17: 1686-1698

Wu L, Su H, Fovell R G, et al. 2012. Relationship of environmental relative humidity with North Atlantic tropical cyclone intensity and intensification rate. Geophysical Research Letters, 39: L20809

Wu Q B, Shi B, Liu Y Z. 2003. Study on interaction of permafrost and highway along Qinghai-Xizang Highway, Science in China Series D: Earth Sciences, 46: 97-105

Wu Q B, Zhang T J. 2010. Changes in active layer thickness over the Qinghai-Tibetan Plateau from 1995 to 2007. Journal of Geophysical Research, 115(D9): 736-744

Wu Q, Zhang T. 2010. Changes in active layer thickness over the Qinghai-Tibetan Plateau from 1995 to 2007, Journal of Geophysical Research, 115: D09107

Xiang B Q, Wang B, Li T. 2012. A new paradigm for the predominance of standing Central Pacific Warming after the late 1990s. Climate Dynamics, 39: 1-14

Xiang B Q, Wang B. 2013. Mechanisms for the advanced Asian summer monsoon onset since the mid-to-late 1990s. Journal of Climate, 26: 1993-2009

Xiang B, Wang B, Yu W, et al. 2013. How can anomalous western North Pacific Subtropical High intensify in late summer? Geophysical Research Letters, 40(10): 2349-2354

Xie S P, Hu K M, Hafner J, et al. 2009. Indian capacitor effect on Indo-western Pacific climate during the summer following El Niño. Journal of Climate, 22: 730-747

Xu K, Yang D W, Yang H B, et al. 2015. Spatio-temporal variation of drought in China during 1961–2012: A climatic perspective. J Hydrol. 526: 253-264

Yang J., Gong D Y, Wang W S. 2013. Extreme drought event of 2009/2010 over southwestern China. Meteorol Atmos Phys, 115: 173-184

Yang S, Lau K M, Kim K M. 2002. Variations of the East Asian jet stream and Asia–Pacific–American winter climate anomalies. Journal of Climate, 15: 306-325

Yang S, Lau K M, Yoo S H, et al. 2004. Upstream subtropical signals preceding the Asian summer monsoon circulation. J Climate, 17: 4213-4229

Yokoi S, Takayabu Y N. 2013. Attribution of decadal variability in tropical cyclone passage frequency over the western North Pacific: A new approach emphasizing the genesis location of cyclones. Journal of Climate, 26: 973-987

Yu E T, 2013: High-resolution seasonal snowfall simulation over Northeast China. Chinese Science Bulletin, 58(12): 1412-1419

Yu E T, Sun J Q, Chen H P, et al. 2015. Evaluation of a high-resolution historical simulation over China: climatology and extremes. Clim Dyn, 45: 2013-2031

Yumoto M, Matsuura T. 2001. Interdecadal variability of tropical cyclone activity in the western North Pacific. Journal of the Meteorological Society of Japan, 79: 23-35

Zhan R F, Wang Y Q, Le X. 2011a. Contributions of ENSO and East Indian Ocean SSTA to the interannual variability of tropical cyclone frequency. Journal of Climate, 24: 509-521

Zhan R F, Wang Y Q, Tao L. 2014. Intensified impact of East Indian Ocean SST anomaly on tropical cyclone genesis frequency over the western North Pacific. Journal of Climate, 27: 8724-8739

Zhan R F, Wang Y Q, Wen M. 2013. The SST gradient between the Southwest Pacific and the western Pacific warm pool-A new factor controlling the Northwest Pacific tropical cyclone genesis frequency. Journal of Climate, 26: 2408-2415

Zhan R F, Wang Y Q, Wu C C. 2011b. Impact of SSTA in East Indian Ocean on the frequency of Northwest Pacific tropical cyclones: A regional atmospheric model. Journal of Climate, 24: 6227-6242

Zhang G, Wang Z. 2013. Interannual variability of the Atlantic Hadley circulation in boreal summer and its impacts on tropical cyclone activity. Journal of Climate, 26: 8529-8544

Zhang Q, Liu Q, Wu L. 2009. Tropical cyclone damages in China 1983–2006. Bulletin of the American Meteorological Society, 90: 489-495

Zhang Y. 2012. Projections of 2.0℃ warming over the globe and China under RCP4.5. Atmospheric and Oceanic Science Letters, 5: 514-520

Zhang Z Y, Gong D Y, Hu M, et al. 2009. Anomalous winter temperature and precipitation events in southern China. J Geographical Sci, 19: 471-488

Zhang Z, and Wu Q B. 2012. Thermal hazards zonation and permafrost change over the Qinghai-Tibet Plateau. Natural hazards, 61: 403-423

Zhao C, Deng X, Yuan Y, et al. 2013. Prediction of drought risk based on the WRF model in Yunnan province of China. Adv Meteorol: 1-9

Zhao X, Wei H, Liang S, et al. 2015. Responses of Natural Vegetation to Different Stages of Extreme Drought during 2009–2010 in Southwestern China. Remote Sensing, 7(10): 14039-14054

Zhou W, Wang X, Zhou T J, et al. 2007. Interdecadal variability of the relationship between the East Asian winter monsoon and ENSO. Meteorol Atmos Phys, 98: 283-293

Zong H, Wu L. 2015. Re-examination of tropical cyclone formation in monsoon troughs over the western North Pacific. Advances in Atmospheric Sciences, 32: 924-934

Zou X K, Zhai P M, Zhang Q. 2005. Variations in droughts over China: 1951-2003. Geophys Res Lett, 32: L04707

第3章　全球变化与环境风险演变过程与综合评估模型

本章阐述全球变化引发的单灾种、多灾种和典型灾害链环境风险演变过程和互动机制，建立环境风险和气候灾害风险的综合评估指标体系，社会-生态系统对全球变化引发的环境风险因子脆弱性评估量化模型，建立并发展综合环境风险"渐变—累积—突变"的过程模拟方法，构建环境风险直接损失和间接损失定量化评估指标体系和评估方法，在已有的定性综合环境风险评估模型基础上，给出能够定量估计综合环境风险的方法与模型。

3.1　社会-生态系统脆弱性分析

本节评论了脆弱性研究的进展，重点讨论了社会脆弱性分析、生态系统的脆弱性、社会-生态系统的脆弱性评价方法，并对中国社会脆弱性、杉木生态系统和中国社会-生态系统的脆弱性进行了评价。

3.1.1　社会脆弱性分析

1. 社会脆弱性定义

根据灾害的自然和社会属性，脆弱性被分为自然脆弱性（physical vulnerability）和社会脆弱性（social vulnerability）（Cutter et al.，2003；Adger et al.，2004）。自然脆弱性研究是有效提高灾害应急管理能力的必要条件，而社会脆弱性分析则是认识灾害社会本质属性的前提和基础。目前，社会脆弱性由于学科背景的差异，气候变化和灾害领域对社会脆弱性概念有不同的理解（表 3.1）。气候变化领域将社会脆弱性定义为个人和群体暴露于由社会-环境因素变化引起外部压力中的程度，这种压力会对其生计造成难以意料的影响和破坏，包括个体脆弱性和群体脆弱性，受贫穷、资源获取能力和依赖程度、不平等和体制等因素的影响，是人类社会潜在的一种状态（Adger，1999）。

表 3.1　社会脆弱性定义

定义	来源
社会群体对灾害引起潜在损失的敏感性或社会的抵御及恢复能力	Blaikie et al.，1994；Hewitt，1997
个人或群体对气候变化及相关极端气候压力中的暴露情况	Adger，1999
个人、群体对环境变化压力的暴露度，这种压力会造成生计的破坏和安全的缺失	Chambers，1989；Adger，2000

第3章撰写人员：李宁、杨赛霓、于德永、吴吉东、刘雪琴、张鹏、吉中会、刘宇鹏、周扬、解伟、范碧航、贺帅、叶佳缘、张正涛、李双双、胡馥好、汪伟平、张洁

定义	来源
与特定地区致灾因子、暴露度、预防和应对具体灾害相关的条件，衡量一个地区抵御特定物理事件的能力	Weichselgartner，2001
个人从灾害影响中恢复的能力	Dwyer et al.，2004
由公共政策和资源分布不均造成的人为情况，是灾害影响产生的根源	Chakraborty et al.，2005
社会不平等的产物，是社会群体易于受灾害影响的敏感性及灾害恢复的能力	Cutter and Emrich，2006
个人、群体或组织暴露于多重压力或冲击下应对其不利影响的能力，是社会、组织、机构和文化价值系统交互过程中产生的固有特性	Warner，2007
度量人类对自然灾害的敏感性及其应对和从灾害影响中恢复的能力	Cutter and Finch，2008
潜在自然灾害可能对人类社会造成的损坏程度	郭跃，2013
社会群体、组织或国家暴露于灾害冲击下潜在的受灾因素、受伤害程度及应对能力的大小	周利敏，2012a
个人、组织和社会对自然或人为灾害影响的倾向	Arnold et al.，2012

综上所述，虽然社会脆弱性研究都是关注灾害或不利事件影响的社会方面，但由于研究领域的侧重点各异，目前社会脆弱性的定义尚未统一。归纳起来可以从 3 个方面界定：①社会脆弱性是个人、群体对灾害冲击或不利影响的敏感性；②社会脆弱性是一种条件或状况，影响人类社会应对灾害冲击的能力和灾后恢复能力；③社会脆弱性是对人类社会暴露于灾害冲击下潜在的损失程度和应对能力和恢复力的度量。社会脆弱性研究侧重于探讨一个地区由人口、社会、经济等因素交互作用形成的一种灾前既存的状态和条件，其影响一个地区应对灾害冲击和灾后恢复的能力。因此，本节将社会脆弱性定义为一个地区的个人、群体、社区或组织暴露于不利影响或自然灾害冲击下易于受到伤亡和损失的程度以及灾后恢复的能力，是对一个地区的人类社会系统潜在损失的程度和灾害应对能力和恢复力大小的度量，是灾害发生前所固有的一种条件或状态（周扬等，2014a）。

2. 县域尺度的自然灾害社会脆弱性评价指标体系

受人们对社会脆弱性概念认识的差异和资料可获取性的限制，现有的社会脆弱性评价指标可能会因研究尺度的变化有所差异，国内外学术界对社会脆弱性评价指标体系并没有统一理论框架和选择标准。为了能真实反映一个地区的社会脆弱性，评价指标体系的构建应遵循科学性、可比性、可操作性、完整性和可解释性原则（郭跃，2013）。结合我国的实际情况和县域尺度历史资料的可获取性，本节从人口特征、社会因素和经济因素等角度选取影响一个地区应对灾害能力和从灾害影响中恢复的指标，并从系统层、目标层和指标层角度构建社会脆弱性评价指标体系（表 3.2）。

表 3.2　自然灾害社会脆弱性评价指标体系

系统层	目标层	指标层	方向	选取依据
	人口变化	人口密度/（人/km²）	−	Cutter et al.，2003；UNDP，2004
		人口增长率/‰	+	Blaikie et al.，1994；Ahsan and Warner，2014
	年龄结构	14 岁以下人口比例/%	+	Cutter et al.，2003；Cutter and Finch，2008
人口特征		65 岁以上人口比例/%	+	Cutter，1996；Cutter et al.，2003
	性别平等	性别比/（男/女）	−	Morrow，1999；Tate，2012，2013；Cutter et al.，2003
	教育状况	文盲率/%	+	Brooks et al.，2005；Flanagan et al.，2011；
		高中及以下人口比重/%	+	Schmidtlein et al.，2011；Cutter et al.，2013
社会脆弱性 社会因素	就业状况	失业率/%	+	Dwyer et al.，2004；Cutter et al.，2013
	医疗服务	每万人床位数/（床/万人）	−	Cutter et al.，2000；Fekete，2009；Lee，2014
	农村状况	农林牧渔业人口比例/%	+	Cutter，1996；Cutter and Finch，2008
	城市化 1F①	第二产业人口比例/%	−	Cutter et al.，2003；Cutter，1996；Cheng，2013
		非农业人口比例/%	−	Cutter et al.，2003；Cheng，2013
	经济状况	人均 GDP/（元/人）	−	Adger，1999；Cutter et al.，2000；郭跃等，2010
	经济状况	人均储蓄/（元/人）	−	Vincent，2004；郭跃等，2010
经济因素	经济状况	人均固定资产投资/（元/人）	−	Pelling，2003
	粮食保障	人均耕地面积/（hm²/人）	−	Bohle et al.，1994
		人均粮食产量/（kg/人）	−	Bohle et al.，1994；Adger，1999

① 衡量人口城市化水平的指标主要有城镇人口比例和非农业人口比例，由于迁移指标因县改市、乡改镇带来人为的突变，从而扩大城镇人口，因此采用非农业人口比例代表城市化进程（厉以宁，2000）

1）指标解释

（1）人口密度。区域内人口数量与区域面积之比。人口密度越高的地区，城市化水平相对较高，基础设施较完善，医疗服务水平亦较高，应对和抵御灾害的能力相对较强。

（2）人口增长率。一年内出人口增长数（出生人数-死亡人数）与年平均总人数之比；反映人口发展速度和水平。人口增长过快，会增加社会的负担；同时也使得更多的人暴露于灾害中。

（3）65 岁以上人口比例（老人）。65 岁以上人口数与区域总人口之比。老人是社会的弱势群体；灾害发生时老人是受灾害影响较为严重的社会群体，该指标与社会脆弱性呈正相关。

（4）14 岁以下人口比例（儿童）。14 岁以下人口数与区域总人口之比。儿童暴露于灾害冲击下易受影响；该指标与社会脆弱性呈正相关。

（5）性别比（男/女）。男女人口数量的比率，以每 100 位女性所对应的男性数目为计算标准。通常认为，女性抵御和应对灾害冲击的能力低于男性；女性人口比例较高的地区社会脆弱性较高。

（6）文盲率。一个地区 15 岁及以上不识字或识字很少人口数与总人口数之比。通常，文盲人口数越多的地区，受教育水平越低，风险意识越薄弱。文盲率与社会脆弱性正相关。

（7）高中以下人口比例：高中以下人口占总人口比例。教育程度较高往往代表具有更多的收入，能获取更多的资源和信息以及更广阔的人际关系。一个地区的受教育程度越高，社会脆弱性就越低。高中以下人口比重越高，则该地区受教育程度越低，社会就越脆弱。该指标与社会脆弱性呈正相关。

（8）不在业人口比例（失业率）：15 周岁及以上人口中未从事社会劳动的人口，包括在校学生、离退休、退职、丧失劳动能力等非在业人口。本研究将不在业人口比例近似等于失业率；不在业人口（包括失业人群）是社会物质财富缺乏的群体，灾害发生时属于脆弱群体。因此，不在业人口比重与社会脆弱性呈正相关。

（9）每万人拥有床位数（简称床位数）：一个地区每万人拥有卫生机构床位数越多，表明医疗服务水平越高，从灾害冲击中恢复的时间可能就越短。该指标与社会脆弱性呈负相关。

（10）农林牧渔业人口比例：农林牧渔业人口占在业人口比例。一般农林牧渔业人口比例越高的地区经济发展水平相对较低，应对灾害冲击的能力就相对较弱。该指标与社会脆性呈正相关。

（11）第二产业人口比例：第二产业就业人口占在业人口比例。就业结构状况反映一个国家或地区经济发展水平的重要指标之一，第二产业就业人口比例越高，说明该地区经济发展水平相对较高，从而往往更有利于抵御和应对灾害的冲击。该指标与社会脆弱性呈负相关。

（12）非农业人口比例：从事非农业生产活动的劳动人口及其家庭被抚养人口占总人口的比例。非农业劳动人口包括各类专业、技术人员、国家机关、党群组织、企事业单位工作人员等。在一定程度上非农业人口比例的高低反映一个地区的城镇化水平；该比重越高，说明一个地区从事低技术生产活动的劳动人口越少，经济发展水平相对较高，应对灾害冲击的能力就相对较强。因此，该指标与社会脆弱性呈负相关。

（13）人均 GDP：该指标在一定程度上能够反映一个地区财富的数量和密度。更多的财产数量和密度会增加暴露度，也会使得该区具有良好的基础设施和良好的教育，灾后有足够的资源帮助灾区恢复重建。人均 GDP 与社会脆弱性呈负相关。

（14）人均储蓄：含城镇居民和农民个人储蓄存款。较多的储蓄余额为灾后转移安置和恢复重建提供了必备的物质基础。该指标与社会脆弱性呈负相关。

（15）人均固定资产投资：反映固定资产投资规模、速度、比例关系和使用方向的综合性指标。在某种程度上，固定资产投资较高的地区具有相对较为完善的基础设施，从而更有利于应对和抵御灾害的冲击。因此，固定资产投资与社会脆弱性呈负相关。

（16）人均耕地面积和粮食产量：粮食供给保障不仅与一个地区人们的身体健康状况有关，还以经济发展水平有关，同时也与该地区受灾后救灾物资的储备有关。研究表明，农业的依赖程度、人均粮食消费情况及耕地面积与农村贫困发生率紧密相关，贫困是脆弱性产生的主要原因之一（韩峥，2004）。粮食得到充分保障的地区灾后恢复的能力就越高。人均耕地面积和粮食产量与社会脆弱性呈负相关。

3. 中国县域社会脆弱性评估

1）资料来源

本节以县域为研究单元，研究时间段为 1982~2010 年，所采用基础资料主要包括人口普查和社会经济统计资料。人口普查数据从官方公布的权威出版物中提取，社会经济数据来自中国社会与经济发展统计数据库。选择 1982 年作为研究我国县域社会脆弱性起始点的原因有：第一，1982 年第三次人口普查是目前能公开系统收集到关于全国县级人口、性别、年龄、教育等资料的最早年份；第二，自改革开放（1978 年）和计划生育（1982 年）两项重大政策实施以来，我国的人口、社会经济发展发生了巨大的变化，社会脆弱性主要是人口、社会和经济等因素相互作用的结果。因此，分析 20 世纪 80 年代以来我国社会脆弱性时空格局的演变规律具有重要意义。

（1）人口普查资料。

人口普查为开展社会脆弱性研究提供规范、详实可靠、分辨率高的基础资料。目前，国际社会关于社会脆弱性研究所采用的基础资料以人口普查为主。新中国已分别于 1953 年、1964 年、1980 年[1]、1990 年、2000 年和 2010 年开展了 6 次人口普查，其中一普（1953 年）项目包含户主、性别、姓名、年龄、民族和住址 6 项；二普（1964 年）新增了文化程度、本人成分、职业；三普（1980 年）新增了不在业人口、婚姻状况、生育子女数和存活子女数等共 19 项；四普（1990 年）增加了人口迁移、就业状况、生育状况等共 21 项；五普（2000 年）新增了受教育程度、学业完成情况、住户房间数、建筑面积等共 49 项；六普（2010 年）涵盖性别、年龄、民族、受教育程度、职业、人口迁移、社会保障、婚姻生育和住房情况，是新中国成立以来最全面的一次人口普查。

本节以目前能公开收集到的三普项目为基准，从四普、五普和六普中收集包含人口总数、人口密度、性别、年龄、教育、就业等 15 项指标，其中由于高度多重共线性，人口总数、每万人拥有大学生人数未被包括在模型中。因此，本节最终所采用的人口普查变量（1980 年、1990 年、2000 年和 2010 年，简称 4 次普查资料）共 11 项内容；其中 1980 年分县人口普查资料来自《中国人口统计年鉴》（1988）；1990 年分县人口普查资料来自 30 个省（自治区、直辖市）人口普查资料；2000 年和 2010 年人口普查数据来自当年的《人口普查分县资料》。

在最近 4 次人口普查中，部分普查指标的定义有所变化，如三普中文盲率定义为 12 岁及以上不识字的人口比例占总人口比例，而四、五、六普中将文盲率定义为 15 岁及以上文盲人口占总人口比例；五普和六普中将前两次普查中的不在业人口改为未工作人口，且三普、四普和五普中不在业人口被定义为 15 岁及以上人口中未从事社会劳动的人口，而六普中将未工作人口定义为 16 岁及以上人口中未从事社会劳动的人口。

（2）社会经济资料。

社会经济数据包括 GDP、固定资产投资、居民储蓄余额、医疗卫生机构床位数、耕地面积和粮食产量。由于现有资料中难以收集 1980 年县级 GDP 数据，该年的 GDP 采用人口普查资料中的工农业总产值近似代替。1990 年、2000 年和 2010 年的县级

---

[1] 为便于与第 4~6 次人口普查的时间 1990 年、2000 年和 2010 年相呼应，本书将 1982 年记为 1980 年，下同。

GDP 主要来自大陆 31 个省（自治区、直辖市）的统计年鉴，其中 1990 年部分省份（天津、河北、内蒙古、江苏、安徽、湖北、湖南）统计年鉴中仅提供了国民生产总值数据，由于该年这些地区的国民在外所创造的生产总值有限，故用国民生产总值数据（李小建，乔家君，2001；周扬等，2014b）。对 1980 年其他社会经济变量而言，耕地面积和粮食产量数据主要来自《中国分县农村经济统计概要》（1980~1989 年）；固定资产投资、居民储蓄和卫生机构床位数主要来自各省的统计年鉴、《中国城市统计年鉴》和《中国分县农村经济统计概要》等。1990 年居民储蓄、卫生机构床位数、粮食产量和耕地面积主要来自《中国县域经济》（1996）；GDP 和固定资产投资主要来自各省统计年鉴及 60 年统计资料，如《浙江 60 年统计资料汇编》、《新河北 60 年》等。2000 年和 2010 年的 GDP、固定资产投资、居民储蓄、床位数、耕地面积和粮食产量数据主要来自 2001 年和 2011 年各省统计年鉴、《中国县市社会经济统计年鉴》。社会经济资料从中国社会与经济发展统计数据库（以下简称：社会经济数据库；http://tongji.cnki.net）中获取。

为了消除价格和通货膨胀等因素的影响，以 1980 年为基年，结合 1980~2010 年各省的 GDP 平减指数，对 GDP 和城乡居民储蓄余额按省折算 1990 年、2000 年和 2010 年的不变价格；固定资产投资价格指数基于张军等（2004）的计算方法，分别计算各省 1980~2010 年间的固定资产投资价格指数，并据此按省计算 1990 年、2000 年和 2010 年的可比固定资产投资完成额。

2）资料处理

本节所用 2000 年县级边界由中国科学院资源环境科学数据中心的全国 1∶25 万基础地理数据提取。30 多年来我国县级行政界线变动较大，为保证纵向和横向可比，本研究以 2000 年县级行政边界为基准。由于部分年份市辖区的历史统计资料难以获取，所以将 2000 年县级边界中的市辖区合并为市，以北京为例，将朝阳区、海淀区、东城区、西城区、丰台区和石景山区等中心城区合并为北京市，而昌平县、大兴县、怀柔县、平谷县、顺义县、通县和延庆县为单独的县域单元。经处理后，共得到 2361[①] 个县域单元（含地级市、县级市、自治县、旗和自治旗）。因此，本节所指的县域包括市（中心城区）、县级市、县（自治县）和旗（自治旗）。

为了保证各时间点上人口普查和社会经济变量与县级行政边界相匹配，将处理后的县级行政边界作为基础数据，将脆弱性变量与县级行政单元进行空间属性匹配和关联，得到具有空间属性的基础数据集。由于行政边界的变化，人口普查资料与县级行政单元匹配时，4 次普查资料分别有 29 个、10 个、9 个和 9 个县域单元的基础资料缺失（以 2000 年的行政边界为基准），对缺失值取相邻县域单元的平均值；同时，4 次人口普查资料中分别有 25 个、3 个、17 个和 17 个县域的资料不能与 2000 年的基准边界匹配，故将其删除（表 3.3）。据统计，1980~2010 年间我国有 50 多个县更名，对于 1980 年、1990 年和 2010 年变更的县名，仍沿用 2000 年的名称。

表 3.3　4 次普查资料人口普查资料处理

年份	缺失县	删除县	缺值处理
1980	保德、房山、古交、海西、和顺、惠农、交口、介休、静乐、荆州、岢岚、岚县、冷水滩、临湘、离石、柳林、浏阳、彭阳、偏关、平定、神池、太古、温水、五寨、昔阳、孝义、新县、榆次、中阳	阿巴哈纳尔、爱辉、布特哈旗、怀德、金查、济宁、蓟县、靖县、客县、崂山、黎城、芦溪、潞城、南澳、内江、清江、随县、泰县、天水、下关、新汶、应山、沾益、镇海	取缺失县所属省内相邻县的平均值
1990	碧土、海西、汉沽农场、荆州、临颍、隆格尔、尼玛、胜达、生达、妥坝、延津	靖县、南澳、泰县	
2000	富阳、汉沽农场、金华、金门、吉隆、六安、隆格尔、黔阳、生达	爱辉、东兴、浮梁、芦溪、浦口、赛罕、上栗、团风、孝昌、兴业、新密、锡山、泽州、沾益、镇海、中方	
2010	同 2000 年	同 2000 年	

3）社会脆弱性指数的构建

尽管社会脆弱性研究已发展为脆弱性研究的独立领域，但由于社会脆弱性的多维特征和动态性，难以用单一指标和统一模型量化社会脆弱（陈磊等，2012）。基于指标构建社会脆弱性指数是目前量化社会脆弱性较具操作性的方法。现有社会脆弱性评估大多是基于 Cutter（1996）提出的地方脆弱性理论框架选取指标构建社会脆弱性指数（SoVI），并据此评价某个国家或地区的暴露于综合自然灾害或特定灾害冲击下的相对社会脆弱性水平。本节借鉴 SoVI 的构建思路，采用因子分析识别影响社会脆弱性的主要因子，并建立 4 次普查资料中国县域的社会脆弱性指数（SoVI-China）。据此探讨我国社会脆弱性。

因子分析法是目前脆弱性研究中应用较为普遍的方法之一。然而，国际社会和国内学者在采用因子分析构建社会脆弱性指数的过程中主要存在两方面的分歧：一是在处理基础数据时是否预先考虑各指标对脆弱性的贡献或方向，以 Cutter 为代表国外学者认为，由于不能预先确定公共因子对脆弱性的贡献，所以在变量进入因子分析模型前不宜预先考虑指标的方向，而需根据所提取公共因子包含的主要变量确定公共因子的方向，即因子方向调整（Cutter and Finch，2008）；而国内学者对社会脆弱性的研究基本上都是先考虑变量的方向，预先对变量的方向进行调整，确保所有指标的方向一致，避免因方向不同而出现相互抵消的现象。因此，是否预先考虑脆弱变量的方向是目前国际和国内社会脆弱性研究的主要分歧所在。二是对社会脆弱性变化趋势的探讨，以 Cutter 教授于 2008年发表在 PNAS 上的一篇题为 "Temporal and spatial changes in social vulnerability to natural hazards" 的论文中，Cutter 采用分年（1960 年、1970 年、1980 年、1990 年和 2000年）进行因子分析，分别识别了各年社会脆弱性主要影响因子并构建社会脆弱性指数，据此分析了 1960~2000 年间美国县域尺度社会脆弱性的时空格局及变化趋势。从其因子识别的结果来看，5 个时间点上所识别的公共因子数和因子成分不同，出现了不同年份间脆弱性的评估结果不可比问题，随后的研究也意识到可比性问题。结合我国的实际情况，本节采用预先对变量进行同向化处理而后统一进行因子分析的思路构建社会脆弱性指数。具体步骤如下：

（1）原始数据矩阵构造。

（2）数据标准化：为消除量纲的影响，本节采用 Z 标准化，使各变量的均值为 0，标准差为 1。Z 标准化处理可避免变量归并时带来的误差并确保结果在空间上可比。Z 标准化计算公式如下：

$$X_{ij} = \frac{x_{ij} - \overline{x_j}}{\sigma_j} \tag{3.1}$$

式中，X_{ij} 为标准化后的值；x_{ij} 为指标值，$\overline{x_j}$ 为该项指标的平均值；σ_j 为该项指标的标准差。

（3）指标同向化：部分指标会增加社会脆弱性，即指标值越大，社会脆弱性就越高，为正向变量，如老人、儿童、文盲率、失业率等；而有的指标则会降低社会脆弱性，为负向变量，如人均 GDP、床位数和人均储蓄等。对正向指标不做调整，负向指标则乘以-1。

（4）因子分析适宜性检验：KMO（Kaiser-Meyer-Olkin）和 Bartlett 球体检验是检验因子分析适宜性的两种常用方法。KMO 因子分析适宜程度检验标准见表 3.4；Bartlett 检验的判断标准为其特征统计值的概率显著性小于或等于特定显著性水平（a=0.05）时，拒绝原假设，说明原始数据适合做因子分析。

表 3.4　KMO 检验标准

适合因子分析的程度	KMO 取值范围
非常适合	KMO≥0.9
很适合	0.8≤KMO<0.9
适合	0.7≤KMO<0.8
不太适合	0.6≤KMO<0.7
勉强适合	0.5≤KMO<0.6
不适合	KMO<0.5

（5）公共因子提取：将 4 次普查资料所有样本同时进入因子分析模型；计算数据的相关系数矩阵 R，通过主成分分析法求解其特征方程 $|R - \lambda E| = 0$，得到 k 个特征值。并根据特征根的大小（特征根>1）和因子的累积方差贡献率确定公共因子的个数。

（6）公共因子旋转：由于初始公共因子综合性较强，难以解释因子的实际意义，需要通过旋转坐标轴，使负载尽可能向±1、0 方向靠近，以降低每个因子的综合信息，从而凸显各因子的可解释性；本文选择方差最大化旋转方法。

（7）公共因子得分：由公共因子得分系数矩阵或因子载荷与标准化值可计算得出每个公共因子的得分 F_1，F_2，$\cdots$，F_k。

（8）综合因子得分计算：将各公共因子的方差贡献率占累积方差贡献率比例为各公共因子的权重，加权求和得到综合因子得分，分别提取 4 次普查资料的综合因子得分，代表四个年份的社会脆弱性指数。计算公式如下：

$$\text{SoVI-China} = a_1 F_1 + a_2 F_2 + \cdots + a_k F_k \tag{3.2}$$

式中，a_1，a_2，...，a_k 为公共因子的方差贡献率占累积方差贡献率的比例；F_1，F_2，$\cdots$，

F_k 为公共因子得分。

4）社会脆弱性主要影响因子

按上述社会脆弱性指数的构建步骤，将 2351 个[①]县域 4 次普查资料共 9404 个样本进行 Z 标准化和指标正向化转换，经 Bartlett 球体（$p<0.01$）和 KMO（KMO=0.8）检验适宜因子分析。用主成分法提取因子载荷矩阵，进行方差最大化正交旋转；根据特征根大等于 1 的准则提取 5 个主成分，可以解释原始数据方差变化的 66.95%（表 3.5）。结果表明，第 1 主成分可以解释原始数据变化的 31.26%，与该主成分显著相关的变量主要包括失业率（0.91）、高中以下人口比例（−0.87）、14 岁以下人口比例（0.81）、文盲率（0.74）、人口增长率（0.72）、65 岁以上人口比例（−0.68）。第 1 主成分可以概括为年龄、就业、教育和人口变化。第 2 主成分解释数据方差变化的 13.93%。主要受农林牧渔业人口比例（0.88）、第二产业人口比例（0.88）、非农业人口比例（0.77）和人口密度（−0.55）等变量支配，反映农村、城市化发展和人口密度方面的因子，可命名为农村状况和城市化发展。第 3 主成分解释数据方差变化的 8.68%。主要变量包括人均固定资产投产（0.88）、人均储蓄（0.83）和人均 GDP（0.67），主要反映一个地区经济发展水平，命名为经济状况。第 4 和第 5 主成分分别解释原始数据方差变化的 7.02% 和 6.07%，前者主要受性别支配，后者受人均耕地面积支配。第 4 主成分命名为性别因子、第 5 主成分命名为粮食保障因子（表 3.6）。

表 3.5　提取主成分特征根、方差解释力和权重

主成分	因子命名	特征值	方差解释力/%	权重
1	年龄、教育和人口变化	5.313	31.26	0.47
2	农村状况、城市化	2.368	13.93	0.21
3	经济状况	1.476	8.68	0.13
4	性别	1.193	7.02	0.10
5	粮食保障	1.032	6.07	0.09

表 3.6　旋转载荷矩阵

变量	变量与公共因子相关系数				
	1	2	3	4	5
14 岁以下人口比例/%	0.81	0.33	0.29	−0.06	−0.05
65 岁以上人口比例/%	−0.68	−0.02	−0.18	0.39	0.08
文盲率/%	0.74	0.36	0.12	0.10	−0.11
农林牧渔业人口比例/%	0.21	0.88	0.24	0.05	0.00
第二产业人口比例/%	0.11	0.88	0.16	−0.01	−0.01
失业率/%	0.91	−0.10	0.10	0.06	0.01

[①] 在时空格局分析中，用邻接概念计算空间权重矩阵时因 10 个县与其他县域无空间邻接关系，故将其删除，分别是金门、平潭、洞头、舟山、岱山、嵊泗、长海、长岛等。

变量	变量与公共因子相关系数				
	1	2	3	4	5
性别比/（女/男）	0.00	0.07	0.08	0.86	−0.06
人口密度/（人/km²）	−0.08	−0.55	−0.07	0.38	0.07
非农业人口比例/%	0.00	0.77	0.10	0.16	0.01
高中以下人口比例/%	−0.87	0.08	−0.03	−0.13	−0.02
人口增长率/‰	0.72	0.21	0.19	−0.07	−0.08
人均 GDP/（元/人）	0.27	0.29	0.67	−0.03	−0.02
人均储蓄/（元/人）	0.11	0.09	0.83	−0.12	−0.03
人均固定资产投资/（元/人）	0.16	0.03	0.88	0.04	−0.03
床位数/（床/万人）	0.04	0.10	0.27	0.07	0.05
人均粮食产量/（kg/人）	−0.23	−0.03	0.07	−0.27	0.47
人均耕地面积/（hm²/人）	0.04	−0.01	−0.02	0.10	0.90

注：根据变量与公共因子的相关系数选取代表性变量，选取相关系数在±0.5 以上（Holand et al.，2011）。

因子分析法识别出 5 个主成分，解释力为 66.95%，其中年龄、就业、教育和人口变化被识别为第 1 主成分；农村状况和城市化发展作为第 2 主成分；经济状况作为第 3 主成分；第 4 和第 5 主成分分别是性别和粮食保障因子。由此可见，4 次普查资料间年龄结构、就业状况、教育水平和人口变化是影响我国社会脆弱性的主要因子。

5）中国社会脆弱性指数（SoVI-China）

统一对 9404 个样本进行因子分析，得到 5 个公共因子得分，以各主成分的方差贡献率占累积方差贡献率的比重为权重，加权求和得到综合因子得分：

$$\text{SoVI} = 0.467 \times F_1 + 0.208 \times F_2 + 0.130 \times F_3 + 0.105 \times F_4 + 0.091 \times F_5 \tag{3.3}$$

式中，F 为综合因子得分；F_1、F_2、…、F_5 为第 1~5 个公共因子得分；0.467、0.208、0.130、0.105、0.091 分别为第 1~5 主成分的权重。分别提取 1980 年、1990 年、2000 年和 2010 年的综合因子得分代表 4 年的社会脆弱性指数（SoVI）。

4. 县域尺度社会脆弱性时空格局的演变特征

1）空间数据分析

（1）全局空间自相关。

全局空间自相关描述全国范围内社会脆弱性水平的空间特征，用于分析整体社会脆弱性的空间关联或空间依赖程度；空间依赖程度越高，表明社会脆弱性变化趋势相同的区域在空间上集聚越明显。Moran 指数是测量全局空间关联度的常用统计量。计算公式如下：

$$I = \frac{\sum_{i=1}^{n}\sum_{j=1}^{n}(x_i-\bar{x})(x_j-\bar{x})}{S^2\sum_{i=1}^{n}\sum_{j=1}^{n}w_{ij}} \tag{3.4}$$

式中，x_i、x_j 分别为县域 i 和县域 j 的社会脆弱性指数；W_{ij} 为空间权重矩阵；$S^2 = \sum_{i=1}^{n} (x_i - \bar{x}) / n$。

空间权重矩阵中含有区域间空间位置的依赖关系；进行空间统计分析时，需用空间权重矩阵表达空间相互作用。空间权重矩阵通常定义一个二元对称空间权重矩阵 W_{ij}：

$$W_{ij} = \begin{bmatrix} w_{11} & w_{12} & \cdots & w_{1n} \\ w_{21} & w_{22} & \cdots & w_{2n} \\ M & M & \cdots & M \\ w_{m1} & w_{m2} & \cdots & w_{mn} \end{bmatrix} \qquad (3.5)$$

式中，w_{ij} 为县域 i 与 j 的邻近关系，常用邻接或距离标准来测量。邻接关系、距离和 k 值最邻近点是常用于确定权重矩阵 W 的方法。

a. 基于邻接概念的空间权重矩阵。

根据相邻标准，w_{ij} 为

$$w_{ij} = \begin{cases} 1 & \text{当县域} i \text{和县域} j \text{相邻;} \\ 0 & \text{当县域} i \text{和县域} j \text{不相邻;} \end{cases} \quad i = 1,2,\cdots m; \ j = 1,2,\cdots,n \qquad (3.6)$$

空间关联的发生是假定两个空间县域单元 i 和 j 有公共边界时用 1 表示，否则以 0 表示。有 Rook 邻接和 Queen 邻接两种计算方法，前者用有共同边界来定义邻接，后者需有共有边界和共同顶点。

b. 基于距离的空间权重矩阵（distance based spatial weights）。

假定空间相互作用的强度取决于地区间的质心距离。

$$w_{ij}(d) = \begin{cases} 1 & \text{当县域} i \text{和县域} j \text{在距离} d \text{之内;} \\ 0 & \text{当县域} i \text{和县域} j \text{在距离} d \text{之外;} \end{cases} \qquad (3.7)$$

c. K 值最邻近点空间权重矩阵（K-nearest neighbor spatial weights）。

空间单元面积的大小会影响邻接矩阵，面积较大的县域邻域单元较少，而面积较小的单元可能有较多邻域单元。在这种情况下，可采取 K 值邻近法选择最邻近的 4 个单元计算 K 值最邻近权重矩阵。

对 Moran 指数计算结果进行 Z 统计检验。在 95%显著性水平下，若 Moran 指数显著为正（空间正相关），表明社会脆弱性相似（较高或较低）的县域单元在空间上显著集聚；反之，表明某县域单元与周边地区的社会脆弱性有显著空间差异；空间正相关表明两相邻空间单元社会脆弱性的变化趋势相同，负相关则表明两相邻空间单元的社会脆弱性趋势变化各异。仅当 Moran 指数接近期望值 $-1/(n-1)$ 时，观测值之间才相互独立，在空间上呈随机分布。

（2）局域空间自相关。

全局空间自相关分析只能反映整体的空间依赖程度，会掩盖小范围内局部不稳定，局域空间自相关更能准确地揭示空间要素的异质性特征（Cliff and Ord，1970）。局域 Moran 指数和 Getis-Ord Gi 统计量常用于表征局域空间自相关，它将全局 Moran 指数分解到各县域单元，也称空间关联局域指标（local indicators of spatial association，LISA），LISA 的计算公式如下：

$$I_i = \sum_{i \neq j}^{n} w_{ij} z_i z_j \qquad (3.8)$$

式中，z_i、z_j 分别为 i、j 县域单元 SoVI 的 Z 标准化值；空间权重矩阵 w_{ij} 是行标准化形式。对 I_i 进行 Z 统计检验，公式为 $Z(I_i) = [I_i - E(I_i)] / \sqrt{\mathrm{Var}(I_i)}$，其中 $E(I_i)$、$\mathrm{Var}(I_i)$ 分别为数学期望和方差。

Getis-Ord Gi*用于识别空间单元的高值簇或热点区与低值簇或冷点区的空间分布（Getis and Ord，1992）。计算公式如下：

$$G_i^*(d) = \sum_{i=1}^{n} w_{ij}(d) x_j / \sum_{j=1}^{n} x_j \qquad (3.9)$$

为了便于解释，对 G_i^* 进行标准化处理 $Z(G_i^*)$。在 95%显著性水平下，若 $Z(G_i^*)$ 为正且显著，表明 i 县域单元周围的 ZSoVI 值相对较高（高于均值），属社会脆弱性热点区；反之，如果 $Z(G_i^*)$ 显著为负，则表示 i 县域空间单元周围的社会脆弱性水平均相对较低（低于均值），为冷点区。

2）社会脆弱性时空演变格局

（1）总体空间格局。

基于中国 2351 个县域单元的 Z-SoVI 指数，采用邻接法和 K 值最邻近法创建空间权重矩阵，分别计算不同空间权重矩阵下的全局 Moran 指数（表 3.7）。结果表明，在 95%显著水平下，我国社会脆弱性的全局 Moran 指数均显著为正，表明相邻空间单元上的社会脆弱性变化趋势相同，存在正的空间自相关性或依赖性，即社会脆弱性水平相似（高或低）的县域单元在空间上出现聚集；同时，1980~2010 年不同权重方法下全局 Moran 指数均有增加趋势，表明社会脆弱性的空间依赖程度逐渐增强，集聚程度越来越明显。采用空间自相关分析的描述最常用的 Rook 邻接法创建的空间权重。

表 3.7　不同年份基于邻接和 K 最邻近距离空间权重矩阵的全局 Moran 指数

年份	Rook	Queen	K-nearest 1	K-nearest 2	K-nearest 3	K-nearest 4
1980	0.342	0.341	0.373	0.312	0.365	0.371
1990	0.452	0.452	0.525	0.481	0.483	0.478
2000	0.634	0.631	0.658	0.652	0.649	0.647
2010	0.649	0.691	0.643	0.674	0.668	0.658

（2）局部空间格局。

全局空间自相关只能反映全国范围内的整体空间依赖程度，局部空间自相关更能准确地揭示区域内部社会脆弱性的空间异质性或空间差异性。因此，基于邻接法创建的空间权重矩阵，分别计算了我国 2351 个县域社会脆弱性的局域 Moran 指数（LISA），并采用 LISA 图进行空间可视化表达（图 3.1）。

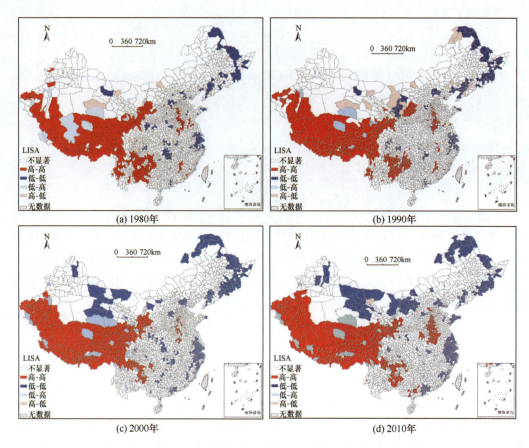

图 3.1　1980~2010 年中国 SoVI 空间 LISA 图（Zhou et al.，2014）

图中"高-高"和"低-低"类型表明具有较高的空间自相关性或空间依赖性，揭示区域社会脆弱性的集聚特征，"高-高"表示自身和周边县域单元的社会脆弱性水平均较高，"低-低"表明自身和周边县域单元的社会脆弱性水平均较低。"高-低"和"低-高"表明呈空间负相关，反映区域社会脆弱性的空间异质性或空间差异性，"高-低"表明自身的社会脆弱性水平相对较高，但周边的社会脆弱性水平相对较低；"低-高"表明自身的社会脆弱性水平相对较低，但周边的社会脆弱性水平相对较高

表 3.8　1980~2010 年中国县域社会脆弱性局域空间聚集统计（LISA）

类型	1980 年		1990 年		2000 年		2010 年	
	显著性局域空间集聚格局（$p \leq 0.05$）							
	个数	比例/%	个数	比例/%	个数	比例/%	个数	比例/%
高-高	338	14.38	332	14.12	257	10.93	341	14.50
低-低	186	7.91	187	7.95	290	12.34	327	13.91
低-高	29	1.23	18	0.77	37	1.57	43	1.83
高-低	22	0.94	29	1.23	11	0.47	11	0.47
	非显著性局域空间集聚（$p > 0.05$）							
县域单元	1776	75.54	1785	75.93	1756	74.69	1629	69.29
总计	2351	100	2351	100	2351	100	2351	100

　　由图 3.1 和表 3.8 可知，我国社会脆弱性的空间格局具有一定的动态性，总体空间聚集特征明显。具体而言，1980 年社会脆弱性水平呈"高-高"集聚的县域主要分布于西藏和贵州大部分地区、青海南部和东南部、云南西部和东部、四川西北部和西部、甘

· 180 ·

肃南部、宁夏中部和南部、新疆南部等地区，占全国县域单元的 14.38%；而呈"低-低"集聚格局的县域共 186 个，占全国的 7.91%，分布在北京、上海、江苏南部、浙江北部、辽宁中部及南部、黑龙江大兴安岭地区、陕西西部及甘肃酒泉等地区；"高-高"和"低-低"聚集的区域意味着社会脆弱性具有相同的变化趋势，前者表明社会脆弱性总体上增加，而后者表示社会脆弱性总体降低。社会脆弱性水平呈"低-高"和"高-低"格局的县域单元仅分别占全国的 1.23% 和 0.94%。可见，1980 年社会脆弱性水平呈"高-高"格局特征的县域单元主要集中在我国西南部地区，而表现为"低-低"特征的县域主要分布在东部沿海和东北地区〔图 3.1（a）〕。

1990 年，社会脆弱性空间格局与 1980 年基本相似，西藏和贵州大部分地区、云南西部和西北部、青海南部、四川西部和西北部、甘肃南部、陕西北部及山东、河北、安徽、河南等省边境县共 332 个县域的社会脆弱性水平仍保持"高-高"集聚格局，约占全国的 14%。呈"低-低"格局的县域单元 187 个，约占全国的 8%，主要分布在我国东北、江苏南部和浙江北部等地区，湖南北部地区呈"低-低"格局的县域减少，而东北地区则有所增加。同时，呈"低-高"和"高-低"格局的县域分别为 18 个和 29 个〔图 3.1（b）〕。

2000 年，"高-高"集聚格局的空间分布与 1980 年和 1990 年基本保持一致，但云南、贵州、四川、河南东部等地区"高-高"格局的县域明显减少，"低-低"格局的县域单元有所增加。2000 年社会脆弱性呈"高-高"格局的县域 257 个，约占全国的 11%；呈"低-低"集聚格局的县域共 290 个，约占全国的 12.34%，青海西北部、甘肃酒泉西部、内蒙古阿拉善盟等地区也表现为"低-低"集聚格局，表明这些地区的社会经济发展水平均有所提高；社会脆弱性水平呈"低-高"和"高-低"格局的县域单元分别占全国的 1.57% 和 0.47%。可见到 2000 年我国社会脆弱性的空间异质性不明显，而空间依赖程度仍然相对较高〔图 3.1（c）〕。与 2000 年相比，2010 年社会脆弱性水平呈"高-高"、"低-低"集聚格局的县域进一步增加，分别占全国的 14.50% 和 13.91%。河南西部、安徽东北部和河北东南部等地区呈"高-高"格局的县域明显增加，北部地区"低-低"集聚格局变得更加明显，江浙地区"低-低"集聚格局的县域单元亦有所增加；呈"低-高"和"高-低"格局的县域单元与 2000年基本相当，分别占 1.83% 和 0.47%〔图 3.1（d）〕。总体而言，虽然过去 30 多年来我国自然灾害的社会脆弱性水平基本保持在西部地区相对较高，而东部地区相对较低，但局部上表现出一定的差异性，如云南、贵州及河北、山东、河南三省交界处在不同的年份具有高社会脆弱性特征的区域变化较大，而东部、东南沿海部分地区具有低社会脆弱性水平的区域变化较明显，表明我国的社会脆弱性水平也具有一定的动态性。社会脆弱性的动态变化可能与我们国家的人口变化、户籍制度、区域发展政策、区位条件及资源禀赋状况等自然和人文因素有关。

3）社会脆弱性变化趋势

基于我国 2351 个县域单元的 SoVI，采用一元回归分析探讨我国社会脆弱性的变化趋势，回归斜率若大于 0，则表明社会脆弱性呈增加趋势；若斜率小于 0，则表明社会脆弱性呈降低趋势。

我国的总体社会脆弱性水平有下降趋势，表现为 4 次普查资料全国平均 SoVI 值分别为 0.688、0.083、–0.277 和–0.495。区域社会脆弱性呈降低趋势，东部、东南部、华北北部、东北东南部等地区共计 1226 个县域单元的斜率小于 0；中部、中南部、四川西部和西北部、青海南部、西藏、新疆西南部等地区共 1125 个县域单元的斜率大于 0，表明社会脆弱性呈增加趋势。回归方程显著性 F 检验结果表明，在 95%显著性水平下，全国共有 255 个县域的社会脆弱性有显著趋势（斜率＞0 和斜率＜0 的县域分别有 122 个和 133 个），其中 46 个县域的社会脆弱性的斜率大于 0.5，表示显著增加；而有 21 个县域的社会脆弱性的斜率小于–0.5，表明社会脆弱性水平明显降低。其中，社会脆弱性水平显著增加的县域主要分布在河南、湖北、湖南、辽宁、四川和山东等地区，其中主要以各地级市的中心城区为主；社会脆弱性水平显著下降的县域主要分布在东部沿海地区，其中以江苏、广东、上海、福建等地区较为明显，内蒙古、山西和新疆等地区个别县域的社会脆弱性也显著降低（表 3.9）。

表 3.9　1980~2010 年间社会脆弱性显著变化的县域

显著增加（斜率≥0.5；$p \leq 0.05$）								显著降低（斜率≤–0.5；$p \leq 0.05$）			
县域	斜率	R^2	P	县域	斜率	R^2	P	县域	斜率	R^2	P
蚌埠市	0.78	0.90	0.05	洪江市	0.66	0.91	0.05	长泰县	–0.5	0.91	0.05
兰州市	0.62	0.94	0.03	湘潭市	0.63	0.97	0.02	大田县	–0.5	0.95	0.01
天水市	0.76	0.91	0.05	长春市	0.77	0.98	0.01	德化县	–0.7	0.92	0.04
韶关市	1.05	0.93	0.04	吉林市	0.52	0.94	0.03	宝安县	–1.1	0.94	0.03
桂林市	0.63	0.99	0.00	四平市	0.66	0.99	0.003	博罗县	–0.5	0.99	0.00
梧州市	0.96	0.96	0.02	徐州市	0.89	0.99	0.004	高明县	–0.7	0.91	0.04
阜平县	0.56	0.97	0.017	上饶市	0.67	0.99	0.001	惠阳县	–1.1	0.97	0.01
秦皇岛市	0.68	0.99	0.01	鞍山市	0.51	0.98	0.010	四会县	–0.5	0.90	0.05
石家庄市	0.92	0.98	0.01	丹东市	0.57	0.97	0.014	江宁县	–0.6	0.95	0.02
郸城县	0.56	0.93	0.04	锦州市	0.71	0.95	0.03	江浦县	–0.6	0.94	0.04
鹤壁县	0.67	0.93	0.04	铁岭市	0.56	0.96	0.02	昆山市	–1.1	0.92	0.04
淮阳县	0.52	0.95	0.02	济南市	0.63	0.90	0.03	吴江县	–0.6	0.94	0.03
焦作市	0.83	0.96	0.01	潍坊市	0.51	0.90	0.05	阿拉善左旗	–0.8	0.92	0.04
洛阳市	0.83	0.99	0.01	长治市	0.62	0.96	0.02	龙口市	–0.7	0.92	0.04
平顶山市	1.19	0.99	0.01	西安市	0.60	0.94	0.03	中阳县	–0.719	0.944	0.028
商丘市	0.91	0.97	0.01	达县市	0.68	0.94	0.03	嘉定县	–0.8	0.95	0.02
宜阳县	0.56	0.93	0.04	金川县	0.52	0.92	0.04	青浦县	–0.6	0.94	0.04
哈尔滨市	0.56	0.96	0.02	壤塘县	0.75	0.92	0.04	松江县	–0.7	0.94	0.03

显著增加（斜率≥0.5；$p \leq 0.05$）								显著降低（斜率≤-0.5；$p \leq 0.05$）			
县域	斜率	R^2	P	县域	斜率	R^2	P	县域	斜率	R^2	P
沙市市	0.84	0.99	0.01	新龙县	0.84	0.91	0.05	米泉县	-0.8	0.93	0.03
武汉市	0.54	0.9	0.03	和田县	0.51	0.99	0.00	沙湾县	-0.6	0.96	0.02
襄樊市	0.95	0.99	0.01	莎车县	1.05	0.92	0.04	绍兴县	-0.7	0.94	0.03
郴州市	0.96	0.98	0.01	杭州市	0.65	0.91	0.05				
衡阳市	0.71	0.94	0.03	重庆市	0.62	0.92	0.04				

5. 小结

1980~2010 年，我国社会脆弱性的空间依赖性逐渐增强，具有相似变化特征的县域单元在空间上逐渐集聚。具体而言，四个时间点上社会脆弱性呈"高-高"集聚的县域单元基本保持恒定（约占全国的 14%），而具有"低-低"聚集特征的县域单元占全国的比重有所增加，表明低社会脆弱性水平的县域在空间上逐渐集聚。

过去 30 年间社会脆弱性冷点区有逐渐增加的趋势，主要集中于在东北、江苏南部、浙江北部、北京和上海等经济较发达的地区；而热点区先减少后增加，主要集中于我国西南部地区，特别是西藏和贵州。

我国社会脆弱性的空间分布表现出一定的动态特征，在时间上变化趋势不明显。总体社会脆弱性水平有下降趋势，其中我国中部、中南部、四川西部和西北部、青海南部、西藏、新疆西南部等地区的社会脆弱性水平有所增加；同时东部沿海、东南沿海、华北北部等地区的社会脆弱性水平有所降低（约占全国的 52.15%）；在 95%显著性水平下，全国有 255 个县域的社会脆弱性水平发生了显著变化（122 个县域增加、133 个县域降低），其中 46 个县域的社会脆弱性水平显著增加，21 个县域显著降低。

3.1.2 生态系统脆弱性分析

1. 生态系统脆弱性理论

近几十年来，全球环境变化的速度和强度是历史罕见的，当前生存环境地恶化达到了前所未有的程度，大范围水、土、气污染，生物多样性地降低，土地退化和荒漠化，水资源严重短缺等已成为人类社会可持续发展的重大障碍，这些变化的背后是生态系统与全球变化相互作用的结果。因此，自然和人为因素共同引发的全球变化给社会-生态系统带来巨大影响。

目前，人类对气候系统和陆地生态系统的作用机理、过程和适应本质等认识还不全面，对气候变化给陆地生态系统结构、功能和服务所造成的影响还不完全清楚，对气候变化下陆地生态系统脆弱性的认识也存在很大局限，要从科学的角度准确地回答这些问题存在很大困难。已有的研究尚不能准确回答未来几十年全球陆地生态系统脆弱性是否有进一步增高的可能，以及这种变化是否会导致生态系统服务及社会发展能力下降。已有研究表明，温度升高一旦超过某一阈值，不利的天气状况可能会相对增多并伴随大气环流的持续异常，气候型态可能会发生转变（Bala et al.，2007；Scholze et al.，2006）。若未来几十年气候突变一旦发生，势必会造成气候冷暖交替或旱涝转换扰动，触发生态灾难、气候灾害频发，无疑会对全球的工业、农业生产和人民生命财产产生巨大影响。

1）脆弱性

"脆弱性"一词起源于社会科学，脆弱性评价在自然灾害、生态污染、食品安全、金融保险、公众健康、全球变化等诸多领域中被视作风险管理的有效手段（Füssel and Klein，2006），现在正被越来越多的生态学家、地理学家和气候学家应用到相关研究领域当中。

根据 IPCC 的定义脆弱性是指系统容易受到气候变化所造成的不利影响以及无法应对不利影响的程度（IPCC，2007）。其评价框架主要是将脆弱性视作暴露性、敏感性以及适应能力的函数。Füssel and Klein（2006）将脆弱性评价框架的发展过程分为三代，第一代脆弱性评价框架着重于评价气候变化对生态系统造成的影响，研究通过温室气体排放情景，评价大气中 CO_2 浓度变化引起辐射强迫的改变，进而作用于大气-陆地-海洋圈导致了气候变化。当社会-生态系统暴露于气候变化之下并受其影响，评价这种影响程度的同时提出减少温室气体排放的举措（mitigation），构成了气候变化影响评价的主要框架。第二代脆弱性评价框架是在第一代的基础上，更加认识到气候变率和非气候因子（如土地覆盖/利用变化、经济全球化等）对社会-生态系统的影响，同时强调适应对策（adaptation）在减缓气候变化所造成的不利影响方面起到的作用（Hahn et al.，2009）。第三代脆弱性评价框架加入适应能力（adaptive capacity）来反映社会-生态系统通过系统内部调节来减缓和适应气候变化不利影响的能力，最终形成了以暴露性、敏感性和适应能力为主的评价体系。

2）暴露性

暴露性（exposure）是指陆地生态系统暴露于气候变化下，这种变化包括气候因子趋势变化和波动增减（Bradford，2011）。根据 IPCC 第五次评估报告显示，在未来的 100 年内全球平均气温将上升 1.0 至 3.7℃，降水在空间和时间格局上都将产生改变，同时风、云覆盖等气候因子也会影响生态系统（IPCC，2013a）。在这些变化因子中，温度是重要的影响因子之一（Bala et al.，2007）。最低温度决定植被的分布范围和边界（Ferrez et al.，2011），在植被生长季节，极端温度影响植被的生长状况（Yuan，et al.，2007）。根据全球气候模式（global climate models，GCMs）预测，未来最低温度的增幅将超过最高温度，这意味着即使在同一地区，最低与最高温度增长存在着不一致性（IPCC，2007）。由此引发的极端低温事件在发生频率和幅度上减少能延长植被的生长季（Jentsch et al.，2007），但也会改变陆地生态系统功能和服务，如增加火灾风险或减少水资源供给等（Scholze et al.，2006）。降水是另一个重要的气候因子，根据 IPCC 第五次评估报告，未来降水将在热带和寒带地区有所增加而在中纬度地区有所减少（IPCC，2013a）。这种降雨空间格局变化将改变森林、农田以及其他生态系统的水循环（Murray et al.，2012）。降雨在时间格局上特别是生长季变化也将显著改变植被生长态势（Craine et al.，2012）。所有这些研究均表明气候趋势、波动以及极端气候事件的空间和时间格局变化将对生态系统功能和服务产生重要影响。

3）敏感性

敏感性（sensitivity）是指陆地生态系统受气候变化的影响程度以及响应的幅度与速率（Füssel and Klein，2006）。由于陆地生态系统对气候变化的敏感性包括实际受到的和潜在的影响，因此可以将实际和潜在影响视作暴露性和敏感性的函数（Füssel and Klein，2006）。这种影响的定量化主要通过经验/半经验模型和生态过程模型。

经验/半经验模型大多利用气候因子与植被参数的关系建立经验回归方程，如利用温度、降水与 NPP 的经验关系建立的 Miami 模型、Thornthwaite Memorial 模型等，这些模型建立的基础不考虑植被生长的生态学机理，因此具有较大的局限性。半经验模型如 Chikugo 模型等考虑了部分植被生长的生态学机理，但在参数选择上仍然根据经验建立回归方程，由于模型无法对环境变化做出及时响应，其推广性也较差。

基于植被生理生态过程建立的生态过程模型可以较好地模拟植被对未来气候变化的响应。生态过程模型根据其研究目的、应用范围和构建尺度可以分为生物地理模型（biogeography model）、生物地球化学模型（biogeochemistry model）、景观模型（landscape model）、全球动态植被模型（dynamic globevegetation model）和光能利用率模型（light use efficiency model）等。

目前，通过以上几类模型模拟陆地生态系统对气候变化的敏感性以及气候变化对陆地生态系统的实际和潜在影响。各类模型在构建机理、应用尺度上各有特色，通过不断完善以及将各类模型耦合将大大提高关于全球变化对生态系统物质循环和能量流动影响的认识。

4）适应能力

适应能力（adaptive capacity）是指社会-生态系统通过自身调节以避免或削弱气候变化所带来的不利影响并恢复至原状态的能力（Füssel and Klein，2006）。一般来讲，适应能力与脆弱性呈相反的关系（Ippolito et al.，2010），同样存在着阈值和恢复范围（Smit and Wandel，2006）。O'Brien 等（2004）在评价气候变化和经济全球化对印度农业的影响时从植被的生物物理状态、社会经济状况和技术水平三方面评价了适应能力。Metzger（2006）在评价陆地生态系统脆弱性时从公平、知识、技术水平、基础设施、经济状况与政策灵活性等几方面系统地评价了欧洲地区面对气候变化和土地覆盖/利用变化的适应能力。在实际生活中，生态系统的适应能力是动态而非静态的，它随着自然环境、经济、社会、政策等因素地改变而改变，如人口增长的压力会大大降低社会-生态系统的适应能力，而技术、经济水平地增长则有利于提高适应能力（Smit and Wandel，2006）。气候变化对生态系统的累积影响也有可能降低其适应能力，如连续的干旱消耗了某一地区的水资源储备，从而导致该地区在之后面对同样程度的干旱时适应能力降低，甚至引发区域生态系统状态突变（Rietkerk et al.，2004）。同时，适应能力随着评价对象变化而变化，如经济全球化能帮助农民获得更好的资源从而提高应对气候变化的适应能力，但过多的进口粮食也可能挤占本地农民的生计（降低了适应能力）（O'Brien et al.，2004）。

5）生态系统脆弱性评价

目前，脆弱性评价在自然灾害、全球环境变化、生态污染等诸多研究领域中得以应用。当前脆弱性评价研究可以归纳为三类：①定量/半定量的综合指标评价法。该类方法将直接收集到的环境参数或生态系统关键参数（如 NDVI、NPP 等）经过归一化后通过专家打分法、层次分析法或主成分分析等方法加以融合，最终得到脆弱性指数及评价指标体系。②生态系统模型分析法。该类方法利用生态模型模拟生态系统关键参数，通过评价特定的生态系统功能和服务来建立脆弱性评价指数及评价指标体系（Metzger et al.，2006）。③预警信号法。该类方法主要根据多稳态（alternative stable states）理论认为，系统即使在相同的外部条件下仍可以存在具有不同功能和结构的稳定状态。当系统受到外界扰动后，外界扰动通过系统内部的正负反馈对生态系统产生作用，当扰动作用于脆弱性较高的系统并超过其恢复力时，系统就会发生稳态转换（Scheffer et al.，2001）。在系统邻近突变点时往往会产生预警信号，如方差增加（rising variance）（carpenter and Brock，2006）、偏度（skewness）（Guttal and Jayaprakash 2008）和恢复慢化（slow recovery）（Dakos et al.，2008）等预示系统状态突变的可能。

2. 生态系统脆弱性模型及模拟

本节以杉木生态系统为例进行脆弱性评价研究。杉木（*Cunninghamia lanceolata*）是中国南方重要的经济林材之一，因其分布范围广、生长迅速，芯材耐腐防虫等优点，广泛用于建筑、桥梁、造船、家具和工艺制品等方面。适宜杉木生长的环境条件为气温-9~40℃，降水量 800~2000mm，且特别适合生长在短日照、潮湿、微风和肥沃的土壤中。我国杉木的种植总面积约为 90 000 至 120 000 km²，占我国经济林种植总面积的 20%~27%（Niu et al.，2009；Zhao et al.，2009）。

1）评价模型

（1）MaxEnt 模型。

基于最大熵理论的 MaxEnt 模型属于生物地理模型（Phillips et al.，2006），能够模拟杉木的分布范围和建立概率。该模型利用已知物种的出现位置（精确的经纬度坐标）来学习和判断适宜物种生存的环境，然后根据这种先验知识外推得到物种在其他位置出现的概率（Elith et al.，2006）。用做先验知识的环境条件可以是通过全球气候模式（GCMs）模拟的气候条件（气温、降水、日照条件等）（Friedlingstein et al.，2006），也可以通过遥感手段或直接观测（土壤类型、高程等）获取（Turner et al.，2003）。

本节选择 9 种生物气候变量来反映气候变化对杉木生境的影响，其中 8 种的定义与世界气象数据库（WorldClim database）一致，它们是：①年均温度（BIO1-the annual mean temperature）；②月均温差（月内最高温度与最低温度之差，BIO2-the mean diurnal range）；③年最低温度（BIO6-the minimum temperature of the coldest month）；④年温差（年内最高月均温度与最低月均温度之差，BIO7-the annual range of temperature）；⑤最湿润季度平均温度（BIO8-the mean temperature of the wettest quarter）；⑥年总降水量（BIO12-the annual precipitation）；⑦最旱季度降水量（BIO17-the precipitation of the driest quarter）；⑧最暖季度降水量（BIO18-the precipitation of the warmest quarter）。第 9 种生物气候变量是我们根据中国气候受东亚季风影响较大的特点构建的"季风降水量（BIO20-the monsoon precipitation）"来表示我国南方地区与北方地区在春季降水量上的差别。

（2）PnET-II 模型。

杉木生产力通过生物地球化学（biogeochemistry）模型进行模拟，该类模型需根据特定物种设定适宜的生理参数，能够准确地模拟物种在生长过程中的碳、氮和水分循环。本研究利用 PnET-II 模型模拟杉木生态系统的生产力，该模型具有结构简单、参数集中、运算快速和模拟精度高等优点（Law et al., 2000; Aber et al., 1995; Aber and Federer, 1992）。PnET-II 模型利用叶氮浓度与叶片最大光能利用率的关系模拟植被潜在光合作用，再通过温度胁迫和水分胁迫计算植被的实际光合作用，最终得到植被蒸散量、叶面积指数（LAI）、总生物量（GPP）、净第一性生产力（NPP）、净生态系统生产力（NEP）等关键参数。

由于水分胁迫对植被生长影响很大，因此本研究进一步完善 PnET-II 模型水循环模块，提高 PnET-II 模型在模拟杉木林水循环过程时的模拟精度。模型对土壤水分输入量地模拟主要通过降水量、冠层截留比率（the fraction of the precipitation intercepted, PrecIntFrac）和快速下渗比率（the fraction of fast flow, FastFlowFrac）三个参数决定。其中快速下渗比率通常被设定为常量，如 0.1 代表着 10%的水分从植物根部下渗至土壤中而无法被植物利用。原有模型中的冠层截留比率根据植被种类的不同被设定为常数如 0.1 或 0.15。通过实际观测发现杉木林的冠层截留比率随着降水量大小而变化（田大伦, 2011），因此本研究收集了湖南会同杉木生态观测站从 1984~2007 年逐月的降雨观测数据和冠层截留数据（冠层截留量=降水量-穿透降水量-树干径流量）建立了二者的经验模型（图 3.2, $p < 0.0001$）：

$$Interception = Precipitation \times 0.2372 + 0.3231 \qquad （3.10）$$

式中，Interception 和 Precipitation 的单位为 cm。通过该模型可以省略模型中冠层截留比率参数，直接通过降水量估算冠层截留量。

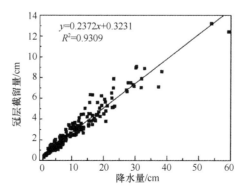

图 3.2　降水量与冠层截留量关系

2）杉木总 NPP 评价

构建总 NPP 指数来综合评价杉木生态系统的潜在分布和生产力受气候变化影响的

程度：

$$Total\ NPP = NPP \times S \tag{3.11}$$

式中，Total NPP 为杉木分布范围内的总生产力，GgC/a；NPP 为单位面积净初级生产力，gC/（m²·a）；S 为杉木的潜在分布，km²。

3）模型参数化

（1）MaxEnt 模型与 PnET-II 模型的输入数据。

当前气候条件数据（1950~2000 年）和未来气候变化情景数据（2050 年）下载自世界气象数据库（www.worldclim.org），包括月最低气温、最高气温和月总降水量。其中未来气候变化情景数据来自三种全球气候模式（HadCM3、CCCMA 和 CSRIO）在SRES-a2 和 SRES-b2 两种未来气候变化情景下（Nakiccenovic et al. 2000）对未来气候状况进行预估，模拟结果已降尺度至 0.05°×0.05°分辨率（Hijmans et al.，2005）。未来气候变化情景中的 a2 情景描述了工业、商业、居住和交通方面能源利用效率的缓慢提高，b2 情景描述了未来技术发展使得能源利用效率大幅提高（提高幅度高于 a2 情景）。本研究利用以上 6 种不同情景（3GCMs×2 scenarios）代表未来中国气候状况可能发生的变化。

（2）最大熵模型的其他输入数据。

研究共收集了杉木在我国实际分布的 200 个位置（数据源自《中华人民共和国植被图》（1∶1 000 000））（张新时，2008），随机提取其中的 60%用于模型模拟，其余 40%用于模型精度验证。

（3）PnET-II 模型的其他输入数据。

研究收集了我国湖南省会同杉木林观测站从 1982~2007 年观测的月最高温度、月最低温度、月总降水、冠层截留量和太阳日照时数等数据用于改进 PnET-II 模型的水循环模块。收集了土壤持水力（Water-holding capacity，WHC）数据（下载自 http://www.daac.ornl.gov）（Webb et al. 1993）用于 PnET-II 模型在区域尺度上模拟杉木生态系统 NPP。高程数据下载自世界气象数据库（www.worldclim.org）。土壤持水力和高程数据均通过克里金法插值至 0.05°×0.05°分辨率。光合有效辐射则通过太阳日照时数予以估算。其他PnET-II 模型的参数设置见表 3.10。

表 3.10 PnET-II 模型参数设置

参数	参数描述	值	来源
Lat	纬度/（°）	26.8 a	本研究设定
WHC	土壤持水力/cm	42 a	（Webb et al.，1993）
PsnTMin	光合作用最低温度/℃	−9 a, b	（吴中伦，1984）
PsnTOpt	光合作用最适温度/℃	24 a, b	（冯宗炜等，1982）
FolNCon	叶氮浓度/%	1.1 a, b	（田大伦，2011）
WUE	水分利用率/（mgC/gH₂O）	8.4 a, b	（Sheng et al.，2011）
PrecIntFrac	降雨冠层截留比	无 a, b	本研究设定

a 适用于湖南会同杉木林观测站；b 适用于中国；其他参数参考自 Aber et al.，（1995）

（4）验证数据。

本节利用 80 个（占全部数据的 40%）杉木在我国实际出现位置验证模型对杉木分布范围的模拟精度。利用 1995~2007 年的观测土壤水分输入量（田大伦，2011）

和 1983~2005 年的观测蒸散量（田大伦，2011）验证改进后的 PnET-II 模型的水循环模块的模拟精度。利用杉木 NPP 的实际观测值（王绍刚和刘志文，2010；曾小平等，2008；Zhao et al.，2009；Zhao and Zhou，2005）验证改进后 PnET-II 模型对杉木 NPP 的模拟精度。

研究流程图如图 3.3 所示。

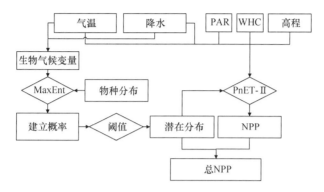

图 3.3　气候变化对杉木生态系统分布及生产力影响评价流程

4）研究结果

（1）杉木生态系统的潜在分布。

研究结果表明通过 MaxEnt 模型模拟杉木生态系统的潜在分布效果较好，模拟结果的可接受特征曲线（receiver operating characteristic，ROC）下面积（area under the curve，AUC）达到 96%（最高为 100%），验证数据的 ROC 曲线下面积（AUC）达到 93%。图 3.4 中阴影区域为杉木在当前气候条件下（1950~2000 年）潜在分布范围。季风降水量（BIO20）和月均温差（BIO2）对杉木生态系统的潜在分布具有较高的解释率，解释率分别达到 44.3% 和 41.5%（表 3.11）。以 5% 作为适宜杉木生长的阈值，杉木在中国当前气候条件下（1950~2000）的潜在分布范围达到 1 778 900 km^2［图 3.4 和图 3.5（a）］，在当前气候条件下和未来气候变化情景下建立概率的空间分布如图 3.5 所示。建立概率较高地区包括武夷山区、南岭山区及湖南、贵州、广西交界山区（图 3.5）。

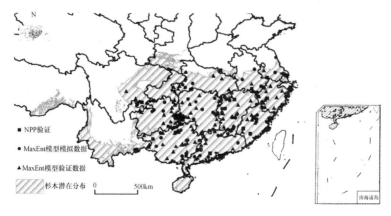

图 3.4　杉木实际分布位置及 NPP 验证数据采集位置
阴影区表示在当前气候条件下（1950~2000 年）最大熵模型模拟杉木建立概率高于 5% 的区域

表 3.11　种生物气候变量在当前气候条件下（1950~2000 年）模拟杉木潜在分布和建立概率的解释率

生物气候变量	解释率/%
季风降水量（BIO20）	44.3
月均温差（BIO 2）	41.5
年温差（BIO 7）	6.2
最暖季度降水量（BIO 18）	2.7
最旱季度降水量（BIO 17）	2.1
年均温度（BIO 1）	1.3
年总降水量（BIO 12）	1
最湿润季度平均温度（BIO 8）	0.6
年最低温度（BIO 6）	0.4

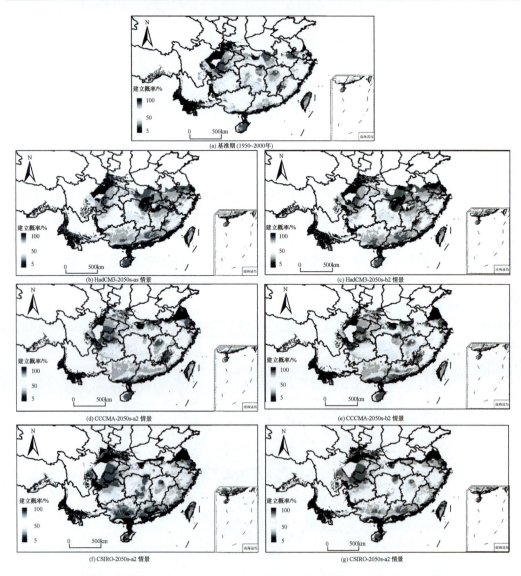

图 3.5　当前气候条件下（1950~2000 年）和未来气候变化情景下（2050s）杉木建立概率分布

在 6 个未来气候变化情景下（2050s）杉木生态系统的潜在分布范围有所增加，达到 1 779 125 km²（HadCM3，a2，+0.02%）至 1 900 500 km²（CSIRO，b2，+6.84%）。原生境内 90% 以上区域仍适宜杉木生长，但平均建立概率降低 4.75% 至 8.83%；不再适宜杉木生长区域的面积为 76 375 km²（HadCM3，b2，−4.29%）至 164 125 km²（CCCMA，a2，−9.23%）（表 3.12）。

表 3.12 杉木在当前气候条件下（1950~2000 年）和未来气候变化情景下（2050s）潜在分布面积和建立概率

分布 情景	总面积		增加面积		减少面积		建立概率	
	面积[a] /km²	变化率 /%	面积[a] /km²	变化率 /%	面积[a] /km²	变化率 /%	平均值 /%	变化率 /%
Baseline	1 778 900						35.98	
HadCM3								
2050 a2	1 779 125	+0.02	86 025	+4.84	85 800	−4.82	28.67	−7.31
2050 b2	1 802 350	+1.32	99 825	+5.61	76 375	−4.29	28.31	−7.67
CCCMA								
2050 a2	1 799 750	+1.17	184 975	+10.40	164 125	−9.23	31.23	−4.75
2050 b2	1 784 325	+0.31	152 075	+8.55	146 650	−8.24	30.31	−5.67
CSIRO								
2050 a2	1 887 000	+6.08	221 250	+12.44	113 150	−6.36	27.15	−8.83
2050 b2	1 900 500	+6.84	213 425	+12.00	91 825	−5.16	30.70	−5.28

a 建立概率高于 5%

（2）杉木水平衡模拟。

改进后 PnET-II 模型对杉木生境内土壤水分输入量（图 3.6）和蒸散量（图 3.7）的模拟精度更高。在 1991~1993 年间实际观测蒸散量与模型模拟蒸散量之间的变化趋势存在不一致，但模型模拟蒸散量与当年观测降水量的变化趋势保持一致。

（3）杉木生产力。

在当前气候条件下（1950~2000 年）杉木在中国的平均 NPP 为 1292 gC/（m²·a），变化幅度为 822~1940 gC/（m²·a）（表 3.13）。杉木 NPP 较高的地区分布在贵州、湖南、广东、福建和台湾等地区 [图 3.8（a）]。在未来气候变化情景下（2050s）杉木平均 NPP 有所降低（−35~−174 gC/（m²·a），NPP 标准差增加表明 NPP 空间分布异质性增强（表 3.13）。

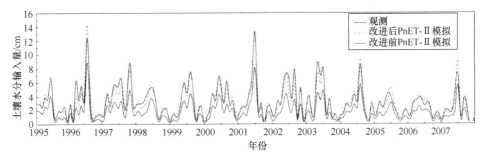

图 3.6　1995~2007 年 PnET-II 模型模拟杉木林土壤水分输入量和实际观测土壤水分输入量对比
改进前 PnET-II 模型的参数设定为 PrecIntFrac=0.15

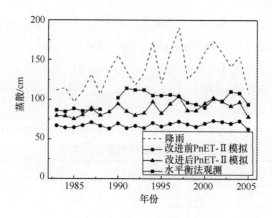

图 3.7　1983~2005 年 PnET-II 模型模拟杉木林蒸散量和实际观测蒸散量对比

改进前 PnET-II 模型的参数设定为 PrecIntFrac=0.15

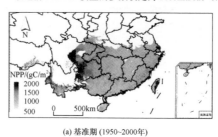

(a) 基准期 (1950~2000年)

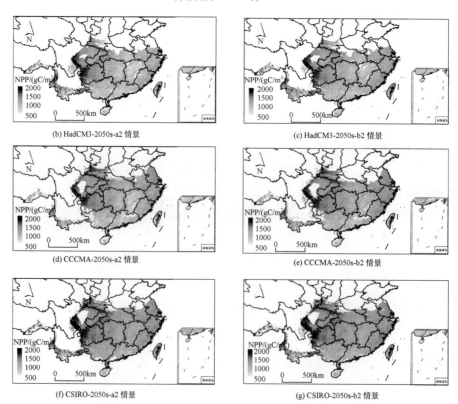

(b) HadCM3-2050s-a2 情景　　　　　　　　(c) HadCM3-2050s-b2 情景

(d) CCCMA-2050s-a2 情景　　　　　　　　(e) CCCMA-2050s-b2 情景

(f) CSIRO-2050s-a2 情景　　　　　　　　(g) CSIRO-2050s-b2 情景

图 3.8　当前气候条件下（1950~2000 年）和未来气候变化情景下（2050s）杉木 NPP 分布

表 3.13　当前气候条件下（1950~2000 年）和未来气候变化情景下（2050s）杉木 NPP 变化量

情景	最大值/[gC/（m²·a）]	最小值/[gC/（m²·a）]	平均值/[gC/（m²·a）]	标准差/[gC/（m²·a）]
Baseline	1940	822	1292	198
HadCM3				
2050 a2	1920	591	1118	264
2050 b2	1917	650	1143	244
CCCMA				
2050 a2	1921	505	1143	259
2050 b2	1948	580	1185	249
CSIRO				
2050 a2	1995	683	1257	228
2050 b2	1994	656	1243	241

当前气候条件下（1950~2000 年）模拟杉木 NPP 与实测杉木 NPP（王绍刚和刘志文，2010；曾小平等，2008；Zhao et al.，2009；Zhao and Zhou，2005）对比表明 PnET-II 模型模拟精度较好（图 3.9），解释率（r^2）达到 51%（$p<0.001$），平均偏差为 28.47 gC/（m²·a），占杉木 NPP 平均值的 4.18%（表 3.14）。

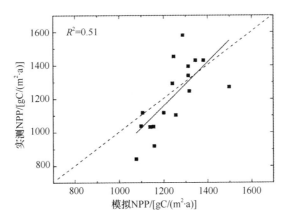

图 3.9　PnET-II 模型模拟杉木 NPP 与实测杉木 NPP 对比

实测 NPP 数据来源：王绍刚和刘志文，2010；曾小平等，2008；Zhao et al., 2009；Zhao and Zhou，2005

表 3.14　PnET-II 模型模拟杉木 NPP 检验

变量	变量描述	值
n	数据量	17
r^2	解释率	0.51
e	平均预测误差	28.47
Se	标准差	113.58
Bias	平均预测误差比率	4.18%
p	显著性检验	<0.001

在 6 个未来气候变化情景下（2050s）杉木总 NPP 将下降 2.69%~13.46%（表 3.15），均呈现南部地区降低、北部地区升高的现象，但在变化幅度上有所差别（图 3.10）。总 NPP 下降幅度最大的情景出现在 HadCM3-a2 情景中，下降幅度最小的情景出现在 CSIRO-a2 情景中（表 3.15）。

表 3.15 当前气候条件下（1950~2000 年）和未来气候变化情景下（2050s）杉木总 NPP 变化量和变化率

情景	总 NPP/（GgC/a）	变化率/%
Baseline	32.31	
HadCM3		
2050 a2	27.96	−13.46
2050 b2	28.58	−11.54
CCCMA		
2050 a2	28.58	−11.54
2050 b2	29.62	−8.33
CSIRO		
2050 a2	31.44	−2.69
2050 b2	31.07	−3.84

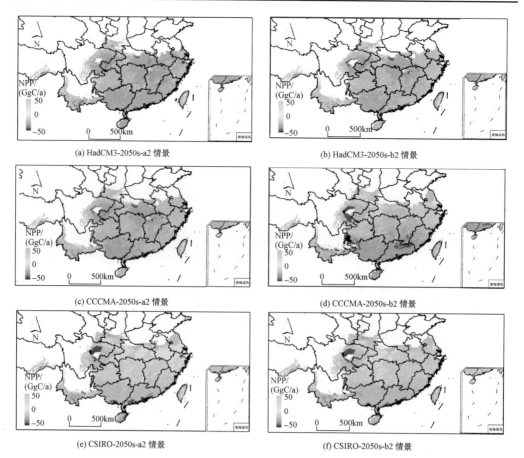

(a) HadCM3-2050s-a2 情景　　　　　　(b) HadCM3-2050s-b2 情景

(c) CCCMA-2050s-a2 情景　　　　　　(d) CCCMA-2050s-b2 情景

(e) CSIRO-2050s-a2 情景　　　　　　(f) CSIRO-2050s-b2 情景

图 3.10 未来气候变化情景下（2050s）杉木总 NPP 变化量

本节结合生物地理模型和改进的生物地球化学模型较准确地模拟了森林的潜在分布和生产力。对森林潜在分布区域的模拟主要考虑了气温、降水、土壤条件等因素的影响，其他的环境变量如火灾、病虫害、极端气候事件、森林砍伐等因素仍未涉及。研究结果表明水分条件是影响杉木潜在分布的最重要影响因子，而温度条件次之，与美国杉（DouglasFir）类似（Evangelista et al. 2011；Coops et al. 2009）。杉木的潜在分布范围在未来气候变化情景下（2050s）将逐渐北移，在 CCCMA 和 CSIRO 情景下甚至将向北扩展至江苏北部、湖北北部和陕西南部地区；但 CSIRO 情景下杉木在广东南部、广西南部和四川东部的潜在分布范围有所减少，CCCMA 情景下杉木在江西南部和广东北部的潜在分布范围有所减少，表明不同气候变化情景对潜在分布范围预测的影响较大。

本节结合最大熵模型和改进 PnET-II 模型模拟了当前和未来气候变化情景下杉木生态系统分布和生产力。研究结果表明未来气候变化使得江苏和湖北北部、陕西南部更适宜种植杉木，不利影响主要体现在南方杉木林。即使在气候变化幅度较小的 b2 情景下，杉木的总 NPP 仍将下降 4%~11%。通过模拟气候变化对森林生态系统结构和功能上的影响，可以辅助制定更加合理的森林管理策略以适应气候变化带来的不利影响。

3.1.3　社会-生态系统脆弱性分析

1. 社会-生态系统脆弱性评价指标体系

指标选取是社会-生态脆弱性评估最基本也是最关键的一步。

本节选取对满足人类福祉至关重要的生态系统过程、功能和服务指标。主要包括以下指标。

植被净第一性生产力（NPP）：是指绿色植物在单位时间单位面积内积累的有机物质的总量，是植物总初级生产力（GPP）减去植物用于维持性呼吸和生长性呼吸消耗的部分（Ra，自养呼吸）以后剩余的部分。

碳通量：是碳循环研究中一个最基本的概念，表述生态系统通过某一生态断面的碳元素的总量。本研究表征植被固定二氧化碳的能力。

地表径流：大气降水落到地面后，一部分蒸发变成水蒸气返回大气，一部分下渗到土壤成为地下水，其余的水沿着斜坡形成漫流，通过冲沟，溪涧，注入河流，汇入海洋，这种水流称为地表径流。本研究表征区域水资源获取能力。

异养呼吸：是指土壤释放 CO_2 的过程，主要是由微生物氧化有机物和根系呼吸产生，是陆地生态系统中土壤碳的主要净输出途径，土壤异养呼吸与净初级生产力的差值是决定生态系统碳源/汇的关键。

火灾损失碳：由于野火导致植被固定的碳通过燃烧向大气释放的 CO_2 量，本节表征全球气候变化下的野火风险。

目前对社会脆弱性因子的选择主要是从社会、经济、政治等方面考虑，分析社会结构内部各要素之间的相互作用，探索社会脆弱性的根源。随着研究的深入，研究者对社会脆弱性内涵的理解越来越透彻，在选择社会脆弱性因子方面考虑越来越全面，也更系统。为了更科学、系统地研究社会脆弱性，以便对其进行更具体的分析，国内外学者从社会脆弱性的形成机制出发选择更为全面的社会脆弱性因子。Dywer（2004）以系统化分析方法列出不同要素对脆弱性的影响，并将可量化的社会脆弱性影响因子分为四个层次：①家户中个人的属性因子，主要描述的是居民个人属性特征、居住状况、财富占有等对脆弱性的影响，具体包括年龄、性别、收入状况、残障状况、财产占有权等；②社区属性因子，主要考虑社会网络对脆弱性的影响方式及个人与社区的关系，主要包括社区参与、对等互惠、网络规模、合作、情感支持等；③服务因子，主要是从地理的概念分析医疗、社会服务等对脆弱性的影响；④组织/架构因子，主要从制度的角度分析地区政府政策对脆弱性的影响。Cutter 等（2003）在 HOP 理论模型的指导下，选取了影响社会脆弱性的 250 多个变量，采用因子分析的方法将其浓缩为 11 个因子，构建了美国各州的社会脆弱性指标。

由于各国统计部门所统计的指标数据存在一定的差异，国外研究成果中所涉及的某些指标可能国内并无对应的统计数据；且各国的基本国情也存在一定差异，因此对社会生态脆弱性指标的选取需根据中国的国情对指标的选取进行适当调整。对国外已有成果中所涉及的指标，如果中国统计数据中缺少对应的指标，先采用相关的指标进行替换，如无替换变量，则不涉及此数据；根据国情及统计数据的差异，增添代表中国国情的部分指标。例如，在种群因子方面，发达国家和发展中国家的差异较大，发达国家的外来移民较多，而发展中国家外来移民较少，对中国而言，由移民所导致的文化障碍对社会脆弱性的影响不显著。中国是个多民族国家，少数民族所占比例较高，尤其是在西部少数民族聚集地，这对区域的社会脆弱性影响较明显，因此，选用中国少数民族所占比例来分析由文化差异等带来的障碍，以及其对社会脆弱性的影响。

社会-生态脆弱性与其与社会-生态结构紧密相关，受社会-生态系统敏感性、应对能力和适应能力的影响（贺帅等，2014）。为深入、全面地分析社会-生态脆弱性产生的根源，在已有脆弱性评估指标体系研究基础上，从社会脆弱性概念的理论内涵出发，既考虑个体特征，如年龄、族群、性别、收入、健康状况、住房、就业和社会地位等（Morrow，1999；Andrew et al.，2008），也考虑区域特征，如出生率、城市化水平、医疗服务条件、建筑环境及密度和基础设施等（Chakraorty et al.，2005；Cutter，2006；Rygel et al.，2006）。生态脆弱性主要从气候变化下生态系统稳定维持生态过程、功能，提供生态系统服务的能力出发。

本研究基于现有国内外对社会脆弱性和生态脆弱性的研究成果，在已有评价指标研究成果以及自然灾害相关研究成果的基础上，选择影响社会-生态脆弱性的相关指标。在社会-生态脆弱性概念及内涵理解的基础上，主要从社会、经济方面指标进行分析，考虑了 10 个主要影响因子对社会脆弱性的影响：人口（demography）、就业状况（employment）、社会保障（social security）、教育水平&社会文化（education &culture）、社会医疗（health）、经济水平（economy）、基础设施（infrastructure）、资源状况（resource）、收入&住房条件（income &house condition），土地利用状况（land-use）。从这十个方面进行指标的选取，共选择了 200 多个变量，这些变量中既有包含表征个体特征的指标，如年龄、种族、健康、收入、住宅单元类型、就业等；也有表征区域特征的指标，如经济发展、居住环境和基础设施等。生态系统指标涉及碳循环、水循环以及植被生物地理化学循环过程等。

综上所述，基于中国统计年鉴、各省统计年鉴、中国民政统计年鉴数据，以中国 31 个省级行政区（除香港、澳门、台湾）为基本研究单元，从社会-生态脆弱性概念的理论内涵出发，综合考虑个体社会经济特征、区域社会经济特征及生态特征三大方面，构建了社会-生态系统脆弱性评价指标（SEVI）体系。具体指标如图 3.11 所示。

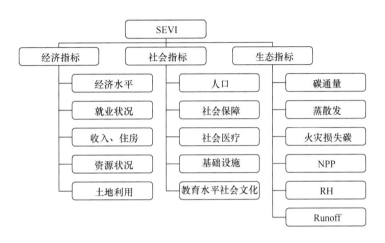

图 3.11　社会-生态系统脆弱性评价指标体系

2. 社会-生态系统脆弱性的计算方法

在多指标综合评估中，现有指标权重的确定方法主要有主观赋权法、客观赋权法以及主客观赋权法。为实现对区域社会脆弱性的客观测度，减小权重确定过程中的主观随意性，本研究采用数学统计方法对指标进行客观赋权。相较于主成分分析、因子分析等经典统计分析方法，多重因子分析（multiple factor analysis，MFA）在考察不同群组变量与所有变量间的结构关系，平衡群组变量间的影响，综合考虑多群组变量间及组内变量间的结构关系方面具有显著优势。本研究主要针对影响社会脆弱性的十个方面进行测度，这就要求既要考虑某一方面指标内部的结构特征，又要考虑各方面指标之间的结构关系，因此采用 MFA 方法对社会脆弱性进行综合测度，其主要步骤如下。

1）标准化处理

指标对社会脆弱性存在正负方向的影响。指标值越大区域社会结构在遭遇自然灾害冲击时越脆弱，则为正向指标；指标值越小区域社会结构越脆弱，则为负向指标。受指标正负影响和量纲等的影响，评估结果会产生较大偏差，因此本研究中采用正负向指标计算方法对数据进行标准化处理。

负向指标：

$$X'_{ij} = \left(\max \left\{ X_j \right\} - X_{ij} \right) / \left(\max \left\{ X_j \right\} - \min \left\{ X_j \right\} \right) \tag{3.12}$$

正向指标：

$$X'_{ij} = \left(X_{ij} - \min\{X_j\} \right) / \left(\max\{X_j\} - \min\{X_j\} \right) \qquad (3.13)$$

2）指标 MFA 模型分析

采用 MFA 模型对标准化处理后的指标数据分析，主要包括两个步骤：①对各组变量进行主成分分析（principal component analysis，PCA），以获取各组变量的特征根，根据特征根对各组变量进行加权计算，其权重为 $\dfrac{1}{\sqrt{\lambda_{j1}}}$，其中 λ_{j1} 为各组变量 PCA 分解得到的第一个特征根。②对加权处理后的变量进行全局空间分析，并利用其投影信息分析各组变量间的关系。

3）权重确定

根据各指标所提供的信息量进行权重确定，因此以 MFA 分析所获得的主成分的方差贡献率作为指标的权重，w_i 为指标权重。

4）省域社会脆弱性综合评估

$$S_i = \sum w_i \times X'_{ij} \qquad (3.14)$$

上述公式中，X_{ij} 为省份 i 中第 j 项指标的数值，$\max\{X_j\}$，$\min\{X_j\}$ 分别为第 j 项指标的最大值与最小值。

3. 省域尺度社会—生态系统脆弱性的时空格局的演变特征

经缺失值插补、相关性分析等预处理后，最终作为模型输入变量的指标数据为 122 个。经标准化处理、指标通过多因素分析模型（MFA）分析确定权重后，进行省域社会-生态脆弱性综合评估，计算 SEVI。结果如表 3.16 所示。

从表 3.16 可以看出，1991~2005 年，中国省域社会-生态脆弱性空间分布波动较大，随着时间的推移，其中高脆弱性区（＞0.5SD）省域数目略有增加，低脆弱性区（＜–0.5SD）省域数目也呈现出增加的趋势，而一般脆弱性区（–0.5SD~0.5SD）省域数目减少。表明，1991~2005 年间中国省域社会-生态脆弱性空间差异性逐渐增大。

在空间分布上，1991~2005 年，中国省域社会-生态脆弱性呈现出北部、东北部地区脆弱性偏高，如内蒙古、东北三省等地区，且高脆弱性区域分布相对集中；西部、西南部、中部和东南部地区脆弱性相对偏低，低脆弱性区域分布相对离散，且空间分布格局波动较大。

根据社会-生态脆弱性全局莫兰指数曲线图（图 3.12）可以看出，1991~2005 年社会-生态脆弱性在空间分布上呈现出较大的波动性，但整体趋势上呈集聚模式，且波动曲线呈现较显著的上升趋势，说明 SEVI 在地理空间上相互依赖性呈现出增强趋势。

表3.16 1991~2005年中国省域社会-生态脆弱性值

省份	SEVI_1991	SEVI_1992	SEVI_1993	SEVI_1994	SEVI_1995	SEVI_1996	SEVI_1997	SEVI_1998	SEVI_1999	SEVI_2000	SEVI_2001	SEVI_2002	SEVI_2003	SEVI_2004	SEVI_2005
北京	2.113	2.093	2.094	2.098	2.101	2.135	2.049	2.055	2.079	2.028	2.020	1.964	2.020	1.995	2.004
安徽	1.960	1.967	1.966	1.972	1.953	1.959	1.953	1.928	1.921	1.940	1.949	1.909	1.938	1.914	1.889
福建	1.928	1.925	1.939	2.006	1.681	2.049	2.048	2.066	2.027	2.037	1.993	2.017	2.026	2.045	2.046
甘肃	2.017	2.007	2.034	2.030	2.017	2.033	2.050	2.031	2.051	2.042	2.041	2.046	2.047	2.046	2.058
广东	1.882	1.883	1.896	1.910	1.904	1.911	1.911	1.936	1.937	1.949	1.935	1.923	1.886	1.879	1.934
广西	1.893	1.892	1.898	1.903	1.900	1.927	1.890	1.921	1.906	1.902	1.897	1.931	1.905	1.932	1.884
贵州	2.013	1.940	1.938	1.927	1.939	1.936	1.907	1.876	1.891	1.901	1.905	1.926	1.922	1.934	1.892
海南	1.938	1.950	1.960	1.952	1.938	1.917	1.942	1.938	1.933	1.978	1.942	1.957	1.942	1.974	1.944
河北	1.991	1.985	1.994	1.994	1.994	1.995	1.979	1.944	1.934	1.944	1.975	1.933	1.934	1.915	1.919
河南	1.860	1.866	1.882	1.901	1.879	1.857	1.850	1.846	1.840	1.834	1.838	1.859	1.821	1.835	1.851
黑龙江	2.185	2.176	2.178	2.185	2.191	2.189	2.187	2.155	2.138	2.166	2.182	2.157	2.173	2.172	2.150
湖北	1.926	1.930	1.932	1.953	1.965	1.964	1.968	1.973	1.978	1.968	1.989	1.958	1.994	2.008	1.976
湖南	1.959	1.970	1.990	1.998	1.989	1.990	2.003	1.984	1.987	1.974	1.972	1.960	1.937	1.974	1.947
吉林	2.186	2.184	2.174	2.166	2.175	2.182	2.170	2.161	2.153	2.175	2.173	2.200	2.208	2.201	2.152
江苏	1.893	1.903	1.902	1.923	1.897	1.934	1.913	1.897	1.892	1.889	1.899	1.875	1.868	1.860	1.874
江西	2.022	2.020	2.016	2.034	2.030	2.010	2.022	2.033	1.999	2.002	1.993	1.997	2.032	2.001	1.970
辽宁	2.122	2.113	2.110	2.103	2.101	2.110	2.097	2.114	2.083	2.035	2.078	2.082	2.076	2.056	2.039
内蒙古	2.066	2.065	2.072	2.062	2.069	2.105	2.098	2.112	2.108	2.108	2.112	2.117	2.121	2.116	2.105
宁夏	1.917	1.915	1.925	1.770	1.992	2.025	2.007	2.017	2.029	2.027	2.004	2.024	2.018	2.038	2.023
青海	1.839	1.841	1.865	1.695	1.932	1.949	1.941	1.966	1.984	1.975	1.951	1.979	2.004	2.005	2.022
山东	1.903	1.922	1.920	1.941	1.923	1.926	1.909	1.880	1.868	1.870	1.897	1.866	1.854	1.830	1.811
山西	1.981	1.986	2.004	1.998	2.018	2.056	2.047	2.050	2.052	2.057	2.054	2.051	2.058	2.059	2.062
陕西	1.995	1.995	2.002	2.004	2.017	2.032	2.052	2.053	2.032	2.048	2.059	2.034	2.062	2.056	2.078
上海	1.864	1.862	1.826	1.820	1.882	1.909	1.903	1.902	1.911	1.839	1.824	1.899	1.827	1.820	1.828
四川	1.867	1.960	1.950	1.960	1.930	1.922	1.993	1.997	1.951	1.965	1.978	2.011	2.005	2.006	1.939
天津	1.976	1.959	1.907	1.776	2.034	2.053	2.042	2.024	2.048	2.016	1.981	2.032	2.037	2.011	2.000
西藏	1.700	1.703	1.709	1.714	1.720	1.792	1.779	1.738	1.657	1.789	1.782	1.913	1.850	1.870	1.809
新疆	1.942	1.947	1.950	1.921	2.005	2.011	1.989	1.997	2.009	1.995	1.973	2.025	2.021	2.020	1.994
云南	1.926	1.924	1.919	1.919	1.926	1.919	1.947	1.954	1.954	1.913	1.919	1.926	1.900	1.986	1.929
浙江	1.989	1.983	1.984	1.987	1.984	2.018	2.000	1.983	2.003	1.987	1.972	1.957	1.939	1.946	1.914
重庆	1.866	1.956	1.949	1.958	1.928	1.918	1.991	2.071	2.070	2.047	2.054	2.078	2.083	2.043	2.042

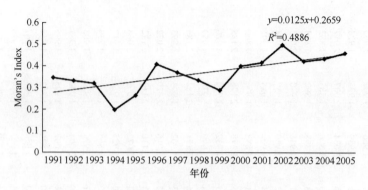

图 3.12   1991~2005 年中国省域 SEVI 全局莫兰指数

3.2   灾害建模与过程模拟

全球变暖背景下，极端天气和气候事件日益频发。无论是湿润地区，还是干旱地区，极端降水事件均呈增加趋势（Donat et al., 2016）。在中国，年代际暴雨雨量和雨日均呈显著增加，暴雨雨强也在增加，在空间上呈现出从东南沿海地区向华中和西南及环渤海地区逐渐扩张的增加趋势（史培军等，2014）。对于降水集中度而言，20 世纪 80 年代末中国降水年内变化更加集中，而且空间上具有明显的地域分异特征，其中南方地区降水集中期以推迟为主，北方地区则以提前为主（孔锋等，2015）；与此同时，CMIP5 模式对 21 世纪末极端降水事件变化的预估结果表明，未来中国年降水量将显著增加，中雨、大雨和暴雨发生频次也将明显增加，区域面临极端强降水的风险不断升高（陈活泼，2013）。因此，关注极端降水事件对气候变化的响应机制，构建适应于极端降水事件致灾过程分析模型，已成为气候变化影响和适应研究迫切需要解决的课题（方建等，2014）。

近几十年，京津冀一体化进程不断加快，城镇化率由 1998 年 32.0%上升为 2012 年 62.5%，人口密度也由 1998 年 364 人/ km² 迅速增加到 460 人/ km²，城市化过程举世瞩目。大规模人口集聚以及快速产业化发展，使得京津冀地区面临自然灾害的风险日益增加。2012 年 7 月 21 日，京津冀及山西北部出现强降水事件，降水中心出现在北京、天津和河北北部，部分地区降水量突破历史极值，局地降水量高达 260~460mm。北京市 20 个国家气象站中，海淀、门头沟、霞云岭、石景山和房山 5 个气象站突破有记录的极值，拒马河最大洪峰达 2500 m³/s，北运河最大洪峰为 1700 m³/s，城市河道洪峰流量均超过 20 年一遇。强降水造成了道路严重积水、交通阻塞、山洪泥石流等次生灾害（王红星等，2013）。有利的环境下，由于中尺度对流系统频发发生发展，而且持续时间长，使得此次强降水过程成为北京地区 1951 年以来最强的一次降水天气过程（孙建华等，2013）。根据北京防汛抗旱指挥部 7 月 25 日发布的灾情数据显示，"发布的灾情暴雨灾害具有持续事件长、雨量大、影响范围广的特征，造成北京受灾人口 160.2 万人，79 人死亡，紧急转移 9.7 万人，农业成灾面积 47.9 万亩（1 亩≈667m²），绝收 12.2 万亩，停产企业 761 家，直接经济损失 116.4 亿元（谌芸等，2012）。从致灾过程看，暴雨是典型的灾害链事件，由于特殊的地理环境特征，山区和城区暴雨共同致灾，形成两条密切相关的灾害链。

具体而言，华北平原日益严峻的干旱灾害（刘莉红等，2011；方宏阳等，2013），对城市人居环境构成重要影响的热浪灾害（郑祚芳，2011；施洪波，2012），以及胁迫城乡群众生命财产安全的暴雨灾害（刘家福等，2011；扈海波等，2013；史培军等，2014），是气候变化过程中京津冀都市圈可持续发展的重要风险源。因而，有必要应用时空聚类、二分网模型以及过程模拟等创新型分析手段，明晰这种不同尺度气象灾害的耦合效应，其对未来城市综合气象灾害趋势诊断与防范具有重要意义。

基于此，本节选取京津冀地区作为研究对象，综合利用热浪指数（HI）、标准化降水指数（SPI）和暴雨指数，辅以 Mann-Kendall 趋势分析、SatScan 时空扫描等气候诊断方法，从地理学"过程-格局-机制"角度，分析 1960~2013 年京津冀热浪-干旱-暴雨灾害时空变化趋势，探讨多灾种时空聚集特征，以二分网、灾害链过程传播模型分析重特大多灾种-灾害链事件，分析其耦合机制和致灾过程，评估其对生产生活的影响，以期为科学适应、减缓和应对气候变化影响提供一些理论依据。

3.2.1　多灾种-灾害链建模理论

1. 多灾种格局建模——时空聚类模型

在综合风险防范过程中，需要首先明确不同灾害的发生特点，研究多灾种在承灾体上叠加作用，才能针对性地提出适应措施。然而，目前学界对致灾因子间的相互作用剖析相对薄弱，对多灾种时空聚类特征的认识尚不明晰（史培军，2002；史培军，2005）。时空聚类分析是时空数据挖掘领域研究的关键议题之一，综合考虑时空耦合因素，对于揭示地理要素的时空格局、过程演变以及机理规律具有重要意义（邓敏等，2012；王劲峰等，2014）。国内外许多学者已针对时空聚类分析开展了大量研究，并在全球气候变化、公共卫生安全、地震监测分析和犯罪热点分析等领域得到广泛的应用（Kulldorff et al.，2005；Briant and Kut，2007；Grubesic and Mack，2008）。然而，在时空聚类方法和实践应用取得长足进步的同时，对多灾种时空聚类研究却鲜有报道。选取典型研究区域，关注多种自然灾害的时空联系，集成时空聚类方法，探讨多灾种时空聚类可视化问题值得进一步探索。

现有时空聚类方法主要有时空扫描统计方法、核密度分析以及基于时空距离聚类方法。2010 年 Kisilevich 出版专著 *Data mining and knowledge discovery handbook* 对时空聚类分析方法进行了系统总结（Kisilevich et al.，2010）。本节采用时空扫描统计方法对京津冀地区干旱-暴雨-热浪时空变化特征进行分析，核心思路为：综合考虑时空两个维度，在地理空间上构建时空二维圆柱活动窗口，圆柱底面代表空间维，圆柱高度代表时间维。随着地理单位中心不断变化半径大小和时间周期，以每一个时空实体为中心进行扫描，借助统计检验方法确定自然灾害集聚区域，寻找出灾害事件时间集中和空间上集聚的特征，关注自然灾害重心迁移和影响范围扩展。

SatScan 时空聚类方法给出相对风险定义为：时空聚类事件内部风险与外部风险比值，R_{Risk} 值越大，表示此时段内区域灾害影响越大。

$$R_{Risk} = \frac{c / E(c)}{(C-c) / [E(C) - E(c)]} \qquad (3.15)$$

式中，c 为时空聚类内灾害事件数；C 为总灾害事件数；E（c）为原假设条件下，时间窗口期望聚类灾害事件数。由于时空聚类为全样本，因此灾害事件期望为总灾害事件数，即 E（C）$=C$。

自然灾害重心迁移用于描述多灾种空间结构变化，可以更加有效地体现各灾种在二维地域空间分布的偏离性和演化规律方法。重心模型计算公式如下：

$$\overline{N} = \frac{\sum\limits_{i=1}^{n} Q_i \times N_i}{\sum\limits_{i=1}^{n} Q_i}, \overline{E} = \frac{\sum\limits_{i=1}^{n} Q_i \times N_i}{\sum\limits_{i=1}^{n} Q_i} \qquad (3.16)$$

式中，$\overline{N}$ 和 $\overline{E}$ 分别为区域中不同年代灾害空间重心的纬度和经度；N_i 和 E_i 分别为区域中第 i 个时空聚类事件中心纬度和经度；Q_i 为第 i 个时空聚类事件相对风险。

2. 多灾种过程建模——二分网络模型

当前自然灾害学研究已呈现出重视多灾种综合效应研究、重视重大自然灾害回溯研究以及重视自然灾害与复杂科学交叉研究等新趋向（Gill and Malamud，2014）。在研究手段上，已有多灾种研究方法主要有：地学统计方法、概率模型、复杂网络模型以及灾害模拟等，其中复杂网络模型可用来描述多灾种事件的结构过程和动态演化过程，但是实际网络构建过程中对多灾种事件高度抽象，无法准确表达多灾种的时空特征（余瀚等，2014）。随着信息技术快速发展，能够搜集的数据规模和种类不断增加，如何从大数据构建合适的网络变得日益重要，并且复杂网络研究关注点由"大数据挖掘"逐渐转为"好网络构建"（周涛等，2014）。在地理学研究中，借鉴复杂网络理论构建学科"好网络"研究逐渐成为地理学家关注的热点问题，其中交通网络、城市网络和旅游网络的构建已经取得了较好的发展，并为交通地理学、城市地理学和旅游地理学提供了一个很好的研究视角（刘铮等，2013；焦静娟等，2014；马耀峰等，2014）。然而，在地理学复杂网络研究和实践应用取得长足进步的同时，对多灾种效应网络研究却鲜有报道。2008 年中国南方低温雨雪冰冻灾害是典型的多灾种叠加事件，这为构建多种灾害遭遇网络提供了一个很好的契机。因此，有必要应用复杂网络理论，再认识南方低温雨雪冰冻灾害的综合致灾过程，明晰不同尺度低温和雨雪灾害的时空耦合效应。本节以 2008 年中国南方低温雨雪冰冻灾害为例，针对多灾种综合致灾过程，构建低温雨雪灾害二分网络模型，具体思路表述如下：

节点和连边是任何一个复杂网络构成的基本要素，借鉴合作-竞争网二分图建模思路，将 2008 年中国南方低温雨雪冰冻灾害抽象为：点集（V）、边集（E）和边权集（W）组成的网络 $G=\{V、E、W\}$，具体研究思路如下：

（1）节点的形成。

低温雨雪冰冻灾害网络节点 V 共有 2 部分构成：一是灾害事件，代表时间维度演化特征；一是承灾体，代表空间维度分布特征。在时间维度上，构建节点有 2 种尺度：①南方雪灾 5 个发展阶段，$N_1=\{V_1, V_2, V_3, V_4, V_5\}$；②南方雪灾逐日雨雪变化 $N_2=\{V_1, V_2, \ldots, V_{n-1}, V_n\}$，$n=34$；在空间维度上，构建节点策略为：①"气象格网"策略，数据为 2008 年 1 月 8 日至 2 月 12 日全国 0.5°×0.5°逐日气温和降水格网数据，以逐日发生雨雪事件格网数构建空间维节点；②"行政单元"策略，数据为 2008 年 1 月 8 日至 2 月 12 日全国 0.5°×0.5°逐日气温和降水格网数据，以省级行政单元 30.0 %以上区域发生雨雪或低温事件的构建空间维节点。"气象格网"策略侧重反映灾害时间演化特征；"行政单元"策略侧重反映低温与雨雪灾害叠加效应。

（2）连边的形成。

二分网络由两类节点以及两类节点之间的连边组成，同类节点之间不存在连边关系。因此，在构建低温雨雪冰冻灾害网络时，灾害事件或承灾体之间并无连边关系。其逻辑框架如下：①不同阶段灾害事件，可以关联不同区域；②同一个区域可以被多次灾害事件关联；③在同一个时期内，灾害事件不同阶段与承灾体构成复杂网络；④不同阶段复杂网络，可以反映灾害事件演化过程；⑤多维灾害事件相互叠加，可以反映灾害事件叠加效应。在网络方向和权重问题上，低温雨雪冰冻灾害网络为有向无权网，其投影到时间维和空间维的子网络为无向有权网，边权为二分网络投影到单顶点网络连边数，反映承灾体空间分布聚集特征（图 3.13）。

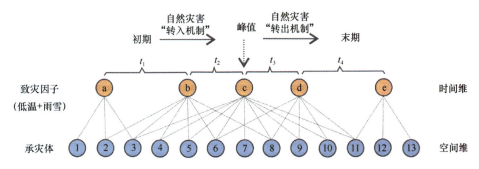

图 3.13　2008 年中国南方低温雨雪冰冻灾害复杂网络二分图模型

不同阶段灾害事件，可以关联不同区域；同一个区域，可以被多次灾害事件关联；在一定时期内，灾害事件不同阶段与区域承灾体构成复杂网络；不同灾害时期，可以构成不同复杂网络，可以定量灾害事件演化过程

（3）二分图矩阵表达。

本研究边集 E 由低温和雨雪致灾因子存在叠加关系的边组成。如果一个省级单元 P_j 在时刻 T_i 低温和雨雪灾害叠加，则它们之间有一条由 T_i 节点向该省级单元节点的有向边 e_{ij}，记为 $a_{ij}=1$；反之，如果一个省级单元 P_j 在时刻 T_i 没有发生低温和雨雪灾害叠加，或仅有低温（雨雪）灾害，则有向边 e_{ij} 不存在，记为 $a_{ij}=0$，其中 $i, j \in \{1, 2, \cdots, N\}$；由 a_{ij} 值构成中国南方低温雨雪冰冻灾害复杂网络 G 的邻接矩阵 A=$\{a_{ij}\}$，矩阵维度为 N×N。并利用 Netdraw 软件，对 2008 年南方低温雨雪冰冻灾害邻接矩阵进行可视化（图 3.14）。

3.2.2　多灾种-灾害链模拟

1. 京津冀地区干旱-热浪-暴雨灾害时空聚类研究案例

1）研究区概况与研究方法

（1）研究区概况。

京津冀地区于华北平原北部，地处 36°05′~42°37′N，113°27′~119°50′E，包括北京、天津和河北的石家庄、唐山、保定、秦皇岛、廊坊、沧州、承德、张家口等 8 个地市及

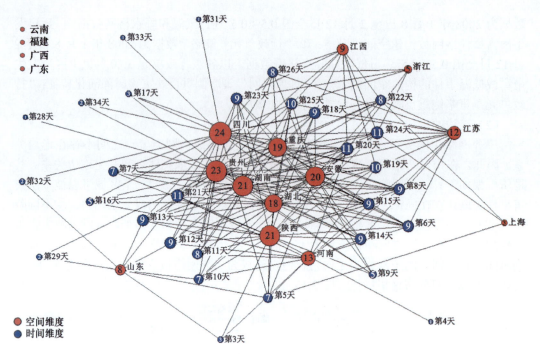

图 3.14　2008 年中国南方低温雨雪冰冻灾害二分网络

圈中数字为各节点度值（degree）；时间节点度值表示第 *i* 天发生低温雨雪灾害省份数；空间节点度值表示第 *i* 省份在整个致灾过程中低温雨雪打击次数；第 1 天、第 2 天、第 27 天和第 30 天全区无低温雨雪灾害

2012）。地势西北高、东南低，地貌类型复杂多样，西部和北部为太行山、燕山山脉，东南为华北平原北端，东临渤海。气候为典型的温带半湿润半干旱大陆性气候，降水量自东南向西北递减。京津冀都市圈是我国北方最大的城市群，社会经济空间发展最大特征是：高度极化区和相对弱化区并存，呈现"三极-两弱化"的空间格局。三个高度极化区为：以北京为核心"点极化"区、以京津为主轴"线极化"区和以海拔 10~100m 山前平原为主"面极化"区；两个弱化区为：张家口-承德、京保石西部山地弱化区和京津轴线两侧滨海冲积平原弱化区（樊杰，2008）。

　　按照气候区划，京津冀地区可分为：坝上中温带气候区、北部山地区划区、西部太行山山地气候区、平原暖温带气候区和沿海气候区（苏剑勤，1996）。整个地区共有 34 个气象站点覆盖，为了建立均一、稳定的气候序列，本节将研究时段确定为 1960~2013 年，地面气象站逐日气温、降水和相对湿度数据来源于中国气象科学数据共享服务网（http://cdc.cma.gov.cn）；京津冀县级人口数据来自 2010 年第六次人口普查公报。为了更好地对比京津冀地区热浪和干旱的空间差异，我们按照地理环境将京津冀地区 34 个气象站点分为 4 个小区：东部沿海区（绥中、秦皇岛、乐亭、唐山、塘沽、天津、黄骅、沧州、德州和惠民）、中部平原区（青龙、遵化、北京、廊坊、保定、饶阳、石家庄、南宫和邢台）、北部山地区（建平、承德、丰宁、张北、张家口和蔚县）、周边山地区（赤峰、围场、多伦、化德、集宁、大同、原平和太原）。

　　（2）研究方法。

　　a. 热浪指标。热浪指数模型构建逻辑为："热浪指数=炎热程度+炎热累积效应"。

炎热程度以当日炎热指数与炎热临界之差衡量；炎热天气过程累积效应分为炎热强度累积效应和持续时间累积效应（黄卓等，2011）。热浪指数计算公式如下：

$$H_{HI} = 1.2 \times \left(T_{TI} - T_{TI'}\right) + 0.35 \sum_{i=1}^{N-1} 1/n_{di} \left(T_{TI} - T_{TI'}\right) + 0.15 \sum_{i=1}^{N-1} 1/n_{di} + 1 \qquad (3.17)$$

式中，H_{HI} 为热浪指数；T_{TI} 为当天炎热指数，代表人体对气象环境的舒适感；$T_{TI'}$ 为炎热临界值，高于临界值表示为感觉炎热；T_{TIi} 为当天之前第 i 日炎热指数；n_{di} 为当天之前第 i 日距当天的日数；N 为炎热天气过程持续时间。其中，高温热浪指数分为 3 个等级：2.8≤HI＜6.5 为轻度热浪（Ⅲ级），6.5≤HI＜10.5 为中度热浪（Ⅱ级），HI≥10.5 为重度热浪（Ⅰ级）。

b. 干旱指标。利用标准化降水指数（SPI）作为干旱指标，具体计算方法参照《气象干旱等级 GB/T 20481—2006》国家标准。不同时间尺度的 SPI 指数体现水分亏盈的侧重点不同，1 个月 SPI（SPI1）反映短期降水状况，最接近土壤湿度；3 个月 SPI（SPI3）反映季节降水变化；6 个月 SPI（SPI6）反映中长期降水变化趋势；12 个月 SPI（SPI12）反映长期降水变化格局，本节选取时间尺度为 12 个月。

c. 暴雨指标。依据《降水量等级 GB/T 28592—2012》国家标准，24 小时降水量＞50 mm 为暴雨事件。由于京津冀地区为温带半湿润半干旱大陆性气候，年均降水量为 300~600 mm，且时空分布不均。若以 24 小时降水量＞50 mm 标准界定，多数站点将不存在暴雨事件。考虑到区域防灾能力以及水库设防标准，我们适当降低标准，以大雨、暴雨、大暴雨、特大暴雨的降水事件频次定义暴雨指标，统计京津冀地区中强度降水的变化趋势，界定标准为 24 小时降水量＞25 mm。

2）京津冀地区干旱-暴雨-热浪时空变化特征

（1）热浪-干旱-暴雨趋势变化特征。

1960~2013 年京津冀地区干旱-暴雨-热浪变化具有明显的阶段性，其变化过程大致可以分为 3 个阶段：①20 世纪 60~80 年代初降水偏多，暴雨呈震荡型波动，热浪频次则由 60 年代"偏多"转为 70 年代"偏少"；②20 世纪 80~90 年代中期降水先减少后增加，以 1985 年为转折，前期干旱少雨，热浪频发；后期干旱趋势逆转，热浪多为负距平。历史资料记载，1980~1982 年华北平原重旱，官厅水库、密云水库来水量仅为多年平均径流量的 39%，河道大多干涸，地下水位急剧下降，这一点在干旱和暴雨变化曲线体现的尤为明显；③20 世纪 90 年代末至 21 世纪初京津冀地区经历了 10 年连旱，2008 年之后降水呈上升趋势，旱情有所缓解，此时段干旱、暴雨和热浪变化曲线多为红色渲染（图 3.15）。

（2）热浪-干旱-暴雨空间变化特征。

a. 干旱空间变化。1960~2013 年京津冀地区干旱整体呈上升趋势，零星下降区主要分布于北部和南部山区［图 3.16（a）］。利用 Mann-Kendall 方法对干旱趋势进行显著性检验，京津冀地区 90.0%站点干旱升趋势，但其均未通过 0.05 显著水平检验；全区有91.0%站点干旱呈上升趋势（$p＞0.05$），9.0%的站点呈显著下降趋势（$p＜0.05$）。

b. 暴雨空间变化。1960~2013 年京津冀地区暴雨频次整体以下降趋势为主，且以

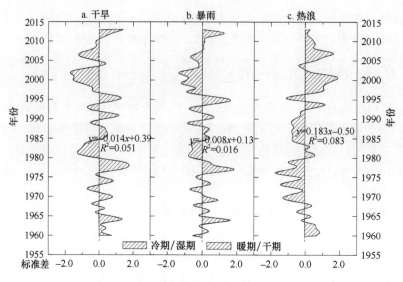

图 3.15　1960~2013 年京津冀干旱-暴雨-热浪频次变化特征

北京-天津为中心向四周展布，南部太行山区暴雨频次呈上升趋势［图 3.16（b）］；利用 Mann-Kendall 方法对大雨-暴雨趋势进行显著性检验，京津冀地区 70.0%站点暴雨频次呈下降趋势，仅有 5.0%的站点通过 0.05 显著水平检验；全区有 68.0%站点呈下降趋势，3.0%的站点呈显著下降趋势（$p < 0.05$）。

c. 热浪空间变化。1960~2013 年京津冀地区热浪变化趋势存在空间差异，65.0%站点呈现上升趋势，30.0%站点通过 0.05 显著水平检验；全区热浪呈上升趋势站点比例略高于京津冀地区，有 79.0%站点呈上升趋势，显著上升站点为 47.0%。热浪呈下降趋势的区域有 3 个中心：丰宁-承德、乐亭-秦皇岛、廊坊-保定-沧州，但其变化多不显著，仅有乐亭、丰宁和承德通过 0.05 显著水平检验［图 3.16（c）］。

d. 综合致灾因子强度。为了更好刻画干旱-暴雨-热浪灾害在空间叠加作用，本书对 3 种灾害趋势进行极差标准化处理，并以等权重求和，并绘制空间分布图。从图中可以看出，京津冀及其周边地区综合致灾因子强度超过−1.0 倍标准差站点有 5 个：围场（−2.47）、乐亭（−1.47）、北京（−1.21）、邢台（−1.09）和天津（−1.03）；超过+1 倍标准差站点有 7 个：太原（2.22）、遵化（1.37）、蔚县（1.36）、黄骅（1.30）、饶阳（1.21）、惠民（1.15）和建平（1.06）。以上分析表明，高致灾因子区主要集中东部沿海区和西部太行山地区，低致灾因子区主要分布于京津冀地区中部，以楔形将高致灾因子区分开［图 3.16（d）］。

3）京津冀地区干旱-暴雨-热浪时空聚类特征

（1）空间格局分析。

1960~2013 年京津冀地区干旱-暴雨-热浪时空聚类具有明显的地域分异特征，整体表现为 "特殊区域多灾种叠加集聚、特殊时间多灾种叠加群发"（图 3.17）。其中，干旱灾害时空聚类共识别事件 22 次，热浪和暴雨分别为 25 和 22 次。干旱和热浪空间分布具有很强的重叠性，也就是说干旱事件常常与热浪异常伴随发生，两者空间叠加区主要分布于 5 个区域：北部沿海区（秦皇岛-乐亭-遵化-唐山-青龙）、北部燕山山区（丰宁-

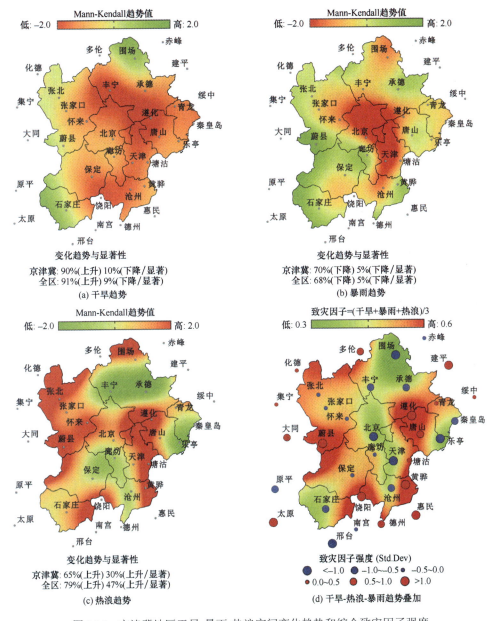

图 3.16 京津冀地区干旱-暴雨-热浪空间变化趋势和综合致灾因子强度

围场)、西部太行山区(集宁-大同、太原-原平)、南部平原区(惠民-黄骅)。20 世纪 70~80 年代北部沿海区干旱事件相对较少,以暴雨-热浪灾害叠加为主,北部燕山山区干旱范围则呈增加趋势;90 年代后北部燕山山区干旱范围有所减小,北部沿海区成为干旱-暴雨-热浪灾害集中群发区。对于北京、天津、保定等位于中部平原区的城市而言,孕灾环境相对稳定,其为多灾种叠加的"平静区",干旱-暴雨-热浪灾害时空群集事件相对较少。在研究方法上,SatScan 时空聚类方法可以对特殊事件时空特征进行有效识别。如 2012 年北京"7.21"暴雨事件,SatScan 时空聚类识别结果为:2012 年 7 月 21 日至 8 月 1 日,集聚区中心点坐标为(39.8°N,116.5°E),影响范围为 145.9 km,包括城市为北京、廊坊、天津、遵化、怀来、承德、塘沽、唐山。

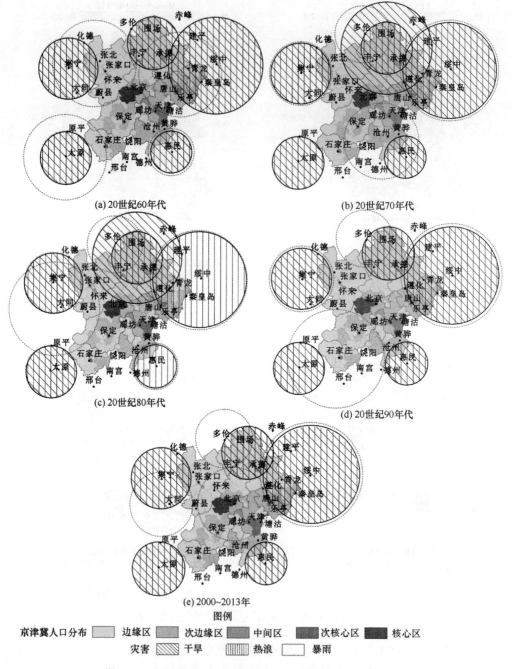

图 3.17　京津冀地区干旱-暴雨-热浪时空聚类年代变化特征

（2）重心迁移分析。

1960~2013 年京津冀地区干旱-暴雨-热浪重心迁移存在明显差异，具体规律表现如下：①在迁移幅度上，纬度变异系数为：暴雨（0.001）＜干旱（0.006）＜热浪（0.009），经度变异系数为：暴雨（0.001）＜热浪（0.006）＜干旱（0.008），暴雨灾害相对均值的**变化**相对较少，纬向上热浪变化幅度较大，经向上干旱变化幅度较大。也就是说，干旱主要以东西经向迁移为主，热浪以南北纬向为主，暴雨空间变化相对较小；②干旱重心。

20 世纪 60~80 年代干旱灾害重心先向西后向北呈逆时针迁移，90 年代逐渐向东北方向跳跃，京津冀北部沿海地区干旱趋势加剧；③暴雨重心。20 世纪 60~80 年代重心位置顺时针变化，80 年代之后转为逆时针变化，暴雨重心有向中部平原区迁移趋势；④热浪重心。20 世纪 60~80 年代重心位置顺时针变化，逐渐由东北向东南迁移，80 年代之后经历明显的 2 次西跳，重心位置迁移至京津冀西北山地区；⑤综合考虑干旱-暴雨-热浪重心变化可以看出，3 种灾害综合重心呈螺旋式变化，以 20 世纪 80 年代为界，前期重心位置逆时针由西南向东北沿海迁移，80 年代后开始第 2 次顺时针小幅度迁移，逐渐向中部平原区迁移（图 3.18）。

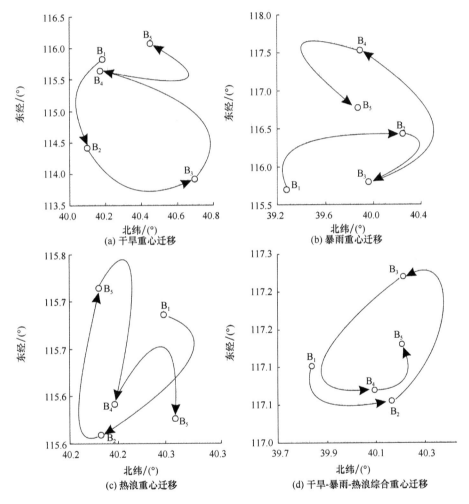

图 3.18　1960~2013 年京津冀地区不同年代干旱-暴雨-热浪重心变化

B_1 为 20 世纪 60 年代；B_2 为 20 世纪 70 年代；B_3 为 20 世纪 80 年代；B_4 为 20 世纪 90 年代；B_5 为 20 世纪初

4）小结

基于 1960~2013 年京津冀地区干旱-暴雨-热浪等气候灾害事件，辅以 Mann-Kendall 趋势分析、SatScan 时空重排扫描等数理统计方法，本研究分析了近 54 a 京津冀地区干旱-暴雨-热浪灾害变化趋势，探讨了多灾种时空聚类特征。得到初步结论如下：

（1）1960~2013 年京津冀地区干旱-暴雨-热浪变化具有明显的阶段性，变化过程大致可以分为 3 个阶段：20 世纪 60~80 年代初干旱-暴雨呈震荡型波动，热浪频次由 60 年代"偏多"转为 70 年代"偏少"；80~90 年代中期，以 1985 年为转折，前期干旱少雨，热浪频发；后期干旱趋势逆转，热浪多为负距平；20 世纪 90 年代末至 21 世纪初京津冀地区经历了 10 年连旱，2008 年之后降水呈上升趋势，旱情有所缓解，此时段干旱和热浪整体偏高，暴雨频次相对较少。

（2）1960~2013 年京津冀地区干旱-暴雨-热浪灾害变化趋势存在空间差异。干旱灾害整体呈上升趋势；暴雨频次以下降趋势为主，空间上以北京-天津为中心向四周展布，南部太行山区暴雨频次呈上升趋势；热浪灾害以上升趋势为主，下降趋势的区域有 3 个中心：丰宁-承德、乐亭-秦皇岛、廊坊-保定-沧州。综合考虑多种致灾因子，高致灾因子区主要集中于东部沿海区和西部太行山地区，低致灾因子区主要分布于京津冀地区中部，以楔形将高致灾因子区分开。

（3）1960~2013 年京津冀地区干旱-暴雨-热浪不同时期具有不同的时空组合。干旱和热浪空间分布具有很强的重叠性，两者空间叠加区主要分布于 5 个区域：北部沿海区、北部燕山山区、西部太行山区、南部平原区。20 世纪 70~80 年代北部沿海区干旱事件相对较少，以暴雨-热浪灾害叠加为主，北部燕山山区干旱范围呈增加趋势；90 年代后北部燕山山区干旱范围有所减小，北部沿海区成为干旱-暴雨-热浪灾害集中群发区。对于北京、天津、保定等位于中部平原区的城市而言，其为多灾种叠加的"平静区"，干旱-暴雨-热浪灾害时空群集事件相对较少。

关于京津冀干旱-暴雨-热浪时空聚类的研究，未来尚有许多工作值得探索：第一，量化多灾种叠加变化趋势指标。本书在分析干旱-暴雨-热浪灾害时间变化特征时，以等权重方式对致灾因子进行叠加，其方式相对简单，如何选取有效指标，反映多灾种空间叠加的强度及变化趋势需要进一步研究。第二，高空间分辨率识别多灾种时空聚类事件。京津冀及周边地区共有 34 个国家基本气象站，空间分布相对均匀，能够在一定程度上反映区域多灾种时空变化格局，但与县级人口承灾体数据相比，空间分辨率相对较低。未来提高站点密度或结合高分辨率遥感数据，将更加有利于准确评估多灾种风险。第三，多灾种时空聚类可视化问题。时空数据是时间维和空间维的有机结合，本节尝试对以年代尺度展示时空聚类结果，选取策略为：损失一部分时间维信息，以展示空间集聚特征。未来如何选取更加有效的可视化手段，尽可能的在一幅或多幅图中融合更多时空信息值得进一步探索。

2. 中国南方低温雨雪冰冻灾害时空聚类研究案例

2008 年 1 月中国南方大部分地区遭受历史罕见的低温、雨雪、冰冻灾害，此次冰冻天气影响范围广、强度大、持续时间长，对农业、交通、电力、通信等方面造成严重影响，是典型的多种灾害叠加致灾事件（Zhou et al.，2011），并且成为重大自然灾害回溯研究的典型案例（吕丽莉等，2014）。因此，有必要应用复杂网络理论，构建自然灾害学的"好网络"，回溯我国南方低温雨雪冰冻灾害的综合致灾过程，明晰不同尺度多灾种的耦合效应，其对未来构建区域综合风险防范体系具有重要的实践意义。基于此，本节选取 2008 年中国南方低温雨雪冰冻灾害作为案例，利用复杂网络分析方法，对低温和雨雪综合致灾过程进行回顾，综合分析低温雨雪致灾因子在时间维和空间维网络特性，以期为自然灾害学和复杂科学交叉研究提供方法借鉴。

1）资料来源

本节逐日气温和降水格网数据来源于中国气象科学数据共享服务网。中国地面降水逐日 0.5°×0.5° 格点数据集（V2.0）由国家气象信息中心气象资料实验室建立，该数据集基于中国 2474 个国家级地面气象站日降水量观测数据，并利用 ANUSPLIN 软件的薄盘样条法和 0.5°×0.5° 的数字高程模型插值，尽可能消除高程因素对降水空间分布的影响。在研究时间段上，2008 年中国南方地区先后经历了 5 次低温雨雪冰冻灾害过程（王凌等，2008），分别为：1 月 10~16 日、1 月 18~22 日、1 月 25~29 日、1 月 31 日至 2 月 2 日和 2 月 4~6 日。为了分析冰冻雨雪灾害"转入-转出"过程，本节将研究时段前后扩展为 2008 年 1 月 8 日至 2 月 12 日。其中，1 月 8~10 日为致灾过程的参照阶段。

2）南方低温雨雪冰冻灾害综合致灾过程

从灾害系统论角度看，2008 年南方低温雨雪冰冻灾害是典型的多灾种叠加事件，其综合致灾过程具体表现为以下 3 个方面：低温与雨雪灾害叠加放大了致灾因子的危险性；基础设施设防水平低与春运高峰叠加增大了承灾体的脆弱性；低山丘陵区与人口聚集区叠加降低了孕灾环境的稳定性（图 3.19）。

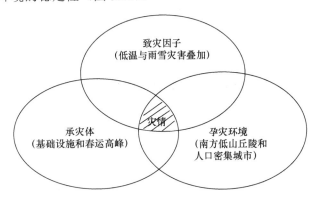

图 3.19　中国南方低温雨雪灾害致灾过程结构体系

（1）致灾因子-低温与雨雪灾害叠加。

2008 年 1 月中下旬，受冷暖空气共同影响，我国出现 5 次明显的雨雪天气，河南、湖北、安徽、江苏、湖南和江西西北部、浙江北部出现大到暴雪；湖南、贵州、安徽南部和江西等地出现冰冻或冻雨天气。此次低温雨雪冰冻灾害，长江中下游及贵州最高温异常偏低，为历史同期最小值；降水量显著偏多，为历史同期第 3 多；连续低温日数和连续冰冻日数均超过历年冬季，致灾强度为近 50 年所罕见（丁一汇等，2008）。值得一提的是，2008 年低温雨雪冰冻灾害不但在灾种上具有叠加性，而且在时间上具有累积性，5 次致灾过程频繁且集中，放大了致灾因子的危险性（图 3.19）。

（2）承灾体-基础设施脆弱与春运高峰叠加。

南方地区基础设施设防水平相对较低，适逢春运高峰，低温雨雪冰冻灾害对我国交通运输、能源供给、电力传输、通信设施、农业以及人民群众生活造成严重影响。以电力系统为例,我国中东部地区输电线路覆冰设计标准为30年一遇,电力线路可承受15.0~30.0 mm覆冰,但是此次电网受损严重区域覆冰厚度普遍超过30.0 mm,很多地区高达50.0 mm以上,远高于区域输电线路设计标准。由于电网垮塌,造成京广线南铁路供电中断,列车大面积晚点,广东站和京广线沿途车站旅客大量滞留。不少地区电力供电中断多日,湖南、贵州启动了大面积停电应急预案Ⅰ级紧急响应(史培军等,2012)。

(3)孕灾环境-低山丘陵区与人口聚集区叠加。

2008年低温雨雪冰冻灾害主要发生在我国低山丘陵和高原区,特别是云贵高原和南岭地区,海拔多在300.0~500.0 m,部分地区海拔超过1000.0 m,而大型供电和通信设备多分布山区,加之南方湿度大,冰雪蒸发缓慢;风速小,几乎为静风,多次冻雨快速堆积成冰,加剧致灾因子强度。此外,低温雨雪冰冻灾害发生在我国南方地区,人口密度大,重灾区安徽、江西、湖北、湖南、广西、贵州等省份,人口密度均在200.0人/km²,远超过全国平均人口密度(133.0人/km²)(吕丽莉等,2014)。

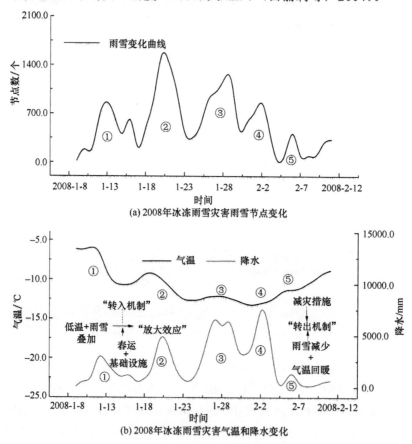

(a) 2008年冰冻雨雪灾害雨雪节点变化

(b) 2008年冰冻雨雪灾害气温和降水变化

图3.20　2008年中国南方低温雨雪冰冻灾害综合致灾过程

为了更清楚反映南方低温雨雪冰冻灾害致灾过程,明确致灾因子叠加效应关键节点网络结构,进一步绘制了低温和雨雪空间分布图(图3.21)。从图3.21中可以看出,低温致灾因子具有明显的时间持续性。第0阶段灾害转入期(1.80~1.10),南方低温区域比重仅为6.5%,第1~4个阶段灾害爆发期(1.11~2.5),南方低温区域比例均高于50.0%,并以陕西、河南、湖北、湖南、贵州为楔形形成南方持续低温区,第5阶段灾害转出期(2.6~2.10),气温回升,低温致灾因子强度减轻。

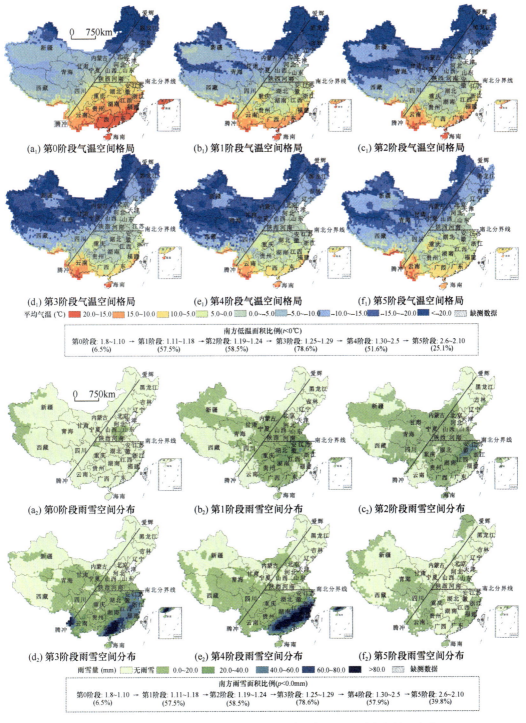

图3.21　2008年南方冰冻雨雪灾害不同阶段低温和雨雪空间格局变化

　　雨雪致灾因子具有明显的空间迁移性。第0阶段灾害转入期（1.8~1.10），全国雨雪相对较少，强度相对较低，空间上主要分布于河北南部、河南北部、山东西部、山西东部、昆仑山和天山西部；第1~4个阶段灾害爆发期（1.11~2.5），雨雪中心逐渐南迁，强度也逐渐增加。第 1 阶段中心（湖南、湖北、安徽、江苏）→第 2 阶段中心（江西、安徽、江苏）→第 3 阶段中心（广东、广西、福建、江西、安徽、江苏、浙江）→第 4 阶段中心（浙江、福建、江西、湖南、广东、广西），第 5 阶段灾害转出期（2.6~2.10）雨雪减少，强度逐渐降低。可以看出，由于沿海地区温度较高，西部地区雨雪强度较小，2008 年南方低温雨雪冰冻灾害主要影响"胡焕庸线"以东，秦岭淮河以南，以楔形分布的中部省份。

3）南方低温雨雪冰冻灾害时空聚类分析

小世界特征是复杂网络的典型特征之一，简单随机网络不具备这种特征。聚类系数和特征路径长度是考察网络小世界特征两个重要指标。如果网络聚集系数远大于相应的随机网络，而平均路径长度相当，则该网络具有小世界特征（Kleinberg，2000；刘军，2014）。

（1）空间维度。

局部密度和传递性聚类系数分别为 9.413 和 9.358，远高于随机网络理论值（0.729）；平均路径长度为 1.013，低于随机网络平均路径长度（1.267），其中长度为 1 的路径出现154 次，比例为 98.7%；路径长度为 2 的出现 2 次，比例为 1.3%；在空间分布上，低温冰冻雨雪灾害影响节点多数可以直接连接，少数省份在某一阶段也仅需要 1 个"中间人"就可以建立联系。也就是说，2008 年南方低温冰冻雨雪灾害在空间打击上具有集聚性，影响区域相对集中。

（2）时间维度。

局部密度和传递性聚类系数分别为 4.324 和 4.187，远高于随机网络理论值（0.929）；平均路径长度为 1.067，略低于随机网络平均路径长度（1.071）。其中，路径为 1 的出现 812 次，比例为 93.3%；路径长度为 2 的出现 58 次，比例为 6.7%；在时间演化上，低温冰冻雨雪灾害影响节点多数可以直接连接，少数省份在某一阶段也仅需要 1 个"中间人"就可以建立联系。也就是说，2008 年南方低温冰冻雨雪灾害在时间打击上具有连续性，间隔 1 天事件相对较少。从整体而言，2008 年南方低温冰冻雨雪灾害在时间维度和空间维度聚类系数相对较大，特征路径相对较小，具备典型的小世界特征。

2008 年南方低温雨雪冰冻灾害时间维和空间维度中心性均呈位序-规模递减的趋势（图 3.22）。其中，四川（0.80）、贵州（0.77）、陕西（0.70）和湖南（0.70）为空间维度

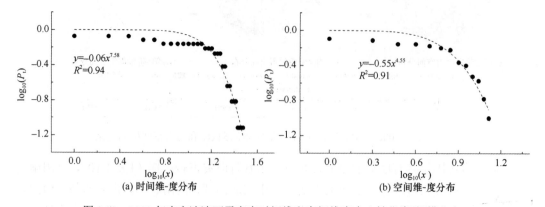

图 3.22　2008 年南方冰冻雨雪灾害时间维和空间维度中心性位序-规模分布

中心性较高的节点,高于网络平均中心性0.50;在时间维度上,1.26~1.28(0.81)、1.31~2.1(0.82)为中心性较高的节点,高于网络平均中心性0.50。也就是说,第3~4阶段为南方低温雨雪冰冻灾害峰值期,时间维和空间维节点中心性相对较高,与图3.21b气温降低,雨雪增多时段相对应。

在2008年南方冰冻雨雪灾害二分网络中,空间格局与时间演化信息是并存的,可以有效反映灾害时空聚类特征。利用UCINET 6.0对南方低温雨雪冰冻灾害核心-边缘结构进行分析(图3.23)。①空间维度核心节点为:四川、贵州、重庆、安徽、湖北、陕西和湖南,主要集中于中部省份;②时间维度核心节点为:1.13、1.15、1.17~1.22和1.25~2.4,主要集中于南方雪灾的第2~4阶段;③核心区域边缘区密度对比表明,核心区密度为0.948,边缘区密度为0.048。也就是说,2008年南方低温雨雪冰冻灾害网络中存在典型的核心-边缘结构,低温雨雪灾害集中发生在1.17~1.22和1.25~2.4两个时期的中部省份。

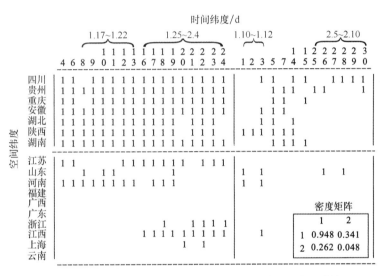

图3.23　2008年中国南方低温雨雪冰冻灾害核心-边缘结构

4)小结

依据复杂网络理论,本节构建2008年南方低温雨雪冰冻灾害网络模型,分析了低温雨雪灾害的综合致灾过程,探讨了多灾种叠加效应的网络特征,得到初步结论如下:

(1)2008年南方低温雨雪冰冻灾害是典型的多灾种叠加事件,其综合致灾过程表现为:低温与雨雪灾害叠加放大了致灾因子的危险性;基础设施设防水平低与春运高峰叠加增大了承灾体的脆弱性;低山丘陵区与人口聚集区叠加降低了孕灾环境的稳定性。

(2)2008年南方低温和雨雪致灾因子具有不同时空演化特征。其中低温致灾因子具有明显的持续性和稳定性,空间上以陕西、河南、湖北、湖南、贵州为楔形形成南方持续低温区;雨雪致灾因子具有明显的空间迁移性,灾害转入期雨雪区主要分布于江淮地区,灾害峰值期则南迁至广东-湖南一带。

(3)2008年南方低温雨雪冰冻灾害网络时间维度和空间维度聚类系数相对较大,特征路径相对较小，具备典型的小世界特征。也就是说，2008 南方低温冰冻雨雪灾害在空间打击上具有集聚性，影响区域相对集中；在时间打击上具有连续性，间隔 1 天事件相对较少。

（4）2008 年南方低温雨雪冰冻灾害网络具有典型的核心-边缘结构。空间维度核心节点为：四川、贵州、重庆、安徽、湖北、陕西和湖南；时间维度核心节点为：1.13、1.15、1.17~1.22 和 1.25~2.4；核心—边缘结构时间维恰好对应雨雪灾害峰值期，可以进一步佐证研究方法的适用性。

关于多灾种-灾害链网络建模和演化机制的研究，未来尚有许多工作值得探索：第一、丰富多灾种叠加研究案例。本节以 2008 年南方低温雨雪冰冻综合致灾过程为例，分析了低温和雨雪灾害叠加网络特征。未来需要更多典型多灾种案例，进一步验证灾害网络特征的普适性；第二、丰富多灾种复杂网络研究指标体系。本书分析了南方低温雨雪冰冻灾害的小世界和核心-边缘特征，其指标体系相对较少。如何选取有效的网络特征，合理衔接指标与多灾种的指示意义，反映多灾种时空演化特征需要进一步研究；第三、构建多灾种综合评价指标体系。在多灾种研究中，以加权平均方式对致灾因子进行叠加分析，依然是现有研究的主要评价方法。未来如何利用复杂网络方法，如网络平均度指代多灾种强度，动态网络指代多灾种演化，构建多灾种风险评估指标体系还需进一步探索。

3. 基于灾害链的区域交通网络影响建模研究案例

城市是社会经济活动的中心，城市交通网络承担着城市之间货物往来和人员输送。然而，交通网络易受诸如暴雨、飓风和大雾等气象灾害影响，且恶劣天气造成的负面影响常通过交通网络传播，形成灾情的累积放大效应。在已有的灾害影响评估模型中，通常忽略处理方法的跨学科特征。基于此，本小节提出了一个微观数学模型，以交通流量损失为基础，定量评估暴雨对中国北部区域交通网络的影响。该模型综合考虑四个要素：暴雨直接影响、暴雨次级影响、网络组分间相互依赖性和城市恢复能力。以京津冀为研究区对模型进行验证，并以社会经济、降水和交通流量数据校准模型。本案例研究表明该模型在快速灾害损失评估和风险减轻规划中有效。

1）研究区域及资料来源

京津冀地区位于华北平原，包含 13 个城市：北京、天津、保定、廊坊、沧州、秦皇岛、唐山、承德、张家口、衡水、邢台、邯郸和石家庄。区域总面积 21.6 万 km², 总人口约 1.1 亿。京津冀地区产业以汽车业、电子业和机械工业为主，2014 年国内生产总值达 10 亿美元（国家统计局，2015）。过去 20 年中，随着城市化进程不断加快，关键基础设施和交通量呈现快速增长趋势。在全球气候变化的大背景下，区域极端天气事件对基础设施及经济发展带来了巨大影响，特别是在 2012 年 7 月 21 日特大暴雨后，京津冀地区已成为气候变化适应和风险减轻研究的热点地区。

在发达的社会经济系统中，由暴雨引发的损失可以是惊人的。2012 年 7 月 21 日，北京及周边地区遭受了特大暴雨的袭击（Guo et al., 2015）。北京经历了一场强烈风暴，引发洪水和交通堵塞。从 7 月 21 日上午 10 点到 7 月 22 日下午 6 点，房山（隶属北京的一个行政区）经历了一场最严重的暴雨，导致 63 条道路淹水，31 条道路严重损坏，12 个地铁入口暂时关闭。400 余航班取消或延误，约 8 万旅客滞留机场。截至 2012 年 8 月 6 日，79 人死亡，160 万人日常生活严重受影响，5 万余人被迫转移。此次极端天气事件导致了北京城市和郊区交通崩溃，直接和间接经济损失约 18.8 亿美元（中国新闻）。

在此，本节以北京 7·21 特大暴雨事件为案例，尝试验证模型的合理性，同时分析极端天气事件对区域对交通网络的不利影响。在使用数据方面，主要搜集了京津冀地区 13 个城市从 2012 年 4~10 月的气象站点数据，以及同时段内高速公路交通流数据。由于数据获取的局限性，全部 13 个城市的交通数据无法获得，仅有北京城市群区域及周边数据，其来源于北京市城市群高速公路收费站。由于暴雨事件中北京降水最严重，且接纳及吸引的交通流量远高于其他地区。因此，北京地区仿真结果的准确性对于整体模型准确性评估具有重要意义。正常情况下，京津冀地区两城市间平均旅行时间数据，通过百度地图分析获得。高速公路旅客流量（HPT）、高速公路货运流量和 GDP 均来源于中国国家统计年鉴。值得一提的是，本节将高速公路旅客流量被定义为：特定时间段内，由高速公路从一个城市输出的人数，利用 HPT 值代表正常状态下城市间交通流量。

2）研究方法

区域交通网络由城市及连接城市的道路组成。城市可作为网络节点，道路作为节点（城市）间的连边。考虑到城市间交通流是依靠道路运行，在此使用"交通量"表示"特定时期内从一个城市到另一个城市的车辆出行量"；利用一个区域内每个城市（而不是每条道路上）交通量变化构建模型，评估暴雨对交通网络的不利影响。

（1）建模考虑因素。

为了提高模型准确性和计算效率，本研究构建的模型考虑四个要素：暴雨直接影响，暴雨引发次生影响（内涝），网络组件之间的相互依存，城市的恢复能力。其中，暴雨直接影响指"由于能见度和表面摩擦力降低引发的交通量损失"；极端降水引发的次生影响指"道路表面积水或严重积水导致的交通量降低"；网络组件相互依存性，使交通量减少影响在城市间传播；恢复能力指"一个城市交通量恢复和回归正常态的能力"。

（2）模型机理框架。

暴雨灾害对交通网络不利影响主要包括 3 个阶段，即致灾因子出现、发展和消退。交通流量由源头城市输出，依次选择目的城市，形成交通流；目的城市的交通流量可以看作增量；源头城市的交通量则为减量。当暴雨灾害发生时，由于降低的能见度和道路表面摩擦，源头城市的交通量即刻受到影响。随着暴雨持续发展，受降水强度及城市排水效率影响，道路表面积水不断增多，对交通流量产生次生影响。这种不利影响由城市网络从一个城市传播至另一个城市，形成级联扩散。交通网络的恢复能力决定了不利影响恢复交通量增长的潜力。该模型的框架如图 3.24 所示。下面的章节将详细说明如何将这些机制抽象为数学方程。下一小节中将讨论这些方程的校准过程。

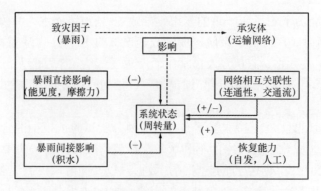

图 3.24　暴雨对区域交通网络不利影响评估模型框架图

a. 系统状态。本研究中，交通量的变化是系统状态变化的直接反映。城市 i 在 $t+1$ 时刻的交通量包括从临近城市输入的交通量及从 t 时刻恢复的交通量，与降水的直接和次生影响相关。随着降水过程的进行，当道路表面积水量超过由轮胎尺寸决定的某一阈值时，车辆被搁浅，交通量降低为 0。这个阈值被称为"崩溃阈值"（B）。

$$X_i(t+1) = \begin{cases} 0 & , \ w_i(t) \geqslant B \\ \left[G_i(t) + R_i(t)\right] \times \left(1 - DR_i\left(P_i(t)\right)\right), & w_i(t) \geqslant B \end{cases} \qquad (3.18)$$

式中，$x_i(t)$ 为城市 i 在 t 时刻的交通量；B 为崩溃阈值；$w_i(t)$ 为城市 i 在 t 时刻的道路表面积水深度；$G_i(t)$ 为城市 i 从不利影响中的交通流恢复量；$P_i(t)$ 为城市 i 在 t 时刻的降水强度；$DR_i(P_i(t))$ 为给定降水强度下交通量损失率，可表示降水在城市 i 的直接不利影响。

b. 降水对交通网络的直接影响。由于可见度和道路表面摩擦的降低，降水对交通网络的正常功能产生直接影响。司机通常以减速、延长间隔时间保障行车安全，由此造成城市交通量降低。部分学者已对降水强度和行车速度的关联性做了分析研究（Yang et al.，2012；Su et al.，2016）。本节中，$DR_i(P_i(t))$ 表征了暴雨对受灾城市 i 的直接影响，即 t 时刻交通量距常态平均交通量的损失率。

c. 降水对交通网络的次生影响。降水对交通网络的次生影响主要是积水所致。我们利用道路表面积水深度 AWORS 表征城市积水的总体严重性。$t+1$ 时刻的道路表面积水深度包括 t 时刻的道路表面积水深度和降水量，同时考虑了城市的排水效率。假设：当城市中道路表面积水较浅时，排水系统会迅速排净。随着道路表面积水深度增加，排水系统排水所需时间增长，一旦 AWORS 深度超过崩溃阈值（B），该城市中的交通量将降至 0。

$$w_i(t+1) = d_i\left[w_i(t) + P_i(t)\right] \qquad (3.19)$$

式中，$d_i(\cdot)$ 为城市 i 的排水效率；$P_i(\cdot)$ 为道路表面积水在 t 时刻的深度。

d. 城市间相互依存性。交通量通过城市间的连接实现从一个城市节点到另一个城市节点的流动。每一个起点—终点的对间交通量均可用引力模型定量估算（Hoel et al.，2007）。本节构建模型是由每个目的节点的吸引力、起点和目的地间的阻抗、起始节点的整体输出交通量、及一个内在的调整矩阵决定。

吸引力代表了目的节点从起始节点吸引交通量的能力，通常用 GDP 或日常交通量表征；阻抗是交通量从起点到终点的困难程度，通常由旅行时间或旅行距离表示。

$$G_i(t) = \sum_{j=1}^{N} Q_{ji}(t) \tag{3.20}$$

式中，N 为城市的数量；$Q_{ji}(t)$ 为 t 时刻从城市 j 输送至城市 i 的交通量，由式（3.20）中的引力模型确定。

$$G_{ji}(t) = x_j(t) \times \frac{\dfrac{A_i \times K_{ji}}{(t_{ji})^2}}{\sum_{i=1}^{N} \dfrac{A_i \times K_{ji}}{(t_{ji})^2}} \tag{3.21}$$

式中，A_i 为城市 i 的吸引力，t_{ji} 为城市 j 和城市 i 间的阻抗，K_{ji} 为引力模型中内置调节矩阵，通常表征了城市 i 和城市 j 的社会经济特征。

e. 恢复能力。一个系统的恢复能力由固有恢复能力和人工恢复能力组成。其中，固有恢复能力指系统自发吸收外部干扰回到正常状态的能力。这种恢复能力的类型可以看成常数。人工恢复能力与应急管理、应急响应中资源投入量紧密相关。当外部干扰很大时，人工恢复能力（应急管理资源投入）通常会增加，直至达到限值。在一个交通系统中，当一个轻微事件发生并形成一排延时车辆时，往往不需外部帮助即可恢复正常状态。但当堵塞非常严重时，交警将参与交通管理中。拥堵越严重，系统所接受的外部帮助（人力和设备）将越多。

受胡克定律启发，我们假设一个城市的恢复能力与其不利影响水平呈正相关。恢复能力随不利影响的增加而提升。不利影响水平由交通量损失率表征，即 1–现有交通量/正常交通量。假设：恢复量不超过现有交通量与无扰动时交通量的差值。

$$R_i(t) = r \times PO_i(t) \times RE_i\left(1 - \frac{X_i(t)}{\text{MAX}_i}\right) \tag{3.22}$$

$$PO_i(t) = \text{MAX}_i - G_i(t) \tag{3.23}$$

式中，$R_i(t)$ 为交通恢复量；r 为调整系数；MAX_i 指城市 i 在不受暴雨影响时平均交通量；$RE_i(1 - \dfrac{x_i(t)}{\text{MAX}_i})$ 为城市 i 在 t 时刻恢复系数；$1 - \dfrac{x_i(t)}{\text{MAX}_i}$ 为城市 i 在 t 时刻交通量损失率，表征了不利影响的强度。$PO_i(t)$ 为城市 i 在 t 时刻输入交通量与城市 i 平均交通量的差值，用以约束恢复量。

3）暴雨对区域交通网络影响案例研究

本研究选取 721 北京特大暴雨事件为案例，利用降水量及收集的交通流量数据进行模型的校准和评估，并对仿真结果进行分析和讨论。

（1）公式选择与校准。

基于 Chung 等（2006）的研究、流体力学伯努利方程和胡克定律等，我们初步确定了交通量损失率和降水量的相关关系、道路表面积水深度和排水效率、交通量损失率与恢复系数的基本方程。利用 2012 年 4 月 1 日至 7 月 5 日的降水和交通数据进行模型校准，7 月 6 日至 8 月 5 日的数据进行模型验证。

尽管通常处于某一范围，但强降水在不同城市造成的直接影响差别较大。基于 Chung 等（2006）相关研究结果，确定交通量损失率和降水量的相关性。利用 2012 年 4 月 1 日至 7 月 5 日北京高速公路交通流量及降水量数据进行模型参数校正，如图 3.25 当 $P_i(t)$ 超过 120mm 时，交通量损失率被认为恒定不变。产生这种现象的主要原因是，现有数据中少有像 2012 年特大暴雨这种高强度极端事件的日降水影响分析，在本研究降水数据集中，日降水量超过 120mm 的记录所占比例低于 1%。

降水次生影响由道路表面积水（AWORS）深度和崩溃阈值（B）决定由于本研究模型为微观模型，旨在快速评估区域交通网络所受的不利影响，每一个城市被看做一个节点。因为暴雨水管理模型（SWMM）需要高精度、长时间段的数字高程及水文数据，所以未被采用。本节以排水效率反映城市整体内涝状况。

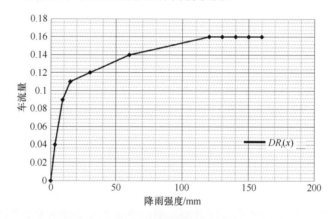

图 3.25　降水对交通量降低的直接影响

排水能力由特定时刻残余水深与道路最大表面积水深度的比值表征。基于伯努利方程（Munson et al.，2006），水流速度与水压的平方根成正比。排水效率与道路表面积水为非线性关系，因此模型选择抛物线形式表征排水效率（图 3.26），即当道路表面积水深度超过 120mm 时，排水效率视为定值，此时排水系统崩溃。B 值大小取决于轮胎直径（通常 540~840mm）。假设阈值与轮胎直径的比率为 1/3。因此，B 在式（3-18）中设置为 230mm，为平均轮胎直径的 1/3。

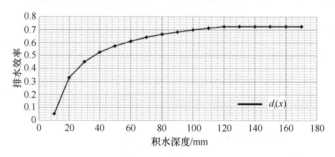

图 3.26　道路表面积水深度（AWORS）与排水效率（$d_i(x)$）的关系

系统恢复能力由固有恢复能力（相对稳定）和人工恢复能力（随不利影响加强而提高）组成，故恢复系数也表现为相似形式。如图 3.27 所示，当不存在外部干扰时，恢复系数为原始值，恢复系数随交通量损失率 $(1-\frac{x_i(t)}{MAX_i})$ 的增加而提高（人工恢复）。利用 2012 年 4 月 1 日至 7 月 5 日北京高速公路数据对参数进行校准。为计算恢复量，调节系数 r 依据专家经验及前期研究设置为 0.4。

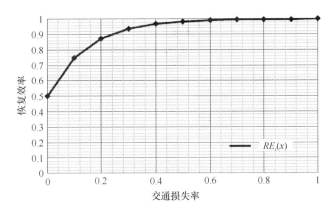

图 3.27　交通损失率与恢复效率（$RE_i(x)$）的关系

在本案例研究中，由于数据的局限性，我们假设 $DR_i(x)$，$d_i(x)$ 和 $RE_i(x)$ 在所有城市均等。

利用 JAVA 语言进行离散仿真，将所有城市积水量初始值设置为 0，即 $W_i(0)=0$。引力模型的调整矩阵 K 由一个对象线设置为 0 的单位矩阵表示。因此，起点与终点相同的流动无法进行。目的城市的吸引力 A_i 由日常高速公路乘客客流量及每个城市平均交通量表征，MAX_i 也近于 2012 年第二季度日均乘客客流量，在该段时间内几乎无气象灾害事件影响交通。每对起点-终点间的阻抗均由百度地图上获取的旅行时间表示。根据引力模型结果，我们设置了每个城市常态下的初始交通量（$x_i(0)$）。引力模型算法是用来确定从起点到每一个其他节点的交通量矩阵，这个算法在 Hoel 等（2007）中得以详细描述。在计算过程中，高速公路乘客客流量被设置为其初始流量。通过预设 A_i，t_{ij} 和 K，及引力模型迭代，得到了每个城市聚集的流量，并作为其初始流量。表 3.17 为模型关键变量及其解释。

表 3.17　模型变量

变量名称	解释	值
$x_i(t)$	每个城市的交通量	时间想关
$w_i(t)$	每个城市的道路表面积水（**AWORS**）	时间相关
B	崩溃阈值	230 mm
$G_i(t)$	从临近城市到某一城市的输入流量	时间相关
$R_i(t)$	每个城市的恢复能力	时间相关
$P_i(t)$	每个城市的降水强度	时间相关
$DR_i(\cdot)$	降水的直接不利影响	图 3.25

变量名称	解释	值
$d_i(\cdot)$	每个城市的排水效率	图 3.26
$Q_{ji}(t)$	r 从一个城市到另一个城市的交通流调动量	时间相关
N	城市数	13
A_i	每个城市的吸引力	由每个城市 2012 年年均高速公路旅客客流量表征
t_{ij}	一个城市与另一个城市间的交通阻抗	由旅行时间保证
K	引力模型中调整矩阵	对角线为 0 的单位矩阵
$\dfrac{x_i(t)}{\text{MAX}_i}$	不利影响等级	时间相关
$RE_i(x)$ (Usually $RE_i(\dfrac{x_i(t)}{\text{MAX}_i})$)	城市 i 的恢复系数	图 3.27
$PO_i(t)$	每个城市现有交通量与最大交通量的差值	时间相关
r	$R_i(t)$ 的调节系数	0.4
MAX_i	每个城市常态下的平均交通量	由每个城市 2012 年第二季度高速公路旅客客流量表征

（2）模型结果。

对京津冀地区 13 个城市进行模型运行，表现出很高的运行效率。为比较所有城市实测数据与仿真结果的综合差异，我们利用式（3.24）对每个时间序列进行了标准化。NTS 代表标准化时间序列，TS 为原始时间序列。$i=\{1,2\}$ 是指交通数据类型，即实测数据或仿真结果。MAX(x)为每个时间段内最大值。相对误差计算方法由第二个公式给定，其中，$R(t)$为 t 时刻观测交通量，标准化的 $S(t)$为 t 时刻的仿真交通量。正态化结果和相对误差如图 3.28 所示。

$$\text{NTS}_i(t) = \frac{\text{TS}_i(t)}{\text{MAX}(TS_i(t))} \tag{3.24}$$

$$E(t) = \frac{R(t) - S(t)}{R(t)} \tag{3.25}$$

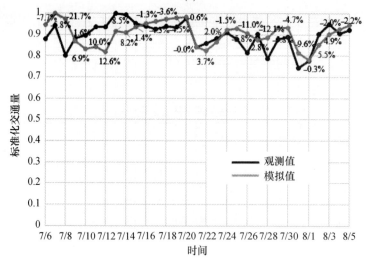

图 3.28　京津冀地区 2012 年 7 月 6 日至 8 月 5 日实测交通数据与仿真结果比较相对误差由百分率表征

如图 3.28 所示，模型仿真结果与实测数据表现出轻微差别，两组数据在时间序列上表现出一致的趋势。最大相对误差为 21.7%（7 月 9 日），且 7 月 6 日至 8 月 5 日 31 天中 13% 的天数相对误差低于 5%，表明模型较高的准确性。

（3）模型讨论。

本模型中，r（调节参数）和 B（崩溃阈值）为关键参数，还未进行深入研究。我们利用 9 组设定进行了参数分析（图 3.29）。r 的范围约为 ±50%，B 范围约为 ±22%。因为 r 是定量反映城市恢复能力的调整参数，我们对其进行了较大范围的测试。B 值被假定为轮胎直径的 1/3，因为多数轮胎直径范围在 540~840mm，由此可确定敏感性分析中 B 的取值范围。

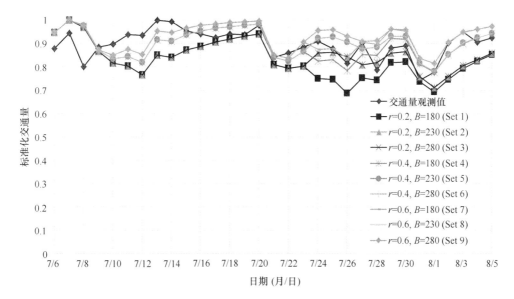

图 3.29　京津冀地区 2012 年 7 月 6 日至 8 月 5 日交通量观测值与 r（调整参数）和 B（崩溃阈值）参数分析结果对比

在敏感性分析中，仿真结果趋势呈现一致性。然而，日交通量差别较大。部分参数组结果相似（例如，系列 2 和 3,；系列 5 和 6；系列 8 和 9）。系列间的相似性表明参数 B 的敏感性较低。这是因为在道路表面积水仿真过程中，少有道路积水超过阈值 B 事件发生，即使将 B 设定为某一较低值。系列 1 和 6 在 7 月 24 日至 7 月 30 日仿真交通量上的差异约为 30%，意味着参数 r 的影响更显著，特别是极端降水天。当 r 非常小时，模型将高估暴雨对交通量的不利影响，而当 r 非常大时，该模型将低估暴雨对交通量的不利影响。

对每一个时间序列而言，最大误差率（与实测交通量相较）为 22.4%，平均误差率约为 6.9%。约 6.3% 的时段相对误差超过 20%，15% 的时段相对误差为 10%~20%。大多数（73%）仿真天数的相对误差低于 10%。因此，该参数分析确认了该模型具有较高的鲁棒性。

图 3.30 显示了不同参数设定下仿真日交通量方差。仿真结果在第 5 个数据点（7 月 10 日）开始出现分歧，并在第 17 个数据点（7 月 22 日）再次出现重合。这个波动

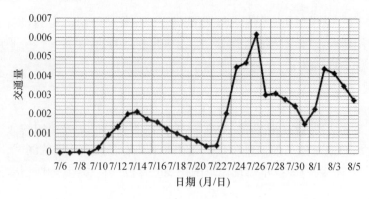

图 3.30　不同参数设定下京津冀 2012 年 7 月 6 日至 8 月 5 日日交通量仿真结果方差

行为在研究时段内重复了数次，这样的改变可能是研究区内不同城市降水变动的一个体现。

如图 3.31 所示，不同城市间日降水方差共有 6 个数据点表现出显著性，分别为第 5 个（7 月 10 日）、17 个（7 月 22 日）、21 个（7 月 26 日）、25 个（7 月 30 日）、27 个（8 月 1 日）和 30 个（8 月 4 日）。不同参数设定下仿真结果在第 5 个数据点出现分歧，并在 17 个数据点上再次重合。当降水方差显著时，仿真结果的方差也呈现增长。降水方差与仿真结果的协方差表明，应考虑城市间的固有差异，以提高模型准确性。

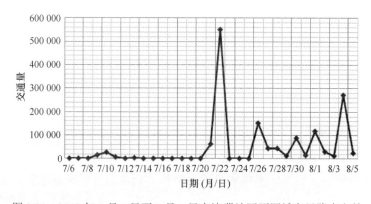

图 3.31　2012 年 7 月 6 日至 8 月 5 日京津冀地区不同城市日降水方差

结果表明，该模型具有较好的性能，虽抽象但准确性较高。一系列的参数值均可以获得相似的模型结果。不同的参数设定具有相似的平均准确度，但关键天数的数值表现出较大差别，这与 Bloomfield 等（2009）的发现相吻合。该模型有效模拟了案例分析区域的交通量状态，可用于有限时段内强降水影响的快速评估。同时，该模型促进了灾后经济损失和恢复规划的快速评估。未来研究中，依托气象灾害预测数据，该模型还将成为区域灾害风险分析和减轻的基础工具。模型的结构也可允许将其拓展应用至其他气象灾害或暴露中。

4）小结

暴雨对城市交通网络不利影响的快速评估是一个典型的跨学科问题，要求对网络机气象灾害的交互方式、网络系统的固有特性具有较为全面深入的掌握。本研究中，将灾害风险研究、交通工程和网络系统知识整合，提出了一个微观模型，通过定量估算交通量来评估暴雨对区域交通网络的不理影响。该影响评估模型综合考虑暴雨对交通基础设施的直接和次生影响，以及由于网络连通性导致的间接影响。选择京津冀作为案例研究区，仿真模拟了 2012 年 7 月 21 日特大暴雨事件，利用收费所交通实测数据评估了暴雨对区域交通网络的影响。结果表明，该模型具有较高的准确性和运算效率，为灾害影响快速评估和灾害减轻规划制定提供了有效工具。

利用更详细的城市信息和其他经验研究，模型的应用范围可得到扩展。除降水数据外，模型中其他参数均为事先设定的静态值。我们未考虑网络特性中的其他动态变化，例如：城市排水可随关键基础设施投入的增加得到显著提高。此外，城市间阻抗和引力模型中目的节点的吸引力可能会随时间发生较大变化。函数和校准参数的选择过程中使用的数据为其他地区的经验值，一旦研究区相关数据可得，我们便可应用该部分数据以提高结果的准确性。此外，我们在本研究中只考虑降雨的影响，忽略了潜在的并发气象灾害和复利效应，这也将成为未来研究的方向。

3.2.3 极端气候事件下的生态系统突变与渐变过程模拟

1. 极端气候事件产生生态系统渐变与突变的机理

IPCC 第五次评估报告（2013）指出 21 世纪初相比于 19 世纪后半叶（1850~1900年），全球海陆表面平均温度已经升高了 0.78℃，而在 21 世纪末全球平均温度将再上升 0.3~4.8℃，降水将在热带和寒带地区有所增加而在中纬度地区有所减少（IPCC，2013a）。在 IPCC 的评估报告中强调了气候趋势变化对社会-生态系统的作用，但对气候波动变化过程和极端气候事件未引起足够的重视。目前的研究难以定量地区分气候趋势变化和气候波动变化各自对陆地生态系统的影响程度，主要因为气候趋势和波动变化与生态系统功能和服务之间存在非线性关系，且这种关系具有等级结构和自组织特性（Scheffer et al.，2009），因此进一步理解气候趋势、波动和极端气候事件与生态系统之间关系已经成为全球气候变化与生态系统响应领域的研究热点与难点。

气候变化可以视作气候趋势变化和波动变化两个部分（Easterling et al.，2000；Jentsch et al.，2007）。如果以长时间序列中气候平均状况变化代表气候趋势变化，则气候波动可以表示为气候状况偏离平均状况的程度（Bradford，2011）。以气候趋势变化表征气候状况作用于生态系统的研究已较为成熟。符淙斌和马柱国（2008）利用气温和降雨因子构建了地表湿润指数来研究全球干湿变化趋势，研究结果表明，在全球变暖的背景下，全球干湿变化趋势具有明显的区域差异，尤以非洲大陆和欧亚大陆的干旱趋势较为剧烈（Ma and Fu，2003）。然而气候趋势变化实际上是对气候变化"平滑"作用的结果，使得气候趋势变化难以反映瞬时变化，因此仅凭气候趋势变化难以反映气候变化对陆地生态系统的动态影响，而未来气候变化的特点主要体现在气候波动增大和极端气候事件增多上（IPCC，2007）。根据 IPCC 第四次评估报告的定义，极端气候事件是指发生概率极小但危害却很大的事件（IPCC，2007）。Easterling 等（2000）认为极端气候事件包括极端高温、极端低温和极端降水等每年均会发生的统计类事件，也包括洪涝、飓风、冰雪灾害等非统计类事件。干旱、洪水、热浪、极端低温与冰冻灾害等极端气候事件能够对生态系统产生重大影响甚至引起生态系统状态突变。未来气候波动增大和极端气候事件增多将改变物种分布、种群组成以及生态系统功能和服务（IPCC，2007）。

在所有气候因子中，温度是限制植被生长的重要因子之一（Sitch et al.，2003；Lindner et al.，2010），如最低气温决定着各种植被类型的分布范围（Jentsch et al.，2007；Ferrez et al.，2011），在植物生长季始末的极端气温往往决定了植被的生长状况（Coops et al.，2009）。根据全球气候模式（GCMs）预估未来最低温度的增幅将超过最高温度（IPCC et al.，2008），这预示极端低温与冰冻灾害减少、生长季延长等有利于植被生长的环境条件（Jentsch et al.，2007），也能引发生态系统功能和服务处于较高的火灾风险之下（Scholze et al.，2006；King et al.，2013；Tatarinov and Cienciala，2009）。降水是影响生态系统的另一个重要因子，降水在空间格局上的变化将影响森林、农田等生态系统的水分供给（Evangelista et al.，2011；Murray et al.，2012），在生长季的变化也能显著改变植被生长态势（Craine et al.，2012）。当某些地区（如热带湿润地区）同时具有充足的温度和水分条件时，光照可能成为该地区植被生长的主要限制因子（Nemani et al.，2003）。温带中纬度地区森林地生长受到温度、降水和光照共同或交替的限制作用，在冬季受温度和光照限制，在春季主要受温度限制，在夏季主要受降水限制（Nemani et al.，2003）。

气候趋势、波动变化和极端气候事件均会对生态系统结构和功能产生重大影响，因此有必要科学地量化影响程度、影响范围和持续时间来提高我们的认识，并为如何应对并适应气候变化所带来的不利影响提供理论依据。目前，关于气候趋势、波动变化和极端气候事件如何影响生态系统功能、改变生态系统脆弱性的研究还有待于进一步完善（Jentsch et al.，2007；Craine et al.，2012）。当前研究中常常将较长时期内气候变化的平均状况视作气候趋势变化，将波动变化视作气候状况偏离平均状况的变化幅度（Bradford，2011）。仅仅考虑气候趋势变化而忽略气候波动增大和极端气候事件增多，难以反映气候变化对生态系统的动态影响（Jentsch et al.，2007）。已有研究表明气候波动增大和极端气候事件增多能够改变物种的分布、种群的构成，影响生态系统的功能和服务，导致生态系统脆弱性增加（Jentsch et al.，2007）。由于气候趋势变化、波动变化以及极端气候事件对生态系统的影响存在非线性，如何更加合理地区分它们各自的贡献成为当前研究的热点和难点（Scheffer et al.，2009）。

本研究致力于：①建立气候趋势、波动信号分解和贡献率评价模型；②选择气温、降水、光合有效辐射（PAR）作为气候变化因子，NPP 作为生态系统关键参数用于评价气候趋势及波动变化对生态系统 NPP 的影响；③选择 NPP 方差作为指标评价极端气候事件对生态系统生产力的影响。

2. 冰冻雨雪影响下的生态系统突变与渐变过程评估模型与模拟

湖南省地处中国中部，位于 108°47′~114°13′E 和 24°39′~30°08′N 之间，全省面积约 210 000 km²，截至 2013 年人口约 7000 万，地形复杂，多山与丘陵。年降水量为 1200~1700 mm，平均气温 17℃。湖南省的气候条件主要受东亚季风影响，是自然灾害的多发地区，常见灾害包括季节性干旱、洪水、极端低温和冰冻灾害等。2008 年 1~2

月，湖南省发生极端低温与冰冻灾害对其社会-生态系统产生巨大影响，持续冰雪灾害对自然生态系统造成重大打击。因此，本研究选择湖南地区作为研究气候趋势、波动变化和极端气候事件对生态系统生产力影响的研究区。

1）偏最小二乘回归模型

选择月均气温、月总降水量和 PAR 代表气候因子（自变量），NPP 代表生态系统关键参数（因变量）进行最小二乘回归拟合，研究三种气候因子对 NPP 变化的解释率。由于三个气候因子之间具有较高的相关性（表 3.18），因此选用偏最小二乘法（Geladi and Kowalski，1986）减小由于气候因子间的共线性问题导致的回归拟合误差。

表 3.18　气候因子相关系数

气候因子	气温	降水	PAR
气温		0.536**	0.697**
降水	1.00	1.00	0.007
PAR			1.00

**显著性水平 0.01

对每个像元，自变量与因变量的多元线性回归方程表示为

$$\hat{Y}_t = b_1 X_{1,t} + b_2 X_{2,t} + b_3 X_{3,t} \tag{3.26}$$

式中，$\hat{Y}_t$ 为标准化的 NPP 在时间 t（$t=1$，$\cdots$，n）的值；$X_{1,t}$，$X_{2,t}$ 和 $X_{3,t}$ 为标准化后的气温、降水和 PAR；b_1、b_2 和 b_3 为回归系数；复相关系数 m 与回归系数的关系表示为

$$m^2 = b_1 \rho_1 + b_2 \rho_2 + b_3 \rho_3 \tag{3.27}$$

式中，m 为复相关系数；ρ_1、ρ_2 和 ρ_3 分别为自变量与因变量的相关系数；m^2 为三个自变量对因变量的联合解释率；$b_1\rho_1$、$b_2\rho_2$ 和 $b_3\rho_3$ 分别为自变量 X_1、X_2 和 X_3 对因变量的单独解释率。

2）气候信号分解与贡献率评价模型

构建气候信号分解与贡献评价模型定量评价气候趋势和波动变化对生态系统生产力的影响程度和贡献率。假设气候因子（气温、降水、PAR 等）包含了线形趋势组分和非线性波动组分，每个组分均可以处于增加、降低或稳定状态，因此共产生了 9 种模态（图 3.32）。

本研究将气候因子分解为线性趋势组分和非线性波动组分：

$$X_t = x_{T,t} + x_{F,t} \tag{3.28}$$

式中，X_t 为气候因子在时间 t（$t=1$，$\cdots$，n）的值，$x_{T,t}$ 为线性趋势组分，$x_{F,t}$ 为非线性波动组分并可以进一步分解为规律波动组分和剩余波动组分：

$$X_t = x_{\mathrm{reg},t} + x_{\mathrm{res},t} \tag{3.29}$$

式中，$x_{\mathrm{reg},t}$ 为规律波动组分，$x_{\mathrm{res},t}$ 为剩余波动组分。线性趋势组分 $x_{T,t}$ 可以由线性方程表示（Verbesselt et al.，2010a）：

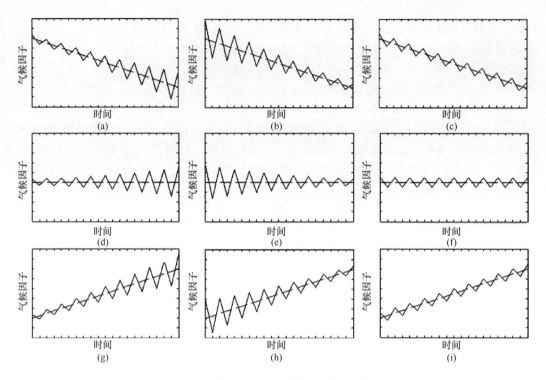

图 3.32　气候趋势变化与波动变化模态
图中虚线表示气候趋势变化，实线表示气候波动变化

$$X_{T,t} = \alpha_i + \beta_i t \qquad (3.30)$$

式中，$i=1$，…，m，α_i 和 β_i 为线性方程的截距和斜率。规律波动组分 $x_{\mathrm{reg},t}$ 可以由谐波方程表示（Verbesselt et al.，2010b；Verbesselt et al.，2012）：

$$X_{\mathrm{reg},t} = \sum_{k=1}^{K} \theta_{j,k} \sin\left(\frac{2\pi kt}{f} + \delta_{j,k} \right) \qquad (3.31)$$

式中，$\theta_{j,k}$ 和 $\delta_{j,k}$ 为频率在 f/k 时的振幅和相位，对于逐月气象数据 f 取 12，k 为谐波个数，Geerken（2009）认为 k 取 3 能较好地模拟气候因子随季节地波动。剩余波动组分 x_{res} 是原信号去除趋势组分和规律波动组分后的剩余项。

线性趋势组分和非线性波动组分对生态系统生产力具有各自的影响和贡献（图 3.33），二者的联合影响可表示为

$$y = f(X) = f_T(x_T) + \int_{x_T}^{x_T + x_F} f_F{}'(x_F)\mathrm{d}x \qquad (3.32)$$

式中，y 为生态系统生产力；x_T 和 x_F 分别为分解后的线性趋势组分和非线性波动组分（见式 3.28）；$f(X)$ 为气候因子 X 和生态系统生产力 y 间的关系；$f_T(x_T)$ 为生态系统生产力 y 中被气候线性趋势组分 x_T 影响的部分 [图 3.33（a）]；$\int_{x_T}^{x_T + x_F} fF'(x_F)\mathrm{d}x$ 为生态系统生产力 y 中被气候非线性波动组分 x_F 影响的部分；$f_F{}'(x_F)$ 为被气候非线性波动组分 x_F 影响生态系统生产力 y 的变化率 [图 3.33（b）]。

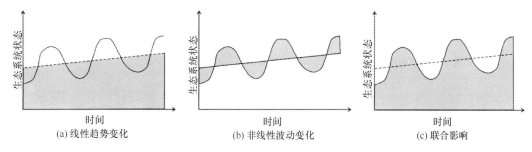

图 3.33　气候线性趋势变化（a）与非线性波动变化（b）对生态系统状态的联合影响（c）

最终，计算气候变化线性趋势组分 x_T 和非线性波动组分 x_F 对生态系统生产力 y 的贡献率分别为

$$\begin{cases} C_T = f_T\left(x_T\right) \Big/ \left(\left|f_T\left(x_T\right)\right| + \left|\int_{x_T}^{x_T+x_F} f_F{}'\left(x_F\right)\mathrm{d}x\right|\right) \times 100\% \\ C_F = \int_{x_T}^{x_T+x_F} f_F{}'\left(x_F\right)\mathrm{d}x \Big/ \left(\left|f_T\left(x_T\right)\right| + \left|\int_{x_T}^{x_T+x_F} f_F{}'\left(x_F\right)\mathrm{d}x\right|\right) \times 100\% \end{cases} \qquad (3.33)$$

式中，C_T 和 C_F 分别为线性趋势组分 x_T 和非线性波动组分 x_F 对生态系统生产力 y 的贡献率。

3）NPP-CASA 模型

本研究通过改进的 CASA 模型（Potter et al.，1993；Yu et al.，2009a；Yu et al.，2009b）模拟生态系统生产力（NPP），模型在局地尺度的模拟精度经验证与实测 NPP 误差较小（Yu et al.，2009a；Yu et al.，2009b），在区域尺度和全球尺度模拟的生产力空间分布格局与其他模型的模拟结果较为一致（Ito，2011）。CASA 模型是光能利用率模型，它假设生态系统生产力是植被可吸收的光合有效辐射（absorbed photosynthetically active solar radiation，APAR）和光能利用率的函数（ε）（Potter et al.，1993）：

$$\mathrm{NPP} = \mathrm{APAR} \times \varepsilon \qquad (3.34)$$

式中，APAR 为 NDVI 和光合有效辐射（PAR）的函数；ε 为植被的最大光能利用率（light-use efficiency，LUE）和温度以及水分胁迫的函数，模型可以进一步改写为

$$\mathrm{NPP} = f\left(\mathrm{NDVI}\right) \times \mathrm{PAR} \times \varepsilon_{\max} \times T_{\varepsilon 1} \times T_{\varepsilon 2} \times W_{\varepsilon} \qquad (3.35)$$

模型需要三类参数输入：①遥感反演数据，包括 NDVI 数据和土地覆盖类型数据。逐月 NDVI 数据（空间分辨率 1km）来自 MOD13A3 数据集（https://lpdaac.usgs.gov/）。土地覆盖类型数据来自欧洲联合研究中心（Joint Research Centre，JRC）并经过中国科学院遥感应用研究所进一步改进和解译，地表覆盖类型包括森林、灌木、草地、农田、城市和水体，空间分辨率为 1km。森林包括了常绿和落叶阔叶林、常绿和落叶针叶林；草地包括草场、坡地草原、平原草地和草甸草地；农田包括了水田和旱地；城市包括了不透水面覆盖较高地区；水体包括河流、湖泊和池塘。所有数据均转换到WGS84-UTM49N 投影下；②气象观测数据，包括气温、降水和光合有效辐射（PAR）数据。研究收集了湖南省 25 个气象站 2001~2011 年逐月的气温、降水和日照时数（用于估算光合有效辐射），所有数据采用克里金插值方法插值至 1km 空间分辨率；③最大光能利用率 $\varepsilon_{\max}$。

首先计算被植被吸收的光合有效辐射（APAR），通过土地覆盖类型设定的最大光能利用率（ε_{max}）、温度胁迫因子（T_{t1}，T_{t2}）和水分胁迫因子；（W_t）模拟植被的实际光能利用率ε，最后通过 APAR 计算得到植被实际的生产力。

本研究首先通过偏最小二乘回归模型计算气温、降水和 PAR 对 NPP 变化的单独解释率，然后将三个气候因子根据气候信号分解模型分解为线性趋势组分和非线性波动组分，根据 NPP-CASA 模型计算气候趋势变化和波动变化对 NPP 变化的贡献大小，通过贡献评价模型计算趋势组分和波动组分分别对 NPP 的贡献率。

4）研究结果

（1）NPP 趋势

湖南地区 2001 年至 2011 年平均 NPP 为 575 gC/（m²·a），最小值 10 gC/（m²·a），最大值 1255 gC/（m²·a）（表 3.19）。林地在湖南地区具有最大的面积和最高的 NPP 均值，其总 NPP 为 79.32 TgC/a，占湖南地区总 NPP 的 67%；灌木总 NPP 为 19.46 TgC/a，占湖南地区总 NPP 的 16%；农田总 NPP 为 17.68 TgC/a，占湖南地区总 NPP 的 15%；草地总 NPP 为 2.05TgC/a，占湖南地区总 NPP 的 2%；城市具有最低的 NPP 均值和较大的标准差。

表 3.19　湖南地区 2001 年至 2011 年 NPP 统计表

土地覆盖	最小值 /[gC/(m²·a)]	最大值 /[gC/(m²·a)]	平均值 /[gC/(m²·a)]	标准差 /[gC/(m²·a)]	面积 /km²	总 NPP /（TgC/a）
林地	324	1255	638	316	124 326	79.32
灌木	382	581	467	42	41 669	19.46
草地	103	700	583	52	3 523	2.05
农田	92	686	521	63	33 941	17.68
城市	10	675	397	128	662	0.26

（2）气候因子对 NPP 变化的影响。

2001~2011 年，气温、降水和 PAR 变化对湖南地区 NPP 变化的联合解释率为 85%，单独解释率分别为 44%、5% 和 36%（图 3.34）。表 3.20 根据不同土地覆盖类型统计了三种气候因子对 NPP 变化的解释率，结果表明三种气候因子对城市地区 NPP 变化的联合解释率低于其他土地覆盖类型。在单因子解释率中，PAR 变化对森林、灌木和草地地区 NPP 变化的解释率较高，而温度变化对农田和城市地区 NPP 变化的解释率较高。

（3）气候趋势、波动变化对 NPP 变化的影响。

2001~2011 年，气温、降水和 PAR 趋势变化对湖南地区 NPP 变化的解释率为 68%，单独解释率分别为 34%、4% 和 30%，气温、降水和 PAR 波动变化对湖南地区 NPP 变化的解释率为 17%，单独解释率分别为 10%、1% 和 6%。气温波动对 NPP 变化的解释率自北向南逐渐降低，降水趋势变化和 PAR 波动变化对 NPP 变化的解释率自西向东逐渐降低（图 3.35）。

（4）极端低温与冰冻灾害对 NPP 的影响。

以 2008 年 1 月发生的极端低温与冰冻灾害为例，研究极端气候事件对湖南地区森

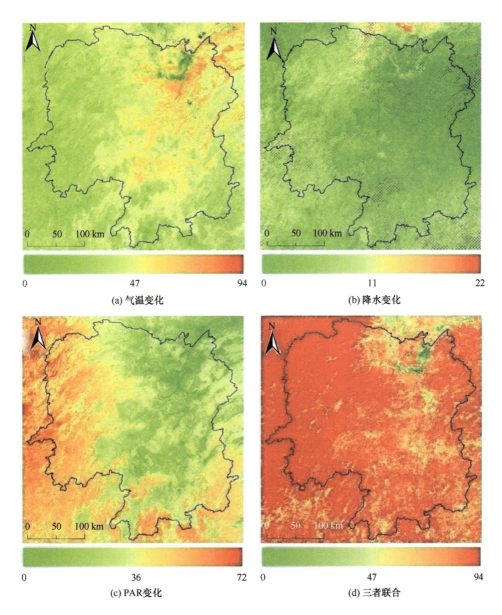

图 3.34　2001 年至 2011 年湖南地区气温变化、降水变化、PAR 变化以及三者联合对 NPP 变化解释率
阴影表示未通过显著性水平为 0.01 的检验

表 3.20　2001~2011 年湖南地区气温、降水、PAR 变化对 NPP 变化解释率

土地覆盖类型	气温/%	降水/%	PAR/%	联合解释率/%
森林	43.29	4.38	37.52	85.19
灌木	42.57	4.68	39.78	87.03
草地	43.80	4.65	36.85	85.30
农田	48.98	4.24	28.62	81.84
城市	48.96	2.17	19.10	70.23

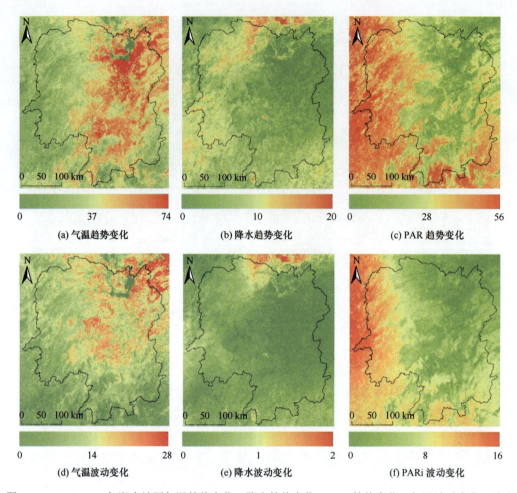

图 3.35 2001~2011 年湖南地区气温趋势变化、降水趋势变化、PAR 趋势变化、气温波动变化、降水
波动变化和 PAR 波动变化对 NPP 变化解释率

林和草地生态系统 NPP 及其脆弱性的影响（图 3.36）。结果表明极端低温与冰冻灾害引起了两种生态系统 NPP 大幅降低 [图 3.36（a）]，草地生态系统 NPP 在灾害发生之后迅速恢复，而森林生态系统 NPP 则恢复缓慢至 2011 年仍未恢复至灾前水平 [图 3.36（b）]。选择 NPP 方差作为生态系统脆弱性/弹性评价指数发现草地生态系统 NPP 方差在 2009 年短暂升高后迅速降低，而森林生态系统 NPP 方差则持续升高 [图 3.36（c）]。

已有的研究表明气候变化将对社会-生态系统产生巨大影响（IPCC et al.，2008），如何适应气候变化带来的不利影响已成为当前研究的热点而受到全球科学家、政府和公众的广泛关注。IPCC 在 2013 年发布了《管理极端事件和灾害风险推进气候变化适应特别报告》（"Managing the risks of extreme events and disasters to advance climate change adaptation，SREX"）（IPCC，2013b），特别强调了极端气候事件和灾害频发增加了社会-生态系统所面临的环境风险。本节将气候变化对生态系统的影响视作气候趋势变化、波动变化和极端气候事件的总和，将气候变化风险（CCR）分解为趋势风险（TR）、波动风险（FR）和极端事件风险（ER），有 CCR=TR+FR+ER。

由于气候趋势和波动变化的定义随时间尺度变化而变化，因此研究中常常将气候趋

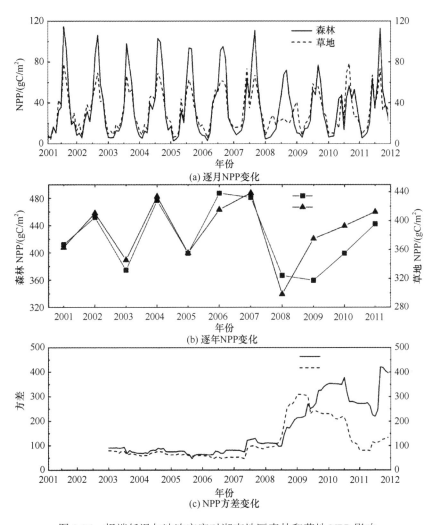

图 3.36 极端低温与冰冻灾害对湖南地区森林和草地 NPP 影响

势定义为一段参考时期的均值，这段时期的跨度可以从小时、天、月、年甚至世纪。本节主要针对生态系统 NPP 的年际变化，因此将气候变化的趋势组分视作气候因子年均值的变化幅度，将波动组分视作气候因子的季节波动，并将波动组分进一步分解为规律波动组分和剩余组分，其中规律波动组分主要反映了气候因子随季节和气候区（如湖南地区受东亚季风气候影响）变化而变化，研究中应用谐波方程及其振幅、相位和谐波个数能较好地模拟这种变化特征并抑制由观测误差所带来的白噪声（Eastman et al.，2009；Geerken，2009；Verbesselt et al.，2010b），其中振幅主要反映波动组分偏离趋势组分的程度，相位主要反映波动的起始时间和持续时间，谐波个数需根据观测数据的时间分辨率或物候特征所决定（Geerken，2009），较长的重访周期（较低的时间分辨率）或高频信号需采用较多的谐波数量予以模拟；剩余组分主要模拟观测随机误差、信号噪声、人为或自然的扰动等。

研究结果表明在湖南地区气候趋势变化和波动变化对生态系统 NPP 变化的解释率分别为 68% 和 17%。在空间格局上，由于湖南地区年降水量自东向西逐渐减少，使得降水在湖南西部地区成为限制植被生长的主要因子［图 3.35（b）］，表明降水趋势变化对湖南西部地区的影响较大；而湖南地区气温季节波动自南向北逐渐增大导致了湖南北部地区温度波动解释率高于南部［图 3.35（d）］，表明温度波动变化对湖南北部地区的影响大于南部。

图 3.36 中森林和草地 NPP 受 2008 年 1 月发生的极端低温与冰冻灾害的影响至 2011 年仍未完全恢复，表明极端气候事件对湖南地区生态系统 NPP 影响的持续时间远远超过了灾害发生的持续时间，此类极端气候事件频发可能引起当地生态系统演替过程变化甚至引起生态系统状态突变。Craine 等（2012）研究发现在草地生态系统中极端气候事件发生的时间对其影响程度具有关键作用。本研究进一步证明除时间因素之外，相同程度的极端气候事件对不同类型的生态系统的影响程度也不尽相同。方差能够用于监测生态系统脆弱性/稳定性［图 3.36（c）］。2008 年森林生态系统 NPP 比草地生态系统 NPP 受极端低温与冰冻灾害影响更小（NPP 下降程度更低）表明森林生态系统具有较高的弹性来抵消极端气候事件所带来的不利影响并减少生态系统功能的损失（Schröter et al., 2005），但其受灾后恢复速度较慢产生恢复慢化现象［图 3.36（b）］；与之相比，具有较低弹性的草地生态系统 NPP 在 2008 年大幅降低但在受灾之后迅速恢复［图 3.36（b）］。

本研究以湖南地区为研究区，选择 2001 年至 2011 年的 NPP 作为生态系统关键参数，气温、降水和 PAR 作为气候因子，提出气候趋势、波动信号分解和贡献评价模型来研究 NPP 对气候变化的响应。研究发现气候趋势、波动变化和极端气候事件均会对生态系统生产力产生巨大影响。同暴露性、敏感性和适应能力的脆弱性评价框架相比，本研究基于生态过程模型动态监测生态系统受气候变化的影响程度和持续时间，更能进一步应用于研究气候变化对生态系统功能和服务的影响及脆弱性评价，帮助政府及其他部门制定出更加合理的管理策略以适应气候变化所带来的不利影响。

3.3　综合环境风险评估模型的建立

本节阐述了综合环境风险模型建立的方法，重点研究了风险可能性估算模型、灾害损失（害）评估模型、灾害风险评估模型等。

3.3.1　风险可能性估算模型

1. 风险的可能性

针对只有一个风险源和一个承灾体的简单风险事件，确定风险大小的基本模式，就是计算这一风险源发生的概率密度函数和承灾体脆弱性曲线围成的面积。但是，现实情况是，单一风险源的情况非常少，对于普遍存在的多个风险源的情况，如何把它们发生的概率密度函数联合起来考虑，是目前风险评估研究要解决的一个基本科学问题。目前灾害发生概率估算理论的研究重点强调灾害过程和灾害形成的复杂机制，研究者都在试图从多风险源多角度进行评价，选取的指标逐渐从单要素向多指标多要素转变，研究方法也在从多要素指标的综合加权向尊重各要素本身特征的多要素联合概率分布研究的转变。本研究聚焦多变量联合的评估模型，并对双变量同时发生和有条件发生的沙尘暴灾害进行模拟，比较联合评估模型的优势。

2. 联合分布概率模型

自然灾害的发生机理非常复杂，主要的致灾因子往往不止一个，并且具有多方面的特征属性。为了全面了解其统计规律，需要从多个角度对其进行定义和描述。但是由于全面分析灾害事件需要大量的数据资料和复杂的数学计算，在实践中很难实行，往往只挑选某几个最重要的特征属性进行分析。例如，在干旱等灾害的频率分析中，干旱的特征属性变量往往包括干旱历时、发生次数、干旱烈度、干旱强度等，但在实际应用中，常见的算法是对各个特征要素单独频率分析或对线性加权叠加多要素的指数频率分析，这些特征变量之间的内部联系考虑不足。

多变量联合分布的研究将成为自然灾害风险分析的必然选择。引发灾害事件的多个随机变量之间往往存在各种相依关系，事件属性越多就越复杂，需要从多方面进行描述及分析。用多要素加权指数的算法中，需要专家根据经验判断各项因素的影响大小来打分，这样难免会随带一些主观因素。并且经过中间对数据的多次处理和变换，难免会使数据信息偏离真实情况。如何寻找多个变量之间的相互联系及对灾害的作用机制，如何从变量本身真实分布形态出发，更加精确的描述其边缘分布及它们之间的联合分布，如何拓展重大自然灾害的外延预测能力，直接影响着灾害风险评估的精确度和深度。

目前常用的多变量联合分布方法主要有多元线性回归法、正态变换的 Moran 法、将多维转化成一维的费永法、经验频率法和非参数法。对非正态分布的变量，Moran 法运用起来比较复杂，需要对数据进行转换处理，且在数据转换过程中难免会造成一些信息失真；费永法要求联合分布模型中各变量的边缘分布属于同一种类型；经验频率法仅能根据实测资料进行统计，不具备外延预测能力；非参数法构造的联合分布能够很好地拟合实测数据，但预测能力相对不足，且构造的联合分布的边缘分布类型未知。通过 Copula 函数模型在金融学中十几年的应用，Copula 函数能够灵活方便的构造多维联合分布，在其他领域中具有非常大的应用潜力，必将成为未来多变量研究的选择。

1）联合函数 Copula 的优势

Copula 函数（C 函数）模型在投资组合分析、保险定价等方面的应用已经十分成熟，由于它具有多项传统多变量分析方法不具备的优良特性，20 世纪 90 年代后得到了迅猛的发展。首先，它不限制边缘分布的选择，不需要对边缘分布作任何假设和变换。应用中可以根据实际情况选择各种边缘分布和 C 函数构造灵活的多元分布，并且变量间的相关性能被完整地描述。影响灾害的各变量有可能服从不同的分布类型，可能存在正相关或负相关关系，或者非线性相关。传统的多变量分析方法无法解决这一问题，而 C 函数理论正是描述这种相关结构的一种有效途径。其次，如果对变量作严格单调增变换，相应的由 C 函数导出的一致性和相关性测度的值不变。因此，在运用 C 函数构建多变量风险模型时，形式可以灵活多样，模型的估计求解也会更加简单方便。第三，C 函数容易扩展到多元联合概率分布，同时可以描述变量间非线性、非对称性以及尾部相关关系。不仅可以用于研究一般情况下变量之间的相关关系，还可用于研究极值相关关系，这正是自然灾害特征分析所需求的。

2）函数 Copula 及其理论基础

Copula 是一个拉丁词汇，本意是"联结"的意思。1959 年 C 理论由 Sklar 通过定理形式提出。将一个联合分布分解为 n 个边缘分布和一个 C 函数，这个 C 函数描述了这 n 个变量间的相关结构。可以看出，C 函数实际上是一类将变量的边缘分布函数和它们的联合分布连接在一起的函数，因此，也称它为联结函数（张尧庭，2002）。

定义 1：（Nelsen，1998）设 X 是一个随机变量，x 的定义域为 $\bar{R}$，函数

$$F(x) = P\{X \leqslant x\}, \quad -\infty < x < \infty$$

称为 X 的分布函数，如果 X 是连续的随机变量，$F(x)$ 也称为它的边缘分布函数。$F(x)$ 具有以下性质：

（1）$F(x)$ 是非减的；

（2）$0 \leqslant F(x) \leqslant 1$，且 $F(-\infty) = 0, F(\infty) = 1$

定义 2：（Nelsen，1998）N 元 Copula 函数是指具有以下性质的函数 C：

（1）$C = I^N = [0, \ 1]^N$；

（2）C 对它的每一个变量都是递增的；

（3）C 的边缘分布 $C_n(\cdot)$ 满足：$C_n(u_n) = C(1, \cdots, l, u_n, 1, \cdots, l) = u_n$，其中 $u \in [0, 1]$，$n \in [1, N]$。

显然，若 $F_1(x_1), F_2(x_2), \cdots, F_N(x_N)$ 是一元分布函数，令 $u_n = F_n(x_n)$ 是一随机变量的边缘分布函数，则 $CF_1(x_1), F_2(x_2), \cdots, F_N(x_N)$ 是一个具有边缘分布函数 $F_1(x_1), F_2(x_2), \cdots, F_N(x_N)$ 的多元分布函数。

定理：Sklar 定理是 Copula 理论的基石，也是 Copula 理论应用的基础，因为 Sklar 定理阐明了 Copula 函数在构建多元函数的联合分布的重要作用。

令 F 为具有边缘分布 $F_1(x_1), F_2(x_2), \cdots, F_N(x_N)$ 的联合分布函数，那么存在一个 n-Copula 函数 C，满足：

$$F_1(x_1, x_2, \cdots, x_N) = C(F_1(x_1), \cdots, F_n(x_n), \cdots, F_N(x_N))$$

若 $F_1(x_1), F_2(x_2), \cdots, F_N(x_N)$ 连续，则 C 唯一确定；反之，若 $F_1(x_1), F_2(x_2), \cdots, F_N(x_N)$ 为一元分布，C 为相应的 Copula 函数，那么由上式定义的函数 F 是具有边缘分布 $F_1(x_1), F_2(x_2), \cdots, F_N(x_N)$ 的联合分布函数。

推论：令 F 是具有边缘分布 $F_1(x_1), F_2(x_2), \cdots, F_N(x_N)$ 的联合分布函数，C 为相应的 Copula 函数，$F_1^{(-1)}(x_1), F_2^{(-1)}(x_2), \cdots, F_N^{(-1)}(x_N)$ 分别为 $F_1(x_1), F_2(x_2), \cdots, F_N(x_N)$ 的伪逆函数，那么对于函数 C 定义域内的任意 $(u_1, u_2, \cdots, u_N)$，均有

$$C(u_1, u_2, \cdots, u_N) = F\left(F_1^{(-1)}(u_1), F_2^{(-1)}(u_2), \cdots, F_N^{(-1)}(u_N)\right)$$

与二元分布函数类似，通过 Copula 函数 C 的密度函数 c 和边缘分布

$F_1(x_1), F_2(x_2), \cdots, F_N(x_N)$，可以方便地求出 N 元分布函数 $F(x_1, x_2, \cdots, x_N)$ 的密度函数：

$$f(x_1, x_2, \cdots, x_N) = c\left[F_1(x_1), F_2(x_2), \cdots, F_N(x_N)\right] \prod_{n=1}^{N} f_n(x_n)$$

其中，$c(u_1, u_2, \cdots, u_N) = \dfrac{\partial C(u_1, u_2, \cdots, u_N)}{\partial u_1, \partial u_2, \cdots, \partial u_N}$，$f(x_1, x_2, \cdots, x_N)$ 是边缘分布 $F_1(x_1)$，$F_2(x_2)$，$\cdots$，$F_N(x_N)$ 的密度函数。

由以上定义和定理可以看出，C 函数为求多变量的联合分布提供了一条便捷的途径，也为在不明确各变量边缘分布的情况下进行多元分布相依结构分析提供了可能。利用 C 函数可以将边缘分布和变量间的相关结构分开研究，减小了多变量概率模型建模的难度，并使建模和分析过程更加清晰明了。在实际应用中，可以根据不同的各种边缘分布选择相应的 C 函数灵活的构造多元联合分布。

C 函数中，单参数的 Archimedean 族 C 函数由于灵活多变，计算简单，容易扩展到 N 元情景等特征，应用最为广泛。常用的单参数 Archimedean 族 C 函数有 22 种，分别适用于不同的相关类型和边缘分布类型，可以通过变量间的相关性度量和拟合优度评价来选择最优的 C 函数（韦艳华等，2008）。Genest（1993）、Frees 和 Valdez（1998）等对几种重要的二元 Archimedean 族 C 函数及其母函数 $\varphi(\bullet)$ 作了详细介绍。

从 Archimedean C 函数的表达式可以看出，Archimedean Copula 函数具有很多优良的特性：①对称性，即 $C(u,v) = C(v,u)$；②可结合性，如 $C(u_1, C(u_2, u_3)) = C(C(u_1, u_2), u_3)$（Bouyé E et al.，2000）；③单参数的 Archimedean Copula 函数计算简单。因此，Archimedean C 函数在实际应用中占有非常重要的地位。

3）Copula 函数的构建步骤

应用 Copula 结函数方法建立联合分布，主要包括以下几个步骤：①根据各变量的观测值序列，确定各变量的分布类型并进行参数估计。②进行变量间的相关性度量。③根据相关性结构，初步选择合适的 C 函数并进行参数估计。④拟合优度检验，选定最优的 Copula 函数模型。根据变量间的相关性度量选择 Copula 函数构建联合分布时，可能适合的 C 函数不止一个。此时，需根据拟合优度检验选定最优的 C 函数。⑤建立联合分布。

3. 双变量联合概率概率分布与重现期的建模

已知变量 x, y, z 的边缘分布函数分别为 $F_X(x), F_Y(y), F_Z(z)$，将其表示为 u, v, w；N 为灾害的时间序列长度（年）；n 为发生灾害事件发生的次数；L 为灾害事件发生的间隔时间（以年为单位）；$E(L)$ 为强沙尘暴事件发生的平均间隔时间，为 N/n。

对于灾害事件来说，传统的基于单变量的重现期计算公式为

$$T_X = \frac{E(L)}{1 - F_X(x)} \quad F_X(x) = \Pr[X \leqslant x] \tag{3.36}$$

单变量 y, z 同理。

根据 C 函数的定义，二变量联合分布的公式如下：

$$F(x,y) = P(X \leqslant x, Y \leqslant y) = C(F_X(x), F_Y(y)) = C(u,v) \tag{3.37}$$

二变量联合重现期和同现重现期分别为

$$T(x,y) = \frac{E(L)}{P(X \geqslant x \cup Y \geqslant y)}$$

$$= \frac{E(L)}{1 - F(x,y)} = \frac{E(L)}{1 - C(F_X(x), F_Y(y))} = \frac{E(L)}{1 - C(u,v)}$$

$$T'(x,y) = \frac{E(L)}{P(X \geqslant x \cup Y \geqslant y)}$$

$$= \frac{E(L)}{1 - F_X(x) - F_Y(y) + F(x,y)} \tag{3.38}$$

$$= \frac{E(L)}{1 - F_X(x) - F_Y(y) + C(F_X(x), F_Y(y))}$$

$$= \frac{E(L)}{1 - u - v + C(u,v)}$$

给定 $Y \geqslant y$ 条件时，X 的条件概率分布和相应的条件重现期为

$$F_{X|y}(x,y) = P(X \leqslant x | Y \geqslant y) = \frac{P(X \leqslant x, Y \geqslant y)}{P(Y \geqslant y)} = \frac{u - C(u,v)}{1 - v}$$

$$_{X|y}(x,y) = \frac{E(L)}{1 - F_{X|y}(x,y)} = \frac{E(L)}{1 - P(X \leqslant x | Y \geqslant y)} = \frac{E(L)(1 - v)}{(1 - u - v + C(u,v))} \tag{3.39}$$

给定 $Y \leqslant y$ 条件时，X 的条件概率分布和相应的条件重现期为

$$F'_{X|y}(x,y) = P(X \leqslant x | Y \geqslant y) = \frac{P(X \leqslant x, Y \leqslant y)}{P(Y \leqslant y)} = \frac{C(u,v)}{v}$$

$$T'_{X|y}(x,y) = \frac{E(L)}{1 - F'_{X|y}(x,y)} = \frac{E(L)}{1 - P(X \leqslant x | Y \leqslant y)} = \frac{E(L)}{(v - C(u,v))} \tag{3.40}$$

4. Copula 联合概率分布模型的参数估计

在建模的后期，需要对所选取的用于变量间相关性的 C 函数所包含的参数进行估计。对于二变量的单参数 Archimedean C 函数，由于常见的几种函数（如 Clayton、Gumbel Copula）的参数 θ 和 Kendall 秩相关系数 τ 之间存在明确的关系表达式，因此常用简便的相关性指标法进行参数估计（表 3.21）。

C 函数的参数与相关性指标间存在一定的关系，无论是 Kendall 秩相关系数 τ 还是 Spearman 秩相关系数 ρ，都可以用 Copula 函数唯一的表示（Genest et al.，2007）：

$$\tau = 4 \int_{[0.1]^2} C(u,v) \mathrm{d}C(u,v) - 1 \tag{3.41}$$

$$\rho = 12 \int_{[0.1]^2} C(u,v) \mathrm{d}u \mathrm{d}v - 3$$

根据以上公式，可以通过 Kendall 秩相关系数 τ 或 Spearman 秩相关系数 ρ 间接计算 Copula 函数的参数 θ。

表 3.21　几种常用的 Archimedean Copula 函数及其参数与 Kendall's τ 的关系（Bastian et al.，2010）

Copula 函数	$C_\theta(u,v)$	参数区间	Kendall's τ 与 θ 的关系
Gumbel-Hougaard	$\exp(-[(-\ln u)^{1/\theta} + (-\ln v)^{1/\theta}]^\theta)$	$\theta \in (0,1]$	$1 - 1/\theta$
Clayton	$(u^{-\theta} + v^{-\theta} - 1)^{-1/\theta}$	$\theta \in (0,\infty)$	$\theta/(\theta+2)$
Frank	$-\frac{1}{\theta}\ln(1 + \frac{(\mathrm{e}^{-\theta u}-1)(\mathrm{e}^{-\theta v}-1)}{\mathrm{e}^{-\theta}-1})$	$\theta \in (-\infty,\infty) \setminus \{0\}$	$1 - \frac{4}{\theta}\left[\frac{1}{\theta} \int_0^\theta \frac{t}{\exp(t)-1} \mathrm{d}t - 1 \right]$
Ali-Mikhail-Haq	$uv/[1-\theta(1-u)(1-v)]$	$\theta \in [-1,1)$	$(1-\frac{1}{3\theta}) - \frac{2}{3}(1-\frac{1}{\theta})^2 \ln(1-\theta)$

然而，在 C 函数的参数 θ 和 Kendall 秩相关系数 τ 之间的关系不明确时，此方法不再适用，对于三维的 C 函数，相关性指标法也不再适用。

极大似然估计（Maximum Likelihood Estimation Method，MLE 估计）是最常用的 C 模型的参数估计方法。通过极大似然函数可以同时估计边缘分布和 C 函数中的参数。考虑一般情况，设连续随机变量 X，Y 的边缘分布函数分别为 $F(x;\theta_1)$ 和 $G(y;\theta_2)$，边缘密度函数分别为 $f(x;\theta_1)$ 和 $g(y;\theta_2)$，其中 θ_1，θ_2 为边缘分布中的未知参数。设选取的 C 分布函数为 $C(u,v,\alpha)$，C 密度函数为 $c(u;v;\alpha) = \dfrac{\partial^2 C(u;v;\alpha)}{\partial u \partial v}$，其中 α 为 C 函数中的未知参数。则（X，Y）的联合分布函数为

$$H(x,y;\theta_1,\theta_2,\alpha) = C\left[F(x;\theta_1), G(y;\theta_2); \alpha \right] \tag{3.42}$$

（X，Y）的联合密度函数为

$$h(x,y;\theta_1,\theta_2,\alpha) = \frac{\partial^2 H}{\partial x \partial y} = c\left[F(x;\theta_1), G(y;\theta_2); \alpha \right] f(x;\theta_1), g(y;\theta_2) \tag{3.43}$$

可得样本 $(X_i,Y_i)(i=1,2,\cdots,n)$ 的似然函数为

$$L(\theta_1,\theta_2,\alpha) = \prod_{i=1}^n h(x,y;\theta_1,\theta_2,\alpha) = \prod_{i=1}^n c\left[F(x;\theta_1), G(y;\theta_2); \alpha \right] f(x;\theta_1), g(y;\theta_2) \tag{3.44}$$

于是得对数似然函数：

$$\ln L(\theta_1,\theta_2,\alpha) = \prod_{i=1}^n \ln c\left[F(x_i;\theta_1), G(y_i;\theta_2); \alpha \right] + \sum_{i=1}^n \ln f(x_i;\theta_1) + \sum_{i=1}^n \ln g(y_i;\theta_2) \tag{3.45}$$

求解对数似然函数的最大值点，即可得边缘分布和 Copula 函数中未知参数 θ_1，θ_2，α 的极大似然估计

$$\widehat{\theta_1}, \widehat{\theta_2}, \widehat{\alpha} = \arg\ \max \ln L(\theta_1,\theta_2,\alpha)$$

5. Copula 联合概率分布模型的检验和评价

C 函数模型的检验和评价包括边缘分布模型的检验和 C 函数的拟合优度评价。其中边缘分布的检验主要是看所选分布模型能否很好地拟合变量的实际分布，这对 C 函数的

构建十分重要。检验的方法就是我们常用的 Kolmogorov-Smirnov（K-S）检验和 Q-Q 图检验。这里不再赘述。

拟合优度评价是选择 C 函数模型后必不可少的一个步骤。为了检验函数模型拟合的有效性，本研究采用均方根误差（RMSE）、AIC 准则法和 Bias 值为指标进行拟合优劣的评价。AIC（Akaike Information Criterion）是 Akaike 提出的检验 C 分布拟合程度的准则。AIC 包括函数拟合的偏差和参数数量带来的不确定性。

RMSE 的计算公式如下：

$$\text{RMSE} = \sqrt{\frac{1}{n-1}\sum_{i=1}^{n}\left(\text{Pe}_i - P_i\right)^2} \tag{3.46}$$

AIC 的表达式为

$$\text{MSE} = \frac{1}{n-1}\sum_{i=1}^{n}\left(\text{Pe}_i - P_i\right)^2 \quad \text{AIC} = n\ln\left(\text{MSE}\right) + 2m \tag{3.47}$$

Bias 的表达式为

$$\text{Bias} = \sum_{i=1}^{n}\left(\frac{\text{Pe}_i - P_i}{\text{Pe}_i}\right) \tag{3.48}$$

式中，n 为样本数，m 为模型参数个数，Pe_i，P_i 分别联合分布的经验概率和理论计算概率。RMSE、AIC 和 Bias 的值越小，表示 C 函数的拟合程度越好。

6. 基于联合重现期的灾害风险实证研究

沙尘暴灾害特别是强沙尘暴的危害已为公众所熟知，发生时因浓密的沙尘遮天蔽日，能见度差，又遭强风裹挟，持续时间长等原因，容易造成交通事故、人畜走失或落水死亡、农田牧场被沙埋等后果，造成巨大的损失。因此，加强风沙灾害的风险评估研究，准确计算沙尘暴灾害，尤其是特强沙尘暴灾害的重现期，尽早采取防治措施，对保护人类生态环境和促进经济建设极为重要。因此，本研究选取内蒙古地区沙尘暴灾害事件为研究案例，运用 C 联合分布模型，进行联合分布建模和模拟的案例分析。

内蒙古地区地处中亚中高纬度的干旱、半干旱地区，植被稀少，自西向东分布着 9 个沙漠和沙地，为沙尘暴的发生发展提供了有利的下垫面条件，是我国沙尘暴多发区和主要沙尘暴源地之一。内蒙古地处我国北疆，春季蒙古气旋活动频繁，是各路冷空气入侵我国的必经之地，大风频繁过境为沙尘暴的形成提供了有利的动力条件（周自江等，2006；沈建国，2008；王式功等，2010）。因此，基于内蒙古地区沙尘暴灾害发生发展机理的风险分析和预测无疑对沙尘源区的治理和风险管理具有重要的现实意义。

1）数据选取

统计了内蒙古 30 个地面气象站 19 年间（1990~2008 年）79 次强沙尘暴事件及其主要特征变量。对于强沙尘暴，水平能见度均小于 500 m，由于内蒙古地面观测站没有长时间序列连续的大气浑浊度数据，记录的能见度数据只有＜500 m、＜200 m 和＜100 m 之分，在强沙尘暴统计序列中数据不连续，无法构建边缘分布。持续时间是除能见度和最大风速以外，对沙尘暴灾害的损失大小影响最大的因素，它指一次沙尘暴开始到结束的时间。要进行强和特强沙尘暴灾害风险分析，必须考虑损失，而对强沙尘暴灾害损失影响最大的变量为能见度、最大风速和持续时间。因此，选取了对强沙尘暴灾害损失程度影响较大的最大风速和持续时间两个基本特征变量建立联合分布。最大风速为国家沙尘暴天气监测站观测的近地面 10 m 处的 10 min 平均最大风速。

2）确定边缘分布

强沙尘暴序列的最大风速 S 和持续时间 D 均为连续的随机变量，设它们的边缘分布分别为 $F_S(s)$, $F_D(d)$。通过经验判断、参数估计、目测结合假设检验的方法确定单变量的边缘分布。首先根据直方图目测挑选可能的概率分布形态，然后对它们进行参数估计，比较其分布形态的累积分布曲线和原始数据的累积分布曲线，结合 A-D 检验选取最优的一种概率分布。

最大风速和持续时间的最优分布模型分别为极值分布Ⅰ型和 Gamma 分布，均通过了 0.01 水平下的假设检验。其中参数通过最大似然估计法计算得出。

最大风速的概率分布和边缘分布函数分别为

$$f_S\left(S|\mu,\lambda\right) = \frac{1}{\lambda}\exp\left[\frac{-(s-\mu)}{\lambda} - \exp\left(\frac{-(s-\mu)}{\lambda}\right)\right]$$

$$F_S\left(S|\mu,\lambda\right) = \int\frac{1}{\lambda}\exp\left[\frac{-(s-\mu)}{\lambda} - \exp\left(\frac{-(s-\mu)}{\lambda}\right)\right]\mathrm{d}s$$

（3.49）

其中，$\mu = 20.7001$，$\lambda = 2.8164$。

持续时间的概率分布和边缘分布函数分别为

$$f_D\left(d|m,r,\alpha\right) = r^{-\alpha}\left(d-m\right)^{\alpha-1}\exp\left(-\left(\frac{d-m}{r}\right)\right)/\Gamma(\alpha)$$

$$F_D\left(d|m,r,\alpha\right) = \int r^{-\alpha}\left(d-m\right)^{\alpha-1}\exp\left(-\left(\frac{d-m}{r}\right)\right)/\Gamma(\alpha)\mathrm{d}t$$

（3.50）

其中，$m = 0$，$r = 333.2927$，$\alpha = 1.6809$。

图 3.37 为 S 和 D 的拟合边缘分布曲线和实际观测值的累计概率值，表明拟合效果很好。

3）构建联合分布

计算得出变量 S 和 D 的 Kendall 秩相关系数 $\tau = 0.647$，通过了 0.01 水平的显著性检验，二者存在较大的正相关性。因为 AMH C 函数仅适用于相关性较低的情况，首先被排除。初步选定 Clayton C、Gumbel C 和 Frank C 3 种 Archimedean C 函数建立强沙尘暴灾害两特征变量的联合分布（公式见表 3.22）。根据拟合优度检验，Clayton C 函数无论 AIC 值还是 RMSE 值都最小（表 3.23）。因此，对于存在较高正相关性的最大风速和持续时间，Clayton C 函数拟合的联合分布最优。

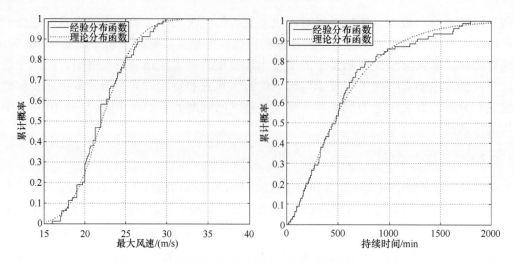

图 3.37　两变量的边缘分布曲线和实际观测值的累计概率

表 3.22　三种 **Archimedean Copula** 函数的基本形式、相应参数范围以及参数与 **Kendall's** *τ* 的关系
（Bastian et al.，2010）

Copula 函数	$C_\theta(u,v)$	参数区间	Kendall's τ
Gumbel	$\exp(-[(-\ln u)^{1/\theta} + (-\ln v)^{1/\theta}]^\theta)$	$\theta \in (0,1]$	$1 - 1/\theta$
Clayton	$(u^{-\theta} + v^{-\theta} - 1)^{-1/\theta}$	$\theta \in (0,\infty)$	$\theta/(\theta+2)$
Frank	$-\dfrac{1}{\theta}\ln(1 + \dfrac{(e^{-\theta u-1})(e^{-\theta v-1})}{e^{-\theta}-1})$	$\theta \in (-\infty,\infty) \setminus \{0\}$	$1 - \dfrac{4}{\theta}\left[-\dfrac{1}{\theta}\int_\theta^0 \dfrac{t}{\exp(t)-1}\mathrm{d}t - 1\right]$

表 3.23　三种 **Copula** 函数的参数估计值和拟合优度检验值

Copula 函数	Estimate（s）	RMSE	AIC
Gumbel	$\theta = 2.8329$	0.03785	-609.21
Clayton	$\theta = 3.6657$	0.03491	-627.39
Frank	$\theta = 4.5234$	0.04296	-562.72

因此，基于 Clayton C 函数的 *S*、*D* 的联合分布可以表示为

$$
\begin{aligned}
F(s,d) &= C_\theta(u,v) \\
&= C_\theta\big(F_S(s), F_D(d)\big) \\
&= \left\{\big[F_S(s)\big]^{-\theta} + \big[F_D(d)\big]^{-\theta} - 1\right\}^{-1/\theta}
\end{aligned}
\tag{3.51}
$$

其中，$u = F_S(s), v = F_D(d)$，相应的联合概率密度函数为

$$
\begin{aligned}
f(s,d) &= \frac{\partial^2 F(s,d)}{\partial s \partial d} \\
&= (\theta+1) \times \big[F_S(s)F_D(d)\big]^{-\theta-1} \times \left\{\big[F_S(s)\big]^{-\theta} + \big[F_D(d)\big]^{-\theta} - 1\right\}^{-1/\theta-2}
\end{aligned}
\tag{3.52}
$$

4）联合重现期模拟及分析

根据统计的数据，19 年间一共有 79 次强沙尘暴事件，平均发生一次强沙尘暴事件

的时间间隔是 0.24 年，也就是说，每年内蒙古地区会平均发生 3 次强沙尘暴。当同时考虑强沙尘暴灾害两个特征变量时，它们的联合重现期指最大风速或持续时间超越某一特定值（$S \geqslant s$ or $D \geqslant d$）的重现期，而同现重现期为最大风速和持续时间同时超越相应特定值（$S \geqslant s$ and $D \geqslant d$）的重现期。根据传统单变量重现期和二变量联合重现期的计算公式（如下所示），基于 Clayton Copula 的联合重现期和同现重现期可以表示为

$$T(s,d) = \frac{E(L)}{\Pr[S \geqslant s \cup D \geqslant d]}$$
$$= \frac{E(L)}{1 - F(s,d)} = \frac{E(L)}{1 - C(F_S(s), F_D(d))} \tag{3.53}$$

$$T'(s,d) = \frac{E(L)}{\Pr[S \geqslant s \cap D \geqslant d]}$$
$$= \frac{E(L)}{1 - F_S(s) - F_D(d) + F(s,d)} \tag{3.54}$$
$$= \frac{E(L)}{1 - F_S(s) - F_D(d) + C(F_S(s), F_D(d))}$$

表 3.24 显示了单变量重现期分别为 1 年、2 年、5 年、10 年、20 年、50 年、80 年、120 年一遇情况下的最大风速和持续时间。可以看出，在两变量值相同的情况下，联合重现期均比单变量重现期小。例如历史上较典型的 1993 年 5 月 5~6 日特强沙尘暴事件，最大风速和持续时间分别为 29.6 m/s 和 1528 分钟，基于单变量计算出的重现期分别为 25.83 年一遇和 28.08 年一遇，而联合重现期则为 13.73 年一遇。又如 2001 年 4 月 6~8 日的特强沙尘暴事件，基于单变量计算得出的重现期分别为 15.72 年一遇和 59.51 年一遇，而联合重现期为 12.62 年一遇。由单变量重现期计算公式可以看出，由于单变量重现期仅考虑了一个因素的累积概率，而联合重现期中的累积概率表示的是 $S \geqslant s$ 或 $D \geqslant d$ 发生的累积概率，在考虑一个因素的同时也兼顾了另外一个因素，因此联合重现期要小于单变量重现期的值。

表 3.24　基于两个单变量的重现期和二者联合的重现期

单变量重现期/年	最大风速/（m/s）	持续时间/分钟	联合重现期/年
1	22.8	617.8	0.71
2	24.4	821.6	1.25
5	26.3	1075.3	2.78
10	27.7	1260.1	5.29
20	29.1	1440.8	10.31
50	30.9	1675	25.12
80	31.9	1793.6	40.6
120	32.7	1895.1	60.56

通过构建联合概率，如果知道一个沙尘暴事件的最大风速和持续时间，可以很方便地计算出此次事件的联合重现期，反之同样可行。并且，如果给定某个变量的值，根据联合分布，也可以方便的计算不同设定条件下的重现期。如图 3.38（a）表示当持续时

间 $d=1000$ min, $d=1200$ min, $d=1600$ min, $d=1800$ min, $d=2000$ min 时，随最大风速变化时条件重现期的变化状况。当持续时间一定时，重现期随着最大风速的增大而增大，同样，如图 3.38（b），当最大风速一定时，重现期随着持续时间的增大而增大。

在 1990~2010 年间，共有 8 次较严重的特强沙尘暴灾害造成的直接经济损失有相关记录（沈建国，2008；康玲等，2009；王式功等，2010；矫海燕，2000~2008；内蒙古自治区统计局，1990~2009）。8 次事件的单变量重现期、联合重现期和相应的直接损失如表 3.25 所示。根据重现期的定义，在 20 年一遇的平均状态下，10 年一遇强度的灾害理论上是发生两次。在 19 年间的 79 个强沙尘暴事件序列中，根据真实情况统计结果，超过 2006 年 4 月 9~11 日特强沙尘暴强度（图 3.39 中空心三角）的事件共有两次：1993 年 5 月 5~6 日和 2001 年 4 月 6~8 日（图 3.39 风速和持续时间计算得出的重现期，20 年间超越 10 年一遇水平的灾害次数分别为 3 次和 6 次。针对统计的近 20年时间段来看，基于单变量的重现期计算结果比真实情况偏大，特别是基于持续时间的重现期计算结果明显偏大。

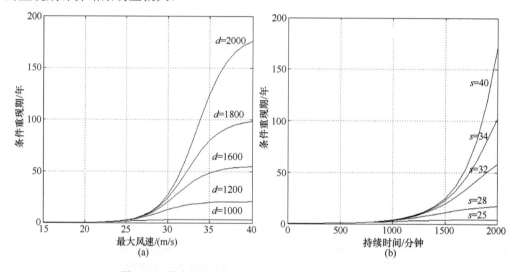

图 3.38　最大风速（a）和持续时间（b）的条件重现期

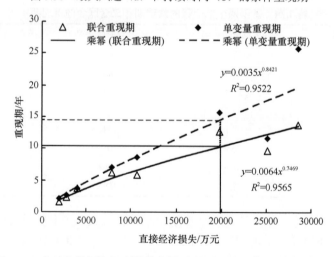

图 3.39　基于直接经济损失的单变量重现期和联合重现期的拟合曲线

表 3.25　8 次特强沙尘暴灾害事件的单变量重现期、联合重现期及相应的直接经济损失

年份	发生日期	10 min 平均最大风速/(m/s)	单变量重现期	持续时间/分钟	单变量重现期	联合重现期/年	直接经济损失/万元
1993	5 月 5~6 日	29.6	25.83	1528	28.08	13.73	28500
1994	4 月 6~8 日	25.7	3.78	1797	81.11	3.66	4021
1995	3 月 10~11 日	24.6	2.09	980	3.13	1.65	2000
2001	4 月 6~8 日	28.6	15.72	1719	59.51	12.62	19800
	4 月 8~10 日	27.4	8.69	1380	15.82	5.86	10700
2002	4 月 6~7 日	27	7.13	2122	40.1	6.19	7893
2006	4 月 9~11 日	28	11.68	1674	49.81	9.63	25100
2007	3 月 30~31 日	25	2.7	1256	9.85	2.29	2830

　　根据基于 8 次特强沙尘暴事件直接经济损失的重现期拟合曲线可以看出（图 3.39），在直接经济损失较低的情况下，两种方法的计算结果相差不大。因此，对于等级较小、损失较小的沙尘暴灾害，有时为了快速得到结果，可以运用简单快捷的单变量方法进行计算。但是对于损失较大的特强沙尘暴灾害，运用两种方法的计算结果相差较大，并且呈现出损失越大，差别越大的趋势。如在 2 亿元的直接经济损失水平下，基于联合分布计算的重现期接近 11 年一遇，基于单变量计算的重现期接近 15 年一遇。实际情况是 19 年间已经发生了两次超过 2 亿元直接经济损失的特强沙尘暴事件。由此可见，联合重现期较单变量重现期更加贴近实际情况。重现期评估偏大的结果会导致对一定严重程度的灾害发生频次的低估，这样容易降低人们和政府的重视程度，减弱防灾减灾工作力度，对沙尘暴灾害的长期防治工作不利。因此，基于联合分布的重现期具有实际应用的参考价值，尤其是对于损失程度较高的极端事件来说，基于联合分布的重现期计算更加重要。

　　通过过去 19 年间强沙尘暴灾害和特强沙尘暴灾害相应直接经济损失的统计，结合自然灾害等级划分标准和省级自然灾害等级划分标准（赵阿兴和马宗晋，1993；于庆东，1995，1997），表 3.25 中所列的特强沙尘暴灾害事件中，共有 4 件达到了巨灾的级别，对于一个自治区，这 4 次沙尘暴灾害造成的损失和影响达到了一个难以接受的程度。图 3.40 显示了 79 次强沙尘暴事件在联合重现期等值线图中的投影。根据这些沙尘暴灾害的重现期投影和相应的损失，结合点聚图分类法确定不同种类沙尘暴灾害的分界线，我们把这 79 次强沙尘暴事件分为了 3 类。

　　点聚图是一种简单又行之有效的分析工具，十几年来被广大气象台站在预报业务中广泛应用（丁士晟，1981）。对于一张点聚图，如果用一条斜线来区分用 1 和 0 来表示的两类数据点，其准确率为 90%的话，如用一条或几条曲线来区分 1 和 0 的话，就可能使其准确率达到 100%。最后用 χ^2 检验确定点聚图是否通过检验，结果如表 3.26 所示。N 为点聚图上总的点数，f 为自由度，m 为点聚图上判别错的点数，m_a 为点聚图在 α 置信度水平下允许出现判别错误的点数。如果 $m \leqslant m_a$ 是错的，则表示在 α 置信度水平下通过检验，此分界线可用，反之，则分类不合理。表 3.26 中灰色阴影的为通过检验的，无阴影的为未通过检验。因此，最终得出强和特强沙尘暴事件的分界线为 1 年重现期的等值线，特强和难以接受的沙尘暴事件的分界线为 5 年重现期的等值线。

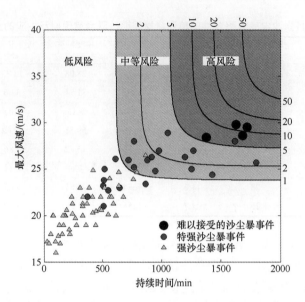

图 3.40 联合重现期等值线图（$S \geq s$ 或 $D \geq d$）和 79 个强沙尘暴事件的风险等级图（Li et al.，2013）
79 个强沙尘暴中，有 27 次特强沙尘暴（实心圆圈），其中 4 次超强级别（实心大圆圈），52 次强沙尘暴级别（灰色三角）

表 3.26 点聚图 χ^2 检验结果

分类对象	分界线	m	f	m_a（$\alpha = 0.05$）	准确率/%
强和特强沙尘暴事件（$N = 79$）	RP = 1a	11	2	16	0.861
	RP = 2a	17	2	16	0.785
特强和难以接受沙尘暴事件（$N = 27$）	RP = 5a	1	2	1	0.963
	RP = 10a	2	2	1	0.926

　　根据点聚图分类结果，把联合重现期等值线和 79 次沙尘暴灾害的样本投影图划分为了 3 个区域（图 3.40），在联合重现期大于 5 年的区域（深灰色），共有 5 次特强的沙尘暴事件，其中有 4 次达到了难以接受的级别。达到 5 年一遇重现期的沙尘暴极易造成巨大的损失，因此，此区域的沙尘暴灾害风险非常高，对于此类沙尘暴灾害，进行风险管理时应该侧重于完善早期预报预警和监测系统，加强预报工作。

　　在联合重现期位于 1 年和 5 年之间的区域（浅灰色），共有 13 次特强沙尘暴事件和 2 次强沙尘暴事件。在这个区域，沙尘暴灾害的风险已经比较缓和，属于中等风险区，但处于这种重现期水平的沙尘暴如果不进一步加强治理的话，很有可能演变成高风险等级的灾害。因此也应该预防新的生态破坏，对于传统的生产模式应该从环境保护和经济发展协调一致的目标出发进行系统评估，特别是对生态敏感地带的经济活动如草原超载过牧、开荒造田、露天开矿、水资源开采等问题，给予足够的重视和引导。

　　重现期小于 1 年的区域为可忽略风险区，属于经常发生的沙尘暴灾害类型，此类虽然也为强沙尘暴，但对于内蒙古自治区，几乎每年春天都会发生，造成的损失较小。对于此类沙尘暴灾害，是一项长期的环境保护任务，因此当地居民在日常生活中提高环境保护意识即可。

3.3.2　灾害损失评估模型

1. 灾害损失的概念

灾害不仅容易造成人员伤亡、环境破坏、心理创伤等，还产生可度量的经济损失。灾害经济损失包括灾害破坏导致的房屋倒塌、基础设施和企业厂房设备损毁等物理财产损失，以及进而引发的经济活动停减产和产业关联效应造成的产出损失，前者称为灾害的直接经济损失，后者称为灾害的间接经济损失——灾害的经济影响。从经济上讲，上述灾害直接经济损失对应于"存量"损失，灾害经济影响对应于"流量"损失。

"存量"和"流量"的区分是经济学上最基本的概念。"存量"指某个时刻的资产数量或者价值。"流量"指某段时间内生产的服务或者商品。自然灾害直接经济损失是存量概念，类似于物理学上的"速度"，是一个时刻概念。自然灾害经济影响是一个流量概念，类似于物理学上的"位移"，是一个时间概念。自然灾害经济影响产生的原因可以分为：在企业的停减产期间，因自身资本破坏导致的总产出损失；因产业关联导致的总产出损失，如上游产业对下游产业供给不足，引发下游产业遭受间接损失；下游产业需求下降，上游产业相应缩减产量，引发上游产业遭受间接损失。

从经济学上讲，灾害的直接经济影响指因财产破坏导致的产量下降，间接经济影响指各行业因财产破坏产量下降后，会通过产业关联进一步传递灾害影响，从而导致更多的产量下降。为清晰起见，我们将因财产破坏导致的产量下降称为灾害经济影响Ⅰ，将因产业关联导致的产量下降称为灾害经济影响Ⅱ，两者之和为灾害经济影响。从灾害学者的角度讲，直接经济损失之外的损失都可以称为间接损失，包括灾害链损失、产业链损失、环境破坏、心理创伤、救灾投入等。

图 3.41 中的左图形象的区分了自然灾害直接经济损失与自然灾害经济影响。图中假定资本存量和企业产值呈递增趋势。假如一个工厂在 t_0 因灾破坏，虽然在恢复重建阶段，工厂被破坏的资本会逐渐修复（例如，被破坏的 10 台机器设备，逐渐有 3 台、5 台、8 台修好，最终全部修好），但通常将 t_0 时刻资本存量的破坏称为直接经济损失。自然灾害经济影响不是一个确定的数，因其与时间密切相关，通常在整个应急阶段和重建阶段都在遭受损失，只有当恢复期结束时自然灾害经济影响才消失。自然灾害经济影响通常用恢复期内 GDP 或者总产出的损失来衡量，可以用数学上的积分计算，大致等于左图中 $\triangle abc$ 的面积。我们可以根据自然灾害经济影响产生的原因，将 $\triangle abc$（自然灾害经济总影响）分为 $\triangle abd$（自然灾害经济影响Ⅰ，因自身资本存量破坏或效率下降）和 $\triangle acd$（自然灾害经济影响Ⅱ，因上下游产业关联）。

图 3.41 中的的右图形象的区分了自然灾害经济影响产生的原因。假设经济体系中有 A、B、C 三个产业和最终消费 FD，自然灾害会给 A、B、C 三个产业都造成不同程度的破坏，它们都会发生直接经济损失和灾害经济影响。我们以 B 产业为研究对象，考察其遭受的减产损失。我们把 B 产业人为的分成遭受直接损失的 B_1 和未遭受直接损失的 B_2。B_1 遭受减产的原因是自身固定资本或者存货的破坏。B_2 遭受减产损失的原因是 A 产业因灾减产不能提供足够的原材料投入，C 产业因灾减产不再需要与灾前数量相等的上游产品供给。换句话说，B_2 遭受减产损失的原因是产业关联影响。我们把 B_1 遭受的间接

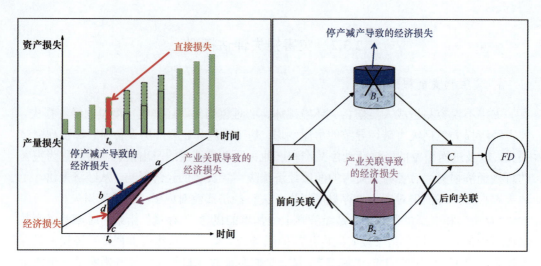

图 3.41　自然灾害经济影响的概念

损失称为自然灾害经济影响 Ⅰ，相等于左图中 $\triangle abd$ 的面积；把 B_2 遭受的间接损失称为自然灾害经济影响 Ⅱ，相等于左图中 $\triangle acd$ 的面积。二者之和是间接损失，相当于左图中 $\triangle abc$ 的面积。

自然灾害产生的影响有正面和负面的，自然灾害经济活动的影响总体是负面的，然而，灾后重建能够部分抵消灾害对社会经济造成的负面影响。

负面影响，灾害造成了经济中资本存量的下降（表现为基础设施、机器设备和厂房等所遭受的破坏），以及人口规模的减少（表现为人口的大量突然死亡以及更多的伤残，并由此带来劳动能力的下降）。

正面影响，既有供给侧的正面影响，又有需求侧的正面影响。从供给侧看，当期的因灾投资在下一期形成资本存量时，被破坏的资本存量得到补充和恢复，从而，已经左移的总供应曲线会稍微向右移动。从需求侧看，在重建阶段，由于需要逐步恢复经济的资本存量，再加上正常投资活动的需要，灾区的投资需求将出现比较大的加速和上升；并且，在重建阶段，灾区的正常消费需求也应该得到恢复，甚至有一定程度的加速；政府为重建也将投入必要的公共资金；综合来看，消费在重建阶段受到的影响应该是正面的。因此，总需求曲线右移。两种作用同时对经济产生正面影响。此外，税收优惠对经济的正面影响也非常大。

因此本节分别研究了灾害的直接损失评估模型和间接损失评估模型。

2. 基于固定资本存量的直接损失评估模型

固定资产是指为生产产品、提供劳务、出租或者经营管理而持有的、使用时间超过12 个月的，价值达到一定标准的非货币性资产，包括房屋、建筑物、机器、机械、运输工具以及其他与生产经营活动有关的设备、器具、工具等。在实际的国民经济核算中，固定资本存量是一定时点下安装在生产单位中的资产的价值，这些资产包括各种耐用品，在国民收入核算中包括对相应这些耐用品的资本形成，根据联合国国民收入核算体系的定义，这些耐用品应该是耐用的（1 年以上寿命）、有形的（不包括专利和版权等）、固定的（不包括在制品，但包括可以动的设备）、可再生的（不包括自然资源）。

固定资本存量由历史固定资产投资累积形成，国民经济核算中固定资产形成指标反映了每年固定资产投资形成的固定资产价值，而历年固定资产投资形成的资产价值累积反映了一个地区总体的财产价值总量。因此，固定资本存量的估计对于灾害直接损失评估具有重要意义。

一方面，传统的灾情统计存在时间滞后、重复计算或数据失真、夸大灾情等问题，遥感调查能够评估承灾体受损的范围，但是很难估算造成的财产价值损失，而实地调查费时费力，这三种方法都难以满足国家在灾后第一时间掌握灾区灾情以进行合理的应急处置、抗灾救灾、恢复重建决策反应的需求，影响国家救灾决策、造成资源浪费。另一方面，"固定资本存量"表征的是当地历史固定资产投资形成的财产价值累积量，结合受灾范围，可以快速知道灾区完全破坏的最大损失程度，同时也可以根据历史灾情构建的模型，快速估计出目前灾害强度等级下，灾害造成的最大期望损失。因此，固定资本存量的估计可以为科学定量化的评估灾害综合损失提供依据。

1）固定资本存量评估方法

统计年鉴没有提供资本存量，需要利用固定资产投资流量数据，通过永续盘存法计算各地区物质资本存量，利用各省投资价格指数缩减为基期不变价。

固定资产均由既往固定资产投资形成，本书采用 Goldsmith 于 1951 年开创的永续盘存法（Perpetual Inventory Method，PIM）估算固定资本存量，该方法被 OECD 国家广泛采用，已逐渐成为国际通用的存量估算法，计算公式为

$$K_t = I_t + (1-\delta) K_{t-1} \tag{3.55}$$

式中，I_t 为第 t 年的投资量，资本存量和投资均按不变价格计算；δ 为折旧率；K_t 为第 t 年的资本存量。

通常来说，固定资产形成历史数据时间序列有限，假设初始基年的固定资本存量为 K_0，式（3.55）可以表述为

$$K_t = (1-\delta)^t K_0 + \sum_{i=0}^{t-1} (1-\delta)^i I_{t-i} \tag{3.56}$$

根据式（3.55），则固定资本存量估计需要的数据输入包括：初始固定资本存量、固定资产形成时间序列、固定资产价格指数、固定资产折旧率。以下以中国 344 个地级市 1978~2012 年的固定资本存量估算为例，具体说明如下：

（1）基年资本存量。

中国没有进行大规模的固定资产清查活动，没有固定资本存量的统计数据，在历史固定资产投资或 GDP 统计数据有限的情况下，一种近似的方法可以估计基年的初始资本存量：

$$K_0 = \mathrm{Invest}F_{t_0} / (\delta + \theta) \tag{3.57}$$

式中，$\mathrm{Invest}F_{t_0}$ 为初始年份（t_0）的投资额，θ 为投资的年平均增长率（即不变价固定资产形成增长率）。虽然这种初始固定资本存量的估计比较粗糙，但是其估计误差会随着时间延长而逐渐降低，对最近年份的影响越来越小。根据中国统计资料的完备程度，本文的存量估算只考虑 1978 年以来的固定资产投资情况，所以将 1978 年作为固定资本

存量估计的初始年份。

（2）固定资产投资价格指数。

统计年鉴中的固定资产投资数据为当年价，采用永续盘存法时，必须将当年价格表示的投资用一定的价格指数进行平减，折算成以基年不变价格表示的实际值。国家统计局编写的《中国统计年鉴》仅提供 1990 年以来省级固定资产投资价格指数。因此，1990年以来的固定资产投资用固定资产投资价格指数进行平减，而对于 1989 年以前的固定资产价格指数，可采用国内生产总值（GDP）平减指数近似替代。

（3）固定资产投资数据选取。

如前所述，固定资本存量估算需要固定资产形成时间序列数据，实际上中国只有分省统计年鉴有完整的固定资产形成时间序列数据，对于地市及以下行政统计单元，采用以下方法构建固定资产形成时间序列：即假设地市固定资产形成与固定资产投资额之间的关系与其所在省份一致，从而根据该省固定资产形成与固定资产投资额的比值估计获得地市固定资产形成序列数据。而对于 1990 年之前固定资产投资数据部分缺乏的情况，根据经济增长和固定资产投资增长的对应关系，假设其投资份额与当地 1990 年的份额一致，根据 1990 年地市占省产出的比例进行估算。

（4）经济折旧率确定。

这里的折旧率指的是资产价值随时间的变化率，可称为固定资产的经济折旧率，在利用永续盘存法估算资本存量时，采用的固定资产投资序列需要扣除折旧，因此，折旧率选取的不同必然导致资本存量估算的差异。严格意义上，利用 PIM 进行资本存量估算时，估算公式中的折旧率应该是重置率。为了满足 PIM 应用条件，本书假定资本品按照几何方式递减，与此相应的采用余额递减折旧法，即

$$d_T = (1-\delta)^T \qquad (3.58)$$

式中，δ 为固定资产几何折旧率又可以表示重置率，在几何方式递减的情况下，它们的数值相等，求折旧率的关键就转化为资本品相对效率 d_T 和资本品平均服务寿命 T。

2）中国地市固定资本存量估算

固定资产形成数据：基于统计局公布的历年分地市固定资产投资数据和分省固定资产形成序列数据，根据上述方法构建分地市 1978~2012 年历年固定资产形成时间序列数据。

经济折旧率：黄永峰等（2002）认为可以用法定残值率来代替资本品相对效率，根据国家统计局公布的相关数据，我国法定残值率取值为 3%~5%，本节选取 4%，进而根据不同类型固定资产的服务寿命估计综合折旧率。在国民统计核算体系中，固定资产投资构成中，一般分为建筑安装、设备和其他费用等三类固定资产投资。对这三类固定资产的使用寿命，本书分别设置为 45 年、20 年和 25 年，则根据折旧率估计方法，计算出三类资产的折旧率分别为 6.9%、14.9%和 12.1%。根据中国各省份历年固定资产投资结构，可以估计出各省份资产折旧率（表 3.27）。

估计的中国 344 个地级市固定资本存量如图 3.42 所示（Wu et al.，2014）：①2012年中国大陆 344 个地级市的固定资本存量合计达 147.6 万亿元人民币（2012 年价格水

表 3.27　中国大陆 31 个省份固定资产折旧率估计值

省份	折旧率/%	省份	折旧率/%
北京	9.76	湖北	9.58
天津	9.56	湖南	9.20
河北	9.83	广东	9.35
山西	9.53	广西	9.44
内蒙古	9.22	海南	9.35
辽宁	9.49	重庆	9.21
吉林	9.43	四川	9.27
黑龙江	9.28	贵州	9.35
上海	10.05	云南	9.03
江苏	9.62	西藏	7.95
浙江	9.53	陕西	9.87
安徽	9.75	甘肃	9.30
福建	9.44	青海	8.74
江西	9.68	宁夏	9.32
山东	9.49	新疆	9.84
河南	9.45		

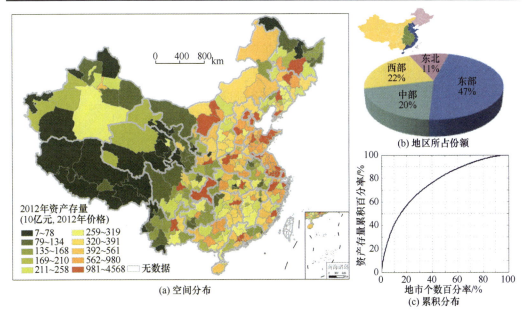

(a) 空间分布

(b) 地区所占份额

(c) 累积分布

图 3.42　中国 344 个地级市 2012 年固定资本存量空间分布、地区所占份额以及累积分布

平），固定资本存量从 1990 年的 6.2 万亿元上升到 2012 年的 137.6 万亿元（2010 年价格水平），固定资本存量增长超过 22 倍，年均增长率达 14.4%；②和经济发达水平一致，中国地市资本存量高值区在东部沿海成片分布，如京津冀地区、长江三角洲和珠江三角洲地区；③从不同经济区份额来看，中国东部地区固定资本存量所占比例达 46%，中国中部、西部和东北地区分别占 21%、22% 和 11%；④而从 344 个地级市固定资本存量的累积分布来看，将近 60% 的固定资产分布在 22% 的地级市，40% 的固定资本存量分布在10% 的地市，可以显示中国固定资产分布的空间差异。

为了解上述参数设置的不确定性,本节对参数的敏感性进行了分析(如图 3.43)。图 3.43(a)展示了采用资产效率递减率分别为 3%和 5%时对应的固定资产经济折旧率变化分别为 8.5%和 6.55%,在此情况下 2012 年 344 个地级市固定资本存量的变化小于5%,且主要集中在 2%~3%。

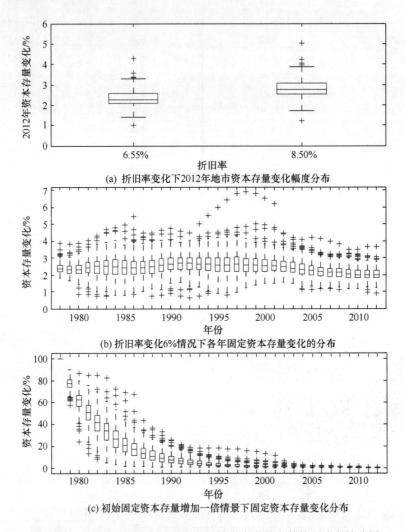

(a) 折旧率变化下2012年地市资本存量变化幅度分布

(b) 折旧率变化6%情况下各年固定资本存量变化的分布

(c) 初始固定资本存量增加一倍情景下固定资本存量变化分布

图 3.43　固定资本存量中折旧率和初始资本存量参数的不确定性分析

为了对比分析,图 3.43(b)展示了采用固定资产经济折旧率变化统一为 6%情况下,344 个地市固定资本存量随时间的变化,从中可以看出,固定资本存量的变化幅度普遍小于 6%,主要变化率同样为 2%~3%。

为了分析基年固定资本存量值估计对最终资本存量估计的影响,图 3.43(c)展示了基年固定资本存量加倍情况下历年资本存量估计值的变化,从中可以看出,基年固定资本存量加倍对后续年份的影响随时间指数递减,1978 年作为基年的固定资本存量估计基本对 2012 年的存量估计没有太大影响。

综合固定资本存量估算中关键参数可知,固定资产经济折旧率是影响固定资本存量估计最重要的参数，而基年固定资本存量估计值的误差对 30 年的时间序列来说，对 30 年后的存量估计基本没有影响。

3）直接损失评估模型

上述从资产形成及资产价值损耗周期视角，利用经济学中的资产盘存法，估计"固定资本存量"大小，作为灾害最大损失值参数，更符合资产价值演变的经济规律，符合实物资产价值核算的一般原则。可以一定程度上解决区域气象灾害最大损失值参数在空间域不确定性的问题，提升了灾害直接损失评估依据的科学性和评估价值准确性。

基于固定资本存量的灾害直接损失评估模型可以初步表述为

$$\text{DLoss} = W \times \alpha$$

式中，DLoss 表示灾区遭受的直接经济损失，W 表示灾区的固定资本存量总量（即灾害破坏可能造成的最大直接经济损失值），α 表示固定资产损失比率（与致灾因子强度和灾区的抗灾能力密切相关）——反映了灾区的脆弱性，可以根据历史灾情建立致灾因子强度下资产损失率曲线。

3. 基于一般均衡理论的灾害间接经济损失评估模型

在社会经济领域，可计算一般均衡（Computable General Equilibrium，CGE）模型已被大量用于模拟社会政策和评估经济影响。在自然灾害综合评估领域，CGE 模型已经用于评估自然灾害导致水、电供给中断造成的经济影响，但是基于 CGE 模型评估自然灾害导致资本存量减少（如厂房、设备、基础设施破坏）造成的经济影响的研究并不多，而资本存量被破坏正是自然灾害影响经济的源头，也是灾后重建的对象。资本存量的恢复，首先是当期投资，然后通过重建行为在下一期形成资本存量。要想基于 CGE 模型评估资本存量减少的负面影响和灾后重建的正面影响，需要将静态 CGE 模型发展为专门的自然灾害社会经济影响动态 CGE 模型。（张显东，1996；张显东和梅广清，1999；Narayan，2003；Horridge et al.，2005；Tirasirichai et al.，2007；Tatano et al.，2008；Rose et al.，2009；胡爱军，2010；Guha，2011；Wittwer et al.，2011；曹玮和肖皓，2012；解伟等，2012）。本书在传统 CGE 模型基础上，构建了灾害经济影响评估模型，并增加了应急期和重建期恢复策略模块。

1）灾害 CGE 模型简述

本节构建的灾害经济评估与恢复决策支持 CGE 模型是在国务院发展研究中心开发和维护的 DRC-CGE 模型（李善同和何建武，2010）基础上改进而来的。我们选用该模型系统中省级尺度 CGE 模型，设定的模型特征有：包括多个生产部门；生产要素分为资本和劳动力；机构账户有居民，企业，政府和贸易；政府账户区分中央政府与省级政府；贸易区分省际贸易和国际贸易；模型的动态部分采用递推动态形式，意味着当期的资本总量，由上一期的资本存量去掉折旧后，加上上期的投资组成。设定的 CGE 模型基本模块有：生产模块、贸易模块、收入分配和需求模块、市场均衡模块、宏观闭合模块，上述模块构成模型的静态部分，称为"静态 CGE 模型"。在此基础上，添加递归动态部分，称为"动态 CGE 模型"。CGE 模型基本模块如图 3.44 中非虚线部分。

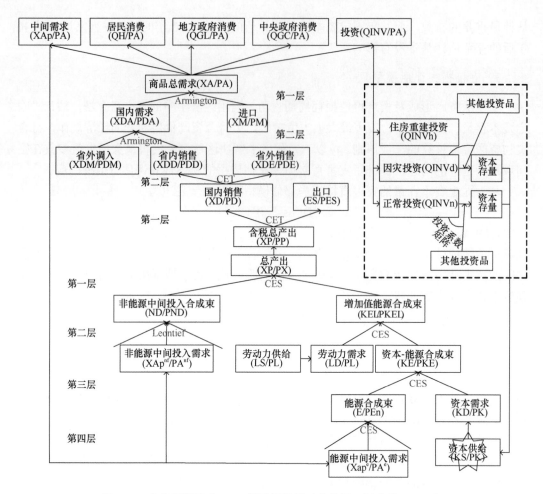

图 3.44 灾害经济影响 CGE 模型框架图（李善同、何建武，2010）

非虚线部分：基本 CGE 模型；虚线部分：灾害冲击和重建期恢复策略模块

生产过程用 4 层嵌套的恒替代弹性生产函数（CES）或列昂惕夫生产函数（Leontief）描述（图 3.45），这种设计方式能够规避所有的投入按照同样的替代弹性组合生产。因为资本与能源之间存在替代性，因此将中间投入区分为能源中间投入与非能源中间投入。能源与资本采用 CES 技术组合为"资本-能源合成束"，然后与劳动力组合为"增加值-能源合成束"。各类非能源中间投入之间不存在替代性，以列昂惕夫函数形式合成为"非能源中间投入合成束"。最终，"增加值-能源合成束"与"非能源中间投入合成束"以 CES 技术组合为总产出。

现实生活中各个产业部门之间的联系非常复杂，图 3.46 中左图是现实经济的一个缩影，例如，电力是火车运行的主要动力，火车给制造业提供原材料运输服务，制造业提供供水系统必需的管道设备，等等。经济系统中各个节点相互联系，形成大量的反馈和负反馈关系，自然灾害在破坏某个、某几个节点的财产，或者降低某个节点的效率之后，经济系统产生产业链效应，产生巨大的经济影响。例如，台风刮断电线，电力供给中断，下游工厂因停电停产，工人被迫歇业，进而产生各种经济和社会影响。各个国家调查和统计的投入产出表（图 3.46 中右图）将现实经济数量化，揭示了每两个行业之间的供给

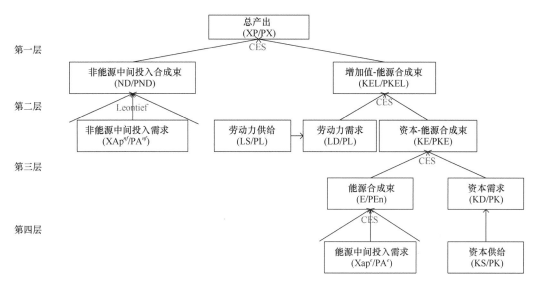

图 3.45　多层 CES 嵌套生产结构图

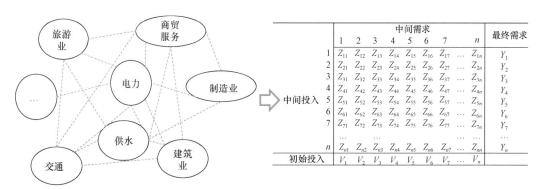

图 3.46　从现实的产业关联到数量化的投入产出表

与需求关系，比如投入产出表中 Z_{ij} 就表示 j 行业对 i 行业的需求量，同时也表示 i 行业对 j 行业的供给量。利用投入产出表，我们可以做一些简单的投入产出分析：假设第 j 个行业的总产出为 T_j，我们可以计算直接消耗系数矩阵 A，其中的每个要素 $a_{ij}=Z_{ij}/T_j$，表示生产单位数量的 j、需要 i 行业提供的投入。这里我们假设自然灾害破坏财产后，对经济系统的冲击是使最终需求减少了 ΔY，接下来对经济的第一轮影响为 $A\Delta Y$，第二轮影响直到无穷大的影响为 $A^2\Delta Y$，$A^3\Delta Y$，$\cdots$，$A^\infty\Delta Y$。这正是自然灾害冲击在经济系统中的产业链效应。总效应为 $\Delta Y+A\Delta Y+A^2\Delta Y+A^3\Delta Y+\cdots+A^\infty\Delta Y$。根据数学算法，有如下等式：

$$
\begin{aligned}
&\Delta Y + A\Delta Y + A^2\Delta Y + A^3\Delta Y + \cdots + A^\infty \Delta Y \\
&= \left(I + A + A^2 + A^3 + \cdots + A^\infty \right)\Delta Y \\
&= \left(I - A \right)^{-1}\Delta Y
\end{aligned}
\tag{3.59}
$$

等式右边 $(I-A)^{-1}$ 就是完全消耗系数（董承章，2000；刘启运等，2006）。可见虽然自然灾害破坏财产只让经济系统总产出损失了 ΔY，但通过产业关联后，总的损失达到了

$(I-A)^{-1}\Delta Y$。ΔY 为上述灾害经济影响定义中的灾害经济影响 I，$(I-A)^{-1}\Delta Y$ 为灾害经济总影响，二者的差为灾害经济影响 II。

本节选用的 CGE 模型，原始数据是在投入产出表基础上扩展来的社会核算矩阵（Social Accounting Matrix，SAM），模型功能比投入产出分析更强大，其在灾害经济影响评估与灾后恢复策略模拟方面可以刻画以下现象：

（1）灾害对经济系统的冲击表现在破坏财产、降低财产效率，并且致使人员伤亡。财产破坏、财产效率降低表现在 CGE 模型要素模块资本数量或者效率的变化，人员伤亡表现在劳动力数量的变化。在要素供给变化之后，生产模块中各行业的总产出就会发生变化，进而影响到经济系统中的企业、居民、政府和区外等各个经济主体，产生经济影响。

（2）由于 CGE 模型的数据和模块是在投入产出表和投入产出分析基础上扩展而来的，图 3.47 中 CGE 生产模块刻画了各个行业的生产行为，并通过中间投入将各个行业联系起来形成产业链，因此 CGE 模型的生产模块同样可以评估企业因自身财产破坏、效率下降导致的减产，即灾害经济影响 I，也可以评估企业因产业关联导致的减产，即灾害经济影响 II。

（3）CGE 模型包含要素供给与要素需求相等、国内商品总供给与国内商品总需求相等、投资与储蓄相等均衡模块，这些模块能够达到均衡是价格在起作用，如劳动力供给与劳动力需求相等，是工资在起作用。因此，CGE 模型能够模拟灾后重建对劳动力需求突然增加，但劳动力供给无法立即满足，从而导致灾后建筑工人工资上涨等现象。以及2008 年南方雪灾之后，重灾地区消费者价格指数上升等也能在 CGE 模型中模拟，这其实是当地因灾商品供给与需求不匹配。

（4）基于投入产出表的投入产出分析中生产函数是线性函数，即铁路运输下降 $x\%$，下游制造业的损失为 $x\%$ 倍，无法刻画铁路运输下降后，下游制造业可能会选择公路运输替代，这样下游制造业的损失为 $x\%$ 的几次方倍，即生产函数用非线性方式表示的话，可以模拟灾后的替代行为。CGE 模型中的生产函数是非线性的，有利于刻画灾后经济系统中的替代性、效率提高等行为，这些行为是典型的灾后恢复性行为。

（5）灾后重建期的重建施工行为是恢复性（Resilience）的另一个典型例子。恢复重建策略制定中无法回避重建资金来源问题。重建资金来源在 CGE 模型中用各个来源的总储蓄刻画，包括灾区居民自筹资金，在 CGE 模型中表现为减少其他消费增加储蓄用来自建住房、购买家具等固定资产；灾区企业自筹资金，在 CGE 中表现为企业减少正常投资增加储蓄用来建设因灾破坏的厂房、设备等；灾区地方政府建立灾害专项基金，在 CGE 中表现为政府减少正投投资增加储蓄用来建设公共设施等；灾区地方政府也会减少消费，加大对灾区企业的减免税力度、加大对灾区居民的补贴力度。靠灾区自身筹集资金，毕竟要以减少灾区居民、企业、政府的正常消费和正常投资为代价，灾后，灾区外的中央政府、兄弟省份政府、企业和居民常常通过捐款捐物帮助灾区恢复，在 CGE 中表现在区外给灾区更多的储蓄。因此，CGE 模型的框架决定了其非常适合模拟灾后不同重建资金来源的恢复策略对灾后恢复的影响。

（6）灾后重建涉及的另一个问题是筹集到重建资金之后，投资品从哪里购买的问题。3.47 的 CGE 框图显示，投资品既可以本地生产，也可以从国外进口或者从灾区外调入，灾后灾区生产能力下降，超额生产能够缓解一些投资供不应求的状况，重要的对于那些可以贸易的商品和服务从区外调入是解决供不应求的主要渠道。因此，CGE 模型能够模拟超额生产，贸易是否顺畅等对灾后恢复的影响。

总之，从 CGE 模型框架图看，CGE 模型是一个牵一发而动全身的符合现实经济系统的模型。它可以很灵活的把各种灾害冲击引入到模型中，除上述引入外，也可以根据具体的灾情数据和研究问题的实际需要改变引入方法。另外，CGE 模型能够刻画经济系统中的各种链式反映，除了上述产业链之外，还可以刻画价格的链式反映，刻画企业、居民、政府和区外中某一个、几个经济主体行为发生变化后，对其他经济主体以及整个经济系统的影响。

2）灾害模块

（1）灾害冲击模块。

对于气象灾害，从统计部门获得数据经常是某个行业（尤其基础设施）的产出下降幅度，美国 HAZUS 灾害评估系统评估出的基础设施损失也是以产出下降幅度来表示，这就需要我们设置气象灾害冲击模块，将灾害冲击引入 CGE 模型。尽管 CGE 模型与其他模型相比有许多优点，但是控制某个行业对其他行业提供的中间投入对模型求解提出了挑战。在应用 CGE 模型评估某个行业总产出下降带来的经济影响时候，我们做了一些改进：给该行业对每个行业提供中间投入的价格引入松弛价格。这样每个行业不再服从零利润假设，或者亏本，或者获利。这一额外的亏本或者获利从资本收益扣除或者增加资本收益。

（2）应急期恢复策略模块。

应急期常用的恢复策略有：提高效率，增加替代性，利用存货，重要性，灾后弥补。对于提高效率，我们可以直接改变要素的效率参数或者为某种中间投入新增效率参数；对于增加替代性，我们可以直接改变某种要素或者某种中间投入与其他类似商品的替代弹性参数；利用存货，如干旱灾害来临时候人们使用自己挖池子储藏的水临时供生产、生活使用，对于这种现象，我们可以放松要素或者中间投入的限制，以模拟利用库存对减轻经济影响的贡献；重要性类似利用库存，如，每个行业对电的依赖程度不一样，同时公交车，电车对汽油车对电力的依赖程度就高，我们可以根据每个行业对某种要素或者某种中间投入的自然依赖程度，放松该要素或该中间投入的限制，以模拟重要性对减轻灾害经济和影响的贡献；灾后弥补对减轻灾害经济影响非常重要，如公路中断，灾后会重新组织运输弥补灾害期间的损失，这是我们根据每个行业灾后弥补的可能性及可能程度，直接将灾害经济影响减去这种弥补效应，作为灾后弥补对减轻灾害经济影响的贡献。

（3）重建期恢复策略模块。

基于基本的 CGE 模型，灾害冲击和重建期恢复策略模块见模型框架图 3.46 中的虚线部分。具体改进主要体现在 CGE 模型基本模块中的市场均衡、宏观闭合和动态模块：

a. 市场均衡。为区分正常投资、因灾投资、住房重建投资，将市场出清与宏观闭合模块改为式（3.64）。住房损失是灾害损失中的主要部分，并且住房投资在重建投资中占比较大的份额，但住房在下一期的生产活动中对于资本和劳动等生产要素的贡献比较小，因此认为住房投资主要影响需求侧，对于供给侧影响不大。所以，本模型将重建投资区分为因灾投资和住房投资。

$$\mathrm{XA}_i = \overbrace{\sum_j \mathrm{XAP}_{i,j} + \mathrm{QH}_i + \mathrm{QGL}_i + \mathrm{QGC}_i + \mathrm{QINVn}_i}^{\text{灾区正常需求}} + \overbrace{\mathrm{QINVh}_i + \sum_j \mathrm{QINVd}_{i,j}}^{\text{因灾重建需求}} \quad (3.60)$$

式中，将总投资区分为正常投资（QINVn）、因灾投资（QINVd）、住房重建投资（QINVh）。

传统模型中通常采用凯恩斯假设（不充分就业，劳动力工资固定）或新古典假设（充分就业，劳动力供给固定）闭合劳动力市场。然而，灾害既对劳动力的供给有影响，又对劳动力的工资有影响，因此，两种传统的劳动力闭合方式都不能刻画灾害对经济系统过的冲击。因此，模型设定劳动供给采取向上倾斜供给曲线（式 3.61），劳动力的总供给依赖工资发生变化。同时，我们设定劳动力在部门之间不能完全流动，采用 CET 函数形式在行业之间分配。巨灾往往造成各行业都有存量损失、且各行业在重建期都会增加投资，为刻画这一现象，本节设计的动态模型假定在每个很短的时间步长内，资本在部门之间不流动。

$$\mathrm{LS} = \overline{\mathrm{LS}} \times W^{\omega_L} \quad (3.61)$$

式中，LS 为劳动力供给量；$\overline{\mathrm{LS}}$ 为基期劳动力的供给量；W 为工资；ω_L 为劳动力供给价格弹性。

b. 宏观闭合。汇率内生，国外储蓄外生。每个行业投资数量外生，总储蓄由投资内生决定。重建资金来源在 CGE 模型中由总储蓄反映，重建投资品来源由总投资反映。我们分两类介绍如何设定重建资金和重建投资品来源：一、假设所有的重建资金由灾区外提供，这样灾区的总储蓄并没有因为要为重建筹集资金而减少，从而灾区可以保证较为正常的消费和投资。对于增加的重建投资品需求，认为也全部由区外提供，这样既能保证灾区较为正常的消费和投资，也能保证区外的收入和支出一致。需要说明重建投资品并没有通过贸易条件的变化进口到灾区，而是直接给予。二、假设有部分重建资金由灾区提供，这样灾区的总储蓄会因为要为重建筹资而减少，进而灾区的正常消费、投资受到影响，可见，灾区出资的重建工作对重建投资品的来源也正好是正常消费和正常投资影响的那部分。

c. 动态模块。将投资分为正常投资、因灾投资、住房重建投资（见图 3.44）。正常投资数据可以根据灾前投资增长率确定。正常投资依照投资系数矩阵（B）（廖明球和马晓东，2009），或者灾前各行业资本存量占总资本存量的比例，转化成模型下一期的资本存量，公式如下：

$$\mathrm{XCn}_i = B_{i,j}^{-1}\mathrm{QINVn}_i \quad (3.62)$$

因灾投资数据和住房重建投资数据根据政府制定的重建规划确定，因灾投资（XCd）和住房重建投资（XCh）形成的资本存量在行业之间的分配参照各行业和住房直接损失占总直接损失比例确定，因灾投资和重建投资对投资品的需求按照投入产出表的总投资在投资品之间的分配结构确定，或者根据投资系数矩阵（B）确定（廖明球和马晓东，2009），公式如下：

$$\mathrm{XCd}_i = B_{i,j}^{-1}\sum_j \mathrm{QINVd}_{i,j}$$

$$XCh = B_{i,j}^{-1}QINVh_i \qquad (3.63)$$

为刻画恢复重建的贡献，模型将上期固定资本的形成分为正常资本形成（XCn）和因灾资本形成（XCd）。灾害造成的各行业的资本存量的减少（Damage）只发生在灾害当年，计算公式如下：

$$KStock_i = (1-\delta_i)(KStock_{i,-1} - Damage_{i,-1}) + XCn_{i,-1} + XCd_{i,-1} \qquad (3.64)$$

4. 灾害损失评估案例研究

1）南方雪灾研究区及灾情数据

从 2008 年 1 月 10 日至 2 月 6 日，中国南方地区连续遭受 5 次低温雨雪冰冻灾害过程。每次灾害过程时间都非常短，积雪来不及融化或人工清除下一次灾害天气就再次发生，从而酿成特大灾害。这次灾害因平均气温低、平均降水多、积雪厚度大、持续时间长、受灾范围广，因此造成巨大的社会经济影响（表 3.28）：21 个省份受灾；因灾死亡 129 人，失踪 4 人，紧急转移安置 166 万人；农作物受灾面积 1187.42 万 hm²，绝收面积 169.06 万 hm²；倒塌房屋 48.5 万间，损坏房屋 168.6 万间；直接经济损失 1516.5 亿元（史培军等，2012）。这次灾害正好发生在春节前夕，即便不发生灾害，交通运输也供不应求。雪灾造成断电、交通瘫痪、通信受阻进一步放大了这场灾害的影响。

表 3.28 南方雨雪冰冻灾害主要影响

类别	描述
受灾范围	21 个省份受灾
人口伤亡	死亡 129 人，失踪 4 人，紧急转移安置 166 万人
农作物	受灾 1187.42 万 hm²，绝收 169.06 万 hm²
房屋	倒塌 48.5 万间，损坏 168.6 万间
直接经济损失	1516.5 亿元

交通运输对于大雾、降水、台风、降雪等致灾因子非常脆弱，经常因气象灾害受到影响，如，旅行取消、行程延误、运量减少等。而交通在日常生活和经济系统中起着非常重要的作用。2008 年南方雨雪冰冻灾害期间，北京-广州和上海-昆明铁路上 387 趟列车被困，全国主要火车站 180 万旅客被困。积雪覆盖了全国 8.2 万 km 公路。3840 趟航班取消，9550 趟航班延误。长江中下游地区 14 个机场一度关闭（史培军等，2012）。铁路、公路和民航系统瘫痪导致能源、食物等关键商品紧缺。原煤储量一度达到警戒线。2008 年 2 月份消费价格指数较 2007 年 12 月上涨 34%（Zhou et al., 2011）。

湖南在这次低温雨雪冰冻灾害中是遭受灾害非常严重的一个省份，贯穿中国南北的京广铁路和 G107 国道（北京-广东），以及贯穿中国东西的沪昆铁路和 G320 国道（上海-云南瑞丽）都经过湖南省，同时太焦-焦柳铁路作为北煤南运的关键通道也经过湖南（图 3.47），交通位置十分重要，可以说湖南省在全国的经济格局中具有承东启西、贯通南北的枢纽作用。其交通在这次低温雨雪冰冻灾害中严重瘫痪，由此产生的放大效应非常显著。交通灾情数据来源于湖南省统计局公布的全省交通企业主要经济指标（表 3.29），选用货物周转量和旅客周转量作为交通行业的经济损失指标。这次灾害发生在 2008 年 1 月、2

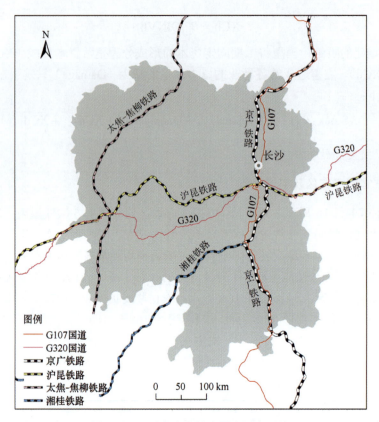

图 3.47　经过湖南省的中国主要交通线

表 3.29　湖南省交通企业主要经济指标

指标	货物周转量/（亿吨·千米）				旅客周转量/（亿人·千米）			
	合计	铁路	公路	民航	合计	铁路	公路	民航
2008 年 1~2 月累计	255.23	130.19	89.53	0.05	220.75	135.49	79.09	5.96
较去年同期增长/%	−5.5	−7.2	−10.1	−3.2	−4.6	3.1	−16	6.3

月，从这两个月湖南省交通企业主要经济指标看，货物周转量较 2007 年同期下降 5.5%，其中公路货物周转量下降最大，为 10.1%。旅客周转量较 2007 年同期下降 4.6%，其中依然是公路周转量下降最大，达 16%。货物周转量中铁路和民航较公路下降较少，可能是即便雪灾期间，铁路和航空也可以间断性运输，而连续五次灾害过程导致公路长期被继续覆盖、道路结冰，公路交通间断性运行的机会较少。旅客周转量中公路运输下降幅度较大，而铁路和民航运输幅度有所上涨，这可能是雪灾中旅客常放弃公路出行，而改用铁路或航空出行，即公路与其他交通方式之间存在替代性。

　　可见，公路交通在雪灾中受影响最大，为使用本节构建的 CGE 模型分析灾害经济影响，假如只评估公路交通一种行业减产后对其他行业造成的影响，能够避免各行业都遭受破坏后导致各种产业关联效应叠加在一起，从而难以分析灾害冲击在经济系统中的传导路径。另外将公路交通与其他交通数据剥离开，能评估公路交通与其他交通之间的替代性对减轻灾害经济影响的贡献，这种替代性是灾后典型的恢复策略。因此，本节选择 2008 年 1~2 月期间湖南省公路交通作为案例评估灾害经济影响与恢复策略。雪灾正好发生在 2008 年 1~2 月，这两个月货物周转量、旅客周转量较 2007 年同期也都下降，可以认为主要是雪灾造成的影响，即为雪灾对交通企业造成的产量损失。另外需要说明的，我国经济处于持续增长的阶段，从近年交通企业主要经济指标看，每年周转量都有一定的增长，表 3.29 统计的货物、旅客周转量下降百分比是与去年同期相比，假如与 2008 年未受雪灾影响相比，下降比例可能更大，因此，本节的评估结果相对保守。

2）2008 年南方雪灾经济影响评估

为评估 2008 年南方雨雪冰冻灾害中湖南省公路交通中断 2 个月带来的经济影响，需设定两种情景：无灾情景和灾害情景（表 3.30）。

表 3.30　南方雪灾经济影响评估情景描述

情景类别	情景设定
无灾情景	2008 年 1~2 月，公路交通对各行业提供的运输服务维持在 2007 年同期水平
灾害情景	2008 年 1~2 月，公路交通对各行业提供的运输服务下降 15.6%

无灾情景将公路交通运输水平设定为灾前同期水平。灾害情景中 2008 年公路交通灾情数据来源于湖南省统计局。据湖南省交通企业主要经济指标，湖南省 2008 年 1~2 月公路交通货运周转量总和较 2007 年同期下降 10.1%。这次低温雨雪冰冻灾害正好发生在 2008 年 1~2 月，并且查阅灾前 5 年湖南省同期公路交通货运周转量，发现均呈现逐年增长趋势，因此可以认为 2008 年 1~2 月湖南公路交通货运周转量下降主要是雪灾造成的。在 CGE 模型中，我们调整公路交通对各行业提供的运输服务，以使得公路行业总产出下降水平与湖南省统计局公布的公路交通货运周转量下降水平一致（10.1%）。由模型计算得出，公路交通对各行业提供的运输服务下降 15.6% 时候，公路行业总产出正好下降 10.1%。需要说明的是公路行业总产出减少 10.1%，而对各行业供给的运输服务却减少 15.6%，这是由于道路服务首先要满足居民需求，最后满足中间需求，即公路交通对居民提供的运输服务减少水平低于 10.1%，最终公路交通对居民和其他行业提供的总运输服务只减少 10.1%。

在评估 2008 年南方雪冰冻灾害中湖南省公路交通中断 2 个月带来的经济影响时候，选用的 CGE 模型模块为标准模型中的静态部分，将劳动力、资本两种要素市场的结构设定为新古典主意宏观闭合，储蓄-投资的平衡方式为投资总额内生的等于储蓄。

为刻画公路交通中断带来的经济影响，将交通细分为公路交通和其他交通。灾害发生后，一些行业或者居民会选择航空、铁路等其他交通方式替代公路运输方式，或者绕路运输，因此在 CGE 模型的生产模块设定公路交通（RTR）和其他交通运输方式（OTR）具有一定的替代性（图 3.48），两者之间的替代性采用常用的 CES 函数形式如式（3.65）所示：

$$\text{TR} = A\left[\alpha_1\left(\beta \times \overline{\text{RTR}}\right)^{\rho} + \alpha_2\left(\text{OTR}\right)^{\rho}\right]^{\frac{1}{\rho}} \tag{3.65}$$

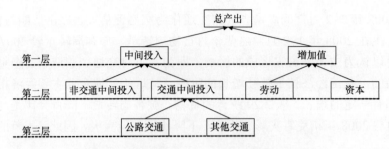

图 3.48　交通运输方式细分的 CGE 模型生产结构

式中，TR 为总的交通运输服务；A 为转移参数，与全要素生产率有关；α_i 为不同交通方式的份额参数；β 为公路交通的效率参数；σ 为不变替代弹性，$\sigma=1/(1+\rho)$。

尽管 CGE 模型与其他模型相比有许多优点，但是控制公路交通对其他行业提供的运输服务（即，限制中间投入）对模型求解提出了挑战。在应用 CGE 模型评估公路交通中断带来的经济影响时，我们做了一些改进：将公路交通对其他行业中间投入外生，为公路交通对每个行业提供运输服务的价格（P_i）引入松弛价格（$P_{\text{slack},i}$）。这样每个行业不再服从零利润假设，或者亏本，或者获利（公式如 3.66）。这一额外的亏本或者获利从资本收益扣除或者增加资本收益。

$$\left(P_i - P_{\text{slack},i}\right) \times \overline{\text{RTR}_i} \quad (+,-\text{or } 0) \tag{3.66}$$

为观察道路交通中断带来的第一轮影响和后续影响，我们先把生产模块从 CGE 模型中提取出来，限制公路交通对其他行业的供给，从而获得第一轮的影响。从 CGE 模型评估出来的交通中断经济总影响扣除第一轮影响认为是后续经济影响。

经由本文构建的 CGE 模型评估得出，只是公路交通中断就造成湖南省 2008 年 1~2 月的 GDP 下降 1.2%（与 2007 年 1~2 月 GDP 之和相比）。由此推断，加上铁路、航空、其他基础设施中断以及厂房、设备破坏的话，湖南省当年遭受灾害的经济影响更大。而当时全国经济增长的目标仅为确保 GDP 年均增长 8%。自然灾害对经济造成的影响不容忽视。

进一步说，公路交通瘫痪使得湖南省公路交通行业在 2008 年 1~2 月份的总产出下降约 10.1%，折合为绝对值大约损失 9.1 亿元（与 2007 年 1~2 月总产出之和相比）。众所周知，各行各业都需要交通行业提供的货物运输等服务，公路交通瘫痪通过产业关联对其他所有行业都造成了影响（图 3.49），由 CGE 模型评估得出，公路交通瘫痪通过产业关联造成湖南省所有行业产出在 2008 年 1~2 月份损失共计 352.9 亿元。可见，交通行业自身的产出损失远远低于通过产业关联给其他行业带来的损失。交通行业瘫痪后通过产业关联造成其他行业的产出损失约为交通行业自身产出损失的 40 倍（352.9÷9.1）。从这个角度将，产业关联造成的经济影响大于各行业自身因为财产破坏、效率下降遭受的经济影响。

CGE 模型的优点不仅仅是一个总量模型，而且能够评估分行业的情况（图 3.50），并分析灾害冲击在经济系统内的传导路径。显然，各行业遭受的产出损失比例不一样。图 3.50 将各行业遭受的影响分为公路运输下降对各行业生产的第一轮影响（如交通瘫痪导致食品运输量下降），以及因为产业关联导致的后续影响（如食品运输量下降导

雪灾导致公路交通瘫痪，但没有破坏公路 ⇒

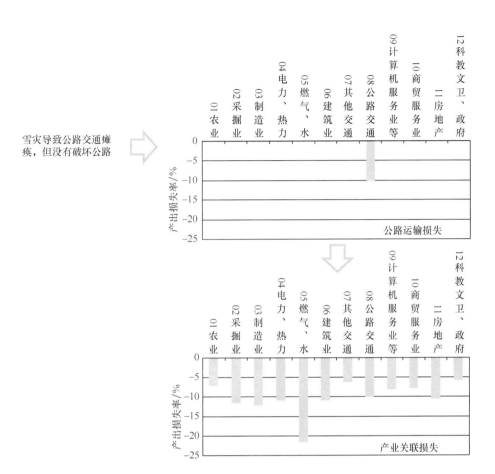

图 3.49　南方雨雪冰冻灾害中公路交通瘫痪造成的经济影响

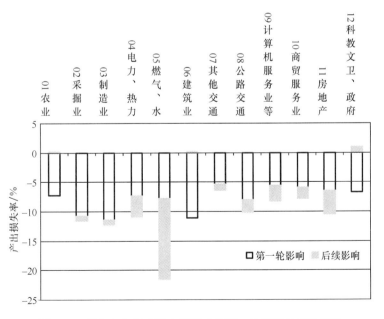

图 3.50　雪灾中公路交通中断造成的第一轮影响与后续影响

致餐饮服务业营业受损）。大多数行业受到的第一轮影响大于后续影响，但是天然气、水生产和供应业遭受的后续影响大于第一轮影响。从灾害经济影响传递机制分析，第一轮影响取决于各行业对公路交通运输服务的依赖程度，某行业对公路运输依赖性强，该行业受到的损失就大。后续影响的大小取决于该行业依赖程度较大的一些行业是不是正好对公路交通运输的依赖性也很大。本案例中天然气、水生产和供应业并不因直接对交通依赖性大而在第一轮就遭受巨大损失。采掘业下的子行业天然气加工行业其大多数原材料（如原油等）都需要由道路交通提供运输服务，并且加工行业对中间品的依赖性非常高，这就导致天然气加工业受损严重，进一步天然气加工行业是天然气供应业的直接和主要上游产业，天然气加工业的减产必定直接危及天然气供应业，从而导致天然气生产和供应业在后续影响中遭受巨大损失。可以预见，在数据充足前提下，本案例能够得到更加详细的行业分类结果，其中以加工业为主营业务的行业，可能都会遭受较大的第一轮影响，然后在后续影响中波及下游产业。例如，食品加工业（本案例包含在制造业）会因交通遭受巨大第一轮影响，后续影响中进一步危及餐饮业（本案例包含在商贸服务业）。煤炭加工业也类似。

因此，对于风险管理而言，交通设施等生命线的破坏，其经济影响非常明显。在灾后应急和恢复重建阶段，要非常重视对基础设施依赖强的行业优先解决基础设施的中断问题。此外，后续影响不容易察觉，但是对于某些行业，后续影响大于第一轮影响，这就要分析究竟是哪个环节出问题，比如，交通中断的直接影响不明显，但是后续传导过程的某一环或者最终消费的变化对相关行业影响非常大，那决策者就要对症下药，阻止灾害通过链式反应产生扩散和放大效应。

3）灾后应急阶段恢复策略贡献评估

2008年南方雨雪冰冻灾害造成公路交通大面积瘫痪，但其影响主要是能见度降低、道路湿滑、高速公路关闭，从而导致车辆无法正常通行。不像地震、洪水、台风等灾害，这些灾害对交通的影响是物理破坏，需要灾后采取工程措施重建。雪灾导致的交通影响，只要等天气晴朗，道路积雪融化后，车辆就可以通行，大都不需要灾后重建。因此在雪灾发生的短期内，从非工程措施解决交通瘫痪问题就显得尤为重要。

（1）灾后应急阶段恢复策略选择。

在南方雨雪冰冻灾害中公路交通瘫痪，已经采取或者可能采取的应急阶段恢复策略有：绕道行驶，在城市道路或者高速公路喷洒融雪剂，较为频繁的铲除道路积雪以防结冰，在轮胎上安装防滑链，换乘飞机、铁路旅行和输送货物，各行业利用库存继续生产，灾后重新安排运输弥补损失。为数量化评估恢复策略在减轻灾害经济影响中所做的贡献，首先需要分析这些策略如何减轻灾害经济影响，并介绍数据来源以及在CGE模型中的设置方法。

在城市道路或者高速公路喷洒融雪剂，并且较为频繁的铲除道路积雪大大缩短了雪灾对交通的影响时间。在轮胎上安装防滑装置，可以运送一些必需物资（如煤、食物等）。车辆可以放弃收费口关闭的高速公路选择省道或者国道绕道行驶从而满足目的地对一些原材料的紧急需求。这些方式其实大大增加公路交通的使用效率，提高恢复性，从而阻止交通瘫痪后的放大效应。换乘飞机、铁路旅行和输送货物，提高了公路交通与其他交通方式的替代性，这种方式在南方雨雪冰冻灾害中就表现得非常明显。据湖南省统计局数据显示，2008 年 1~2 月，公路交通运送旅客的周转量下降 16%，然而铁路周转量增加 3.1%，民航周转量增加 6.3%，可见，极端灾害期间，公路瘫痪时候，增加铁路和航空的运量，适当降低铁路和公路的运费，增加交通系统内部的替代性，也可以提高恢复性，规避交通瘫痪后的放大效应。

我们可以采用 CGE 模型定量化评估这些应急阶段的恢复性行为在阻碍交通瘫痪的涟漪扩散和放大效应中的贡献，并评估其对减灾灾害经济影响的效果。具体而言，对于提高公路交通效率，可以转换为提高 CGE 模型中生产模块第三层等式中道路交通的效率参数 β，对于提高公路与其他交通方式之间的替代性，可以转换为提高 CGE 模型生产模块第三层等式中道路交通与其他交通的替代弹性参数 σ。图 3.51 为 CGE 模型生产模块的等产量线，我们可以清晰地看到在 CGE 模型中提高效率和增加替代性是如何减轻灾害影响的。图 3.51（a）为提高效率的经济学解释。因雪灾，交通行业总产出灾前产出降为灾后产出。提高公路交通通行效率的恢复性措施不改变等产量线的形状，但是与缺乏恢复性措施的等产量线相比，两者产出相等，但是实施恢复策略的等产量线对公路交通过的需求较少。换句话说，实施恢复策略的生产方式，可以在较少的道路交通供给情况下有较高的产出。同样因雪灾交通行业产出下降。增加替代性使得交通行业等产量线的曲率变小。与缺乏恢复策略的生产相比，为生产同样的产品，实施恢复策略对公路交通过的需求较低，从而在公路交通瘫痪时候，能够减灾灾害经济影响。由于没有文献研究我国灾害中基础设施破坏时候，效率和替代性可能提高的比例，本节参照波特兰地震和洛杉矶事故灾难中基础设施破坏后的效率和替代性提高比例（Rose，2007），将雪灾中道路交通中断后，其效率可能的提高比例设定在 10%，将道路交通与其他交通方式可能的替代弹性提高比例设定在 10%。

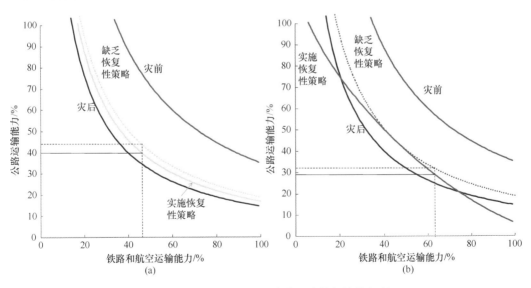

图 3.51　恢复策略对减轻灾害影响的经济学解释

雪灾中公路交通中断，各行业因为缺乏通过交通运输提供的原材料或者劳动力而减产，但是一些行业会在灾前储存较多的原材料，灾害一旦发生，这些企业能够利用库存继续生产，较少受到灾害的影响。我们无法获取这一方面的数据，因此在本节暂不模拟。灾后重新安排运输弥补损失对于减轻灾害经济影响是一项重要的措施，对于气象灾害这种只在几天至多几周影响经济的灾害，许多行业的订单并不会取消，灾后仍然会要求交通行业提供运输服务，并且要求交通行业增加运输次数等弥补灾害期间未运送的货物，缺乏原材料的行业也会在灾后加班加点生产以弥补灾害期间造成的损失，因此无论交通行业还是下游行业在灾后都会通过重新组织生产弥补灾害期间的损失。这也是为什么每次灾害发生的时候，我们常常从政府、媒体常常了解到灾害到影响非常大，但是待灾害过后去查看统计数据，灾害对经济造成的影响却又很小，这其实是政府、媒体往往在估计灾害影响时候没有考虑灾后恢复性措施的贡献。美国 FEMA 调查了各个行业在自然灾害发生之后通过重新组织生产能够弥补到的灾害损失比例，本节在评估灾后重新组织交通运输措施的贡献时候，直接使用 FEMA 调查的"灾后弥补因子（rescheduling factor）"评估这项恢复性措施的贡献（FEMA，2011）。"灾后弥补因子"的最低值为娱乐行业，为 30%，最高值为制造业行业，灾后几乎能弥补灾害期间损失的 99%，此外批发零售、教育行业在灾后的弥补能力也很强。

（2）灾后应急阶段恢复策略贡献评估。

基于 CGE 模型，本节评估了雪灾后应急阶段恢复策略对湖南省公路交通中断造成经济影响的减轻作用。在 CGE 模型中，构建了缺乏恢复策略和实施恢复策略两种情景。缺乏恢复策略情景中将生产模块的公路交通效率参数和公路交通与其他交通的替代性参数设定为同灾前水平，不存在灾后重新组织交通运输。实施恢复策略情景中包含公路交通效率因绕道行驶、较为频繁的铲除道路积雪等有所提高，公路交通与铁路、民航替代性提升，灾后公路运输以及其他行业能够重新组织生产弥补灾害期间的损失。

表 3.31 为缺乏恢复性措施情景下，2008 年雪灾期间（1~2 月）公路中断经济影响，既包括总体影响也包括分行业影响。其中第一列同第 2 章湖南省行业分类，共 12 个行业，第二列为 2007 年同期各行业对公路运输的需求量，第三列为公路交通因灾对各行业运量下降百分比，第 2 章数据来源说明公路交通对各行业运量下降 15.6%。第四列为2007 年同期各行业产出，它反映了湖南省经济中各行业占比情况，也是雪灾评估中的参照情景，注意到制造业、农业是湖南省的主要产业。

表 3.31　雪灾期间公路中断经济影响（无恢复措施）

行业	对公路运输需求/亿元	公路运输下降比/%	灾前产出/亿元	灾害经济影响/%	灾害经济影响/亿元
01 农业	26.3	15.6	438.7	−7.1	−31.0
02 采掘业	20.4	15.6	198.9	−11.5	−22.9
03 制造业	97.8	15.6	1445.8	−12.2	−176.8
04 电力、热力	3.9	15.6	101.5	−10.9	−11.1
05 燃气、水	0.7	15.6	16.6	−21.5	−3.6
06 建筑业	53.7	15.6	286.6	−10.9	−31.2
07 其他交通	1.5	15.6	47.3	−6.3	−3.0
08 公路交通	22.9	15.6	90.3	−10.1	−9.1
09 计算机服务业等	1.1	15.6	76.0	−8.2	−6.3
10 商贸服务业	11.3	15.6	222.6	−7.8	−17.4
11 房地产	16.1	15.6	162.4	−10.5	−17.0
12 科教文卫、政府	36.6	15.6	407.3	−5.8	−23.5
合计	292.2	15.6	3493.9	−10.1	−352.9

缺乏恢复性措施情景下,2008 年雪灾中公路中断导致湖南省当年 1~2 月份总产共计下降 10.1%,换算为总产出绝对值损失为 352.9 亿元。遭受最大损失的行业为制造业、建筑业。这也反映了公路对制造业、建筑业的重要性。表 3.32 为实施恢复策略后湖南省各行业和总体经济遭受的影响。在提高公路交通运输效率、增加公路与其他交通方式替代性之后,湖南省 2008 年 1~2 月份总产出遭受的损失为 4.0%,合计 139.2 亿元。其中受损最大的行业依然为制造业和建筑业。对比两种情景,得出仅两项恢复策略就将湖南省的经济影响从 352.9 亿元降到 139.2 亿元,将经济影响减轻 213.7 亿元,减轻比例为60%((352.9-139.2)/352.9)。待灾后重新安排运输之后,因为制造业等行业灾后通过恢复生产几乎能弥补灾害期间损失的 99%,因此制造业等行业遭受的损失减轻比例较大。在表 3.32 最后一列新的经济影响中,制造业的损失不算最大。因娱乐业等灾后弥补可能性不大,科教文卫中包含的娱乐业损失难以弥补,所以科教文卫通过灾后弥补损失减少比例较低。总的来说,在所有恢复策略的作用下,湖南省这两个月的总产出损失降为 19.4 亿元,损失减轻了 333.5 亿元,恢复策略的贡献为将雪灾中湖南经济影响减轻 94%[(352.9-19.4)/352.9]。

表 3.32 将湖南雪灾中恢复策略的总贡献分解为各种恢复策略单独使用时候的贡献,以对比各种恢复策略的优劣和实施难易程度。在第 2 章评估雪灾经济影响时候,我们将公路中断的影响分为第一轮影响和后续影响,第一轮影响指公路中断直接对各行业的影响,后续影响因产业关联原因减产。因第 2 章研究表明第一轮影响较大,所以这里也将各种恢复策略对第一轮影响的贡献估算出来。这里的“贡献”为各种策略对灾害经济影响的减轻比例。

表 3.32 雪灾期间公路中断经济影响（有恢复措施）

行业	对公路运输需求/亿元	公路运输下降比/%	灾前产出/亿元	灾害经济影响/%	灾害经济影响/亿元	新灾害经济影响/亿元[①]
01 农业	26.3	15.6	438.7	-2.5	-11.2	-2.8
02 采掘业	20.4	15.6	198.9	-4.5	-9.0	-0.1
03 制造业	97.8	15.6	1445.8	-4.9	-70.8	-2.6
04 电力、热力	3.9	15.6	101.5	-4.4	-4.4	-1.1
05 燃气、水	0.7	15.6	16.6	-9.1	-1.5	-0.2
06 建筑业	53.7	15.6	286.6	-4.0	-11.5	-0.6
07 其他交通	1.5	15.6	47.3	-1.0	-0.5	-0.3
08 公路交通	22.9	15.6	90.3	-7.4	-6.7	-4.7
09 计算机服务业等	1.1	15.6	76.0	v3.0	-2.3	-1.4
10 商贸服务业	11.3	15.6	222.6	-2.9	-6.4	-1.8
11 房地产	16.1	15.6	162.4	-4.4	-7.1	-0.7
12 科教文卫、政府	36.6	15.6	407.3	-1.9	-7.8	-3.1
合计	292.2	15.6	3493.9	-4.0	-139.2	-19.4

① “新灾害经济影响”指经过灾后重新安排运输措施作用后的灾害经济影响

我们看到灾后重新安排运输的贡献最大,能将灾害经济影响减少 86.6%。提高公路运输效率的贡献也较大,能将灾害经济影响减轻 60.0%。增加公路交通与其他交通的替代性效果较差。这三种措施对第一轮影响的贡献排序同总贡献。这也符合现实情况,换乘飞机或者铁路，对于旅客出行较为容易，但对于货物运输，考虑到运费以及平时运输习惯，较难更换为飞机或者铁路运输。三种恢复性措施同时作用下，灾害经济影响能够降低94.5%。可见，尽管雪灾中公路交通中断造成的经济影响远大于公路交通的损失，但是因灾害经济影响发生在应急阶段整个阶段，这就为恢复策略提供了实施的可能，而且应急阶段恢复策略实施成本相对较低，对减轻灾害经济影响效果明显。本文在定性描述恢复策略基础上，将定量化评估灾后恢复策略向前推进了一步。表3.33还表明不包含灾后重新安排运输情景下，灾后经济影响能降低60%，低于灾后重新安排运输这一项措施的效益，但这一项措施也只是在灾后应急阶段成立，当灾害影响时间较长时，灾后弥补的空间不大，有些行业也会因灾改变生产结构和上下游产业关系。对于影响时间较长的灾害，像破坏性较大的地震，重建是减轻灾害经济影响的重要渠道。

表3.33　各种恢复性措施对减轻灾害经济影响贡献对比　　　　　　　单位：%

	第一轮影响的贡献	总的贡献
提高公路交通运输效率	62.0	60.0
增加公路交通与其他交通方式的替代性	0.9	0.8
灾后重新安排运输	87.3	86.6
合计[①]	62.6	60.6
合计[②]	87.9	94.5

[①] 不包含"灾后重新安排运输"；[②] 包含"灾后重新安排运输"

3.3.3　灾害风险评估模型

灾害风险可以被定义为致灾因子发生概率、暴露性和脆弱性的函数，而且在工程领域常常用年期望损失（Expected Annual Loss，EAL）来表示（Grossi and Kunreuther，2005）：

$$\text{ELA} = \sum_i P_i D_i$$

式中，i为某一致灾因子强度的事件；P_i为该致灾因子强度发生的概率；D_i为灾害造成的损失，既可以是灾害造成的直接经济损失，也可以是灾害造成的经济影响（但是两者不能相加）。基于上述气象灾害的直接经济损失和经济影响（或称间接经济损失），为了获得损失-概率曲线下的积分值，可以采取分割曲面为多个梯形，计算梯形面积进行近似计算 EAL 的方法：

$$\text{ELA} = \sum_i \left(\frac{(P_i - P_{i+1}) \times (D_{i+1} - D_i)}{2} + (P_i - P_{i+1}) \times D_i \right)$$

在上述气象灾害致灾因子概率及直接损失和经济影响评估的基础上，利用年期望损失可以对气象灾害风险进行量化评估。

参 考 文 献

曹玮, 肖皓. 2012. 基于 CGE 模型的极端冰雪灾害经济损失评估. 自然灾害学报, 5: 191-196

陈磊, 徐伟, 周忻, 等. 2012. 自然灾害社会脆弱性评估研究——以上海市为例. 灾害学, 27(1): 98-110

谌芸, 孙军, 徐珺, 等. 2012. 北京 721 特大暴雨极端性分析及思考(一)观测分析及思考. 气象, 10: 1255-1266

邓敏, 刘启亮, 王佳璆, 等. 2012. 时空聚类分析的普适性方法. 中国科学: 信息科学, 42(1): 111-124

丁士晟. 1981. 多元分析方法及其应用. 吉林: 吉林人民出版社

丁一汇, 王遵娅, 宋亚芳, 等. 2008. 中国南方 2008 年 1 月罕见低温雨雪冰冻灾害发生的原因及其与气候变暖的关系. 气象学报, 66(5): 808-825

董承章. 2000. 投入产出分析. 北京: 中国财政经济出版社.

董承章, 王守祯. 2012. 投入产出经济学. 北京: 中国统计出版社

樊杰. 2008 京津冀都市圈区域综合规划研究. 北京: 科学出版社

方宏阳, 杨志勇, 栾清华, 等. 2013. 基于 SPI 的京津冀地区旱涝时空变化特征分析. 水利水电技术, 44(10): 13-16

方建, 杜鹃, 徐伟, 等. 2014. 气候变化对洪水灾害影响研究进展. 地球科学进展, 29(9): 1085-1093

符淙斌, 马柱国. 2008. 全球变化与区域干旱化, 大气科学, 32(4): 752-760

郭腾云, 董冠鹏. 2012. 京津冀都市区经济分布演化及作用机制模拟研. 地理科学, 32(5): 550-556

郭跃, 朱芳, 赵卫权, 等. 2010. 自然灾害社会易损性评价指标体系框架的构建. 灾害学, 25(4): 68-72

郭跃. 2013. 自然灾害与社会易损性. 北京: 中国社会科学出版社

国家统计局. 2015. 2015 中国统计年鉴. 北京: 中国统计出版社

韩峥. 2004. 脆弱性与农村贫困. 农业经济问题, 10: 8-12

贺帅, 杨赛霓, 李双双, 等. 2014. 自然灾害社会脆弱性研究进展. 灾害学, 29(3): 168-173

胡爱军. 2010. 基于一般均衡理论的灾害间接经济损失评估——以 2008 年湖南低温雨雪冰冻灾害为例. 北京: 北京师范大学博士论文

扈海波, 轩春怡, 诸立尚. 2013. 北京地区城市暴雨积涝灾害风险预评估. 应用气象学报, 24(1): 99-108

黄勇峰, 任若恩, 刘晓生. 2002. 中国制造业资本存量永续盘存法估计. 经济学(季刊), 1: 377-396

黄卓, 陈辉, 田华. 2011. 高温热浪指标研究. 气象, 37(3): 345-351

姜春媛. 2012. 北京市召开 7·21 强降水新闻发布. http://news.xinhuanet.com/politics/2012-07/22/c_112500548.htm[2012-7-22]

焦敬娟, 王姣娥. 2014. 海航航空网络空间复杂性及演化研究. 地理研究, 33(5): 926-936

矫梅燕. 2002-2008. 沙尘天气年鉴. 北京: 气象出版社

康玲, 侯婷, 孙鑫, 等. 2009. 内蒙古地区沙尘暴个例谱. 内蒙古气象, 2: 7-8

孔锋, 方佳毅, 刘凡, 等. 2015. 1951—2012 年中国降水集中度和集中期的时空格局. 北京师范大学学报: 自然科学版, 4: 404-411

李善同, 何建武. 2010. 中国可计算一般均衡模型及其应用. 北京: 经济科学出版社

李小建, 乔家君. 2001. 20 世纪 90 年代中国县际经济差异的空间分析. 地理学报, 56(2): 136-145

李彰俊. 沙尘暴形成及下垫面对其影响研究. 北京: 气象出版社

厉以宁. 2000. 区域发展新思路. 北京: 经济日报出版社

廖明球, 马晓东. 2009. 二阶段投入产出分析及应用研究. 统计研究, 2: 96-100

刘家福, 李京, 梁雨华, 等. 2011. 亚洲典型区域暴雨洪灾风险评价研究. 地理科学, 31(10): 1266-1271

刘军. 2014. 整体网络分析: UCINET 软件实用指南(第二版). 上海: 格致出版社

刘莉红, 翟盘茂, 郑祖光, 等. 2011. 中国北方夏半年干旱的时空变. 地理科学进展, 30(11): 1380-1386

刘启运, 陈璋, 苏汝劼. 2006. 投入产出分析, 北京: 中国人民大学出版社

刘铮, 王世福, 赵渺希, 等. 2013. 有向加权型城市网络的探索性分析. 地理研究, 32(7): 1253-1268

吕丽莉, 史培军. 2014. 中美应对巨灾功能体系比较——以 2008 年南方雨雪冰冻灾害与 2005 年卡特里娜飓风应对为例. 灾害学, 29(3): 206-213

马耀峰, 林志慧, 刘宪锋, 等. 2014. 中国主要城市入境旅游网络结构演变分析. 地理科学, 34(1): 25-31

马柱国, 符淙斌. 2007. 20 世纪下半叶全球干旱化的事实及其与大尺度背景的联系. 中国科学(D 辑: 地球科学), 2: 222-233

内蒙古自治区统计局. 1990-2009. 内蒙古统计年鉴. 北京: 中国统计出版社

沈建国. 2008. 中国气象灾害大典: 内蒙古卷. 北京: 气象出版社

施洪波. 2012. 华北地区高温的气候特征及变化规律. 地理科学, 32(7): 866-871

史培军, Jaeger C. 2012. 综合风险防范: IHDP 综合风险防范核心科学计划与综合巨灾风险防范研究. 北京: 北京师范大学出版社

史培军, 孔锋, 方佳毅. 2014. 中国年代际暴雨时空变化格局. 地理科学, 34(11): 1282-1290

史培军, 耶格·卡罗, 叶谦. 2012. 综合风险防范. 北京: 北京师范大学出版社

史培军. 2002. 三论灾害系统研究的理论与实践. 自然灾害学报, 11(3): 1-9

史培军. 2005. 四论灾害系统研究的理论与实践. 自然灾害学报, 14(6): 1-7

苏桂武, 高庆华. 2003. 自然灾害风险的分析要素. 地学前缘, 10: 272-279

苏剑勤. 1996. 河北气候. 北京: 气象出版社

孙建华, 赵思雄, 傅慎明, 等. 2013. 2012 年 7 月 21 日北京特大暴雨的多尺度特征. 大气科学, 27(3): 705-718

田大伦. 2011. 中国生态系统定位观测与研究数据集——森林生态系统(湖南会同杉木林站(1982-2009)). 北京: 中国农业出版社

王红星, 季山. 2013. 北京 "7·21" 暴雨洪水后的防灾减灾分析. 黑龙江大学工程学报, 4(2): 23-26

王劲峰, 葛咏, 李连发, 等. 2014. 地理学时空数据分析方法. 地理学报, 69(4): 1326-1345

王凌, 高歌, 张强, 等. 2008. 2008 年 1 月我国大范围低温雨雪冰冻灾害分析 I. 成因分析. 气象, 34(4): 101-106

王绍刚, 刘志文. 2010. 基于 SPA 模型的森林生态系统净初级生产力空间分布. 科技导报, 28(1): 82-89

王式功, 周自江, 尚可政, 等. 2010. 沙尘暴灾害. 北京: 气象出版社

韦艳华, 张世英. 2008. Copula 理论及其在金融分析上的应用. 北京: 清华大学出版社

解伟, 李宁, 胡爱军, 等. 2012. 基于 CGE 模型的环境灾害经济影响评估——以湖南雪灾为例. 中国人口·资源与环境, 22(11): 26-31

于庆东, 沈荣芳. 1995. 自然灾害绝对灾情分级模型及应用. 系统工程理论方法应用, 4(3): 47-52

于庆东. 1997. 自然灾害综合灾情分级模型及应用. 灾害学, 12(3): 12-17

余瀚, 王静爱, 柴玫, 等. 2014. 灾害链灾情累积放大研究方法进展. 地理科学进展, 33(11): 1498-1511

曾小平, 蔡锡安, 赵平, 等. 2008. 南亚热带丘陵 3 种人工林群落的生物量及净初级生产力. 北京林业大学学报, 30(6): 148-152

张军, 吴桂英, 张吉. 2004. 中国省际物质资本存量估算: 1952-2000. 经济研究, 10: 35-44

张军, 章元. 2003. 对中国资本存量 K 的再估计. 经济研究, 7: 35-42

张显东, 梅广清. 1999. 二要素多部门 CGE 模型的灾害经济研究. 自然灾害学报, 1: 9-15

张显东. 1996. 自然灾害对国民经济系统的影响研究. 上海: 同济大学

张新时. 2008. 中华人民共和国植被图(1: 1000000). 北京: 地质出版社

张尧庭. 2002. 连接函数(copula)技术与金融风险分析. 统计研究, V19(4): 48-51

赵阿兴, 马宗晋. 1993. 自然灾害损失评估指标体系研究. 自然灾害学报, 2(3): 1-7

郑祚芳. 2011. 北京极端气温变化特征及其对城市化的响应. 地理科学, 31(4): 460-463

周利敏. 2012a. 社会脆弱性: 灾害社会学研究的新范式. 南京师范大学学报(社会科学版), 4: 20-28

周利敏. 2012b. 从自然脆弱性到社会脆弱性: 灾害研究的范式转型. 思想战线, 38(2): 11-15

周涛, 张子柯, 陈关荣, 等. 2014. 复杂网络研究的机遇与挑战. 电子科技大学学报, 43(1): 1-5

周扬, 李宁, 吴文祥. 2014a. 自然灾害社会脆弱性研究进展. 灾害学, 29(2): 128-135

周扬, 李宁, 吴文祥, 等. 2014b. 1982-2010 年中国县域经济发展时空格局演变. 地理科学进展, 33(1): 102-111

周自江, 董超华, 方宗义, 等. 2006. 扬沙天气的气候——环境背景和统计特征. //曾庆存, 等. 千里黄沙——东亚沙尘暴研究. 北京: 科学出版社

Aber J D, Federer C A. 1992. A generalized, lumped-parameter model of photosynthesis, evapotranspiration and net primary production in temperate and boreal forest ecosystems. Oecologia, 92(4): 463-474.

Aber J D, Ollinger S V, Federer C A, et al. 1995. Predicting the effects of climate change on water yield and forest production in the northeastern United States. Climate Research, 5: 207-222

Adger W N. 2000. Social and ecological resilience: are they related. Progress in Human Geography, 24(3): 347-364

Adger W N, Kelly P M. 1999. Social Vulnerability to Climate Change and the Architecture of Entitlements. Mitigation and Adaptation Strategies for Global Change, 4(3-4): 253-266

Adger W N, Brooks N, Bentham G., et al. 2004. New indicators of vulnerability and adaptive capacity. Technical Report 7. Tyndall Centre for Climate Change Research: Norwich

Ahsan N, Warner J. 2014. The socioeconomic vulnerability index: a pragmatic approach for assessing climate change led risk-a case study in the southwestern coastal Bangladesh. International Journal of Disaster Risk Reduction, 8: 32-49

Anderson R P, Dudík M, Ferrier S, et al.2006. Novel methods improve prediction of species' distributions from occurrence data. Ecography, 29(2): 129-151

Andrew M K, Mitnitski A B, Rockwood K. 2008. Social vulnerability, frailty and mortality in elderly people. PLoS One, 3(5): e2232

Arnold G B, Carlock M, Harris A, et al. 2012. GIS Modeling of Social Vulnerability in Burkina Faso. ArcUser, 15(1): 20-23

Bala G, Caldeira K, Wickett M, et al. 2007. Combined climate and carbon-cycle effects of large-scale deforestation. Proceedings of the National Academy of Sciences of the United States of America, 104(16): 6550-6555

Bastian K, Markus P, Yeshewatesfa H, et al. 2010. Probability Analysis of Hydrological Loads for the Design of Flood Control Systems Using Copulas. Journal of Hydrologic Engineering, 15(5): 360-369

Benzhi Z, Lianhong G, Yihui D, et al. 2011. The great 2008 Chinese ice storm: its socioeconomic-ecological impact and sustainability lessons learned. Bulletin of the American Meteorological Society, 92(1): 47-60

Birant D, Kut A. 2007. ST-DBSCAN: an algorithm for clustering spatial-temporal data. Data and Knowledge Engineering, 60: 208-221

Blaikie P, Cannon T, Davis I, et al. 1994. At Risk: Natural Hazards, People's Vulnerability and Disasters. London: Routledge

Bloomfield R, Buzna L, Popov P, et al. 2009. Stochastic modelling of the effects of interdependencies between critical infrastructures.Proceedings of the 4th International Workshop, Critical Information Infrastructures Security, 30 September–2 October 2009, Bonn, Germany: 201-212. Accessed 6 Mar 2015

Bohle H G, Downing T E, Watts M J. 1994. Climate-change and social vulnerability-toward a sociology and geography of food insecurity, Global Environmental Change-Human and Policy Dimensions 4: 37-48

Bouyé E, Durrleman V, Nikeghbali A, et al. 2000. Copulas for finance: a reading guide and some applications. Working Paper of Financial Econometrics Research Centre, City University Business School, London

Bradford J B. 2011. Divergence in Forest-Type Response to Climate and Weather: Evidence for Regional Links Between Forest-Type Evenness and Net Primary Productivity. Ecosystems, 14(6): 975-986

Brooks N, Adger W N, Kelly P M. 2005. The determinants of vulnerability and adaptive capacity at the national level and the implications for adaptation. Global Environmental Change, 15(2): 151-163

Carpenter S R, Brock W A. 2006. Rising variance: a leading indicator of ecological transition. Ecology Letters, 9(3): 311-318

Chakraborty J, Tobin G A, Montz B E. 2005. Population evacuation: assessing spatial variability in geophysical risk and social vulnerability to natural hazards. Natural Hazards Review, 6(1): 23-33

Chambers R. 1989. Vulnerability, coping and policy. IDS Bulletin, 20: 1-7

Cheng C. 2013. Social vulnerability, green infrastructure, urbanization and climate change-induced flooding: A risk assessment for the Charles River watershed. Massachusetts, USA: Dissertations

Chung E, Ohtani O, Warita H, et al. 2006. Does weather affect highway capacity.5th international symposium on highway capacity and quality of service. Japan: Yakoma

Cliff A, Ord J. 1970. Spatial Autocorrelation: A review of existing and new measures with applications. Economic Geography, 46: 269-292

Coops N C, Waring R H, Schroeder T A. 2009. Combining a generic process-based productivity model and a statistical classification method to predict the presence and absence of tree species in the Pacific Northwest. U.S.A. Ecological Modelling, 220(15): 1787-1796

Craine J M, Nippert J B, Elmore A J, et al. 2012. Timing of climate variability and grassland productivity. Proceedings of the National Academy of Sciences, 109(9): 3401-3405

Cutter S L. 1996. Vulnerability to environmental hazards. Progress in Human Geography, 20: 529-539

Cutter S. 2006. The geography of social vulnerability: Race, class, and catastrophe. Understanding Katrina: Perspectives from the social sciences, pp. 120-122

Cutter S L, Boruff B J, Shirley W L. 2003. Social vulnerability to environmental hazards. Social Science Quarterly, 84(2): 242-261

Cutter S L, Emrich C T, Morath D P, et al. 2013. Integrating social vulnerability into federal flood risk management planning. Journal of Flood Risk Management, 6(4): 332-344

Cutter S L, Emrich C T. 2006. Moral hazard, social catastrophe: The changing face of vulnerability along the hurricane coasts. The Annals of the American Academy of Political and Social Science, 604(1): 102-112

Cutter S L, Finch C. 2008. Temporal and spatial changes in social vulnerability to natural hazards. The Proceedings of the National Academy of Sciences of the United States of America, 105(7): 2301-2306

Cutter S L, Mitchell J, Scott M S. 2000. Revealing the vulnerability of people and places: A case study of Georgetown County, South Carolina. Annals of the AAG, 90(4): 713-737

Dakos V, Scheffer M, van Nes E H, et al. 2008. Slowing down as an early warning signal for abrupt climate change. Proceedings of the National Academy of Sciences, 105(38): 14308-14312

Donat M G, A L Lowry, L V Alexander, et al. 2016. More extreme precipitation in the world's dry and wet regions, Nature Climate Change, 6: 508-513

Dwyer A, Zoppou C, Nielsen O, et al. 2004. Quantifying Social Vulnerability: A Methodology for Identifying Those at Risk to Natural Hazards. Canberra, Australia: Geoscience Australia

Easterling D R, Evans J L, Groisman P Y, et al. 2000. Observed Variability and Trends in Extreme Climate Events: A Brief Review. Bulletin of the American Meteorological Society, 81(3): 417-426

Eastman J R, Sangermano F, Ghimire B, et al. 2009. Seasonal trend analysis of image time series. International Journal of Remote Sensing, 30(10): 2721-2726

Evangelista P H, Kumar S, Stohlgren T J, et al. 2011. Assessing forest vulnerability and the potential distribution of pine beetles under current and future climate scenarios in the Interior West of the US. Forest Ecology and Management, 262(3): 307-316

Federal Emergency Management Agency(FEMA). 2011. Hazus®-MH MR5 technical manual. Washington D.C.: Department of Homeland Security, Federal Emergency Management Agency Mitigation Division

Fekete A. 2009. Validation of a social vulnerability index in context to river-floods in Germany. Natural Hazards and Earth System Sciences, 9(2): 393-403

Ferrez J, Davison A C, Rebetez M. 2011. Extreme temperature analysis under forest cover compared to an open field. Agricultural and Forest Meteorology, 151(7): 992-1001

Flanagan B E, Gregory E W, Hallisey E J, et al. 2011. A social vulnerability for disaster management. Journal of Homeland Security and Emergency Management, 8(1): 1-22

Frees E W, Valdez E A. 1998. Understanding Relationships using Copulas. North American actuarial journal, 2(1): 1-25

Friedlingstein P, Cox P, Betts R, et al. 2006. Climate–Carbon Cycle Feedback Analysis: Results from the C4MIP Model Intercomparison. Journal of Climate, 19(14): 3337-3353

Füssel H M, Klein R T. 2006. Climate Change Vulnerability Assessments: An Evolution of Conceptual Thinking. Climatic Change, 75(3): 301-329

Geerken R A. 2009. An algorithm to classify and monitor seasonal variations in vegetation phenologies and their inter-annual change. ISPRS Journal of Photogrammetry and Remote Sensing, 64(4): 422-431

Geladi P, Kowalski B R. 1986. Partial least-squares regression: a tutorial. Analytica Chimica Acta, 185: 1-17

Genest C, Favre A C, Béliveau J, Jacques C. 2007. Metaelliptical copulas and their use in frequency analysis of multivariate hydrological data. Water Resources Research, 43(9): 1-12

Genest C, Rivest L P. 1993. Statistical inference procedures for bivariate Archimedean Copulas. Journal of the American Statistical Association, 88: 1034-1043

Getis A, Ord J K. 1992. The analysis of spatial association by the use of distance statistics. Geographical Analysis, 24: 189-206

Gill J C, Malamud B D. 2014. Reviewing and visualizing the interactions of natural hazards. Reviews of Geophysics, 52: 680-722

Grossi P, Kunreuther H. 2005. Catastrophe Modeling: A New Approach to Managing Risk. Springer

Grubesic T H, Mack E A. 2008. Spatio-temporal interaction of urban crime. Journal of Quantitative Criminology, 24: 285-306

Guha G S. 2011. Simulation of the economic impact of region-wide electricity outages from a natural hazard using a CGE model. Southwestern Economic Review, 32: 101-124

Guo C, Xiao H, Yang H, et al. 2015. Observation and modeling analyses of the macro-and microphysical characteristics of a heavy rain storm in Beijing. Atmospheric Research, 156: 125-141

Guttal V, Jayaprakash C. 2008. Changing skewness: an early warning signal of regime shifts in ecosystems. Ecology Letters, 11(5): 450-460

Hahn M B, Riederer A M, Foster S O. 2009. The Livelihood Vulnerability Index: A pragmatic approach to assessing risks from climate variability and change—A case study in Mozambique. Global Environmental Change, 19(1): 74-88

Hewitt K. 1997. Regions of Risk: A Geographical Introduction to Disasters. London: Longman

Hijmans R J, Cameron S E, Parra J L, et al. 2005. Very high resolution interpolated climate surfaces for global land areas. International Journal of Climatology, 25: 1965-1978

Hoel L A, Garber N J, Sadek A W. 2007. Transportation infrastructure engineering: A multimodal integration. Chicago: Thomson Nelson

Holand I S, Lujala P, Rod J K. 2011. Social vulnerability assessment for Norway: A quantitative approach. Norsk Geografisk Tidsskrift-Norwegian Journal of Geography, 65(1): 1-17

Horridge M, Madden J, Wittwer G. 2005. The impact of the 2002-2003 drought on Australia. Journal of Policy Modeling, 27(3): 285-308

IPCC, Pachauri R K, Reisinger A. 2008. Climate change 2007: Synthesis report. Contribution of Working Groups I, II and III to the fourth assessment report. Geneva, Switzerland

IPCC. 2007. Climate change 2007: Impacts, adaptation and vulnerability. Contribution of working group II to the Fourth Assessment Report of the Intergovernmental Panel on Climate Change. Cambridge: Cambridge University Press

IPCC. 2013a. Climate Change 2013: The Physical Science Basis. In: Stocker TF, Qin D, Platter G K. Contribution of Working Group I to the Fifth Assessment Report of the Intergovernmental Panel on Climate Change. Cambridge, United Kingdom and New York: Cambridge University Press

IPCC. 2013b. Managing the Risks of Extreme Events and Disasters to Advance Climate Change Adaptation. A Special Report of Working Groups I and II of the Intergovernmental Panel on Climate Change. Cambridge, UK, and New York, USA: Cambridge University Press

Ippolito A, Sala S, Faber J H, et al. 2010. Ecological vulnerability analysis: A river basin case study. Science of the Total Environment, 408(18): 3880-3890

Ito A. 2011. A historical meta-analysis of global terrestrial net primary productivity: are estimates converging? Global Change Biology, 17(10): 3161-3175

Jentsch A, Kreyling J, Beierkuhnlein C. 2007. A new generation of climate-change experiments: events, not trends. Frontiers in Ecology and the Environment, 5(7): 365-374

King G, Fonti P, Nievergelt D, et al. 2013. Climatic drivers of hourly to yearly tree radius variations along a 6 ℃ natural warming gradient. Agricultural and Forest Meteorology, 168(0): 36-46

Kisilevich S, Mansmann F, Nanni M, et al. 2010. Spatio-Temporal clustering, data mining and knowledge discovery handbook. New York: Springer Press: 855-874

Kleinberg J. 2000. Navigation in a small world. Nature, 406(6798): 845-845

Kulldorff M, Heffernan R, Hartman J, et al. 2005. A space-time permutation scan statistics for disease outbreak detection. PLoS Medicine, 2: 216-224

Law B E, Waring R H, Anthoni P M, et al. 2000. Measurements of gross and net ecosystem productivity and water vapour exchange of a Pinus ponderosa ecosystem, and an evaluation of two generalized models.

Global Change Biology, 6(2): 155-168

Lee Y J. 2014. Social vulnerability indicators as a sustainable planning tool. Environmental Impact Assessment Review, 44: 31-42

Li N, Liu X, Xie W, et al. 2013. The return period analysis of natural disasters with statistical modeling of bivariate joint probability distribution. Risk Analysis, 33(1): 134-145

Lindner M, Maroschek M, Netherer S, et al. 2010. Climate change impacts, adaptive capacity, and vulnerability of European forest ecosystems. Forest Ecology and Management, 259(4): 698-709

Ma Z, Fu C. 2003. Interannual characteristics of the surface hydrological variables over the arid and semi-arid areas of northern China. Global and Planetary Change, 37(3–4): 189-200

Markus G D, Andrew L L, Lisa V A, et al. 2016. More extreme precipitation in the world's dry and wet regions. Nature Climate Change, 6: 508-513

Metzger M, Schröter D. 2006. Towards a spatially explicit and quantitative vulnerability assessment of environmental change in Europe. Regional Environmental Change, 6(4): 201-216

Morrow B H. 1999. Identifying and mapping community vulnerability. Disasters, 23(1): 11-18

Munson B R, Young D, Okiishi T H. 2006. Fundamentals of fluid mechanics. 5th edn. New York: John Wiley & Sons

Murray S J, Foster P N, Prentice I C. 2012. Future global water resources with respect to climate change and water withdrawals as estimated by a dynamic global vegetation model. Journal of Hydrology, 488-489(2): 14-29

Nakiccenovic N, Davidson O, Davis G, et al. 2000. Special Report on Emissions Scenarios: A Special Report of Working Group III of the Intergovernmental Panel on Climate Change. Cambridge: Cambridge University Press

Narayan P K. 2003. Macroeconomic impact of natural disasters on a small island economy: evidence from a CGE model. Applied Economics Letters, 10(11): 721-723

Nelsen R B. 1998. An introduction to Copulas. New York: Springer

Nemani R R, Keeling C D, Hashimoto H, et al. 2003. Climate-Driven Increases in Global Terrestrial Net Primary Production from 1982 to 1999. Science, 300(5625): 1560-1563

Niu D, Wang S, Ouyang Z. 2009. Comparisons of carbon storages in Cunninghamia lanceolata and Michelia macclurei plantations during a 22-year period in southern China. Journal of Environmental Sciences, 21(6): 801-805

O'Brien K, Leichenko R, Kelkar U, et al. 2004. Mapping vulnerability to multiple stressors: climate change and globalization in India. Global Environmental Change, 14(4): 303-313

Pelling M. 2003. The vulnerability of cities: natural disasters and social resilience. In: Pelling M. Natural disasters and development in a globalizing world. London: Sterling, VA: Earthscan Publications

Phillips S J, Anderson R P, Schapire R E. 2006. Maximum entropy modeling of species geographic distributions. Ecological Modelling, 190(3-4): 231-259

Potter C S, Klooster S A, Matson P A, et al. 1993. Terrestrial ecosystem production: A process model based on global satellite and surface data. Global Biogeochemical Cycles, 7(4): 811-841

Rietkerk M, Dekker S C, de Ruiter P C, et al. 2004. Self-Organized Patchiness and Catastrophic Shifts in Ecosystems. Science, 305(5692): 1926-1929

Rose A, Liao S. 2005. Modeling regional economic resilience to disasters: a computable general equilibrium analysis of water service disruptions. Journal of Regional Science, 45(1): 75-112

Rose A, Oladosu G, Lee B, et al. 2009. The economic impacts of the September 11 terrorist attacks: a computable general equilibrium analysis. Peace economics, peace science and public policy, 15(2): 1-28

Rose A. 2007. Economic resilience to natural and man-made disasters: Multidisciplinary origins and contextual dimensions. Environmental Hazards, 7(4): 383-398

Rygel L, O'sullivan D, Yarnal B. 2006. A method for constructing a social vulnerability index: an application to hurricane storm surges in a developed country. Mitigation and Adaptation Strategies for Global Change, 11(3): 741-764

Scheffer M, Bascompte J, Brock W A, et al. 2009. Early-warning signals for critical transitions. Nature, 461(7260): 53-59

Scheffer M, Carpenter S, Foley J, et al. 2001. Catastrophic shifts in ecosystems. Nature, 413(6856): 591-596

Schmidtlein M C, Deutsch R C, Piegorsch W W, et al. 2008. A sensitivity analysis of the social vulnerability index. Risk Analysis, 28(4): 1099-1114

Schmidtlein M C, Shafer J M, Berry M, et al. 2011. Modeled earthquake losses and social vulnerability in Charleston, South Carolina. Applied Geography, 31(1): 269-281

Scholze M, Knorr W, Arnell N W, et al. 2006. A Climate-Change Risk Analysis for World Ecosystems. Proceedings of the National Academy of Sciences, 103(35): 13116-13120

Schröter D, Cramer W, Leemans R, et al. 2005. Ecosystem Service Supply and Vulnerability to Global Change in Europe. Science, 310(5752): 1333-1337

Sitch S, Smith B, Prentice I C, et al. 2003. Evaluation of ecosystem dynamics, plant geography and terrestrial carbon cycling in the LPJ dynamic global vegetation model. Global Change Biology, 9(2): 161-185

Smit B, Wandel J. 2006. Adaptation, adaptive capacity and vulnerability. Global Environmental Change, 16(3): 282-292

Stocker T F, Qin D, Plattner G K, et al. IPCC, 2013: climate change 2013: the physical science basis. Contribution of working group I to the fifth assessment report of the intergovernmental panel on climate change. New York: Cambridge University Press

Su B, Huang H, Li Y. 2016. Integrated simulation method for waterlogging and traffic congestion under urban rainstorms. Natural Hazards, 81(1): 23-40

Tatano H, Tsuchiya S. 2008. A framework for economic loss estimation due to seismic transportation network disruption: a spatial computable general equilibrium approach. Natural Hazards, 44(2): 253-265

Tatarinov F A, Cienciala E. 2009. Long-term simulation of the effect of climate changes on the growth of main Central-European forest tree species. Ecological Modelling, 220(21): 3081-3088

Tate E. 2012. Social vulnerability indices: a comparative assessment using uncertainty and sensitivity analysis. Natural Hazards, 63(2): 325-347

Tate E. 2013. Uncertainty Analysis for a Social Vulnerability Index. Annals of the Association of American Geographers, 103(3): 526-543

Tirasirichai C, Enke D. 2007. Case study: Applying a regional CGE model for estimation of indirect economic losses due to damaged highway bridges. The Engineering Economist, 52(4): 367-401

Turner B L, Kasperson R E, Matson P A, et al. 2003. A framework for vulnerability analysis in sustainability science. Proceedings of the National Academy of Sciences, 100(14): 8074-8079

United Nations Development Programme(UNDP). 2004. Reducing disaster risk. A challenge for development. A global report, UNDP, Bureau for Crisis Prevention and Recovery (BRCP), New York

Verbesselt J, Hyndman R, Newnham G, et al. 2010a, Detecting trend and seasonal changes in satellite image time series. Remote Sensing of Environment, 114(1): 106-115

Verbesselt J, Hyndman R, Zeileis A, et al. 2010b. Phenological change detection while accounting for abrupt and gradual trends in satellite image time series. Remote Sensing of Environment, 114(12): 2970-2980

Verbesselt J, Zeileis A, Herold M. 2012. Near real-time disturbance detection using satellite image time series. Remote Sensing of Environment, 123(0): 98-108

Vincent K. 2004. Creating an index of social vulnerability to climate change for Africa. Technical Report 56. Norwich, UK: Tyndall Centre for Climate Change Research

Warner K. 2007. Perspectives on social vulnerability: Introduction. In: Warner K. Studies of the University: Research, Counsel, Education (Source).UNU Institute for Environment and Human Security (UNU-EHS)

Webb R S, Rosenzweig C E, Levine E R. 1993. Specifying Land Surface Characteristics in General Circulation Models: Soil Profile Data Set and Derived Water Holding Capacities. Global Biogeochemical Cycles, 7(1): 97-108

Weichselgartner J. 2001. Disaster mitigation: the concept of vulnerability revisited. Disaster Prevention and Management, 10(2): 85-94

Wittwer G F, Griffith M. 2011. Modelling drought and recovery in the southern Murray-Darling basin. Australian Journal of Agricultural and Resource Economics, 55(3): 342-359

Wu J, Li N, Shi P. 2014. Benchmark wealth capital stock estimations across China's 344 prefectures: 1978 to 2012. China Economic Review, 31: 288-302

Yang S N, Ye J Y, Zhang X C, et al. 2012. Study of the impact of rainfall on freeway traffic flow in Southeast China. International Journal of Critical Infrastructures, 8(2/3): 230-241

Yu D, Shao H, Shi P, et al. 2009a. How does the conversion of land cover to urban use affect net primary productivity? A case study in Shenzhen city, China. Agricultural and Forest Meteorology, 149(11): 2054-2060

Yu D, Shi P, Shao H, et al. 2009b. Modelling net primary productivity of terrestrial ecosystems in East Asia based on an improved CASA ecosystem model. International Journal of Remote Sensing, 30(18): 4851-4866

Yuan W, Liu S, Zhou G, et al. 2007. Deriving a light use efficiency model from eddy covariance flux data for predicting daily gross primary production across biomes. Agricultural and Forest Meteorology, 143(3–4): 189-207

Zhao M, Xiang W, Peng C, et al. 2009. Simulating age-related changes in carbon storage and allocation in a Chinese fir plantation growing in southern China using the 3-PG model. Forest Ecology and Management, 257(6): 1520-1531

Zhao M, Zhou G. 2005. Estimation of biomass and net primary productivity of major planted forests in China based on forest inventory data. Forest Ecology and Management, 207(3): 295-313

Zhou B Z, Gu L H, Ding Y H, et al. 2011. The great 2008 Chinese ice storm its socioeconomic-ecological impact and sustainability lessons learned. Bulletin of the American Meteorological Society, 92(1): 47-60

Zhou Y, Li N, Wu W, et al. 2014. Local spatial and temporal factors influencing population and societal vulnerability to natural disasters. Risk analysis, 34(4): 614-639

第4章 中国及全球环境风险的区域规律研究

本章开展全球尺度的环境风险评估，编制全球环境风险宏观格局图，厘定中国环境风险水平在全球的位置。研究中国环境风险各要素的时空变化，结合未来气候变化情景，诊断我国环境风险区域分异的变化趋势，编制中国和全球环境风险地图，辨识中国高环境风险区，并阐明其形成原因，提出中国综合环境风险与气候灾害风险区划的理论、方法及方案。

4.1 全球环境风险与气候灾害的宏观格局

本节从社会-生态系统相互影响的角度出发，基于环境风险与气候灾害形成机理，研究由于致灾因子和承灾体之间作用而引起的区域性环境风险类型、等级、时空分异及其特征，利用环境风险评估模型对全球综合环境风险进行评估，编制全球综合环境风险宏观格局图，确定中国在世界综合环境风险水平中的位置及特点。

4.1.1 数据库与图谱

全球环境风险数据库与图谱由原始数据库、派生数据库和风险图谱数据库构成，是全球气象灾害风险评价和生态风险评价的数据基础，也是确定中国在世界环境风险水平所处位置的数据支撑。

1. 原始数据库

全球环境风险评价原始数据库包括 14 类数据：全球 DEM 栅格数据（USGS，1997）和坡度数据（FAO/IIASA，2010）、土壤理化性质数据（Batjes，2012）、气象数据、种植范围数据（Monfreda et al.，2008）、主要农作物参数数据、生育期数据、灌溉数据、肥料数据、流域数据、产量数据、灾情数据、气象致灾数据和社会经济情景数据等（表4.1）。

表 4.1 全球环境风险评价原始数据库

类别	名称及内容	来源	用途
DEM	全球高程信息	USGS（United States Geological Survey） 0.0833°×0.0833°	A
坡度	全球坡度信息	GAEZ（International Institute for Applied Systems Analysis-Global Agro-ecological Zones） 0.0833°×0.0833°	A

第 4 章撰写人员：汤秋鸿、王静爱、史培军、于德永、董卫华、岳耀杰、吴文祥、张雪芹、张学霞、徐新创、刘星才、贺山峰、尹圆圆、林德根、张兴明、刘宇鹏、李孟阳、刘钊、杨旭、郭浩、连芳、张春琴、李娅梅、汪步惟、张学君、徐晨晨、李孟阳

类别	名称及内容	来源	用途
土壤	全球土壤分布栅格图像以及土壤理化性质	ISRIC（International Soil Reference and Information Centre），5°×5°	A
	Global data sets for land-atmosphere models	NASA ISLSCP GDSLAM Hydrology-Soils soils 1°×1°	D
气象数据	CCSM4（Community Climate System Model v4.0）	National center for atmospheric research，USA 0.5ional	D
	GISS-E2-R（NASA Goddard Institute for Space Studies climate model，Model E2，coupled to the Russell ocean model）	NASA Goddard Institute for Space Studies，USA 0.5A Godd	D
	CanESM2（Canadian Earth System Model v2）	Canadian Centre for Climate Modelling and Analysis，Canada，0.5adian	D
	CSIRO-MK3.6.0（Commonwealth Scientific and Industrial Research Organisation - Mark 3.6）	Commonwealth Scientific and Industrial Research Organisation in collaboration with the Queensland Climate Change Centre of Excellence，Australia 0.5monwea	D
	CNRM-CM5（Centre National de Recherches Météorologiques）	Centre National de Recherches Meteorologiques / Centre Europeen de Recherche et Formation Avancees en Calcul Scientifique，France，0.5tre Na	D
	FGOALS-G2（Flexible Global Ocean-Atmosphere-Land System Model：Grid-point Version2）	LASG，Institute of Atmospheric Physics，Chinese Academy of Sciences；and CESS，Tsinghua University，China，0.5G，Ins	D
	HadGEM2-ES（Hadley Centre Global Environmental Model-Earth System）	Met Office Hadley Centre（additional HadGEM2-ES realizations contributed by Instituto Nacional de Pesquisas Espaciais），UK，0.5 Offic	A、B、D、E
	IPSL-CM5A-MR（Institut Pierre-Simon Laplace – CMIP5 with LMDZ5A）	Institut Pierre-Simon Laplace，France 0.5titut	D
	MIROC-ESM（Model for Interdisciplinary Research on Climate - earth system models）	Japan Agency for Marine-Earth Science and Technology，Atmosphere and Ocean Research Institute（The University of Tokyo），and National Institute for Environmental Studies，Japan，0.5an Age	D
	MPI-ESM-MR（Coupled Max Planck Institute Earth System Model at base resolution）	Max Planck Institute for Meteorology（MPI-M），Germany 0.5 Planc	D
	MRI-CGCM3（Meteorological Research Institute - coupled global climate model version 3）	Meteorological Research Institute，Japan 0.5eorolo	D
	BNU-ESM（Beijing Normal University - Earth System Model）	Beijing Normal University ，China 0.5jing N	D
	BCC-CSM1.1（Beijing Climate Center – Climate System Model v1.1）	Beijing Climate Center，China Meteorological Administration，China 0.5jing C	D
	NorESM（Norwegian Earth System Model）	Norwegian Climate Centre，Norway 0.5wegian	D
种植范围	全球主要农作物种植区域等信息	Sustainability and the Global Environment，University of Wisconsin-Madison，5°×5°	A
主要农作物参数	主要农作物 EPIC 模型参考值（美国）	Texas A&M University College of Agriculture and Life Sciences	A

类别	名称及内容	来源	用途
生育期	主要农作物种植时间和生育期长度等信息	Nelson Institute for Environmental Studies at the University of Wisconsin-Madison，0.5°×0.5°	A
灌溉	全球不同地区每年农业灌溉用水量	东京大学生产技术研究所 0.5°×0.5°	A
肥料	全球每年氮肥施用量	麦吉尔大学全球环境与气候变化研究中心 0.5°×0.5°	A
流域数据	全球流域数据	HydroSHEDS 矢量单元	E
产量	全球产量	FAO，国家单元	A
	中国产量	中国农业部种植业管理司，省级单元	A
	美国产量	United States Department Of Agriculture，州级单元	A
	澳大利亚产量	Australian Bureau of Statistics，州级单元	A
	印度产量	Department of Agriculture and Cooperation，邦级单元	A
灾情	历史灾情损失数据（死亡人口、影响人口、经济损失）	国际灾害数据库（EM-DAT）国家单元，1980~2014	C
	美国各州水土流失量、风蚀量	美国 NRCS，矢量单元，1982~2010	E
灾害	单气象致灾因子年期望强度指数	世界自然灾害风险地图集，0.5°×0.5°	C
社会经济情景数据	SSPs 5 个通用的情景，即 SSP1-SSP5	ISI-MIP，0.5-MIPP5 1950~2100	B
	SSP1-SSP5：人口密度、GDP 密度、受教育水平	国际应用系统分析研究所（IIASA）温室气体计划（GGIProgram），国家单元，2010~2100 每 5 年	B
	人口密度、GDP 密度数据	国际应用系统分析研究所（IIASA）温室气体计划（GGIProgram），0.5°×0.5°，2000，2010，2020	C
	人口总量、GDP 总量数据	世界银行，国家单元，1980~2014	C

注：用途一栏中 A 为旱灾风险评价；B 为热害风险评价；C 为气象灾害综合风险评价；D 为生态系统风险评价；E 为土地退化风险评价

2. 派生数据库

根据原始数据库，按照全球环境风险研究核心内容技术流程，得到全球环境风险研究派生数据库（表 4.2），主要包括旱灾风险、热害风险、综合气象灾害风险、生态系统脆弱性、土地退化风险等的致灾因子库和承灾体库。

表 4.2　全球环境风险评价的派生数据库

研究内容	类别	名称及内容
旱灾风险	致灾因子库	世界玉米、小麦、水稻旱灾风险致灾因子
	承灾体库	世界玉米、小麦、水稻脆弱性曲线库
热害风险	致灾因子库	热浪阈值与历史热浪事件分布图
		年平均热浪天数期望分布图
		年平均热浪天数分布图（10 年一遇、20 年一遇、50 年一遇、100 年一遇）
		年最高温度分布图（10 年一遇、20 年一遇、50 年一遇、100 年一遇）
	承灾体库	六个典型城市的热害死亡人口脆弱性曲线
		全球热害死亡人口典型脆弱性曲线

研究内容	类别	名称及内容
综合气象灾害风险	致灾因子库	全球综合气象灾害年期望强度指数（格网单元）
		全球综合气象灾害年期望强度指数（M_{gh}）（国家单元单位面积平均值）
	承灾体库	全球综合气象灾害年期望人口暴露相对等级图（格网单元）
		全球综合气象灾害年期望人口暴露等级图（国家单元暴露总值）
		全球综合气象灾害年期望 GDP 暴露相对等级图（格网单元）
		全球综合气象灾害年期望人口暴露等级图（国家单元平均面积暴露值）
		全球综合气象灾害年期望 GDP 暴露等级图（国家单元暴露总值）
		全球综合气象灾害年期望 GDP 暴露等级图（国家单元平均面积暴露值）
生态系统脆弱性	承灾体库	当前（1981~2000 年）植被类型分布
		未来（2041~2060 年）气候条件下植被类型分布
		当前（1981~2000 年）生态系统关键参数
		未来（2041~2060 年）气候条件下生态系统关键参数
土地退化风险	致灾因子库	2030 年累积水土流失量（RCP2.6、RCP6.0、RCP8.5）
		2030 年累积风蚀致灾因子危险性评价（RCP2.6、RCP6.0、RCP8.5）
		盐渍化致灾强度（RCP2.6、RCP6.0、RCP8.5）
	承灾体库	水土流失、盐渍化、沙漠化脆弱性曲线库

3. 风险图谱数据库

根据派生数据库和空间信息得到全球环境风险地图图谱数据库（表 4.3）。其中包括世界主要农作物旱灾风险图 45 幅，全球热害风险图 11 幅，全球洪水风险评价图 30 幅，全球风暴潮风险评价图 2 幅，全球沙尘暴风险评价图 45 幅，全球冷害风险评价图 15 幅，全球台风风险评价图 5 幅，全球滑坡风险评价图 3 幅，全球森林野火风险评价图 7 幅，全球草原野火风险评价图 3 幅，综合气象风险评价图 6 幅，生态系统风险评价图 15 幅，土地退化导致的陆地生态系统风险评价图 8 幅以及土地退化导致的农田生态系统风险评价图 12 幅。

表 4.3　全球环境风险评价的风险图谱数据库

风险图谱	名称及内容	总计
世界主要农作物旱灾风险	世界玉米旱灾期望风险	3
	世界小麦旱灾期望风险	3
	世界水稻旱灾期望风险	3
	世界玉米旱灾年遇型风险（10 年一遇、20 年一遇、50 年一遇、100 年一遇）	12
	世界小麦旱灾年遇型风险（10 年一遇、20 年一遇、50 年一遇、100 年一遇）	12
	世界水稻旱灾年遇型风险（10 年一遇、20 年一遇、50 年一遇、100 年一遇）	12
全球热害风险	世界热害死亡人口期望风险	3
	世界热害死亡人口年遇型风险（10 年一遇、20 年一遇、50 年一遇、100 年一遇）	12
	近期（2030~2050 年）全球热害风险（RCP2.6-SSP1、RCP6.0-SSP2、RCP8.5-SSP3）	3
	远期（2080~2100 年）全球热害风险（RCP2.6-SSP1、RCP6.0-SSP2、RCP8.5-SSP3）	3

风险图谱	名称及内容	总计
全球洪水风险	世界洪水影响人口期望风险	3
	世界洪水影响人口年遇型风险（10 年一遇、20 年一遇、50 年一遇、100 年一遇）	12
	世界洪水影响 GDP 期望风险	3
	世界洪水影响 GDP 年遇型风险（10 年一遇、20 年一遇、50 年一遇、100 年一遇）	12
全球风暴潮风险	世界风暴潮影响人口期望风险，	1
	世界风暴潮影响 GDP 期望风险	1
全球沙尘暴风险	世界沙尘暴影响人口期望风险	3
	世界沙尘暴影响人口年遇型风险（10 年一遇、20 年一遇、50 年一遇、100 年一遇）	12
	世界沙尘暴影响 GDP 期望风险	3
	世界沙尘暴影响 GDP 年遇型风险（10 年一遇、20 年一遇、50 年一遇、100 年一遇）	12
	世界沙尘暴影响畜牧业期望风险	3
	世界沙尘暴影响畜牧业年遇型风险（10 年一遇、20 年一遇、50 年一遇、100 年一遇）	12
全球冷害风险	世界冷害影响人口期望风险	3
	世界冷害影响人口年遇型风险（10 年一遇、20 年一遇、50 年一遇、100 年一遇）	12
全球台风风险	世界台风影响人口期望风险	1
	世界台风影响人口年遇型风险（10 年一遇、20 年一遇、50 年一遇、100 年一遇）	4
	世界台风影响 GDP 期望风险	1
全球滑坡风险	世界滑坡死亡人口期望风险	3
全球森林火灾风险	世界森林野火烧毁面积期望风险	3
	世界森林野火烧毁面积年遇型风险（10 年一遇、20 年一遇、50 年一遇、100 年一遇）	4
全球草原火灾风险	世界草原火灾年 NPP 损失期望风险	3
综合气象风险	世界综合气象灾害年期望死亡人口风险图	1
	世界综合气象灾害年期望影响人口风险图	1
	世界综合气象灾害年期望 GDP 损失风险图	1
	世界综合气象灾害年期望死亡人口率图	1
	世界综合气象灾害年期望影响人口率图	1
	世界综合气象灾害年期望 GDP 损失率图	1
生态系统风险	2041~2060 年碳通量脆弱性（RCP2.6、RCP4.5、RCP8.5）	3
	2041~2060 年 NPP 脆弱性（RCP2.6、RCP4.5、RCP8.5）	3
	2041~2060 年地表径流脆弱性（RCP2.6、RCP4.5、RCP8.5）	3
	2041~2060 年异氧呼吸脆弱性（RCP2.6、RCP4.5、RCP8.5）	3
	2041~2060 年火灾损失碳脆弱性（RCP2.6、RCP4.5、RCP8.5）	3
土地退化生态系统风险	全球水土流失年遇型风险（10 年一遇、20 年一遇、50 年一遇、100 年一遇）	4
	全球沙漠化年遇型风险（10 年一遇、20 年一遇、50 年一遇、100 年一遇）	4
土地退化农田风险	2030 年世界农田水土流失生态系统期望风险（RCP2.6、RCP6.0、RCP8.5）	3
	2030 年世界农田沙漠化生态系统期望风险（RCP2.6、RCP6.0、RCP8.5）	3
	世界农田盐渍化生态系统期望风险	1
	世界农田盐渍化生态系统年遇型风险（10 年一遇、20 年一遇、50 年一遇、100 年一遇）	4
	世界农田土地退化生态系统期望风险	1

图谱中采用的评价单元包括 0.5°×0.5° 栅格单元、基于平均面积的可比地理单元、流

域单元和国家（地区）行政单元四类。

（1）栅格单元。栅格单元的世界底图数据来源为 CRU TS 2.15，为.nc 格式，精度为 0.5°。基于 Matlab 和 ArcGIS 软件绘制，数据格式为 Raster。

（2）可比地理单元。由于世界上不同国家和地区的面积悬殊，同一风险等级面积较大的单元不仅掩盖了区域内部差异，且在视觉上增强了表达效果，容易使人在区域面积对比上产生错觉，有时甚至得出错误的评价认识。而基于平均面积的可比地理单元底图中各评价单元面积相当，能够避免上述现象的产生。本底图编制过程中主要以国家和地区的平均面积为基础，通过判断国家和地区的面积与平均面积的关系，确定将国家或地区整体作为一个评价单元，还是需进一步划分。全球可划分评价单元共计 350 个。

（3）流域单元。基于 HydroSHED-BASIN 数据（Lehner and Grill，2013），编制了基于流域单元的全球灾害风险评价底图。该底图选择 hydrobasin 水文流域数据中 7 级流域作为基本单元，共有 58173 个基本流域单元，并使用 Pfafstetter 编码体系。具体描述参考文献（Verdin and Verdin，1999）。

（4）国家（地区）行政单元。国家（地区）行政单元的世界底图数据由 ESRI 公司提供，其中中国的边界根据中国测绘地理信息局所提供的中国边界数据做了调整，为 Shape 格式。

全球环境风险图谱（图 4.1）主要包括世界主要农作物旱灾风险、全球热害风险、综合气象灾害风险、生态系统脆弱性和土地退化风险五个部分。

在区域灾害系统结构框架下，建立了全球环境风险评价数据库，有三个基本特征：一是数据库采用过程性结构，由原始数据库、派生数据库和风险图谱数据库组成，呈现了从原始数据到评价指标数据的数据管理过程，便于不同阶段的数据更新和成果集成。二是数据库二级结构体现灾害系统的属性，由孕灾环境数据、致灾因子数据、承灾体数据和风险评价数据组成，支撑风险评价模型的运转和指标管理。三是多尺度基本单元的数据空间属性。由站点单元、0.5°×0.5°栅格单元、可比地理单元、流域单元和国家（地区）行政单元等构成，支撑不同区域尺度的风险评价制图与分析，为确定中国在世界环境风险水平中的位置提供支撑。该数据库为实现具有自动风险评价与制图功能的世界环境风险评价网络系统平台奠定了基础。

4.1.2　全球气象灾害风险评价与格局

全球气象灾害风险评价主要以农作物、人口和 GDP 为承灾体，开展了世界主要农作物旱灾风险、世界人口热害风险和世界人口 GDP 气象灾害综合风险研究。

1. 世界主要农作物旱灾风险评价格局

主要农作物旱灾风险评价以基于指标综合法的相对风险（风险）等级评估为主，其计算简单易行，但较低的评估精度难以满足目前较高的应用需求；基于产量统计数据或灾情数据所开展的主要农作物旱灾风险评估，虽实现了旱灾风险的定量评估，却难以剔除非旱灾要素的影响。相比之下，基于作物模型模拟的主要农作物旱灾风险评估不仅能够为模拟仅因干旱导致的产量损失，且能够探讨旱灾形成机制，是未来农作物旱灾风险评估的发展趋势。

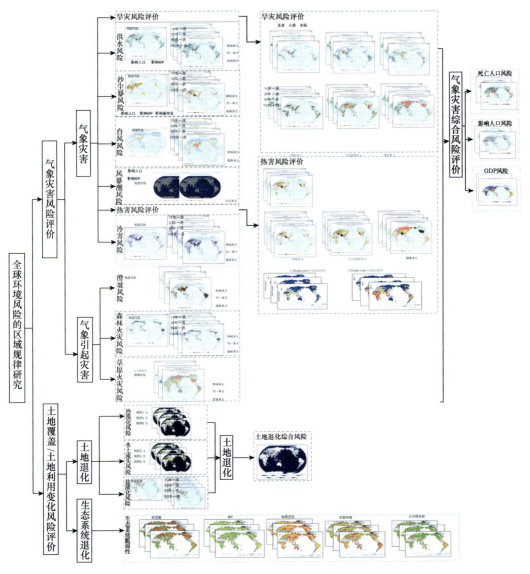

图 4.1　全球环境风险图谱

1）方法

选择以 EPIC 作物模型为基本工具，在风险理论框架指导下，采用基于 Matlab 平台开发具有脆弱性曲线拟合和风险评价功能的 SEPIC-V-R（Spatial-EPIC-Vulnerability-Risk）模型进行风险评价。SEPIC-V-R 模型将风险定义为孕灾环境影响下的作物旱灾致灾强度和孕灾环境影响下的脆弱性的乘积［式（4.1）］，通过 EPIC 模型将孕灾环境与致灾因子和承灾体要素有机地结合起来。

$$R = f(E, H, V) = H\{< P, h_E >\} \times V\{h_E, l_E\} \qquad (4.1)$$

式中，E 为孕灾环境敏感性；H 为致灾因子危险性；V 为承灾体脆弱性；P 为发生概率；h_E 为考虑孕灾环境影响的作物旱灾致灾强度；l_E 为考虑孕灾环境影响的一定致灾强度下的作物损失率。旱灾致灾强度指数 h_E 为作物生长季水分胁迫量累积值的归一化；孕灾环境影响下的脆弱性 l_E 为旱灾致灾强度与作物损失率的函数关系曲线（脆弱性曲线）。

SEPIC-V-R 模型是适用于大区域尺度的农作物旱灾风险评估模型，具有脆弱性曲线拟合和旱灾风险计算的功能（Yin et al.，2014）。SEPIC-V-R 模型的核心模块包括 4 个：①作物模型校正，其目标是实现作物单产的精确模拟；②致灾因子模块，基于输入的气象要素获取不同强度致灾因子的发生概率；③脆弱性模块，使用情景模拟法获取承灾体对不同强度致灾因子的损失响应函数；④风险计算与制图模块，计算不同年遇型下的致灾因子强度和损失率，输出作物旱灾损失风险图谱。

为了使模型具有更准确的模拟能力，通过调整模型中部分参数，并使用 2000 年全球不同国家和地区的产量统计数据对模型进行了校准，用 2001~2004 年产量统计数据进行验证。

水分胁迫（WS）是 EPIC 模型中表征农作物生长过程中水分的供给与需求关系的一个指数。可以用作物生长季水分胁迫累加的归一化值表示干旱强度（Yin et al.，2014）。模型中的水分胁迫输出步长为天，大小根据水分供给与作物需求的关系进行计算（Williams et al.，1989）。日水分胁迫的取值范围为 0~1，值越大则胁迫越大。采用作物生长季水分胁迫量累积数的归一化值作为作物生长季内所受到的致灾强度，取值范围在 0~1 之间，值越大代表致灾强度越大。该强度指数能够同时反映水分胁迫强度和胁迫持续时间两个特征。

$$\text{DI} = \text{WS}_{\text{total}} \Big/ \max(\text{WS}_{\text{total}}), \quad \text{WS}_{\text{total}} = \sum_{i=1}^{n}(\text{WS}_i) \tag{4.2}$$

式中，DI 为某种情景下的干旱强度指数；WS_i 为第 i 天的水分胁迫值（当水分胁迫为所有胁迫中最大时）；n 为生长季内受水分胁迫影响的天数；WS_{total} 为某一情景下的生长季水分胁迫累积值；$\max(\text{WS}_{\text{total}})$ 为无降水且无灌溉情景下累积胁迫的最大值。

我们进行脆弱性曲线计算时所使用的损失率是相对于理想条件（即完全满足养分和水分需求）下的模拟产量而言的，即在理想的情况下产量是最大的，此时损失率为 0。不同情况下的损失率计算公式如下：

$$\text{lr} = \frac{\max(y) - y}{\max(y)} \tag{4.3}$$

式中，y 为某种情景下的农作物产量；lr 为农作物因干旱导致的产量损失率；$\max(y)$ 为最优灌溉情况（不产生通气性胁迫的灌溉最大值）下的农作物产量。

控制每天的灌溉量，通过灌溉量的增加来减少水分胁迫，以模拟不同强度的干旱及其产量损失率组合 $\{\langle \text{DI}, \text{lr} \rangle, ...\}$。模拟的灌溉量从 0 增加到最优灌溉量（不产生水分胁迫的最大灌溉量），使用 EPIC 模型进行不同情景（即干旱强度）下的农作物产量模拟，得到一一对应的干旱强度与产量的组合样本。其中，当灌溉为 0 时，干旱强度为 1；生长季水分胁迫指数为 0 的灌溉情景即最优情景，其产量为最大产量，即 $\max(y)$。

使用干旱与损失率的组合样本 $\{\langle \text{DI}, \text{lr}, \rangle ...\}$，通过函数拟合得到每个格网一条脆弱性曲线的函数。

$$\mathrm{lr} = \frac{\left\{a/\left[1+b\times\exp\left(c\times DI\right)\right] - a/\left(1+b\right)\right\}}{\left\{a/\left[1+b\times\exp\left(c\right)\right] - a/\left(1+b\right)\right\}}\times d \qquad (4.4)$$

参考前人研究结果,作物的脆弱性曲线是 Logistic 形。其中,a、b、c、d 为拟合参数,lr 为损失率,DI 为旱灾致灾因子强度。

2)评价结果与分析

(1)致灾因子评价。

玉米致灾强度指数高值区在除南极洲外的各大洲均有分布,主要集中在南北半球中纬度地区。欧亚大陆高风险区自西向东大致呈条带状分布,主要包括葡萄牙、西班牙、撒丁岛、亚平宁半岛南部、希腊西部、小亚细亚半岛南部、伊朗东部、阿富汗中部和北部,以及中国西北部、内蒙古等地区;非洲分布于肯尼亚中部、南部与纳米布沙漠东缘;北美洲主要分布于美国西部高原东北部、中央大平原西部以及墨西哥高原中部区域;南美洲分布于巴西高原东北部、厄瓜多尔南部、秘鲁西部、玻利维亚西南部以及智利中部;大洋洲主要分布于澳大利亚东南部地区。

春小麦致灾强度指数高值区主要分布于中国内蒙古中部阴山-贺兰山、昆仑山-阿尔金山-祁连山北缘、天山山脉南缘、阿尔泰山南缘等地区以及南美洲西海岸智利、玻利维亚、秘鲁中部一带。

冬小麦致灾强度指数高值区主要集中在 30°~60°N 地区,其中包括三大区域:欧洲西部沿海地带,如英国大不列颠岛、荷兰、德国西北部、法国北部及西部和东南部等;亚洲西部地区,兴都库什山脉、帕米尔高原一带;美国西部高原中部、中央大平原西部以及阿巴拉契亚山脉一带。

水稻致灾强度指数高值区主要集中在中亚地区,包括中国西北部、巴基斯坦中北部、阿富汗大部分地区、塔吉克斯坦和乌兹别克斯坦接壤处、俄罗斯与乌克兰接壤处。除此之外,伊拉克东部、非洲西部布基纳法索、坦桑尼亚西北部;欧洲西班牙、葡萄牙南部地区;澳大利亚东部、美国西部小部分地区也属于高致灾。中等致灾区包括中国华北大部、印度中部、非洲撒哈拉沙漠南部边界处、马达加斯加、巴西东部、巴西和乌拉圭及阿根廷三国接壤地区、秘鲁海岸、美国中东部密西西比流域、古巴。低致灾区主要分布在东南亚地区,包括马来西亚、泰国、缅甸、孟加拉国、印度北部等,非洲几内亚湾附近以及巴西中部亚马孙流域部分地区。

(2)世界主要农作物旱灾脆弱性曲线。

基于 SEPIC-V-R 模型,采用灌溉情景模拟的方法,根据脆弱性曲线构建流程,计算每个格网单元玉米、小麦、水稻生长季内的旱灾致灾指数和产量损失率,拟合各个格网的旱灾脆弱性曲线,得到世界主要农作物旱灾脆弱性曲线库。图 4.2 给出了世界主要玉米、小麦、水稻种植区内的脆弱性曲线示例。

(3)世界主要农作物旱灾期望损失风险。

根据世界作物旱灾风险评价方法,基于 SEPIC-V-R 模型,得到世界玉米、小麦、水稻干旱灾害期望风险图(图 4.3~图 4.5)。

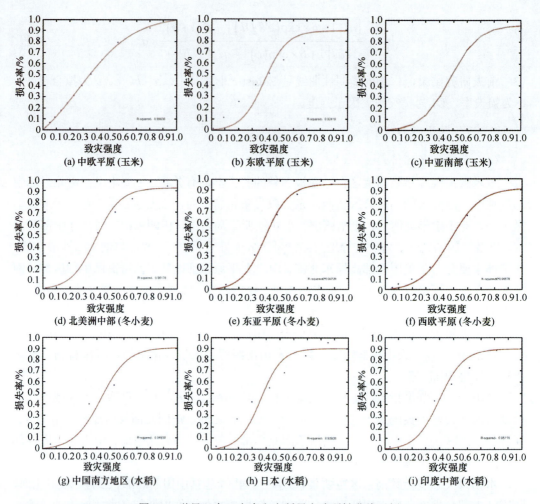

图 4.2　世界玉米、小麦和水稻旱灾脆弱性曲线示例

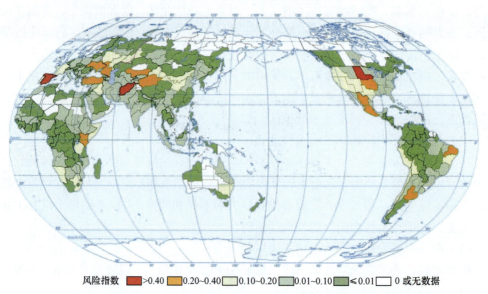

风险指数　■ >0.40　■ 0.20~0.40　□ 0.10~0.20　■ 0.01~0.10　■ ≤0.01　□ 0 或无数据

图 4.3　世界玉米干旱灾害年均期望风险（Shi and Kasperson，2015）

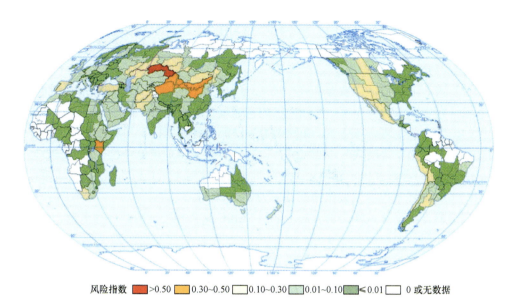

图 4.4 世界小麦干旱灾害年均期望风险（Shi and Kasperson，2015）

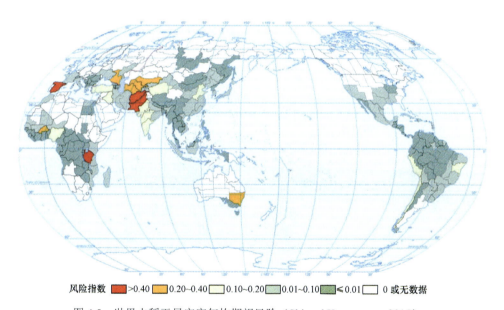

图 4.5 世界水稻干旱灾害年均期望风险（Shi and Kasperson，2015）

　　玉米旱灾损失率风险高值区主要分布在北半球中纬度地区。其中北美中部平原的玉米带以及墨西哥中部地区、中亚及中国西北地区和欧洲的地中海北岸（包括伊比利亚半岛、意大利半岛、多瑙河中游平原与东欧平原）是北半球三个高风险中心。此外，阿富汗中北部，巴西高原东侧、阿根廷的潘帕斯、非洲东部、东非大裂谷以东地区、埃塞俄比亚北部以及南非中北部的玉米旱灾损失率风险也较高。

　　春小麦的旱灾风险要高于冬小麦。其中春小麦旱灾风险较高的区域主要分布于中国西北地区、巴基斯坦中部、南美洲西海岸以及北美洲墨西哥与美国接壤处、非洲肯尼亚和南非东部。此外，加拿大中南部及与其接壤的美国北部、乌克兰北部、地中海沿岸和澳大利亚西南地区的风险也较高。冬小麦的旱灾高风险区主要分布于阿富汗及其北方地区、美国中西部、西欧平原以及英格兰东部、南非东南部，此外中国华北地区、土耳其中部等区域风险也较高。

水稻旱灾风险高值区主要分布在中亚地区（主要包括阿富汗和乌兹别克斯坦等）、南亚的巴基斯坦澳大利亚东部、欧洲西班牙和葡萄牙、坦桑尼亚西北部等。中国华北部分地区、印度中部地区、乌克兰、非洲撒哈拉沙漠南部边缘区、马达加斯加南部、巴西东部、乌拉圭等为中等风险区。低风险区主要分布在东南亚地区，包括泰国、缅甸、孟加拉国等。此外，非洲几内亚湾附近、南美洲亚马孙流域外围地区也是风险较低的区域。

（4）世界主要农作物旱灾作物产量损失年遇型风险。

根据世界作物旱灾风险评价方法，基于 SEPIC-V-R 模型，得到世界玉米、小麦、水稻干旱灾害年遇型风险图（图 4.6）。

选取灾情数据易于获取的中国区进行评价结果的验证。所使用数据为中国分省（自治区、直辖市）统计的旱灾成灾面积、受灾面积、绝收面积和农作物播种面积。依据国

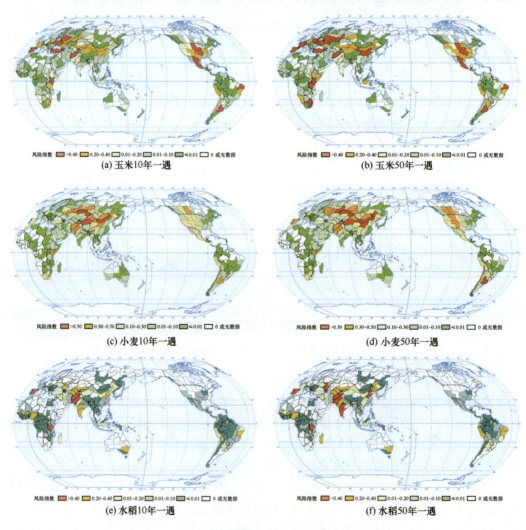

(a) 玉米10年一遇　　　　　　　　　　　(b) 玉米50年一遇

(c) 小麦10年一遇　　　　　　　　　　　(d) 小麦50年一遇

(e) 水稻10年一遇　　　　　　　　　　　(f) 水稻50年一遇

图 4.6　世界主要农作物旱灾作物产量损失年遇型风险

家民政部的灾情统计口径，农作物受灾面积、成灾面积和绝收面积分别指因灾减产10%、30%和80%以上的农作物面积，分别取各自减产损失的中位数作为平均减产系数，即农作物受灾面积折算损失系数为0.20，农作物成灾面积折算损失系数为0.55，农作物绝收面积折算损失系数为0.90（王克和张峭，2013）[式（4.5）]。

$$L_i = \frac{JS \times 0.9 + (CZ - JS) \times 0.55 + (SZ - CZ) \times 0.2}{S} \qquad (4.5)$$

式中，L_i 为农作物的因灾损失率；SZ 为农作物因灾受灾面积；CZ 为农作物因灾成灾面积；JS 为农作物因灾绝收面积；S 为农作物总播种面积；0.2、0.55、0.9 为作物在各损失区间内的损失率均值。

根据世界作物旱灾风险评价结果验证方法计算得到中国 31 个省份（不包括香港、澳门和台湾地区）的玉米、小麦和水稻旱灾损失率多年平均值（1997~2005 年），并筛选玉米、小麦和水稻播种面积大于5%的省份对评价结果进行验证。结果（表 4.4）给出了主要作物旱灾年遇型和主要作物旱灾损失率多年平均值的皮尔逊相关系数，均通过了显著性水平 0.05 的检验。其中小麦和水稻的 50 年一遇和 100 年一遇风险还通过显著性水平 0.01 的检验。

表 4.4　中国区主要农作物旱灾风险评价验证结果

风险类型	玉米相关系数	小麦相关系数	水稻相关系数
10 年一遇损失率	0.476	0.499	0.528
20 年一遇损失率	0.556	0.521	0.556
50 年一遇损失率	0.612	0.542	0.595
100 年一遇损失率	0.620	0.549	0.595

（5）未来气候情景下世界主要农作物旱灾风险。

基于 2005~2099 年 RCP2.6、RCP4.5、RCP6.0 和 RCP8.5 气候情景数据，计算了未来气候情景下世界玉米、春小麦、冬小麦和水稻的旱灾风险（图 4.7）。

结果表明：未来气候情景下，玉米旱灾损失风险重度增加区集中分布在欧洲、亚洲中部、北美洲北部和东部、南美洲东部和西部沿海地区，且面积随时间和气候变化情景的增加而增加；世界春小麦旱灾风险变化呈现北半球高纬度增强，低纬度和南半球中高纬度减弱的空间格局；世界冬小麦旱灾风险变化呈现美国西部、中国黄土高原、西亚等地区增强，其他地区减弱的空间格局；世界水稻旱灾风险变化较小，空间上呈现北半球中高纬度增强，其余地区基本不变或减弱的格局。

综上所述，根据致灾因子危险性和承灾体脆弱性的二度风险评价概念模型，发展了一套适用于大区域尺度的 SEPIC-V-R（Spatial-EPIC-Vulnerability-Risk）模型。SEPIC-V-R 模型基于 EPIC 模型，开发了作物产量模拟、分区调参、脆弱性曲线拟合和风险评价四个模块。其中脆弱性曲线拟合模块是核心。该模型支撑了世界主要农作物（玉米、小麦、水稻）的旱灾风险评价与制图。该模型未来的发展方向是加入孕灾环境参数，从而将脆弱性曲线拟合模块发展到脆弱性曲面拟合模块，将二度模型发展到三度模型，即表征致灾因子危险性、承灾体脆弱性和孕灾环境不稳定性的灾害系统风险评价模型。

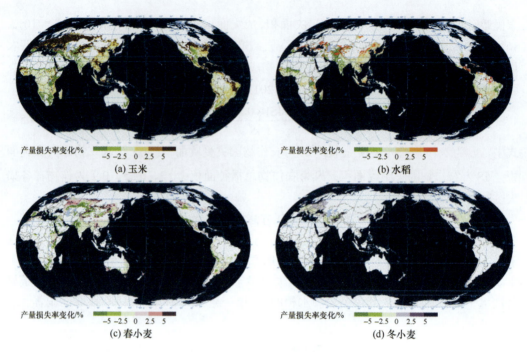

产量损失率变化/% −5 −2.5 0 2.5 5
(a) 玉米

产量损失率变化/% −5 −2.5 0 2.5 5
(b) 水稻

产量损失率变化/% −5 −2.5 0 2.5 5
(c) 春小麦

产量损失率变化/% −5 −2.5 0 2.5 5
(d) 冬小麦

图 4.7　RCP4.5 浓度情景下中期（2040~2069 年）世界主要农作物旱灾风险相对于历史时期的变化
（王静爱等，2016）

2. 世界人口热害风险评价格局

目前全球热害研究多是对全球的气温变化进行总结和预测，对于热浪以及热害风险的研究多在城市级的水平研究热岛效应对人类健康的影响。Tomlinson 等（2011）利用遥感温度数据和商业的社会人口经济数据对英国伯明翰的热健康风险进行风险评估，考虑城市热岛、老龄人口、疾病、人口密度和建筑顶层五种因素，在家庭级别对城市人口热害高风险区进行评价。Roger 以美国芝加哥为例，利用 1987~2005 年的月死亡数据，使用泊松分布模型研究了高温和空气污染对于死亡率的影响并对未来情景模式下的死亡率变化作出预估（Peng et al.，2011）。虽然对于城市级的人口热害风险有很多相关研究，并且有很多利用到了各种气候情景模式，但是对于世界人口热害风险的研究相对还不成熟，特别是利用年遇型方法和未来气候情景方法进行研究的并不多。

1）方法

（1）致灾因子危险性。

本研究根据 1979~2013 年日最高气温序列，取每个栅格点 95%分位数温度值，把它作为判断该栅格点是否发生热浪的温度阈值（若该 95%分位数温度值低于 25℃，取该点阈值为 25℃）。如果该栅格点的日最高温度连续 3 天高于或等于阈值，且其中一天最高气温超过阈值 3℃则认为发生一次热浪。由此得到每个栅格点上历次热浪的最高气温、持续天数的信息。

热浪危险性的评估主要采用极值分布理论进行重现期的计算。本研究以全球

1979~2013 年每个栅格点的热浪事件列表中最高气温及持续天数的年最大值作为热浪极端性的样本，再采用韦伯分布对各个格网点样本进行极值分布拟合。韦伯分布的概率密度及热浪在此分布下最高气温和持续天数的极端性对应的重现期 [式（4.6）]：

$$f(x) = \frac{\beta}{\alpha}\left(\frac{x}{\alpha}\right)^{\beta-1}\exp\left[-\left(\frac{x}{\alpha}\right)^{\beta}\right], x \geq 0 \qquad (4.6)$$

式中，$f(x)$ 为韦伯分布的概率密度函数；α 和 β 是分布的参数，采用最小二乘法估算分布参数，并通过反函数计算 10 年一遇、20 年一遇、50 年一遇、100 年一遇对应的热浪最高温度和持续天数以及期望的最高温度和持续天数。

但每个格网点并不一定每年都会发生热浪，所以在进行韦伯分布拟合之前，先根据 0~1 分布计算每个格网点每年发生热浪的概率 p [式（4.7）]。则修订之后的重现期为

$$p = \frac{1}{1 - \frac{f(x_m)}{p_1}} \qquad (4.7)$$

式中，$f(x)$ 为累计韦伯密度函数，p 取 0.1，0.05，0.02，0.01，最后通过反函数计算 10 年一遇、20 年一遇、50 年一遇、100 年一遇对应的热浪最高温度和持续天数。

根据 1971~2000 年日最高气温序列，取每个栅格点 90%分位数温度值，把它作为判断该栅格点是否发生热浪的温度阈值（若该 90%分位数温度值低于 25℃，取该点阈值为 25℃）。热浪发生连续超过 6 天以上的天数即热害的危险性指标。

（2）人口脆弱性评估。

根据相似的气候类型以及相近的纬度，将 IPCC SREX 报告中的 26 个区域分为 6 个类型，分别对应波士顿、布达佩斯、达拉斯、里斯本、伦敦和悉尼 6 个城市，这 6 个城市的脆弱性曲线如图 4.8（a）所示。将这 6 个城市的热浪人口脆弱性曲线匹配到相应的区域，得到全球各个区域的热浪人口脆弱性。对应关系如下 [图 4.8（b）]：波士顿：北美洲东部（区域 5）；里斯本：地中海地区（区域 13）；伦敦：西欧、北半球高纬度地区（地区 1、2、11 和 18）；悉尼：南半球中、高纬度地区（地区 9、10、17、25 和 26）；

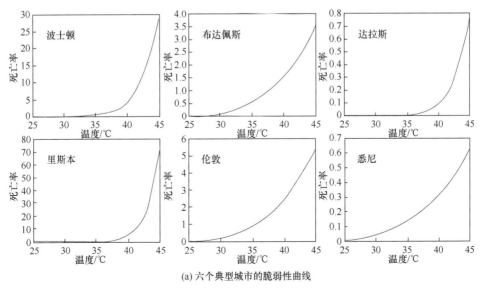

(a) 六个典型城市的脆弱性曲线

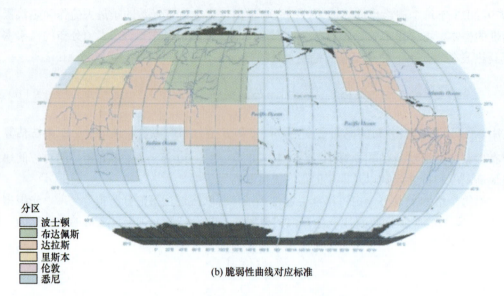

(b) 脆弱性曲线对应标准

分区
波士顿
布达佩斯
达拉斯
里斯本
伦敦
悉尼

图 4.8　六个典型城市脆弱性曲线及对应标准

达拉斯：南半球和北半球的中低纬度地区（地区 4、6、7、8、14、15、16、19、20、21、22、23 和 24）；布达佩斯：欧洲南部和西南部（地区 3 和 12）（IPCC，2013）。

（3）未来情景下脆弱性指标。

首先将人口密度低于 1 人/km²，即每个栅格的人口小于 2500 人的地区设为空值，认为这些地区几乎不存在人口的暴露，所以不存在风险。然后对人口密度取对数（log10）并进行最大最小值归一化。脆弱性指标的计算公式如下：

$$\text{Vulnerability} = \frac{1}{3}[(\text{AgedPop} \times \text{PopDen}) + (-\text{GDP} \times \text{PopDen}) + (\text{Edu} \times \text{PopDen})] \quad (4.8)$$

式中，PopDen 为人口密度；AgedPop 为 65 岁以上的老龄人口比例；GDP 为人均 GDP；Edu 为受高等教育的人口比例。

（4）热浪人口死亡风险评估。

将各个格点不同重现期下的日最高气温代入对应的热浪人口死亡率曲线，再乘以相应的人口密度数据，求出热浪期间每天的热浪死亡人口数；最后，再乘以对应的重现期下的热浪持续天数，得到世界不同重现期下热浪人口死亡风险。人口死亡风险计算公式如下：

$$R = F(T_{\max}) \times Q \times D \quad (4.9)$$

式中，R 为某一格点的热浪人口死亡风险，F 为该格点所在区域热浪期间每日最高温度对应的死亡率函数；$T_{\max}$ 为年最高温度；Q 为该格点上人口数量；D 为该格点上热浪持续天数。

（5）世界人口热害风险评价方法的验证。

将 EM-DAT 提供的热浪相关的死亡人数数据排序，与得到的国家排名进行皮尔逊秩相关分析，得到的结果如表 4.5 所示。相关系数为 0.462，在 0.01 的水平显著相关。这表明这种方法得到的风险结果合理可信。

表 4.5　相关分析结果

		EM-DAT 排名	排名风险
EM-DAT	皮尔逊相关	1	0.462
	显著性（双尾）		0.000
	N	48	48

注：N 是样本量

对于世界未来人口热害风险的分析方法进行了如下验证：验证数据选择 EM-DAT 提供的 2003 年欧洲热浪相关的死亡人数数据，与未来情景下的世界人口热害风险分析中所得到的欧洲各国的风险进行相关分析，并且对比了三种不同的热浪阈值选取方法，即 90%分位连续 6 天以上（90P6D）、95%分位连续 3 天以上（95P3D）以及 30℃连续三天以上（30C3D）三种定义方法，R^2 如图 4.9 所示。可见，R^2 最高的为第一种方法，即本节采用的定义热浪的方法，其次为 95%分位连续 3 天以上的方法，这两种方法都是相对阈值的方法，第三种方法采用的是绝对阈值的方法，方差解释率仅为 0.49。可见，选择 90%分位连续 6 天以上的热浪定义方法优于其他的定义方法。

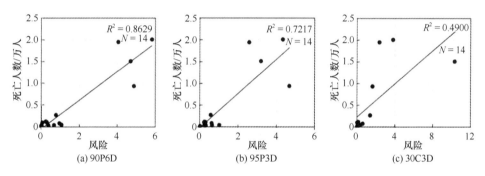

图 4.9　不同定义下高温热浪风险与欧洲 2003 年实际死亡人数相关性分析

2）热害死亡人口风险评价结果与分析

（1）热浪人口死亡期望风险。

根据研究方法可以得到年热浪人口死亡期望风险（图 4.10）。

从图 4.10 中可以看出，世界人口热害死亡风险较高的区域较为分散，北半球热害死亡人口期望风险显著高于南半球。格网级别的高风险地区主要分布在南亚、欧洲和北美洲东部，最高风险区出现在印度北部。北半球高纬度地区的风险低于其他地区。

（2）热浪人口死亡年遇型风险。

根据世界人口热害风险评价方法，基于极值分布理论进行重现期的计算，得到热害死亡人口年遇型风险图（图 4.11）。

热害死亡人口年遇型风险的格局与热害死亡人口期望风险格局基本一致，其中 50 年一遇最高风险范围远远大于 10 年一遇的最高风险范围。50 年一遇风险中，印度大部分处于最高风险，中国东部处于中高风险。美国东部和欧洲的部分区域从 10 年一遇的中等风险上升到中高风险。

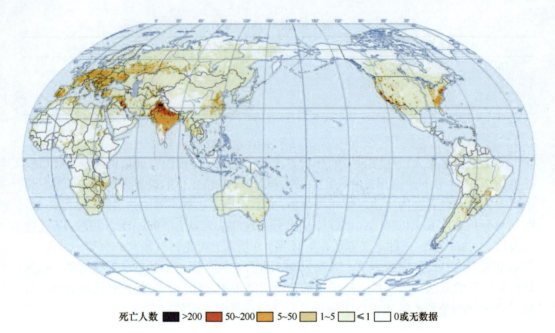

死亡人数 ■>200 ■50~200 ■5~50 □1~5 □≤1 □0或无数据

图4.10　世界年平均热害死亡人口期望风险

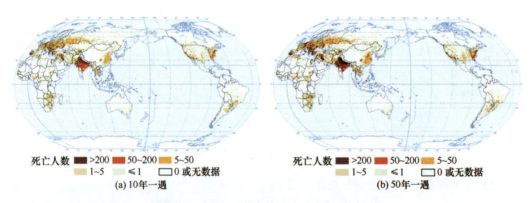

死亡人数 ■>200 ■50~200 ■5~50
　　　　　□1~5 □≤1 □0或无数据
　　　　　(a) 10年一遇

死亡人数 ■>200 ■50~200 ■5~50
　　　　　□1~5 □≤1 □0或无数据
　　　　　(b) 50年一遇

图4.11　世界年平均热害死亡人口年遇型风险

（3）未来情景下的世界人口热害风险分析。

a. 致灾因子评价

由于高温热害的承灾体为人群，人口密度直接决定着受灾人口数量，计算不同SSP情景下未来全球总人口数的变化［图4.12（a）］。可见：SSP3的人口呈线性增长，而其他四种情景下全球总人口都呈先上升后下降的趋势。SSP3情景作为一个局部发展的情景，在许多贫困的发展中国家，人口增长速度快，受教育水平低，城市化继续发展，人口越来越向城市集中，而发达国家依旧保持较低的人口增长率，地区发展极不平衡。SSP2和SSP4情景都有中等的人口增速，在2060年左右达到峰值后保持稳定或者略有下降。在SSP1和SSP5情景下，世界人口总数量在2050年左右达到峰值，随后开始快速下降，到2100年时下降到2010~2015年左右的水平。从图4.12（b）中可以看出，2010年的全球平均老龄人口比例约为7%。在SSP1情景下，2100年的平均老龄人口比例达到了47%左右，换句话说，未来全球将有一半的人成为65岁以上的老年人，这对于不论何等发达水平的国家来说都是一个巨大的挑战。即便在老龄化最弱的 SSP3 情景下，2100 年全球平均老龄人口比例也将达到 16%，比之现阶段超过 7%即定义为老龄化社会的标准，老龄化问题将会是 21 世纪世界面临的最大问题之一。人口的老龄化对于各国未来的政策制定、经济发展等方面都会产生很大的影响。比较 SSP1-SSP5 这 5 种情景下的全球平均老龄化程度，增长最快的是 SSP1 和 SSP5 两个情景，最慢的是 SSP3 情景。SSP1 情景作为一个适应和减缓环境挑战能力都较高的模式，主要是因为可持续发展的社会发展模式，带来人口教育水平的提高，人口增长率较低；环境污染减少、用水安全、医疗水平提高，人口平均寿命增加导致老龄人口比例越来越高。SSP5 情景与 SSP1 情景发展的趋势类似，经济高速发展，人口的教育水平高，寿命增加，但人口增长率低导致老龄人口比例越来越高，虽然能源的利用以传统的化石燃料为主，环境污染较为严重，但是对老龄化的水平影响不大。SSP3 情景作为一个局部发展的世界，国际间合作较少，发展不平衡，贫富差距较大，医疗措施发展落后，老龄人口的数量增长比其他情景慢，但是总人口数量增长非常快，人口年龄呈金字塔形分布，所以几乎没有老龄化的问题。

人均 GDP 是衡量一个国家国民生活水平的重要标准。由图 4.12（c）可以看出，在 SSP5 情景下，全球人均 GDP 的平均值将会达到 140 000 美元，是 2010 年的 7 倍。但是该情景下 GDP 的增长是以大力发展以化石燃料为主的能源型经济为主，带来的除了人们生活水平的提高，还有污染加剧、环境恶化、资源过度开发等一系列问题。虽然这一情景下 GDP 增长很快，但这种增长是不可持续的，一旦化石能源消耗殆尽，该情景的经济发展会急速衰退。而且在资源消耗型经济发展模式下，由于化石燃料在各个国家的储量不一致，很有可能会因为抢夺资源而发生战乱，影响到地区的和平与稳定。所以虽然这一情景发展速度很快，但并不代表这一发展模式可行，应该避免未来的发展走入这样一条道路。SSP3 作为一种面临较高的气候变化挑战的情景，区域之间的发展极度不平衡，经济发展的速度最慢，到 2100 年，人均 GDP 仅为 2010 年的 2 倍左右。在这种情景下，未来的经济发展速度慢，会造成贫富差距加大、贫困人口数量增多、失业率高、治安差、社会不稳定等多种不良后果。

受教育的程度在一定程度上可以表征人在遭受灾害时的适应能力，受过高等教育的人普遍收入较高，而且他们在灾害中自救的知识较为丰富。一个国家受高等教育人口的比例同时也代表了一个国家的科技实力。由图 4.12（d）可以看出，SSP1 情景和 SSP5 情景下全球的平均受高等教育的人口比例增长的速度明显快于其他三种 SSPs 情景，到 2100 年，全球平均的受高等教育人口比例将会达到 55%以上，这同样也表示这两种情景下的科技水平发展迅速，有利于降低人群在热害中的脆弱性。在 5 种 SSPs 情景中，受高等教育的人口比例增长最慢的是 SSP3 情景。在该情景下，到 2100 年，全球平均受高等教育人口比例仅为约 20%，只比 2010 年增长了 5%左右，依然是一个教育非常不发达的社会，整体科研水平较差，科技创新力差，经济增速慢，人群的脆弱性相应的会较高。

b. 脆弱性评价

现阶段世界人口密度较高的地区主要是中国东部、印度北部，作为世界上人口最多的

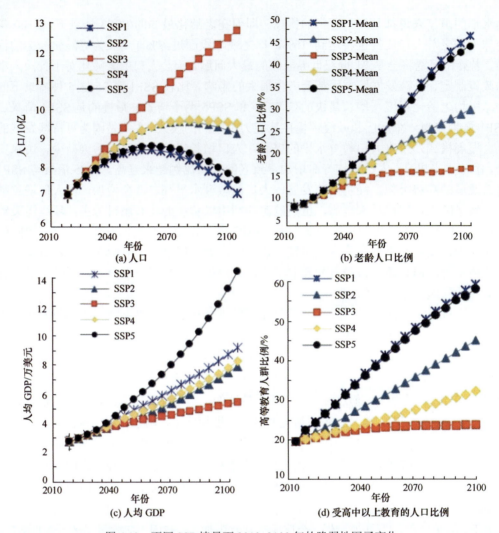

图 4.12　不同 SSP 情景下 2010~2100 年的脆弱性因子变化

两个国家，这两个地区的人口密度明显高于世界其他地区。另外欧洲西部、美国东部的部分城市人口密度也较高。全球老龄化较为严重的国家主要分布在欧洲、北美洲以及澳大利亚等发达地区，同时这些地区的人均 GDP 也很高。人均 GDP 最低的国家主要分布在非洲，其次是南亚和东南亚。据社会经济情景模式的预测，不同 SSPs 情景下总的发展趋势是：从 2010~2100 年，世界人口密度的分布更加向城镇集中，非洲一些地区人口数量快速增长，印度的人口密度保持高位，而中国的人口密度开始降低。同时，到 2100 年，非洲部分地区老龄化的程度将逐渐加重，而人均 GDP 却增长较慢，未来总的脆弱性较高。

　　以 SSP3 情景为例，计算四个预测时间点（2010 年、2040 年、2070 年、2100 年）的全球承灾体脆弱性指数，并作出分布图（图 4.13）。由图可知，现阶段全球的热害脆弱人口多分布在欧洲西部、中东地区、撒哈拉以南非洲、印度、中国东南部以及美国东部。其中，人口脆弱性最高的地区在印度北部和中国东部。随着时间的推移，脆弱人口分布将发生变化，印度、中东以及撒哈拉以南的非洲将持续增长，其他地区变化不大。

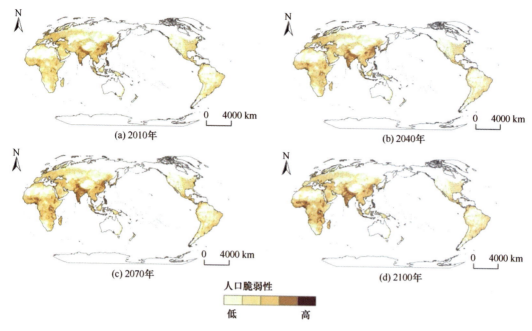

(a) 2010年   (b) 2040年

(c) 2070年   (d) 2100年

人口脆弱性

低   高

图 4.13　SSP3 情景下世界承灾体脆弱性分布图

未来至 2100 年全球脆弱性最高的地区为印度、西部非洲、东部非洲以及中国东部地区，次一级的脆弱性还包括了欧洲大部、中部非洲、西亚、中亚、北美洲东部、中美洲以及南美洲除去亚马孙地区以外的大部分地区。

这些国家和地区各自高脆弱性的原因并不完全相同。欧洲、北美洲的发达国家脆弱性指数较高主要是由于人口相对密集，老龄化问题严重，但是这些地区的人均 GDP 很高，一定程度上降低了人口问题带来的脆弱性程度。对于中国和印度这两个人口超级大国来说，人均 GDP 并不是特别低，老龄化问题也不是特别突出，所以脆弱性较高的原因主要是人口密度高。东部非洲和西部非洲的高脆弱性主要是由于人口密度持续升高，人均 GDP 特别低，而且老龄化问题也日益加重，但其中最重要的因子除了人口密度外，较低的 GDP 也起到了关键的作用。

c. 风险评价

图 4.14 表明在 RCP8.5 和 SSP3 情景下，未来的世界人口热害风险主要向中低纬度的欠发达地区转移，特别是非洲的部分国家，以及南亚、东南亚、中美洲地区。从全球和大洲区域尺度来分析，未来世界人口热害风险增长最快的大洲为非洲，其次为南美洲、亚洲和北美洲；欧洲和大洋洲的人口热害风险增长很缓慢。未来世界受热害影响的人口总数也是在快速增长的，特别是在非洲以及南美洲，增长速度非常快。

在区域（大洲）尺度可以看出每个区有显著的差异（图 4.15）。更具体地说，区域的风险根据其数值的大小可分为三类：高风险，只包含非洲（风险：0~0.3）；中等风险包括北美、南美和亚洲（风险：0~0.2）；低风险，包括大洋洲和欧洲（风险：0~0.1）。由于较高的致灾因子强度和快速增长的脆弱性，非洲在 RCP8.5-SSP3 和 RCP6.0-SSP2 情景下遭受的风险迅速增加，到 21 世纪末分别达到 0.3 和 0.2。相比之下，北美、南美洲和亚洲的风险增长较慢，在 RCP8.5-SSP3 情景下，到 2100 年峰值分别为 0.15、0.18

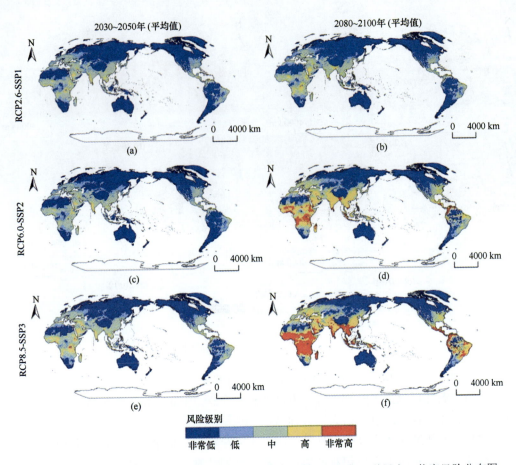

图 4.14　不同情景下近期（2030~2050 年）和远期（2080~2100 年）世界人口热害风险分布图

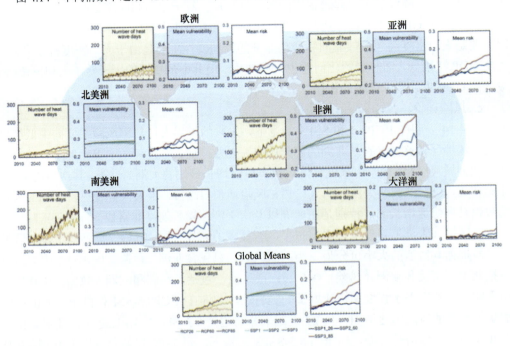

图 4.15　全球以及大洲尺度的致灾因子强度、脆弱性和热害健康风险（Dong et al.，2015）

和 0.16。在 RCP2.6-SSP1 下，这三个大洲的风险较低并且比较稳定在 0.05 或更低。与其他地区相比，第三类的大洋洲在所有的 RCP-SSP 组合下的风险都最低。

图 4.16 展示的是全球和区域尺度不同级别的热健康风险下的人口数量。在 RCP6.0-SSP2 和 RCP8.5-SSP3 情景下，全球在非常高风险下的人口数量到 2100 年分别达到近 34 亿和 100 亿年，占世界人口总量 38%和 76%。在 RCP2.6-SSP1 情景之下，这个值达到 3 亿，占世界人口的 5%。相应的，处于较低和非常低风险的人口数量不断减少。

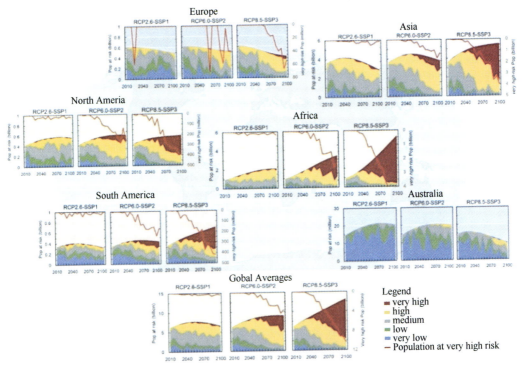

图 4.16　全球及各大洲处于不同等级高温热浪风险下的人口数量

在区域尺度，各大洲在非常高风险下的人口数量从几千万到几亿（欧洲、北美和南美）到数十亿（非洲和亚洲）不等。到 21 世纪末 RCP8.5-SSP3 情景下，非洲和亚洲的人口总数达到 50 亿多，而非常高风险下的人口则分别增长到 50 亿和 40 亿，占总人口的 94%和 72%。在 RCP6.0-SSP2 情景下，这两个地区的这个值分别超过 20 亿和 9 亿。在 RCP2.6-SSP1 下非常高风险的人口的比例相对较低。在 RCP2.6-SSP1，RCP6.0-SSP2 和 RCP8.5-SSP3 情景下，北美处于非常高风险下的人口分别达到 1300 万（2%）、1.53 亿（25%）和 3.81 亿（65%）。在南美这三个值分别是 100 万（0.01%）、9700 万（23%）和 4.18 亿（61%）。21 世纪欧洲的人口不断下降，但是处于非常高风险下的人口有所增长。大洋洲没有非常高风险人口。

3. 世界人口 GDP 气象灾害综合风险评价格局

已有的单致灾因子气象灾害研究，并不能够为综合风险防范的战略部署和决策制定提供多灾种的宏观视角。而已有的多致灾因子气象灾害研究，仅对部分气象灾害进行简单的历史灾情统计排名，难以从多种气象致灾因子发生的时间和空间规律，客观地反映气象灾害对人类社会造成的影响。本书选择了与这些驱动因子相关的 9 种气象致灾因子，即台风、洪水、滑坡、风暴潮、沙尘暴、干旱、热害、冷害、野火作为研究对象，首先进行了主要气象灾害单灾种的风险评价；同时建立了一套基于历史灾情损失率与综合气象灾害年期望强度指数、国家人均 GDP 的关系模型，对世界综合气象灾害暴露度、年期望死亡人口、影响人口与 GDP 损失风险进行了评价；最终，对中国在世界人口 GDP 气象灾害风险格局中的位置进行了评估。为宏观尺度气象变化下的综合管理气象灾害风险、提高气象灾害防灾减灾能力、综合防范气象灾害提供了科技支持。

1）方法

（1）致灾因子评价。

基于《世界自然灾害风险地图集》中提出的综合自然致灾因子年期望强度模型，本节提出并计算了综合气象灾害年期望强度指数。由各单气象致灾因子年期望强度指数计算得到，各单气象致灾因子的信息如表 4.6 所示。

表 4.6　单气象致灾因子指数及加权权重

I	气象致灾因子	气象致灾因子年期望强度指数	权重/%
1	洪水	年期望 3 日累计极端降水量（mm）	45.21
2	台风	年期望台风 3 秒瞬时风速	36.89
3	滑坡	年期望滑坡强度指数	6.96
4	干旱（玉米）	年期望归一化作物生育期累计缺水指数	2.51
	干旱（小麦）		0.63
	干旱（水稻）		2.09
5	热害	年期望热浪最高温度（℃）	1.74
6	冷害	年期望最大温度降幅（℃）	1.61
7	野火（森林火灾）	年期望森林火灾起火概率（%）	1.03
	野火（草原火灾）	年期望草原火灾起火概率（%）	0.61
8	风暴潮	年期望风暴潮最大淹没范围（km^2）	0.51
9	沙尘暴	年期望沙尘暴动能（J/ m^3）	0.22

注：各致灾因子年期望强度指数由其在不同重现期下的强度求解得到期望值，并输出在格网单元（0.5°×0.5°）。具体指标计算方法见文献（Shi and Kasperson，2015）

将表中信息加权综合求解，见式（4.10）。

$$Mch = \sum_{i=1}^{n} \frac{h_i - h_{imin}}{h_{imax} - h_{imin}} \times w_i \tag{4.10}$$

式中：h_i 为第 i 个致灾因子的年期望强度；h_{imin} 和 h_{imax} 分别为第 i 个致灾因子年期望强度的最小值和最大值；w_i 为第 i 个致灾因子的加权权重，依据 EM-DAT（1950~2013 年）和中国（1949~2009 年）灾情数据库中各自气象致灾因子频次计算而得；n 为评价的致灾因子的数量。可以看出，相较于已有的多气象相关致灾因子风险评价模型，能够归一化表示不同量纲、不同重现期和不同空间格局的气象相关致灾因子。

（2）暴露性评价。

基于评价结果，与人口和经济数据叠加，可依次求得全球综合气象灾害年期望人口暴露和 GDP 暴露相对等级图。

综合气象灾害人口暴露相对等级计算公式见式（4.11）：

$$\text{MchRI}_{\text{PL}} = M_{\text{ch}} \times \text{POPL} \tag{4.11}$$

式中，MchRI_{pL} 为综合气象灾害年期望人口暴露相对等级；POP_{L} 为人口数据。

综合气象灾害 GDP 暴露相对等级计算公式如式（4.12）：

$$\text{MchRI}_{\text{GL}} = M_{\text{ch}} \times \text{GDPL} \tag{4.12}$$

式中，MchRI_{GL} 为综合气象灾害年期望 GDP 暴露相对等级；GDP_{L} 为 GDP 数据。

按式（4.12）、式（4.13）将 Mch、人口数据、GDP 数据进行空间计算，分别得到全球综合气象灾害年期望人口暴露相对等级图和全球综合气象灾害年期望 GDP 暴露相对等级图。

（3）综合气象灾害影响人口风险、死亡人口风险、GDP 损失风险评价。

基于《世界自然灾害风险地图集》中的综合自然致灾因子年期望强度模型，本书建立了应对能力指数分别与死亡人口率、影响人口率及 GDP 损失率之间的二元线性回归模型。图 4.17 展示了本研究的方法框架。

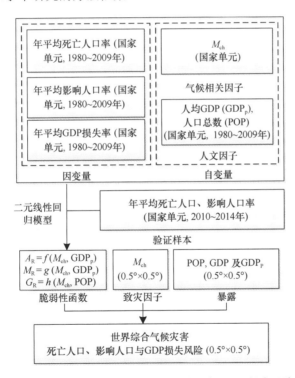

图 4.17　世界综合气象灾害死亡人口、影响人口与 GDP 损失风险研究框架

脆弱性是衡量人类社会对自然灾害的敏感性及受灾害负面影响的恢复能力（Cutter，2006），其定量表达方式通常为致灾因子强度（自然因子）和人类社会应对灾害能力（人文因子）的函数（Cutter and Finch，2008）。在欧盟联合研究中心（JRC）开发的 INFORM 模型中，包括政府监管效力、清廉指数、人均卫生支出、成人识字率等的 13 种与人有关的因子被选作反映人类应对灾害能力的指标，计算了 191 个国家缺

乏应对能力指数（LCCI）（JRC，2014）。尽管很多机构分别对人口和经济进行了应对能力的评价，但现有的全球尺度脆弱性数据以国家为最小统计单元，格网单元的数据仍然缺乏。本书对多个已有的反映应对能力的评价结果和国家人均 GDP 及总人口数进行相关分析，发现 LCCI 与人均 GDP 在 0.01 水平（双侧）存在显著的相关性，皮尔逊相关系数为−0.719。因此，人均 GDP（GDP_p）能够在一定水平下，作为死亡人口和影响人口与 GDP 损失风险的应对气象灾害能力的指标。因此，本节建立了综合气象灾害人口死亡率、影响人口率和 GDP 损失率与 M_{ch}、GDP_p 或 POP 之间的脆弱性函数二元线性模型，见式（4.13）至式（4.15）：

$$M_R = f\left(M_{ch}, GDP_p\right) \qquad (4.13)$$

$$A_R = g\left(M_{ch}, GDP_p\right) \qquad (4.14)$$

$$G_R = h\left(M_{ch}, GDP_p\right) \qquad (4.15)$$

式中，A_R 为综合气象灾害的影响人口率；M_R 为综合气象灾害的人口死亡率；G_R 为综合气象灾害的 GDP 损失率。

为建立二元回归模型，本节选取了 EM-DAT 历史灾情数据库中 1980~2009 年共 30 年的 133 个国家（地区）死亡人口、影响人口和经济损失数据作为训练样本，得到了 1980~2009 年因自然致灾因子造成的年均人口死亡率的对数值与国家人均 GDP 或总人口数的自然对数值、国家 M_{ch} 的平均值的二元线性模型，均通过了 0.01 水平的显著性检验（$N=133$），见式（4.16）至式（4.18）所示：

$$\ln\left(M_R\right) = -1.32 \times 10^{-5} \times GDP_p + 6.10 \times \overline{M_{ch}} - 15.48 \qquad (4.16)$$

$$\ln\left(A_R\right) = -1.28 \times 10^{-5} \times GDP_p + 7.20 \times \overline{M_{ch}} - 7.77 \qquad (4.17)$$

$$\ln\left(G_R\right) = -1.02 \times 10^{-5} \times GDP_p + 8.30 \times \overline{M_{ch}} - 7.69 \qquad (4.18)$$

式中，$\overline{M_{ch}}$ 为国家 M_{ch} 的平均值，通过对各个国家格网单元 M_{ch} 进行空间统计得到。同时，用综合气象灾害年期望损失值来表示风险，见式（4.19）至式（4.21）：

$$R_M = POP_{grid} \times e^{\left(-1.32 \times 10^{-5} \times GDP_p + 6.10 \times \overline{M_{ch}} - 15.48\right)} \qquad (4.19)$$

$$R_A = POP_{grid} \times e^{\left(-1.28 \times 10^{-5} \times GDP_p + 7.20 \times \overline{M_{ch}} - 7.77\right)} \qquad (4.20)$$

$$R_G = GDP_{grid} \times e^{\left(-1.02 \times 10^{-5} \times GDP_p + 8.30 \times \overline{M_{ch}} - 7.69\right)} \qquad (4.21)$$

式中，R_M 为综合气象灾害年期望死亡人口风险值，人/a；R_A 为综合气象灾害年期望影响人口风险值，人/a；R_G 为综合气象灾害年期望 GDP 损失风险值，美元/a；GDP_{grid} 为格网单元 GDP 数据，POP_{grid} 为格网单元人口总数数据。

2）评价结果与分析

在 GIS 技术支持下，根据式（4.19）~式（4.21）将数据与人均 GDP 数据进行空间叠加计算，得到世界综合气象灾害年期望死亡人口风险、影响人口风险和 GDP 损失风险，如（图 4.18）~（图 4.20）所示。

为验证死亡人口和影响人口回归模型拟合结果的准确性，本节以 EM-DAT 中 2010~2014

年的实际灾情数据为验证样本，对模型进行验证，如图 4.21（a）和图 4.21（b）所示。

验证结果在 0.01 水平（双侧）呈显著相关（N=123；Person 相关系数分别为 0.898，0.940），证明模型计算死亡人口风险、影响人口风险的结果有较高的可靠性。

本节选择 Germanwatch 的 CRI（1994~2013）作为 GDP 损失风险的验证样本，将最终的 GDP 损失排名和 GDP 损失率排名按照 CRI 的得分计算方法转换为得分，并对排名结果进行秩相关分析，如图 4.22 所示。

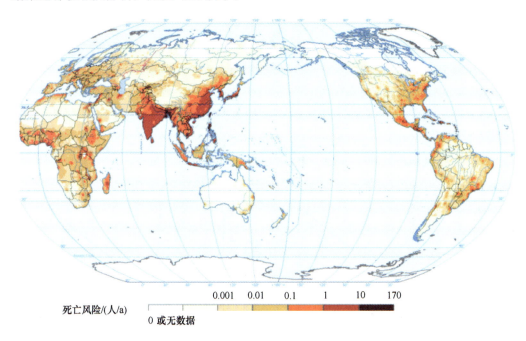

图 4.18　世界综合气象灾害年期望死亡人口风险图（格网单元）

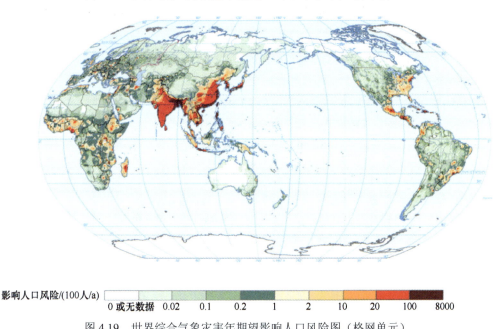

图 4.19　世界综合气象灾害年期望影响人口风险图（格网单元）

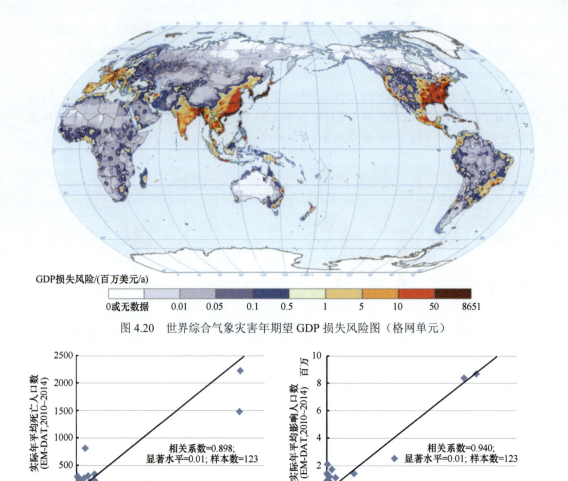

GDP损失风险/(百万美元/a)

0或无数据　0.01　0.05　0.1　0.5　1　5　10　50　8651

图 4.20　世界综合气象灾害年期望 GDP 损失风险图（格网单元）

(a) 死亡人口

(b) 影响人口

图 4.21　Mch 模型计算风险结果与 EM-DAT 真实值对比

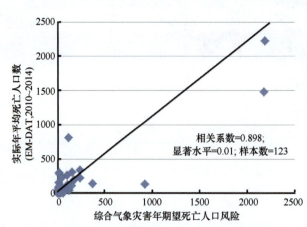

图 4.22　基于 CRI 公式的 GDP 损失风险得分排名与 Germanwatch 2013 CRI 经济损失得分排名对比

验证结果在 0.01 水平（双侧）呈显著相关（*N*=135；Spearman 相关系数为 0.737），证明模型计算 GDP 损失风险的结果有较高的可靠性。

全球气象灾害风险评价格局表明：①中国是全球主要气象灾害风险中的高风险国家，各项主要气象灾害风险排在前 10 位左右，其中全球小麦旱灾期望风险、全球沙尘暴影响畜牧业期望风险、全球冷害影响人口期望风险、全球台风影响人口和影响 GDP 期望风险均排在世界第 1 位。气象灾害对中国的人口、经济、农作物产量影响巨大。②世界人口 GDP 综合气象灾害风险评价展现世界综合气象灾害对人类以及 GDP 两种承灾体造成的影响或损失。从大洲尺度看，世界死亡人口风险值、影响人口风险值较高的地区主要集中在亚洲环太平洋地区和南亚地区，大洋洲最低。世界综合气象灾害年期望 GDP 损失风险值较高的地区主要为亚洲、欧洲和北美洲。中国的年期望死亡人口风险排在第 2 位；年期望影响人口风险排在第 1 位；年期望 GDP 损失风险排在第 1 位。从风险总值来看，中国综合气象灾害影响人口、死亡人口和 GDP 损失均位于世界前列；从损失率来看，中国综合气象灾害影响人口率、死亡人口率和 GDP 损失率均位于世界较高水平。

4.1.3　全球生态风险评价与格局

1. 气候变化背景下全球陆地生态系统脆弱性

理解气候变化对生态系统的影响已经成为全球气候变化与生态系统响应领域的研究热点与难点。本研究主要内容为：①在多气候变化情景支持下，应用 LPJ-DGVM（dynamic global vegetation models，DGVMs）模型模拟未来气候变化对全球陆地生态系统碳循环（NPP、碳通量和异氧呼吸）、水循环（地表径流）、火扰动（火灾损失碳）等关键参数的影响；②揭示受气候变化影响较大的热点地区。

1）方法

LPJ-DGVM 模型以植被功能类型（plant functional types，PFTs）、生物气候变量和生理限制因子为基础模拟各类植被在全球的分布格局（Prentice et al.，1992），在耦合了碳和水循环后发展成为静态生物地理模型（Haxeltine and Prentice，1996；Haxeltine et al.，1996），在增加了自然火对植被的扰动作用后模型趋于完善（Venevsky et al.，2002），最终发展成为全球动态植被模型（Sitch et al.，2003）。LPJ 模型能够模拟植被在小时、日/周、月、年四个时间尺度上的光合作用、呼吸作用、光合产物分配、植被竞争、死亡和个体产生、植被物候和营养物质循环等生物物理化学过程，成为评价气候变化对陆地生态系统影响的主要工具之一（Bondeau et al.，2007；Gerten et al.，2004；Murray et al.，2012；Tagesson et al.，2009）。本节通过 LPJ-DGVM 模型模拟 1900~2060 年 42 个气候变化情景下全球陆地植被类型潜在分布变化以及陆地生态系统碳循环（NPP、碳通量和异氧呼吸）、水循环（地表径流）、火扰动（火灾损失碳）等生态系统关键参数变化，评价气候变化对陆地生态系统的影响，其中碳通量=NPP-（异氧呼吸+火灾损失碳），其他 4 个参数为 LPJ-DGVM 模型直接输出结果。

2）评价结果与分析

（1）植被类型潜在分布。

图 4.23 表示 LPJ-DGVM 模型模拟的全球植被类型在当前（1981~2000 年）及未来（2041~2060 年）气候条件下的空间分布。在未来气候情景下，潜在分布面积相比当前气候条件下有所增加的植被类型包括：热带季雨林、温带常绿针叶林、温带常绿阔叶林、温带落叶阔叶林、寒带落叶阔叶林、草地（C3 途径）和草地（C4 途径）（表 4.7）。热带常绿阔叶林和寒带常绿针叶林的潜在分布面积有所降低（表 4.7）。在空间格局上，

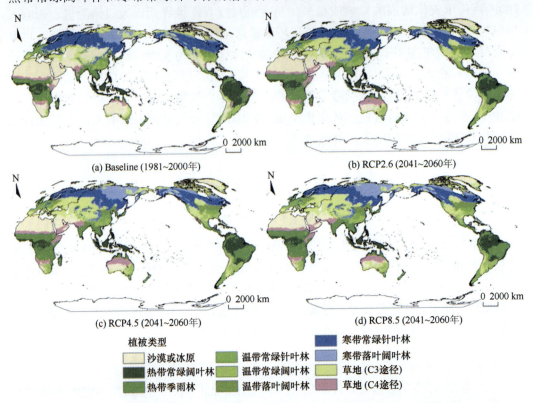

图 4.23　当前（1981~2000 年）和未来（2041~2060 年）气候条件下全球植被类型分布

表 4.7　当前（1981~2000 年）和未来（2041~2060 年）气候条件下全球植被类型面积变化数量

植被类型	基准期 Baseline （1981~2000 年） /万 km²	RCP 2.6 （2041~2060 年） /万 km²	RCP 4.5 （2041~2060 年） /万 km²	RCP 8.5 （2041~2060 年） /万 km²
热带常绿阔叶林	1373	1164（−1522）	1155（−1588）	1129（−1777）
热带季雨林	911	1439（+5796）	1455（+5971）	1530（+6795）
温带常绿针叶林	563	610（+835）	626（+1119）	616（+941）
温带常绿阔叶林	421	551（+3088）	567（+3468）	567（+3468）
温带落叶阔叶林	184	464（+15217）	485（+16359）	516（+18043）
寒带常绿针叶林	2442	2015（−1749）	1951（−2011）	1891（−2256）
寒带落叶阔叶林	1029	1349（+3110）	1370（+3314）	1403（+3635）
草地（C3 途径）	1936	3025（+5625）	3058（+5795）	3178（+6415）
草地（C4 途径）	437	696（+5927）	694（+5881）	674（+5423）

注：括号内数字为植被类型面积变化

热带常绿阔叶林在中美洲、南美洲北部和加勒比海地区分布面积下降较大，部分南美洲北部的热带常绿阔叶林因降雨减少转变为热带季雨林。分布在中国南部、南美洲南部和北美洲南部的温带常绿阔叶林有所减少；温带落叶阔叶林在东欧地区有所增加，在中国华北地区有所减少；温带常绿针叶林在地中海地区退化为草地（C3 途径）。寒带落叶阔叶林和寒带常绿阔叶林均向北扩展。草地（C3 途径）在北美洲中部和欧亚大陆中部将向北扩展，替代了部分寒带常绿针叶林；草地（C4 途径）扩展主要发生在干旱/半干旱区的边缘（图 4.23）。

（2）生态系统关键参数时空特征。

全球 NPP 在当前（1981~2000 年）气候条件下为 51.74 PgC/a（图 4.24），在未来（2041~2060 年）气候情景下增加至 61.60~68.30 PgC/a（图 4.25）。在空间格局上，北美洲、欧亚大陆和非洲的绝大部分地区 NPP 将有所上升，南美洲北部、中美洲和加勒比海地区、地中海地区、西亚、澳大利亚东海岸等地区有所下降（图 4.25）。

全球碳通量在当前（1981~2000 年）气候条件下为 2.27 PgC/a（图 4.24），在未来（2041~2060 年）气候情景下介于 1.83~3.98 PgC/a（图 4.24 和图 4.25）。在空间格局上，碳通量呈现下降趋势的地区包括北美洲高纬度地区、中美洲和加勒比海地区、亚马孙热带雨林、刚果热带雨林、东欧、中国南部地区、俄罗斯北高加索等地区（图 4.25）。全球碳通量总量在 RCP2.6 情景中下降最为剧烈，在 RCP4.5 情景和 RCP8.5 情景中有所增加但不确定性较高（图 4.25）。全球地表径流在当前（1981~2000 年）气候条件下为 37080 km³/a（图 4.24），在未来（2041~2060 年）气候情景下介于 45080~46210 km³/a（图 4.24 和图 4.25）。未来气候情景下地表径流在北美洲和南美洲西部、欧亚大陆、非洲中南部大幅增加，在南美洲北部和东南部、中美洲和加勒比海地区、北美洲东部、地中海地区、澳大

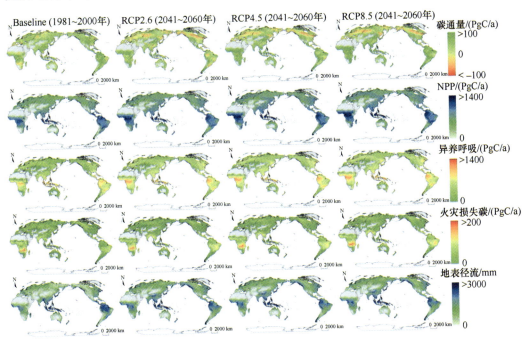

图 4.24　当前（1981~2000 年）和未来（2041~2060 年）气候条件下全球生态系统关键参数

本研究以碳通量、NPP、地表径流减少、异氧呼吸、火灾损失碳增加表征未来气候变化条件下生态系统脆弱性

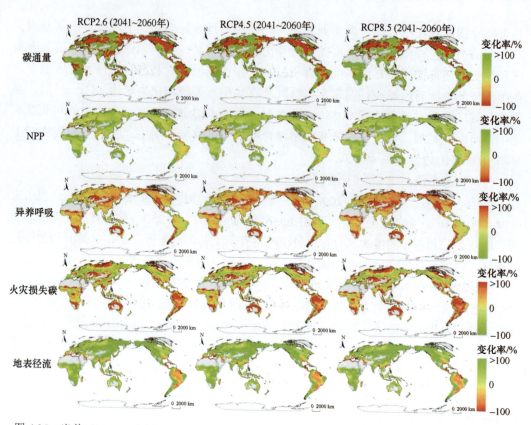

图 4.25 当前（1981~2000 年）和未来（2041~2060 年）气候条件下全球生态系统关键参数变化率

本研究以碳通量、NPP、地表径流减少、异氧呼吸、火灾损失碳增加表征未来气候变化条件下生态系统脆弱性

利亚东海岸和西海岸、非洲西部、中亚、东南亚、中国南方地区、日本等地区减少（图 4.25）。全球异氧呼吸在当前（1981~2000 年）气候条件下为 46.17 PgC/a（图 4.24），在未来（2041~2060 年）气候情景下介于 56.49 PgC/a~60.19 PgC/a（图 4.24 和图 4.25）。全球除南美洲北部、地中海地区、中美洲和加勒比海地区有所降低外，其他地区均有所增加（图 4.25）。全球火灾损失碳总量在当前（1981~2000 年）气候条件下为 3.30 PgC/a（图 4.24），在未来（2041~2060 年）气候情景下介于 3.53~3.91 PgC/a（图 4.24 和图 4.25）。在北美洲高纬度地区、南美洲、欧亚大陆高纬度地区、中国西北部地区、中亚、南亚、非洲中部等地区火灾损失碳均呈现降低趋势，在其他地区呈现增加趋势（图 4.25）。

表 4.8 当前（**1981~2000 年**）和未来（**2041~2060 年**）气候条件下全球生态系统关键参数中值

生态系统关键参数	基准期 Baseline （1981~2000 年）	RCP 2.6 （2041~2060 年）	RCP 4.5 （2041~2060 年）	RCP 8.5 （2041~2060 年）
净第一性生产力（NPP）/（PgC/a）	51.74	61.60（±7.69）	64.72（±8.35）	68.30（±8.96）
碳通量/（PgC/a）	2.27	1.83（±2.49）	3.10（±2.85）	3.98（±3.06）
地表径流/（10^3km^3/a）	37.08	45.08（±5.74）	45.28（±6.32）	46.21（±5.99）
异氧呼吸/（PgC/a）	46.17	56.49（±5.59）	58.20（±6.11）	60.19（±6.58）
火灾损失碳/（PgC/a）	3.30	3.53（±0.48）	3.70（±0.53）	3.91 ±0.55）

2. 土地退化导致的全球生态系统风险评价与制图

对全球水土流失和沙漠化进行危险性、生态系统脆弱性和土地退化导致的生态系统的风险研究，不仅可以从宏观视野上对全球水土流失和沙漠化导致的陆地生态系统环境风险进行评估，更是全面了解全球沙漠化和水土流失对生态系统影响的一种途径，对全球范围内水土流失的治理和防沙治沙工程的实施具有重要意义。

1）方法

（1）致灾因子评价。

基于《环境影响评价技术导则》（HJ/T2.3-93）（环境保护部，1993）中推荐的通用土壤流失方程（USLE）对每个栅格单元的年水土流失量进行预测。通用土壤流失方程表达式如下：

$$A = 0.247 \times R_e \times K_e \times L_i \times S_i \times C_t \times P \tag{4.22}$$

式中，A 为侵蚀模数，是单位面积单位时间的平均土壤流失量，kg/（m²·a）；R_e 为年平均降雨侵蚀因子，反映降雨侵蚀能力的程度；K_e 为土壤可蚀性因子，反映土壤遭受侵蚀力的程度；L_i 为坡长因子，是土壤流失量与特定长度（一般为22.13m）地块的土壤流失量的比率；S_i 为坡度因子，是土壤流失量与特定坡度（9%）地块的土壤流失量的比率；C_t 为地面的植物覆盖因子，是土壤流失量与标准处理地块（顺坡犁翻而无遮蔽的休闲地块）的流失量的比率；P 为侵蚀控制因子，是土壤流失量同没有土壤保持措施的地块（顺坡犁翻的最陡的坡地）的流失量的比率。

风蚀致灾因子危险度评估考虑了影响沙漠化发展的自然和人为因子，通过风蚀气候指数因子和土地利用因子得到。其中，风蚀气候指数采用 FAO 在 1979 年提出的模型[式（4.23）和式（4.24）]。

$$C = \frac{1}{100} \sum_{i=1}^{12} \overline{u^3} \left(\frac{\text{ETP}_i - P_i}{\text{ETP}_i} \right) d \tag{4.23}$$

$$\text{ETP}_i = 0.19(20 + T_i)^2 (1 - r_t) \tag{4.24}$$

式中，u 为 2 m 高空的月均风速；ETP_i 为 i 月潜在蒸发量；P_i 为 i 月降水量；d 为月天数；T_i 为 i 月平均气温；r_i 为 i 月相对湿度。

（2）生态系统脆弱性评价。

水土流失和沙漠化导致的生态系统脆弱性评价是基于 NPP 指标进行的评价，其中 NPP（net primary productivity）即净初级生产力，是指植物光合作用所固定的光合产物中扣除植物自身的呼吸消耗部分，也称第一性生产力，其值越高，沙漠化的脆弱性越低。所以承灾体脆弱性的计算方法是将 2000~2012 年 NPP 均值取倒数（单位是 kg·C/（hm²·a），由于 NPP 值均较大，因此取倒数后多约为 0），然后再次计算 NPP 值的变异系数，变异系数越大，越脆弱。将均值倒数和变异系数相加来表示 NPP 的脆弱性，其中沙漠化生态系统脆弱性是在 NPP 脆弱性的基础上计算土壤可蚀性，将二者归一化后，加和作为沙漠化承灾体的脆弱性。

（3）风险评价。

在致灾因子评价和生态系统脆弱性评价的基础上，根据二度风险评价模型得到水土流失生态系统风险的评价方法（图 4.26）。

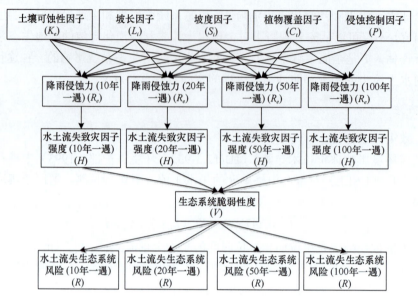

图 4.26 水土流失导致的生态系统风险评价方法

2）评价结果与分析

（1）水土流失导致的生态系统风险。

基于水土流失风险评价方法得到水土流失导致的陆地生态系统年遇型风险，如图 4.27 所示。

图 4.27 全球水土流失导致的陆地生态系统年遇型风险

水土流失风险高值区主要分布在坡度较高的区域，亚洲主要分布在喜马拉雅山脉、黄土高原、云贵高原等区域，非洲主要分布在东非大裂谷，美洲分布在科迪勒拉山系，欧洲主要分布在阿尔卑斯山脉，其中 50 年一遇的风险高值区比 10 年一遇的高值区更高，范围更大。

（2）沙漠化导致的生态系统风险。

从沙漠化危险度、孕灾环境不稳定性和陆地生态系统脆弱性三个方面，根据风险评价模型，完成全球沙漠化导致的陆地生态系统环境风险评价（图 4.28）。

(a) 10年一遇　　　　　　　　　　　　　(b) 50年一遇

图 4.28　全球沙漠化导致的陆地生态系统环境风险评价图

沙漠化风险最高的国家和地区主要有澳大利亚、哈萨克斯坦、蒙古国、土库曼斯坦、索马里、毛里塔尼亚等国家；而较高沙漠化风险水平的国家和地区主要有加拿大、阿根廷、沙特阿拉伯、苏丹、乍得和南非地区；俄罗斯、美国、中国、巴西、印度、阿尔及利亚等国家和地区沙漠化风险水平处于中等位置；较低和低风险地区则主要分布在秘鲁、墨西哥以及非洲刚果盆地、地中海沿岸等国家和地区。

高、较高、中、较低和低等级风险水平的陆地面积占全球陆地面积的比例依次为3.18%、6.69%、8.78%、5.08%、6.87%，累计 30.6 %。GLASOD 项目（1991）研究得出全世界有 20%的旱区（不含极度干旱地区）正遭受人为引起的荒漠化影响。USDA（1995）认为存在风蚀风险的陆地占全球陆地面积的比例为 19.13%。以上结果均小于本研究得到的沙漠化风险陆地面积比例。2005 年 MEA 发布的《生态系统与人类福祉：荒漠化综合报告》中指出，全世界荒漠化土地占陆地面积的 40%~80%，又远远大于本研究沙漠化风险评价范围。上述结果表明，全球受沙漠化影响的陆地面积的估算也存在显著差异。

3. 土地退化导致的世界农田生态系统风险评价

有权威机构对土地退化风险进行深入研究，但综合考虑水蚀、风蚀以及盐渍化风险的研究较少。在土地退化风险中的水土流失、沙漠化、盐渍化单一风险研究中，以定性评价为主。对于水蚀、风蚀和盐渍化的致灾机理、致灾监测和危险性评价的研究较多，针对风险评价本身的研究较少。此外，在全球尺度上，对农作物所承受的水蚀风险、风蚀风险和盐渍化风险的研究也相对不足。

1）方法

（1）致灾因子评价。

土地退化风险评价是通过水土流失风险、沙漠化风险、盐渍化风险的基础上综合得到的。其中水土流失风险评价和沙漠化风险评价是通过 APEX 模型定量计算，并配合本地化的参数研究某一区域的侵蚀与生产力关系。APEX 模型有气象、水文、水蚀、养分、土温、作物生长、耕作、作物环境管理以及经济等 9 个模块。APEX 水蚀模拟模块组件计算降雨、径流和灌溉（喷灌和犁沟）引起的水蚀。为了计算降雨和径流引起的水蚀，APEX 包括 7 个公式，其中 MUSLE erosion（modified universal soil loss equation）是一个新的理论公式，从含沙量发展而来，MUSLE 及其变化只使用径流变量来模拟侵蚀和产沙量，径流变量增加了预测精度，消除了需要传送率（USLE 中用来估计产沙量），并使用方程估计出单一的沉积收益率。本书选择了 MUSLE 公式作为水土流失量的模拟公式，同时选择 WECS 方程作为风蚀量计算公式［式（4.25）~式（4.26）］。

$$Y = X \times EK \times CVF \times PE \times SL \times ROKF \qquad (4.25)$$

$$X = 1.586 \times (Q \times q_p)^{0.56} \times WSA^{0.12} \qquad (4.26)$$

式中，Y 为产沙量，单位是 t/ha；EK 为土壤侵蚀因子；CVF 为作物管理因子；PE 为侵蚀控制实践因子；SL 为坡长数据；ROKF 为粗糙破碎因子；Q 为径流量，mm；q_p 为径流峰值点，mm/h；WSA 为流域的面积，hm^2。

基于 APEX 模型，通过控制侵蚀变量法，设定不同侵蚀量模拟实验，而控制其他因素不变，从而研究不同侵蚀量对生产力的影响，进而研究水土流失生产力风险和沙漠化风险评价。

对于盐渍化风险评价，采用 EPIC 模型模拟了作物的盐分胁迫值，盐分胁迫值是基于作物的灌溉条件和原有的土壤条件，计算最终土壤盐分浓度对作物造成的产量损失。采用控制灌溉水含盐量情景来构建脆弱性曲线，因此需要剔除其他减产因子。在 EPIC 模型模拟中，有三个主要方面会造成作物减产，模拟中采取相应措施进行规避。一是田间管理措施，包括病虫害、管理失误等，这方面的因素在模拟时会被默认排除；二是土壤侵蚀状况，主要为水蚀和风蚀，将模型中水蚀和风蚀版块关闭，在模拟过程中不考虑水蚀和风蚀的影响；三是环境胁迫要素，包括温度胁迫、养分胁迫（氮、磷、钾）、水分胁迫和通气胁迫。

由盐分胁迫值的计算公式可知，盐分是通过土壤初始含盐量和灌溉水分含盐量参与到盐渍化致灾过程中的，而影响作物减产的是最终的土壤盐分含量。因此在模型模拟中，我们设定土壤初始盐分浓度即电导率为 0，设置灌溉水的盐分浓度梯度，以得到最优产量情景和极端产量损失情景。在每个格网内，样本生成的过程分为两个步骤：①控制灌溉水盐分浓度从 0 增加到极端产量损失情景，设定浓度均匀增加的 25 个情景，使用 EPIC 模型进行作物产量模拟，得到对应的盐渍化致灾强度与产量的组合样本。②计算每个产量的损失率，结合该格网环境属性，形成 25 个＜致灾，损失＞样本。通过预实验可得知，当浓度达到 7680 ppm（ppm=10^{-6}）时，作物基本绝产，因此灌溉水盐分浓度设为 7680 ppm。

（2）构建脆弱性曲线。

土地退化风险评价中，以＜致灾，损失＞样本中的致灾和损失构建脆弱性曲线。曲线模型为式（4.27）：

$$LR = \frac{\{a/[1+b \times \exp(c \times SI)] - a/(1+b)\}}{\{a/[1+b \times \exp(c)] - a/(1+b)\}} \times d \qquad (4.27)$$

式中，a、b、c、d 为脆弱性曲线模型中的参数；LR 为作物产量损失率，%，可以看出该关系为 logistic 形状的脆弱性曲线。

2）评价结果与分析

土地退化综合风险由单一土地退化风险综合而来，其中单一土地退化风险包括农田水土流失风险、沙漠化风险、盐渍化风险。

（1）世界农田水土流失风险评价。

根据农田水土流失风险评价方法得到RCP2.6和RCP8.5浓度情景下世界农田水土流失风险评价结果（图4.29）。

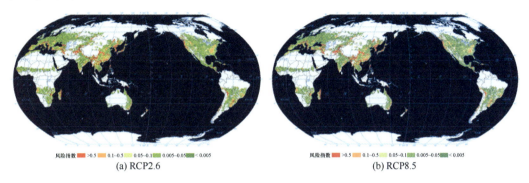

(a) RCP2.6　　　　　　　　　　　　(b) RCP8.5

图4.29　世界农田水土流失风险（RCP2.6和RCP8.5）

从图上可以看出，世界农田水土流失风险高值区明显集中在南欧、喜马拉雅山南坡、中国黄土高原和云贵高原、中国东北平原的东侧山地和西侧山地，相较于水土流失量，农田水土流失风险更加集中。东北平原和华北平原以及长江中下游平原、美国中央大平原、欧洲北部水土流失风险相对较小。不同浓度下，水土流失量的风险格局差异不大。

（2）世界农田沙漠化风险评价。

根据研究方法，得到RCP2.6和RCP8.5浓度情景下世界农田沙漠化风险（图4.30）。

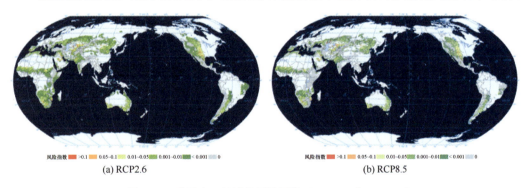

(a) RCP2.6　　　　　　　　　　　　(b) RCP8.5

图4.30　世界农田沙漠化风险评价（RCP2.6和RCP8.5）

从世界农田沙漠化风险评价结果来看，高值区主要出现在几个沙漠边缘，主要有非洲东非大裂谷南部区域、中亚和中国内蒙古、美国西部以及南美洲部分区域。沙漠化对农田生产力影响普遍不高。虽然不同浓度下沙漠化致灾因子危险性格局差异大，但农田沙漠化风险在不同浓度下差异小，这与风蚀量与产量的脆弱性关系不明显有着一定关系。由于脆弱性差异小，世界农田沙漠化风险值相对偏低，同时不同浓度下农田沙漠化风险结果偏低，差异较小。

（3）世界农田盐渍化风险评价。

风险计算基于 $R=H \times V$ 模型，根据已有的致灾强度（SI）概率曲线和脆弱性曲线，二者相乘得到产量损失率（LR）的概率分布曲线。根据固定超越概率0.9对应10年一遇，0.95 对应 20 年一遇，0.98 对应 50 年一遇，0.99 对应 100 年一遇，积分得到不同年遇型的玉米盐渍化风险值。对 $LR \cdot f(LR)$ 函数进行积分，则得到盐渍化期望风险值，也即在 LR 的 0~1 区间内，对 LR 及其对应概率乘积进行积分。据此，编制玉米盐渍化风险图（图 4.31）。

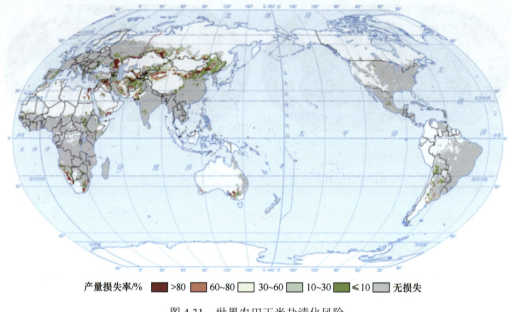

产量损失率/%　■ >80　■ 60~80　□ 30~60　■ 10~30　■ ≤10　■ 无损失

图 4.31　世界农田玉米盐渍化风险

（4）土地退化综合风险评价。

土地退化综合风险是由世界农田水土流失期望风险、沙漠化期望风险、盐渍化期望风险三者通过等权重叠加计算的。由于三种单一风险承灾体选择玉米，最终的期望风险是玉米的损失率，因此三者可以通过等权重叠加，从而得到世界农田土地退化综合风险评价结果。根据巴黎协定，全球平均气温升高幅度拟控制在 2℃内，与 RCP2.6 最接近，因此选择 RCP2.6 下的水蚀风险、风蚀风险、盐渍化风险，从而得到世界农田土地退化综合风险（图 4.32）。

从图 4.32 可以看出，干旱半干旱区域土地退化风险类型多样，损失严重，亚洲是土地退化类型最多、损失最重的大洲。其中水蚀、风蚀和盐渍化均发生的区域主要分布在中国农牧交错带和中亚的部分区域；风水复合风险主要在中国农牧交错带、欧洲、非洲南部、美国西部等区域；风蚀和盐渍化区域重合较多，主要分布在干旱半干旱区域。从土地退化风险的损失来看，中国北方和中亚、西亚是土地退化损失最严重的区域。

综上所述，全球土地利用与土地覆盖变化风险格局表明：亚马孙热带雨林、干旱/半干旱地区和地中海地区是受气候变化不利影响较大，生态系统脆弱性较高的地区；干旱半干旱区域土地退化农田生态风险类型多样，损失严重，亚洲是土地退化类型最多，损失最重的大洲。在土地退化导致的生态系统和农田生态系统平均风险中，中国处在世界中等水平和中高水平。从风险总值来看，中国农田土地退化生态系统风险排世界第 1 位，处在世界高水平。

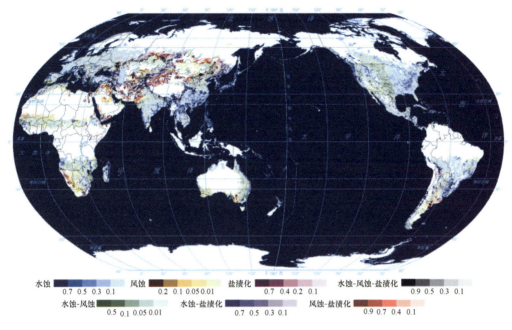

水蚀 0.7 0.5 0.3 0.1　　风蚀 0.2 0.1 0.05 0.01　　盐渍化 0.7 0.4 0.1　　水蚀-风蚀-盐渍化 0.9 0.5 0.3 0.1

水蚀-风蚀 0.5 0.1 0.05 0.01　　水蚀-盐渍化 0.7 0.5 0.3 0.1　　风蚀-盐渍化 0.9 0.7 0.4 0.1

图 4.32　世界农田土地退化综合风险

4.1.4　中国在世界环境风险中的位置

1. 中国在全球主要气象灾害风险格局中的位置

根据全球主要气象灾害国家单元风险评价格局，对国家单元进行排名，给出各气象灾害中排在前 10%的国家，并给出中国在各气象灾害格局中的位置，如表 4.9 所示。

表 4.9　中国在全球主要气象灾害风险格局中的位置

	灾害名称	前 10%国家排名
旱灾风险	全球玉米旱灾期望风险	美国、中国、俄罗斯、巴西、西班牙、阿富汗、肯尼亚、阿根廷、墨西哥、土耳其、乌克兰、哈萨克斯坦、南非、坦桑尼亚和伊拉克
	全球小麦旱灾期望风险	中国、俄罗斯、美国、哈沙克斯坦、加拿大、肯尼亚、蒙古国、巴基斯坦、墨西哥、智利和南非
	全球水稻旱灾期望风险	阿富汗、中国、西班牙、巴基斯坦、印度、坦桑尼亚、巴西、俄罗斯、布基纳法索、澳大利亚和哈萨克斯坦
热害风险	全球热害死亡人口期望风险	印度、巴基斯坦、美国、伊拉克、俄罗斯、乌克兰、西班牙、中国、德国、土耳其、法国、伊朗和波兰
洪水风险	全球洪水死亡人口期望风险	孟加拉国、中国、印度、柬埔寨、巴基斯坦、巴西、尼泊尔、荷兰、印度尼西亚、美国、越南、缅甸、泰国、尼日利亚和日本
	全球洪水经济损失期望风险	美国、中国、日本、荷兰、印度、德国、法国、阿根廷、孟加拉国、巴西、英国、泰国、缅甸、柬埔寨和加拿大
风暴潮风险	全球风暴潮影响人口期望风险	孟加拉国、印度、中国和越南
	全球风暴潮影响 GDP 期望风险	美国、中国和日本

	灾害名称	前10%国家排名
沙尘暴风险	全球沙尘暴影响人口期望风险	巴基斯坦、美国、印度、沙特阿拉伯、苏丹、马里、布基纳法索、埃塞俄比亚、也门和中国
	全球沙尘暴影响GDP期望风险	美国、沙特阿拉伯、巴基斯坦、印度、西班牙、伊朗、苏丹、伊拉克、阿尔及利亚、中国和埃及
	全球沙尘暴影响畜牧业期望风险	中国、巴基斯坦、苏丹、马里、印度、蒙古国、阿尔及利亚、美国、毛里塔尼亚、伊朗和布基纳法索
冷害风险	全球冷害影响人口期望风险	中国、印度、美国、俄罗斯、巴基斯坦、孟加拉国、巴西、墨西哥、德国、埃及、日本、韩国、伊朗、英国、土耳其和乌克兰
台风风险	全球台风影响人口期望风险	中国、菲律宾、日本、美国、越南和韩国
	全球台风影响GDP期望风险	中国、菲律宾、日本、美国、越南和韩国

从表4.9中可以看出，在全球主要气象灾害风险中，中国处在世界较高水平，各项主要气象灾害风险排在前10位左右，其中全球小麦旱灾期望风险、全球沙尘暴影响畜牧业期望风险、全球冷害影响人口期望风险、全球台风影响人口和影响GDP期望风险均排在世界第1位。气象灾害对中国人口、经济、农作物产量的影响非常大，中国需要加强和提高气象灾害风险防范水平和力度。

2. 中国在世界人口GDP综合气象灾害风险格局中的位置

在格网单元风险结果计算的基础上，按照国家或地区的行政界线进行空间统计分析，计算了全球各个国家各项评价结果的排名情况，分析了中国在各项排名中的位置（表4.10和表4.11），包括：综合气象灾害年期望强度指数排名、气象灾害人口和GDP暴露排名、以及综合气象灾害年期望死亡人口风险、影响人口风险和GDP损失风险排名。除突出中国的排名之外，本书同时列出排在前15名（约占评价国家总数的前10%）的高风险国家。

表4.10 综合气象灾害年期望死亡人口、影响人口与GDP损失风险排名表（前15名）

排名	国家名称	年期望死亡人口风险总值/(人/a)	排名	国家名称	年期望影响人口风险总值/(百万人/a)	排名	国家名称	年期望GDP损失风险总值/(亿美元/a)
1	印度	2194	1	中国	7.89	1	中国	758.51
2	中国	2181	2	印度	7.25	2	日本	749.32
3	孟加拉国	927	3	孟加拉国	3.60	3	美国	491.37
4	菲律宾	726	4	菲律宾	3.34	4	菲律宾	234.70
5	越南	374	5	越南	1.46	5	印度	115.68
6	美国	243	6	日本	0.95	6	韩国	59.62
7	日本	242	7	美国	0.79	7	墨西哥	40.80
8	印度尼西亚	181	8	印度尼西亚	0.51	8	巴西	37.25
9	巴西	156	9	墨西哥	0.47	9	越南	37.22
10	墨西哥	152	10	韩国	0.46	10	孟加拉国	28.98
11	韩国	126	11	巴西	0.44	11	印度尼西亚	25.16
12	缅甸	125	12	缅甸	0.44	12	泰国	24.57
13	巴基斯坦	122	13	泰国	0.33	13	德国	23.64
14	尼日利亚	110	14	巴基斯坦	0.32	14	缅甸	21.27
15	泰国	104	15	尼日利亚	0.29	15	法国	18.66

表 4.11　综合气象灾害年期望死亡人口率、影响人口率与 GDP 损失率排名表（前 15 名）

排名	国家名称	年期望死亡人口率/[人/（百万人·a）]	排名	国家名称	年期望影响人口率/[人/（千人·a）]	排名	国家名称	年期望 GDP 损失率/（%/a）
1	菲律宾	6.87	1	菲律宾	31.55	1	菲律宾	7.53
2	孟加拉国	4.16	2	孟加拉国	16.14	2	孟加拉国	3.05
3	越南	3.56	3	越南	13.83	3	越南	2.68
4	老挝	2.61	4	老挝	9.49	4	不丹	1.66
5	韩国	2.47	5	韩国	8.98	5	新喀里多尼亚	1.66
6	马达加斯加	2.40	6	新喀里多尼亚	8.91	6	老挝	1.62
7	伯利兹	2.38	7	伯利兹	8.49	7	韩国	1.62
8	新喀里多尼亚	2.38	8	马达加斯加	8.47	8	日本	1.60
9	多米尼加	2.08	9	日本	8.13	9	马达加斯加	1.53
10	日本	2.08	10	多米尼加	7.19	10	伯利兹	1.50
11	缅甸	2.02	11	缅甸	7.08	11	中国	1.33
12	巴布亚新几内亚	1.88	12	巴布亚新几内亚	6.40	12	多米尼加	1.24
13	危地马拉	1.76	13	不丹	6.09	13	缅甸	1.16
14	不丹	1.75	14	危地马拉	5.86	14	巴布亚新几内亚	1.12
15	朝鲜	1.60	15	中国	5.44	15	危地马拉	0.94
……	……	……						
19	中国	1.50						

世界综合气象灾害年期望死亡人口风险值、影响人口风险值较高的地区主要集中在亚洲环太平洋地区，其中中国的年期望死亡人口风险值为 2181 人/a，排在第 2 位；死亡人口率为 1.50 人/（百万人·a），排在第 19 位；年期望影响人口风险值为 7.89 百万人/a，排在第 1 位；年期望影响人口率为 5.44 人/（千人·a），排在第 15 位。世界综合气象灾害年期望 GDP 损失风险值较高的地区主要为亚洲、欧洲和北美洲地区。其中中国的年期望 GDP 损失风险值为 758.51 亿美元/a，排在第 1 位；GDP 损失率为 1.33%/a，排在第 11 位。

与暴露值的相对排名相比，具有绝对意义的排名能够更加准确、客观地反映中国在全球气象灾害风险格局中的位置，可以总结为：从风险总值来看，中国综合气象灾害影响人口、死亡人口和 GDP 损失均位于世界前列；从损失率来看，中国综合气象灾害影响人口率、死亡人口率和 GDP 损失率位于世界较高水平。

3. 中国在全球土地退化生态风险格局中的位置

对水土流失、沙漠化、盐渍化以及土地退化综合的陆地生态系统风险按照国家单元进行排名，给出前十位的国家，并给出中国在全球土地退化生态风险格局中的位置，如表 4.12 所示。

从表中可以看出，在水土流失和沙漠化生态系统平均期望风险中，中国处在世界中等水平，而在水土流失和沙漠化、盐渍化和土地退化综合农田生态系统平均期望风险中，中国处在世界中高水平。在水土流失和沙漠化、盐渍化和综合土地退化

表 4.12 中国在全球主要生态风险格局中的位置

灾害名称		前 10 位国家	中国排名
水土流失	全球水土流失生态系统 10 年一遇风险	萨尔瓦多、黑山、哥斯达黎加、马达加斯加、危地马拉、阿尔巴尼亚、布隆迪、洪都拉斯、莱索托、巴拿马	77
	全球水土流失生态系统 20 年一遇风险	萨尔瓦多、黑山、哥斯达黎加、马达加斯加、危地马拉、洪都拉斯、阿尔巴尼亚、海地、布隆迪、莱索托	74
	全球水土流失生态系统 50 年一遇风险	黑山、阿尔巴尼亚、萨尔瓦多、马达加斯加、洪都拉斯、波斯尼亚和黑塞哥维那、哥斯达黎加、布隆迪、危地马拉、尼加拉瓜	70
	全球水土流失生态系统 100 年一遇风险	黑山、马达加斯加、哥斯达黎加、布隆迪、萨尔瓦多、阿尔巴尼亚、波斯尼亚和黑塞哥维那、海地、韩国	65
	全球水土流失农田生态系统期望平均风险	新喀里多尼亚、帕莱斯蒂纳、牙买加、斐济、所罗门群岛、黑山、菲律宾、巴布亚新几内亚、东帝汶、韩国	55
	全球水土流失农田生态系统期望总量风险	中国、美国、印度、俄罗斯、缅甸、阿富汗、巴西、土耳其、马达加斯加、伊朗	1
沙漠化	全球沙漠化生态系统风险	蒙古国、哈萨克斯坦、毛里塔尼亚、土库曼斯坦、冈比亚共和国、索马里、塞内加尔、澳大利亚、尼日尔	45
	全球沙漠化农田生态系统期望风险	塞浦路斯、牙买加、伊拉克、乌兹别克斯坦、土库曼斯坦、多米尼加、沙特阿拉伯、利比亚、科威特、阿拉伯联合酋长国	43
	全球沙漠化农田生态系统期望总量风险	美国、哈萨克斯坦、澳大利亚、中国、墨西哥、阿根廷、南非、伊拉克、土库曼斯坦、乌兹别克斯坦	4
盐渍化	全球盐渍化农田生态系统期望风险	埃及、土库曼斯坦、乌兹别克斯坦、也门、伊拉克、纳米比亚、科威特、亚美尼亚、叙利亚、索马里	19
	全球盐渍化农田生态系统期望总量风险	中国、俄罗斯、哈萨克斯坦、亚美尼亚、伊朗、澳大利亚、巴基斯坦、土库曼斯坦、纳米比亚、乌兹别克斯坦	1
土地退化综合	全球土地退化综合农田生态系统期望平均风险	牙买加、新喀里多尼亚、帕莱斯蒂纳、斐济、所罗门群岛、黑山、菲律宾、埃及、巴布亚新几内亚、东帝汶	47
	全球土地退化综合农田生态系统期望总量风险	中国、俄国、美国、哈萨克斯坦、伊朗、澳大利亚、阿根廷、印度、阿富汗、巴基斯坦	1

风险总值中,中国均处于世界土地退化风险高水平,其中水蚀、盐渍化和综合土地退化的风险总值居世界第 1 位。土地利用及土地覆盖变化尤其是土地退化对中国的生态系统特别是农田生态系统影响巨大,中国需要加强农田土地退化风险防范水平和力度。

4.2 中国环境风险与气候灾害各要素的时空变化

研究由于全球变化引起的我国环境风险相关要素(气候要素趋势变化、极端气候事件、土地利用/土地覆盖、城市化、农业生态系统与自然生态系统状况、人群分布等)在各时间段的变化和变异特征,阐明其对我国综合环境风险变化趋势、时空分布格局分异规律等的影响,重点分析中国综合环境风险大尺度、长时期的变化趋势,甄别区域综合环境风险形成的主导驱动因子,利用环境风险与气候灾害风险评估模型对我国综合环境风险和气候灾害风险进行评估,厘定综合环境风险和气候灾害风险等级,识别我国综合环境和气候灾害的高风险区。

4.2.1　中国农业系统风险

1. 数据资料与方法

气候变化对粮食生产影响评估的方法主要包括人工控制实验、农作物模型模拟和基于历史观测资料的统计分析三类（Lobell and Schlenker，2011）。近些年来，随着计算机技术的发展，基于农作物模型模拟的方法评估气候变化对粮食生产的影响逐渐兴起。该评估方法是通过气候模式输出的未来气候条件数据与农作物模型耦合实现的。受限于科学认知和技术水平，尚未有被学术界一致认可的气候模型和农作物模型。目前已有的数十种气候模型和农作物模型均有其自身的优点和不足之处，模拟结果之间尚存较大差异。研究表明，多个模型模拟结果的中值或均值较单个模型模拟值与观测值较为接近（Dirmeyer et al.，2006；Guo et al.，2007；Asseng et al.，2013）。因此，采用多个气候模型数据驱动多个作物模型，能够相对准确地评估气候变化对粮食产量的影响（杨绚等，2014；Asseng et al.，2013；Rosenzweig et al.，2014）。目前，中国学者在基于农作物模型模拟的气候变化对粮食生产影响评估方面已开展了大量的研究工作（张宇等，2000；熊伟等，2008；郝兴宇等，2010；马玉平等，2015），但主要以基于单个作物模型或气候模型研究为主（熊伟等，2001；崔巧娟，2005；林德根，2013）。因此，开展基于多气候模型-多作物模型的农作物产量变化评估及不确定性分析，对准确评估气候变化对中国粮食产量影响具有重要意义。

本研究选择中国三种主要粮食作物玉米、水稻和小麦，以及一种油料作物大豆，基于 Inter-Sectoral Impact Model Intercomparison Project（ISI-MIP）提供的单产模拟数据，分析 RCP 8.5 情景下 21 世纪中国及各区域 4 种农作物产量变化，评估气候变化给 4 种主要农作物和粮食产量带来的减产风险，同时分析了造成风险不确定的因素。

1）数据资料

中国农业生态系统风险评价涉及的数据包括：主要农作物（玉米、水稻、大豆和小麦）模拟单产（1981~2099 年）、雨养和灌溉面积比例、2010 年中国土地利用数据三类。

主要农作物模拟单产包括四个作物模型的模拟结果，由 ISI-MIP 机构提供，空间分辨率为 0.5°×0.5°，包括灌溉和雨养条件下的单产两类（Warszawski et al.，2014）。四个农作物模型分别是美国得克萨斯农工大学的 EPIC、瑞士联邦理工学院的 GEPIC、美国佛罗里达大学的 pDSSAT、英国 Tyndall 气候变化研究中心的 PEGASUS。其中，EPIC 模型单产在 2066~2068 年缺失；PEGASUS 未提供水稻的模拟单产。4 个作物模型在模拟单产时均考虑 CO_2 的肥效作用。作物模型的气候驱动数据是五个全球气候模式（GCM）（表 4.13）所提供的历史时期（1971~2005 年）和未来 RCP 8.5 情景下（2006~2099 年）各气象要素（如最高气温、最低气温、平均气温和降水等）。五个气候模式分别是美国普林斯顿大学/地球物理流体动力学实验室的 GFDL-ESM2M、英国气象局哈德利研究中心的 HadGEM2-ES、法国皮埃尔-西蒙·拉普拉斯研究所的 IPSL-CM5A-LR、日本东京大学的 MIROC-ESM-CHEM 和挪威气候中心的 NorESM1-M。

表 4.13　研究所涉及的气候模型（GCMs）和作物模型（GGCMs）

	名称	数据提供机构	参考文献
GCMs	HadGEM2-ES	Met Office Hadley Centre	Jones et al.，2011
	IPSL-CM5A-LR	Institute Pierre-Simon Laplace	Mignot and Bony，2013
	MIROC-ESM-CHEM	Japan Agency for Marine-Earth Science and Technology，Atmosphere and Ocean Research Institute（The University of Tokyo），and National Institute for Environmental Studies	Watanabe et al.，2011
	GFDL-ESM2M	Geophysical Fluid Dynamics Laboratory	Dunne et al.，2012，2013
	NorESM1-M	Norwegian Climate Centre	Bentsen et al.，2013；Iversen et al.，2013
GGCMs	EPIC	BOKU，University of Natural Resources and Life Sciences，Vienna	Williams，1995；Izaurralde et al.，2006
	GEPIC	EAWAG；Swiss Federal Institute of Aquatic Science and Technology	Williams et al.，1990；Liu et al.，2007
	pDSSAT	University of Chicago Computation Institute	Elliott et al.，2013；Jones et al.，2003
	PEGASUS	Tyndall Centre，University of East Anglia UK/McGill University，Canada	Deryng et al.，2011）

注：EPIC：Environmental Policy Integrated Climate Model（originally the Erosion Productivity Impact Calculator）；GEPIC：Geographic Information System（GIS）-based Environmental Policy Integrated Climate Model；pDSSAT：parallel Decision Support System for Agro-technology Transfer；PEGASUS：Predicting Ecosystem Goods and Services Using Scenarios model

主要农作物雨养和灌溉面积比例数据（MIRCA2000）是由 Institut für Physische Geographie，Goethe- Universität（http://www.uni-frankfurt.de/45218031）提供。MIRCA2000 的参考时期为 1998~2002 年，空间分辨率为 5'（Portmann et al.，2010）。ISI-MIP 把 MIRCA2000 处理成了空间分辨率为 0.5°×0.5°的数据（Warszawski et al.，2014）。2010 年中国土地利用数据由中国科学院地理科学与资源研究所提供，空间分辨率为 1km。在评估过程中，采用 ArcGIS 的重采样工具把数据空间分辨处理为 1km。

2）研究方法

每个格网单元或区域某种作物的单产是通过对灌溉和雨养条件下单产加权计算得到的。计算公式为式（4.28）。

$$Y = \left(Y_{\text{Irr}} \times A \times W_{\text{Irr}} + Y_{\text{Rain}} \times A \times W_{\text{Rain}}\right) \big/ \left(A \times W_{\text{Irr}} + A \times W_{\text{Rain}}\right) \quad (4.28)$$

式中，Y 为格网单元或区域某作物的单产；Y_{Irr} 为灌溉条件下该格网或区域的单产；W_{Irr} 为该作物灌溉面积百分比；Y_{Rain} 为该作物雨养条件下的单产；W_{Rain} 为该作物雨养面积百分比；A 为该格网或者区域的面积。

本节将农业产量定义为格网单元或区域内所有种植作物所含的卡路里之和，主要包括玉米、水稻、大豆和小麦 4 种农作物。计算公式为式（4.29）。

$$P = \sum_{i=1}^{4}(Y_{\text{Irr},i} \times A \times W_{\text{Irr},i} + Y_{\text{Rain},i} \times A \times W_{\text{Rain},i}) \times \text{Cal}_i \quad (4.29)$$

式中，P 为格网单元或区域内农业产量；Cal_i 为第 i 种作物所含的卡路里；i 为作物种类数，为 1~4。玉米、水稻、大豆和小麦所含卡路里分别为：3560、3570、3350 和 3330 cal/kg（Cassidy et al.，2013）。

为分析未来单产变化趋势，分别计算了中国及不同区域各作物 30 年滑动平均单产相对于历史时期（1981~2010 年）的变率（Rate）。玉米、大豆和小麦共有 20 个 GCM-GGCMs 组合；水稻共有 15 个 GCM-GGCMs 组合。以省界为标准将中国划分为 8 个区，分别是：东北、华北、华东、华南、华中、西南、西北和新疆。将模拟单产数据重采样为 1km 格网，与土地利用数据中的耕地数据融合，得到各作物的种植范围。图 4.33 给出了分区界线，以及 4 种主要作物的种植面积比例。中国玉米种植区主要集中在东北和华北地区；水稻主要集中在华东、华中和华南；大豆主要集中在东北和华北的部分地区；小麦主要集中在华北以及华东的北部。

为分析气候变化下中国主要作物和农业的风险，分别计算了不同时期 1km×1km 格网单元的所有模型组合 Rate 的中值（MRate）。本节将未来统一划分为三个时段：近期（2011~2040 年）、中期（2041~2070 年）和远期（2071~2099 年）。结合农业部门和民政部门减灾活动需要（邓国等，2002；吴绍洪等，2011），风险等级定义如下：MRate >0 为无风险；−5%<MRate<0 为较低；−10%<MRate<−5%为低；−15%<MRate<−10% 为中；−20%<MRate<−15%为高；MRate<−20%为极高。

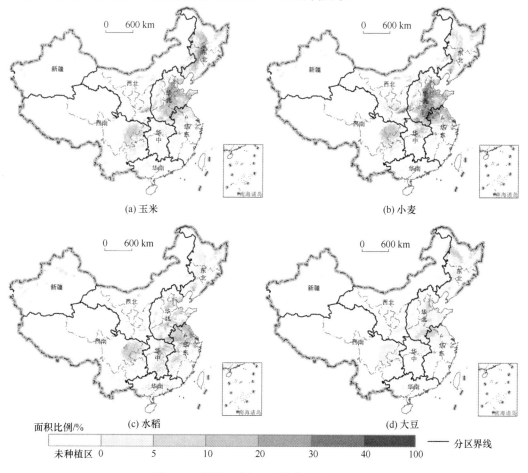

图 4.33　中国 4 种主要农作物种植面积比例

本节定义气候变化下作物单产的高风险区为 MRate 小于−10%，且 75%分位的 Rate 小于 0；高适应区为 MRate 大于 10%，且 25%分位的 Rate 大于 0。此外，为分析风险评估的不确定性，计算了三个时段农业产量 MRate 在 GCM-GGCMs，GCMs 和 GGCMs 组合中的标准方差。GCMs 模型的不确定性为 4 个作物模型 GCMs 标准方差的平均值；GGCMs 模型的不确定性为 5 个气候模型 GGCMs 标准方差的平均值。

2. 农作物单产风险

1）21 世纪不同区域作物单产变化趋势

图 4.34 给出了气候变化下 21 世纪中国及各区 4 种主要农作物单产变化趋势。就整个中国而言，未来水稻和大豆单产持续增加；在 1995~2025 年，二者增加幅度相似；2025 年之后，大豆增产幅度大于水稻；21 世纪末，水稻和大豆单产增加约为 8%和 11%。玉米和小麦单产在 2025 年前基本保持不变；2025 年之后呈先增加后减少的趋势；21 世纪末，单产减少分别约为 3%和 1%。

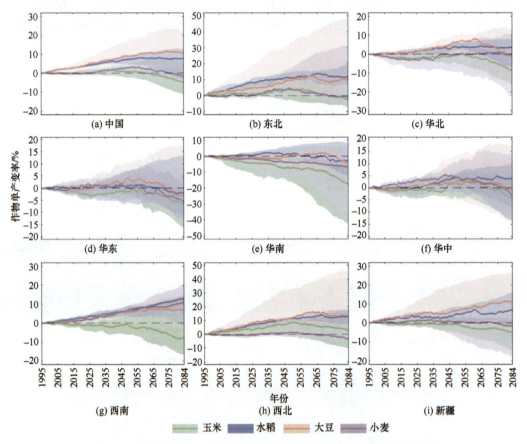

图 4.34　气候变化下 21 世纪中国及各区 4 种主要农作物单产变化趋势
实线是所有模型组合的中值；阴影范围是所有模型组合 25%和 75%分位数

东北地区，21 世纪水稻和大豆单产持续增加；在 1995~2007 年二者增加幅度相似；2007 年之后，大豆增产幅度大于水稻；21 世纪末二者单产增加均大约 10%。玉米单产在 2075 年之前呈增加趋势；21 世纪末单产减少约为 1%。小麦单产在 2025 年之前和 2075~2084 年基本保持不变，2025~2075 年单产增加。

东北地区，21 世纪水稻和大豆单产持续增加；在 1995~2007 年二者增加幅度相似；2007 年之后，大豆增产幅度大于水稻；21 世纪末二者单产增加均大约 10%。玉米单产在 2075 年之前呈增加趋势；21 世纪末单产减少约为 1%。小麦单产在 2025 年之前和 2075~2084 年基本保持不变，2025~2075 年单产增加。

华北地区，21 世纪水稻单产持续增加；玉米单产持续减少；21 世纪末水稻和玉米单产变化分别约为 3%和–9%。大豆单产在 2071 年前呈增加趋势。小麦单产在 2035 年前呈减少趋势；2035 年之后基本保持不变。

华东地区，21 世纪玉米单产呈持续减少的趋势；21 世纪末单产减少约 5%。水稻呈现减产—增产—减产的趋势；21 世纪末单产减产约为 1.5%。小麦和大豆在 2035 年前基本保持不变；2035 年后呈先增加后减少的趋势；21 世纪末二者单产减少为别为 5%和 2.5%。

华南地区，21 世纪玉米和小麦单产呈减少的趋势；21 世纪末二者单产减少分别约为 16%和 5%。水稻单产在 2055 年之前呈增加趋势；2055~2084 年间呈减少趋势；21 世纪末单产减少约为 2%。大豆单产在 2045 年之前呈减产趋势；2045 年之后呈先增加后减少的趋势；21 世纪末单产减产约为 2%。

华中地区，玉米单产在 2045 年之前呈减少趋势；2045 年之后呈先增加后减少的趋势；21 世纪末，单产减少约为 4.5%。水稻单产在 2025 年之前基本保持不变；2025 年之后呈持续增加的趋势；21 世纪末，单产增加约为 4%。大豆单产在 2015 年之前基本保持不变；2015 年之后呈先增加后减少的趋势；21 世纪末，单产减少约为 0.5%。小麦单产呈先增加后减少的趋势；21 世纪末，单产减少约为 4%。

西南地区，21 世纪玉米单产呈持续减少的趋势；21 世纪末，单产减少约为 9%。水稻、大豆和小麦单产均呈现持续增加的趋势；21 世纪末，三者单产增加分别约为 12%、8%和 11%。

西北地区，21 世纪玉米、水稻和大豆单产呈持续增加的趋势；21 世纪末，单产增加分别约为 2%、12%和 12.5%。小麦单产在 2065 年之前基本保持不变；2065 年之后呈减少趋势；21 世纪末，单产减少约为 2%。

新疆地区，21 世纪玉米单产呈持续减少趋势；21 世纪末，单产减少约为 5%。水稻和大豆呈持续增加趋势；21 世纪末，二者单产增加分别约为 6%和 11.5%。小麦单产在 2075 年之前基本保持不变；2075 年之后呈减少趋势；21 世纪末，单产减少约为 2%。

2）21 世纪不同时段作物气候变化风险

图 4.35 给出了气候变化下不同时段中国 4 种主要农作物单产风险。整体来看，中国玉米和小麦气候变化风险较高，水稻和大豆气候变化风险较低。

中国玉米气候变化高风险区主要位于华南、华北、西南地区东南部、新疆等地区，且随时间呈增加趋势；中度及其以上风险在近期、中期和远期所占面积百分比分别为 2.6%、11.4%和 39.5%。各时期，玉米气候变化无风险区所占面积最大，分别为 35.1%、43％和 24.5%。近期，玉米气候变化风险以较低和低度为主，所占面积比分别为 53.1%

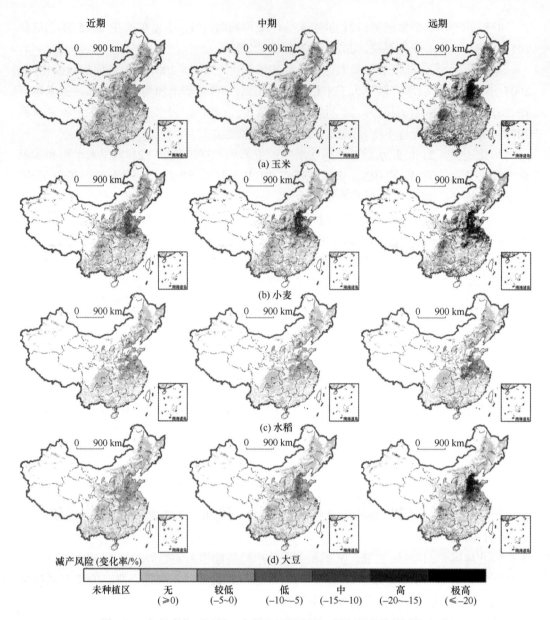

(a) 玉米

(b) 小麦

(c) 水稻

(d) 大豆

减产风险 (变化率/%)

未种植区	无 (≥0)	较低 (−5~0)	低 (−10~−5)	中 (−15~−10)	高 (−20~−15)	极高 (≤−20)

图 4.35 气候变化下近期、中期和远期中国 4 种主要农作物减产风险

和 9.1%；重度和极重度风险主要分布在云南省，所占面积比例分别为 0.6%。中期，高风险区面积扩大，分布在西南地区和新疆的部分地区，低风险区集中在华北地区。远期，玉米气候变化风险以中、高和极高风险为主，主要分布在华南、华北、西南地区东南部、新疆等地区；所占面积分别为 15.3%、11.6% 和 12.6%。

中国小麦气候变化高风险区主要位于华北、西南地区东南部、以及华南和新疆的部分地区等，且随时间呈增加趋势；中度以上风险在近期、中期和远期所占面积百分比分别为：4.2%、14.3% 和 30.5%。各时期，小麦气候变化无风险区所占面积最大，分别为50.5%、52.7% 和 37.81%。近期，小麦气候变化风险以较低和低度为主，所占面积比分别为 32.8% 和 12.5%。中期，中高风险范围扩大，高和极高风险主要分布在华北、新疆、以及华南和西南的部分地区，所占面积比例分别为 4.3%和 2.4%。远期，风险进一步增加，中、高和极高风险为主，所占面积分别为 12.4%、6.5%和 11.6%。

中国水稻气候变化高风险区主要位于华南地区西南部、华东地区北部、华中地区东北部、华北地区南部、以及新疆的部分地区等，且随时间呈增加趋势；中度以上风险在近期、中期和远期所占面积百分比分别为：0.1%、1.2%和 5.6%。各时期，水稻气候变化无风险区所占面积最大，分别为 70.3%、77.9%和 68.3%。近期，水稻气候变化风险以较低风险为主，所占面积比分别为 28.4%；中期，风险以低度和较低为主，所占面积比分别为 15.6%和 10.6%。远期，中高风险主要分布在华南、华东地区北部、华北地区南部、以及东北、西北和新疆的部分地区；所占面积分别为 4.1%和 1.1%。

中国大豆气候变化高风险区主要位于华北、西南地区东南部、华南地区西南部、以及新疆的部分地区等，且随时间呈增加趋势；中度以上风险在近期、中期和远期所占面积百分比分别为：0.2%、1.6%和 13.7%。各时期，大豆气候变化无风险区所占面积最大，分别为 69.8%、74.3%和 61.8%。近期，大豆气候变化风险以较低风险为主，所占面积比分别为 26.6%。中期，大豆气候变化风险以中度、低度和较低为主，所占面积比分别为 1.5%、7.7%和 16.3%。远期，大豆中度、重度和极重度风险主要分布在华南地区南部、华北、西南地区东南部、新疆等地区；所占面积分别为 6.7%、3.4%和 3.6%。

3）21 世纪不同时段农作物高适应区和高风险区

图 4.36 给出了气候变化下不同时段中国 4 种主要农作物高适应区和高风险区。农作物气候变化高适应区主要分布在东北向西南的农牧交错带地区，以及东北北部和新疆的部分地区。高风险区主要分布在中国的东南部，以及新疆的部分地区，且分布范围随时间而逐渐扩大。

高适应区：无论哪个时段，玉米气候变化高适应区域主要分布在西南、新疆、西北及东北地区北部；水稻高适应区域主要分布在西南、新疆、西北、东北地区北部及华北地区西北部；大豆高适应区域主要分布在西南、新疆、西北及东北地区北部。小麦高适应区域在近期主要分布在西南和新疆；中期主要分布在西南、新疆、东北地区东部及华中地区；远期主要分布在西南、新疆和东北地区东部。

高风险区：玉米高风险区域在近期主要分布在西南地区；中期主要分布在西南地区的东南部、华南地区的西南部、新疆以及西北的部分地区；远期主要分布在西南、华南、华东地区南部、华北、东北和西北的部分地区、新疆。水稻高风险区域在近期并没有分布；中期和远期主要分布在新疆地区。大豆高风险区域在近期并没有分布；中期主要分布在西南地区；远期主要分布在西南地区和华北地区。小麦高风险区域在近期和中期主要分布在新疆、华北和西南的部分地区；远期主要分布在新疆、华北地区南部、华东地区北部、华南和西南的部分地区。

3. 农业系统风险

图 4.37 给出了中国农作物产量（1981~2010 年）及气候变化下不同时段中国农业生态系统风险。中国农业生态系统气候变化高风险区主要位于华北、华南、西南地区东南

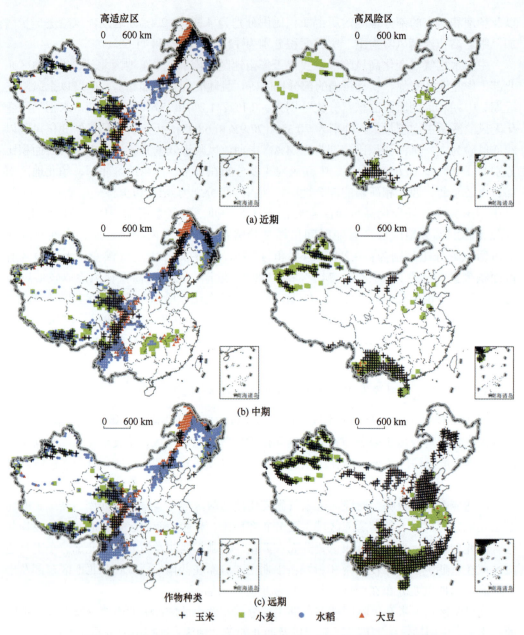

图 4.36　气候变化下不同时段中国 4 种主要农作物高适应区和高风险区

部、以及东北、西北和新疆的部分地区等，且随时间呈增加趋势；中度以上风险在近期、中期和远期所占面积百分比分别为：2%、6%和23%。各时期，农业生态系统气候变化无风险区所占面积最大，分别为51.1%、57.5%和44.7%。近期，农业生态系统气候变化风险以较低、和低风险为主，所占面积比分别为35.3%和11.6%。中期，农业生态系统气候变化风险以较低、低和中度为主，所占面积比分别为23.1%、13.4%和4.3%；高和极高风险主要分布在华北和西南的部分地区。远期，农业生态系统气候变化风险以中、高和极高风险为主，所占面积分别为10.8%、7.8%和4.4%。

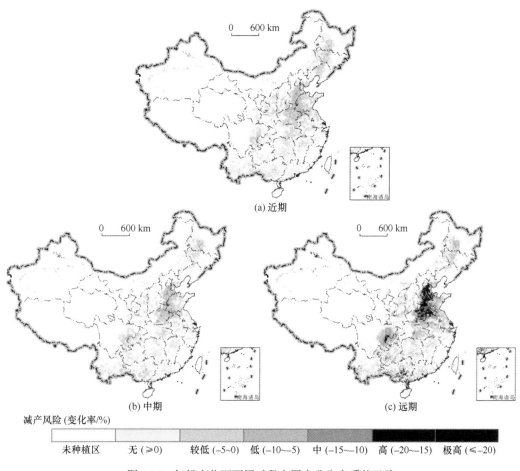

图 4.37　气候变化下不同时段中国农业生态系统风险

4. 风险不确定性

图 4.38 给出了气候变化下不同时段中国农业生态系统风险不确定性。中国农业生态系统风险大的区域主要分布在新疆、青藏高原、西北地区北部、以及东北地区北部等寒、旱地区，且随时间呈增加趋势。GGCMs 导致的不确定性约是 GCMs 导致不确定的 2 倍。近期，除青藏高原、东北和西北的部分地区外，全国大部分地区 GCM-GGCMs、GCMs 和 GGCMs 带来的标准方差均小于 15%。中期，除青藏高原、东北和西北的部分地区外，全国大部分地区 GCM-GGCMs 和 GGCMs 带来的标准方差均在 25%~40% 之间；GCMs 带来的标准方差均<10%。远期，除东北部分地区、华中等地区外，全国大部分地区 GCM-GGCMs 和 GGCMs 带来的标准方差>30%；GCMs 带来的标准方差均<20%。

5. 结论

本节基于多模型集合的方法评估了中国 4 种主要农作物（玉米、水稻、大豆和小麦）以及农业生态系统的气候变化风险。结果表明，农作物气候变化高风险区主要分布在华南、华北、以及新疆的部分地区，且分布范围随时间而逐渐扩大。其中，玉米气候变化高风险区主要位于华南、华北、西南地区东南部、新疆等地区；水稻气候变化高风险区

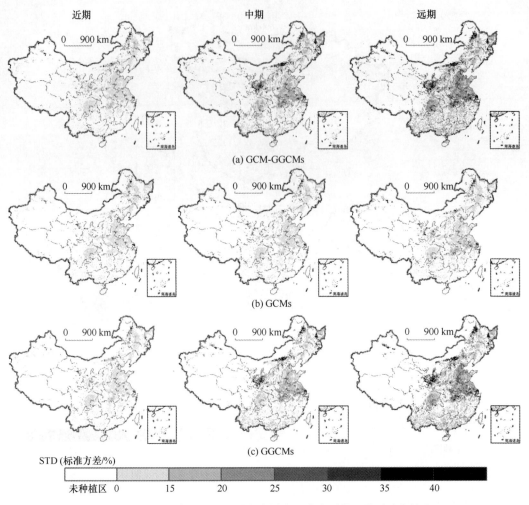

近期　　　　　　　　　　中期　　　　　　　　　　远期

0　900 km　　　　　　0　900 km　　　　　　0　900 km

(a) GCM-GGCMs

0　900 km　　　　　　0　900 km　　　　　　0　900 km

(b) GCMs

0　900 km　　　　　　0　900 km　　　　　　0　900 km

(c) GGCMs

STD (标准方差/%)

未种植区　0　　　　15　　　　20　　　　25　　　　30　　　　35　　　　40

图 4.38　气候变化下不同时段中国农业生态系统风险不确定性

主要位于华南地区西南部、华东地区北部、华中地区东北部、华北地区南部、以及新疆的部分地区等；大豆气候变化高风险区主要位于华北、西南地区东南部、华南地区西南部，以及新疆的部分地区等；小麦气候变化高风险区主要位于华北、西南地区东南部、以及华南和新疆的部分地区等。中国农业生态系统气候变化高风险区主要位于粮食主要种植区的华北、华南、西南地区东南部，以及东北、西北和新疆的部分地区等。上述评价结果与已有研究结果具有较好的一致性（吴绍洪等，2011）。气候变化下的农作物风险和农业生态系统风险不确定性主要分布在新疆、青藏高原及农牧交错带等寒、旱地区，且随时间呈增加趋势。GGCMs 导致的不确定性约是 GCMs 导致不确定的 2 倍。

4.2.2　中国生态系统风险

1. 背景

生态风险是生态系统及其组分所承受的风险。它指在一定区域内，具有不确定性的事故或灾害对生态系统及其组分可能产生的作用，这些作用的结果可能导致生态系统结构和功能的损伤，从而危及生态系统的安全和健康（付在毅和许学工，2001）。生态风险一般具有不确定性、危害性、客观性、内在价值性等 4 大特点。

生态风险评价是指研究区域受一个或多个胁迫因素影响后，对不利生态后果出现的可能性进行评估的一种方法（Hunsaker et al.，1990）。它是在风险管理的框架下发展起来的，重点评估人为活动引起的生态系统的不利改变及效应，是生态环境风险管理与决策的定量依据，最终为风险管理提供决策支持。生态风险评价主要以化学、生态学、毒理学为理论基础，综合运用物理学、数学和计算机科学等技术，合理预测污染物或人类活动扰动对生态系统的不利影响。刘晓等（2012）指出，生态风险评价主要经历了 4 个阶段，即以自然环境为对象的评价阶段，以人类为风险受体的评价阶段，以生态系统及其分为生态受体的评价阶段和区域生态风险评价阶段（Suter，2003）。由于单因子的生态风险评价方法向区域生态风险评价外推中存在许多不确定因素（如标准方法的缺失、数据的可得性以及缺少可能存在的风险统一定义等），导致评价变得困难（蒙吉军和赵春红，2009）。Landis 等（1997；2007）认为，区域生态风险评价的关键因素由统一的多种风险源、历史事件、空间结构和多个生态终点等组成。区域相对风险评价模型（Burton et al.，2002）实现了多风险源的综合生态系统的评价，它基于因子权重法，将生态风险视为风险源、脆弱性、风险受体三大因子的函数。许学工等（2001a；2001b）先后完成黄河三角洲湿地区域和中国区域的综合生态风险评估。

生态风险评估是在综合分析孕灾环境、承灾体和历史灾情空间分布的基础上，预测未来可能发生灾害的类型、分布范围、致灾因子强度和灾害程度等。它是减灾防灾的一项重要的基础性工作，对于灾害易发区的损失评估、防灾救灾辅助决策等都能发挥重要的作用（葛全胜等，2008）。具体而言，它可以起到以下作用：①依据生态风险图指定区域生态经济发展规划，可以尽量避免灾害风险对区域经济社会发展的影响；②可以为当地政府和有关部门制定灾害预案，防灾规划提供依据；为各部门进行防灾调度、灾害救助提供直观灵活的实用工具；③财产保险机构可依据灾害风险图确定灾害保险的费率，合理分摊灾害风险；④依据生态风险图设立各种形式的警示标志，以减少灾害。

2. 数据与方法

1）数据来源

本研究涉及的数据主要有遥感影像、气象、土地利用、实测数据和模型模拟数据。

（1）1982~2012 年 GIMMS NDVI3g 数据。

来源于美国地球资源观测系统（Earth Resources Observation System：EROS）数据中心的 Global Inventory Modeling and Mapping Studies（GIMMS）数据（http://ecocast. arc.nasa.gov/data/pub/gimms/3g/），影像空间分辨率为 8km，时间分辨率为月。

（2）气象观测数据。

来源于中国气象科学数据共享网（http://cdc.cma.gov.cn/），包括全国 756 个站点的月平均温度、月总降水量数据和 99 个站点的月太阳总辐射数据。气温、降水预估资料则采用基于 CMIP5 的 5 个模式（GFDL-ESM2M、HadGEM2-ES、IPSL-CM5A-LR、MIROC-ESM-CHEM 和 NorESM1-M）在 4 类不同的典型排放路径（RCP），即低排放情景 RCP2.6、中排放情景 RCP4.5、RCP6.0 和高排放情景 RCP8.5 下的模拟结果。本文数据采用的是中国区域 8733 个格点（71 行×123 列）月值数据，数据年限为 2011~2099 年，格点精度为 0.5°×0.5°。

（3）土地利用数据。

共三期，其中 1980 年和 2005 年两期数据来源于地球系统科学数据共享网（http:// www. geodata.cn/Portal/），其分辨率为 100m；2000 年一期来源于西部数据中心（http:// westdc. westgis.ac.cn/），其分辨率为 1km。

（4）实测数据。

来源于罗天祥（1996）收集整理的我国的森林生物生产力测定数据。

（5）模型模拟数据。

由 ISI-MIP 提供，包括四个全球格网化植被模型的模拟结果。四个植被模型分别是 JeDi（Pavlick et al.，2013）、JULES（Best et al.，2011；Clark et al.，2011）、LPJmL（Rost et al.，2008；Bondeau et al，2007）和 VISIT（Inatomi et al.，2010）。其中，LPJmL 和 VISIT 模拟结果的空间分别率为 0.5°×0.5°，JeDi 和 JULES 模拟结果的空间分别率为 1.25°×1.25°。作物模型的气候驱动数据是五个全球气候模式（GCM）所提供的历史时期（1971~2005 年）和未来（2006~2099 年）四个 RCP 情景的（RCP 2.6、RCP 4.5、RCP 6.0 和 RCP 8.5）各气象要素。模型输出要素包括净第一性生产力（NPP）、火灾导致的碳排放量、植被中的碳储量、土壤中的碳储量、蒸腾、蒸发、径流、土壤水含量等。

2）数据处理与方法

（1）NDVI 数据处理。

利用 ENVI 软件处理 NDVI 数据，由于 GIMMS NDVI3g 数据的像元值为 NDVI×10000，因此要得到实际的 NDVI 值（范围为-1~1），需要对其进行波段运算（Zhou et al.，2003；Zeng et al.，2013；Wang et al.，2014）。Pinzon 等（2014）和 Tucker 等（1986；2005）给出了 NDVI 相关处理的基本方法。

（2）气象数据处理。

去除异常值后利用专业气候数据空间插值软件 Anusplin（基于普通薄盘和局部薄盘样条函数插值理论）进行气候要素插值，得到栅格数据（钱永兰，2010）。对温度和太阳总辐射数据插值时引入的协变量为高程，对降水数据插值时没有引入协变量。高程数据来自于 ASTER GDEM 数据集，该数据空间分辨率为 30m，为了与其他栅格数据相匹配，需将其重采样为 8km。

（3）土地利用数据处理。

考虑到研究时段较长，植被在研究时段内发生了相当大的变化，本研究选择不同时间段的三期植被分类图来进行分析，由于不同来源的土地利用数据分类体系不统一，本文将对土地利用数据进行重分类，得到 22 个植被类型（朱文泉，2005），以符合模型输入数据格式的要求。本研究中所有数据文件的投影类型、空间分辨率、范围必须一致，其中，投影采用阿尔伯斯投影（Albers Conical Equal Area），空间分辨率采用 8km，范围采用中国区域陆地界线界定。

采用 CASA 模型（朱文泉，2007）进行模拟得出的 1982~2012 年 NPP 月值资料，通过多元线性回归计算每个格点月值时间序列 NPP、气温和降水三类要素之间的多元线性回归方程。在不同典型排放路径情景下，模拟计算出 2011~2099 年 NPP 月值数据。

3）未来情景下生态风险预估

本研究采用综合考虑碳通量、碳储量和水通量变化的自然生态系统迁移指数

（Heyder et al.，2011）为指标，评估了 4 个不同 RCP 情景下 21 世纪末（2070~2099 年）相对于历史参考时期（1981~2010 年）中国自然生态系统的气候变化风险。计算公式如式 4.30。本研究的风险等级定义如下：$0 \leqslant \Gamma <0.1$ 为较低风险；$0.1 \leqslant \Gamma <0.2$ 为低风险；$0.2 \leqslant \Gamma <0.3$ 为中风险；$0.3 \leqslant \Gamma <0.4$ 为高风险；$0.4 \leqslant \Gamma$ 为极高风险。

$$\Gamma = \left\{ \Delta V + cS\left(c, \sigma_c\right) + gS\left(g, \sigma_g\right) + bS\left(b, \sigma_b\right)\right\}/4 \qquad (4.30)$$

式中，Γ 为生态风险指数，取值范围是 0~1；ΔV 为植被结构变化；c 为格网内生态系统变化；g 为格网相对于整个研究区的生态系统变化；b 为生态系统要素相对变化程度；$S\left(x, \sigma_x\right)$ 为 c、g 和 b 的年际变化。

3. 结果与分析

1）1982~2012 年中国陆地 NDVI 变化

不同类型植被区域陆地植被覆盖状况不同。1982~2012 年中国陆地植被生长季 NDVI 平均值呈现从东南向西北递减的趋势，且大致以"胡焕庸线"（胡焕庸，1935）为界，其西北地区 NDVI 值多低于 0.4，而其东南地区则普遍高于 0.6（图 4.39）。具体地讲，1982~2012 年，寒温带落叶针叶林区域的多年生长季 NDVI 平均值最大，高达 0.8271，其他区域 NDVI 生长季平均值由大到小依次为：温带针叶阔叶混交林区域（0.8000）、亚热带常绿阔叶林区域（0.6290）、热带季雨林和雨林区域（0.6905）、暖温带落叶阔叶林区域（0.6132）、温带草原区域（0.4802）、青藏高原高寒植被区域（0.1672）、温带荒漠区域（0.2514）。

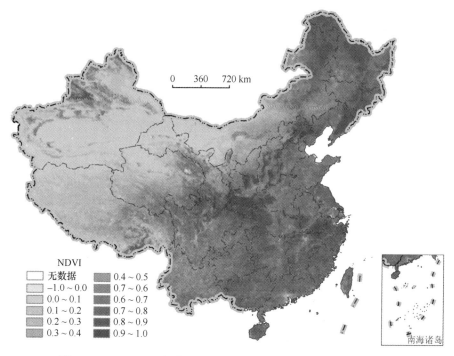

图 4.39　1982~2012 年中国陆地植被 NDVI 生长季平均值空间分布

植被生长以年为周期，在这个周期内不同植被类型有着各自生繁衰枯的物候节律，表现出不同的生长规律，而且其规律性极强（盛永伟等，1995）。整体上 8 大类型区域陆地植被 NDVI 月均值变化曲线呈单峰型：从 3 月份或 4 月份开始持续增加，至 7 月份或 8 月份增长到最大值，转而持续降低至翌年 2 月份。其中，寒温带落叶针叶林区域、温带针叶阔叶混交林区域、暖温带落叶阔叶林区域陆地植被 NDVI 平均值从 3 月份到 6 月份急剧增加，生长季（5~9 月）内 NDVI 平均值远高于全国平均值；亚热带常绿阔叶林区域和热带季雨林、雨林区域 NDVI 值较高而且年内波动较小，主要由于落叶阔叶蓄积量大、林分稳定（张军等，2001），不易受外界条件影响；温带草原植被 4 月开始返青，8 月进入生长旺季，10 月开始枯衰。温带荒漠区域、青藏高原高寒植被区域各月份 NDVI 平均值均较其他植被类型区域低，说明它们光合作用较差、生长较差。

8 大植被类型区域陆地植被生长季 NDVI 平均值在不同时期增加趋势各异（图略）。1982~2012 年期间寒温带落叶针叶林区域陆地植被生长季 NDVI 极大值出现在 2010 年，达到 0.8753；它在 2003 年最小，为 0.7746。该区域生长季 NDVI 平均值在 1982~1990 年呈增加趋势，1991~2000 年增幅略有下降，在 2001~2012 年增加趋势放缓。温带针叶阔叶混交林区域陆地植被生长季 NDVI 值在 1982~1990 年期间以较小速率增加，而在 1991~2000 年、2001~2012 年两个时期均无明显变化趋势。暖温带落叶阔叶林区域陆地植被生长季 NDVI 在 1982~1991 年期间拟合斜率高达 0.0074/a（r=0.9193），表明该时段内暖温带落叶阔叶林区域植被显著增加，转而在 1991~2000 年减少，但在 2001~2012 年则重新以 0.0049/a（r=0.8103）速率恢复增加的趋势。亚热带常绿阔叶林区域陆地植被生长季 NDVI 值在 1982~1990 年、1991~2000 年、2001~2012 年三个阶段增幅都为正值且依次递减。热带季雨林、雨林区域陆地植被生长季 NDVI 值 1982~1990 年以 0.0046/a（r=0.7225）的速率增加，在 1991~2000 年、2001~2012 年两个时期增幅和拟合优度较之降低。温带草原区域陆地植被生长季 NDVI 值在这 3 个时期先增加，再下降，后增加。温带荒漠区域和青藏高原高寒植被区域陆地植被生长季 NDVI 值均以极小幅度增加。

1982~2012 年中国陆地植被 NDVI 年线性变化率（Stow et al.，2003）为 −0.0089~0.0479/a，其平均值为 0.0005/a。这表明 31 年来中国陆地植被生长季 NDVI 平均值整体上呈增加趋势，但区域差异明显（图略）。亚热带常绿阔叶林区域在该阶段增长最为突出，主要分布在华北平原、黄土高原地区、黄河中下游平原。此外，新疆西部、华中和华南部分地区陆地植被生长季 NDVI 平均值呈较大的增幅。华北地区、黄河中下游平原的 NDVI 值的增加很可能是因为生长季的延长（包括春季提前和秋季推迟）和生长季的加速（方精云等，2003）；黄土高原地区 NDVI 值的大幅度增加是由于农业生产水平的提高致使农业区 NDVI 在不断上升，同时大规模进行的退耕还林还草工程建设使该地区生态转好（信忠保等，2007）；而新疆的北疆、塔里木河流域地区的 NDVI 的显著增加很可能归功于人工灌溉以及人工绿洲的形成，以及水田和旱地增加速度变快（张新时等，2001；王桂钢等，2010）。

此外，国家政策对植被动态变化有着直接的影响。例如，2000 年 10 月，国务院批准了《长江上游、黄河上中游地区天然林资源保护工程实施方案》和《东北、内蒙古等重点国有林区天然林资源保护工程实施方案》。该工程建设期为 2000~2010 年，工程区涉及长江上游、黄河上中游、东北和内蒙古等重点国有林区 17 个省（自治区、直辖市）

的 734 个县和 167 个森工局。长江上游地区以三峡库区为界，包括云南、四川、贵州、重庆、湖北、西藏 6 个省（自治区、直辖市），黄河上中游地区以小浪底库区为界，包括陕西、甘肃、青海、宁夏、内蒙古、山西、河南 7 个省（自治区）；东北和内蒙古等重点国有林业包括吉林、黑龙江、内蒙古、海南、新疆 5 个省（自治区）。整体上该工程实施后这些地区植被生长明显好转。值得注意的是，2000 年以来，"三北"防护林工程在东北、华北等地促进了植被状况的好转，人类活动对植被建设作用要强于破坏作用，三北防护林建设工程带来的生态效益正在呈现（王强等，2012）。

整体上，"胡焕庸线"之西北地区主要属于干旱、半干旱地区，陆地植被生长季 NDVI 平均值的变化与气候条件的关系相当密切，其中温带草原区域、温带荒漠区域植被以及青藏高原高寒植被区域 NDVI 均值的变化受温度、降水的影响，这说明气候条件的改变对这些植被类型植物生长状况年际之间的变化有较大的影响；而在"胡焕庸线"东南地区主要属于湿润、半湿润地区，暖温带落叶阔叶林区域、亚热带常绿阔叶林区域以及热带季雨林、雨林区域与温度、降水相关性较弱，主要是由于该区域包含了大量农业耕作区、森林类型的植被 NDVI 平均值的变化与气候条件相关性较小等原因。

2）1982~2012 年中国陆地 NPP 变化

从 1982~2012 年 NPP 年均值线性变化趋势来看，地区差异、南北分异明显（图 4.40）。青藏高原、西南、华南地区呈显著增加趋势，特别是北回归线以南亚热带、热带地区线性变化率达 6 gC/（m²·a）以上，极大值为 37.9gC/（m²·a），这部分区域水热条件良好，植被生长茂盛；蒙东、西北干旱区、四川盆地以及长江三角洲、珠江三角洲地区呈显著减少趋势，特别是蒙东部分地区线性变化率达–4gC/（m²·a）以上，极小值为–27.7gC/（m²·a）。这主要是由区域性干旱、区域性土地开发利用和城市化进程引起的。

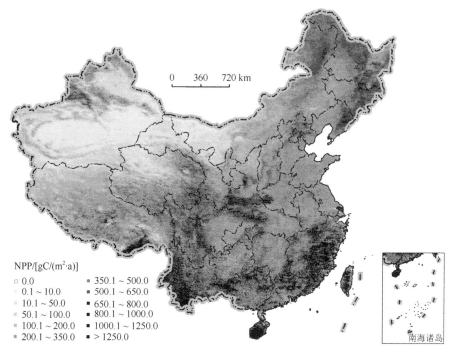

图 4.40　1982~2012 年中国陆地 NPP 年均值空间分布

从季节上看，我国四季 NPP 均值整体上均呈上升趋势，显著性增加或减少区域特征明显。在西北干旱区，由于水条件限制，NPP 绝对值较小，变化趋势不显著（$a=0.05$）。春季 NPP 均值表现为显著南北差异，新疆西北部、南方大部地区 NPP 显著增加，线性变化率达到 4gC/（$m^2 \cdot a$），极大值为 9.6 gC/（$m^2 \cdot a$）；35°N 以北的大部地区、云南东部 NPP 显著减少，线性变化率达到-2gC/（$m^2 \cdot a$），极小值为-6.9 gC/（$m^2 \cdot a$）。夏季 NPP 均值在四季中变化最为显著，NPP 增加或降低幅度最大。其中，东北三江平原、新疆西北部、藏南、横断山区以及华南大部 NPP 显著增加，线性变化率达到 4gC/（$m^2 \cdot a$），极大值为 12.0 gC/（$m^2 \cdot a$），这和季节性植被生长、作物种植有较大关系；蒙东、四川盆地、广东沿海、华北以及西北大部 NPP 显著减少，线性变化率达到-4gC/（$m^2 \cdot a$），极大值为-9.2 gC/（$m^2 \cdot a$）。秋季 NPP 均值与春季趋势较为一致，但增加或降低趋势与水热条件更为密切，表现为南方大部分地区 NPP 显著减少，特别是江南、华南东部，线性变化率达到-4gC/（$m^2 \cdot a$），极小值为-10.0 gC/（$m^2 \cdot a$）。冬季 NPP 均值变化以减少趋势为主，40°N 以北地区冬季植被季节性变化导致 NPP 绝对值较小，变化趋势不显著（未通过 0.05 的显著性检验）。天山南北、黄河流域以及西南大部地区 NPP 显著减少，线性变化率达到-4gC/（$m^2 \cdot a$），特别是藏东南地区极小值为-7.2 gC/（$m^2 \cdot a$）。

根据上述分析得出：1982~2012 年，我国 NPP 年、季均值有区域性的显著增加或减少，线性变化率为-4~4gC/（$m^2 \cdot a$）。其中，夏季变化趋势最为显著，春季、秋季次之，冬季显著性最小；且南方地区随季节变化趋势差异最为显著，蒙东、西北干旱区等地各季平均 NPP 下降趋势最为明显。

从 1982~2012 年 NPP 年均值线性变化趋势来看，地区差异、南北分异明显（图 4.41）。

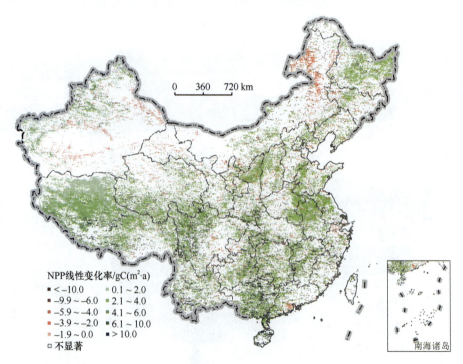

图 4.41　1982~2012 中国陆地 NPP 年均值线性变化率空间分布

青藏高原、西南、华南地区呈显著增加趋势，特别是北回归线以南亚热带、热带地区线性变化率达 6 gC/（m²·a）以上，极大值为 37.9gC/（m²·a），这部分区域水热条件良好，植被生长茂盛；蒙东、西北干旱区、四川盆地以及长江三角洲、珠江三角洲地区呈显著减少趋势，特别是蒙东部分地区线性变化率达–4gC/（m²·a）以上，极小值为–27.7gC/（m²·a）。这主要是由区域性干旱、区域性土地开发利用和城市化进程引起的。

从季节上看，我国四季 NPP 均值整体上均呈上升趋势，显著性增加或减少区域特征明显。在西北干旱区，由于水条件限制，NPP 绝对值较小，变化趋势不显著（a=0.05）。春季 NPP 均值表现为显著南北差异，新疆西北部、南方大部分地区 NPP 显著增加，线性变化率达到 4gC/（m²·a），极大值为 9.6 gC/（m²·a）；35°N 以北的大部分地区、云南东部 NPP 显著减少，线性变化率达到–2gC/（m²·a），极小值为–6.9 gC/（m²·a）。夏季 NPP 均值在四季中变化最为显著，NPP 增加或降低幅度最大。其中，东北三江平原、新疆西北部、藏南、横断山区以及华南大部 NPP 显著增加，线性变化率达到 4gC/（m²·a），极大值为 12.0 gC/（m²·a），这和季节性植被生长、作物种植有较大关系；蒙东、四川盆地、广东沿海、华北以及西北大部 NPP 显著减少，线性变化率达到–4gC/（m²·a），极大值为–9.2 gC/（m²·a）。秋季 NPP 均值与春季趋势较为一致，但增加或降低趋势与水热条件更为密切，表现为南方大部分地区 NPP 显著减少，特别是江南、华南东部，线性变化率达到–4gC/（m²·a），极小值为–10.0 gC/（m²·a）。冬季 NPP 均值变化以减少趋势为主，40°N 以北地区冬季植被季节性变化导致 NPP 绝对值较小，变化趋势不显著（未通过 0.05 的显著性检验）。天山南北、黄河流域以及西南大部地区 NPP 显著减少，线性变化率达到–4gC/（m²·a），特别是藏东南地区极小值为–7.2 gC/（m²·a）。

根据前述分析得出：1982~2012 年，我国 NPP 年、季均值有区域性的显著增加或减少，线性变化率为–4~4gC/（m²·a）。其中，夏季变化趋势最为显著，春季、秋季次之，冬季显著性最小；且南方地区随季节变化趋势差异最为显著，蒙东、西北干旱区等地各季平均 NPP 下降趋势最为明显。

1982~2012 年中国区域平均 NPP 年总量变化范围为 2.64~3.26PgC 之间，平均值为 2.93PgC/a，序列呈显著线性增加趋势，线性变化率为 0.138PgC/10a。从季节上看，春、夏、秋、冬季 NPP 距平序列线性变化率分别为 0.054PgC/10a、0.037PgC/10a、0.039PgC/10a 和 0.008PgC/10a，其中，春、秋两季增加趋势显著（通过显著性水平 0.05 的检验），夏、冬两季增加趋势不显著（图 4.42）。

用 Mann-Kendall 法检验 1982~2012 年 NPP 年总量序列的突变，从分析结果看，自 1992 年以来，NPP 年总量成增加趋势，1996 年后增加趋势超过显著性水平 0.05 临界线，表明 NPP 增加趋势是十分显著的。从交点位置看，这一增加趋势的突变是从 1992 年开始的。

近 60 年中国年平均气温距平序列的线性变化率为 0.27℃/10a（虞海燕等，2011）。近 50 年中国年降水量距平序列无显著变化，线性变化率为 0.26mm/10a，但年际变化相对较为显著（钟军，2013）。计算 NPP 与气温、降水和 CO_2 序列之间相关系数分别为 0.58、0.35 和 0.37。其中，NPP 序列与气温序列呈显著正相关（a=0.01），与 CO_2 序列呈显著正相关（a=0.05），而与降水序列相关性不显著（图 4.43）。

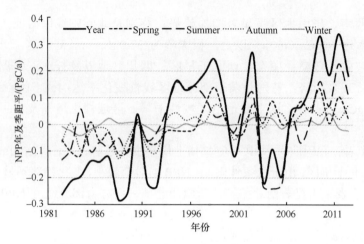

图 4.42　1982~2012 年 NPP 年、季平均距平序列

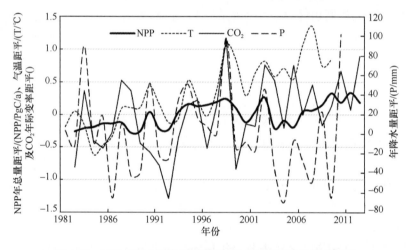

图 4.43　1982~2012 年中国区域平均 NPP 距平序列趋势变化

　　受温度、水分和光照等气候因素相互作用，不同地区的植物生长产生不同的影响。考虑到 NPP 和诸多气候要素之间存在相互关系，采用偏相关分析方法研究 NPP 与气温、降水之间的相互关系（杨亚梅，2009）。除去降水对 NPP 的影响，从图 4.44 可以看出，青藏高原、横断山区、天山南麓、中南地区 NPP 与气温之间呈显著正相关，偏相关系数为 0.4 以上，这些地区土壤水分条件较好，降水较多、气候湿润，温度成了植物生长的主要限制因子；东部平原地区无显著相关性，这些地区是主要耕作区，受人类活动影响，NPP 年际变化与气温不同步；西北、内蒙古东部、黄土高原、两广等地区呈负相关，相关系数在-0.4 以上，这是由于水热不同步，降水较少的季节气温较高，植被生长受到胁迫，这些地区植被生长与水分相关性更好。

　　除去气温对 NPP 的影响，西北、东北、华北等地区 NPP 与降水之间呈显著正相关，相关系数在 0.4 以上，降水对该区域植被生长影响很大；青藏高原、江南东部地区呈显著负相关，相关系数在-0.2 以上，这说明这些区域植被生长不仅取决于降水，更取决于光照条件和水热条件组合，与植被覆盖类型的变化也有关系。

3）2011~2099 年中国陆地 NPP 模拟结果

与 1982~2012 年我国陆地平均 NPP 空间分布基本一致，2011~2099 年中国陆地 NPP 模拟结果空间差异更大（图 4.44）。表现为从东南向西北干旱区递减，其中西北干旱区少雨地带为 NPP 低值区，其值在 350 gC/（m²·a）以下，华南、西南、东北等多雨区 NPP 均值较高，极值能到 1250gC/（m²·a）以上。

21 世纪 10 年代至 90 年代我国陆地各个年代平均 NPP 值空间分布（图略）表明，各年代 NPP 空间分布差异不大，均表现为从东南向西北干旱区递减的空间分布。具体变化可见年代之间的差值变化。

20 世纪 40 年代和 10 年代 NPP 变化（30 年）相比，我国大部分地区呈现增多趋势，特别是在华南、华东、中部等地区达到 10 gC/（m²·a）以上；东北、西南呈现减少趋势，特别东北部地区减少到–10 gC/（m²·a）以上（图略）。

21 世纪 90 年代与 10 年代 NPP 变化（80 年）相比，与 30 年、50 年变化不一致的是东北地区 NPP 重新恢复，变为增多趋势，西南 NPP 减少区域向北扩张至青藏高原东部区域（图略）。

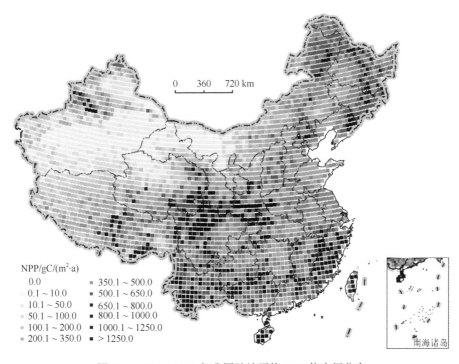

图 4.44　2011~2099 年我国陆地平均 NPP 值空间分布

4）中国生态风险未来预估

图 4.45 给出了不同 RCP 情景下 21 世纪末中国生态系统风险。整体来看，中国生态系统风险随 RCP 情景强度的增加而增大，高风险区集中分布在青藏高原地区和自东北向西南的农牧交错带地区。在 RCP 2.6 情景下，中国绝大部分地区属于极低和低风险，所占面积百分比分别为 79.3%和 14.4%；青藏高原地区零星分布着仅有的高和极高风险

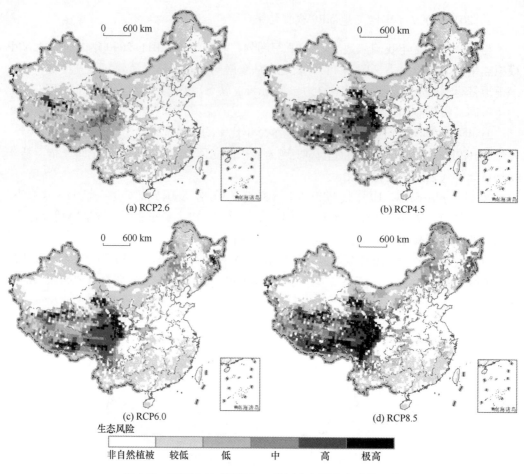

生态风险

非自然植被　较低　　低　　中　　高　　极高

图 4.45　不同 RCP 情景下 21 世纪末中国生态系统风险

区，二者所占面积比为 1.7%。在 RCP 4.5 情景下，极低风险所占面积最大，主要分布在西北、内蒙古、东部地区，所占面积比约为 52%，其次是低和中风险区，主要分布在青藏高原和农牧交错带地区，二者所占面积比为 30%；高和极高风险主要分布在青藏高原地区，所占面积比约为 8.8% 和 2.6%。在 RCP 6.0 和 RCP 8.5 情景下，随 RCP 情景增加，风险进一步增大；中、高和极高风险面积进一步扩大，主要分布在青藏高原地区和自东北向西南的农牧交错带地区，三者所占面积比分别为 30% 和 40%。

4. 结论

1982~2012 年中国区域生长季 NDVI 均值呈现从东南向西北递减的趋势，大致以"胡焕庸线"为界，不同类型植被区域植被覆盖状况不同。1982~2012 年中国植被整体上呈增加趋势，但存在区域差异。其中亚热带常绿阔叶林区域中的华北平原、黄土高原地、黄河中下游平原，温带荒漠区域中的新疆部分地区增幅较大，其线性变化率普遍高于 0.002/a。在 1982~1990 年、1991~2000 年、2001~2012 年三个不同时期中国陆地植被变化趋势各异。20 世纪 80 年代，中国陆地植被生长季 NDVI 在全国范围内增加较快，以亚热带常绿阔叶林区域尤为突出；90 年代中国陆地植被 NDVI 生长季均值出现较大范围的下降，在温带草原区域中的内蒙古东部、暖温带落叶阔叶林区域中的华北平原等地迅速减少；进入 21

世纪后，位于温带草原区域和暖温带落叶阔叶林区域相交的黄土高原地区增加速度最快，而温带针叶阔叶混交林区域中的云贵高原大部出现剧烈下降趋势。

1982~2012 年中国区域年均 NPP 大致以"胡焕庸线"为区域分异性界线，表现为从低纬度、湿润区向高纬度、干旱区递减，从低海拔高热区向高海拔高寒区递减。我国 NPP 年、季均值有区域性的显著增加或减少，线性变化率为–4~4 gC/（m²·a）。其中，夏季变化趋势最为显著，春季、秋季次之，冬季显著性最小；且南方地区随季节变化趋势差异最为显著，蒙东、西北干旱区等地各季平均 NPP 下降趋势最为明显。1982~2012 年中国区域平均 NPP 年总量变化范围为 2.64~3.26PgC 之间，平均值为 2.93PgC/a，序列呈显著线性增加趋势，线性变化率为 0.138PgC/10a。从季节上看，春、秋两季增加趋势显著（通过显著性水平 0.05 的检验），夏、冬两季增加趋势不显著。总之，近 30 年来中国陆地植被活动整体趋于增强，在不同时期、地区差异较大。青藏高原、横断山区、中南地区等区域 NPP 与气温之间呈显著正相关，这些地区土壤水分条件较好、降水较多、气候湿润，温度成了植物生长的主要限制因子；西北、东北、华北等地区 NPP 与降水之间呈显著正相关，降水对该区域植被生长影响很大。

基于多气候模式和多植被模型的研究结果表明，除了低排放情景 RCP2.6 外，中国大部分地区属于中高风险区；高风险区主要分布在青藏高原和自东北向西南的农牧交错带。该研究结果可为生态环境建设领域应对气候变化的政策制定提供参考。

4.2.3　中国人群高温灾害风险

在全球气候变暖背景下，频繁发生的极端高温事件正严重威胁人类的生命健康安全，人群高温风险评估和管理成为当前研究的一个重要任务之一（谈建国等，2006；Wen and Albert，2015）。中国是全球气候变化响应的敏感区域，未来极端高温灾害事件发生的频率和强度极有可能呈增加趋势（秦大河，2014）。在此背景下，评估中国人群高温死亡风险，分析其时空格局变化规律对于区域应对气候变化、制定科学的应对策略具有重要的意义。

1. **数据来源与处理方法**

1）高温和热浪定义

（1）高温。

参考中国气象局的规定，选择 35℃ 作为高温临界温度值，即日最高温度大于等于 35℃ 统计为一个高温日，并结合高温对人体健康的影响，进一步将高温分为一般性高温（35~38℃）、危害性高温（38~40℃）和强危害性高温（≥40℃）三个等级。

（2）热浪。

考虑到人类对气候长期的适应性，采用相对阈值与绝对阈值相结合的方法来设置热浪的临界温度值，定义热浪为：至少持续 3 天，日最高温度不低于 1981~2010 年样本概率分布第 95 个百分位温度值，同时该值不低于 32℃。

2）数据来源与处理

1961~2010 年气温数据来源于中国气象科学数据共享网（http://cdc.nmic.cn/

home.do）基本、基准地面气象观测站 723 个气象台站逐日最高气温资料,其中 1961~2004年资料是经过国家信息中心均一性处理后的资料,为保证资料的均一性,将 2005~2010年资料和 2004 年以前均一化资料进行时间延续性和空间一致性的对比分析,剔除缺测率相对较高和资料突变性较大的站点,最终选出 569 个可用站点资料。

此外,在参考我国农业、气候等区划资料以及相关文献（程纯枢等,1991；徐新创等,2014）的基础上,结合本研究实际需要,将我国大致划分为东北、黄淮海、西北、西藏、西南、长江中下游及东南等 7 个区域,同时,为表述方便,将东北、黄淮海、西北 4 个区统称为北方,长江中下游、东南及西南 3 个区域统称为南部。

未来情景气温数据来源于 IPCC 第五次报告 HadGEM2-ES、GFDL-ESM2M,IPSL-CM5A-LR、MIROC-ESM-CHEM、NorESM1-M 等 5 种模式气候情景浓度数据（Representative Concentration Pathways）RCP2.6、RCP4.5、RCP6.0、RCP8.5。研究时段分别为基期（1981~2010 年）,近期 2040s（2011~2040 年）、中期 2070s（2041~2070 年）和远期 2100s（2071~2099 年）。

未来情景的人口数据来源于人口密度（1km^2 的人口）数据,下载自奥地利国际应用系统分析研究所（IIASA）GGI（Greenhouse Gas Initiative）情景数据库（http://www.iiasa.ac.at/Research/GGI/DB/）,时间分辨率为 10 年。其对应模拟的情景分别为 IPCC 第 4 次报告所指的 A2,B1 和 B2 三种情景,其中,本研究中的 RCP8.5、RCP2.6 与 A2、B1情景中的人口发展趋势与规模大致相当,RCP4.5、RCP6.0 与其中的 B2 情景相似,因此本研究利用其估算结果作为未来人口情景数据。A2 情景中国人口规模一直处于不断增长趋势,B1 情景中国人口规模则呈现先增加后下降的趋势,B2 情景人口则以低于 A2情景速度持续增长。

中国不同区域过去夏季（6~8 月）高温死亡率数据来自中国各省份（香港、澳门、台湾除外）第六次人口普查统计年鉴,以县级行政边界为基本统计单元,其中,四川、湖南、辽宁三省资料仅统计到地市级单元,研究按各县人口比率将地市级死亡人数离散到各县。

以上数据利用 ArcGIS 空间分析工具,重采样为 1km×1km 栅格形式。

3）研究方法

（1）高温指数。

从已有研究来看（唐红玉等,2005；张德宽等,2006）,区域高温环境特征主要从高温日数（d）、热浪频数（q）和最长热浪日数（h）来体现。据此,本节将高温指数（R）定义为

$$R = w_d \cdot d / p_d + w_q \cdot q \ m_q + w_h \cdot h \ n_h \qquad (4.31)$$

式中, p_d、m_q、n_h 分别为 1961~2010 年 95%分位的高温日数、95%分位的热浪频数、95%分位的最长热浪日数; w_d、w_q、w_h 分别为各年高温日数（d）、热浪频数（q）和最长热浪日数（h）的权重,本节综合采用相关领域专家打分和层次分析法（AHP）确定的权重值分别为: 0.37, 0.34 和 0.29。

（2）Mann－Kendall 趋势分析。

本节利用 Mann－Kendall 趋势法研究不同时段中国高温要素的空间分布变化。Mann－Kendall（MK）法是一种非参数统计方法,最初由 Mann（1945）和 Kendall（1975）

提出并发展了这一方法。其优点是不需要样本遵从一定的分布，也不受少数异常值的干扰，更适合于类型变量和顺序变量，计算也比较方便（Caloiero et al., 2011）。即对于具有 n 个样本量的时间序列 x，构造一秩序列 s_k，在时间序列随机独立的假定下，定义统计量：

$$\text{UF}_k = \frac{\left[s_k - E(s_k)\right]}{\sqrt{\text{Var}(s_k)}} \quad (k= 1, 2, \cdots, n) \qquad (4.32)$$

式中，$\text{UF}_1 = 0$，$\text{Var}(s_k)$ 为累计数 s_k 的均值和方差，在 x_1，x_2，...，x_n 相互独立，且有相同连续分布时，它们可由下式算出。

$$E(S_k) = \frac{k(k-1)}{4} \text{ 与 } \text{Var}(S_k) = \frac{k(k-1)(2k+5)}{72}$$

UF_i 为标准正态分布，它是按时间序列 x 顺序 x_1，x_2，...，x_n 计算出的统计量序列，给定显著性水平 a（a=0.05），查正态分布表，若 $|\text{UF}_i|>\text{U}_a$，则表明序列存在显著的变化趋势。

在分析气象要素变化的倾向率时，本节采用最小二乘法计算高温相关的气象要素与时间的线性回归系数，即得到高温日、热浪频率等变化倾向率，倾向率大于 0，表示呈上升趋势，小于 0，表示呈下降趋势。

在以上基础上，利用克里金方法对高温要素进行空间插值。同时，分别以各气象站年代值和 50 年总样本值为对象，采用 t-统计方法（魏凤英，1999），判断年代际各要素变化的显著性水平。

（3）人群高温脆弱性。

利用国内不同区域已有研究中的人群死亡与高温关系，确定不同区域人群死亡阈值。具体步骤如下：

检索：分别以天气、高温、气温变化、死亡率、热浪等关键词和"weather""temperature" "mortality""heat"为关键词在 SDOL、EBSCO、SPRINGR LINK 等英文数据库及 CNKI、重庆维普、万方医学网等中文数据库展开检索，共检索 1054 篇期刊论文。同时在阅读相关文献时，将其引用的参考文献也作为资料来源。

文献的纳入与排除标准：明确为夏季，选取日最高气温值与人群死亡关系研究文献；文献中人群死亡率为全年龄段，为排除意外死亡情况后的全因死亡；明确指出气温变化对人群死亡的温度阈值（T_v）及变化幅度（即在阈值温度后每升高 1℃死亡人数增加百分比（R_i.），或已给出气温与死亡率变化曲线；考虑到热浪（指持续一段时间的高温天气）属于极端天气事件，目前尚无统一而明确的定义，不具有可比性，因此排除研究热浪事件与死亡关系的文献。

质量控制：严格按照文献纳入标准有针对性地收集相关资料；剔除重复报告、质量较差、报道信息太少的文献。整理文献资料，输入计算机，对数据采取二次录入、校对和分析。

数据处理：对于原文献中已有明确阈值的，本节将采纳作者确定的阈值；对于原文献中仅有日死亡人数（率）与日最高气温变化曲线，明确阈值的，本节将对曲线变化进行判定的基础上，给出相应的阈值，如南京市（李永红等，2005）、武汉市（杨宏青等，

2013），并利用原文献所给曲线，线性回归拟合阈值后的样本数据，得到阈值后气温每上升1℃死亡人数的变化百分比。当在同一城市有多篇符合条件的文献时，该城市阈值后的死亡率百分比为其平均值。

本节将超过区阈值气温、每上升1℃时死亡人数增加的百分比定义为区域人群高温的脆弱性。

（4）人群高温死亡的危险性。

根据以上统计，人群死亡高温域值范围在30~36℃，本研究针对不同区域的高温域值，分别统计区域超过域值的程度及其概率，计算得到人群高温死亡危险指数，其公式为

$$H_d = \sum_{i=1}^{7} (T_i - T_v) \times P_i \qquad (4.33)$$

式中，H_d 为人群死亡的危险指数；T_i 为区域高于阈值的日最高气温（℃）；T_v 为人群死亡的高温域值温度（℃）；P_i 为阈值以上的高温日发生概率；

根据自然断点法，将危险指数分成无危险、轻度危险、中度危险、高度危险及重度危险5个等级（表4.14）。

表4.14　中国人群高温死险分级

等级	无危险	轻度危险	高危险	重度危险
指数	H_d 危险高温死	0.15<H_d15 高温死	0.60<H_{d60} 高温	H_d>1.2

（5）不同情景中的人群暴露量（E）。

根据本研究选择的高浓度（RCP8.5）和低浓度（P2.6）两种情景，研究分别选择了两种情景下各时段中段（21世纪00年代、30年代、60年代和90年代）的1km×1km栅格人口数，作为不同研究时段高温人群暴露量。

（6）高温风险死亡人数预估。

根据风险的基本理论，计算未来情景下中国1km×1km的基本人群高温死亡风险人数，公式为

$$HR = H_d \times R_i \times E \times D_r \qquad (4.34)$$

式中，HR为年死亡人口数量；R_i 为阈值以上每升高1℃人群死亡率增量，%；D_r 为区域人群夏季平均死亡率；

利用以上风险指数，根据自然断点法，将人群高温死亡风险分为无风险、低风险、轻度风险、中度风险、高风险与重度风险5个等级（表4.15）。

表4.15　中国人群高温死亡风险分级　　　　　　　　　　　　单位：人/km²

等级	无风险	微度风险险	轻度风险	高风险	重度风险
指数	HR≤0.00025	0.00025<HR≤0.0025	0.0025<HR≤0.025	0.025<HR≤0.25	HR>0.25

在以上1km×1km上栅格数据的基础上，再利用ArcGIS空间分析工具将其赋值到各县级行政单元，预估获得各县级行政单元高浓度和低不同发展时段的人口死亡数量。

2. 中国高温要素时空格局变化

1）过去 50 年中国高温热浪变化时空格局

（1）高温日数年代际变化及区域差异。

过去 50 年我国各区域高温日数（d）呈现出不同变化趋势，106 站呈显著上升，约占总站数 20%，主要西北区、东南区域呈增加趋势，增加最大值可达 3.8d/10a；全国仅 14 站呈显著下降，主要在华北及长江以南部分区域，减少最大值达 2.1d/10a。在各年代变化上，20 世纪 60 年代高温日数变化区域差异显著，既有高温日数显著增加的区域，也有高温日数显著减少的区域。其中西北区的新疆南部、内蒙古中部、东北东部、东南局部（广东、海南）等地均呈显著减少趋势（CI=95%）；而华北、长江流域中游南部呈增加趋势其中，华北西南部呈显著减少趋势；70 年代高温日数基本呈减少趋势，其中东南减少显著，其他各区减少不明显；80 年代，高温日数呈现显著减少趋势，显著减少区域最为广大，主要分布在西北、华北、东北、西南等地，而东南区已开始呈增加趋势（不显著）；90 年代高温日数各区无明显变化，长江中下游、东南大部分区域呈下降趋势，但并不显著；21 世纪前 10 年，中国高温日数增加趋势明显，多数区域增加显著，显著增加区域主要在西北区、长江中下游与东南区。

（2）热浪频数时空变化趋势。

1961~2010 年，热浪频数增加的区域主要分布在西北与东南区域，其中，59 站呈显著增加趋势（CI=95%），主要分布在新疆以南、东南广东地区；仅有 9 站呈显著减少趋势，减少区域主要在华北的西南部。从年代际变化来看，20 世纪 60 年代，西北区西部呈增加趋势，东部则呈减少趋势；东北区大部无变化，仅在其北部区域呈现增加趋势，但并不显著；华北大部呈增加趋势，但只有在其西南的河南省呈现出显著增加。长江中下游区大部也呈现增加趋势，但增加趋势普遍不呈显著水平。东南区南部下降而北部增加，西南区大部无变化，局部呈增加趋势。70 年代，热浪频数变化整体不明显，西北西部、华北东部呈下降趋势，华南区基本呈下降趋势，南部下降显著。80 年代，热浪频数变化以西北、华北和长江中下游三个区域变化较为显著，均呈下降趋势，其中新疆北部、长江中下游大部下降显著。90 年代，中国各区热浪频数基本无变化，仅在长江中下游等局部地区呈下降趋势。21 世纪前 10年，中国部分地区热浪频数出现显著增加趋势，其中西北西部、长江中下游大部、东南中部均则呈显著增加趋势。

（3）最长热浪日数时空变化趋势。

过去 50 年最长热浪日数变化中，我国有 194 站呈下降趋势，占气象站总数量的 35%，21 个站呈显著下降，占总体的 3%，主要分布在华北区以南、东南以北；呈上升趋势的站有 322 个，为总数量的 57%，显著上升的站点 75 个，占 13%，主要分布在西北、东南及长江中下游区以东。从年最长热浪日数变化趋势来看，区域显著增加最高为 1.52d/10a，平均增高 0.57d/10a，其中以长江中下游浙江沿海增加趋势最大，为 1.18d/10a；其次为东南南部，其增加幅度平均为 0.72d/10a；显著减少的站点最大的减少幅度是 1.29d/10a，平均减少 0.84d/10a，显著减少较大的区域主要在东南区以北，平均减少 1.26d/10a，其次是华北以南区域，平均减省 0.70 日/10a。总体而言，南方年最长热浪日显著增加或减少的趋势均大于北方区域。

（4）高温指数时空变化差异分析。

图4.46为近50年来我国综合高温指数变化趋势图。由图可知，近50年，共有90个气象站呈显著增高趋势，约占总站数的16%，主要分布在西北东部及东南区域，特别是集中在内蒙古和新疆两自治区，此外，东南的广东、西南的重庆、长江中下游流域的上海、杭州等区域也是另两个显著增高的区域。而显著下降站有17个，主要分布在华北南部淮河流域，其余区域变化并不明显。年代际变化分析显示，21世纪60年代，高温指数变化区域差异显著，其中新疆南部、内蒙古中部高温指数变化呈现显著下降趋势，华北、长江中下游大部、东南区北部呈上升趋势，其中河南省大部呈显著增高趋势。70年代，中国高温指数变化整体不明显，局部呈下降状态，其中东南区广东、福建等地下降显著。80年代，下降范围进一步扩大，其中，约20%气象站（128个）的高温指数呈显著下降趋势，主要分布在中国的华北区、长江中下游区、西南地区的四川省。90年代，高温指数变化除西北区西部、华南大部出现下降（不显著），其他区基本无明显变化。21世纪前10年，中国高温指数除西南、东北区无明显变化外，其他各区总体呈上升趋势，且长江中下游区东部、东南区、西北西部的确新疆以东区域上升显著。

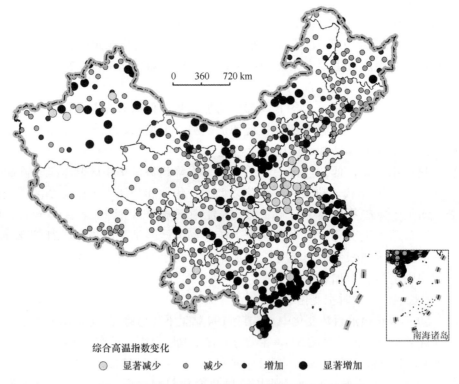

图4.46   1961~2010年中国高温指数时空变化趋势图

总体而言，过去50年中，中国高温指数变化经历了"先降后升"的波动过程，其中20世纪80年代减少最为显著，范围最为广泛，以西北、华北为主；而21世纪前10年则是上升最为明显时期，分布范围最广，其显著上升区域主要以南部区域为主。

2）未来情景下高温要素时空格局变化

（1）高温日数时空格局变化。

在低浓度与高浓度排放情景下，未来35℃以上的高温日数呈现增加趋势，高浓度排放情景下高温日数增加更为显著。RCP2.6 情景下，中期、远期与近期比较，高温日数变化并不明显，主要分布在西北、华北及长江中下游区域，西北一些区域每年高温日数可达 60 天以上，华北与长江中下游中部区域则为 26~40 天等级，东北、西南区域等高温日数较少。在 RCP8.5 情景下，高温日数显著增加，特别是在远期，西北、东南、华北、长江中下游区高温日数均已达 60 天以上。

从不同区域来看（表 4.16），随着排放浓度增高，各区域平均高温日数均呈增加趋势。RCP2.6 情景下各区增量较小，在近期各区高温日数增量都在 10 天以下，至远期，长江中下游区、东南区、华北区高温日数增加较大，分别增加了 16 天、15 天和 11 天，区域平均高温日数分别达到 26 天，27 天和 20 天，增量较小的是东北区和西南区，分别增加了 2 天和 4 天。但总体而言，在 RCP2.6 情景下，各区高温日数增量不大。从 RCP8.5 情景来看，高温日数则增加迅速。在中期时，各区域高温日数可达基期 4 倍；在远期时，各区域高温日数大幅增加，东南区域高温日数最高，达 87 天，长江中下游区则达 73 天，即使是最低的东北区也达到 19 天，超过了基期各区的高温日数。RCP4.5 和 RCP6.0 情景下高温日数增长趋势处于 RCP2.6 与 RCP8.5 之间，只是 RCP6.0 在近期、中期增长幅度略小于 RCP4.5，但在远期确高于 RCP4.5。

表 4.16　各区域不同情景不同时段平均高温日数　　　　　　单位：天

排放情景	时段	NW	NE	NC	HH	SW	SE
	1981~2010 年	12	1	10	10	3	12
RCP2.6	2011~2040 年	18	3	16	20	6	22
	2041~2070 年	20	3	20	25	7	26
	2071~2099 年	20	4	21	26	7	27
RCP4.5	2011~2040 年	18	2	15	19	5	22
	2041~2070 年	25	4	25	31	9	31
	2071~2099 年	29	7	30	37	12	44
RCP6.0	2011~2040 年	17	2	14	17	4	19
	2041~2070 年	24	4	23	28	8	30
	2071~2099 年	34	9	38	45	15	47
RCP8.5	2011~2040 年	19	3	17	22	6	24
	2041~2070 年	32	8	33	41	14	46
	2071~2099 年	50	19	58	73	32	87

（2）极端危害性高温时空变化格局。

极端危害性高温在基期主要在我国新疆南部出现频次较高，每年可达 10 天以上，但在其他区域出现较低。在 RCP2.6 情景下，在长江中游、华北平原中南部及东南区部分区域有所增加，但增加幅度不大。在 RCP8.5 情景下，40℃以上高温区域影响范围明显扩大，特别是中远期，西北大部 40℃以上高温日数可达 30 天以上，华北、长江中游部分区域 40℃以上高温日可达 20 天以上。表 4.17 是各区不同时段不同浓度下的平均值，可以看出，40℃以上高温日数增加主要表现在中远期，随着排放浓度增加各区极端危害性高温日数呈增加趋势。其中，RCP2.6 与 RCP4.5 情景相类似，由中期向远期发展时增加幅度并不高。在 RCP2.6 情景中远期，西北、华北、长江中游地区 40℃以上高温日平均为 2~3 天，RCP4.5 情景为 4~6 天。RCP6.0 与 RCP8.5 情景由中期向远期极端危害性高温增加幅度较大，如 RCP6.0 情景下，西北、华北、长江中下游区域高温日数中期为 2~4 天，远期则为 7~8 天；而 RCP8.5 情景下西北、华北、长江中下游区域中期极端高温日数为 5~7 天，而远期则平均可达 15~19 天，增加速度显著加快。在 RCP8.5 远期情景下，长江中下游区域极端危害性高温将达到 19 天，将成为未来极端危害性高温日数暴发次数最为频繁的区域。相比较而言，东北、西南区平均极端危害性高温日数增加并不明显。

表 4.17　各区域不同情景不同时段极端危害性高温日数　　　　单位：d

排放情景	时段	NW	NE	NC	HH	SW	SE
	1981~2010 年	2	0	1	0	0	0
RCP2.6	2011~2040 年	3	0	1	2	0	1
	2041~2070 年	3	0	2	3	0	2
	2071~2099 年	3	0	2	3	0	2
RCP4.5	2011~2040 年	3	0	1	2	0	1
	2041~2070 年	5	0	3	4	1	2
	2071~2099 年	6	1	4	5	1	4
RCP6.0	2011~2040 年	2	0	1	1	0	1
	2041~2070 年	4	0	2	4	0	2
	2071~2099 年	8	1	7	8	1	4
RCP8.5	2011~2040 年	3	0	1	2	0	2
	2041~2070 年	7	1	5	6	1	4
	2071~2099 年	17	3	15	19	5	13

（3）年均热浪日数时空格局变化。

热浪的变化反映了区域高温过程特征。与高温日数相比，未来我国年均热浪日数增加幅度更加明显。除青藏高原，我国其他大部分地区未来热浪日数均呈快速增加趋势。从 RCP2.6 情景来看，未来年均热浪日数增多呈由东向西扩展的趋势，特别是每年 30~60 天热浪日数影响区域增加较多。具体而言，2040s 与基期比较，除东北以外，中国东部及西北大部每年都会有 11~20 天热浪日，至 2070s，这些区域年热浪日数均达 20~40 天，而长江中下游区，华南的广西、海南等地年均热浪日数将达到 40~60 天，到 21 世纪初，东南大部年均都有 40~60 天的热浪日。

从 RCP8.5 情景来看，2020s 年均热浪日增长情形与 RCP2.6 情景相似，但至 21 世纪 50 年代，长江以南大部分区域年均热浪日几乎都达到 50 天以上，至 22 世纪初，除青藏高原、东北等区域外，年均 50 天以上热浪日数已影响我国其余各地，东北区域年均热浪日数也会达到 20~50 天。

在不同区域上，不同情景排放浓度下，各区域热浪日数都呈现增加趋势（图 4.47）。在各种浓度下，预估东南区平均热浪日数最多，在 RCP2.6 浓度下，该区在近期（2011~2040 年）、中期（2041~2070 年）、远期（2071~2099 年）热浪日数平均约为 25.7 天、32.4 天和 33.5 天，在 RCP8.5 浓度下，东南区不同时期热浪日数分别为 28.8 天、57.6 天、100.1 天。除东南区外，长江中下游区域、华北、西北、西南及东北区热浪日数依次递减。最少的东北区，热浪日数在 RCP2.6 情景下不同时段分别为 5.0 天、8.0 天及 7.7 天，在 RCP8.5 情景下则为 6.5 天、18.0 天及 36.8 天。

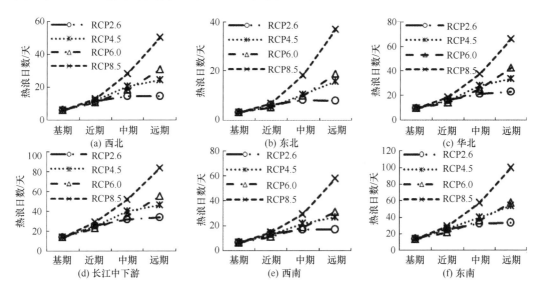

图 4.47　四种浓度情景下未来我国年均热浪日数时空变化趋势

从增长幅度来看（与基期相比较），在四种浓度情景下，东北区热浪日数增长幅度最大，而其余各区增长幅度均小于东北区，特别是在高浓度情景下，增长幅度更加显著。如在 RCP2.6 浓度情景下，东北区近期、中期、远期的热浪日数分别增长了 0.9、1.4、1.5 倍，大于同期其余各区增加幅度，在 RCP8.5 浓度下该区热浪日数更是分别增长了 1.26、5.4 和 11.7 倍，都远高于其他各区。增长幅度最小的是华北与长江中下游区。可以看出，随着排放浓度的增高，温度相对较低区域变化更加明显。

（4）各时段年均最高气温时空格局变化。

基准时段，除新疆南部、华北平原部分区域最高气温可达到 40~45℃以外，其余大部分区域最高气温一般为 35~40℃。与基期比较，RCP2.6 情景下近期华北平原中西部、内蒙古西部 40~45℃最高气温出现范围明显扩大，影响范围更是扩展到长江流域及华南西部广西等区域，但此时期 45℃以上年最高气温仍只出现新疆南部区域；中期与远期年最高气温变化主要体现在华北平原中南部及长江中下游流域，从这些区域可看出 40℃以上年最高气温出现范围有向东向南发展。在 RCP8.5 情景下，年极端最高气温持续增长幅度和影响范围更大一些，早期最高气温影响范围与 RCP2.6 中期情景下类似。至中期，华北平原、长江中下游及东南区域最高气温均达到 40~45℃，西北的新疆、内蒙古等部分区域最高气温可达 45℃以上。至远期，我国新疆大部、华北、东南、长江中下游等区域极端最高气温都会达到 45℃以上，而东北、内蒙古等大部最高气温可达 40~45℃，在这一情景下，高温天气会屡屡突破人群的耐受极限。

与基期比较，各区域年最高气温平均增量在 RCP2.6 情景下，长江中下游流域各时段增量最大，近期、中期、远期分别增温 1.6℃、2.5℃和 2.8℃，其次是东南区增温较大，分别上升 1.4℃、2.1℃和 2.4℃，增温最小的是西北区，分别为 0.7℃、1.0℃和 1.2℃。从 RCP2.6 增温趋势来看，近期增温较快，中、后期增温趋势缓和，东北、西南区远期与中期比较出现了负增温。RCP4.5 年最高气温增量比 RCP2.6 情景高，发展趋势相似，只是西南区增量要略高于东北区。

除增量略低外，RCP6.0 情景各区年最高气温变化与 RCP8.5 类似，下面仅 RCP8.5 情景进行分析。RCP8.5 年最高气温增量明显高于 RCP2.6 情景，增量最大的仍然是长江中下游区，其近期、中期、远期年最高气温增量分别为 2.1℃、4.4℃和 7.5℃。其余各区在近期东南区增温最大，为 1.8℃，华北区增温最小，为 0.9℃，中期仍是东南区增量最大，3.8℃，东北、西南次之，增量为 3.5℃。从增温趋势来看，RCP8.5 情景下近期至远期增温速率普遍增快，在近期增温最快的是长江中下游区，其次是东南区，最小的是华北平原区；至中期，这一时期增温最快的是东北、华北与长江中下游区，与近期比较均增温 2.2℃，其次是西南、东南区增温 2.0℃，最小的是西北区增量为 0.7℃；至远期，这一时期增温最快的则是西北区，与中期比较增温 3.7℃，其次是西南为 3.6℃，增量最小的则是东北区，年最高气温与中期比较增量为 1.9℃。

总体而言，未来我国大部分地区高温热浪（人群）风险各相关气候要素（包括高温日数、热浪日数和极端最高气温都将呈现增加趋势，尤其是西北、华北和长江中游地区，各要素增长较快，且 RCP8.5 情景下各要素增加趋势比其余浓度情景更为快速。

3. 中国人群高温死亡风险评估

1）中国人群高温脆弱性分析

根据脆弱性研究方法，研究共获取了 10 篇文献，其中包括哈尔滨市、乌鲁木齐市、兰州市、西安市、重庆市、武汉市、上海市、苏州市、长沙市、南雄市（地）、深圳市、广州市、珠海市（地）14 个城市（表 4.18）。表 4.18 中阈值温度是指气温达到该温度值时，人群对高温的死亡效应与此前有显著差异，变化幅度指气温域值后，每上升 1℃人群死亡数增加的百分比。原文数据状况是对原文献中数据状况进行的描述，共有三种情形：仅有阈值，仅有气温与人群死亡的关系曲线，兼有阈值和变化曲线。上海、哈尔滨（某城区）、南京（某城区）、广州等城市日最高气温与人群死亡的阈值分别 34℃、29℃、36℃和 34℃，阈值以上每上升 1℃，超额死亡人数分别增加 23.07 人、0.87 人、4.9 人及 2.85 人，增长率分别为 23%、7.5%、25%和 7.5%。

表 4.18　中国高温人群死亡关系特征统计

市区	研究时段	研究对象	阈值温度/℃	变化幅度/%	原文数据状况	文献来源
广州市	2000~2004	全死亡	34	3	阈值	曲亚斌等，2009
广州市	1979~1989	全死亡	34	7.5	曲线/阈值	王丽容和雷隆鸿，1997；谭冠日，1994
广州市	2006~2010	全死亡	34	4.8	阈值	曾韦霖，2013
珠海市	2006~2010	全死亡	34	4.6	阈值	曾韦霖，2013

市区	研究时段	研究对象	阈值温度/℃	变化幅度/%	原文数据状况	文献来源
南雄市	2006~2010	全死亡	34	15.4	阈值	曾韦霖，2013
哈尔滨市	2002~2010	全死亡	30	7.5	曲线/阈值	李永红等，2014
苏州市	2005~2008	全死亡	36	23.1	阈值	Lim et al.，2015
南京市	1994~2003	全死亡	36	25	曲线	李永红，2005
深圳市	2004~2010	全死亡	33	4	阈值	Li et al.，2014
重庆市	2011~2012	全死亡	34	5.5	曲线/阈值	Li et al.，2014
武汉市	1998~2008	全死亡	36	30	阈值	杨宏青，2013
上海市	1979~1989	全死亡	34	23	曲线/阈值	谭冠日，1994.
长沙市	2006~2009	全死亡	37	24.89	阈值	孙允宗等，2012
乌鲁木齐市	2006~2007	全死亡	32	6.6	阈值	Lim et al.，2015
西安市	2004~2008	全死亡	35	0.5	阈值	Lim et al.，2015
兰州市	2004~2008	全死亡	33			Lim et al.，2015
天津市	2005~2008	全死亡	35	7	阈值	Lim et al.，2015

将各城市人群死亡日最高气温域值与该城市夏季平均气温进行回归后发现，各地气温阈值与夏季平均温间存在显著的线性正相关关系（$R^2=0.606$，$p<0.01$），由回归曲线表明，平均温度每上升1℃，日最高气温阈值提高0.5964℃。其关系为

$$T_v = 0.5664\overline{t} + 19.52 \quad (R^2=0.5992, \ p<0.01) \tag{4.35}$$

式中，T_v为区域死亡高温阈值温度；$\overline{t}$为区域夏季多年均温

另外，人群高温域值与每增加1℃死亡率的增量之间也存在非线性关系：

$$R_i = 5179210 - 794104T_v + 47413T_v^2 - 1431T_v^3 + 21T_v^4 - 0.12T_v^5$$
$$(R^2 = 0.53, \ p < 0.01) \tag{4.36}$$

式中，R_i为超过高温域值每增温1℃人群死亡率增量（%）。

2）未来不同浓度情景下人群高温死亡危险性时空格局变化

RCP2.6情景下，中国人群高温死亡危险性主要以轻度与中度危险影响为主，高度以上危险区仅出现在西北新疆地区。具体而言，RCP2.6情景下，近期危险性主要以轻度危险为主，中度以上危险性主要分布在西北及华北中部区域；至中期，华北、长江中游地区中度危险区域影响进一步扩大；至远期，华北、长江中下游大部都为中度危险区，其他区域变化不大。在RCP8.5情景下，近期高温危险空间分布与RCP2.6情景相似，中期在西北部高度以上危险区明显增加，而其余各区（除青藏高原外）大部都为中度危险区，到远期，西北区的新疆区域大部为重度危险区，华北与长江中下游区则成为高温死亡的高度危险区。总体而言，随着浓度增加，人群高温死亡危险性增高，由近期至远期，高温危险区域由北向南扩展。

比较各区不同浓度情景下的危险指数变化的趋势，在RCP2.6、RCP4.5、RCP6.0、RCP8.5的4种情景中，西北区在任何时段其危险程度最高，远高于其他区域；华北与长江中下游区平均危险指数相差不大，其余依次是东南、东北和西南区。在RCP2.6情

景下，由基期向近期危险指数增加较快，但中、远期增加较慢，东北区中期与近期比较，平均危险指数还有所下降；RCP4.5 情景下，除东南区外，其余各区在中期危险指数增加较快。在 RCP6.0、RCP8.5 情景下，近期危险指数增量不大，但到后期危险指数增加明显加快，特别是在远期两种浓度下的危险程度指数呈陡升趋势。

3）不同情景下高温热浪人群死亡风险时空格局变化

中国人群高温死亡风险在未来不同气候变化情景下总体增高（图 4.48）。从 RCP2.6 来看，近期（2011~2040 年）高温风险相对较低，而中期（2041~2070 年）华北、长江中下游及华南等地区风险明显增高，远期（2071~2099 年）华北、黄淮区域高温死亡高风险区范围进一步扩大。在 RCP8.5 情景下，人群高温死亡风险增高趋势更加明显。近期，高风险区主要分布在华北中部，至中期，高风险区则扩展至长江中下游及西南的四川、重庆等区域，到远期，中国华北、长江中下游及华南大部分区域为高风险区，华北平原中南部则为重度风险区，东北区域风险较高区域主要分布在人群密度较高的城市区域。

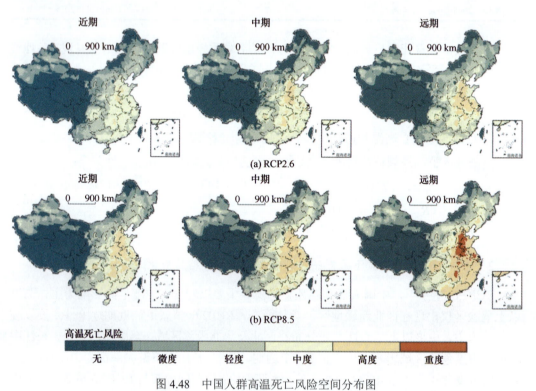

图 4.48　中国人群高温死亡风险空间分布图

4. 不确定性分析

由于不同模式数据评估存在差异性，本研究利用标准差分析了 RCP8.5 情景下 2071~2099 年评估结果的不确定性。从高温日数来看，东南南部及西北新疆西部，大致有 20~30 天高温日数偏差，长江中下游、东南大部、华北沿海、东北中部等区域，大致有 16~20 天偏差，东北东部、华北西部存在 6~10 天偏差。从≥32℃高温日数来看，长江中下游、东南南部偏差在 17~21 天之间，华北东南部、新疆南部有 14~16 天偏差，西南四川盆地偏差为 8~10 天，西南及东北大部为 1~4 日。

年极端高温来西北新疆大部偏差为 6℃以上，长江中游地区偏差为 3~4℃左右，其余区域大部分在 2℃左右。从热浪发生日数不确定性来看，东南南部、西南南部、西北北部部分区域偏差为 25 天以上，华北东北部为 21~25 天，西北东部、东北中部、华北大部、长江中下游大部偏差为 16~20 天，其余大部分区域（除青藏高原外）高温热浪日数偏差一般在 11~15 天。

高温人群死亡危险性不确定性分析表明，长江中游地区、西北新疆大部分危险指数偏差最大，为 0.40~0.57，华北、华南大部及东北西部为 0.24~0.31，东北东部指数不确定性为 0.14 以下。从人群高温风险指数不确定性来看，华北中东部、长江中游大部分地区为 0.35 人/km^2 以上，最大值为 0.76 人/km^2。东南南部为 0.15~0.25 人/km^2，其余大部为 0.01~0.15 人/km^2，西南除四重庆地区不确定性较高外，其余地区不确定性较低，东北地区中部不确性指数为 0.01~0.25 人/km^2，其余都在 0.01 人/km^2 以下，而西北绝大部分区域不确定性较小，均在 0.01 人/km^2 以下。

5. 结论

基于过去 50 年观测数据（1961~2010 年）与未来 90 年（2011~2100 年）的情景数据，评估了中国高温变化及人群高温死亡风险的时空变化格局。结果表明，过去 50 年中国高温指数在西北、东南及长江中下游东部区域呈显著升高趋势，而华北中西部部分区域则呈显著下降趋势。未来不同浓度情景下，中国高温、热浪日数随浓度增加而升高，特别是在 RCP8.5 浓度下高温相关天气要素增加幅度最为剧烈。在未来不同情景下，中国人群死亡风险最高区域在华北中部，其次是长江中下游区，再次是东南区、西南区，东北区域则主要是在一些城市人群密度较大区域存在较高风险。

4.3 中国综合环境风险与气候灾害风险区划

在对中国综合环境风险和气候灾害风险形成机制和各相关要素时空变化格局系统研究的基础上，构建合理的指标体系，建立环境风险和气候灾害风险分等级系统，发展我国环境风险与气候灾害风险区划的技术和方法，将中国综合环境风险和气候灾害风险区划为若干个具有一定共同特征的区域，重点研究中国地域、省份、地区和地段分级嵌套的综合环境风险和气候灾害风险区划方案，制定中国综合环境风险和气候灾害风险区划图的编制准则，绘制中国综合环境风险与气候灾害风险区划图，以期科学地表达中国综合环境风险和气候灾害风险的时空格局特征，为有效防范我国综合环境风险提供科学依据。

4.3.1 环境风险区划原则与方法

1. 区划原则

区划原则是区划制定过程中所遵循的准则，为区划的核心问题之一，确定合理而实用的区划原则是任何一个自然地理区划成功的关键所在。在自然区划过程中，主要存在的区划原则有以下几种：

1）相对一致性原则

相对一致性原则要求在划分区域时，必须注意其内部特征的一致性。不同等级的区划单位特征的一致性各有不同的标准。例如，自然带的一致性体现于热量基础大致相同。自然地区的一致性体现于热量辐射基础相同情况下，大地构造和地势起伏大致相同。中国综合自然区划初稿中的"地区"的一致性，体同在热量基础大致相同状况下地势起伏大致相同，山地省则体现于垂直带谱的结构相同。

区域内部特征的一致性也不是绝对而是相对的。区划单位自然特征一致性的相对性质，表明其本身存在着一个等级单位系统。大的区域可以划分为一系列中等区域，而后者又可进一步划分为低级区域。这样，就可以对自然区域进行自上而下顺序划分和自下而上的逐级合并。但无论划分或合并，都应以相对一致性原则为指导。

2）空间连续性原则

空间连续性原则又称区域共轭性原则，意指自然区划中区域单位必须保持空间连续性和不可重复性。任何一个区域永远是个体的，不能存在彼此分离的部分。若自然界中存在两个自然特征类似但彼此隔离的区域，不能把它们划到同一个区域中。空间连续性原则虽然非常明确，但在区划工作中却常被忽视。

3）综合性原则

任何区域都是在地域分异规律影响下形成的由各自然地理成分和区域内各部分所组成的统一整体。因此，任何区域的组成成分及其整体特征不仅具有自身发展所获得的特征，而且不同程度地具有地域分异"烙印"，即地带性和非地带性。进行区划时必须全面分析区域整体特征的相似和差异性，特别是地带性特征和非地带性特征的表现程度，并依据这些特征划分区域和确定界线。这样的区域既揭示了差异性，又反映了它们与地域分异规律的关系，故能比较正确地反映客观地域分异状况。

4）主导因素原则

尽管地域分异原因非常复杂，但仍可以从中找出主导因素，由此便引出主导因素原则。这一原则强调在区划时首先考虑决定地域分异的主要因素，在区划边界确定时应选择主导因素的主导指标。

2. 区划方法

区划方法是指遵循一定的区划原则，采用一个或多个区划指标，对以自然灾害为特征的区域进行划分的具体方法。从宏观上看，主要有"自上而下"和"自下而上"两种方法。区划单位有一定的等级系统，可以"自上而下"顺序划分，也可以"自下而上"逐级合并。自上而下区划，主要是根据区域分异的大、中尺度差异，按照区域相似性与差异性，从区域的高级单位开始向低级区划单位逐级进行划分。自下而上的区划是从划分最低等级区划单位开始，然后将它们依次合并为高级区划单位。现有的全国性大尺度区划方案大多是自上而下的顺序划分法。

具体来看，自然区划的方法主要有叠置法、主导标志法、地理相关法、景观制图法、定量分析法、聚类分析方法等。叠置法是将若干自然要素的分布图和区划图叠置在一起，得出一定的格网，然后选择其中重叠最多的线条作为综合自然区划的依据。叠置法可以减少主观性和任意性，并有助于发现一些自然现象之间的联系。但是，自然界各种现象都有其发展规律，所处发展阶段也各不相同，特别是资料不完整的情况下，如果机械地运用叠置法，有时会得出错误结论。主导标志法是在综合分析的基础上，选择主导标志作为区划的依据，由此得出区划界线，这种界线意义比较明确。但如果机械地运用这种方法，往往不能正确地表现出自然界的地域分异规律，区划界线有时会带有主观任意性。地理相关法是在比较各项自然现象的分析图、分布图和区划图，了解自然界地域分异规律的基础上，再按若干重要因素互相依存的关系，制订区划界线的依据。上述这些方法应当结合使用，它们的共同内容是根据自然界地域分异的因素，通过各种现象与对象因果关系的分析，选出可以作为区划依据的指标。聚类分析是为了把互相差异的自然地理区域或现象进行分类和归纳。用相似系数与差异系数反映被分类对象之间亲疏程度的数量指标。两个客体之间的相似系数越大，其对应的差异系数就越小，这两个客体的关系就越密切，合并成一个区的可能性也就越大。相似系数的建立，需要用主成分分析，以便从众多的指标中，择取能反映客体本质，在数目上又尽可能少的主要指标。将择取出来的主要指标，在所要进行聚类的诸单元中给予数量化，并且统一评定其数量大小，即进行"标准化"，这样各类指标才具有等效值特性和可比性。然后，从中选用适合的方法聚类分析，进行定量的归类划区。

4.3.2 中国综合环境风险与气候灾害风险区域分异规律和区划

1. 综合环境风险评估方法

综合环境风险区划方法一般在综合环境风险评估基础上完成，因此，评估技术和方法对区划有重要影响。综合环境风险评估一般包括如下几个部分：灾害评估、多灾害评估、暴露度评估、脆弱性评估、多灾害风险评估。自20世纪70年代以来，人们就对多灾害风险进行了综合评估（Hewitt and Burton，1971；Cutter and Solecki，1989）。由于服务对象或研究目标的差异，不同研究采用的多灾害风险评估方法略有差异。当前综合环境风险评估通常采用综合指数方法对多种灾害的影响进行定量化。例如，联合国开发计划署（United Nations Development Programme，UNDP）提出了一个灾害风险指数（disaster risk index）用于评估国家尺度上多种灾害带来的人群死亡风险。UNDP（2004）首先评估了各种灾害（包括地震、台风、洪水和干旱）对人类的危害程度（如死亡率），再综合计算大中尺度灾害的平均死亡风险，并在国家尺度进行比较研究。欧盟国家出于区域规划和管理需要，提出了一个空间相关的多灾害风险综合指标用于欧洲地区综合风险及其空间特征评估（Birkmann，2007）。该多灾害风险综合指标有以下特征：①面向多种灾害，这意味着需要考虑多领域/部门的风险；②只关注空间上存在相关性的灾害风险，而对于传染病、交通事故之类的相对单一灾害风险则不予考虑；③只关注对集体/人群造成危害的集合风险，对于个体所承受的风险不予考虑。Shi 和 Kasperson（2014）提出了多灾害指数和多灾害风险指数分别对全球洪水、干旱、地震、台风等12中灾害及其风险进行了综合评估。

针对社会经济、自然系统和人类等不同受灾体，本节评估了气候变化下农业、生态和高温热浪三种环境风险（见 4.2 节）。在三种环境灾害和风险评估基础上，参考 Shi和 Kasperson（2014）多灾害风险指数估算气候变化下的综合环境风险：

$$\text{IERI} = \sum_{i=1}^{n=3} r_i \times w_i \qquad (4.37)$$

式中，IERI 为综合环境风险指数；r_i 为第 i 中灾害风险水平；w_i 为第 i 中灾害风险水平的权重（本书使用等权重进行计算）。综合环境风险分为 10 级，1 表示风险级别最低，10 表示风险级别最高。

2. 综合环境风险区域分异规律

利用该综合环境风险指数 [式（4.37）]，以 2071~2099 年这一时段为例，评估了 4种气候变化情景（RCP2.6、RCP4.5、RCP6.0 和 RCP8.5）下的中国综合环境风险（如图4.49）。总体来看，RCP2.6 情景下中国综合环境风险最低，RCP8.5 情景下风险最高。

RCP2.6 情景下，综合环境风险主要集中在黄淮海平原地区，风险等级主要在 3~5级之间 [图 4.49（a）]。黄淮海平原地区农业生产发达、人口密集，尤其是淮河以北地区，水资源比较匮乏，是对气候变化较为敏感的地区之一，因此，在温室气体低排放情景（RCP2.6）下依然存在轻微的风险。青藏高原极少部分地区在 RCP2.6 情境下也存在轻微风险。青藏高原地区是全球气候变化敏感区，该地区的气候变暖往往早于中国甚至全球其他地区，升温幅度也大于全球平均水平。该地区人烟稀少，自然环境独特，其面临的主要环境风险是气候变化下生态系统的不稳定性。

RCP4.5 情景，中国西部地区的综合环境风险有一定程度增加，尤其是青藏高原地区，该地区综合环境风险等级最高可达 4 级，范围扩大至高原东部边缘地区[图 4.49（b）]。西北地区，如甘肃和青海部分地区，以及黄河上游地区也存在一定程度（约 3~4 级）的综合环境风险。西部地区人口密度相对较低，综合环境风险主要以生态系统风险为主，也有一定程度的农业风险。在该情景下，由于气候变暖在一定程度上对作物/植物生长有一定促进作用，黄淮海地区综合环境风险相对略有收缩，比较明显的综合环境风险主要出现在华北平原，包括河北、山东河南等部分地区。华北平原地区一直以来受水资源短缺问题影响，农业发展面临很大风险，全球变暖又增加了高温热浪风险。该情景下珠江流域少部分地区也开始出现较轻综合环境风险，主要是这一地区某些作物生长在变暖情况下受到较大影响，造成一定的农业风险。

RCP6.0 情景下 [图 4.49（c）]，中国西部、黄淮海平原以及东北地区综合环境风险均有增加。其中，青藏高原地区综合环境风险级别更高，范围向周边扩大，甚至延伸到云南、四川等地区。黄淮海平原地区也有类似变化，部分地区综合风险级别达到 6 以上，综合环境风险主要来自农业和高温热浪风险。东北地区风险增加区域主要在黑龙江东部和内蒙古东部地区，该地区处于高纬度地区，综合环境风险主要来自农业和生态领域。

RCP8.5 情景下 [图 4.49（d）]，综合环境风险显著增加，尤其是黄淮海平原，大部分地区风险等级达 7 级以上；与黄淮海平原相邻的长江中下游地区也出现了较明显的综

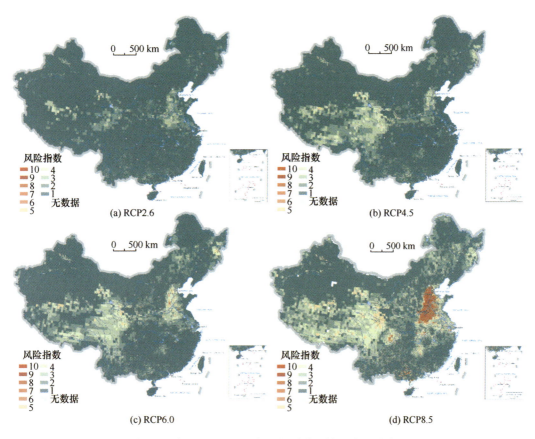

图 4.49　中国 2071~2099 年期间综合环境风险评估结果

合环境风险。青藏高原地区大部分地区综合环境风险依然处于 5 级以下、少部分地区达 5~6 级水平，但风险波及范围进一步往周边扩大。东北地区综合环境风险范围略有扩大，少部分地区风险等级达 5~6 级。值得注意的是，四川盆地和珠江流域均出现了较为显著（6~7 级水平）的综合环境风险。此外，农牧交错带部分地区也存在一定程度的综合环境风险。RCP8.5 情景气温升高明显，因此中国南部和东部大部分地区都面临较大的高温热浪和农业风险，生态系统也更趋于不稳定。

3. 综合环境风险区划

综合环境风险区划研究是政府部门开展综合风险管理、制定综合防灾减灾的基础（史培军和袁艺，2014；吴绍洪等，2011）。根据前述风险区划原则和方法，以 RCP8.5 为例，在综合环境风险评估基础上进行了初步的综合环境风险区划（图 4.50）。综合环境风险区划具体步骤包括：①根据综合环境风险评估结果确定气候变化敏感区域，如青藏高原地区和黄淮海平原；这类区域表现出对气候变化显著的响应，而且在空间上有较好的连续性，易于识别；②通过对农业、生态和高温热浪风险评估结果叠加分析，明确其他综合环境风险空间不连续范围，根据空间连续性和取大去小原则，采用自上而下方法确定各个分区边界；③根据主导因素原则确定综合环境风险大区的主要环境风险及其程度，结合各个分区所在的地理或行政区划位置，确定分区名称和内涵；④在各个综合

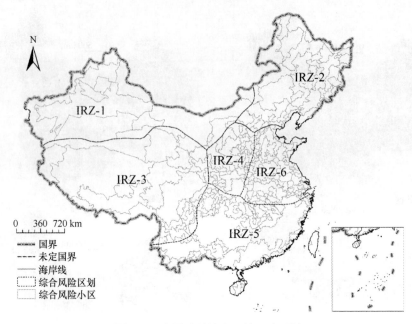

图 4.50　中国陆域综合环境风险区划

环境风险大区中，以县级区域为基本单元，将不同环境风险组合相对一致的单元划分为综合环境风险小区。

　　根据以上方法和步骤，中国陆域综合环境风险区划共分为 6 个区，分别为西北低风险区、东北生态较低风险区、青藏高原生态较高风险区、晋陕农业-生态中度风险区、华南农业高风险区以及黄淮海农业-热浪高风险区。对社会经济（农业）和人群（热浪）的影响是本书综合环境风险的重要考虑因素；尽管在西北地区存在一定的农业风险，但由于该地区农业面积所占比例很小，人口密度也很低，因此本节将该地区归为气候变化低风险区。表 4.19 简要描述了对各个风险分区的环境特征和主要环境风险。

表 4.19　综合环境风险区划特征

分区	特征	主要环境风险
IRZ-1：西北低风险区	气候干燥、降水很少，地表覆盖以荒漠/沙漠为主，有少量绿洲，人口密度很低，农业很少	有一定的农业风险，由于面积较少，总体风险低
IRZ-2：东北生态较低风险区	处于高纬度地区，气温较低，属于半湿润/半干旱地区；植被以草地和森林为主；农业较为发达，是中国主要粮食产地之一，人口密度中等	以农业和生态风险为主，两种风险均分布不广，程度中等或偏低
IRZ-3：青藏高原生态较高风险区	自然地理环境独特，海拔高、气温低，冰雪覆盖面积较大，是中国重要河流发源地；植被以高寒草地草甸为主，生态系统相对较为脆弱；人口稀少，农业极少	以生态风险为主，大部分地区程度偏高
IRZ-4：晋陕生态-农业中度风险区	黄土高原和太行山脉山区，大部分属于半干旱地区；植被覆盖较少，部分为人工植被；农业较发达，人口密度中等	以农业和生态风险为主，程度中等
IRZ-5：华南农业高风险区	南方湿润地区，覆盖了长江中下游大部、珠江流域和东南沿海地区；气温较高，水量丰沛；植被覆盖好；农业发达，是我国主要粮食产区之一；人口密度高	以农业风险为主，主要在珠江流域，程度偏高；部分地区有较低程度的高温热浪风险
IRZ-6：黄淮海农业-热浪高风险区	主要为黄淮海平原，覆盖黄河下游、淮河与海河大部分地区，属于半干旱/半湿润地区；农业发达，我国主要粮食产区之一，人口密度高	以农业风险和高温热浪风险为主，程度都偏高

参 考 文 献

程纯枢, 冯秀藻, 高亮之, 等. 1991. 中国的气候与农业. 北京: 气象出版社

崔巧娟. 2005. 未来气候变化对中国玉米生产的影响评估. 北京: 中国农业大学硕士学位论文

邓国, 王昂生, 周玉淑, 等. 2002. 中国粮食产量不同风险类型的地理分布. 自然资源学报, 17(2): 10-215

董玉祥. 1994. 我国北方沙漠化灾害程度评价初探. 灾害学, 9(3): 41-45

方精云, 朴世龙, 贺金生, 等. 2003. 近 20 年来中国植被活动在增强.中国科学(C 辑), 33(6): 554-565

冯剑丰, 王洪礼, 朱琳. 2009. 生态系统多稳态研究进展. 生态环境学报, 18(4): 1553-1559

付在毅, 许学工. 2001. 区域生态风险评价. 地球科学进展, 16(2): 267-271

葛全胜, 邹铭, 郑景云, 等. 2008. 中国自然灾害风险综合评估初步研究. 北京: 科学出版社

郝兴宇, 韩雪, 居辉, 等. 2010. 气候变化对大豆影响的研究进展. 应用生态学报, 21(10): 2697-2706

胡焕庸. 1935. 中国人口之分布. 地理学报, 3(2): 33-74

兰莉, 高菌璐, 梁巍, 等. 2014. 2007-2011 年高温对哈尔滨市区人口死亡的影响. 中国卫生工程学, 13(1): 3-5

李鹤, 张平宇, 程叶青. 2008. 脆弱性的概念及其评价方法. 地理科学进展, (2): 18-25

李本刚, 陶澍. 2000. AVHRR NDVI 与气候因子的相关分析. 生态学报, 23(5): 898-902

李晓兵, 史培军. 2000. 中国典型植被类型 NDVI 动态变化与气温、降水变化的敏感性分析. 植物生态学报, 24(3): 379-382

李永红. 2005. 气象因素对南京市居民健康影响的初步研究. 南京: 东南大学硕士学位论文

李永红, 陈晓东, 林萍. 2005. 高温对南京市某城区人口死亡的影响. 环境与健康杂志, 22(1): 6-8

李永红, 兰莉, 程义斌, 等. 2014. 哈尔滨市某城区高温敏感疾病和脆弱人群的粗筛. 环境卫生学杂志, 4(4): 321-325

李永红, 杨念念, 刘迎春, 等. 2012. 高温对武汉市居民死亡的影响. 2012. 环境与健康杂志, 29(4): 303-305

林德根. 2013. 未来旱灾情景下世界水稻产量模拟研究. 金华: 浙江师范大学硕士学位论文

刘爽, 宫鹏. 2012. 2000-2010 年中国地表植被绿 S 度变化. 科学通报, 57(16): 1423-1434

刘晓, 苏维词, 王铮, 等. 2012. 基于 RRM 模型的三峡库区重庆开县消落区土地利用生态风险评价. 环境科学, 32(1): 248-256

刘志红, Li L T, Tim R M, 等. 2008. 专用气候数据空间插值软件 ANUSPLIN 及其应用. 气象, 34(2): 92-100

罗天祥. 1996. 中国主要森林类型生物生产力格局及其数学模型. 北京: 中国科学院国家计划委员会自然资源综合考察委员会

马玉平, 孙琳丽, 俄有浩, 等. 2015. 预测未来 40 年气候变化对我国玉米产量的影响. 应用生态学报, 26(1): 224-232

蒙吉军, 赵春红. 2009. 区域生态风险评价指标体系. 应用生态学报, 20(4): 983-990

钱永兰, 吕厚荃, 张艳红. 2010. 基于 ANUSPLIN 软件的逐日气象要素插值方法应用与评估. 气象与环境学报, 26(2): 7-15

秦大河. 2014. 气候变化科学与人类可持续发展.地理科学进展, 33(7): 874-883

秦大河. 2015. 中国极端天气气候事件和灾害风险管理与适应国家评估报告. 北京: 科学出版社

曲亚斌, 张建鹏, 戴昌芳, 等. 2009. 2000-2004 年广州市某城区气温变化与居民死亡的关系分析. 预防医学论坛, 5(9): 807-810

盛永伟, 陈维英, 萧乾广, 等. 1995. 利用气象卫星指数进行我国植被的宏观分类. 科学通报, 40(1): 68-71

史培军. 1996. 再论灾害研究的理论与实践. 自然灾害学报, 5(4): 6-17

史培军. 2009. 五论灾害系统研究的理论与实践. 自然灾害学报, 18(5): 1-9

史培军, 袁艺. 2014. 重特大自然灾害综合评估. 地理科学进展, 33(9): 1145-1151

孙可可, 陈进, 许继军, 等. 2013. 基于 EPIC 模型的云南元谋水稻春季旱灾风险评估方法. 水利学报, 44(11): 1326-1332

孙允宗, 李丽萍, 周脉耕. 2012. 气温对中国五城市居民死亡率的滞后影响. 中华预防医学杂志, 46(11): 1015-1019

谈建国, 宋桂香, 郑有飞. 2006. 1998 和 2003 年上海市夏季人群死亡分析. 环境健康杂志, 23(6): 486-488

谭冠日. 1994. 全球变暖对上海和广州人群死亡数的可能影响. 环境科学报, 14(3): 368-373

唐红玉, 翟盘茂, 王振宇. 2005. 1951~2002 年中国平均最高、最低气温及日较差变化. 气候与环境研究, (04), 728-735

王克, 张峭. 2013. 基于数据融合的农作物生产风险评估新方法. 中国农业科学, 46(5): 1054-1060

王桂钢, 周克法, 孙莉, 等. 2010. 近 10a 新疆地区植被动态与 R/S 分析. 遥感应用与技术, 25(1): 84-90

王静爱, 张兴明, 郭浩, 等. 2016. 世界主要农作物旱灾风险评价与制图. 北京: 科学出版社

王丽荣, 雷隆鸿. 1997. 天气变化对人口死亡率的影响. 生态科学, 16(2): 81-86

1302-1308

王强, 张勃, 戴声佩, 等. 2012. 三北防护林工程区植被覆盖变化与影响因子分析. 中国环境科学, 32(7):

王志强. 2008. 基于自然脆弱性评价的中国小麦旱灾风险研究. 北京: 北京师范大学

魏凤英. 1999. 现代气候统计诊断预测技术. 北京: 气象出版社

未来地球计划过渡小组. 2014. 未来地球计划初步设计(译著). 北京: 科学出版社

吴绍洪, 戴尔阜, 葛全胜, 等. 2011. 综合风险防范: 中国综合气候变化风险. 北京: 科学出版社

信忠保, 许炯心, 郑伟. 2007. 气候变化和人类活动对黄土高原植被覆盖变化的影响. 中国科学(D 辑), 37(11): 1504-1514

熊伟, 陶福禄, 许吟隆, 等. 2001. 气候变化情景下我国水稻产量变化模拟. 中国农业气象, 22(3): 1-5

熊伟, 杨婕, 林而达, 等. 2008. 未来不同气候变化情景下我国玉米产量的初步预测. 地球科学进展, 23(10): 1092-1101

徐新创, 张学珍, 戴尔阜, 宋伟. 2014. 1961-2010 年中国降水强度变化趋势及其降水量影响分析. 地理研究, 33(7): 1335-1347

许学工, 林辉平, 付在毅, 等. 2001a. 黄河三角洲湿地区域生态风险评价. 北京大学学报: 自然科学版, 37(1): 111-120

许学工, 颜磊, 徐丽芬, 等. 2011b. 中国自然灾害生态风险评价, 47(5): 901-910

薛晔, 黄崇福. 2006. 自然灾害风险评估模型的研究进展. 中国灾害防御协会风险分析专业委员会第二届年会论文集(二)

严青华, 张永慧, 马文军, 等. 2011. 广州市 2006-2009 年气温与居民每日死亡人数的时间序列研究. 中华流行病学杂志, 32(1): 9-11

杨绚, 汤绪, 陈葆德, 等. 2014. 利用 CMIP5 多模式集合模拟气候变化对中国小麦产量的影响. 中国农业科学, 47(15): 3009-3024

杨宏青, 陈正洪, 谢森, 等. 2013. 夏季极端高温对武汉市人口超额死亡率的定量评估. 气象与环境学报, 29(5): 140-143

杨亚梅. 2009. 贵州省植被净初级生产力时空变化与气象因子相关性分析. 重庆: 西南大学硕士学位论文

尹圆圆. 2013. 气候变化情景下玉米旱灾风险评价. 北京: 北京师范大学博士学位论文

虞海燕, 刘树华, 赵娜, 等. 2011. 1951-2009 年中国不同区域气温和降水量变化特征. 气象与环境学报, 27(4): 1-11

曾韦霖. 2013. 广东四地区热浪对死亡的影响及热浪特点的效应修饰作用. 广州: 暨南大学硕士学位

论文

张德宽, 姚华栋, 杨贤为, 等. 2006. 华北区年高温日数区域平均方法及趋势分析. 高原气象, 25(4): 750-753

张军, 葛建平, 国庆喜. 2001. 中国东北地区主要植被类型 NDVI 变化与气候因子的关系. 生态学报, 21(3): 522-527

张新时. 2001. 天山北部山地-绿洲-过渡带-荒漠系统的生态建设与可持续农业范式. 植物学报, 43(12): 1294-1299

张宇, 王石立, 王馥棠. 2000. 气候变化对我国小麦发育及产量可能影响的模拟研究. 应用气象学报, 1(4): 264-270

中国环境保护部. 1993. HJ/T2. 3—1993 环境影响评价技术导则: 地面水环境. 北京: 中国环境科学出版社

钟军, 苏布达, 翟建青, 等. 2013. 中国日降水的分布特征与未来变化. 气候变化研究进展, 9(2): 89-95

朱文泉. 2005. 中国陆地生态系统植被净初级生产力遥感估算及其与气候变化关系的研究. 北京: 北京师范大学

朱文泉, 潘耀忠, 张锦水. 2007. 中国陆地植被净初级生产力遥感估算. 植物生态学报, 31(3): 413-424

Asseng S, Ewert F, Rosenzweig C, et al. 2013. Uncertainty in simulating wheat yields under climate change. Nature Climate Change, 3(9), 827-832

Bai Z, Dent D, Olsson L, et al. 2008. Global assessment of land degradation and improvement 1: Identification by remote sensing. Report 2008/01, FAO/ISRIC-Rome/Wageningen

Bakkes J, Bosch P, Bouwman A, et al. 2008. Background report to the OECD environmental Outlook to 2030: Overviews, details, and methodology of model-based analysisNetherlands Environmental Assessment Agency (MNP)

Bala G, Caldeira K, Wickett M, et al. 2007. Combined climate and carbon-cycle effects of large-scale deforestation. Proceedings of the National Academy of Sciences of the United States of America, 104(16): 6550-6555

Batjes N. 2012. ISRIC-WISE derived soil properties on a 5 by 5 arc-minutes global grid (ver. 1.2). Wageningen: ISRIC–World Soil Information

Bentsen M, Bethke I, Debernard J B, et al. 2013. The Norwegian Earth System Model, NorESM1-M – Part 1: Description and basic evaluation of the physical climate. Geosci Model Dev, 6, 687-720

Best M, Pryor M, Clark D, et al. 2011. The Joint UK Land Environment Simulator (JULES), model description-part 1: Energy and water fluxes. Geoscientific Model Development, 4: 677-699

Birkmann. 2007. Measuring Vulnerability to Natural Hazards: Towards disaster resilient societies. The Energy and Resources Institute (TERI), 524

Bondeau A, Smith P, Zaehle S, et al. 2007. Modelling the role of agriculture for the 20th century global terrestrial carbon balance. Global Change Biology, 13(3): 679-706

Burton G, Chapman P, Smith E. 2002. Weight-of-evidence approaches for assessing ecosystem impairment. Human and Ecological Risk Assessment, 8: 1657-1673

Caccetta P, Dunne R, George R, et al. 2010. A methodology to estimate the future extent of dryland salinity in the southwest of Western Australia. Journal of Environmental Quality, 39(1): 26-34

Caloiero T, Coscarelli R, Ferrari E, et al. 2011. Trend detection of annual and seasonal rainfall in Calabria (Southern Italy). International Journal of Climatology, 31(1): 44-56

Carpenter S R, Brock W A. 2006. Rising variance: A leading indicator of ecological transition. Ecology Letters, 9(3): 311-318

Carpenter S R, Cole J J, Pace M L, et al. 2011. Early warnings of regime shifts: A whole-ecosystem experiment. Science, 332(6033): 1079-1082

Cassidy E S, West P C, Gerber J S, et al. 2013. Redefining agricultural yields: From tonnes to people nourished per hectare. Environ Res Lett, 8: 034015

Chamaillé L, Tran A, Meunier A, et al. 2010. Environmental risk mapping of canine leishmaniasis in France. Parasites & Vectors, 3(1): 1-8

Clark D, Mercado L, Sitch S, et al. 2011. The Joint UK Land Environment Simulator (JULES), model description-part 2: Carbon fluxes and vegetation. Geoscientific Model Development, 4: 701-722

Contador J, Schnabel S, Gutiérrez A G., et al. 2009. Mapping sensitivity to land degradation in Extremadura. SW Spain. Land Degradation & Development, 20(2): 129-144

Coppolillo P, Gomez H, Maisels F, et al. 2004. Selection criteria for suites of landscape species as a basis for site-based conservation. Biological Conservation, 115(3): 419-430

Craine J M, Nippert J B, Elmore A J, et al. 2012. Timing of climate variability and grassland productivity. Proceedings of the National Academy of Sciences, 109(9): 3401-3405

Cutter S L, Finch C. 2008. Temporal and spatial changes in social vulnerability to natural hazards. Proceedings of the National Academy of Sciences, 105(7): 2301-2306

Cutter S L, Solecki W D. 1989. The National Pattern of Airborne Toxic Releases. The Professional Geographer, 41(2): 149-161

Dai A, Trenberth K E, Qian T. 2004. A global dataset of Palmer Drought Severity Index for 1870-2002: Relationship with soil moisture and effects of surface warming. Journal of Hydrometeorology, 5(6): 1117-1130

Dakos V, Scheffer M, van Nes E H, et al. 2008. Slowing down as an early warning signal for abrupt climate change. Proceedings of the National Academy of Sciences, 105(38): 14308-14312

De Chazal J, Quétier F, Lavorel S, et al. 2008. Including multiple differing stakeholder values into vulnerability assessments of socio-ecological systems. Global Environmental Change, 18(3): 508-520

Deryng D, Sacks W J, Barford C C, et al. 2011. Simulating the effects of climate and agricultural management practices on global crop yield. Global Biogeochem. Cy., 25(2): GB2006

Dilley M. 2005. Natural disaster hotspots: A global risk analysis. World Bank Publications.

Dirmeyer P, Gao X, Zhao M. et al. 2006. GSWP-2–Multimodel analysis and implications for our perception of the land surface. Bull Am Meteorol Soc, 87, 1381-1397

Dong W, Liu Z, Liao H, et al. 2015. New climate and socio-economic scenarios for assessing global human health challenges due to heat risk. Climatic Change, 130(4): 505-518

Dong Y X. 1995. Study on the assessment model for hazard degree of sandy desertification. Scientia Geographica Sinica, 1: 004

Dong Y X. 1996. Study on the assessment of hazard degree and analysis of development trend of sandy desertification in China. Journal of Desert Research, 11(2): 127-131

Dong Y X. 1997. Assessment on the greionalization of hazard degree of sandy desertification disaster in northern China. Acta Geographica Sinica, 2: 146-153

Dunne J P, John J G, Adcroft A J, et al. 2012. GFDL's ESM2 global coupled climate–carbon earth system models, part 1: Physical formulation and baseline simulation characteristics. J Climate, 25, 6646-6665

Dunne J P, John J G, Shevliakova E, et al. 2013. GFDL's ESM2 global coupled climate–carbon earth system models, part 2: Carbon system formulation and baseline simulation characteristics. J Climate, 26, 2247-2267

Elliott J, Kelly D, Chryssanthacopoulos J, et al. 2013. The parallel system for integrating impact models and sectors (pSIMS). Environ Modell Softw, 62, 509-516

FAO/IIASA. 2010. Global Agro-ecological Zones (GAEZ) ver.3.0. Rome, Italy: IIASA, Laxenburg, Austria and FAO

FAO/UNEP. 1984. Provisional methodology for Evaluation of field-scale and catchment scale soil assessment and mapping of desertification. Rome: Food and Agriculture Organization of the United, United Nations Environmental Programme

Ferrez J, Davison A C, Rebetez M. 2011. Extreme temperature analysis under forest cover compared to an open field. Agricultural and Forest Meteorology, 151(7): 992-1001

Field C, Behrenfeld M, Randerson J, et al. 1998. Primary productivity of the biosphere: Integrating terrestrial and oceanic complements. Science, 281: 237-240

Furby S, Caccetta P, Wallace J. 2010. Salinity monitoring in Western Australia using remotely sensed and other spatial data. Journal of Environmental Quality, 39(1): 16-25

Future Earth. 2013. Future Earth Initial Design: Report of the Transition Team. International Council for

Scientific Unions (ICSU) Paris

García M, Oyonarte C, Villagarcía L, et al. 2008. Monitoring land degradation risk using ASTER data: the non-evaporative fraction as an indicator of ecosystem function. Remote Sensing of Environment, 112(9): 3720-3736

Gerten D, Schaphoff S, Haberlandt U, et al. 2004. Terrestrial vegetation and water balance—hydrological evaluation of a dynamic global vegetation model. Journal of Hydrology, 286(1-4): 249-270

Guo Z, Dirmeyer P, Gao X, et al. 2007. Improving the quality of simulated soil moisture with a multi-model ensemble approach. Q J R Meteorol Soc, 133, 731-747

Guttal V, Jayaprakash C. 2008. Changing skewness: an early warning signal of regime shifts in ecosystems. Ecology Letters, 11(5): 450-460

Haberl H, Erb K H, Krausmann F, et al. 2009. Using embodied HANPP to analyze teleconnections in the global land system: Conceptual considerations. Geografisk Tidsskrift-Danish Journal of Geography, 109(2): 119-130

Haboudane D, Bonn F, Royer A, et al. 2002. Land degradation and erosion risk mapping by fusion of spectrally-based information and digital geomorphometric attributes. International Journal of remote sensing, 23(18): 3795-3820

Haxeltine A, Prentice I C, Creswell I D. 1996. A coupled carbon and water flux model to predict vegetation structure. Journal of Vegetation Science, 7(5): 651-666

Haxeltine A, Prentice I C. 1996. BIOME3: An equilibrium terrestrial biosphere model based on ecophysiological constraints, resource availability, and competition among plant functional types. Global Biogeochem. Cycles, 10(4): 693-709

Hewitt K, Burton I. 1971. The hazardousness of a place: a regional ecology of damaging events. Toronto: University of Toronto Press: 154

Heyder U, Schaphoff S, Gerten D, et al. Risk of severe climate change impact on the terrestrial biosphere. Environmental Research Letters, 6(3): 1-8

Hickler T, Prentice I C, Smith B, et al. 2006. Implementing plant hydraulic architecture within the LPJ Dynamic Global Vegetation Model. Global Ecology and Biogeography, 15(6): 567-577

Hooke J, Brookes C, Duane W, et al. 2005. A simulation model of morphological, vegetation and sediment changes in ephemeral streams. Earth Surface Processes and Landforms, 30(7): 845-866

Hunsaker C, Graham L, Suter W, et al. 1990. Assessing ecological risk on regional scale. Environmental Management, 14: 325-332

ICSU U. 2008. UNU: Ecosystem Change and Human Well-being: Research and Monitoring Priorities Based on the Millennium Ecosystem Assessment. Paris: International Council of Science

Inatomi M, Ito A, Ishijima K, et al. 2010. Greenhouse gas budget of a cool-temperate deciduous broad-leaved forest in Japan estimated using a process-based model. Ecosystems, 13: 472-483

IPCC. 2007. Climate Change 2007: Impacts, Adaptation, and Vulnerability. Contribution of Working Group II to the Fourth Assessment Report. Cambridge: Cambridge University Press

IPCC. 2012. Managing the risks of extreme events and disasters to advance climate change adaptation. Cambridge University Press. New York: NY, USA

IPCC. 2013. Climate Change 2013: The Physical Science Basis. Contribution of Working Group I to the Fifth Assessment Report of the Intergovernmental Panel on Climate Change Stocker, Qin T F, D, Plattner G, Tignor M, et al. Cambridge, United Kingdom and New York, NY, USA, 1535

IPCC. 2014. Climate Change 2013: The physical science basis: Working group I contribution to the fifth assessment report of the Intergovernmental Panel on Climate Change. Cambridge: Cambridge University Press

ISDR, U. 2005. Hyogo framework for action 2005-2015: building the resilience of nations and communities to disasters. In Extract from the final report of the World Conference on Disaster Reduction(A/CONF. 206/6)

Iversen T, Bentsen M, Bethke I, et al. 2013. The Norwegian Earth System Model, NorESM1-M-Part 2: Climate response and scenario projections. Geosci Model Dev, 6, 389-415

Izaurralde R C, Williams J R, McGill W B, et al. 2006. Simulating soil C dynamics with EPIC: Model description and testing against long-term data. Ecol Model, 192, 362-384

Jentsch A, Kreyling J, Beierkuhnlein C. 2007. A new generation of climate-change experiments: events, not trends. Frontiers in Ecology and the Environment, 5(7): 365-374

Jones C D, Hughes J K, Bellouin N, et al. 2011. The HadGEM2-ES implementation of CMIP5 centennial simulations. Geosci Model Dev, 4, 543-570

Jones J W, Hoogenboom G, Porter C H, et al. 2003. The DSSAT cropping system model. Eur. J. Agron., 18, 235-265, 2003

Jongman B, Ward P J, Aerts J C. 2012. Global exposure to river and coastal flooding: Long term trends and changes. Global Environmental Change, 22(4): 823-835

JRC. 2014. Index for Risk Management-Inform. Publications Office of the European Union: Rue Mercier, Luxembourg

Kendall M G. 1975. Rank Correlation Methods, 4th edition. London: Charles Griffin

Kharin N. 1986. Desertification assessment and mapping: a case study of Turkmenistan, USSR. Annals of arid zone

Kreft S, Eckstein D, Junghans L, et al. 2014. Global climate risk index 2015. Who suffers most from extreme weather events: 1-31

Landis W, Wiegers J. 1997. Design considerations and a suggested approach for regional and comparative ecological risk assessment. Human and Ecological Risk Assessment, 3(3): 287-297

Landis W, Wiegers J. 2007. Ten years of the relative risk model and regional scale ecological risk assessment. Human and Ecological Risk Assessment, 13(1): 25-38

Lehner B, Grill, G. 2013. Global river hydrography and network routing: Baseline data and new approaches to study the world's large river systems. Hydrological Processes, 27(15): 2171-2186

Li A, Wang A, Liang S, et al. 2006. Eco-environmental vulnerability evaluation in mountainous region using remote sensing and GIS-A case study in the upper reaches of Minjiang River, China. Ecological Modelling, 192(1-2): 175-187

Li Y, Cheng Y, Cui G, et al. 2014. Association between high temperature and mortality in metropolitan areas of four cities in various climatic zones in China: A time-series study. Envionmental Health, 13: 65

Li Y, Ye W, Wang M, et al. 2009. Climate change and drought: a risk assessment of crop-yield impacts. Climate research (Open Access for articles 4 years old and older), 39(1): 31

Lim Y H, Bell M L, Kan H, et al. 2015. Economic status and temperature-related mortality in Asia. International Journal of Biometeorology, 59(10): 1405-1412

Lim Y, Bell M, Kan H, et al. 2015. Economic status and temperature-related mortality in Asia.Int J Biometeorol, 59(10): 1-8

Liu J, Williams J R, Zehnder A J B, et al. 2007. GEPIC-modelling wheat yield and crop water productivity with high resolution on a global scale. Agr Syst, 94(2), 478-493

Lobell D B, Schlenker, W. 2011. Climate trends and global crop production since 1980. Science, 333: 616

Lobell D, Lesch S, Corwin D, et al. 2010. Regional-scale assessment of soil salinity in the Red River Valley using multi-year MODIS EVI and NDVI. Journal of Environmental Quality, 39(1): 35-41

Lu D, Batistella M, Mausel P, et al. 2007. Mapping and monitoring land degradation risks in the Western Brazilian Amazon using multitemporal Landsat TM/ETM+ images. Land Degradation & Development, 18(1): 41-54

Ma W, Yang C, Tan J, et al. 2012. Modifiers of the temperature-mortality association in Shanghai, China. Int J Biometeorol, 56: 205-207

Mann H B. 1945. Non- parametric tests against trend. Econometric, 13(2): 245-259

Martín-Fernández L, Martínez-Núñez M. 2011. An empirical approach to estimate soil erosion risk in Spain. Science of The Total Environment, 409(17): 3114-3123

Metzger M J, Leemans R, Schröter D. 2005. A multidisciplinary multi-scale framework for assessing vulnerabilities to global change. International Journal of Applied Earth Observation and Geoinformation, 7(4): 253-267

Metzger M J, Rounsevell M D A, Acosta-Michlik L, et al. 2006. The vulnerability of ecosystem services to land use change. Agriculture, Ecosystems & Environment, 114(1): 69-85

Mignot J, Bony S. 2013. Presentation and analysis of the IPSL and CNRM climate models used in CMIP5. Clim Dynam, 40: 2089

Milnes E. 2011. Process-based groundwater salinisation risk assessment methodology: Application to the Akrotiri aquifer (Southern Cyprus). Journal of Hydrology, 399(1): 29-47

Monfreda C, Ramankutty N, Foley J A. 2008. Farming the planet: 2. Geographic distribution of crop areas, yields, physiological types, and net primary production in the year 2000. Global Biogeochemical Cycles, 22(1): GB1022

Mueller B, Seneviratne S. 2014. Systematic land climate and evapotranspiration biases in CMIP5 simulations. Geophysical research letters, 41(1): 128-134

Murray S J, Foster P N, Prentice I C. 2012. Future global water resources with respect to climate change and water withdrawals as estimated by a dynamic global vegetation model. Journal of Hydrology, 488-489(2): 14-29

Nachtergaele F, Petri M, Biancalani R, et al. 2010. Global land degradation information system (GLADIS). Beta version. An information database for land degradation assessment at global level. Land degradation assessment in drylands technical report: 17

Nigel R, Rughooputh S. 2010. Mapping of monthly soil erosion risk of mainland Mauritius and its aggregation with delineated basins. Geomorphology, 114(3): 101-114

Oki T, Kanae S. 2006. Global Hydrological Cycles and World Water Resources. Science, 313(5790): 1068-1072

Pavlick R, Drewry D T, Bohn K, et al. 2013. The Jena Diversity-Dynamic Global Vegetation Model (JeDi-DGVM): a diverse approach to representing terrestrial biogeography and biogeochemistry based on plant functional trade-offs. Biogeosciences, 10: 4137-4177

Peduzzi P, Chatenoux B, Dao H, et al. 2012. Global trends in tropical cyclone risk. Nature climate change, 2(4): 289-294

Pelling M, Maskrey A, Ruiz P, et al. 2004. Reducing disaster risk: a challenge for development. New York, NY, USA: United Nations Development Programme (UNDP)

Peng R D, Bobb J F, Tebaldi C, et al. 2011. Toward a quantitative estimate of future heat wave mortality under global climate change. Environmental Health Perspectives, 119(5): 701-706

Pinzon J, Tucker C. 2014. A non-stationary 1981–2012 AVHRR NDVI3g time series. Remote Sensing, 6(8): 6929-6960

Portmann F T, Siebert S, Döll P. 2010. MIRCA2000 – Global monthly irrigated and rain-fed crop areas around the year 2000: A new high-resolution data set for agricultural and hydro- logical modeling. Global Biogeochem. Cy., 24, 1-24

Potter C, Randerson J, Field C, et al. 1993. Terrestrial ecosystem production: a process model based on global satellite and surface data. Global Biogeochemical Cycles, 7(4): 811-841

Prabhakar S, Srinivasan A, Shaw R. 2009. Climate change and local level disaster risk reduction planning: need, opportunities and challenges. Mitigation and Adaptation Strategies for Global Change, 14(1): 7-33

Prentice I C, Cramer W, Harrison S P, et al. 1992. A Global Biome Model Based on Plant Physiology and Dominance, Soil Properties and Climate. Journal of Biogeography, 19(2): 117-134

Prentice I C, Kelley D I, Foster P N, et al. 2011. Modeling fire and the terrestrial carbon balance. Global Biogeochem. Cycles, 25(3): GB3005

Qiu P, Xu S, Xie G, et al. 2007. Analysis of the ecological vulnerability of the western Hainan Island based on its landscape pattern and ecosystem sensitivity. Acta Ecologica Sinica, 27(4): 1257-1264

Reich P, Eswaran H, Beinroth F. 1999. Global dimensions of vulnerability to wind and water erosion. In Sustaining the global farm. Selected papers from the 10th International Soil Conservation Organization Meeting: 838-846

Robine J M, Cheung S, Le Roy S, et al. 2008. Death toll exceeded 70000 in Europe during the summer of 2003. Comptes Rendus Biologies, 331(2): 171-178

Rockström J, Steffen W, Noone K, et al. 2009. A safe operating space for humanity. Nature, 461(7263): 472-475

Rosenzweig C, Elliot J, Deryng D, et al. 2014. Assessing agricultural risks of climate change in the 21st century in a global gridded crop model intercomparison. P Natl Acad Sci, 111, 3268-3273

Rost S, Gerten D, Bondeau A, et al. 2008. Agricultural green and blue water consumption and its influence on the global water system. Water Resources Research, 44(9): 1-17

Running S W. 2012. A measurable planetary boundary for the biosphere. Science, 337(6101): 1458-1459

Santini M, Caccamo G, Laurenti A, et al. 2010. A multi-component GIS framework for desertification risk assessment by an integrated index. Applied Geography, 30(3): 394-415

Scheffer M, Carpenter S, Foley J, et al. 2001. Catastrophic shifts in ecosystems. Nature, 413(6856): 591-596

Scholze M, Knorr W, Arnell N W, et al. 2006. A Climate-Change Risk Analysis for World Ecosystems. Proceedings of the National Academy of Sciences, 103(35): 13116-13120

Semenza J C, Rubin C H, Falter K H, et al. 1996. Heat-related deaths during the July 1995 heat wave in Chicago. New England Journal of Medicine, 335(2): 84-90

Shi P, Kasperson A. 2015. World Atlas of Natural Disaster Risk. Berlin Heidelberg: Springer-Verlag & Beijing Normal University Press

Simonneaux V, Cheggour A, Deschamps C, et al. 2015. Land use and climate change effects on soil erosion in a semi-arid mountainous watershed (High Atlas, Morocco). Journal of Arid Environments, 122: 64-75

Sitch S, Smith B, Prentice I C, et al. 2003. Evaluation of ecosystem dynamics, plant geography and terrestrial carbon cycling in the LPJ dynamic global vegetation model. Global Change Biology, 9(2): 161-185

Stow D, Daeschner S, Hope A, et al. 2003. Variability of the seasonally integrated normalized difference vegetation index across the north slope of Alaska in the 1990s .International Journal of Remote Sensing, 24(5): 1111-1117

Suter G, Vermeire T, Munns W, et al. 2003. Framework for the integration of health and ecological risk assessment. Human and Ecological Risk Assessment, 9(1): 281-301

Tagesson T, Smith B, Lofgren A, et al. 2009. Estimating Net Primary Production of Swedish Forest Landscapes by Combining Mechanistic Modeling and Remote Sensing. Ambio, 38(6): 316-324

Tomlinson C J, Chapman L, Thornes J E, et al. 2011. Including the urban heat island in spatial heat health risk assessment strategies: a case study for Birmingham, UK. International Journal of Health Geographics, 10(1): 42

Tucker C, Fung I, Keeling C, et al. 1986. Relationship between CO_2 variations and a satellite-derived vegetation index. Nature, 319(6050): 195-199

Tucker C, Pinzon J, Brown M, et al. 2005. An extended AVHRR 8 - km NDVI dataset compatible with MODIS and SPOT Vegetation NDVI data. International Journal of Remote Sensing, 26(20), 4485-4498

UNCCD. 1993. Agenda 21: Earth Summit-The United Nations Programme of Action. United Nations New York; 294

UNDP, Bureau for Crisis Prevention and Recovery. 2004. Reducing disaster risk: a challenge for development. New York: UNDP, Bureau for Crisis Prevention and Recovery

UNDP. 2004. Reducing disaster risk: a challenge for development. New York, NY, USA: United Nations Development Programme (UNDP)

UNEP E. 2002. Global environmental outlook: 3. Past, present and future perspectives. Earthscan Publications, London

UNEP. 1991. Global Assessment of Soil Degradation (GLASOD). World map of the status of human–induced soil degradation, ISRIC Wageningen

UNEP. 1992. World Atlas of Desertification: United Nations Environmental ProgrammeArnold

UNISDR. 2015. Sendai Framework for Disaster Risk Reduction 2015-2030. United Nations Office for Disaster Risk Reduction Geneva, Switzerland

UNU-EHS. 2013. World Risk Report. Japan, Tokyo: United Nations University, Institute for Environment and Human security

USGS. 1997. Digital Elevation Model: U.S. Geological Survey

Venevsky S, Thonicke K, Sitch S, et al. 2002. Simulating fire regimes in human-dominated ecosystems: Iberian Peninsula case study. Global Change Biology, 8(10): 984-998

Venkatesan A K, Ahmad S, Johnson W, et al. 2011. Systems dynamic model to forecast salinity load to the Colorado River due to urbanization within the Las Vegas Valley. Science of The Total Environment,

409(13): 2616-2625

Verdin K L, Verdin J P. 1999. A topological system for delineation and codification of the Earth's river basins. Journal of Hydrology, 218(1): 1-12

Wang J, Dong J, Liu J, et al. 2014. Comparison of Gross Primary Productivity Derived from GIMMS NDVI3g, GIMMS, and MODIS in Southeast Asia. Remote Sensing, 6: 2108-2133

Warszawski L, Frieler K, Huber V, et al. 2014. The Inter-Sectoral Impact Model Intercomparison Projection (ISI-MIP): Project framework. P Natl Acad Sci, 111, 3228-3232

Watanabe S, Hajima T, Sudo K, et al. 2011. MIROC-ESM 2010: Model description and basic results of CMIP5-20c3m experiments. Geosci Model Dev, 4: 845-872

Wen Y, Albert P C, Chan. 2015. Effects of temperature on mortality in Hong Kong: a time series analysis. Int J Biometeorol, 59: 927-936

Wiegers J, Feder H, Mortensen L, et al. 1998. A regional multiple-stressor rank-based ecological risk assessment for the fjord of Port Valdez, Alaska. Human and Ecological Risk Assessment, 5(4): 1125-1173

Williams J R, Jones C A, Dyke P T. 1990. EPIC-Erosion/Productivity Impact Calculator. United States Department of Agriculture Publications. Littleton, CO: 909-1000

Williams J R. 1995. The EPIC Model. In: Singh V P Computer Models of Watershed Hydrology, Highlands Ranch, Colorado: Water Resources Publications

Williams J, Jones C, Kiniry J, et al. 1989. The EPIC crop growth model. Transactions of the ASAE, 32(2): 497-0511

WMO. 2013. Reducing and managing risks of disasters in a changing climate WMO Bulletin, (62(Special Issue): 23-31

Wu H, Hubbard K G, Wilhite D A. 2004. An agricultural drought risk-assessment model for corn and soybeans.

Xu L, Xu X, Meng X. 2013a. Risk assessment of soil erosion in different rainfall scenarios by RUSLE model coupled with Information Diffusion Model: A case study of Bohai Rim, China. Catena, 100: 74-82

Xu X, Ge Q, Zheng J, et al. 2013b. Agricultural drought risk analysis based on three main crops in prefecture-level cities in the monsoon region of east China. Natural hazards, 66(2): 1257-1272

Yamoah C, Walters D Shapiro C, et al. 2000. Standardized precipitation index and nitrogen rate effects on crop yields and risk distribution in maize. Agriculture, Ecosystems & Environment, 80(1): 113-120

Yin Y, Zhang X, Lin D, et al. 2014. GEPIC-VR model: A GIS-based tool for regional crop drought risk assessment. Agricultural Water Management, 144: 107-119

Yuan W, Liu S, Zhou G, et al. 2007. Deriving a light use efficiency model from eddy covariance flux data for predicting daily gross primary production across biomes. Agricultural and Forest Meteorology, 143(3-4): 189-207

Zeng F W, Collatz, G. J., Pinzon, J. E., et al. 2013. Evaluating and quantifying the climate-driven interannual variability in Global Inventory Modeling and Mapping Studies (GIMMS) Normalized Difference Vegetation Index (NDVI3g) at Global Scales. Remote Sensing, 5: 3918-3950

Zhang J. 2004. Risk assessment of drought disaster in the maize-growing region of Songliao Plain, China. Agriculture, Ecosystems & Environment, 102(2): 133-153

Zhou L, Kaufmann R K, Tian Y, et al. 2003. Relation between interannual variations in satellite measures of vegetation greenness and climate between 1982 and 1999. Journal of Geophysical Research, 108 (D1): 1-11

第5章 全球及中国环境风险适应性范式研究

本章尝试构建环境风险适应与综合风险防范的理论框架，提出结构-功能优化的方法，开展案例研究，提出全球及中国环境风险适应性与综合风险防范的范式。提出了社会-生态系统凝聚力的基本概念、适应目标、运作原理和实施框架，完成了凝聚力的基本理论推导和数学表达定义，通过仿真试验论证了凝聚力作为社会-生态系统内部属性，可通过对系统凝聚力的优化以提升系统抵御风险的能力。从适应气候变化多样性的角度，建立了全球和中国的气候变化区划，形成了气候变化适应的科学基础。提出了系统结构-功能多目标优化的模型和算法，通过案例研究，发展了一套可支撑环境风险适应和综合风险防范决策的优化方法。构建了"转入-转出"适应能力评估的指标体系，完成了全球国别适应能力的综合评估。开展了典型干旱农区和城市化地区的案例研究，提出了相应的适应性措施。针对气候变化多样性和区域发展水平及特点，从全球及中国的角度，提出了环境风险适应和综合风险防范的范式。

5.1 环境风险适应性协同运作模式

针对环境风险适应问题的理论框架、科学基础和优化方法三个主要内容，构建了社会-生态系统的凝聚力理论框架，制定了全球及中国气候变化区划，发展了系统结构-功能优化的方法。

针对社会-生态系统环境风险适应中的"协同"和风险防范中的"综合"两个关键词，提出了凝聚力的概念，从"凝心"和"聚力"的角度，阐述协同运作模式中对系统抵御风险存在的有形和无形的内容。提出了凝聚力的基本概念、适应目标、运作原理和实施框架，结合复杂系统理论方法和模型，构建了凝聚力的数学表达，并通过系统仿真手段论证了凝聚力作为系统基本属性，其在系统防御风险中的重要作用。通过与社会-生态系统中其他理论的对比和仿真验证，初步形成了凝聚力理论的框架。

针对气候变化多样性的特点，制订了全球和中国的气候变化区划，形成了气候变化适应的科学基础。从反映气候变化变量波动和趋势的主要特征的角度，基于全球和中国1961~2010年主要气象站点数据资料，运用统计方法，揭示了气候长期波动和趋势特征，构建了全球和中国气候变化的两级区划。

针对风险适应和风险防范中协同运作的效能问题，提出了系统结构-功能优化的建模思路和多目标优化方法，用以针对具体问题进行优化求解，以满足风险防范投入的决策需求，提升系统防范风险的效能。

第5章撰写人员：史培军，汪明，叶涛，胡小兵，杨建平，张朝，刘凯，孙劭，邓滢，武宾霞，谭春萍，李航，曹寅雪，高晨雪，金赟赟，王尧，吕丽莉

5.1.1 社会-生态系统的凝聚力理论框架

为了加深理解人类社会对地球系统的影响、以及应对人类面临的与年俱增的各类风险，我们发现，"综合"一词越来越被不同的科学领域所使用，如"天-地-人"系统的"综合"、社会-生态系统的"综合"、区域与全球经济发展的"综合"、防灾减灾与可持续发展的"综合"、防范风险对策中"科学-技术-管理"的"综合"，等等。毋庸置疑，"综合"一词的使用，不仅强调"综合"理解地球系统的复杂性，而且更加强调从"综合"的视野寻找提高资源利用的效率和效益及防范风险的对策，即什么样的"综合"可以提高我们认识地球系统复杂性的能力？如何"综合"就可以明显提高资源利用的效率和效益？为什么"综合"就可以提高人类防范社会-生态系统风险的水平？

近10年来，学术界开始关注"社会-生态系统"和"人地复合系统"的复杂性、异质性、动态性和高度关联性，并探讨这些特征对系统可持续性造成的挑战（Liu et al，2007；Ostrom，2009；Young，2006；Helbing，2013）。在全球变化科学领域，IHDP率先提出了综合风险防范（Integrated Risk Governance，IRG）的科学计划（史培军等，2012），复杂性和高度关联性时，指出"社会-生态系统"的风险研究需从多尺度、多维度、多利益相关者角度开展综合的研究，这种综合超越了原有的"多灾种-灾害链"的研究，以及单一尺度下的成本效益和成本分摊的研究，而强调致灾因子、孕灾环境和承灾体的一体化，危险性、敏感性（稳定性）和暴露性的一体化，脆弱性、恢复性和适应性的一体化，地方性、区域性和全球性的一体化，这样反映在防范风险、应对灾害的主体身上，强调的是上下左右协同的运作机制，以及系统结构和功能的多目标优化。然而，如何实现这一目标，如何从科学严谨的角度阐释"综合"，这就需要提出新的模式。

"社会-生态系统"（传统意义上也被称为"复合人-地系统"、"人与自然复合系统"）是地理学以及可持续发展科学的重要研究对象（Gallopín，1991）。社会生态系统被定义为社会子系统（人类子系统）、生态子系统（自然子系统）以及二者的交互作用构成的集合，并被认为是可持续发展科学最理想的研究单元。灾害与风险系统是典型的社会-生态系统（SES）（以下简称"系统"），也是风险防范研究的对象，包括社会子系统、经济子系统、制度子系统和生态子系统，各子系统相互关联，且紧密互动。我们曾专门撰文讨论区域灾害系统的结构体系与功能体系（史培军，2009）。灾害系统的结构体系阐述了系统要素的构成，即孕灾环境、致灾因子、承灾体与灾情。其中，孕灾环境是区域灾害发生的综合地球表层环境，对应着社会-生态系统的全部，而致灾因子与承灾体均是其子集。致灾因子是孕灾环境中不稳定的、可在一定扰动条件下突破阈值并对承灾体形成潜在威胁的自然要素（Turner et al，2003）。扰动可以是内源性的，也可以是外源性的，或是内外互动性的（Young，2010）。承灾体是是致灾因子影响和打击的对象。灾情是打击和破坏的结果。灾害系统的功能体系阐明了灾害风险形成的过程，即灾害风险的大小由孕灾环境的不稳定性、致灾因子危险性以及承灾体脆弱性（广义）共同决定（图5.1）。由于孕灾环境不稳定性与致灾因子危险性在很大程度上由社会-生态系统中生态子系统的内在属性决定，即综合地球表层环境中的物理、化学、生物与人文过程决定，综合风险防范的核心问题在于如何有效提升孕灾环境的稳定性并降低承灾体子系统的脆弱性（广义）。

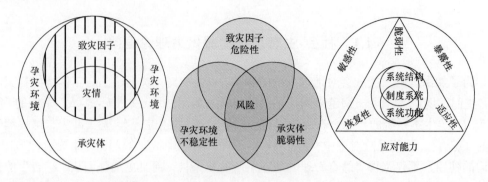

图 5.1　区域灾害系统的结构体系（左）、功能体系（中）与承灾体脆弱性的内涵与外延（右）

1. 社会-生态系统凝聚力理论基本概念

1）凝聚力的提出

近年来，若干重要概念被用于描述社会-生态系统的可持续能力，包括脆弱性（vulnerability）、恢复性（resilience）与适应性（adaptation）。这些概念之间彼此交叉，在不同具体的研究领域具有不同的侧重与界定。脆弱性最早源自经济学、人类学、心理学等多个学科，而人文地理学家则构建了针对环境变化的脆弱性，以及针对灾害与风险的脆弱性理论。恢复性最早源自生态学领域，曾被一些学者定义为系统应对外部压力与扰动的能力，因而也被认为与脆弱性是同一事物的两个方面，并在一些文献中被等价地使用。然而，从系统科学角度理解的恢复性是重点表达系统从动态变化中（特别是在受到扰动和外部压力后）在一定吸引域内维持或"恢复"其结构和行动的能力，与脆弱性有着重要的区分。适应性表达系统针对外部环境特征的演变（如变化的条件、压力、致灾因子、风险或机遇）进行自我学习、调整与演化的能力，最早源自 20 世纪初的人类学研究，而在近年来气候变化与应对领域成为了研究热点。

与此同时，灾害风险以及全球变化风险领域的研究进展丰富了承灾体脆弱性的内涵与外延。用于描述承灾体内在属性的指标，在狭义的脆弱性（表达系统丧失结构和功能的能力，可用承灾体在不同致灾因子强度条件下的损失程度计量）的基础上增加了恢复性（表达系统从其动态变化中恢复的能力，可用承灾体在遭受打击后恢复的速度与程度计量）与适应性（表达系统针对外部环境特征进行自我学习、调整与演化的能力）。

然而，这三者之间到底是怎样的关系在当前的研究中仍然存在许多争论。系统的脆弱性、恢复性和适应性表达的是同一概念的不同方面，还是存在互相包含的关系？全球变化研究领域倾向于将恢复性的概念广义化，即恢复性包含了系统应对和承受打击的能力（脆弱性）以及从打击中恢复的能力，并特别强调系统恢复性的动态特征。在区域灾害系统研究中，我们更倾向于将脆弱性的概念广义化，即承灾体的广义脆弱性包含了狭义脆弱性、恢复性与适应性三者，其中既包含系统的动力特征，也伴随着系统的非动力特征（图 5.1）。

敏感性、暴露性与应对能力分别是承灾体广义脆弱性在孕灾环境、致灾因子与承灾体三个方面的外延。承灾体对应某一特殊种类的致灾因子的敏感性受到局地孕灾环境特征的显著影响，也就是通常所说的局地孕灾环境对灾情产生的放大/缩小作用。暴露性是孕灾环境中的扰动形成的致灾因子在承灾体子系统表面的投影，承灾体对致灾因子的暴露是损失形成的前提。承灾体的敏感性与暴露性通常被用于结构化的定量评估狭义脆弱性；敏感性与应对能力能够很好地表达承灾体子系统从扰动中恢复的能力，即恢复性。应对是一种承灾体在灾害发生时采取的短期与临时性的系统功能改变。应对能力与适应性的关系相对较为复杂。承灾体对致灾因子的应对往往通过改变系统的暴露性实现，而同时也会影响扰动本身，如强度（intensity）和作用时长（duration）等属性。以洪水为例，洪水来临时临时垒堤坝、转移安置群众等应对措施可以降低财产的暴露性，但这是暂时的。一旦洪水超越这种临时设防能力、措施失效，被人为增高水位的洪水将更加具有破坏性，而堤坝周边的承灾体的敏感性（如房屋抵抗洪水冲击与长时间浸泡的能力）却并未改变。应对是承灾体子系统针对外部扰动的及时性反馈，而当这种反馈得以不断重复并被系统学习从而导致长期性的结构与功能变化时，就形成了适应。同以洪水为例，将临时性增高堤坝改为永久性增高，将转移安置更改为洪泛区退出，应对措施就变成了适应措施。应对能力（coping capacity）与适应能力本身存在一定的差别，此处我们仅强调二者在时间尺度上的区分：即长时间尺度的应对能力可被视作适应能力。

承灾体广义脆弱性的内涵与外延决定了主动防范风险需要在多个维度有效减轻系统脆弱性，而减轻的能力取决于构成系统的经济、社会与制度子系统的要素，要素之间、要素与子系统之间以及子系统的关系（系统结构），以及由这种结构所实现的系统功能。其核心是制度系统对系统结构和功能的设计，决定着承灾体系统的内涵（脆弱性、恢复性、适应性）和外延（敏感性、暴露性和应对能力），这样构成了系统应对由孕灾环境和致灾因子交互作用而产生的灾害事件以及风险的整体能力。

在澄清以上诸多概念后，一个极为重要的问题由此提出：承灾体子系统的结构与功能应如何设计，实现经济、社会、制度等子系统内要素之间的协同运作，从而有效地改变脆弱性、恢复性、适应性，降低敏感性、暴露性并提升应对能力，从而有效地防范风险？如何评价系统的此类结构与功能调整与优化并降低脆弱性（广义）的能力？我们发现，目前仍然缺乏一种概念或模式来阐释这种效果或能力。应该有另一驱动力（因素）来决定整个系统是否能有效和有序地进行协同运作、实现防范风险的目标。为此，我们提出，这种促使系统协同运作的驱动力为系统的"凝聚力"（consilience）。Consilience一词最早出现于 Whewell W.所著的 *The Philosophy of the Inductive Sciences* 一书中（Whewell，1847），尝试用 Consilience 来阐释科学理论构建的基础：预测、解释和各领域的统一化，强调的是综合的过程。在 E.O.Wilson 所著的 *Consilience: The Unity of Knowledge* 一书中（Wilson，1999），更为清晰地用 Consilience 一词解释知识的一体化。系统的"凝聚力"表达了系统中的各子系统、各要素、各行为主体达成共识（即"凝心"）和形成合力（即"聚力"）的能力，"凝聚力"的大小是针对凝心和聚力的过程而言，即该过程产生的效果、效率和效益。

"凝聚力"是对系统"凝心"和"聚力"能力的一种测量和表达、"凝聚力"也是系统内在的状态属性，它与系统的"结构和功能"有关。"凝聚力"概念中"凝心"指的是系统中各相应单元达成共识的过程，而"聚力"的是各单元形成合力的过程，达成共识和形成合力均是针对系统综合防御风险、抵抗外在打击（渐发和突发型）而言。

凝聚力的概念模型如图 5.2 所示。政府、事业、企业和个人四个均为防范风险的主体，各自在自己的维度上需进行单主体的综合，然后四个主体进一步综合，作用于社会子系统、经济子系统、生态子系统和制度子系统上，这些子系统进一步综合，形成合作、协作、沟通和共建，这样一种凝聚后的综合系统，才能更好地协同运作。

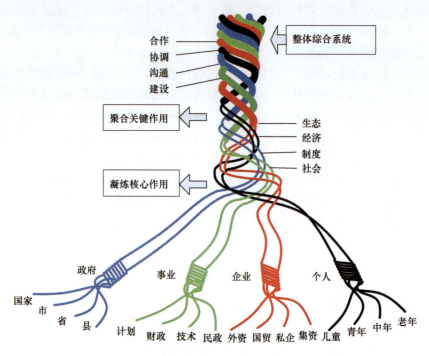

图 5.2　社会-生态系统综合风险防范凝聚力概念模型

2）凝聚力基本原理

凝聚力概念本质是"综合"，具体表现为系统协同运作的能力或协同性，凝聚力也是系统的一种内在属性。系统的其他属性，如脆弱性、恢复性等在提出之初，为了更好地加以解释，并与不同领域的概念进行结合，它们的概念描述往往借助力学的问题表达方式进行。我们提出凝聚力的四个基本原理，借用结构工程和力学中的相应表述方法，对凝聚力原理进行阐释。

（1）协同宽容原理。

系统面临风险时，各响应单元必须产生有别于常态时的宽容性，这种宽容性使得系统作为应对风险的整体，获得比常态时更高的抗性和恢复性。如图 5.3 所示，当多股钢绞线拧在一起时，不仅使得工作性能提升，而且比单根使用获得了更多的延展性，从而整体上能够容忍更大变形，且获得更强的抗冲击能力。当"社会-生态系统"向灾害状态转入时，各个响应单元需合理地提高宽容性，容许常态时所不能接受的运作规则和合作方式，这样，才能围绕系统整体的优化目标，在灾害"转入"时能产生更高的设防能力和调整空间；同样，在灾害"转出"时，对资源分配原则、成本效益目标和区域平衡方式等的协同宽容，能让系统整体上能更有效应对灾情，并快速得以恢复。协同宽容的原理还体现在各子系统和响应主体对灾害风险"转入""转出"模式转换所需的宽容度，这样实现系统整体在防范风险上效率和效益的双重优化。协同宽容原理对应凝聚力中的"凝心"，它也是在系统防范风险中实现结构和功能优化的前提。

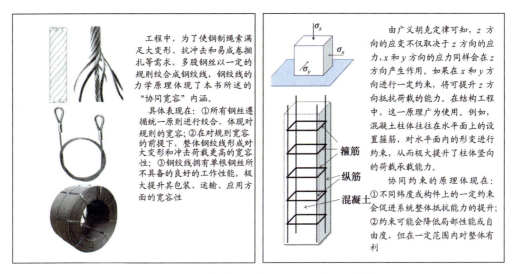

工程中，为了使钢制绳索满足大变形、抗冲击和易成卷捆扎等需求，多股钢丝以一定的规则绞合成钢绞线，钢绞线的力学原理体现了本书所述的"协同宽容"内涵。

具体表现在：①所有钢丝遵循统一原则进行绞合，体现对规则的宽容；②在对规则宽容的前提下，整体钢绞线形成对大变形和冲击荷载更高的宽容性；③钢绞线拥有单根钢丝所不具备的良好的工作性能，极大提升其包装、运输、应用方面的宽容性

由广义胡克定律可知，z 方向的应变不仅取决于 z 方向的应力，x 和 y 方向的应力同样会在 z 方向产生作用。如果在 x 和 y 方向进行一定约束，将可提升 z 方向抵抗荷载的能力。在结构工程中，这一原理广为使用。例如，混凝土柱体往往在水平面上的设置箍筋，对水平面内的形变进行约束，从而极大提升了柱体竖向的荷载承载能力。

协同约束的原理体现在：①不同纬度或构件上的一定约束会促进系统整体抵抗能力的提升；②约束可能会降低局部性能或自由度，但在一定范围内对整体有利

图 5.3　协同宽容原理与协同约束原理示意图

（2）协同约束原理。

由于系统应对风险的总体资源有限，每个响应单元都不可能任意地使用资源而达到局部效果的最优，从系统的角度，为了达到有限资源条件下的整体最优，往往需要对局部的单元进行资源或行为的约束，在一定的协同配置下，这种约束会对系统整体产生更为优化的风险防御能力。如图 5.3 所示，柱体由于在与竖直方向垂直的平面上进行了有效约束，使得柱体的极限承载能力得以提升。这种约束可以很容易拓展到社会-生态系统的响应单元中，当防范风险成为系统整体的目标时，单元的行为和资源在抵御风险时需进行必要的调整（约束），经济子系统和社会子系统的一些短期目标和资源需求进行必要的约束，以缓解对生态子系统的压力，这种约束虽然会抑制一些短期或局部的发展，但是从整体系统地角度而言，其可持续发展的能力得以提升，从长期角度来看，反而会促进经济等其他子系统地长足发展。协同约束原理强调约束措施的实现，而这种调整是系统达成"共识"的结果。所以，协同约束原理也对应凝聚力中的"凝心"。

（3）协同放大原理。

当响应单元间产生合力，那么共同应对风险时形成协同放大的效果。如图 5.4 所示，当构件间产生足够的摩擦力，组合后的结构的承载能力得以极大提升，而提升的效果成 n^2 倍数增加，达到"1+1>2"的放大效果。系统通过协同性的设计和优化，能使极大提升系统整体防范风险的能力，体现各单元间通过协同机制而形成相互促进效果，从而使整体的效益得以放大，各单元间在资源配置上的协同可促进系统整体资源利用效率的提升，各单元在结构与功能优化的过程中，通过协同设计增强相互间的正向耦合作用（如绿色经济上的投入对经济增长和生态服务能力两方面都能产生正向作用），使有限的资源能在多个功能实现下达成协同增强的效果，这样能放大系统整体应对灾害风险以及从灾害事件中恢复的能力。协同放大原理对应凝聚力中的"聚力"。

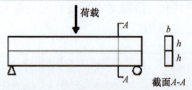
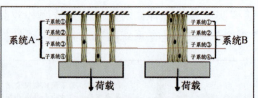

结构工程中,常常通过组合结构的协同性设计实现结构性能的优化。单根的简支梁的抗弯性能与 $W=bh^3/6$ 成正比。当两根梁之间没有任何协同性(无摩擦)时,极限抗弯性能与 $W=2bh^3/6$ 成正比;当两根梁之间存在协同性(完全连接)时,极限抗弯性能与 $W=b(2h)^3/6$ 成正比。当 n 根梁协同时,其性能提升为 n^2 倍,不是简单的 n 倍。

协同放大的原理体现在:①子系统间因为协同性的存在,使得系统整体抵抗能提升,这种提升超过了因为子系统数目的增加带来的简单增量,而是形成了额外的放大效能;②协同放大的实现需要通过子系统间的协同性设计来完成

在系统A中,子系统的缺陷(黑色点表示)带来的破坏会造成整根绳索的断裂,荷载进行重新分配而引发"灾害链"的传递会使整个系统崩溃。系统B中的子系统协同受力,有效分散系统中存在的随机缺陷。假设每个绳索在无缺陷时的承载力为100,有缺陷时的承载力为50,那么系统A的极限承载力为200,而系统B的极限承载力在300至450之间。

协同分散的原理体现在:①通过子系统间的协同,原本存在于系统中地随机风险(缺陷)得以降低,从而提升整个系统的抵抗能力;②子系统中的风险在协同后的系统中得以分散,系统作为整体分摊了子系统中的风险,这种分散的效果取决于系统协同性的设计

图 5.4　协同放大原理与协同分散原理示意图

（4）协同分散原理。

由于复杂系统中各单元间存在着一定的联通性,某一子系统中的缺陷可能会形成引发系统性的风险而导致系统崩溃,协同分散的目的是将这种局部的缺陷放到整个系统中来评估,从系统的角度来转移和分摊它带来的风险。风险分散的本质就是通过时间的长度和空间的广度来化解风险在某一特定时空的聚集,而协同分散原理在此基础上增加风险在各系统单元中的分散,具体体现在系统设计时避免风险在各系统单元间的传递和扩散,同时形成系统单元间的协同力,对局部的风险源加以有效控制。所有的响应单元都存在着缺陷或薄弱点,在应对风险和外在打击时,如果每个单元都单独应对,那么,每个单元中潜在的缺陷就会暴露,一旦破坏,有可能形成系统的链式破坏反应。如图 5.4,当系统 B 的四个单元形成合力,那么在不同的截断下,某一单元中存在的缺陷会被其他没有缺陷的单元共同分担,这样,从系统整体的角度来说,系统中可能的缺陷带来的风险被有效分散了,从而使其抵御风险的能力得以提升。协同分散原理也对应凝聚力中的"聚力"。

3）凝聚力形成中的协同效能

上述凝聚力四个基本原理均提及"协同",那么,应用到系统风险防范中,"宽容"、"约束"、"放大"和"分散"均对应的"协同"效能是什么呢?

"协同宽容"原理强调系统通过协同运作,形成系统整体共识的统一,共识的形成快慢好坏?应对是否得力?是否把可能的资源都用在刀刃上?决定着防范风险具体政策和措施实行的效率和效果,即"人心齐泰山移""民齐者强"。协同宽容的目的是整体的共识最高。

"协同约束"原理强调通过系统的协同运作,在约束一些子系统的资源、资本和行为时,使得系统整体抵抗风险的能力增强。虽然约束的内容往往是具体的资金、资本等,但是约束的前提是各子系统或行为主体对实施约束的认知和接受程度。所以,从制度设计的角度,更多反映出的是共识的问题。协同约束的目的是系统整体防范风险目标实现

的条件下所需的成本或费用最低，即"舍卒保车""上下同欲者胜"。例如，巨灾之后的恢复重建，虽然从各行业和地区的角度有着各自的期望和目标，但是，为了实现灾区整体的目标，各行业和地区必须在各方面做出必要的约束。

"协同放大"原理强调通过系统的协同运作，使得系统抵抗外在打击的能力增强，并且产生"1+1>2"的效果。从宏观角度来讲，协同放大的目的是使得系统中整体社会福利（social welfare）的最大化。例如，在农业风险防范中，政府、保险企业和农户的协同运作，通过政策性推动、财政资金补贴、农户的广泛参与以及保险资本杠杆效应，最终实现农户风险保障的极大提升，这是协同运作而产生的社会福利的放大效果，即"众人拾柴火焰高"。

"协同分散"原理强调通过系统的协同运作，使得系统成为一个协作的整体后，原本各子系统所面临的风险在这个整体面前得以有效分散，使整体风险降低。协同分散的目的是使得系统整体的风险最小化。例如，在防范气候变化引致的环境风险时，各行业均面临着未来气候变化可能产生的不良影响，如农业、能源产业、供水业、健康服务业等各自风险的规模和特征差异明显，那么，当各行业协同运作共同防范风险，使得各自的风险在时间和空间上得以分散。同时，行业间的资源、资本和技术的连通与共享，可以使得原本在某一行业凸现的风险得以减缓，但更重要的是作为协作整体风险的降低，即"一根筷子轻折断，十双筷子抱成团"。

凝聚力理论的四个协同原理，是针对社会-生态系统综合风险防范而提出，具有一定的普适性，是对生态系统中的"共存"、制度系统中的"共识"、社会系统中的"共生"，以及经济系统中的"共赢"的阐释，但更加强调"共存、共识、共生、共赢"这些结果产生的过程，即"凝心"和"聚力"形成的过程。这里需要强调的是：协同的目的是为了提升系统的凝聚力，以有效防范风险，然而，协同的过程中各子系统或响应单元需要一定程度上进行结构和功能的调整，这种调整可能会在局部产生新的风险因素，进而在高度关联和紧密互动的社会-生态系统中得以"传递、累积和放大"，最终可能引起系统性的灾难，这种过程往往会是潜在、渐变和长期性的，在短时间难以显现，所以更需要关注这种协同过程中的新风险因素，以提升系统的可持续能力。

2. 凝聚力模型的数学表达-系统凝聚度

社会生态-系统是一个复杂网络系统，其中的综合灾害风险管理是一个全局化、网络化、整体化的系统抗干扰问题，需应用复杂网络系统的理论和方法来分析和解决。复杂网络系统涵盖了我们生活的方方面面。网络"联结度"（node degree）是用以研究网络系统的最基本的一个概念。联结度表述了一个结点和网络中的多少个其他结点有联结。基于联结度派生发展出了一系列的网络属性和模型，已成为近 20 年推动复杂系统科学研究高速发展的坚实理论基础（Boccaletti et al.，2006；Albert and Barabasi，2002；何大韧，2009；Newman，2003；Newman et al.，2001）。例如，"联结度分布"$P(k)$就是这样一个基于联结度发展出来的网络属性，它表述了网络中一个节点的联结度为 k 的统计概率。得益于联结度分布的概念，复杂系统科学领域很快有了一个具有里程碑意义的重大发现：现实世界中的许多复杂网络系统的联结度分布并不满足以联结度均值为中心的泊松分布，而是具有明显的无尺度的特性，即绝大多数结点的联结度都很小，而极个别的结点却具有很大的联结度，也就是说，联结度分布概率 $P(k)$ 随联结度 k 的增大而按幂指数的速度减小。基于联结度分布的规律，人们又进一步研究了网络系统抵抗干扰的结构鲁棒性，其中最具影响的发现就是：高联结度结点对提高系统抵抗蓄意攻击的能力至关重要。

然而，最新的一项研究表明，当论及网络系统抵抗干扰的动态鲁棒性时，即便是抵抗蓄意攻击，低联结度的结点反而变得比高联结度的结点重要（Morino et al.，2012）。这个结论与前面研究结构鲁棒性的结论截然相反。为什么会这样了？其实原因很简单，在研究结构鲁棒性时，我们只关心网络的拓扑结构，而忽略了结点的功能（所有结点都被当成同质的空间点而已）；而在研究动态鲁棒性时，结点的功能成了考虑的重点，结点被当成异质的功能个体。显然，一个现实的复杂网络系统绝不仅仅是一个拓扑结构而已，而是许多异质的功能个体通过拓扑结构联系到一起，从而在相互动态的影响中形成了整个系统的互补功能特性，其中就包括系统抵抗干扰的能力。这提醒了我们：只考虑拓扑结构的联结度，以及在联结度基础上发展起来的一系列网络属性和模型的理论体系，其实是不足以充分描述复杂网络系统的，也难以满足研究现实复杂网络系统的客观需要。

事实上，在研究现实复杂网络系统的许多工作中，都同时考虑了拓扑结构和结点功能。例如，在研究电网和神经网络时，结点被当成震荡子；在研究疫病爆发的网络时，结点可以具有感染、被感染、恢复、免疫和死亡等不同状态；在研究网络中灾害扩散情况时，结点具有带延迟效应的双稳态；在研究社会规范和个体期望的动态演化时，结点之间的协调程度即互补行为是关键。在这些关于现实复杂网络系统的研究工作中，提出了许多新颖的网络属性。然而，这些网络属性主要用于研究系统组分之间相互作用功能的动力学特性（即动态性能）。正如 Helbing（2013）所强调指出的：一个系统的复杂性，绝非仅仅源于其动力学特性；系统的各种非动力学特性，比如结点的异质性和初始条件等静态属性，都对系统的复杂性具有重要的影响，对此特性相关的研究却很缺乏。而且，很多研究中提出的网络新属性通常都是针对某特定系统而提出的，因而不具有像联结度这种静态属性那样的基础性和普适性。

任何一个现实复杂网络系统的特性，都是其拓扑结构和结点功能共同作用的结果。那么，是否存在一种像联结度一样具有基础性和普适性的网络系统静态属性，可以客观地描述和度量复杂网络系统的拓扑结构和结点功能的综合抗干扰能力呢？社会-生态系统中综合灾害风险管理的实践活动给我们提供了很好的启示。人类社会是一个把诸多人力物力资源联结在一起的复杂网络系统。这个系统抵抗灾害（即干扰）的能力，当然与人力物力资源构成的保障功能（结点功能）以及社会结构（拓扑结构）有关，但又不尽然。即便系统所有资源的保障功能和社会结构都相同，一个凝心聚力的社会，与一个一盘散沙的社会，其抵抗灾害的能力是判若天地的。这个现象很难通过传统的用以衡量社会-生态系统抵抗灾害能力的"脆弱性""恢复性"或"适应性"来解释。社会实践表明，一个社会-生态系统凝聚力的大小很大程度上决定了其实际抵抗灾害的能力。那么，这个凝聚力是否是一个可以量化的网络系统属性呢？它是否具有基础性和普适性呢？这正是我们需要探讨的问题。

1）凝聚度的数学概念

我们首先提出网络"凝聚度"的概念，选用英文名"consilience degree（CD）"。网络凝聚度则是要描述和测度系统中的所有因素（包括拓扑结构和结点功能），在实现系统特定与总体功能的目的上，所整合归一的程度。网络凝聚度的数学定义如下所述。

假设一个网络系统，其拓扑结构由 G（V，E）表示，其中 V 表示网络中所有 N_N 个结点，E 表示所有 N_E 条链接。每个结点都有自己的结点功能。各结点的功能可以不同，但所有结点功能都是要为同一特定与总体的系统功能服务。结点间的功能会通过网络拓扑结构而相互影响。就服务于同一特定的系统功能而言，当两个结点连接到一起时，它们的结点功能可能相互促进提升，也可能相互干扰掣肘。所以，我们引入一个"功能状态"的概念。每个结点都有各自的功能状态，记结点 i 的功能状态为 θ_i，$\theta_i \in \Omega_\theta$，$i=1$，$\cdots$，$N_N$，$\Omega_\theta$ 是功能状态的取值范围。功能状态可代表的实际物理意义非常广泛，例如：信号的同步程度、设备的兼容性、合作意愿、社会价值、个人态度、文化差异，等等，这些实际因素在各自的网络系统中，对决定系统的整体性能，都起着至关重要的作用。

然后我们引入一个凝聚度函数：对相互连接的两个结点 i 和 j，函数 f_{CS}（θ_i，θ_j）将根据它们的功能状态 θ_i 和 θ_j 来计算它们互补或干扰的程度。虽然凝聚度函数 f_{CS}（θ_i，θ_j）的具体形式可以视问题而定，但应该满足以下几个条件：①对取值范围 Ω_θ 里的任意两个相位值 θ_i 和 θ_j，总有 $-1 \leqslant f_{CS}(\theta_i, \theta_j) \leqslant 1$；②当 $\theta_i = \theta_j$ 时，有 $f_{d\theta}(\theta_i, \theta_j) = 1$；③$f_{CS}(\theta_i, \theta_j)$ 是关于 $\theta_i = \theta_j$ 对称的；④存在一个 $\Delta\theta > 0$，对任何满足 $\left| \theta_i - \theta_j \right| \leqslant \Delta\theta$ 的 θ_i 和 θ_j，$\left| f_{CS}(\theta_i, \theta_j) \right|$ 是 $\left| \theta_i - \theta_j \right|$ 的非增函数。在本研究中，除非特别指出，我们将用余弦函数"cos"来定义凝聚度函数 f_{CS}（θ_i，θ_j）。

基于上述准备，这里给出网络系统中结点凝聚度的定义。结点 i 的凝聚度计算如下：

$$c_{CD,i} = \sum_{j=1}^{k_i} f_{CS}(\theta_i - \theta_j) \tag{5.1}$$

式中，k_i 为结点 i 的联结度。由式（5.1）可知，如果一个结点连接到越多的具有越相似功能状态的其他结点，则其凝聚度就越大。因为 $-1 \leqslant f_{CS}(\theta_i, \theta_j) \leqslant 1$，所以 $-k \leqslant c_{CD,i} \leqslant k_i$。当结点 i 与其所连接的 k_i 个结点具有完全相同的功能状态时，其凝聚度就等于其联结度。所以，凝聚度可以看成是一种被普遍化了的联结度，然而却包含了联结度所无法表述的意义。换而言之，联结度只是凝聚度的一种特例。显然，联结度 k_i 大并不意味着凝聚度 $c_{CD,i}$ 就大。如果与结点 i 相连的所有结点在功能上都是与结点 i 完全相冲突的，那么联结度 k_i 越大，只会导致凝聚度越小。由式（5.1），一个孤立的结点，不管其自身功能多强，其凝聚度为 0，这和常识相符。对一个非孤立的结点，即 $k_i > 0$，如果它所连接的结点之间在功能上相互冲突，那么该结点的凝聚度也可能为 0。例如，一台机器需要连接到两种外挂设备才能工作，如果其所连接的两台外挂设备是互不兼容的，那这台机器跟没有连接任何外挂设备一样，仍然无法工作。又如，一个人需要做二选一的决定，就去咨询两个他同样看重的朋友，两个朋友的建议正相反。因此，就做选择这件事而言，他就仿佛没有任何朋友可咨询一样，所以凝聚度为 0。显然，联结度是无法捕捉、描述、度量和解释这些情况的。图 5.5 给出了关于凝聚度与联结度的区别的示例。在图 5.5 凝聚度与联结度的区别的网络系统（a）中，结点 3 具有最大的联结度 $k_3=4$，然而其凝聚度 $c_{CD,3}=-2$ 却是最小。虽然同系统中，结点 6 联结度最小 $k_6=0$，其凝聚度 $c_{CD,6}=0$ 却是最大。系统（a）中结点 3 与结点 6 的反差，充分说明了凝聚度与联结度的天壤之别。虽然系统（a）中结点 4 和结点 5 的联结度都不为 0（结点 4 $k_4=3$，结点 5 $k_5=2$），它们的凝聚度却和结点 6 一样都为 0，就仿佛它们没有连接任何结点一样。换而言之，相互冲突的联结等于没有联结。从拓扑结构看，系统（a）与系统（b）完全一样，然而系统（b）的平均凝聚度为 0，大于系统（a）的平均凝聚度−2/3。这说明凝聚度是迥异于网络拓扑结构的系统特性。

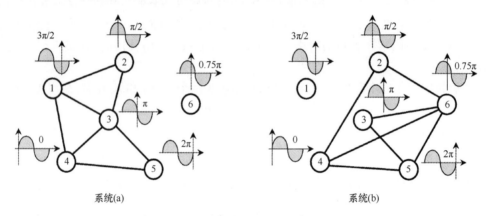

系统(a)   系统(b)

图 5.5   凝聚度与联结度的区别

凝聚度与其他常用的网络系统属性的区别也很明显。例如，网络同步性（Synchronization）可以描述系统中所有结点功能状态的相似程度，可如下定义：

$$\overline{\Delta\theta} = \frac{1}{N_N(N_N-1)}\sum_{i=1}^{N_N}\sum_{j=1}^{N_N}\left|\theta_i-\theta_j\right| \tag{5.2}$$

表面上看，网络同步性 $\overline{\Delta\theta}$ 似乎可以等价描述一个系统的平均凝聚度：

$$\overline{c}_{CD} = \frac{1}{N_N}\sum_{i=1}^{N_N}\sum_{j=1}^{k_i}f_{d\theta}(\theta_i-\theta_j) \tag{5.3}$$

即似乎 $\overline{\Delta\theta}$ 越小就对应 $\overline{c}_{CD}$ 越大。然而，事实并非如此。因为 $\overline{\Delta\theta}$ 并未有像 $\overline{c}_{CD}$ 一样考虑结点间的连接情况，所以 $\overline{\Delta\theta}$ 与 $\overline{c}_{CD}$ 之间并没有必然的联系。例如，同一群人合作完成一项工作，是把这群人胡乱分组，还是根据大家彼此间的合作意愿来分组，对最后工作的完成情况肯定是有巨大影响的。显然，两种分组情况不影响 $\overline{\Delta\theta}$ 值的大小，而 $\overline{c}_{CD}$ 则一小一大有了区别。所以，网络同步性是不能涵盖或替代网络凝聚度的。

又如，聚合系数（clustering coefficient, CC）描述了存在于一个结点和与它相连的其他结点之间链接的密集程度，对结点 i，其聚合系数定义如下：

$$c_{\text{CC},i} = \frac{2n_{\text{C},i}}{k_i(k_i-1)} \qquad (5.4)$$

式中，$n_{\text{C},i}$ 为存在于结点 i 和与结点 i 相连的其他结点之间的所有链接的数目。聚合系数具有非常重要的现实意义。例如，甲有两个朋友：乙和丙，则通常乙和丙彼此也是朋友。这说明现实网络系统中，结点的聚合系数都是比较高的。那聚合系数能涵盖或替代凝聚度吗？再看一个例子：有甲乙两个公司，甲公司里的员工合作默契，乙公司里的员工相互争斗。从工作关系网来看，甲乙两个公司的聚合系数是一样的，因为公司里的员工彼此间都是工作关系。然而它们的凝聚度就不一样了，按式（5.1）计算，就有甲公司凝聚度大，而乙公司的凝聚度很小（甚至为负）。究其原因，聚合系数是基于联结度提出的网络属性，是不考虑结点功能的，所以不可能真正反映出甲乙两个公司的工作关系网的实际效能的。这说明，本研究所提出的凝聚度是超越了聚合系数的涵义的。

再看网络的结构鲁棒性。众所周知，具有枢纽结点的网络系统对蓄意攻击的鲁棒性是很差的，也就是说，如果蓄意攻击枢纽结点，则系统很容易崩溃。一个部门的正常运转离不开部门负责人的管理。从管理关系网来说，部门负责人就是枢纽结点。设有甲乙两个管理结构相同的部门，即结构鲁棒性相同。但甲部门的员工与负责人工作思路协调一致（即有共识，凝聚度高），而乙部门的员工在工作上各自为政（即认识不一，凝聚度低），全靠其负责人从中协调维持。现在上级要考核决定部门负责人的任免问题（即蓄意攻击枢纽结点）。那么，①以部门业绩考量，哪个部门的负责人更可能被免掉？②在部门负责人空缺的情况下，哪个部门更可能无法运转（即系统崩溃）？不考虑结点功能的结构鲁棒性显然不能回答这些问题。而本研究中的凝聚度则为定量地回答上述问题提供了可能和依据。

凝聚度概念是根据社会-生态系统中的"凝心聚力"现象提炼出来的。那么，凝聚度的大小是否能全面反映"人心齐不齐""众人拾柴火焰高不高"的问题呢？"凝心聚力"的过程又该怎么来实现呢？带着这些问题，我们可以从凝聚度的概念拓展出一系列全新的网络属性和网络模型。这些新网络属性可以较全面准确地回答"人心齐不齐"、"众人拾柴火焰高不高"的问题。新网络模型用以生成具有高凝聚度的网络系统，模型中提出的组织机理和优化过程可以解释如何才能使系统获得较好的"凝心聚力"效果。

2）基于凝聚度的新网络属性

由式（5.1）定义的凝聚度是一个基础性的概念，可以进一步改进和拓展。假设两个结点 i 和 j，其联结度分别为 $k_i \neq k_j$，而凝聚度相同为 $c_{\text{CD},i} = c_{\text{CD},j}$。那么这两个结点抵抗干扰的效率是否也一样呢？或者说，它们凝心聚力的效率是否也一样呢？显然，应该是联结度小的结点，其凝心聚力的效率高，因为它通过连接较少的结点就达到了同样的抵抗干扰的能力。为了区别这种凝心聚力效率上的差异，我们引入邻域凝聚系数（neighborhood consilience coefficient，NCC）的概念，定义如下：

$$c_{\text{NCC},i} = \begin{cases} \dfrac{1}{k_i} \displaystyle\sum_{j=1}^{k_i} f_{\text{CS}}(\theta_i - \theta_j), & k_i > 0 \\ 0, & k_i = 0 \end{cases} \qquad (5.5)$$

因为式（5.1）决定了凝聚度总是 $-k_i \leqslant c_{\text{CD},i} \leqslant k_i$，所以由式（5.5）有邻域凝聚系数 $-1 \leqslant_{\text{NCC},i} \leqslant 1$。所以，邻域凝聚系数是归一化了的凝聚度，描述了一个结点整合与其相连的结点资源的效率。例如，图5.6中结点3连接了5个其他结点，其凝聚度为 $c_{\text{CD},3}=3$，而结点4连接了3个其他结点，其凝聚度为 $c_{\text{CD},4}=2$。虽然 $c_{\text{CD},3} > c_{\text{CD},4}$，但根据式（5.5）有 $c_{\text{NCC},4}=0.6 > c_{\text{NCC},3}=0.6$，所以结点4的凝心聚力效率反而比结点3高。

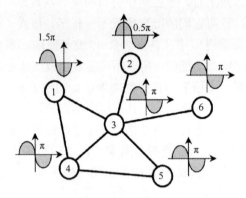

图5.6　凝聚度与邻域凝聚系数的区别

邻域凝聚系数只考虑了与一个结点相连的结点资源。其实在一个网络系统中，所有结点都可以视为潜在的可利用资源，不管有无连接。因此，我们可以用一个全局凝聚系数（global consilience coefficient，GCC）来描述了一个结点整合系统中所有潜在资源的效率，定义如下

$$c_{\text{GCC},i} = \frac{1}{N_N-1} \sum_{j=1}^{k_i} f_{\text{CS}}(\theta_i - \theta_j) \text{。} \tag{5.6}$$

全局凝聚系数的理论取值范围也为[-1, 1]，但对一个联结度为 k_i 的结点，其全局凝聚系数 $c_{\text{GCC},i}$ 最大可能为 $\dfrac{k_i}{N_N-1}$。图 5.3 示例说明了全局凝聚系数与邻域凝聚系数的区别。图5.7给出了两个网络系统，系统（a）含有6个结点，系统（b）则有10个结点。系统（a）中的结点3的联结度为4，邻域凝聚系数为0.75，系统（b）中的结点3的联

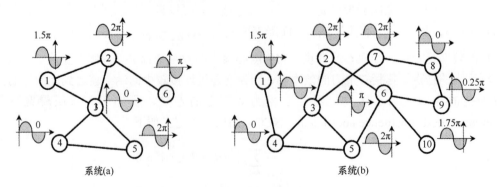

图5.7　全局凝聚系数与邻域凝聚系数的区别

结度也为 4,但其邻域凝聚系数为 1。但由式（5.6）可知,系统（a）中的结点 3 的全局凝聚系数高于系统（b）中的结点 3,系统（a）中的结点 3 反而具有更高的整合系统潜在资源的效率。邻域凝聚系数和全局凝聚系数具有很现实的意义。例如,甲乙两人竞选总统,邻域凝聚系数可以用来反映党内支持程度,而全局凝聚系数则反映民众支持程度。显然,党内支持程度高并不能代表民众支持程度就高,而只有党内支持程度和民众支持程度都高的人,赢得选举的可能性才高。

我们还可结合具体问题,对式（5.1）做更复杂的改进。例如,前面的讨论都只考虑了结点功能的相位,而没考虑结点功能的强度。此外,存在于结点间的链接的效率也都默认为 1。这里假设每个结点都有各自的固有的功能强度,记结点 i 的固有功能强度为 $a_i > 0$。再假设存在于结点 i 和结点 j 间的链接的效率为 $w_{i,j}$。则我们可重新定义结点 i 的凝聚度为

$$c_{\mathrm{CD},i} = \sum_{j=1}^{k_i} w_{i,j} a_j f_{\mathrm{CS}}(\theta_i - \theta_j)。 \tag{5.7}$$

那么邻域凝聚系数与全局凝聚系数也就相应地变为

$$c_{\mathrm{NCC},i} = \frac{1}{k_i \max\limits_{j=1,\cdots,k_i}(w_{i,j} a_j)} \sum_{j=1}^{k_i} w_{i,j} a_j f_{\mathrm{CS}}(\theta_i - \theta_j), \tag{5.8}$$

$$c_{\mathrm{GCC},i} = \frac{1}{(N_N - 1) \max\limits_{k,j=1,\cdots N_N}(w_{k,j}) \max\limits_{j=1,\cdots N_N}(a_j)} \sum_{j=1}^{k_i} w_{i,j} a_j f_{\mathrm{CS}}(\theta_i - \theta_j) \tag{5.9}$$

正如前面已经提到过,式（5.1）中的凝聚度可以看成一种被普遍化了的联结度。目前研究复杂网络的理论体系很大程度上是基于联结度来建立的。众所周知,联结度是定义许多网络属性（例如聚合系数、类聚系数）的基础。我们可以仿照这些基于联结度的网络属性,来定义相应的、凝聚度体系的网络新属性。例如,我们定义凝聚度体系的聚合系数如下:

$$c_{\mathrm{CDCC},i} = \frac{\sum\limits_{k,j \in \Omega_{N,i}, k \neq j} f_{\mathrm{CS}}(\theta_k - \theta_j)}{k_i(k_i - 1)}, \tag{5.10}$$

式中, $\Omega_{N,i}$ 为与结点 i 相连接的所有结点的集合。对于传统聚合系数很大的一组结点（即存在于结点间的链接数目很多）,如果这些结点的功能状态千差万别,则其凝聚度体系的聚合系数仍然会很小,甚至为负。通俗地说,也就是这组结点"貌合（联结度体系的聚合系数很大）神离（凝聚度体系的聚合系数很小）"。新旧两个体系,孰优孰劣,一目了然。

3）基于凝聚度的网络模型

现有的许多网络模型（例如用于研究小世界特性的随机重连模型、用于生成无尺度拓扑结构的选择性连接模型）也都是以联结度为基础的。我们可以参照这些基于联结度的网络模型,提出凝聚度体系的新网络模型。例如,我们可以定义凝聚度体系的选择性连接网络模型。在联结度体系的选择性连接模型中,向一个结点添加新链接的概率被定义为该结点的当前联结度的函数。因此,当前联结度大的结点更有可能获得新的链接,

从而联结度变得越来越大；而大部分结点将越来越难获得新链接；最后形成无尺度的拓扑结构。我们只需把模型中向一个结点添加新链接的概率重新定义为该结点的当前凝聚度的函数，就可以得到凝聚度体系的选择性连接网络模型。如稍后仿真结果所示，新模型不但可以生成老模型所能生成的无尺度的拓扑结构，而且还能使系统在平均水平上具有更高的网络凝聚度。

这里就引出了一个问题：平均凝聚度高的网络系统必然具有无尺度的拓扑结构吗？为回答这个问题，我们专门设计了如下一个新网络模型。在新模型中，每当要添加一条新链接时，①先随机选取两个没有连接到一起的结点，②然后根据两个结点的功能状态差计算添加新链接的概率，原则是，功能状态差越小，添加新链接的概率越大。具体的概率计算函数可定义如下：

$$p_C(i,j) = \frac{\left[\alpha + 1 + f_{CS}(\theta_i - \theta_j)\right]^\beta}{\sum\limits_{k=1}^{N_N}\sum\limits_{h=k+1}^{N_N}\left[\alpha + 1 + f_{CS}(\theta_k - \theta_h)\right]^\beta}, \tag{5.11}$$

式中，模型参数 $\alpha > 0$ 确保了即使是完全冲突的两个结点，也有可能获得新链接，而参数 $\beta > 0$ 则决定了添加新链接的概率对功能状态差的依赖程度。如稍后仿真结果所示，基于式（5.11）的新网络模型可以生成平均凝聚度很高的网络系统，但却不一定具有无尺度的拓扑结构。

更进一步，凝聚度概念给网络系统优化问题也带来了全新的内容。考虑如下一个问题：给定 N_N 个结点，各结点的功能状态都已确定，现在，由于资源有限等原因，只能在结点间建立 N_E 条链接。试问该如何建立这 N_E 条链接，以使得所生成的网络系统具有最大的平均凝聚度？显然，对联结度而言，是不存在类似的优化问题的，因为不管怎么建立这 N_E 条链接，平均联结度都是 $2N_E/N_N$，没有任何区别。对凝聚度就不一样了，图5.7 全局凝聚系数与邻域凝聚系数的区别。已经给出了一个很直观的例子。如何建立 N_E 条链接已达到系统最大的平均凝聚度，具有非常现实的应用背景和意义。例如，在社会-生态系统中，如何根据各利益相关体之间的亲疏远近，来优化系统的组织结构，以期在系统抵抗干扰时，能达到最大的凝心聚力的效果。

这里我们先提出一个简单的理论网络模型，用以生成具有最大的平均凝聚度的网络系统。我们假设有一个中央决策者，每一条链接都由中央决策者根据全局最优的目的来设置。那么，在设置第 l 条链接时，$l = 1, \cdots, N_E$，应该有（$(N_N-1)N_N/2-l+1$）可能的设置方案，每一个可能的设置方案都各自对应两个结点，假设为结点 i 和结点 j。则第 k 条链接应该根据（$(N_N-1)N_N/2-l+1$）个可能方案中具有最大的 $f_{CS}(\theta_i, \theta_j)$ 值的方案来设置。这个模型可以生成具有理论上最大平均凝聚度的网络系统。

然而，在现实网络系统中，一般都不存在真正的中央决策者，各个结点一般不会等着被设置链接，而是都会自发、主动、随机、并行、相互竞争或补充地建立自己的链接。换句话说，现实网络系统大都是一个去中心化的自组织系统。下面我们再建立另一个理论网络模型，用以优化去中心化的自组织网络系统。每当要建立一条新链接时，我们先随机选择一个可以继续添加联结的结点，假设为结点 i，有 $k_i < (N_N-1)$。则我们就有（N_N-1-k_i）种可能的链接设置方案。于是选取这（N_N-1-k_i）种可能方案中

具有最大的 $f_{CS}(\theta_i, \theta_j)$ 值的方案来设置链接。在这个模型中，每一个争取到当前链接设置权/资源的结点都要最大化自己的凝聚度。其结果是，所生成系统的平均凝聚度就不一定是全局最优了。随后的仿真结果将证明这一点。但是，这个模型更好地反映了现实网络系统中，尤其是社会-生态系统中，众多利益相关者相互博弈共存的现象。

当然，凝聚度优化问题远不止上述模型所讨论的那么简单。例如，一条链接的建立，除了与 $f_{CS}(\theta_i, \theta_j)$ 值有关外，还可能与结点 i 和结点 j 之间的距离有关。两个结点之间的距离越大，建立链接的成本就越高。同时，链接的效用可能就越低，即俗话所说"远水不解近渴"，即便两个结点的功能状态高度一致，但由于距离遥远，其相互支持、救助的效果也会被弱化。因此，我们就需要根据距离的影响，来改进上述两个凝聚度优化网络模型。具体的改进措施可以结合实际问题来研究，本研究不做进一步的探讨，但会在仿真试验结果部分介绍一种简单的改进方案。

3. 凝聚力模型的仿真实验验证

1）与传统网络方法的对比仿真实验结果

前面理论部分的内容表明：基于联结度的复杂网络理论体系（包括网络属性和模型），与本研究所述的基于凝聚度的新体系，是明显不同的。新体系所描述和研究的内容具有很强的现实意义，可以深刻地反映诸如社会-生态系统中存在的"凝心聚力"现象和效果，而这些内容都是绝非旧体系所能涵盖的，因而是对复杂系统科学理论的一个极大的扩充。本节我们给出一些仿真实验结果，以便更好地理解前面的理论概念和分析讨论。

在本节仿真实验中，我们采用了 8 个不同网络模型来生成网络系统，其中 6 个是基于凝聚度而设计的模型，另两个则是基于联结度而设计的模型。基于式（5.11）的网络模型根据节点间的功能状态差来计算连接概率，我们简称为 CDPD 模型。我们参考 Barabási 和 Albert（1999）的模型，设计了一个联结度体系的选择性连接模型（简称为 NDPA）和一个凝聚度体系的选择性连接网络模型（简称 CDPA），它们的连接概率分别计算如下：

$$p_{NDPA}(i) = \frac{\alpha + (k_i)^{\beta}}{\sum\limits_{j=1}^{N_N} \left[\alpha + (k_j)^{\beta} \right]} \tag{5.12}$$

$$p_{CDPA}(i, j) = \frac{\alpha + \left[2 + f_{CS}(\theta_i - \theta_j)(1 + c_{NCC,i})^{\beta} \right]}{\sum\limits_{k=1,\cdots,N_N, k \neq j} \left\{ \alpha + \left[2 + f_{CS}(\theta_k - \theta_j)(1 + c_{NCC,k}) \right]^{\beta} \right\}} \tag{5.13}$$

式（5.11）～式（5.13）中的参数都为 $\alpha=0.01$，$\beta=3$。此外，我们还使用了随机连接模型，其随机连接概率定为 0.15。这是一个基于联结度的网络模型（简称 NDRC）。上述 4 个模型都是非优化模型。另外 4 个模型则是凝聚度优化网络模型，其中两个按中央决策者的思路设计全局最优的系统，一个不考虑距离的影响（简称 CDGO），一个考虑距离的影响（简称 CDGOD）；另两个按去中心化自组织的思路设计局部最优的系统，也是一个不考虑距离的影响（简称 CDLO），一个考虑距离的影响（简称 CDLOD）。本仿真实验中，假设距离对凝聚度函数产生如下影响：

$$\overline{f_{CS}}(\theta_i - \theta_j) = \begin{cases} f_{CS}(\theta_i - \theta_j)\left(\dfrac{d_{\max} - d_{i,j}}{(1-\delta)d_{\max}}\right)^{\varepsilon}, & d_{i,j} > \delta d_{\max f} \\ f_{CS}(\theta_i - \theta_j), & d_{i,j} \leqslant \delta d_{\max} \end{cases} \tag{5.14}$$

式中，$d_{\max}$ 为结点间的最大距离；$0 \leqslant \delta \leqslant 1$ 和 $\varepsilon > 0$ 为模型参数。由式（5.14）可知，当两个结点间距离小于阈值 $\delta d_{\max}$ 时，距离对凝聚度函数没有影响；超过阈值后，其影响将随距离增大而减小；其减小速率由 ε 决定。本仿真实验中，取 δ=0.1，ε=2。另外，结点的功能状态随机地分布在区间[0, 2π]上。

为了直观展示 8 个模型所生成的网络系统的差别，我们先按 N_N=40 和 N_E=120 运行 8 个模型各一次。请注意，8 个模型的结点功能状态的分布是一样的。图 5.8 中 8 个模型产生的网络系统示例给出了 8 个模型所生成的网络系统和系统的平均凝聚度（ACD），并用不同的形状和颜色区分了各个结点的凝聚度的大小。红色三角形表示结点的凝聚度为正（含 0 值），蓝色圆形则表示结点的凝聚度为负，红、蓝颜色的深浅代表了结点的凝聚度绝对值在结点间的相对大小。从图 5.8 可以看出：①对基于联结度的模型 NDRC 和 NDPA，其所生成的网络系统中，三角形结点和圆形结点数目相当，说明结点的凝聚度正负相抵严重；②而对基于凝聚度的模型 CDPD 和 CDPA，大部分结点都是深红色好的三角形，说明结点的凝聚度大都为正；③从拓扑结构上看，CDPD 和 NDRC 是典型的随机结构，而 CDPA 和 NDPA 则是无尺度结构，说明网络平均凝聚度的大小与拓扑结构之间没有必然的联系；④虽然 CDPA 和 NDPA 用相同的模型参数 α 和 β 值计算选择连接概率，但是 NDPA 中的无尺度结构出现得更快、更明显；⑤凝聚度优化模型 CDGO 和 CDLO 所得到的平均凝聚度显著大于其他模型；⑥考虑距离的影响后（CDGOD 和 CDLOD），系统平均凝聚度必然下降，但优化模型仍然保证了所有结点的凝聚度为正，不过长距离链接的数量大幅减少了；⑦全局优化模型（CDGO 和 CDGOD）的系统平均凝聚度总是大于局部优化模型（CDLO 和 CDLOD）。

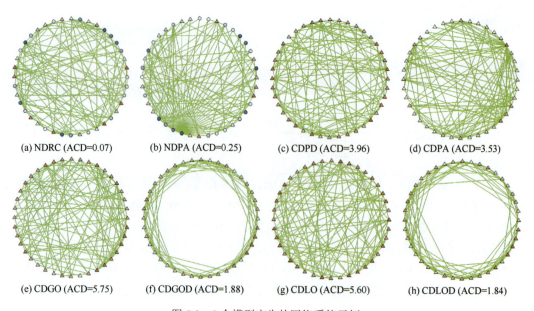

(a) NDRC (ACD=0.07)　　(b) NDPA (ACD=0.25)　　(c) CDPD (ACD=3.96)　　(d) CDPA (ACD=3.53)

(e) CDGO (ACD=5.75)　　(f) CDGOD (ACD=1.88)　　(g) CDLO (ACD=5.60)　　(h) CDLOD (ACD=1.84)

图 5.8　8 个模型产生的网络系统示例

下面我们再开展更深入的仿真实验，按 $N_N=100$ 和 $N_E=400$ 运行 8 个模型各 100 次。表 5.1 给出了实验结果的一些关键平均值。图 5.8 给出了 8 个模型所生成的网络系统的联结度分布情况。从表 5.1 可以看出：①根据基于联结度的网络属性（即聚合系数、类聚系数和平均最短路径）来看，CDPD 与 NDRC 相仿，而 CDPA 与 NDPA 相似。因为聚合系数、类聚系数和平均最短路径主要是用来描述拓扑结构的，所以我们可以得出结论，CDPD 和 NDRC 所生成的网络系统具有相似的拓扑结构，而 CDPA 和 NDPA 的拓扑结构相似。图 5.9 的联结度分布情况进一步支持了上述结论。所以，基于联结度的网络属性是不能区分开 CDPD/CDPA 与 NDRC/NDPA。②根据基于凝聚度的网络属性（即凝聚度、邻域凝聚系数和全局凝聚系数）来看，模型 CDPD/CDPA 与 NDRC/NDPA 是截然不同的，尽管它们的拓扑结构相似。这说明基于凝聚度的网络属性为我们提供了一个认识复杂系统的全新视角，这个视角所揭示出来的信息是基于联结度的网络属性所缺失的。③比较表 5.1 和图 5.9 中关于 NDPA 和 CDPA 的细节信息，我们可以发现，NDPA 更容易生成无尺度拓扑结构，这与图 5.8 所示的情况是一致的。一般而言，越显著的无尺度拓扑结构，其平均最短路径越小（得益于联结度更大的枢纽结点），而所取得的最大结点联结度也越大（以本实验中 $N_N=100$ 为例，在 NDPA 模型中，个别结点的联结度为 99，这是理论上的最大可能联结度，而 CDPA 模型所取得的最大联结度只有不到 70）。究其原因，是因为结点的功能状态间差异，使得现有最大凝聚度值的增长速度远没有现有最大联结度值的增长速度快，从而导致由式（5.13）算出的选择性连接概率平均意义上比由式（5.12）算出的小。所以，无尺度拓扑结构在 CDPA 模型中出现得就相对较慢。④对比 4 个凝聚度优化模型（CDGO，CDGOD，CDLO，CDLOD）与 4 个非优化模型（2 个联结度模型：NDRC、NDPA；2 个凝聚度模型：CDPD、CDPA），可以发现，无论是基于联结度的网络属性还是基于凝聚度的网络属性，两类模型的差异都很大。这说明凝聚度优化问题是一个全新的问题，不论是基于联结度的网络模型（NDRC，NDPA），还是仿照联结度模型而设计的凝聚度模型（CDPD，CDPA），都不能有效解决凝聚度优化问题。因此必须研究全新的网络优化方法（就像 CDGO，CDGOD，CDLO 和 CDLOD 那样）。⑤图 5.9 中 4 个凝聚度优化模型的联结度分布与 NDRC 和 CDPD 相似，都为 Poisson 分布。这很大程度上取决于结点功能状态的分布。优化模型的联结度分布是否也可能出现无尺度的特性，这是一个值得进一步研究的问题。

表 5.1　实验结果的关键平均值

模型	基于联结度的网络属性			基于凝聚度的网络属性		
	聚合系数	类聚系数	平均最短路径	凝聚度	邻域凝聚系数	全局凝聚系数
NDRC	0.3071	0.0026	2.4256	−0.0298	−0.0031	−0.0003
NDPA	0.5224	0.3971	1.9296	−0.0251	−0.0034	−0.0003
CDPD	0.3515	0.0015	2.5778	5.7533	0.6329	0.0581
CDPA	0.5975	0.3105	2.2817	4.8227	0.4881	0.0487
CDGO	0.8109	−0.0570	7.2882	7.9152	0.8663	0.0800
CDGOD	0.6565	−0.0424	3.5546	7.1922	0.7783	0.0726
CDLO	0.7760	−0.0130	6.9096	7.8713	0.8693	0.0795
CDLOD	0.6057	−0.0126	3.1937	6.8548	0.7514	0.0692

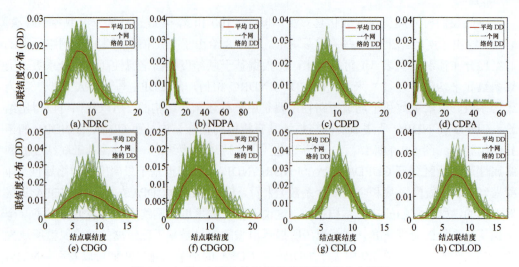

图 5.9　与表 5.1 实验结果相关联的联结度分布情况

2）凝聚力优化对提高系统抗打击能力的作用

正如前文就指出的：凝聚度的概念源于对研究一个社会-生态系统抗打击能力的需要。在这里我们要通过简单的仿真试验，来研究凝聚力对提高系统抗打击能力的效果，以期回答"当诸如社会-生态系统这样的复杂网络系统的凝聚力增强时，是否能更好地抵御外来打击所造成的灾害风险"这一重要问题。

为研究系统抵抗外来打击的能力，我们需要定义在外来打击下，网络系统结点间的相互作用。本研究中，我们定义了两类系统结点间的相互作用：相互救助模式和相互替代模式。在相互救助模式下，当一个结点受到外来打击时，其原有功能将全部丧失，这时和其连接的其他未受打击的结点会向其输送资源已帮助其恢复部分功能，其他未受打击的结点在输送资源的同时，自身的原有功能将会相应衰减。在相互替代模式下，当一个结点受到外来打击时，其原有功能将也会全部丧失，这时和其连接的其他未受打击的结点不会帮助其恢复功能，而是会相应提高自身功能，以便弥补系统因受外来打击而丧失的部分功能。无论是相互救助模式还是相互替代模式，施援结点所给与受灾结点的援助量，都需要乘以两结点间的凝聚度函数值，才能转换成受灾结点实际接收到的援助（对于两个相互冲突的结点，受灾结点实际接收到将是来自施援结点的干扰或破坏）。受打击结点的比例由 RofF 表示，体现了外来打击的强度。比如，RofF=0.5 表示外来打击直接使 50%的结点丧失原有功能。

我们首先研究各类网络系统抗打击能力的差异。为此，我们构造了六类网络系统。其中两类是基于传统联结度的网络模型，分别是随机连接网络模型（简称 NDRC）和选择性连接网络模型（简称 NDPA）。另外四类系统，都是我们研究中提出的凝聚度网络模型，分别为基于结点间功能状态差的网络模型（简称 CDPD），凝聚度选择性连接网络模型（简称 CDPA），凝聚度全局优化网络模型（简称 CDGO）和凝聚度局部优化网络模型（简称 CDLO）。简单地说，模型 NDRC 和 NDPA 没有考虑凝聚度，所以所生成的网络平均凝聚度基本为零。而模型 CDPD、CDPA、CDGO 和 CDLO 都进行了凝聚度设计，因而它们所生成的网络系统的平均凝聚度都比较大。只是它们各自的设计方法不一样，其中模型 CDGO 和 CDLO 的平均凝聚度总体来说比 CDPD 和 CDPA 还要大。实验中，每类网络模型各生成 100 个网络系统。每个网络系统的结点总数为 100，结点间联结总数为 400。然后，我们对各个网络系统分别在相互救助模式和相互替代模式下施以不同程度的外来打击，并观察记录系统受打击后的结点总体功能水平。相关仿真实验的平均结果如图 5.10 和图 5.11 所示。可见，不论在相互救助模式下，还是在相互替代模式下，不论在何种外来打击的强度下，凝聚度网络模型的抗打击能力都比传统联结度网络模型好，其中凝聚度优化模型 CDGO 和 CDLO 的抗打击能力是最好的。同时，从图 5.10 和图 5.11 还可以看出，不论在相互救助模式下，还是在相互替代模式下，在外来打击的强度越强的情况下，凝聚度网络模型相对于传统联结度网络模型而言，提高系统抗打击能力的效果就越明显，其中凝聚度优化模型 CDGO 和 CDLO 对提高系统抗打击能力的程度是最高的。

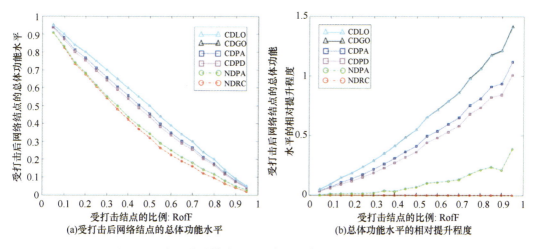

图 5.10　相互救助模式下，各类网络模型的系统抗打击能力

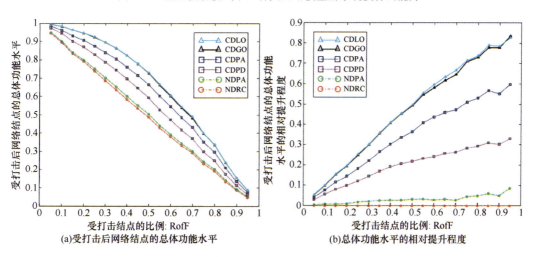

图 5.11　相互替代模式下，各类网络模型的系统抗打击能力

　　接下来我们进一步研究，在凝聚度局部优化网络模型 CDLO 中，不同的优化设计程度对系统抗打击能力的影响。这里优化设计程度是由按凝聚力优化的结点的比例来表示

的。该比例为 0 表示没有进行凝聚力优化设计，和传统联结度网络模型完全没有区别；该比例为 1 表示所有结点都进行了凝聚力优化设计。所以，该比例越接近于 1，则表示用 CDLO 生成的网络系统的凝聚度越高。对按不同优化设计程度生成的网络系统，我们再施加以不同程度的外来打击。然后，我们比较研究各网络系统受打击后的总体功能水平。仿真结果如图 5.12 和图 5.13 所示。

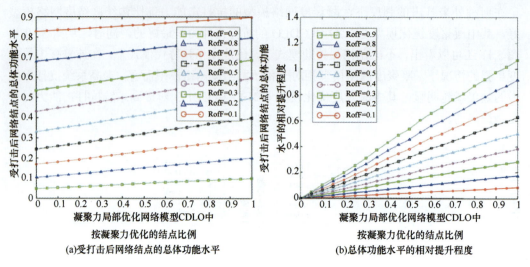

图 5.12　相互救助模式下，凝聚力优化设计对提高系统抗打击能力的影响

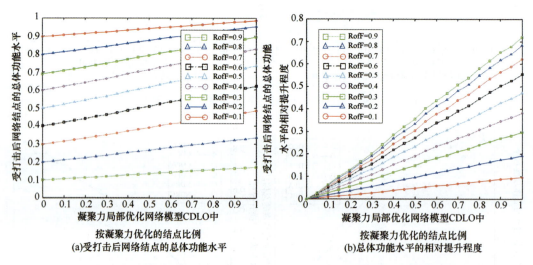

图 5.13　相互替代模式下，凝聚力优化设计对提高系统抗打击能力的影响

　　显而易见，不论在相互救助模式下，还是在相互替代模式下，不论在何种外来打击的强度下，随着优化设计程度的提高，所生成的网络系统的抗打击能力也得到稳步提高。图 5.12 和图 5.13 更表明，凝聚力优化设计对提高系统抵抗高强度外来打击的能力尤其重要，因为对提高系统抗打击能力的程度是最显著的（例如，在相互救助模式下，当 90% 的结点都直接受到外来打击时，凝聚力优化设计可以将系统总体功能水平在传统联结度网络模型的基础上提高 1 倍以上），这就客观解释了抵御社会-生态系统应对巨灾更需要整合资源，突出优势，形成凝聚力。

需要强调指出的是，虽然本节仿真实验中使用的是抽象的网络系统，但很容易将其对应或扩展到实际物理系统。例如，具有不同功能状态的结点反映了社会-生态系统的个体多样性。在结点功能状态给定的前提条件下，不同的网络模型生成的系统具有不同的网络凝聚度，这就说明，即使在个体多样性相同的条件下，应用不同的机制和体制来设计或调整社会-生态系统的结构与功能，最终所达到的系统抗干扰能力是大不相同的。至此，通过本节的仿真实验研究，可以看出，一个社会-生态系统如果达到较高"凝心聚力"状态与特性，就能具有较强的综合风险防范的能力。

4. 凝聚力理论在社会-生态系统研究中的应用

1）应凝聚力与协同进化的关系

运用凝聚度（CSD）理论研究动态网络系统以理解和探索凝聚力理论的应用潜力和价值，这是非常重要的。许多自然和社会生态系统都是协同进化系统，其每个结点通常会根据周围环境不断地改变其自身状态和与其他结点的链接。因此，关于凝集力理论应用潜力的一个基础性的问题是：是否可以构建凝聚度（CSD）模型以模拟现实世界的协同进化网络系统？此外，凝聚度（CSD）在这种协同进化网络系统中将扮演什么样的角色？为了回答这两个问题，我们设计了一种基于凝聚度（CSD）的协同进化网络模型，模型的结点状态和结点间的链接会自主动态调整变化，模型的结点是基于两个非常现实的规则下进行协同进化的，即利己规则和从众规则。此外，为了理解新模型的性能，我们还会在抗打击实验中对基于凝聚度（CSD）的协同进化模型进行测试。

基本上，在自然和社会生态系统中有两种非常重要的协同进化规则，主导着每一个结点改变活动状态和链接，即利己规则和从众规则。凝集力（CSD）的概念可以很好地描述这两个规则。在利己规则下，一个结点会根据邻近同类结点（本研究中，假设同类结点会相互支持）的状态而改变它自己的状态，也会断开与邻近异类结点（本研究中，假设异类结点会相互干扰）的链接，转而连接到同类结点上去。在从众规则下，一个结点的所有邻近结点被分为两组，同类集和异类集。哪个集合的结点数量越多，该结点就越容易参照该集合改变其自身的状态，并且该结点也更有可能断开与结点数量少的集回的链接，转而链接到结点数量多的集合中的结点。无论在协同进化的哪一个规则下，该结点的凝集度（CSD）都会随时间而增加，这意味着为实现某种特定系统功能和目的，系统中结点的协同进化能更好地利用可用的系统资源。即，假设每个结点的功能都是服务于某种特定的宏观系统功能和目的，那么，协同进化系统的性能将逐渐或最终得到提高，无论是基于凝集度（CSD）的利己规则，还是基于凝集度（CSD）的从众规则。图 5.14 演示了基于利己规则和从众规则的凝聚度（CSD）基本思想。

本研究的仿真实验表明，如果一个动态网络系统按照图 5.14 所演示的利己规则和从众规则进行协同进化，那么，即便初始网络系统没有任何凝聚力设计（即，初始网络系统的凝聚力水平很低），只要协同进化过程进行足够长的时间，网络系统就会自动达到较高的网络凝聚力水平，如图 5.15 所示。鉴于协同进化在现实中的普遍性，因此我们认为，凝聚度（CSD）是一种内在的系统属性，而不是一个人为臆造概念，这奠定了凝聚力（CSD）理论在现实世界复杂网络系统，如社会生态系统（SES），研究中的重要性。

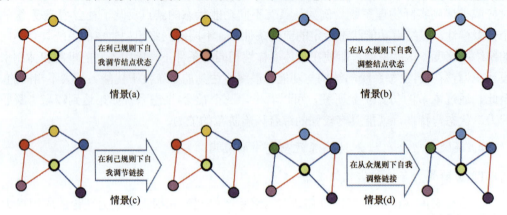

图 5.14　两种协同进化规则（即利己规则和从众规则）下，改变结点的状态和链接

设凝聚度的方程为：$f_{CS}(\theta_i, \theta_j) = \cos(\theta_i - \theta_j)$。结点颜色相似性表示结点状态的相似性。根据它们相似/不同的状态，红/蓝链接表示结点之间的正/负效应（即，支持/干扰效应）。在每个网络中心的结点是最新调整其状态/链接的结点。在（a）情景下，红色和粉红色的相邻结点支持中心结点（因其颜色相似）。因此，利己规则下，中心结点改变其自身的状态更类似于那些红色和粉色的相邻结点，使其自身的凝聚度（CSD）增加。在（b）情景下，中心结点的大多数邻近结点的颜色是冷色。因此，在从众规则下，中心结点从温色变到冷色，改变自己的状态，以便从邻近结点中获得更多的支持效果。在（c）情景中，利己规则下，中心结点断开一个消极相邻结点（即冷色结点），并重新连接到一个支持自己的相邻结点（即暖色结点）。在（d）情景下，中心结点只有 1 个积极相邻结点，和 3 个消极相邻结点。因此，在从众规则下，中心结点断开唯一积极的相邻结点（即粉红色的结点），然后连接到一个消极的相邻结点。本次调整后，目前中心结点的凝聚度（CSD）是降低了，但如果中央结点根据未来的利己规则调整自己的状态成冷色，那么它的凝聚度（CSD）将显著增加

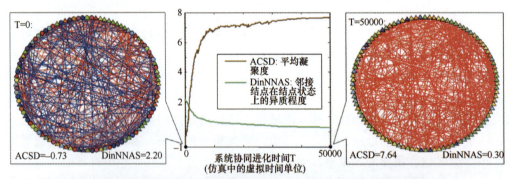

图 5.15　协同进化机制促进系统的平均凝聚力（ACSD）增加

该系统有 100 个结点和 400 个链接，从而理论最大 ACSD 是 8。在协同进化过程中，每个结点可以根据其邻近的环境自主地改变自身的状态和链接。这种变化遵循一个利己规则和一个从众规则。在利己规则下，一个结点参照相邻支持结点的状态来改变其自身的状态和链接。在从众规则下，一个结点参照其大多数相邻结点的状态（不管对自己是支持还是干扰）而改变其自身的状态和链接。在最初的时间，即 $T=0$，系统随机生成，此时 ACSD 几乎为 0。在协同进化过程中，相邻结点的状态的差异（DinNNAS）逐渐减小，结果，等到时刻 $T=50000$，ACSD 增加到 7.64，接近理论最大 ACSD。由于所仿真的协同进化机制在现实中广泛存在，因此，可以断言：现实世界的网络系统通常倾向于增大 ACSD 水平

2）凝聚力与多样性理论和 May-Wigner 理论的关系

多样性理论是在自然和社会系统中被广泛认同的事实。通常，多样性理论强调个体间差异对一个系统适应动态环境的重要作用（Frank and McNaughton，1991；Pimm，1984）。然而，也有观点，如 May-Wigner 理论，认为个体间的相似性可以使系统更好地

应对外部变化影响（May，1973；Hastings，1982；Sinha，2005）。乍一看，有人可能认为凝聚力理论在某种意义上与该理论具有相似性。那么，凝聚力理论，多样性理论和 May-Wigner 理论到底有什么关系？正确地回答这个问题将进一步披示凝聚力理论的重要性。在这里，我们将先通过 Monte Carlo 仿真实验来研究上述三个理论对理解网络系统抗外部打击能力的作用和意义。在仿真中，假设网络系统中的一个结点受到直接外来打击，而其相邻结点没有受到直接打击，那么，这些相邻结点对受到打击的结点可以有支持或干扰作用（从而减小或加剧外来打击的影响），并且对外来打击后结点的恢复也有支持或干扰作用。本研究中，我们对不同类型的系统（即非多样化系统，没有凝聚力设计的多样化系统，有凝聚力设计的多样化系统）实施各种类型外来打击。打击类型主要基于空间尺度和状态谱来定义的，可以有 4 种类型的打击：空间全局-状态谱局域（SGSSL）打击，空间全局-状态谱全局（SGSSG）打击，空间局域-状态谱局域（SLSSL）打击，和空间局域-状态谱全局（SLSSG）打击，如图 5.16 所示。然而，在这项研究中，我们主要只考虑两种类别，即 SGSSL 和 SLSSG 打击，因为 SGSSG 打击（如世界末日）是小概率事件，而 SLSSL 打击不大会形成灾难（如某种传染性疾病只会影响某些罕见遗传突变的个体）。SGSSL 和 SLSSG 打击具有更现实的意义。

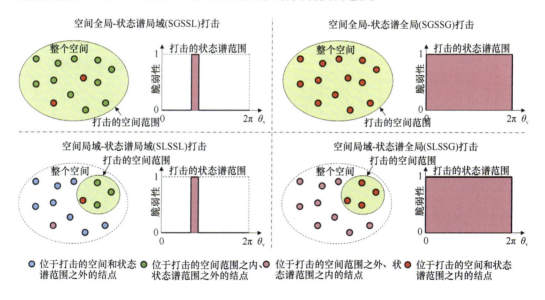

图 5.16　根据空间尺度和状态谱而定义的四种不同打击类别

红点表示在打击下丧失功能的个体。只有当一个结点同时处于打击的空间范围和状态谱下，该结点才会因打击而丧失功能。全球变暖可以看成一个 SGSSL 类别的打击的例子，因为大多数物种对全球变暖并不敏感，而对于某些物种而言（如珊瑚）全球变暖却是致命的。SGSSG 类别的打击不大可能发生，如世界末日，这样的情况下所有的个体都会直接丧失功能。对于只会影响某些罕见遗传变异个体的传染性疫情，可以看成一个 SLSSL 类别的打击。如地震、暴雨这样的自然灾害，它们是空间局部灾害事件，但在灾害区域内所有的个体都会受到直接影响而丧失功能，因而是 SLSSG 类别的打击

图 5.17 给出了对不同类型的系统实施抗 SGSSL 和 SLSSG 打击的仿真实验结果。基于图 5.17 的相关结果，可以得出以下结论：①非多样化的系统（例如，一个 May-Wigner 理论中的简单系统）可能比一个多样化的系统（即，一个 May-Wigner 理论中复杂的系统）具有更好的短视表现，但从长期运行来看，它是缺乏稳定性的（即，会崩溃）；②没有凝聚力设计的多样化系统在长期运行中可以保持稳定（即，不会崩溃），但系统的平均功

能水平很低；③多样性加上凝聚力设计，就可以使系统既有良好的稳定性，又有很高的功能水平。基于图 17 所展示的结果，May-Wigner 理论，多样性理论和凝聚力理论之间的关系也变得清晰：①May-Wigner 理论关注于小时间尺度上的系统功能水平；②多样性理论有助于大时间尺度上的系统稳定性；③凝聚力理论则同时保证了大时间尺度上的系统稳定性和系统功能水平。因此，凝聚力理论与多样性理论丝毫不冲突。相反，凝聚力理论是对多样性理论的必要补充，使得多样性理论更加完善。

如果我们考虑到网络系统的协同进化动力学，我们还可以获得关于凝聚力理论的重要性以及与多样性理论和 May-Wigner 理论的关系更深入的认识。图 5.18 给出三个不同

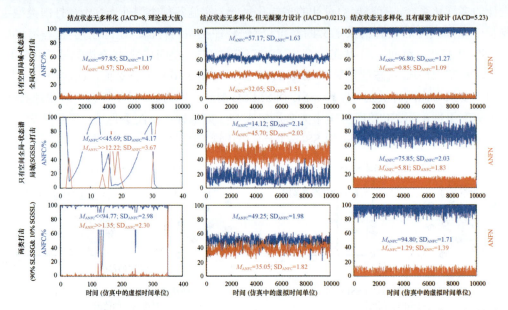

图 5.17　在 9 个对比试验中，ANFC（平均结点功能水平）和 ANFN（平均失效结点数）随时间的变化情况

每一列的 3 个实验都是基于同一个网络系统。在第一列的 3 个实验是基于同一个非多样化网络系统，即系统所有结点具有相同的结点状态；第二列的 3 个实验是基于同一个没有凝聚力设计的多样化网络系统（即结点状态具有多样性）；而第三列的 3 个实验则是基于同一个有凝聚力设计的多样化网络系统。最初平均凝聚度（IACSD）是所有结点的基本凝聚度的平均值（即不考虑结点的活动幅度或链接权重）。结点状态没有多样性意味着凝聚度等于联结度，这时的凝聚度最大。因此，非多样化系统具有最大的 IACSD，而没有凝聚力设计的多样化系统具有最小的 IACSD。在第 1 行的 3 个实验只受到 SLSSG 打击，第 2 行的 3 个实验只受到 SGSSL 打击，而第 3 行的 3 个实验则受到 90%SLSSG 和 10%SGSSL 的组合打击。每个实验的仿真时间为 10000 个时间单位，但第 1 列的第 2 行和第 3 行没有必要显示这么长的时间，因为仿真开始后不久系统就崩溃了。在第 1 行的 3 列，当只有 SLSSG 打击时，非多样化的系统具有最好的功能水平，没有凝聚力设计的多样化系统的功能水平最差，而有凝聚力设计的多样化系统则具有很好的功能水平（几乎与非多样化系统差不多）。因为只有 10%的结点直接受到 SLSSG 打击，而其他 90%的结点可以帮助这 10%的结点恢复功能水平，所以一个更大 IACSD 值通常代表结点间更强的相互帮助。然而，有 SGSSL 打击下的结果则完全不一样。第二行和第三行显示 SGSSL 打击迟早会引起非多样化体系的崩溃（即所有结点失效，系统功能水平下降至 0），而两个多样化系统仍保持稳定。非多样化系统的崩溃是很容易解释的。所有结点都会暴露在 SGSSL 打击之下，如果一次 SGSSL 打击的状态谱覆盖范围恰好覆盖到了非多样化系统中所有结点所共享的状态（这是肯定会发生的，只要仿真时间足够长），那么非多样化系统就注定要崩溃。显然，在结点的状态中引入多样性可以有效地提高系统抵抗 SGSSL 打击的能力。然而，通过比较第二列和第一列，可以看到，在非多样化系统崩溃之前，其功能水平远远优于没有凝聚力设计的多样化系统。这表明，引入结点状态多样性虽然能保证系统的稳定，但却是以牺牲系统功能水平为代价的。幸运的是，第三列显示，在多样性基础上进行凝聚力设计则不仅可以实现稳定，而且还能极大提高系统的功能水平。综上所述，(i) 结点状态的同质性，即非多样性，可以在小时间尺度上保证系统的功能水平，但会在大时间尺度上导致系统失去稳定性；(ii) 结点状态的多样性可以在大时间尺度上保证系统的稳定性，但系统的功能水平很差；(iii) 多样性加上凝聚力设计可以在大时间尺度上为系统提供良好的稳定性和功能水平的保障

网络系统的抗打击仿真实验比较结果，图中系统（a）没有任何凝聚力设计，系统（b）是一个协同进化模型（即是一种自下而上的、分散式的、基于 Agent 的仿真模型，模型中的每个结点都在利用局部信息进化以提高自身的 CSD），系统（c）是一种自上而下的凝聚力设计模型（即假设有一个中央决策者使用全局信息来建立结点之间的链接关系，以期获得良好的网络凝聚度）。根据图 5.18 给出的相关结果，可以看出，随着网络凝聚力水平增加，系统的抗打击性能得到提高。显然，利用全局信息的系统比协同进化系统（b）具有更好的抗打击性能，因为系统（b）只使用局域信息来指导进化。然而，这并不意味着协同进化模型就没有价值和意义，因为有许多自然系统以及许多分散式的社会生态系统（如市场驱动的经济系统），并没有明确的/强大的中央管理决策者，机构和个体之间的竞争主要是基于有限的局域信息。对研究这些真实的网络系统而言，基于 CSD 的协同进化模型是非常有用的。当然，由于现代科学技术的进步，如信息通信技术，使许多社会系统都能够感知然后利用全局信息进行决策。因此，图 5.18 初步结果表明，如果一个具有中央管理机构的社会体系能很好地制定和实施中央政策/战略，自上而下地适用于系统中的多样化个体，就能实现比在自然状态下的、分散式的、协同进化的多样化系统所能达到的更好的系统功能水平。如何改进和完善基于 CSD 的协同进化网络模型显然是值得进一步研究的，因为现实世界中的许多网络系统是协同进化动力学所驱动的。而如何制定一个恰当的、中央式的、自上而下的策略/政策也是凝聚力理论的重要应用研究领域。

3）凝聚力理论在社会-生态系统研究中的小结和展望

传统的灾害风险理论中，缺乏一种表达系统通过自身结构和功能的调整以有效防范风险的能力，这种调整是个动态的过程，与传统理论中的脆弱性、恢复性、适应性等紧密相连。本研究提出了凝聚力的原理，用以阐释社会-生态系统综合防范风险时达成共识和产生聚力的过程，以及达到"凝心"和"聚力"目标的能力。凝聚力模式的提出，进一步揭示了促使社会-生态系统有效和有序协同运作的驱动力。协同宽容、协同约束、协同放大和协同分散四个基本原理揭示了系统凝聚力在协同运作上的四种表现，同时也是凝聚力在"凝心"和"聚力"具体问题上的四种优化目标的阐释。综合风险防范理论体系强调了以制度设计为核心的系统结构与功能的优化，凝聚力模式将四个协同原理及其优化目标转化为社会认知普及化、成本分摊合理化、组合优化智能化、费用效益最大化等一系列手段，以实现综合风险防范产生的共识最高化、成本最低化、福利最大化以及风险最小化。这一过程的完成，必须通过社会-生态系统结构和功能的改变从而采取相应的适应措施，这些措施得益于制度结构和功能调整的保障，也得益于该模式中强调的从"目标"到"产出"再到"目标"的循环调整与优化过程。

社会-生态系统凝聚力是复杂系统自身的一种属性，它阐释的是社会-生态系统进行协同运作的能力，在灾害风险系统中，表现出的是系统综合风险防范的能力，强调的是综合的过程及效果。社会-生态系统凝聚力的最大化提升是综合风险防范、协同运作以及社会-生态系统结构和功能优化的目标，而制度设计是实现这一过程和达成多目标优化的核心。凝聚力模式的提出，为社会-生态系统综合风险防范中的"综合"与"协同"寻找出一种可量化的途径和一种进行复杂问题探究的新思路。

社会-生态系统是一个复杂网络系统，受其中综合灾害风险管理实践中"凝心聚力，

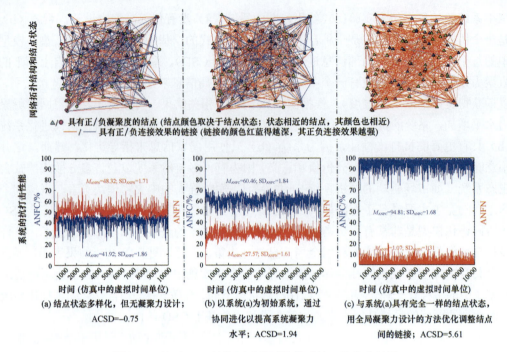

图 5.18　基于 CSD 的协同进化网络模型的一些仿真结果

每个系统有 100 个结点和 400 条链接。在测试中凝聚力功能函数设为 $f_{CS}(\theta_i, \theta_j)=\cos(\theta_i, \theta_j)$，这意味着结点状态的相似性将产生更好的网络凝聚力。(a) 系统具有随机多样化的结点状态，但没有凝聚力设计。(b) 系统和 (c) 系统是由 (a) 系统基于不同的凝聚力设计方法而发展得来的。(b) 系统中，结点根据周边环境而协同进化结点状态和链接，这样的协同进化动力学经常在许多分散的自然系统中出现。系统 (c) 具有与系统 (a) 完全相同的结点状态的分布规律，但它会根据相关全局信息进行凝聚力设计。系统 (c) 代表一种中央式的社会系统，多样化的个体通常由一个中央管理机构管理。系统 (a) 具有最小的平均凝聚度 (ACSD) –0.75；系统 (b) 由于协同进化动力学而使得 ACSD 提高到 1.94；而具有全局凝聚力设定特点的系统 (c) 的 ACSD 增强至 5.61。然后，我们将 3 个系统置于具有 90%空间局域-状态谱全局 (SLSSG) 打击和 10%空间全局-状态谱局域 (SGSSL) 打击的组合情景之下，以评估他们的抗打击性能。每次试验的模拟时间为 10000 个时间单位。系统 (b) 的结果表明，在分散式的自然系统中，只有局域信息是可用的，所以协同进化动力学是最自然的有效方式，以实现良好的系统稳定性和功能水平。认知和利用全局信息是现代人类社会的一个重要特点，系统 (c) 的结果可以说明，根据全局信息，采用适当的中央管理政策，就可能最大化个体多样性带来的好处，从而使系统稳定性和功能水平更上一个层次。总之，不同类型的系统需要不同的凝聚力设计方法，例如，分散式系统需要协同进化动力学设计，而中央式系统则需要全局化的凝聚力设计

共度时艰"现象的启发，本研究提出一个全新的网络系统属性：凝聚度。我们发现，凝聚度是一个基础性、普适性的网络属性。凝聚度不仅可以描述社会-生态系统抵抗干扰的能力，还能代表更广泛的实际意义，比如由于信号同步程度、设备的兼容性、合作意愿、社会价值、个人态度或文化差异等因素引起的系统性能差异。基于凝聚度概念，我们又拓展提出了一系列的网络系统新属性和新模型，从而形成了一套研究复杂系统的全新理论体系。我们证明了：基于凝聚度的网络系统所描述的内容，是完全不同于传统复杂系统研究中所用的基于联结度的理论体系。换而言之，基于联结度的网络系统属性和模型不能涵盖或替代基于凝聚度的网络系统属性和模型。事实上，凝聚度是被普遍化了的联结度，而联结度只是凝聚度的一种特例。基于凝聚度的新体系为我们提供了一个认识复杂系统的全新视角，这个视角是现有网络属性和模型所缺失的。例如，社会-生态系统中的"凝心聚力"现象就是现有的网络理论和方法所不能描述和测度的。本研究所提出的基于凝聚度的网络系统属性和模型的新体系，不仅可以描述和测度这种"凝心聚力"现象，而且还能为实现系统最强的"凝心聚力"效果提供优化工具。

当然，本研究所提出的网络系统凝聚度新体系还只是一个理论雏形。还需要开展大量的理论和应用研究工作。以下是几个推进凝聚度研究工作的重要方向。将凝聚度概念具体落实到各种实际复杂系统中去，计算分析实际系统的凝聚度，检验凝聚度与系统实际性能之间的关系。像研究联结度分布一样，探寻实际系统中凝聚度分布的规律。从网络系统结构和功能优化的角度出发，设计和应用基于凝聚度的模型和方法。例如，在综合灾害风险管理研究中，应用基于凝聚度的模型和方法，以帮助实现一个社会-生态系统在防灾、抗灾和救灾过程中，以及在制定综合风险防范对策过程中的结构和功能优化。

5.1.2　气候变化协同适应的区划研究

近百年以来的气候变化已对人类生存的自然环境和社会经济的可持续发展造成了严重影响，应对气候变化已成为世界各国政要、科学家、政府和公众高度关注的全球性问题，其应对方法主要分为三个方面：降低脆弱性、提高恢复性和改进适应性。这里，我们立足于改进适应性，提出适应气候变化应因地制宜，即根据不同区域的不同气候变化类型，以及不同气候变化类型与灾害和环境风险之间的关系来确定具体的适应性对策。国内外关于气候分类和气候区划的研究工作已有很多，但其核心都是刻画气候平均态的区域分异规律，不能满足当前社会应对气候变化的需要。近年来，已有学者开展气候变化对气候区划影响的研究工作，分析气候变化背景下气候区划界线的移动等，但本质上仍然是气候平均态区划。现阶段关于气候区划的研究工作在适应气候变化方面存在许多不足，概括起来主要有以下四点：

第一，从整体研究框架来看，传统意义上的气候区划是基于固定阈值来划分气候类型的，在气候指标的变化不能突破特定阈值时，即使对比不同时间段的气候区划结果，也不能够准确识别气候变化的影响和区域差异。举例来说，中国半湿润区和半干旱区的分界阈值为年干燥度 1.50，即干燥度 1.00～1.50 为半湿润区，1.50～4.00 为半干旱区，中国华北地区近 50 年以来降水量逐渐减少，干燥度持续上升，但现阶段仍未达到 1.50，在 1951～1980 年和 1981～2010 年两个时间段的中国气候区划当中，华北地区都属于半湿润区，未见界线变化。再如中国南方地区为湿润区，近 50 年以来东部趋湿而西部趋干，但都未突破阈值，故在气候区划上不能分辨出区域差异。

第二，从应用方面来看，现阶段大量研究提出气候变化导致了极端天气气候事件的变化，而气候变化与气候平均态并无直接关系，故采用基于气候平均态的分区（例如 IPCC-SREX 报告中所采用的 26 个分区）来讨论极端天气气候事件的变化存在局限性，不能从中识别出气候变化与极端事件变化之间的联系，也不能分析出由气候变化所可能带来的灾害与环境风险。

第三，从数据资料方面来看，国内区划研究大多采用中国气象站点的观测资料，而气象站点在国家尺度上的分布是不均匀的，中国东部站点分布较密集，西部站点分布较稀疏，特别是青藏高原地区站点尤为稀少，难以准确划定区划界线；此外，1951 年以来超过 70% 的气象站点发生过一次或多次迁移，迁站将导致观测资料（特别是气温观测资料）出现非均一性问题，从而使计算结果产生一定的偏差。

第四，从界线划分方法来看，世界尺度气候分类研究的结果通常不具备空间连续性，即没有明确的区划界线（如柯本气候分类中，北美洲西部地区多种气候类型交替出现等），很难直接应用于一个国家或地区制定适应性对策；中国气候区划则大多采用等值线法划定界线，界线明确但应用方面仍然存在一定不足，如中国农作物产量、自然灾害灾情资料等都是以县级行政单元为基本单元进行统计的，现行区划方法在分析气候变化与气象灾害风险关系等方面存在一定的局限性。

本研究从近百年气候变化的区域分异规律出发，针对传统气候区划不能适用于应对气候变化的问题，提出"气候变化区划"的研究理论、基本框架和技术流程，形成一套"气候变化区划"的研究体系。

1. 气候变化分类方法体系

1）气候变化模态分类

这里利用气候要素的变化趋势和波动特征将气候变化划分为九种模态（图 5.19），其中变化趋势分为上升趋势、下降趋势和无显著变化趋势三类，波动特征分为波动增强、波动减弱和无显著波动特征三类。

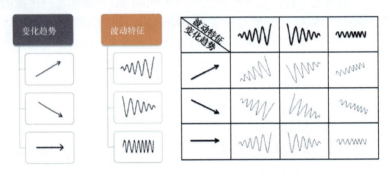

图 5.19　气候变化的九种模态

在气候变化分类的理论模型基础上，本节提出以**年均气温**和**年降水量**两个最基本气候要素的**年代际变化趋势**和**年际波动特征**作为气候变化分类的主要指标。以下为变化趋势值和波动特征值的计算方法。

对于样本量为 n 的原始序列 $x_i(i=1, 2, \cdots, n)$，首先利用 Butterworth 滤波器滤去 10年以下尺度的波动，保留 10 年以上尺度的波动，得到年代际序列 $y_i(i=1, 2, \cdots, n)$，然后利用原始序列减去年代际序列得到年际序列 $z_i(i=1, 2, \cdots, n)$。

变化趋势值的计算方法如下：

对于样本量为 n 年代际序列 $y_i(i=1, 2, \cdots, n)$，用 t_i 表示所对应的时刻，建立 y_i 与 t_i 之间的一元线性回归方程式（5.15）：

$$\hat{y}_i = a + bt_i \tag{5.15}$$

式中，a 为回归常数，b 为回归系数。利用最小二乘法可求出 a 和 b：

$$\begin{cases} b = \dfrac{\sum_{i=1}^{n} y_i t_i - \dfrac{1}{n}\left(\sum_{i=1}^{n} y_i\right)\left(\sum_{j=1}^{n} t_i\right)}{\sum_{i=1}^{n} t_i^2 y_i - b\dfrac{1}{n}\left(\sum_{i=1}^{n} t_i\right)^2} \\ a = \dfrac{1}{n}\sum_{i=1}^{n} y_i - b\dfrac{1}{n}\sum_{i=1}^{n} t_i \end{cases} \tag{5.16}$$

回归系数 b 的符号表示年代际序列 y_i 的线性趋势。$b>0$ 表明随时间增加 y 呈上升趋势，$b<0$ 表示随时间增加 y 呈下降趋势。b 的大小反映上升或下降的速率，即表示变量年代际趋势上升或下降的倾向程度。本节将回归系数 b 称为变量的变化趋势值。

波动特征值的计算方法如下：

对于样本量为 n 年际序列 $z_i(i=1, 2, \cdots, n)$，其标准差称为波动平均值。计算得到年际序列 z_i 的 10 年滑动标准差序列 $s_i(i=1, 2, \cdots, n-9)$，用 t_i 表示所对应的时刻，建立 s_i 与 t_i 之间的一元线性回归方程式（5.17）：

$$\hat{s}_i = c + dt_i \tag{5.17}$$

同理，利用最小二乘法可求出回归常数 c 和回归系数 d。

回归系数 d 的符号表示 10 年滑动标准差序列 s_i 的线性趋势。$d>0$ 表明随时间增加 s_i 呈上升趋势，即年际序列 z_i 波动增强；$d<0$ 表示随时间增加 s_i 呈下降趋势，即年际序列 z_i 波动减弱。d 的大小反映上升或下降的速率，即表示变量年际波动增强或减弱的倾向程度。本节将回归系数 d 称为变量的波动特征值。

在对气候变量进行线性回归的同时，利用显著性检验得到置信度，以置信度作为判定气候变量是否具有显著变化趋势或显著波动特征的依据。

2）气候变化区划原则

气候变化区划的基本原则是制定区划指标体系和区划制图方法的理论依据。本文在综合分析传统气候区划研究的基础上，结合气候变化区域分异规律的诊断结果，提出气候变化区划的五项基本原则。

（1）主导因子原则。

气候变化区划研究无法同时考虑所有刻画气候特征因子的变化，必须选择具有主导作用的因子建立指标体系完成区划研究工作。在已有关于气候变化、气候分类和气候区划的研究工作中，刻画气候特征的因子主要分为热量和水分两大类，热量因子包括年均气温、最高月气温、最低月气温、气温年较差、≥10℃积温、≥10℃天数、可能蒸散量等，水分因子包括年降水量、月降水量、降水量年较差、湿润指数、干燥度等。本项研究借鉴 IPCC 报告中气候变化的研究工作，选择年均气温和年降水量两个最为直接、有效的气候因子建立气候变化区划的指标体系。

（2）变化趋向与变化速率相结合原则。

在气候变化区划研究中，应以气候因子的变化趋向为主，以气候因子的变化速率为辅，综合考虑划定区划界线。以中国为例，中国近 50 年降水量变化趋势存在明显的东-中-西分异格局，在分界线附近时常出现降水量上升和下降交替出现的情况，此时应参照降水量变化速率值的大小，优先考虑变化速率值较大的一侧确定区划界线。

（3）空间分布连续性与取大去小原则。

气候变化分类与气候变化区划工作的本质差异在于区划研究必须考虑气候变化区空间分布的连续性，因此在区划研究中应根据气候变化区空间范围的大小进行适当的取舍，以保持区划结果的完整性。以中国为例，中国近 50 年降水量变化趋势存在明显的东-中-西分异格局，其中东北地区吉林省和辽宁省虽然以降水量上升趋势为主，在气候变化分类上属于变湿类型，但是在空间分布上与东部降水量上升区不相连，并且在空间范围上远小于三个主要降水量变化类型区，所以在气候变化区划研究中按照取大去小原则并入中部降水量下降区。

（4）保持行政单元完整性原则。

本项研究利用行政单元作为区划基本单元，即在区划时沿行政单元边界线制定区划方案，保持行政单元的完整性，为进一步研究气候变化与自然灾害风险关系，以及为制定适应气候变化的对策和措施奠定基础。在中国气候变化区划研究方案中，本项研究以中国县级行政区为区划基本单元；在世界尺度气候变化区划研究中，本项研究以世界各国的一级行政区（例如中国的省界、美国的州界）为区划基本单元。

（5）大尺度地形单元一致性原则。

考虑到地气相互作用，气候变化的区域分异规律会在一定程度上受到大尺度地形单元的影响，在区划中需要参考大尺度地形分异综合划定区划界线。在 2014 年已发表的中国气候变化区划研究中，由于所采用的资料是气象站点观测资料，全国 500 多个气象站不能覆盖到每个县级行政单元，因此本项区划原则的应用较多（Shi et al.，2014）；本文中采用全球高分辨率的格点资料，在很大程度上解决了这一问题，但在世界范围内仍然存在气候变化规律较为复杂的部分区域，需要在气候变化趋向与变化速率相结合原则的基础之上参照地形特征确定区划方案，适用于本项区划原则。

3）气候变化区划方法

根据上述气候变化区划的基本原则，本区划按照两级体系进行气候变化区划分，其中一级为气候变化趋势带，二级为气候波动特征区。各级区划主要指标及划分标准见表 5.2，气候变化区命名的排序取决于气候变化特征所占面积比例的大小，其中 $\overline{T_{tmp}}$ 为全球陆地（除南极洲外）增温速率平均值；T_{tmp} 为区域气温变化趋势值；T_{pre} 为区域降水量变化趋势值；F_{tmp} 为区域气温波动特征值；F_{pre} 为区域降水量波动特征值；P_{tr} 代表区域气温上升趋势所占面积比例；P_{td} 为区域气温下降趋势所占面积比例；P_{pr} 代表区域降水量上升趋势所占面积比例；P_{pd} 为区域降水量下降趋势所占面积比例；P_{tfi} 为区域气温波动增强所占面积比例；P_{tfd} 为区域气温波动减弱所占面积比例；P_{pfi} 为区域降水量波动增强所占面积比例；P_{pfd} 为区域降水量波动减弱所占面积比例。

A. 气候变化趋势带划分指标包括：

（1）气温变化趋势及其速率。

以气温年代际变化趋势作为主要指标，划分为气温上升趋势带和气温下降趋势带，以气温变化速率作为辅助指标划定区划界线。考虑到近百年以来全球陆地超过 90% 的面积呈增温趋势，在气温上升趋势带中，取平均增温速率作为衡量阈值，进一步划分为气温快速上升趋势带和气温缓慢上升趋势带，以表征各地区气温上升速率相对于平均速率偏大或偏小的区域差异。

（2）降水量变化趋势及其速率。

以降水量变化趋势作为主要指标，划分为降水量上升趋势带和降水量下降趋势带，以降水量变化速率作为辅助指标划定区划界线。

（3）地形地貌特征。

以地形地貌特征作为区划参考指标，注重考虑大尺度地形单元的分界线。

表 5.2　气候变化区划主要指标及公式

气候变化区划	主要指标
气候变化趋势带	
快速变暖/变湿	$T_{tmp}>\overline{T_{tmp}}$ 且 $T_{pre}>0$ 且 $P_{tr}>P_{pr}$ $P_{tr}>P_{td}$ 且 $P_{pr}>P_{pd}$
变湿/快速变暖	$T_{tmp}>\overline{T_{tmp}}$ 且 $T_{pre}>0$ 且 $P_{pr}>P_{tr}$ $P_{tr}>P_{td}$ 且 $P_{pr}>P_{pd}$
缓慢变暖/变湿	$0<T_{tmp}<\overline{T_{tmp}}$ 且 $T_{pre}>0$ 且 $P_{tr}>P_{pr}$ $P_{tr}>P_{td}$ 且 $P_{pr}>P_{pd}$
变湿/缓慢变暖	$0<T_{tmp}<\overline{T_{tmp}}$ 且 $T_{pre}>0$ 且 $P_{pr}>P_{tr}$ $P_{tr}>P_{td}$ 且 $P_{pr}>P_{pd}$
快速变暖/变干	$T_{tmp}>\overline{T_{tmp}}$ 且 $T_{pre}<0$ 且 $P_{tr}>P_{pd}$ $P_{tr}>P_{td}$ 且 $P_{pd}>P_{pr}$
变干/快速变暖	$T_{tmp}>\overline{T_{tmp}}$ 且 $T_{pre}<0$ 且 $P_{pd}>P_{tr}$ $P_{tr}>P_{td}$ 且 $P_{pd}>P_{pr}$
缓慢变暖/变干	$0<T_{tmp}<\overline{T_{tmp}}$ 且 $T_{pre}<0$ 且 $P_{tr}>P_{pd}$ $P_{tr}>P_{td}$ 且 $P_{pd}>P_{pr}$
变干/缓慢变暖	$0<T_{tmp}<\overline{T_{tmp}}$ 且 $T_{pre}<0$ 且 $P_{pd}>P_{tr}$ $P_{tr}>P_{td}$ 且 $P_{pd}>P_{pr}$
变冷/变湿	$T_{tmp}<0$ 且 $T_{pre}>0$ 且 $P_{td}>P_{pr}$ $P_{td}>P_{tr}$ 且 $P_{pr}>P_{pd}$
变湿/变冷	$T_{tmp}<0$ 且 $T_{pre}>0$ 且 $P_{pr}>P_{td}$ $P_{td}>P_{tr}$ 且 $P_{pr}>P_{pd}$
变冷/变干	$T_{tmp}<0$ 且 $T_{pre}<0$ 且 $P_{td}>P_{pd}$ $P_{td}>P_{tr}$ 且 $P_{pd}>P_{pr}$
变干/变冷	$T_{tmp}<0$ 且 $T_{pre}<0$ 且 $P_{pd}>P_{td}$ $P_{td}>P_{tr}$ 且 $P_{pd}>P_{pr}$
气候波动特征区	
气温波动增强/降水量波动增强	$F_{tmp}>0$ 且 $F_{pre}>0$ 且 $P_{tfi}>P_{pfi}$ $P_{tfi}>P_{tfd}$ 且 $P_{pfi}>P_{pfd}$
降水量波动增强/气温波动增强	$F_{tmp}>0$ 且 $F_{pre}>0$ 且 $P_{pfi}>P_{tfi}$ $P_{tfi}>P_{tfd}$ 且 $P_{pfi}>P_{pfd}$
气温波动增强/降水量波动减弱	$F_{tmp}>0$ 且 $F_{pre}<0$ 且 $P_{tfi}>P_{pfd}$ $P_{tfi}>P_{tfd}$ 且 $P_{pfd}>P_{pfi}$
降水量波动减弱/气温波动增强	$F_{tmp}>0$ 且 $F_{pre}<0$ 且 $P_{pfd}>P_{tfi}$ $P_{tfi}>P_{tfd}$ 且 $P_{pfd}>P_{pfi}$
气温波动减弱/降水量波动增强	$F_{tmp}<0$ 且 $F_{pre}>0$ 且 $P_{tfd}>P_{pfd}$ $P_{tfd}>P_{tfi}$ 且 $P_{pfi}>P_{pfd}$
降水量波动增强/气温波动减弱	$F_{tmp}<0$ 且 $F_{pre}>0$ 且 $P_{pfi}>P_{tfd}$ $P_{tfd}>P_{tfi}$ 且 $P_{pfi}>P_{pfd}$
气温波动减弱/降水量波动减弱	$F_{tmp}<0$ 且 $F_{pre}<0$ 且 $P_{tfd}>P_{pfd}$ $P_{tfd}>P_{tfi}$ 且 $P_{pfd}>P_{pfi}$
降水量波动减弱/气温波动减弱	$F_{tmp}<0$ 且 $F_{pre}<0$ 且 $P_{pfd}>P_{tfd}$ $P_{tfd}>P_{tfi}$ 且 $P_{pfd}>P_{pfi}$

B. 气候变化波动特征区划分指标包括：

（1）气温波动特征及其速率。

以气温年际波动的变化特征作为主要指标，划分为气温波动增强区和气温波动减弱区，以气温波动的变化速率作为辅助指标划定区划界线。

（2）降水量波动特征及其速率。

以降水量年际波动的变化特征作为主要指标，划分为降水量波动增强区和降水量波动减弱区，以降水量波动的变化速率作为辅助指标划定区划界线。

（3）地形地貌特征。

以地形地貌特征作为区划参考指标，注重考虑大尺度地形单元的分界线。

2. 中国气候变化区划

研究中使用的数据主要分为气象数据和地形数据两类。气象数据来源为中国气象局国家气象信息中心提供的"中国地面气候资料日值数据集"。数据集为中国 756 个国家级气象站 1951 年至最新日值数据集，要素包括平均气温、日最高气温、日最低气温、20～20 时降水量、蒸发量、平均风速、日照时数等。由于中国大部分气象站的建于 1951～1960 年，根据尽量保留最多站点并保证观测时间连续的原则，研究中所用时间序列为1961～2010 年，主要选用指标为平均气温和降水量。将该时间段内有缺测的站点剔除掉，得到可用气温观测站点 533 个，可用降水观测站点 537 个。地形数据来源为美国地质勘探局（United States Geological Survey）提供的 Global 30 Arc-Second Elevation（GTOPO30）高程数据集。数据集的空间分辨率为 0.0833°×0.0833°（1km 分辨率）。

1）气温与降水要素变化模态分析

（1）气温变化趋势。

通过对 533 个可用气温测站年均气温序列进行计算，得到各个站点的气温变化趋势值（图 5.20），并分析中国气温变化趋势（1961～2010 年）的区域规律特征（表 5.3，区划特征值见表 5.7）。

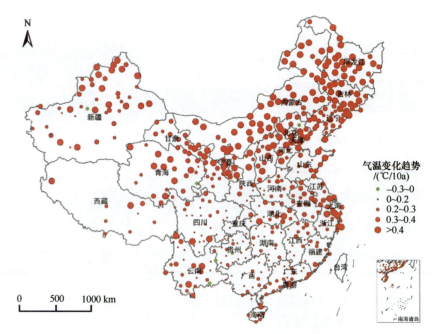

图 5.20 中国气温变化趋势值分布（1961～2010 年）

表 5.3　中国气温变化趋势（1961～2010 年）的区域规律特征

全国特征	北方气温上升速率高	南方气温上升速率低
区域特征	三北地区（东北、华北、西北）气温上升速率最高	云贵高原及南岭地区（贵州、湖南、广西、广东、江西、福建等地）气温上升速率最低
局地特征	甘肃南部、陕西南部地区气温上升速率较低	长江中下游地区（上海、江苏、安徽、湖北、浙江等地）气温上升速率较高

（2）降水量变化趋势。

通过对 537 个可用降水量测站年降水量序列进行计算，得到各个站点的降水量变化趋势值（图 5.21），并分析中国降水量变化趋势（1961～2010 年）的区域规律特征（表5.4，区划特征值见表 5.7）。

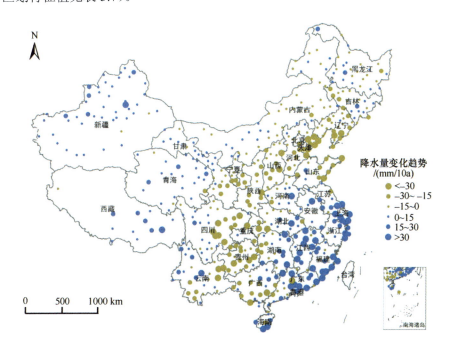

图 5.21　中国降水量变化趋势值分布（1961～2010 年）气温波动特征

表 5.4　中国降水量变化趋势（1961～2010 年）的区域规律特征

全国特征	东部地区降水量呈快速上升趋势	中部地区降水量呈快速下降趋势	西部地区降水量呈缓慢上升趋势
区域特征	东南沿海地区、长江中下游地区（上海、江苏、安徽、浙江、江西、福建等地）降水量上升速率最高	二级阶梯（除西北地区外）大部分地区、环渤海地区降水量下降速率最高	青藏高原东南、阿勒泰、天山地区降水量呈较快上升趋势
局地特征	山东半岛、广西南部地区降水量呈下降趋势	松嫩平原、长白山、云贵高原西北部地区降水量呈缓慢上升趋势	青海西北、甘肃北部、内蒙古西部、南疆地区降水量上升速率较低

（3）气温波动特征。

通过对 533 个可用气温测站年均气温序列进行计算，得到各个站点的气温波动特征值（图 5.22），并分析中国气温波动特征（1961～2010 年）的区域规律特征（表 5.5，区划特征值见表 5.6）。

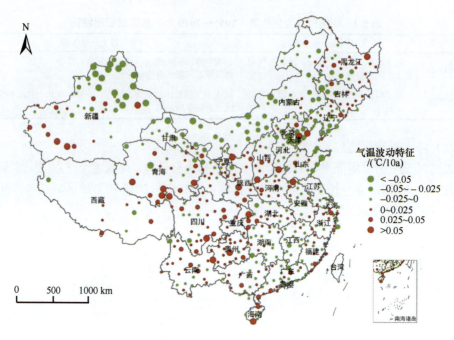

图 5.22   中国气温波动特征值分布（1961～2010 年）

表 5.5   中国气温波动特征（1961～2010 年）的区域规律特征

区域特征	东部、东北地区气温波动特征交替出现	西南、青藏高原地区气温波动增强	内蒙古、西北地区气温波动减弱
局地特征	小兴安岭、三江平原、长白山中北部（黑龙江、吉林东部）地区气温波动增强；环渤海地区气温波动减弱	西南中高山地、江河上游高山谷地气温波动增强幅度最大	北疆地区气温波动减弱幅度最大；南疆地区（塔里木盆地）气温波动特征相对交替出现

（4）降水量波动特征。

通过对 537 个可用降水量测站年降水量序列进行计算，得到各个站点的降水量波动特征值（图 5.23）。并分析中国降水量波动特征（1961～2010 年）的区域规律特征（表 5.6，区划特征值见表 5.7）。

表 5.6   中国降水量波动特征（1961～2010 年）的区域规律特征

区域特征	南方、云贵高原降水量波动增强	华北、山东半岛、西北地区降水量增强与减弱交替出现，且以波动减弱突出	东北地区、东南沿海降水量波动增强与减弱交替出现
局地特征	长江中下游平原降水量波动增强幅度最大，云南、贵州、广西大部地区降水量波动明显增强	北京、天津降水量波动增强突出，山东、河北南部降水量以波动减弱突出，陕西、甘肃、宁夏、新疆降水量波动交替出现	大兴安岭降水量波动明显增强，三江平原降水量波动减弱，浙江沿海降水量波动明显减弱，福建和广东沿海降水量波动相对交替出现

2）气候变化区划方案

（1）一级区划及特征。

利用气温变化趋势值计算结果（图 5.20）和降水量变化趋势值计算结果（图 5.21）为主要指标进行中国气候变化区划（1961～2010 年）的一级区划。本区划以中国县级行政单元为基本单元，在区划时取中国地形数据为辅助参考指标，一级区划将中国分为 5 个变化趋势带，即东北-华北暖干趋势带、华东-华中湿暖趋势带、西南-华南干暖趋势带、

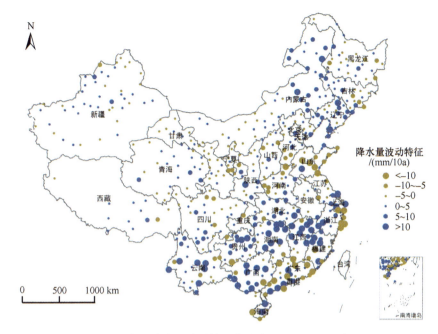

图 5.23　中国降水量波动特征值分布（1961～2010 年）

图 5.24　中国气候变化一级区划（1961～2010 年）

藏东南-西南湿暖趋势带以及西北-青藏高原暖湿趋势带（图 5.24），并根据指标分类统计各个气候变化趋势带的特征值（表 5.7）。

（2）二级区划及特征。

以中国县级行政单元为基本单元，以中国地形为辅助参考指标，在一级区划的基础上，利用气温波动特征值计算结果（图 5.22）和降水量波动特征值计算结果（图 5.23）

表 5.7 中国气候变化区划（1961～2010 年）一级区划特征值统计表

变化趋势带		面积总计/万 km²	气温特征值						降水量特征值								
			气温测站总数/个	平均气温/℃	气温上升趋势站点比例/%	平均气温上升速率/(℃/10 a)	气温下降趋势站点比例/%	平均气温下降速率/(℃/10 a)	平均气温变化趋势值/(℃/10 a)	气温变化趋势类型	降水量测站总数/个	平均降水量/mm	降水量上升趋势站点比例/%	平均降水量上升速率/(mm/10 a)	降水量下降趋势站点比例/%	平均降水量下降速率/(mm/10 a)	平均降水量变化趋势值/(mm/10 a)	降水量变化趋势类型
I	东北-华北暖干趋势带	217.1	176	6.7	99	0.41	1	-0.01	0.41	上升	179	515.1	18	6.11	82	-13.68	-10.04	下降
II	华东-华中湿暖趋势带	132.5	134	18.0	100	0.25	0	0.00	0.25	上升	127	1433.5	83	26.42	17	-10.30	20.15	上升
III	西南-华南干暖趋势带	131.7	90	16.0	96	0.19	4	-0.11	0.17	上升	95	1165.3	15	5.13	85	-20.81	-16.99	下降
IV	藏东南-西南湿暖趋势带	79.7	31	10.2	100	0.23	0	0.00	0.23	上升	34	844.4	88	14.01	12	-3.98	11.90	上升
V	西北-青藏高原暖湿趋势带	354.1	102	5.6	99	0.39	1	-0.06	0.38	上升	102	192.2	90	7.75	10	-2.31	6.76	上升

为主要指标，进行中国气候变化区划（1961～2010 年）的二级区划，将中国分为 14 个波动特征区，并根据二级区划指标分类统计各个波动特征区的特征（表 5.8）。将一级区划与二级区划相结合，并根据各个区域的地貌特征进行命名，完成中国气候变化区划（1961～2010 年）（图 5.25，表 5.9）。

变化趋势带		波动特征区
I	东北-华北暖干趋势带	I1 小兴安岭-长白山-三江平原气温波动增强、降水量波动减弱区
		I2 大兴安岭-辽西山地-科尔沁沙地气温波动减弱、降水量波动增强区
		I3 华北山地-平原-山东半岛气温波动减弱、降水量波动减弱区
		I4 黄土高原-汾河谷地气温波动增强、降水量波动减弱区
II	华东-华中湿暖趋势带	II1 淮河流域-长江下游平原气温波动减弱、降水量波动增强区
		II2 长江下游沿江平原-浙江-赣北-湘东降水量波动增强、气温波动减弱区
		II3 南岭东部丘陵山地气温波动减弱、降水量波动减弱区
III	西南-华南干暖趋势带	III1 秦岭西部山地-四川盆地气温波动增强、降水量波动减弱区
		III2 秦岭东部-鄂西山地气温波动增强、降水量波动减弱区
		III3 云贵高原-南岭西部山地丘陵降水量波动增强、气温波动增强区
IV	藏东南-西南湿暖趋势带	IV1 藏东南山地-高原降水量波动增强、气温波动增强区
		IV2 横断山区山地岭谷降水量波动增强、气温波动增强区
V	西北-青藏高原暖湿趋势带	V1 新疆山地-祁连山-内蒙古高原气温波动减弱、降水量波动增强区
		V2 青藏高原气温波动增强、降水量波动增强区

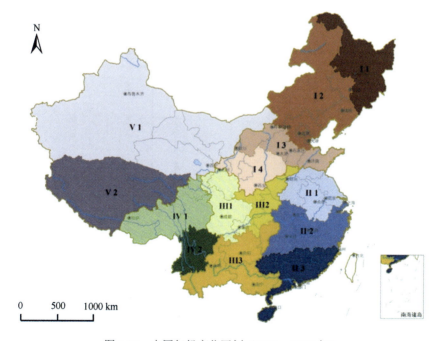

图 5.25　中国气候变化区划（1961～2010 年）

3. 全球气候变化区划

研究中使用的气温历史观测资料为英国东英吉利大学气候研究中心（CRU）公布的 1901～2013 年全球地表逐月气温和降水量资料集（version 3.22），以及德国气象局全球降水气候中心（GPCC）公布的 1901～2010 年全球地表逐月降水量观测资料集（version 6）。

表 5.8 中国气候变化区别（1961～2010 年）二级区划统计表

变化趋势带	波动特征区	面积总计/万 km²	气温特征值							降水量特征值							
			气温测站总数/个	平均气温波动值/℃	气温波动增强站点比例/%	平均气温波动增强速率/(℃/10 a)	气温波动减弱站点比例/%	平均气温波动减弱速率/(℃/10 a)	气温波动特征类型	降水测站总数/个	平均降水量波动值/mm	降水量波动增强站点比例/%	平均降水量波动增强速率/(mm/10 a)	降水量波动减弱站点比例/%	平均降水量波动减弱速率/(mm/10 a)	平均降水量波动特征值/(mm/10 a)	降水量波动特征类型
I 东北-华北暖干趋势带	I 1 小兴安岭-长白山-三江平原 气温波动增强、降水量波动减弱区	52.9	38	1.876	71	0.014	29	-0.016	0.006	增强	39	394.4	41	3.730	59	-3.91	-0.78	减弱
	I 2 大兴安岭-辽西山地-科尔沁沙地 气温波动减弱、降水量波动增强区	97.2	82	2.096	20	0.030	80	-0.025	-0.015	减弱	82	394.7	80	4.755	20	-1.18	3.60	增强
	I 3 华北山地-平原-山东半岛 气温波动减弱、降水量波动减弱区	35.8	29	2.453	17	0.057	83	-0.021	-0.007	减弱	30	463.3	27	1.980	73	-5.68	-3.64	减弱
	I 4 黄土高原-汾河谷地 气温波动增强、降水量波动减弱区	31.2	27	2.247	81	0.024	19	-0.021	0.016	增强	28	326.9	43	4.395	57	-2.76	0.30	减弱
II 华东-华中湿暖趋势带	II 1 淮河流域-长江下游平原 气温波动减弱、降水量波动增强区	36.5	34	2.316	35	0.015	65	-0.012	-0.002	减弱	25	697.2	60	5.508	40	-4.85	1.37	增强
	II 2 长江下游沿江平原-浙江-赣北-湘东 降水量波动增强、气温波动减弱区	51.0	52	2.064	46	0.009	54	-0.011	-0.002	减弱	52	913.7	79	14.258	21	-10.48	9.03	增强
	II 3 南岭东部丘陵山地 气温波动减弱、降水量波动减弱区	45.0	48	1.696	40	0.019	60	-0.011	0.001	减弱	46	1047.1	43	8.413	57	-7.21	-0.41	减弱

变化趋势带	波动特征区	面积总计/万 km²	气温特征值								降水量特征值							
			气温测站总数/个	平均气温波动值/℃	气温波动增强站点比例/%	平均气温波动增强速率/(℃/10 a)	气温波动减弱站点比例/%	平均气温波动减弱速率/(℃/10 a)	平均气温波动特征值/(℃/10 a)	气温波动特征类型	降水量测站总数/个	平均降水量波动值/mm	降水量波动增强站点比例/%	平均降水量波动增强速率/(mm/10 a)	降水量波动减弱站点比例/%	平均降水量波动减弱速率/(mm/10 a)	平均降水量波动特征值/(mm/10 a)	降水量波动特征类型
Ⅲ 西南华南干暖趋势带	Ⅲ1 秦岭西部山地-四川盆地 气温波动增强、降水量波动减弱区	40.2	21	2.150	95	0.018	5	-0.021	0.016	增强	24	479.4	38	2.698	63	-4.14	-1.58	减弱
	Ⅲ2 秦岭东部-鄂西山地 气温波动增强、降水量波动减弱区	24.5	16	2.304	63	0.045	38	-0.010	0.024	增强	17	541.9	47	4.871	53	-6.93	-1.38	减弱
	Ⅲ3 云贵高原-南岭西部山地丘陵 降水量波动增强、气温波动增强区	67.1	53	1.559	62	0.016	38	-0.012	0.006	增强	54	742.3	69	7.308	31	-6.07	3.10	增强
Ⅳ 藏东南-西南湿暖趋势带	Ⅳ1 藏东南山地-高原 降水量波动增强、气温波动增强区	54.4	12	1.697	50	0.035	50	-0.016	0.010	增强	15	311.7	53	3.481	47	-2.48	0.70	增强
	Ⅳ2 横断山区山地岭谷 降水量波动增强、气温波动增强区	25.3	19	1.779	79	0.017	21	-0.023	0.008	增强	19	526.9	84	6.951	16	-5.42	5.00	增强
Ⅴ 西北-青藏高原暖湿趋势带	Ⅴ1 新疆山地-内蒙古高原 气温波动减弱、降水量波动增强区	242.4	89	2.340	27	0.030	73	-0.039	-0.021	减弱	89	129.9	52	1.865	48	-1.66	0.16	增强
	Ⅴ2 青藏高原 气温波动增强、降水量波动增强区	111.7	13	2.233	85	0.031	15	-0.027	0.022	增强	13	229.2	62	3.367	38	-1.63	1.44	增强

表 5.9　中国气候变化区划（1961～2010 年）各区特征

变化趋势带	波动特征区	区 域 特 征
I 东北-华北暖干趋势带	I1 小兴安岭-长白山-三江平原气温波动增强、降水量波动减弱区	包括黑龙江全域以及吉林东部区域，总面积 52.9 万 km²，总人口 5025 万人，县级行政单元总计 110 个，地貌特征以低山、丘陵、平原为主，植被主要为温带针阔叶混交林，水系密度中等，气候呈暖干趋势
	I2 大兴安岭-辽西山地-科尔沁沙地气温波动减弱、降水量波动增强区	包括内蒙古东部、吉林西部，总面积 97.2 万 km²，县级行政单元总计 226 个，总人口 12434 万人，地貌类型以中低山、平原为主，植被主要为温带草原-暖温带北部落叶栎林，水系密度低，其中气温波动增强尤为显著，水量波动减弱幅度较大
	I3 华北山地-平原-山东半岛气温波动减弱、降水量波动减弱区	包括内蒙古南部分、山西北部、河北南部及山东大部分地区，总面积 35.8 万 km²，总人口 11929 万人，县级行政单元总计 224 个，地貌特征为高原、中低山、盆地与平原交错，植被主要为温带草原-暖温带落叶阔叶林，水系密度较低，气候呈暖干趋势
	I4 黄土高原-汾河谷地气温波动增强、降水量波动减弱区	包括宁夏和陕西大部分地区，以及山西南部地区，总面积 31.2 万 km²，总人口 5965 万人，县级行政单元总计 170 个，地貌特征以黄土高原、低山丘陵为主，植被主要为温带典型草原和山地落叶阔叶林，水系密度较低，气候呈暖干趋势
II 华东-华中湿润暖湿趋势带	II1 淮河流域-长江下游平原气温波动增强、降水量波动增强区	包括山东南部、河南东部，以及安徽、江苏全域，总面积 36.5 万 km²，总人口 22619 万人，县级行政单元总计 257 个，地貌特征以低平原为主，植被主要为暖温带常绿、落叶阔叶混交林，水系密度高，气候呈湿暖趋势
	II2 长江下游沿江平原-浙江-赣北湘东降水量波动增强、气温波动减弱区	包括湖北东部、湖南东部，江西北部，浙江全域以及福建北部地区，总面积 51 万 km²，总人口 19148 万人，县级行政单元总计 284 个，地貌特征以低平原和起伏山地、丘陵为主，植被主要为亚热带常绿、落叶阔叶混交林，水系密度较高，气候呈湿暖趋势，降水量波动增强
	II3 南岭东部丘陵山地气温波动增强、降水量波动减弱区	包括广西东北部、湖南南部、江西南部、福建南部，以及广东、海南全域，总面积 45 万 km²，总人口 12744 万人，县级行政单元总计 223 个，地貌特征为中低山丘陵、三角洲平原，植被主要为亚热带常绿阔叶林，水系密度高，气候呈湿暖趋势，气温波动减弱降水量波动减弱
III 西南-华南干暖趋势带	III1 秦岭西部山地-四川盆地气温波动增强、降水量波动减弱区	包括甘肃南部、四川东部及重庆部分区域，总面积 40.2 万 km²，总人口 12408 万人，县级行政单元总计 182 个，地貌特征为大起伏高山谷地、低盆地，植被主要为亚热带常绿阔叶林，水系密度较低，气候呈干暖趋势
	III2 秦岭东部-鄂西山地气温波动增强、降水量波动减弱区	包括陕西南部、河南西部、湖北西部及重庆东部部分区域，总面积 24.5 万 km²，总人口 6352 万人，县级行政单元总计 120 个，地貌特征以大起伏中山为主，植被主要为落叶栎林-落叶阔叶混交林，水系密度中，气候呈干暖趋势，气温波动较降水量波动增强明显
	III3 云贵高原-南岭西部山地丘陵降水量波动增强、气温波动增强区	包括云南东部、贵州全域、湖南西南部及广西西部部分地区，总面积 67.1 万 km²，总人口 11446 万人，县级行政单元总计 247 个，地貌特征中，中山与盆地交错，植被主要为亚热带常绿阔叶林，水系密度中，气候呈干暖趋势，降水量波动增强较气温波动增强明显

续表

变化趋势带	波动特征区	区　域　特　征
IV 藏东南-西南温暖湿润趋势带	IV1 藏东南山地-高原降水量波动增强、气温波动增强区	包括西藏东南部、青海东南部分区域及四川西部地区，总面积54.4万km²，总人口292万人，县级行政单元总计65个，地貌特征以极大、大起伏高山为主，植被主要为高原山地寒温性、温性针叶林与常绿阔叶林，水系密度较低，气候呈暖湿趋势，气温波动增强较弱降水量波动增强明显
	IV2 横断山区山地岭谷降水量波动增强、气温波动增强区	包括云南西北部及四川西南部分区，总面积25.3万km²，总人口1751万人，县级行政单元总计71个，地貌特征以大起伏高山、峡谷为主，植被主要为亚热带西部半湿润常绿阔叶林，水系密度中，气候呈暖湿趋势，降水量波动增强较气温波动增强明显
V 西北-青藏高原暖湿趋势带	V1 新疆山地-祁连山-内蒙古高原气温波动减弱、降水量波动增强区	包括新疆全境、甘肃北部、青海北部以及内蒙古西部，总面积242.4万km²，总人口3050万人，县级行政单元总计147个，地貌特征以中山、高山、盆地交错，平原、植被主要为温带荒漠与山地草原，暖温带水系密度很低，气候呈暖湿趋势，气温波动减弱降水量波动增强明显
	V2 青藏高原气温波动增强、降水量波动增强区	包括西藏西北部及青海西南部地区，总面积111.7万km²，总人口146万人，县级行政单元总计45个，地貌特征以青藏高原、草原、高山为主，植被类型为高原高寒草甸、草原，水系密度较低，气候呈暖湿趋势，气温波动增强较弱降水量波动增强明显

1）世界温度年代际变化趋势

采用1961～2010年气温历史观测资料集诊断世界气温的年代际变化趋势（图5.26），并分类统计气温年代际变化趋势的置信度检验结果（表 5.10）。结合世界地形地貌特征分析世界气温年代际变化趋势的区域分异规律。

表5.10 世界气温年代际变化趋势（1961～2010年）置信度检验结果

指标及分类		置信度			
		0～100%	66%～100% （可能）	90%～100% （很可能）	99%～100% （几乎确定）
气温年代际 变化趋势	上升	97	96	95	93
	下降	3	2	2	1
	不显著		2	3	6

注：表格中的统计量为百分比形式，即通过置信度检验的格点占总格点数量的百分比。

在世界尺度上，1961～2010 年全球陆地（除南极洲外）气温呈上升趋势，平均变化趋势值 0.22℃/10a，增温面积占世界面积 97.1%，降温面积仅占 2.9%，主要分布于南美洲西部和澳大利亚西北部地区。在国家尺度上，世界上 99%的国家和地区呈增温趋势，苏丹（0.49℃/10a）、乌干达（0.40℃/10a）和突尼斯（0.40℃/10a）的增温速率列前三位；世界上只有玻利维亚（–0.10℃/10a）和巴拉圭（–0.08℃/10a）两个国家的气温呈下降趋势。在世界行政单元尺度上，99%的世界行政单元呈增温趋势，加拿大育空地区（0.53℃/10a）、苏丹（0.49℃/10a）和加拿大西北地区（0.48℃/10a）的增温速率列前三位；1%的世界行政单元呈降温趋势，玻利维亚（–0.10℃/10a）、巴西朗多尼亚州（–0.08℃/10a）和巴拉圭（–0.08℃/10a）的降温速率列前三位。

2）世界降水量年代际变化趋势

采用1961～2010年降水量历史观测资料诊断世界降水量的年代际变化趋势（图5.27），并分类统计降水量年代际变化趋势的置信度检验结果（表 5.11），结合世界地形地貌特征分析世界降水量年代际变化趋势的区域分异规律（表 5.12）。

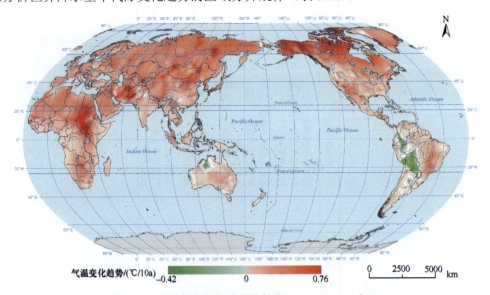

图 5.26　世界气温年代际变化趋势（1961～2010 年）

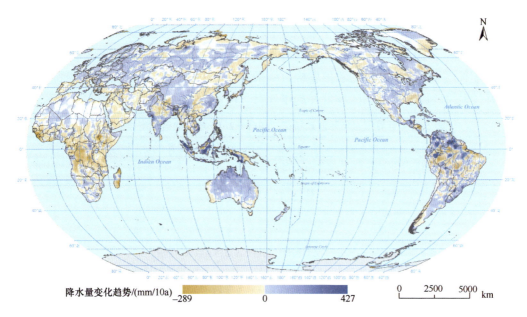

降水量变化趋势/(mm/10a) −289   0   427   0 2500 5000 km

图 5.27　世界降水量年代际变化趋势（1961～2010 年）

表 5.11　世界降水量年代际变化趋势（1961～2010 年）置信度检验结果

指标及分类		置信度			
		0～100%	66%～100%（可能）	90%～100%（很可能）	99%～100%（几乎确定）
降水量年代际变化趋势	上升	56	42	33	22
	下降	44	32	24	15
	不显著		26	43	63

注：表格中的统计量为百分比形式，即通过置信度检验的格点占总格点数量的百分比。

表 5.12　世界降水量年代际变化趋势（1961～2010 年）的区域分异规律

尺度	区域分异规律	
世界尺度	欧洲、亚洲、大洋洲、北美洲以及南美洲西部地区以降水量上升为主	非洲、西亚、南美洲东部地区以降水量下降为主
区域尺度	大巽他群岛、圭亚那高原降水量上升速率最高	上几内亚高原、刚果盆地、马达加斯加岛降水量下降速率最高
局地尺度	南非、博茨瓦纳、纳米比亚、毛里塔尼亚、阿尔及利亚、突尼斯等地降水量呈上升趋势	蒙古国、中国中部地区、缅甸、泰国、美国阿拉斯加、加拿大西部地区、格陵兰岛、智利等地降水量呈下降趋势

在世界尺度上，1961～2010 年全球陆地（除南极洲外）降水量整体呈上升趋势，平均变化趋势值 1.9mm/10a，降水量上升面积占世界面积 55.8%，降水量下降面积占世界面积 44.2%，表现出明显的区域分异规律。在国家尺度上，49% 的国家和地区呈降水量上升趋势，文莱（77.7mm/10a）、圭亚那（75.9mm/10a）和牙买加（60.6mm/10a）的降水量上升速率列前三位；51% 的国家和地区呈降水量下降趋势，塞拉利昂（−180.6mm/10a）、几内亚（−78.8mm/10a）和利比亚（−68.4mm/10a）的降水量下降速率列前三位。在世界行政单元尺度上，58% 的世界行政单元呈降水量上升趋势，42% 的世界行政单元呈降水量下降趋势，降水量上升速率和下降速率前三位的世界行政单元与国家尺度分析结果一致。

3）世界气温年际波动特征

采用 1961～2010 年气温历史观测资料诊断世界气温的年际波动特征（图 5.28），并分类统计气温年际波动特征的置信度检验结果（表 5.13），结合世界地形地貌特征分析了世界气温年际波动特征的区域分异规律（表 5.14）。

表 5.13　世界气温年际波动特征（1961～2010 年）的置信度检验结果

指标及分类		置信度			
		0～100%	66%～100%（可能）	90%～100%（很可能）	99%～100%（几乎确定）
气温年际波动特征	增强	42	33	26	19
	减弱	58	50	44	35
	不显著		17	30	46

注：表格中的统计量为百分比形式，即通过置信度检验的格点占总格点数量的百分比。

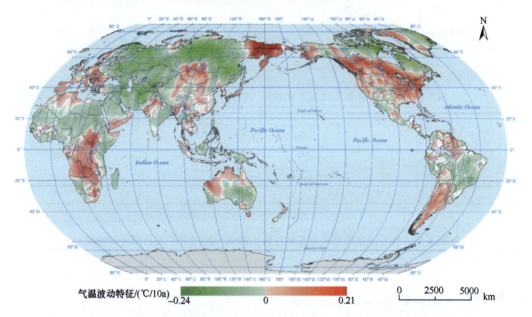

气温波动特征/(℃/10a)　　-0.24　　　0　　　0.21　　　0　2500　5000 km

图 5.28　世界气温年际波动特征（1961～2010 年）

表 5.14　世界气温年际波动特征（1961～2010 年）的区域分异规律

尺度	区域分异规律	
世界尺度	非洲南部、西欧、北美洲和南美洲西部地区以气温年际波动增强为主	非洲北部、东欧、亚洲、大洋洲和南美洲东部地区以气温年际波动减弱为主
区域尺度	北美洲大平原地区气温波动增强速率最高	东欧平原、西西伯利亚平原、哈萨克丘陵、图兰低地气温波动减弱速率最高
局地尺度	马达加斯加、加拿大北部、格陵兰、秘鲁等地气温波动呈减弱趋势	蒙古、中国南部、中南半岛、澳大利亚西部等地气温波动呈增强趋势

在世界尺度上，1961～2010 年全球陆地（除南极洲外）气温年际波动整体呈减弱趋势，平均波动特征值–0.01℃/10a，波动增强面积占国家总面积 41.8%，波动减弱面积占国家总面积 58.2%，且区域分异规律显著。在国家尺度上，43%的国家和地区呈气温波动

增强趋势，赞比亚（0.06℃/10a）、克罗地亚（0.06℃mm/10a）和波黑（0.06℃/10a）的气温波动增强速率列前三位；57%的国家和地区呈气温波动减弱趋势，土库曼斯坦（−0.13℃/10a）、亚美尼亚（−0.13℃/10a）和塔吉克斯坦（−0.11℃/10a）的气温波动减弱速率列前三位。在世界行政单元尺度上，42%的世界行政单元呈气温波动增强趋势，俄罗斯马加丹州（0.13℃/10a）、俄罗斯楚科奇自治区（0.11℃mm/10a）和美国新泽西州（0.10℃/10a）的气温波动增强速率列前三位，58%的省级行政单元呈气温波动减弱趋势，俄罗斯埃文基自治区（−0.20℃/10a）、俄罗斯库尔斯克州（−0.18℃/10a）和俄罗斯奥廖尔州（−0.18℃/10a）的气温波动减弱速率列前三位。

4）世界降水量年际波动特征

采用1961~2010年降水量历史观测资料诊断世界降水量的年际波动特征（图5.29），并分类统计降水量年际波动特征的置信度检验结果（表 5.15），结合世界地形地貌特征分析了世界降水量年际波动特征的区域分异规律。

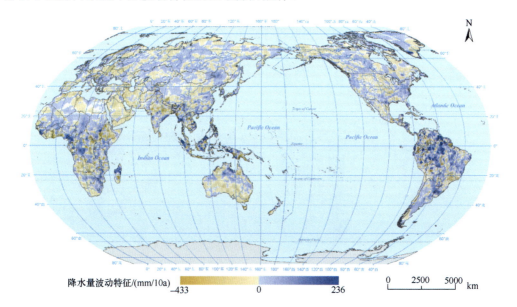

图 5.29　世界降水量年际波动特征（1961~2010 年）

表 5.15　世界降水量年际波动特征（1961~2010 年）置信度检验结果

指标及分类		置信度			
		0~100%	66%~100%（可能）	90%~100%（很可能）	99%~100%（几乎确定）
降水量年际波动特征	增强	54	45	38	29
	减弱	46	37	31	23
	不显著		18	31	48

注：表格中的统计量为百分比形式，即通过置信度检验的格点占总格点数量的百分比。

在世界尺度上，1961~2010 年全球陆地（除南极洲外）降水量年际波动整体呈增强趋势，平均波动特征值 1.9mm/10a，波动增强面积占国家总面积 53.9%，波动减弱面积占国家总面积 46.1%。在国家尺度上，58%的国家和地区呈降水量波动增强趋势，塞拉利昂

（59.4mm/10a）、斐济（50.7mm/10a）和圭亚那（49.7mm/10a）的降水量波动增强速率列前三位；42%的国家和地区呈降水量波动减弱趋势，科摩罗岛（–127.2mm/10a）、巴布亚新几内亚（–30.8mm/10a）和不丹（–30.8mm/10a）的降水量波动减弱速率列前三位。在世界行政单元尺度上，57%的世界行政单元呈降水量波动增强趋势，降水量波动增强速率列前三位的世界行政单元与国家尺度分析结果一致；43%的世界行政单元呈降水量波动减弱趋势，科摩罗岛（–127.2mm/10a）、巴西阿马帕州（–53.1mm/10a）和中国海南省（–32.3mm/10a）的降水量波动减弱速率列前三位。

5）世界气候变化一级区划

利用 1961～2010 年气温年代际变化趋势和降水量年代际变化趋势的诊断结果，将世界划分为快速变暖/变湿、快速变暖/变干、缓慢变暖/变湿、缓慢变暖/变干、变冷/变湿、变冷/变干共 6 个气候变化类型（图 5.30），其中快速变暖/变湿类型区占世界面积 36.8%，快速变暖/变干类型区占世界面积 27.6%，缓慢变暖/变湿类型区占世界面积 17.6%，缓慢变暖/变干类型区占世界面积 15.1%，变冷/变湿类型区占世界面积 1.4%，变冷/变干类型区占世界面积 1.5%。在世界行政单元尺度上统计了世界气候变化一级分类结果（图 5.30），并依据气候变化区划的基本原则、指标体系和区划方法，完成了世界气候变化的一级区划（图 5.30），一级区划特征值见表 5.16。

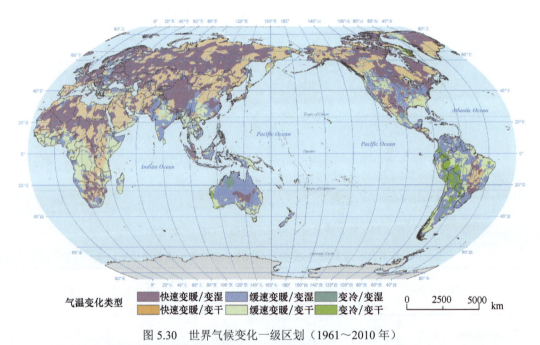

图 5.30　世界气候变化一级区划（1961～2010 年）

6）世界气候变化二级区划

采用1961～2010 年CRU气温年际波动特征和GPCC降水量年际波动特征的诊断结果，将世界划分为气温波动增强/降水波动增强、气温波动增强/降水波动减弱、气温波动减弱/降水波动增强、气温波动减弱/降水波动减弱共4个气候变化类型［图 5.31（a）］，其中气温波动增强/降水波动增强类型区占世界面积 22.6%，气温波动增强/降水波动减弱类型区占世

表5.16 世界气候变化一级区划（1961～2010年）特征值

变化趋势带	面积总计/万km²	气温特征值							平均降水量/mm	降水量特征值					
		平均气温/℃	气温上升面积比例/%	平均气温上升速率/(℃/10a)	气温下降面积比例/%	平均气温下降速率/(℃/10a)	变化趋势值/(℃/10a)	气温变化趋势类型		降水量上升面积比例/%	平均降水量上升速率/(mm/10a)	降水量下降面积比例/%	平均降水量下降速率/(mm/10a)	变化趋势值/(mm/10a)	降水量变化类型
I 欧洲-北亚 快速变暖/变湿趋势带	2727	-1.6	100	0.34	0	-0.02	0.34	快速上升	447.4	70	9.6	30	-8.2	4.2	上升
II 非洲北部-西亚 快速变暖/变干趋势带	2008	22.2	100	0.31	0	-0.04	0.31	快速上升	271.1	42	4.3	58	-10.0	-4.0	下降
III 非洲南部 缓慢变暖/变干趋势带	1292	23.3	100	0.20	0	-	0.20	缓慢上升	1046.6	31	10.8	69	-28.2	-16.3	下降
IV 南亚-中亚 缓慢变暖/变湿趋势带	558	15.0	100	0.22	0	-0.04	0.22	缓慢上升	840.5	70	20.4	30	-20.6	8.1	上升
V 东北亚-东亚 快速变暖/变干趋势带	1182	2.5	100	0.30	0	-0.01	0.30	快速上升	647.1	34	8.6	66	-13.3	-5.9	下降
VI 东亚-东南亚-大洋洲 缓慢变暖/变湿趋势带	1127	21.6	94	0.15	6	-0.05	0.14	缓慢上升	1138.5	76	30.9	24	-20.8	18.6	上升
VII 北美洲西部 快速变暖/变干趋势带	679	0.8	99	0.35	1	-0.06	0.34	快速上升	546.5	43	9.5	57	-9.5	-1.3	下降
VIII 北美洲北部 快速变暖/变湿趋势带	1306	-11.2	98	0.37	2	-0.14	0.36	快速上升	383.1	62	9.5	38	-10.0	2.0	上升
IX 北美洲南部-南美洲北部 缓慢变暖/变湿趋势带	997	17.2	96	0.19	4	-0.06	0.18	缓慢上升	1251.5	72	25.4	28	-19.8	12.6	上升
X 南美洲西部 变冷/变湿趋势带	305	17.6	45	0.08	55	-0.10	-0.02	下降	1264.5	52	31.0	48	-28.6	2.4	上升
XI 南美洲东部 缓慢变暖/变干趋势带	569	26.0	89	0.17	11	-0.05	0.14	缓慢上升	1819.5	35	27.3	65	-36.4	-14.4	下降
XII 南美洲南部 缓慢变暖/变湿趋势带	408	16.5	89	0.13	11	-0.05	0.11	缓慢上升	907.3	70	18.5	30	-11.9	9.3	上升

界面积 19.0%，气温波动减弱/降水波动增强类型区占世界面积 31.2%，气温波动减弱/降水波动减弱类型区占世界面积 27.1%。在世界行政单元尺度上统计了世界气候变化二级分类结果，并依据气候变化区划的基本原则、指标体系和区划方法，在一级区划基础上完成了世界气候变化的二级区划［图 5.31（b）］，二级区划特征值见表 5.17。

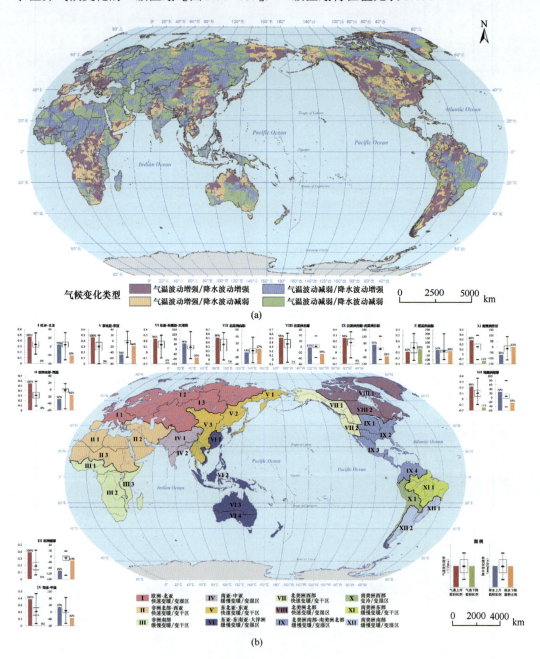

图 5.31 世界气候变化二级区划（1961～2010 年）

4. 气候变化区划小结

近 50 年（1961～2010 年）中国气温的年代际变化趋势整体上呈上升趋势，存在明显的南-北分异格局,即北方地区气温上升速率较快,而南方地区气温上升速率较慢;近 50 年中国降水量的年代际变化趋势整体上呈上升趋势,存在明显的东-中-西分异格局,即东部地区降水量快速上升,中部地区降水量快速下降,西部地区降水量缓慢上升;近 50 年中国气温的年际波动整体上呈减弱趋势,其中东北、华北、西北和西藏地区以气温波动减弱为主,而南方大部分地区以气温波动增强为主;近 50 年中国降水量的年际波动整体上呈增强趋势,其中东北、华东、华中、华南和新疆地区以降水量波动增强为主,华北、西北(除新疆外)和西南地区以降水量波动减弱为主。

在近 50 年中国气候变化一级区划研究中,中国快速变暖/变湿类型区占全国面积29.3%,快速变暖/变干类型区占全国面积 19.4%,缓慢变暖/变湿类型区占全国面积32.3%,缓慢变暖/变干类型区占全国面积18.9%,变冷/变干类型区占全国面积0.1%;在二级区划研究中,中国气温波动增强/降水波动增强类型区占全国面积21.5%,气温波动增强/降水波动减弱类型区占全国面积 16.8%,气温波动减弱/降水波动增强类型区占全国面积33.5%,气温波动减弱/降水波动减弱类型区占全国面积28.2%。

基于气候变化区划的基本原则、指标体系和区划方法,将中国气候变化(1961~2010年)划分为 5 个变化趋势带和 14 个波动特征区。

近百年(1901~2010 年)世界气温的年代际变化趋势整体上呈上升趋势,存在明显的纬度地带性,即北半球中高纬度地区气温上升速率较高,北半球低纬度地区和南半球气温上升速率较低,此外北美洲南部和南美洲西部地区气温呈下降趋势,全球陆地(除南极洲外)气温下降面积占总面积的 4%;近百年世界降水量的年代际变化趋势整体上呈上升趋势,其中欧洲(除地中海地区外)、北亚、中亚、南亚、大洋洲、北美洲以及南美洲地区以降水量上升为主,地中海欧洲、非洲、西亚、东亚以及东南亚地区以降水量下降为主;近百年世界气温的年际波动整体上呈增强趋势,其中非洲(除西非外)、欧洲(除北欧外)、亚洲、北美洲北部以及南美洲地区以气温年际波动增强为主,西非、北欧、大洋洲以及北美洲南部地区以气温年际波动减弱为主;近百年世界降水量的年际波动整体上呈减弱趋势,其中非洲北部、东欧、西亚、中亚、东亚、北美洲以及南美洲东部以降水量波动减弱为主,非洲南部、西欧、南亚、东南亚、大洋洲以及南美洲西部以降水量波动增强为主。

在近百年世界气候变化一级区划研究中,快速变暖/变湿类型区占世界面积42.0%,快速变暖/变干类型区占世界面积 19.3%,缓慢变暖/变湿类型区占世界面积 19.4%,缓慢变暖/变干类型区占世界面积 15.3%,变冷/变湿类型区占世界面积2.6%,变冷/变干类型区占世界面积 1.4%;在二级区划研究中,气温波动增强/降水波动增强类型区占世界面积31.5%,气温波动增强/降水波动减弱类型区占世界面积43.8%,气温波动减弱/降水波动增强类型区占世界面积12.7%,气温波动减弱/降水波动减弱类型区占世界面积12.0%。

基于气候变化区划的基本原则、指标体系和区划方法,本书将世界气候变化(1901~2010 年)划分为 12 个变化趋势带和 28 个波动特征区。

表 5.17 世界气候变化二级区划（1961～2010 年）特征值

波动特征区	面积总计/万 km²	气温特征值							降水量特征值						
		平均气温波动值/℃	气温波动增强面积比例/%	平均气温增强速率/(℃/10a)	气温波动减弱面积比例/%	平均气温波动减弱速率/(℃/10a)	气温波动特征值/(℃/10a)	气温波动特征类型	平均降水量波动值/mm	降水量波动增强面积比例/%	平均降水量增强速率/(mm/10a)	降水量波动减弱面积比例/%	平均降水量波动减弱速率/(mm/10a)	降水量波动特征值/(mm/10a)	降水量波动特征类型
I₁ 冰岛-大不列颠岛-西欧平原-多瑙河中游平原-亚平宁半岛 气温波动增强/降水波动增强区	274.9	0.498	72	0.03	28	-0.02	0.01	增强	119.1	67	12.1	33	-7.9	5.4	增强
I₂ 斯堪的纳维亚半岛-东欧平原-北大西洋沿岸高原 气温波动减弱/降水波动减弱区	1409.6	0.932	13	0.03	87	-0.09	-0.07	减弱	65.7	42	5.3	58	-7.1	-1.9	减弱
I₃ 哈萨克斯坦丘陵-西西伯利亚平原-中西伯利亚高原 气温波动减弱/降水波动增强区	1042.6	0.841	18	0.06	82	-0.10	-0.07	减弱	55.4	61	4.0	39	-3.2	1.2	增强
II₁ 塔代迈特高原-伊比利亚半岛 气温波动增强/降水波动减弱区	317.3	0.340	60	0.02	40	-0.01	0.01	增强	62.2	48	4.9	52	-7.6	-1.6	减弱

波动特征区	面积总计/万km²	气温特征值							降水量特征值						
		平均气温波动值/℃	气温波动增强面积比例/%	平均气温增强速率/(℃/10a)	气温波动减弱面积比例/%	平均气温波动减弱速率/(℃/10a)	气温波动特征值/(℃/10a)	气温波动特征类型	平均降水量波动值/mm	降水量波动增强面积比例/%	平均降水量波动增强速率/(mm/10a)	降水量波动减弱面积比例/%	平均降水量波动减弱速率/(mm/10a)	降水量波动特征值/(mm/10a)	降水量波动特征类型
II₂ 巴尔干半岛-利比亚沙漠-阿拉伯半岛-亚美尼亚高原-伊朗高原气温波动减弱/降水波动减弱区	933.1	0.426	19	0.02	81	-0.06	-0.04	减弱	53.2	30	4.2	70	-6.0	-2.9	减弱
II₃ 阿德拉尔高原-苏丹草原-尼罗河上游盆地-埃塞俄比亚高原气温波动减弱/降水波动增强区	757.9	0.357	18	0.04	82	-0.04	-0.02	减弱	69.4	68	8.8	32	-10.8	2.4	增强
上几内亚高原-阿赞德高原 III₁ 气温波动减弱/降水波动增强区	285.2	0.273	15	0.01	85	-0.02	-0.01	减弱	155.3	62	18.5	38	-15.7	5.6	增强
下几内亚高原-刚果盆地-加丹加高原-卡拉哈迪盆地气温波动增强/降水波动增强区 III₂	712.2	0.274	83	0.04	17	-0.02	0.03	增强	143.1	50	14.5	50	-12.8	0.9	增强

波动特征区	面积总计/万km²	气温特征值							降水量特征值						
		平均气温波动值/℃	气温波动增强面积比例/%	平均气温波动增强速率/(℃/10a)	气温波动减弱面积比例/%	平均气温波动减弱速率/(℃/10a)	气温波动特征值/(℃/10a)	气温波动特征类型	平均降水量波动值/mm	降水量波动增强面积比例/%	平均降水量波动增强速率/(mm/10a)	降水量波动减弱面积比例/%	平均降水量波动减弱速率/(mm/10a)	降水量波动特征值/(mm/10a)	降水量波动特征类型
III₃ 索马里半岛-东非大裂谷-马达加斯加岛气温波动减弱/降水波动增强区	295.0	0.250	32	0.02	68	-0.03	-0.02	减弱	180.2	63	16.7	37	-14.8	5.1	增强
IV₁ 印度河平原-马尔瓦高原-恒河平原-青藏高原气温波动减弱/降水波动减弱区	431.0	0.365	42	0.02	58	-0.03	-0.01	减弱	123.6	44	8.2	56	-11.6	-3.0	减弱
IV₂ 孟加拉湾沿岸平原-德干高原-斯里兰卡岛气温波动减弱/降水波动增强区	127.5	0.247	28	0.02	72	-0.03	-0.02	减弱	253.1	50	20.7	50	-18.2	1.1	增强
V₁ 楚科奇半岛-堪察加半岛-库页岛-千叶群岛-日本群岛气温波动增强/降水波动增强区	250.4	0.682	91	0.10	4	-0.05	0.10	增强	87.7	52	7.7	48	-5.3	1.5	增强

波动特征区	面积总计/万km²	气温特征值							降水量特征值						
		平均气温波动值/℃	气温波动增强面积比例/%	平均气温波动增强速率/(℃/10a)	气温波动减弱面积比例/%	平均气温波动减弱速率/(℃/10a)	气温波动特征值/(℃/10a)	气温波动特征类型	平均降水量波动值/mm	降水量波动增强面积比例/%	平均降水量波动增强速率/(mm/10a)	降水量波动减弱面积比例/%	平均降水量波动减弱速率/(mm/10a)	降水量波动特征值/(mm/10a)	降水量波动特征类型
朱格朱尔山脉-锡霍特山脉-小兴安岭-东北平原-华北平原气温波动弱/降水波动增强区 V₂	321.1	0.600	9	0.02	91	−0.08	−0.07	减弱	96.8	57	8.7	43	−6.9	2.0	增强
蒙古高原-黄土高原-云贵高原-中南半岛气温波动增强/降水波动增强区 V₃	610.2	0.465	66	0.02	34	−0.02	0.01	增强	107.8	51	10.7	49	−8.3	1.3	增强
长江中下游平原-江南丘陵-台湾岛-海南岛-长山山脉气温波动增强/降水波动增强区 VI₁	167.4	0.314	73	0.01	27	−0.00	0.01	增强	238.6	67	17.1	33	−12.4	7.2	增强
菲律宾群岛-大巽他群岛-新几内亚岛气温波动减弱/降水波动增强区 VI₂	254.0	0.179	21	0.01	79	−0.02	−0.01	减弱	424.5	57	36.5	43	−42.2	2.7	增强

波动特征区	面积总计/万 km²	气温特征值							降水量特征值						
		平均气温波动值/℃	气温波动增强面积比例/%	平均气温波动增强速率/(℃/10a)	气温波动减弱面积比例/%	平均气温波动减弱速率/(℃/10a)	气温波动特征值/(℃/10a)	气温波动特征类型	平均降水量波动值/mm	降水量波动增强面积比例/%	平均降水量波动增强速率/(mm/10a)	降水量波动减弱面积比例/%	平均降水量波动减弱速率/(mm/10a)	降水量波动特征值/(mm/10a)	降水量波动特征类型
VI₃ 金伯利高原-大沙沙漠-巴克利高原气温波动增强降水波动增强区	392.7	0.483	61	0.02	39	-0.03	0.00	增强	161.7	52	13.6	48	-9.7	2.5	增强
VI₄ 维多利亚大沙漠-大自流盆地-塔斯马尼亚岛-新西兰岛降水波动减弱/气温波动减弱区	312.9	0.390	26	0.02	74	-0.04	-0.02	减弱	115.0	23	7.2	77	-11.8	-7.6	减弱
VII₁ 育空高原-落基山脉气温波动增强降水波动减弱区	518.6	0.830	86	0.05	14	-0.03	0.04	增强	85.3	48	6.0	52	-6.0	-0.2	减弱
VII₂ 海岸山脉-哥伦比亚高原-科罗拉多高原气温波动增强/降水波动增强区	160.4	0.498	75	0.03	25	-0.02	0.02	增强	104.2	69	7.7	31	-6.5	3.4	增强

波动特征区	面积总计/万km²	气温特征值							降水量特征值						
		平均气温波动值/℃	气温波动增强面积比例/%	平均气温波动增强速率/(℃/10a)	平均气温波动减弱速率/(℃/10a)	气温波动减弱面积比例/%	气温波动特征值/(℃/10a)	气温波动特征类型	平均降水量波动值/mm	降水量波动增强面积比例/%	平均降水量波动增强速率/(mm/10a)	降水量波动减弱面积比例/%	平均降水量波动减弱速率/(mm/10a)	降水量波动特征值/(mm/10a)	降水量波动特征类型
加拿大北极群岛-格陵兰岛-拉布拉多半岛气温波动减弱/降水波动增强区 VIII₁	1047.1	0.813	33	0.03	-0.07	67	-0.03	减弱	57.4	61	5.4	39	-4.7	1.5	增强
哈得孙沿岸平原-加拿大平原气温波动增强/降水波动增强区 VIII₂	259.2	0.927	97	0.07	-0.02	3	0.07	增强	76.7	70	7.1	30	-5.0	3.4	增强
中央低地密西西比平原气温波动增强/降水波动减弱区 IX₁	222.0	0.679	87	0.05	-0.03	13	0.04	增强	123.3	28	4.4	72	-9.1	-5.4	减弱
滨海平原-大西洋沿岸平原-佛罗里达半岛-大安的列斯群岛气温波动增强/降水波动增强区 IX₂	322.7	0.488	72	0.05	-0.02	28	0.03	增强	157.1	52	11.6	48	-8.4	2.0	增强

波动特征区	面积总计/万km²	气温特征值							降水量特征值						
		平均气温波动值/℃	气温波动增强面积比例/%	平均气温波动增强速率/(℃/10a)	气温波动减弱面积比例/%	平均气温波动减弱速率/(℃/10a)	气温波动特征值/(℃/10a)	气温波动特征类型	平均降水量波动值/mm	降水量波动增强面积比例/%	平均降水量波动增强速率/(mm/10a)	降水量波动减弱面积比例/%	平均降水量波动减弱速率/(mm/10a)	降水量波动特征值/(mm/10a)	降水量波动特征类型
IX₃ 下加利福尼亚半岛-墨西哥高原 气温波动减弱/降水波动减弱区	171.0	0.344	31	0.01	69	-0.02	-0.01	减弱	135.2	46	10.1	54	-10.5	-1.1	减弱
IX₄ 中美地峡-奥里诺科平原-圭亚那高原 气温波动增强/降水波动增强区	281.1	0.306	68	0.02	32	-0.01	0.01	增强	283.0	59	28.6	41	-25.4	6.3	增强
X₁ 安第斯山脉 气温波动减弱/降水波动增强区	305.5	0.355	48	0.02	52	-0.02	-0.00	减弱	184.8	51	17.5	49	-16.9	0.5	增强
XI₁ 亚马孙平原-巴西高原 气温波动减弱/降水波动增强区	568.6	0.280	27	0.01	73	-0.02	-0.01	减弱	254.7	70	22.7	30	-19.1	10.2	增强
XII₁ 埃斯皮尼亚苏山脉-巴拉那高原 气温波动减弱/降水波动减弱区	145.7	0.343	8	0.01	92	-0.03	-0.03	减弱	241.7	46	17.8	54	-17.7	-1.2	减弱

波动特征区	面积总计 /万km²	气温特征值							降水量特征值						
		平均气温波动值 /℃	气温波动增强面积比例/%	平均气温波动增强速率 /(℃/10a)	平均气温波动减弱速率 /(℃/10a)	气温波动减弱面积比例/%	气温波动特征值 /(℃/10a)	气温波动特征类型	平均降水量波动值 /mm	降水量波动增强面积比例/%	平均降水量波动增强速率 /(mm/10a)	降水量波动减弱面积比例/%	平均降水量波动减弱速率 /(mm/10a)	降水量波动特征值 /(mm/10a)	降水量波动特征类型
拉普拉塔平原-巴塔哥尼亚高原 XII₂ 气温波动增强降水波动增强区	262.5	0.374	95	0.04	-0.00	5	0.03	增强	124.7	74	11.7	26	-7.8	6.6	增强

5.1.3　社会-生态系统结构与功能协同优化

1. 结构与功能协同优化的框架

1）优化目标与原则

政府在环境风险防范中财政投入的首要目标是最大化程度地减轻环境风险。即在单位财政投入的条件下，使环境风险得到最大程度的减少。依据福利经济学的相关原理，本研究将政府在综合环境风险防范财政投入的原则归纳为三条：

（1）效益原则。

效益原则是指，政府在综合环境风险防范中的投入必须是成本-效益的，即单位货币的成本投入，必须带来单位货币以上的效益，或效益-成本比应大于1。如果减轻1元人民币的灾害损失所需要的成本比1元人民币本身还要大，那减轻损失的投入是没有意义的。当然，这一原则更多体现了经济学的思路，从社会学与伦理学的视角而言也许并不适用。

（2）效率原则。

经济学中的效率是指帕累托效率（Pareto Efficient），即有限稀缺资源的分配无法在不损失其他人福利水平的前提下提高某人的福利水平。这种提高也被称为帕累托改进（Pareto improvement）。存在帕累托改进的资源分配是不效率的，并未实现社会福利的最大化。

相应的，在综合环境风险防范方面，财政投入达到帕累托效率的最优点的条件是，政府对财政资金在综合环境风险防范的各种方式和渠道上，无法在不降低某一方式或渠道取得的环境风险防范效益的前提下，提高另一方式和渠道所能够取得的环境风险防范的效益。

（3）公平原则。

公平原则是指政府在针对综合环境风险防范进行财政投入的过程中，应兼顾不同人群（如收入、职业、年龄等阶层）、不同区域（如我国的东、中、西部地区）、不同时间（当代与后代之间）所能享受的环境风险防范带来的效益。财政投入优化带来的帕累托效率不能保证公平性，因此在投入过程中以效率优先、兼顾公平。

2）优化的结构体系

综合环境风险防范政府财政投入的结构体系是指政府在安全设防、救灾救济、应急管理与风险转移四个方向上的财政投入资金。结构体系是系统基本模块的组成与功能实现的底层依托。政府综合环境风险防范的结构体系的具体构成是政府在针对综合环境风险防范的机构设置，安全设防、救灾救济、应急管理与风险转移分别是机构设置的四大类。其中，安全设防在我国主要是指进行防灾能力建设与基础设施建设类的相关职能部门，它们主要使用由国家发改委安排的计划类项目经费。救灾救济在我国主要针对国家减灾委和民政部，主要使用由财政部安排的中央救灾资金以及各级地方政府准备的救灾救济资金。应急管理工作主要由国务院应急办综合协调各部委工作，统一部署安排。风险转移工作主要针对金融系统，包括银监会、证监会和保监会，使用各类金融工具实现环境风险的有效转移。

在综合环境风险防范的"结构优化模式"中，政府可从安全设防、救灾救济、应急管理和风险转移四个方面通过财政资金的投入加强区域综合环境风险防范的能力。首先，要根据区域经济和社会发展水平，确定其安全设防水平；其次，要明确政府救灾救济的支出在本级财政支出中的比例；再次，应制定行之有效的辖区应急预案，并建立满足应急预案要求的应急指挥体系；最后，建立在上述安全设防水平条件下的灾害保险与再保险体系，发挥保险与再保险在巨灾风险转移中的作用。该模式的核心是对四类作用各不相同的财政投入方式进行结构优化，从而达到在政府财政支出意义上的减灾资源的高效（效率与效益）利用。

政府综合环境风险防范财政投入的结构优化需要回答的关键问题是：①有限的财政资源应如何在发展部门与防灾部门之间分配；②各类与环境风险防范相关的部门之间，财政资源应如何分配；③各环境风险防范相关部门内部，财政资源应如何在防灾事业与非防灾事业之间分配。

3）优化的功能体系

政府综合环境风险防范财政投入的功能体系是指政府在备灾、应急、恢复与重建等环境风险防范周期的四个环节上分别进行财政投入。功能体系是系统输出的体现，是系统结构决定的结果。功能体系与结构体系之间存在联系，但差异较大。例如，备灾环节就分别涉及安全设防与风险转移（风险转移的灾前安排）；应急环节主要针对应急管理；恢复与重建环节至少同时涉及救灾救济和风险转移（风险转移的资金支付）。一个系统功能的实现需要一个到多个系统模块共同执行，因此在上述综合环境风险防范的环节与功能中，通常都涉及一个或若干个政府职能部门。

综合环境风险防范的"功能优化模式"。将各级政府采取的"备灾、应急响应、恢复与重建"整合优化。在这一模式中，政府首先应建立和完善辖区的灾害监测预警体系；其次要建立应急响应的各项体系（灾情的快速评估体系、救援体系、社会捐助体系等）；最后，要建立灾区生命线和生产线的快速恢复体系，以及整体重建规划体系。

政府综合环境风险防范财政投入的功能优化需要回答的关键问题是：在备灾、应急、恢复与重建等各项功能（或各个阶段）上，政府有限的财政资源应如何投入方能最大化地减轻环境风险？

2. 结构与功能协同优化的方法

我们研究了社会-生态系统综合环境风险防范的优化方法，从风险防范的结构（安全设防、救灾救济、应急管理和风险转移）和功能（备灾、应急、恢复和重建）构建了系统动力学模型，定义了结构-功能转换矩阵和功能-效益转换矩阵，提出了新的针对离散和连续两类问题的多目标优化求解方法。

1）系统"结构-功能"优化基本模型

结合综合防灾减灾的体系，构建了系统"结构-功能"优化的基本模型。这里的结构为安全设防、救灾救济、应急管理和风险转移四大结构，功能为备灾、应急、恢复和重建四大功能。构建系统动力模型：

$$X(t+1) = AX(t) + BU(t) \tag{5.18}$$

$$\begin{pmatrix} x_1 \\ x_2 \\ x_3 \\ x_4 \end{pmatrix}_{t+1} = \begin{bmatrix} a_{11} & a_{12} & a_{13} & a_{14} \\ a_{21} & a_{22} & a_{23} & a_{24} \\ a_{31} & a_{32} & a_{33} & a_{34} \\ a_{41} & a_{42} & a_{43} & a_{44} \end{bmatrix} \begin{pmatrix} x_1 \\ x_2 \\ x_3 \\ x_4 \end{pmatrix}_t + \begin{bmatrix} b_{11} & b_{12} & b_{13} & b_{14} \\ b_{21} & b_{22} & b_{23} & b_{24} \\ b_{31} & b_{32} & b_{33} & b_{34} \\ b_{41} & b_{42} & b_{43} & b_{44} \end{bmatrix} \begin{pmatrix} u_1 \\ u_2 \\ u_3 \\ u_4 \end{pmatrix}_t \tag{5.19}$$

式中，X 为系统功能矩阵；A 为系统功能衰减矩阵；B 为结构-功能转换矩阵；U 为系统结构矩阵。

设置系统优化目标模型：

$$Y(t) = CX(t) \qquad (5.20)$$

$$Y(t) = \{y_1(t) \cdots y_i(t)\} \qquad (5.21)$$

式中，Y 为优化目标矩阵；C 为功能-效益转换矩阵。如果以年期望 GDP 损失和人员伤亡为两个优化目标，则

$$\begin{pmatrix} y_1 \\ y_2 \end{pmatrix} = \begin{bmatrix} c_{11} & c_{12} & c_{13} & c_{14} \\ c_{21} & c_{22} & c_{23} & c_{24} \end{bmatrix} \begin{pmatrix} x_1 \\ x_2 \\ x_3 \\ x_4 \end{pmatrix} \qquad （5.22）$$

多目标优化的过程即为找出从 t 到 $(t+k)$ 时刻的一系列决策方案 $U(t), \cdots, U(t+k)$，使得

$$\min_{U(t), \cdots, U(t+k)} \sum_{n=1}^{k} y_i(t+n), i=1, \cdots, N_{\text{Obj}} \qquad (5.23)$$

$$\text{s.t.} \quad U(t+j) \in \Omega_U, j=1, \cdots, k \qquad (5.24)$$

这里的关键在于通过建立成本效益模型，构建矩阵 A、B、C，最终通过多目标优化方法进行求解。

2）系统"结构-功能"优化求解方法

在涟漪扩散模型和算法的理论的基础上，我们提出了一套全新有效的求解多目标优化问题的完整 Pareto 最优面的方法（现有方法都只能求解近似的 Pareto 最优面），这项工作不光是对优化理论和决策支持研究领域的创新拓展，而且对实现在有众多利益相关者博弈的综合风险防范中的结构和功能优化的应用研究具有积极的现实意义。该方法以求解前 k 最好单目标解为突破口，在理论上和可操作性上同时保证找到完整的 Pareto 最优面。该方法不仅在离散的多目标优化问题上得以成功应用，而且新近又被拓展到了连续的多目标优化问题上，证明了该方法的通用性。不管综合风险防范中的结构和功能优化是离散问题还是连续问题，该方法都有可以应用的潜能。一旦求解出完整 Pareto 最优面，决策者就可以进行更加科学细致的决策。在目前的综合风险防范的决策实践中，给不同指标专家打分加权重比较普遍，然而却带有很大的主观性和不确定性。有了完整 Pareto 最优面后，我们就可以清楚地知道对于不同范围的不确定性，哪个解是最理想的。这种决策支持能力是以往求解近似 Pareto 最优面的方法所不具备的。

图 5.32 给出了具体问题的描述模型，图 5.33 展示了多目标求解的问题转化为涟漪扩散模型的过程，这是一个综合风险防范投资组合优化问题的完整帕累托面求解，预期回报和预期风险是这个多目标优化问题的两个指标。传统的做法是：决策者给出一个预期回报与预期风险之间的折算率（代表了决策者的风险承受能力），然后找出与其风险承受能力相对应的唯一 Pareto 最优解（图 5.34）。然而，风险承受能力是一个很主观的因素，决策者不可能给出一个 100%确定无疑的折算率，但通常可以合理地给出一个折算率的范围。有了完整 Pareto 前沿，就能精确无误地计算出每个 Pareto 最优解所适

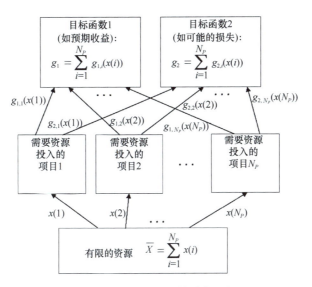

图 5.32　多目标问题构建的示例

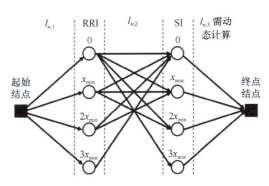

图 5.33　多目标优化问题转换为涟漪模型的示例

$l_{n,1}=g_{j,1}(3x_{min}) - g_{j,1}(nx_{min})$; $l_{n,2}=g_{j,2}(3x_{min}) - g_{j,2}(nx_{min})$

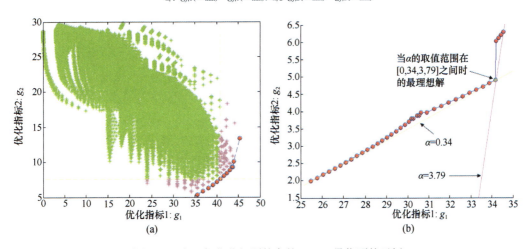

图 5.34　多目标优化问题的完整 Pareto 最优面的示例

用的折算率范围。这样一来，决策者就可以根据自己能接受的折算率范围来准确地选取最理想的一个 Pareto 最优解。以图 5.34 为例，当折算率为 0.34～3.79 时，图中绿圆点所对应的 Pareto 最优解都是最理想的。显然，决策支持能力是必须基于完整 Pareto 前沿的，是传统方法中寻找近似 Pareto 前沿的理论和方法所无法保障和实现的。所以，在不确定性为主导要素的综合风险防范的优化问题中，此方法有明确且实际的应用价值。

5.2 环境风险适应性的典型案例研究与对比

基于风险的"转入-转出"理论，运用多维度指标，构建了评估环境风险适应能力的指标体系，完成了全球国别适应能力的评价，包括国家"转入"适应能力、"转出"适应能力和综合适应能力，对国别的适应能力进行了排序，并从综合风险等级和适应能力两个维度对主要国家进行了聚类和对比分析。开展了典型干旱农区和典型城市化地区的案例研究，对比了典型国家和地区风险适应和风险防范的特点和模式，运用结构-功能优化方法进行了具体案例分析。

5.2.1 全球国别适应能力评价

我们基于社会生态系统防范风险的"转入"与"转出"概念，开展适应能力评价研究。这里，"转入适应能力"是指一个国家或地区所具备的提高进入环境风险事件门槛的能力，用暴露性、敏感性与设防能力三个维度来评价；"转出适应能力"是指一个国家或地区所具备的提高从环境风险事件中恢复、重建与再发展的能力，用应急能力、恢复能力、重建能力与再发展能力四个维度来评价。

通过进一步借鉴和参考联合国大学完成的世界风险报告（Garschagen et al.，2014）中关于"缺乏适应能力"（lack of adaptive capacity）评价指标体系，以及世界银行 2014 年度《世界发展报告 2014》（The World Bank，2014）中全球国别尺度的"风险准备指数"（index of risk preparation）评价指标体系的相关内容，本节对环境风险的"转入-转出"适应能力评价的指标体系进行了细化和调整（图 5.35）。在评价过程中强调如下三个方面的特点：①环境风险的"转入-转出"适应能力评价不是风险本身的评价，而是防范与适应风险的能力的评价；②是在风险"转入"与"转出"框架下评价防范能力；③应在"社会-生态系统"的结构与功能体系下理解其调整与适应的能力。

在这一逻辑框架下，我们的工作强调了适应主体"社会-生态系统"在"转入"能力与"转出"能力两个方面的动态调整能力，即适应能力。社会-生态系统的制度、经济、生态与社会子系统所对应的政府的治理能力、经济表现、生态状况和社会支持等"适应"能力对静态性的"转入"与"转出"能力评价结果产生影响，进而形成最终的"转入适应"与"转出适应"能力。

1. 适应能力评价指标体系

在以上逻辑框架下，评价社会-生态系统风险"转入"能力与"转出"能力的指标体系如表 5.18 所示。

而社会-生态系统的四大子系统对"转入"能力和"转出"能力进行调整和适应的能力系数使用表 5.19 中的指标进行评价和反映。

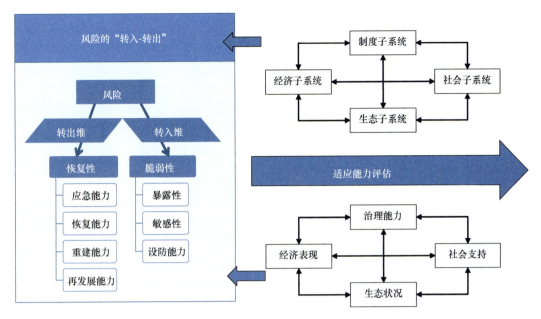

图 5.35　转入-转出适应能力评价概念框架

　　从社会-生态系统四个子系统的适应与调整指数的评价结果来看（图 5.36），政府治理能力与社会支持的全球格局最为接近，传统的西方经济强国如北美洲、西欧等地区的国家及澳大利亚等均处于最优的 20%，而非洲、中亚和南亚的国家则基本处于最差的 20%。在经济表现方面，传统的西方经济强国则基本处于最差的 40%以内，特别是美国、澳大利亚处于最差 20%行列。亚洲国家、俄罗斯、部分非洲和拉美国家经济表现反而较好。在生态状况方面，非洲国家和中亚、南亚的多数国家均处于相对较差的 40%行列，而欧洲、俄罗斯和巴西等国家和地区则为最好的 20%。

　　社会-生态系统四个子系统的适应与调整能力分别作用于风险"转入"与"转出"的各个维度上会产生不同的影响和结果。为了定量刻画这种差异性，可以通过专家经验打分法，或基于观测数据采取相对权重的方法，制定了社会-生态系统四个子系统所表达的适应能力对风险"转入"和"转出"能力的调整系数（图 5.37）。

表 5.18　　"转入-转出"能力评价指标体系

类别	维度	指标及数据源
"转入能力"	暴露性	暴露在自然灾害下的人数（GRID） 暴露在海岸带的人数（100km 以内，GRID） 受旱灾威胁的人数（GRID） 总人口（WB）
	敏感性	营养不足人数比例（MDGS、MGDID） 人均卡路里摄入量（UNEP） 农业人口比例（WB） 扶养指数（WB） 极端贫困人口占比（WB）
	设防能力	标准化公路里程数（WB） 铁路线长度（WB） 没有卫生设施的农村人口比例（WHO/UNICEF） 缺乏安全用水的农村人口比例（WHO/UNICEF）

类别	维度	指标及数据源
"转出能力"	应急能力	政府效力（KKZ） 反腐（KKZ） 国家灾害风险管理政策 军事支出（WB） 军事支出占 GDP 百分比（WB） 每百人中网络使用人数（WB） 每百人中手机用户数（WB）
	恢复能力	人均健康支出（HDI）（WB） 公共健康开支占 GDP 比例（HDI） 每万人中医师数量 每万人中床位数（WB） 保险深度（OECD） 保险密度（OECD） 劳动力（WB）
	重建能力	人均 GDP（WB） 国家负债率（WB） 国家总收入（WB） 商业开启时间（WB）
	再发展能力	每百万人中研究人员（WB） 教育支出占 GDP 百分比（HDI） 非文盲人数占 15 岁以上比例（WB） 非文盲人数占 15～24 岁比例（WB） 非文盲人数中男女比例（HDI） 基尼系数（WIID） 无人区面积（CIESCI） 粮食产量指数（WB）

表 5.19　社会-生态系统适应能力指标体系

类别	维度	指标及数据源
"适应能力"	治理能力*	民众的声音 政治稳定性，没有暴恐事件 政府效率 管制质量 法制 腐败控制
	经济表现	过去 20 年中经济衰退的次数（WB） 过去 10 年户均消费水平的变率（WB） 过去 10 年人均 GDP 增速的变率（WB） 工资性雇佣（WB） 商品市场效率（WB） 劳动力市场效率（WB） 正式产出（WB）
	社会支持	PISA 数据平均分（WB） PISA 阅读平均分（WB） 劳动力中养老金贡献者占比（WB）
	生态状况	森林覆盖率（WB） 人均可利用水资源（WB） 保护区面积占比（WB） 水质指数（WB）

*关于政府治理能力的评估结果引自文献（Kaufmannet al.，2011）

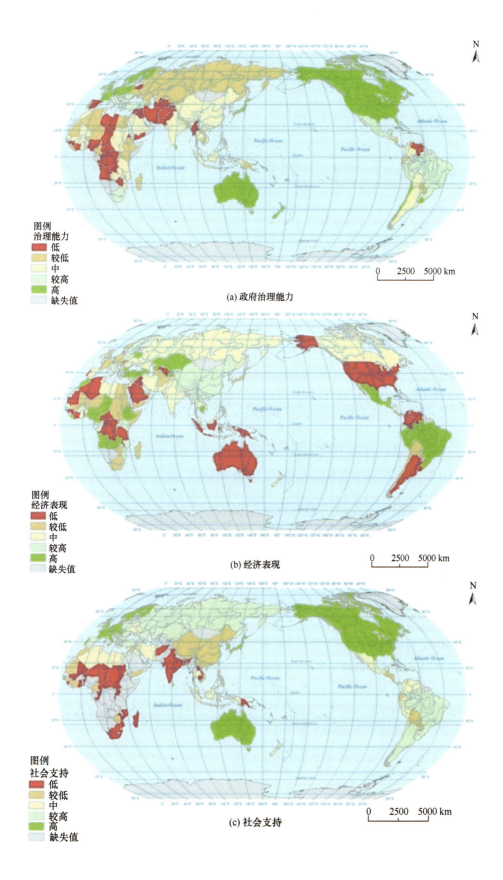

(a) 政府治理能力

图例
治理能力
低
较低
中
较高
高
缺失值

(b) 经济表现

图例
经济表现
低
较低
中
较高
高
缺失值

(c) 社会支持

图例
社会支持
低
较低
中
较高
高
缺失值

0 2500 5000 km

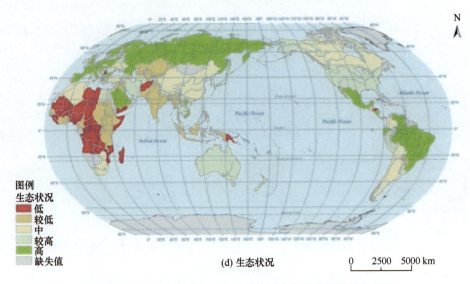

(d) 生态状况

图例
生态状况
■ 低
■ 较低
中
较高
■ 高
缺失值

0   2500   5000 km

图 5.36　社会-生态系统四个子系统适应与调整指数评价结果

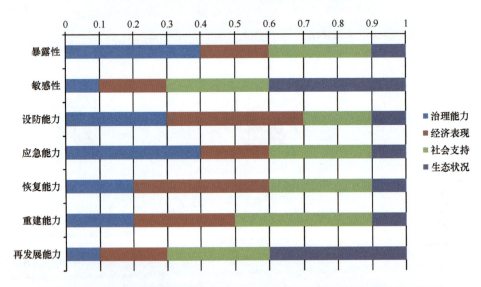

图 5.37　社会-生态系统四个子系统适应能力对"转入-转出"能力调整权重矩阵

　　在当前确定的调整权重矩阵中，在风险防范的"转入"能力方面，政府治理能力与社会支持度对减轻灾害暴露性有相对重要的影响；社会支持与生态状况更有助于降低社会-生态系统对环境风险的敏感性；治理能力和经济表现对于提升设防能力有决定性的影响；而治理能力和社会支持水平则有助于提高系统的应急能力。在风险防范的"转出"能力方面，经济表现和社会支持对提升恢复能力和重建能力起决定性影响；而社会支持和生态状况则对再发展能力的构建起主要作用。

　　2. 适应能力评价国别对比

　　基于前述框架与指标体系，更新了全球国别尺度的适应能力评价结果（图 5.38～图 5.40）。

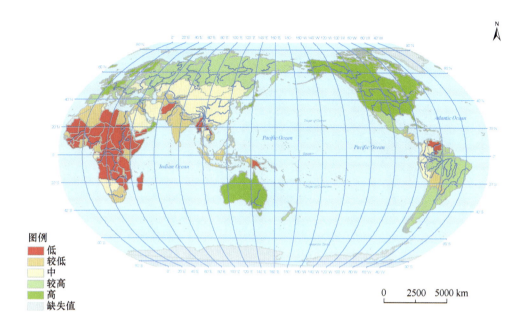

图 5.38 世界环境风险转入适应能力评价结果

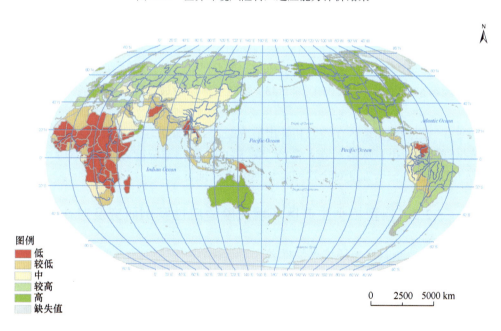

图 5.39 世界环境风险转出适应能力评价结果

　　评价结果显示，低环境风险转入适应能力的国家和地区主要集中在非洲、中亚、南亚，以及部分东南亚和南美洲西北部（图 5.41）；低环境风险转出适应能力的国家和地区主要集中在非洲、亚洲与拉丁美洲（图 5.42）；低环境风险综合适应能力的国家和地区主要在非洲、中亚和南亚，以及部分加勒比和南美洲（图 5.43）。

　　从聚类结果中可以识别出适应能力弱同时风险高的国家。美国、日本、法国、澳大利亚、加拿大和俄罗斯（类别 5 图 5.43）虽然自然灾害风险在全球处于最高一档，但是，

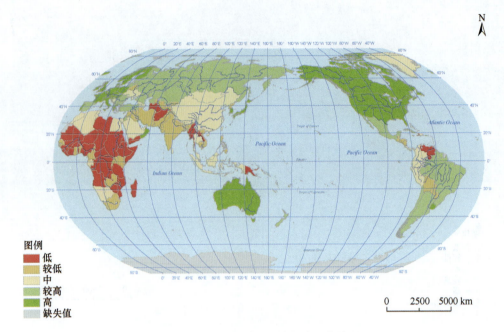

图 5.40　世界环境风险综合适应能力评价结果

它们综合适应能力也相对最强。阿根廷、巴西、中国、墨西哥、土耳其、泰国等新兴经济市场国家（类别 3 图 5.43）也处于风险最高的一档，而综合适应能力与欧美最发达的国家仍有差距。而赞比亚、苏丹、尼尔利亚、莫桑比克、马里、埃塞俄比亚、乍得、安哥拉等非洲国家及阿富汗（类别 1 图 5.43）处在全球风险最高同时适应能力相对最低的位置。

同时，一些国家和地区在转入和转出适应能力上的显著差异也值得关注。

依据评价的结果，从转入适应能力（表 5.20）、转出适应能力（表 5.21）和综合适应能力（表 5.22）三个维度对全球国家和地区进行排名。

5.2.2　典型粮食生产区环境风险适应性案例研究及对比

1. 中国与世界农作物环境风险概况

农业系统对外界环境的波动十分敏感，尤其是对气象因素的敏感性极高。近年来显著的全球气候变化导致了全球水热分配模式的变化，进而给各地区的农业生产带来了明显的、各异的影响。这些影响不仅表现在适宜种植区转移、作物品种及耕作制度变更、产量品质变化等方面，同时也体现在农业气象灾害等对农业生产危害性极高的事件的发生规律的变化上。在气候变化背景下，与水热因素关联密切的干旱、高温热害等灾害的风险越来越成为研究人员及政府部门关注的热点问题。同时，主要粮食作物（水稻、小麦和玉米）生产所面临的环境风险的分析以及适应性对策的研究也日益成为农业环境风险研究领域的重点。

粮食作物面临的干旱风险一直以来是农业生产中的一个普遍存在的问题。干旱往往伴随着范围大，时间长等属性，对于作物生长的影响是长期且致命的。针对主要粮食作物干旱风险的研究指出，东南亚以及中美洲地区的水稻生长最易遭受严重干旱的影响；
而在小麦产区中，欧洲大部分地区、中东地区及中国东部地区则是干旱风险最高的地区；

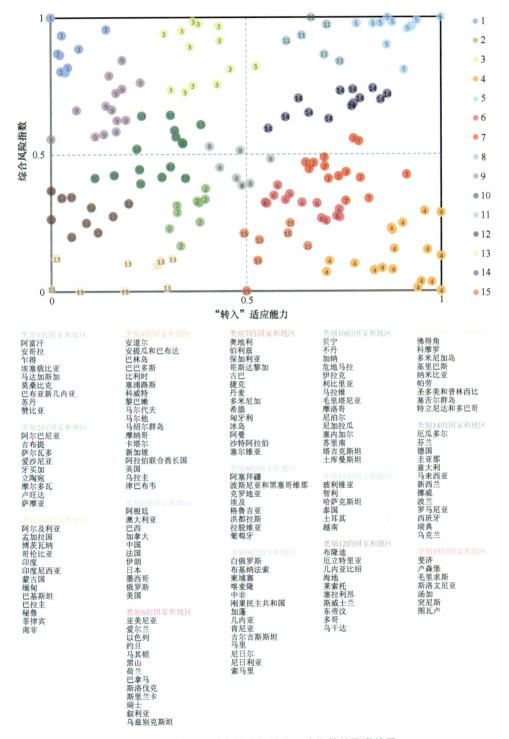

图 5.41 "转入"适应能力与综合风险指数的聚类结果

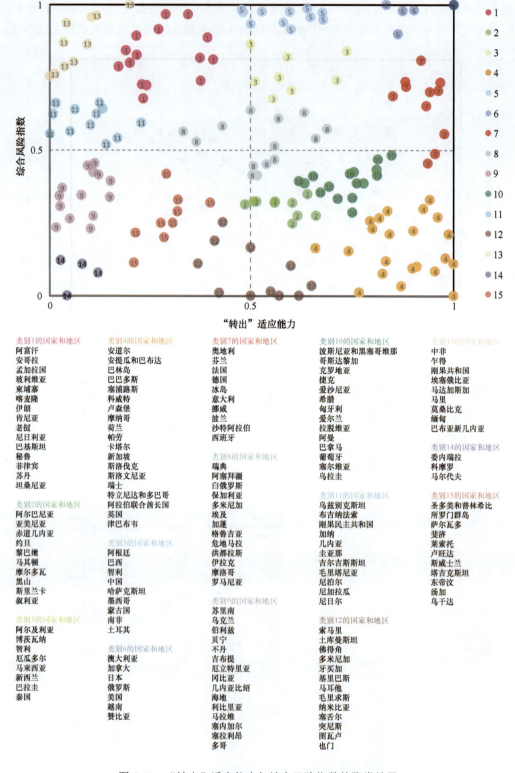

类别1的国家和地区
阿富汗
安哥拉
孟加拉国
玻利维亚
柬埔寨
喀麦隆
伊朗
肯尼亚
老挝
尼日利亚
巴基斯坦
秘鲁
菲律宾
苏丹
坦桑尼亚

类别2的国家和地区
阿尔巴尼亚
亚美尼亚
赤道几内亚
约旦
黎巴嫩
马其顿
摩尔多瓦
黑山
斯里兰卡
叙利亚

类别3的国家和地区
阿尔及利亚
博茨瓦纳
智利
厄瓜多尔
马来西亚
新西兰
巴拉圭
泰国

类别4的国家和地区
安道尔
安提瓜和巴布达
巴林岛
巴巴多斯
塞浦路斯
科威特
卢森堡
摩纳哥
荷兰
帕劳
卡塔尔
新加坡
斯洛伐克
斯洛文尼亚
瑞士
特立尼达和多巴哥
阿拉伯联合酋长国
英国
津巴布韦

类别5的国家和地区
阿根廷
巴西
智利
中国
哈萨克斯坦
墨西哥
蒙古国
南非
土耳其

类别6的国家和地区
澳大利亚
加拿大
日本
俄罗斯
美国
越南
赞比亚

类别7的国家和地区
奥地利
芬兰
法国
德国
冰岛
意大利
挪威
波兰
沙特阿拉伯
西班牙

类别8的国家和地区
瑞典
阿塞拜疆
白俄罗斯
保加利亚
多米尼加
埃及
加蓬
格鲁吉亚
危地马拉
洪都拉斯
伊拉克
摩洛哥
罗马尼亚

类别9的国家和地区
苏里南
乌克兰
伯利兹
贝宁
不丹
吉布提
厄立特里亚
冈比亚
几内亚比绍
海地
利比里亚
马拉维
塞内加尔
塞拉利昂
多哥

类别10的国家和地区
波斯尼亚和黑塞哥维那
哥斯达黎加
克罗地亚
捷克
爱沙尼亚
希腊
匈牙利
爱尔兰
拉脱维亚
阿曼
巴拿马
葡萄牙
塞尔维亚
乌拉圭

类别11的国家和地区
乌兹别克斯坦
布吉纳法索
刚果民主共和国
加纳
几内亚
圭亚那
吉尔吉斯斯坦
毛里塔尼亚
尼泊尔
尼加拉瓜
尼日尔

类别12的国家和地区
索马里
土库曼斯坦
佛得角
多米尼加
牙买加
基里巴斯
马耳他
毛里求斯
纳米比亚
塞舌尔
突尼斯
图瓦卢
也门

类别13的国家和地区
中非
乍得
刚果共和国
埃塞俄比亚
马达加斯加
马里
莫桑比克
缅甸
巴布亚新几内亚

类别14的国家和地区
委内瑞拉
科摩罗
马尔代夫

类别15的国家和地区
圣多美和普林希比
所罗门群岛
萨尔瓦多
斐济
莱索托
卢旺达
斯威士兰
塔吉克斯坦
东帝汶
汤加
乌干达

图 5.42 "转出"适应能力与综合风险指数的聚类结果

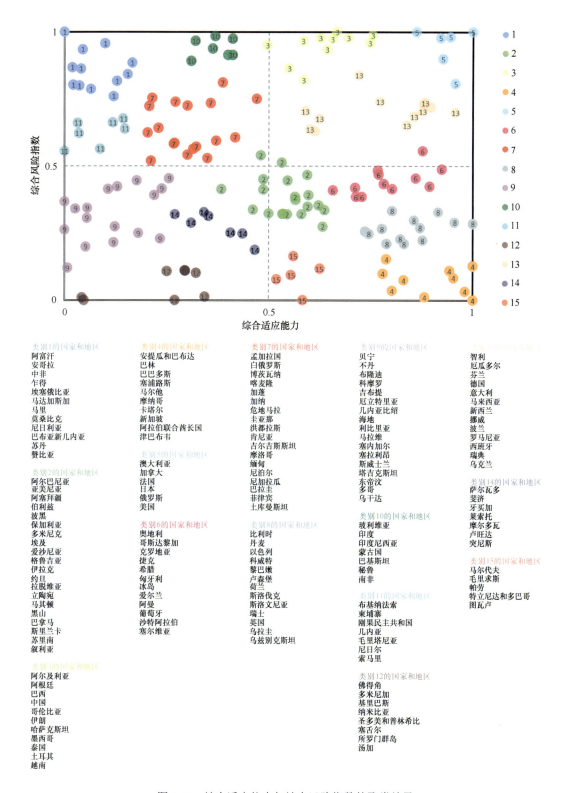

类别1的国家和地区
阿富汗
安哥拉
中非
乍得
埃塞俄比亚
马达加斯加
马里
莫桑比克
尼日利亚
巴布亚新几内亚
苏丹
赞比亚

类别2的国家和地区
阿尔巴尼亚
亚美尼亚
阿塞拜疆
伯利兹
波黑
保加利亚
多米尼克
埃及
爱沙尼亚
格鲁吉亚
伊拉克
约旦
拉脱维亚
立陶宛
马其顿
黑山
巴拿马
斯里兰卡
苏里南
叙利亚

类别3的国家和地区
阿尔及利亚
阿根廷
巴西
中国
哥伦比亚
伊朗
哈萨克斯坦
墨西哥
泰国
土耳其
越南

类别4的国家和地区
安提瓜和巴布达
巴林
巴巴多斯
塞浦路斯
马耳他
摩纳哥
卡塔尔
新加坡
阿拉伯联合酋长国
津巴布韦

类别5的国家和地区
澳大利亚
加拿大
法国
日本
俄罗斯
美国

类别6的国家和地区
奥地利
哥斯达黎加
克罗地亚
捷克
希腊
匈牙利
冰岛
爱尔兰
阿曼
葡萄牙
沙特阿拉伯
塞尔维亚

类别7的国家和地区
孟加拉国
白俄罗斯
博茨瓦纳
喀麦隆
加蓬
加纳
危地马拉
圭亚那
洪都拉斯
肯尼亚
吉尔吉斯斯坦
摩洛哥
缅甸
尼泊尔
尼加拉瓜
巴拉圭
菲律宾
土库曼斯坦

类别8的国家和地区
比利时
丹麦
以色列
科威特
黎巴嫩
卢森堡
荷兰
斯洛伐克
斯洛文尼亚
瑞士
英国
乌拉圭
乌兹别克斯坦

类别9的国家和地区
贝宁
不丹
布隆迪
科摩罗
吉布提
厄立特里亚
几内亚比绍
海地
利比里亚
马拉维
塞内加尔
塞拉利昂
斯威士兰
塔吉克斯坦
东帝汶
多哥
乌干达

类别10的国家和地区
玻利维亚
印度
印度尼西亚
蒙古国
巴基斯坦
秘鲁
南非

类别11的国家和地区
布基纳法索
柬埔寨
刚果民主共和国
几内亚
毛里塔尼亚
尼日尔
索马里

类别12的国家和地区
佛得角
多米尼加
基里巴斯
纳米比亚
圣多美和普林希比
塞舌尔
所罗门群岛
汤加

类别13的国家和地区
智利
厄瓜多尔
芬兰
德国
意大利
马来西亚
新西兰
挪威
波兰
罗马尼亚
西班牙
瑞典
乌克兰

类别14的国家和地区
萨尔瓦多
斐济
牙买加
莱索托
摩尔多瓦
卢旺达
突尼斯

类别15的国家和地区
马尔代夫
毛里求斯
帕劳
特立尼达和多巴哥
图瓦卢

图 5.43　综合适应能力与综合风险指数的聚类结果

表 5.20　转入适应能力的国家和地区排名

国家和地区	转入	排名	国家和地区	转入	排名	国家和地区	转入	排名
美属萨摩亚	0.995	1	芬兰	0.803	38	百慕大	0.612	75
卡塔尔	0.990	2	德国	0.799	39	阿根廷	0.607	76
北马里亚纳	0.985	3	卢森堡	0.794	40	厄瓜多尔	0.602	77
关岛	0.980	4	波兰	0.789	41	以色列	0.598	78
巴林	0.975	5	日本	0.784	42	中国	0.593	79
安道尔	0.970	6	加拿大	0.779	43	秘鲁	0.588	80
马耳他	0.965	7	巴西	0.769	44	乌克兰	0.583	81
阿曼	0.960	8	意大利	0.764	45	哈萨克斯坦	0.578	82
巴巴多斯	0.955	9	挪威	0.759	46	约旦	0.573	83
马尔代夫	0.950	10	荷兰	0.754	47	吉布提	0.568	84
塞浦路斯	0.946	11	保加利亚	0.750	48	泰国	0.563	85
科威特	0.941	12	乌拉圭	0.745	49	哥斯达黎加	0.558	86
安提瓜和巴布达	0.936	13	澳大利亚	0.740	50	阿塞拜疆	0.553	87
法属波利尼西亚	0.931	14	特立尼达和多巴哥	0.735	51	伊朗	0.549	88
阿鲁巴	0.926	15	奥地利	0.730	52	亚美尼亚	0.544	89
伯利兹	0.921	16	丹麦	0.725	53	黎巴嫩	0.539	90
古巴	0.916	17	土耳其	0.720	54	沙特阿拉伯	0.534	91
比利时	0.911	18	爱沙尼亚	0.715	55	格陵兰	0.529	92
新喀里多尼亚	0.906	19	苏里南	0.710	56	博茨瓦纳	0.524	93
蒙特内哥罗	0.901	20	牙买加	0.705	57	塞尔维亚	0.519	94
摩纳哥	0.897	21	墨西哥	0.700	58	格鲁吉亚	0.514	95
马绍尔群岛	0.892	22	新西兰	0.696	59	斯里兰卡	0.509	96
冰岛	0.887	23	捷克	0.691	60	巴拿马	0.504	97
英国	0.882	24	立陶宛	0.686	61	马来西亚	0.500	98
毛里求斯	0.877	25	西班牙	0.681	62	纳米比亚	0.490	99
波多黎各	0.872	26	俄罗斯	0.676	63	瑙鲁	0.490	100
斐济	0.867	27	匈牙利	0.671	64	蒙古	0.485	101
美国	0.857	28	希腊	0.666	65	突尼斯	0.480	102
圭亚那	0.852	29	爱尔兰	0.661	66	佛得角	0.475	103
瑞典	0.843	30	克罗地亚	0.656	67	多米尼加共和国	0.470	104
马其顿	0.838	31	葡萄牙	0.651	68	巴哈马	0.465	105
斯洛文尼亚	0.833	32	罗马尼亚	0.647	69	萨摩亚	0.460	106
汤加	0.828	33	阿联酋	0.642	70	菲律宾	0.455	107
图瓦卢	0.823	34	新加坡	0.637	71	帕劳	0.450	108
瑞士	0.818	35	智利	0.632	72	波斯尼亚和黑塞哥维那	0.446	109
拉脱维亚	0.813	36	阿尔巴尼亚	0.627	73	埃及	0.441	110
法国	0.808	37	斯洛伐克	0.622	74	所罗门群岛	0.436	111

国家和地区	转入	排名	国家和地区	转入	排名	国家和地区	转入	排名
摩洛哥	0.431	112	吉尔吉斯斯坦	0.230	150	巴布亚新几内亚	0.029	188
不丹	0.426	113	圣多美和普林西比	0.225	151	索马里	0.024	189
尼加拉瓜	0.421	114	津巴布韦	0.220	152	也门	0.019	190
莱索托	0.416	115	马拉维	0.215	153	列支敦士登	0.014	191
哥伦比亚	0.411	116	冈比亚	0.210	154	厄立特里亚	0.009	192
多米尼克	0.406	117	贝宁	0.205	155	坦桑尼亚	0.004	193
叙利亚	0.401	118	乌干达	0.196	156			
南非	0.397	119	尼日利亚	0.191	157			
玻利维亚	0.392	120	格林纳达	0.186	158			
阿尔及利亚	0.387	121	赞比亚	0.181	159			
摩尔多瓦	0.382	122	毛里塔尼亚	0.176	160			
开曼群岛	0.377	123	布基纳法索	0.171	161			
危地马拉	0.372	124	法罗群岛	0.166	162			
加蓬	0.367	125	中非	0.161	163			
塔吉克斯坦	0.357	126	苏丹	0.156	164			
印度尼西亚	0.352	127	马里	0.151	165			
萨尔瓦多	0.348	128	埃塞俄比亚	0.147	166			
印度	0.343	129	白俄罗斯	0.142	167			
圣马力诺	0.338	130	几内亚	0.137	168			
巴拉圭	0.333	131	马达加斯加	0.132	169			
洪都拉斯	0.328	132	安哥拉	0.122	170	未列入国家和地区		
尼泊尔	0.323	133	海地	0.117	171	文莱		
越南	0.318	134	莫桑比克	0.112	172	海峡群岛		
乌兹别克斯坦	0.313	135	布隆迪	0.102	173	科特迪瓦		
卢旺达	0.303	136	乍得	0.098	174	库拉索		
土库曼斯坦	0.299	137	尼日尔	0.093	175	朝鲜		
巴基斯坦	0.289	138	多哥	0.088	176	韩国		
塞舌尔	0.284	139	刚果共和国	0.083	177	科索沃		
孟加拉国	0.279	140	利比里亚	0.078	178	荷属圣马丁		
斯威士兰	0.274	141	塞拉利昂	0.073	179	南苏丹		
伊拉克	0.269	142	委内瑞拉	0.068	180	圣基茨和尼维斯		
塞内加尔	0.264	143	利比亚	0.063	181	圣卢西亚		
加纳	0.259	144	阿富汗	0.058	182	法属圣马丁岛		
柬埔寨	0.254	145	赤道几内亚	0.053	183	圣文森特和格林纳丁斯		
肯尼亚	0.250	146	科摩罗	0.049	184	特克斯科斯群岛		
几内亚比绍	0.245	147	老挝	0.044	185	瓦努阿图		
喀麦隆	0.240	148	刚果民主共和国	0.039	186	美属维尔京群岛		
东帝汶	0.235	149	基里巴斯	0.034	187	约旦河西岸和加沙地带		

表 5.21 转出适应能力的国家和地区排名

国家和地区	转出	排名	国家和地区	转出	排名	国家和地区	转出	排名
摩纳哥	0.995	1	爱沙尼亚	0.808	38	阿塞拜疆	0.617	75
卢森堡	0.990	2	巴巴多斯	0.803	39	马来西亚	0.612	76
瑞士	0.985	3	塞浦路斯	0.799	40	瑙鲁	0.602	77
卡塔尔	0.980	4	波多黎各	0.794	41	纳米比亚	0.602	78
冰岛	0.975	5	新加坡	0.789	42	泰国	0.598	79
瑞典	0.970	6	新西兰	0.784	43	乌克兰	0.593	80
挪威	0.965	7	马绍尔群岛	0.779	44	塞舌尔	0.588	81
德国	0.960	8	俄罗斯	0.774	45	厄瓜多尔	0.583	82
芬兰	0.955	9	智利	0.769	46	博茨瓦纳	0.578	83
安提瓜和巴布达	0.950	10	西班牙	0.764	47	毛里求斯	0.573	84
丹麦	0.946	11	乌拉圭	0.759	48	中国	0.568	85
比利时	0.941	12	保加利亚	0.750	49	斯里兰卡	0.563	86
荷兰	0.936	13	沙特阿拉伯	0.745	50	秘鲁	0.558	87
法国	0.931	14	图瓦卢	0.740	51	苏里南	0.553	88
奥地利	0.926	15	阿联酋	0.735	52	亚美尼亚	0.549	89
意大利	0.921	16	巴西	0.730	53	格鲁吉亚	0.544	90
帕劳	0.916	17	赤道几内亚	0.725	54	波斯尼亚和黑塞哥维那	0.539	91
加拿大	0.911	18	罗马尼亚	0.720	55	牙买加	0.534	92
英国	0.906	19	土耳其	0.715	56	埃及	0.529	93
美国	0.901	20	巴哈马	0.710	57	摩洛哥	0.524	94
日本	0.892	21	马耳他	0.705	58	加蓬	0.519	95
澳大利亚	0.887	22	墨西哥	0.700	59	突尼斯	0.514	96
巴林	0.882	23	阿尔巴尼亚	0.696	60	黎巴嫩	0.509	97
波兰	0.877	24	蒙特内哥罗	0.691	61	摩尔多瓦	0.504	98
斯洛文尼亚	0.872	25	约旦	0.681	62	阿尔及利亚	0.500	99
葡萄牙	0.867	26	拉脱维亚	0.676	63	基里巴斯	0.495	100
爱尔兰	0.862	27	哥斯达黎加	0.671	64	多米尼加共和国	0.490	101
捷克	0.857	28	多米尼克	0.666	65	南非	0.485	102
匈牙利	0.852	29	马其顿	0.661	66	菲律宾	0.475	103
特立尼达和多巴哥	0.848	30	塞尔维亚	0.656	67	莱索托	0.470	104
希腊	0.843	31	巴拿马	0.651	68	印度尼西亚	0.465	105
立陶宛	0.838	32	哈萨克斯坦	0.647	69	佛得角	0.460	106
科威特	0.833	33	哥伦比亚	0.642	70	印度	0.455	107
阿曼	0.828	34	白俄罗斯	0.637	71	东帝汶	0.450	108
克罗地亚	0.823	35	阿根廷	0.632	72	巴拉圭	0.446	109
以色列	0.818	36	蒙古	0.627	73	伊拉克	0.436	110
斯洛伐克	0.813	37	越南	0.622	74	尼加拉瓜	0.431	111

国家和地区	转出	排名	国家和地区	转出	排名	国家和地区	转出	排名
汤加	0.426	112	巴基斯坦	0.235	150	几内亚	0.034	188
萨摩亚	0.421	113	格陵兰	0.230	151	索马里	0.024	189
斯威士兰	0.416	114	安哥拉	0.225	152	北马里亚纳	0.019	190
斐济	0.411	115	孟加拉国	0.220	153	圣马力诺	0.014	191
危地马拉	0.406	116	土库曼斯坦	0.215	154	关岛	0.009	192
叙利亚	0.401	117	津巴布韦	0.210	155	美属萨摩亚	0.004	193
萨尔瓦多	0.397	118	吉布提	0.205	156			
安道尔	0.392	119	贝宁	0.200	157			
吉尔吉斯斯坦	0.387	120	多哥	0.196	158			
卢旺达	0.382	121	也门	0.191	159			
伊朗	0.377	122	埃塞俄比亚	0.181	160			
圭亚那	0.372	123	刚果民主共和国	0.176	161			
肯尼亚	0.367	124	马达加斯加	0.171	162			
塔吉克斯坦	0.362	125	莫桑比克	0.166	163			
柬埔寨	0.357	126	阿富汗	0.161	164			
乌干达	0.352	127	古巴	0.156	165			
赞比亚	0.348	128	海地	0.151	166			
洪都拉斯	0.343	129	布基纳法索	0.147	167			
乌兹别克斯坦	0.338	130	马拉维	0.142	168			
玻利维亚	0.333	131	马里	0.137	169			
所罗门群岛	0.328	132	开曼群岛	0.132	170	未列入国家和地区		
百慕大	0.323	133	几内亚比绍	0.127	171			
喀麦隆	0.318	134	乍得	0.122	172	文莱		
老挝	0.313	135	毛里塔尼亚	0.117	173	海峡群岛		
苏丹	0.303	136	塞拉利昂	0.112	174	科特迪瓦		
加纳	0.299	137	列支敦士登	0.107	175	库拉索		
法罗群岛	0.294	138	新喀里多尼亚	0.098	176	朝鲜		
马尔代夫	0.289	139	刚果共和国	0.093	177	韩国		
坦桑尼亚	0.284	140	科摩罗	0.088	178	科索沃		
塞内加尔	0.279	141	布隆迪	0.083	179	荷属圣马丁		
委内瑞拉	0.274	142	利比亚	0.078	180	南苏丹		
格林纳达	0.269	143	冈比亚	0.073	181	圣基茨和尼维斯		
不丹	0.264	144	利比里亚	0.068	182	圣卢西亚		
圣多美和普林西比	0.259	145	尼日尔	0.063	183	法属圣马丁岛		
尼泊尔	0.254	146	厄立特里亚	0.058	184	圣文森特和格林纳丁斯		
阿鲁巴	0.250	147	巴布亚新几内亚	0.049	185	特克斯科斯群岛		
伯利兹	0.245	148	法属波利尼西亚	0.044	186	瓦努阿图		
尼日利亚	0.240	149	中非	0.039	187	美属维尔京群岛		
						约旦河西岸和加沙地带		

表 5.22　综合适应能力的国家和地区排名

国家和地区	综合	排名	国家和地区	综合	排名	国家和地区	综合	排名
卡塔尔	0.995	1	立陶宛	0.806	38	哈萨克斯坦	0.613	75
巴林	0.990	2	希腊	0.801	39	圭亚那	0.608	76
摩纳哥	0.985	3	爱沙尼亚	0.797	40	巴哈马	0.603	77
安提瓜和巴布达	0.980	4	葡萄牙	0.792	41	塞尔维亚	0.599	78
比利时	0.975	5	图瓦卢	0.787	42	厄瓜多尔	0.594	79
冰岛	0.970	6	乌拉圭	0.777	43	巴拿马	0.589	80
阿曼	0.965	7	新西兰	0.772	44	古巴	0.584	81
巴巴多斯	0.960	8	克罗地亚	0.767	45	乌克兰	0.579	82
卢森堡	0.955	9	俄罗斯	0.757	46	阿塞拜疆	0.574	83
瑞士	0.950	10	保加利亚	0.752	47	泰国	0.569	84
科威特	0.945	11	拉脱维亚	0.747	48	中国	0.564	85
瑞典	0.940	12	西班牙	0.742	49	美属萨摩亚	0.559	86
马耳他	0.935	13	斯洛伐克	0.737	50	秘鲁	0.554	87
英国	0.930	14	帕劳	0.732	51	蒙古	0.549	88
芬兰	0.925	15	以色列	0.727	52	马来西亚	0.544	89
德国	0.920	16	马其顿	0.722	53	博茨瓦纳	0.539	90
塞浦路斯	0.915	17	巴西	0.717	54	亚美尼亚	0.534	91
法国	0.910	18	新加坡	0.712	55	新喀里多尼亚	0.529	92
美国	0.905	19	毛里求斯	0.707	56	瑙鲁	0.519	93
挪威	0.900	20	智利	0.702	57	纳米比亚	0.519	94
荷兰	0.896	21	土耳其	0.698	58	斯里兰卡	0.514	95
意大利	0.891	22	墨西哥	0.693	59	黎巴嫩	0.509	96
斯洛文尼亚	0.886	23	马尔代夫	0.688	60	格鲁吉亚	0.504	97
加拿大	0.881	24	阿联酋	0.683	61	多米尼克	0.500	98
丹麦	0.876	25	罗马尼亚	0.678	62	哥伦比亚	0.495	99
日本	0.871	26	阿尔巴尼亚	0.673	63	关岛	0.490	100
奥地利	0.866	27	沙特阿拉伯	0.668	64	法属波利尼西亚	0.485	101
波兰	0.861	28	北马里亚纳	0.663	65	突尼斯	0.480	102
澳大利亚	0.856	29	阿鲁巴	0.658	66	多米尼加共和国	0.475	103
马绍尔群岛	0.851	30	伯利兹	0.653	67	波斯尼亚和黑塞哥维那	0.470	104
波多黎各	0.846	31	斐济	0.648	68	埃及	0.465	105
特立尼达和多巴哥	0.841	32	苏里南	0.643	69	摩洛哥	0.460	106
安道尔	0.836	33	约旦	0.638	70	百慕大	0.455	107
捷克	0.826	34	阿根廷	0.633	71	佛得角	0.450	108
匈牙利	0.821	35	牙买加	0.628	72	菲律宾	0.445	109
爱尔兰	0.816	36	汤加	0.623	73	伊朗	0.440	110
蒙特内哥罗	0.811	37	哥斯达黎加	0.618	74	越南	0.435	111

国家和地区	综合	排名	国家和地区	综合	排名	国家和地区	综合	排名
阿尔及利亚	0.430	112	孟加拉国	0.237	150	坦桑尼亚	0.029	188
萨摩亚	0.425	113	圣多美和普林西比	0.232	151	也门	0.024	189
摩尔多瓦	0.420	114	乌干达	0.227	152	巴布亚新几内亚	0.019	190
加蓬	0.415	115	赞比亚	0.222	153	列支敦士登	0.014	191
莱索托	0.410	116	格林纳达	0.212	154	厄立特里亚	0.009	192
南非	0.405	117	津巴布韦	0.207	155	索马里	0.004	193
尼加拉瓜	0.400	118	尼日利亚	0.202	156			
塞舌尔	0.396	119	法罗群岛	0.193	157			
吉布提	0.391	120	苏丹	0.188	158			
格陵兰	0.386	121	几内亚比绍	0.183	159			
印度尼西亚	0.381	122	贝宁	0.178	160			
叙利亚	0.376	123	基里巴斯	0.173	161			
印度	0.371	124	马拉维	0.168	162			
巴拉圭	0.366	125	安哥拉	0.163	163			
所罗门群岛	0.361	126	布基纳法索	0.158	164			
危地马拉	0.356	127	埃塞俄比亚	0.153	165			
萨尔瓦多	0.351	128	委内瑞拉	0.148	166			
玻利维亚	0.346	129	毛里塔尼亚	0.143	167			
不丹	0.341	130	圣马力诺	0.138	168			
塔吉克斯坦	0.331	131	冈比亚	0.133	169	未列入国家和地区		
白俄罗斯	0.326	132	马达加斯加	0.128	170			
洪都拉斯	0.321	133	马里	0.118	171	文莱		
伊拉克	0.316	134	莫桑比克	0.113	172	海峡群岛		
卢旺达	0.311	135	多哥	0.108	173	科特迪瓦		
斯威士兰	0.306	136	海地	0.103	174	库拉索		
东帝汶	0.301	137	老挝	0.099	175	朝鲜		
赤道几内亚	0.297	138	乍得	0.094	176	韩国		
乌兹别克斯坦	0.292	139	阿富汗	0.084	177	科索沃		
尼泊尔	0.287	140	布隆迪	0.079	178	荷属圣马丁		
吉尔吉斯斯坦	0.282	141	塞拉利昂	0.074	179	南苏丹		
柬埔寨	0.277	142	尼日尔	0.069	180	圣基茨和尼维斯		
肯尼亚	0.272	143	中非	0.064	181	圣卢西亚		
加纳	0.267	144	刚果人民共和国	0.059	182	法属圣马丁岛		
塞内加尔	0.262	145	刚果民主共和国	0.054	183	圣文森特和格林纳丁斯		
巴基斯坦	0.257	146	几内亚	0.049	184	特克斯科斯群岛		
喀麦隆	0.252	147	利比里亚	0.044	185	瓦努阿图		
开曼群岛	0.247	148	利比亚	0.039	186	美属维尔京群岛		
土库曼斯坦	0.242	149	科摩罗	0.034	187	约旦河西岸和加沙地带		

对于玉米来说，中南美洲、南欧、东南亚，以及中国北部和东北部的种植区都是干旱的高发区。近年来，气候变化导致的降水模式变化以及全球变暖直接影响了区域内的水分平衡，降水减少的地区可能面临更大的干旱风险，而降水变化不大的地区同样有可能因温度升高引起蒸发量增大而导致干旱风险增大。在全球尺度上，虽然对于全球变化背景下的干旱变化趋势尚不明确，但一些地区的显著干旱化被明确指出了，如非洲，南欧、东亚、南亚及东澳大利亚。同时，全球变暖的趋势会提升干旱的强度、范围以及突发性的观点也得到了认可。考虑到有研究指出全球尺度上干旱年的出现概率在普遍提升，因此农作物生长面临的干旱风险将不可避免地增大。

在全球变暖的背景下，热害，这种可以在短时间内严重损害作物生理结构、抑制作物生长的农业气象灾害逐渐成为了人们关注的另一个重点。近年来，粮食作物热害发生的热点地区主要集中于 40°~60°N 地区，尤其是中亚、东亚、南亚及北美地区。具体来说，水稻种植面临的热害胁迫在南亚地区尤为显著，其次为中亚地区。小麦生长时期的热害胁迫主要出现在中亚至东欧的大片地区，同时在北美大陆中部以及中国北方地区也有广泛分布。相比之下，玉米种植受到热害胁迫的地区明显偏少，仅在印度中部、中国北部以及南美洲中部地区相对明显，且强度并不高。与此同时，针对未来气候情景下粮食作物热害胁迫的研究给出了并不乐观的预测。在 A1B 情景下，除小麦热害的影响地区及其强度预计变化不大之外，水稻及玉米受热害的影响在 21 世纪都将有十分显著的增强。中亚、东亚、北美中部、南美东部以及澳大利亚南部地区都将成为水稻热害发生的热点地区。玉米热害的影响范围也将扩大至中亚、北美，以及非洲萨赫勒地区，而在原有发生地区，热害强度也预测有显著增长。

从上述内容可以看出，中国是干旱和热害的高发地区之一。事实上，中国是受农业气象灾害影响最为显著的国家之一。包括干旱和高温热害在内的多种农业气象灾害给我国粮食作物的生长带来了很高的减产风险。干旱灾害在我国十分普遍，在各主要粮食种植区都有广泛的记录，其影响范围包括了南方及东北地区的水稻种植区，华北及西北地区的小麦种植区，以及四川盆地、华北平原、西北及东北地区的玉米种植区。与此同时，随着 20 世纪 80 年代以来气温的显著升高，高温热害对我国粮食作物的影响也日益凸显。南部水稻种植区，尤其是长江中下游地区面临严重的高温热害风险。在黄淮海平原的小麦主产区，高温热害也已经成为影响作物生长的关键因素之一。

在气候变化的大背景下，农业生产的环境在不断变化，同时作物生长所面临的环境风险也在发生改变。除了上文着重描述的干旱和高温热害灾害之外，诸如暴雨、大风、冰雹、冷害等典型的农业气象灾害也威胁着农业生产的正常进行。气候变化导致极端事件发生频率及强度增加已经成为共识，也为农业生产管理带来了新的挑战。完善农业适应性措施，提升区域农业适应能力，是应对气候变化负面影响的有效手段，同时也是保证粮食产量稳定，确保粮食安全的必要措施。

2. 中国宁夏适应性案例

1）案例区概况

宁夏回族自治区（35°14′ ~39°23′ N，104°17′ ~107°39′ E）（图 5.44）位于中国

西北地区的东北部，地处中国东部季风区、西北干旱区和青藏高原区三大自然区域的交汇地带，总体呈现南高北低、山地迭起、平原错落的格局，最大南北相距 456 km，东西长近 250 km。宁夏三面沙漠围绕：西北是腾格里沙漠、北面是乌兰布和沙漠、东北面是毛乌素沙地，具有典型的大陆性气候，干旱少雨、蒸发强烈，生态环境尤为脆弱。

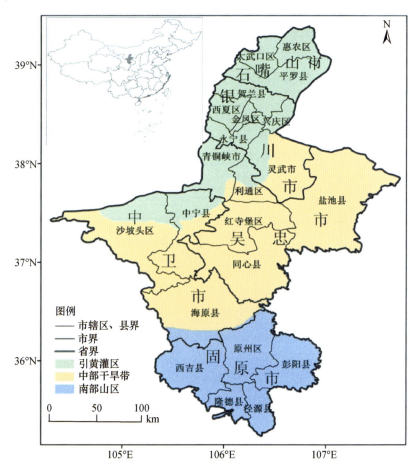

图 5.44　宁夏地区地理位置、区域划分及县级行政区划图

宁夏全区辖 5 个地级市、9 个市辖区、11 个县和 2 个县级市（图 5.44），国土面积约 6.64 万 km²。根据气候条件、生态环境状况、农牧业分布和传统的习惯，通常把宁夏划分为 3 个区域（图 5.44）：引黄灌区，年降水量为 200mm 左右，包括石嘴山市、银川市、吴忠市的利通区北部、中卫市的黄河两岸地区及青铜峡市；中部干旱带，年降水量为 200～400mm，包括银川市的灵武市、吴忠市的红寺堡区、盐池县和同心县及中卫市的山区；南部山区，年降水量达 400mm 以上，包括固原市的原州、西吉、隆德、泾源和彭阳等 1 区 4 县。

特殊的地理环境与气候条件，致使宁夏自然灾害频发、类型繁多，主要包括干旱、暴雨（洪涝）、大风（沙尘暴）、冰雹、霜冻、低温冷害、干热风、病虫害、水土流失、地震、土地沙漠化和土壤盐渍化。诸多自然灾害中，气象灾害发生最为频繁，且危害最严重，气象灾害造成的直接经济损失，1985～1994 年平均每年达 2.8 亿元，1995～2004 年年均超过 4 亿元，占宁夏全区国内生产总值的 1.9%～6.5%。干旱是宁夏最严重的一种气象灾害，其分布最广，发生频次占总灾害频次的 1/2 以上，为各项灾害之首，对农业生产影响最大。

2）干旱变化及影响

（1）气象干旱的时空变化特征。

1972～2011 年，宁夏所有站点年 SPEI 值均呈减小趋势，全区平均年 SPEI 值减速为 0.37/10a（$P<0.05$）（图 5.45）。全年四季 SPEI 均呈减小趋势，其中春季和夏季显著减小，尤其春季减小速度最快。空间上，中部干旱带年 SPEI 减速最小，为 0.21/10a（$P>0.05$），其次是南部山区为 0.38/10a（$P<0.01$），北部引黄灌区最大，为 0.43/10a（$P<0.01$）。由此表明，1972～2011 年宁夏气候总体呈变干趋势，其中春季最为显著；空间上，中部干旱带气候变干速度相对最慢，由此分别向南北递增。

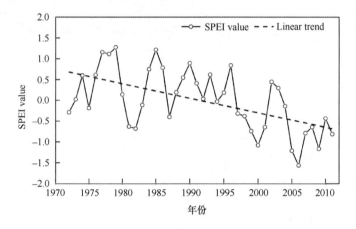

图 5.45　1972～2011 年宁夏区域平均 SPEI 值的变化

1972～2011 年，宁夏干旱持续时间长、发生频繁，且空间范围广。全区 90% 以上的站点平均持续时间为 5～6 个月，60% 以上的站点最大持续时间为 12～24 个月，80.0% 以上的站点干旱发生频率大于 70.0%。1972～2011 年，全区平均干旱持续时间为 6 个月，平均干旱最大持续时间为 15 个月，平均干旱频率为 78.8%，平均干旱强度为 1.02。

宁夏干旱总体呈加剧趋势。相较于 1972～1991 年，1992～2011 年宁夏全区平均干旱持续时间由 5 个月增加为 6 个月，平均最大干旱持续时间由 11 个月增加为 14 个月，平均干旱强度由 0.93 增加到 1.08，干旱频率由 60.7% 增加为 96.8%。1972～2011 年，宁夏干旱的空间范围总体呈显著增大趋势，年干旱站次比增速为 7.6%/10a（$P<0.01$）；季节尺度上，全年四季干旱站次比均呈增大趋势，其中春季尤为显著，增大速率为 14.4%/10a（$P<0.01$）。

空间上，1972～2011 年，平均干旱持续时间北部引黄灌区和中部干旱带相差不大，而南部山区相对较短；平均最大干旱持续时间呈现由中部分别向南北递减，中部干旱带最大，为 16 个月，其次是引黄灌区和南部山区分别为 15 个月和 11 个月；平均干旱强度呈现由中部分别向南北递增，中部干旱带最小，为 0.97，其次是引黄灌区和南部山区分为 1.06 和 1.00；平均干旱频率总体呈现自北向南递增，引黄灌区为 74.5%，中部干旱带为 80.4%，南部山区为 86.0%。

（2）干旱造成的影响。

干旱对宁夏农业生产和经济社会已造成了严重影响。已有研究表明（谭春萍等，2014b），1978～2010 年，宁夏全区多年平均受灾人口和农作物受灾面积分别为 94.40 万人和 26.69 万 hm^2，分别占该地区气象灾害受灾总人口和农作物受灾总面积的 58.75% 和 70.30%，多年平均旱灾直接经济损失达 16813.85 万元。

宁夏干旱灾害的影响总体呈持续加重趋势。1978～2010 年，全区旱灾的受灾人口、农作物受灾面积和直接经济损失均在波动中呈显著增大趋势，增速分别为 28.78 万人/10a（$P<0.01$）、3.16 万 hm^2/10a（$P<0.01$）和 8504.04 万元/10a（$P<0.01$）。

宁夏旱灾及其影响呈自北向南加剧的空间分布格局（表 5.23）。1978～2010 年，单位土地面积多年平均受灾人口，引黄灌区为 2 人/km^2，而中部干旱带为 10 人/km^2，南部山区高达 40 人/km^2。同时期单位土地面积平均农作物受灾面积，引黄灌区少于 0.50 hm^2/km^2，而中部干旱带为 3.63 hm^2/km^2，南部山区达 8.90 hm^2/km^2。1978～2010 年，单位面积旱灾造成的平均直接经济损失，引黄灌区 0.03 万元/km^2，中部干旱带 0.25 万元/km^2，南部山区达 0.50 万元/km^2。

从空间变化看，宁夏旱灾灾情亦存在明显的地域差异性（表 5.24）。1978～2010 年，旱灾受灾人口中部干旱带增速最快，为 16.55 万人/10a，其次南部山区为 10.42 万人/10a，引黄灌区增速最慢，为 0.24 万人/10a；农作物旱灾受灾面积，中部干旱带增速最快，为 2.99 万 hm^2/10a，引黄灌区略有增加，但不显著，增速为 0.06 万 hm^2/10a，而南部山区略呈减少趋势，减速约为 0.19 万 hm^2/10a；旱灾直接经济损失，中部干旱带增速最快，达 4855.06 万元/10a，南部山区次之，为 2216.37 万元/10a，而引黄灌区增速较缓，为 79.10 万元/10a。可见，宁夏旱灾受灾人口、农作物受灾面积和直接经济损失，中部干旱带增速最快，由此向北、向南减慢。

表 5.23　宁夏各区域 1978～2010 年单位面积多年平均旱灾灾情

灾情要素	引黄灌区	中部干旱带	南部山区
旱灾受灾人口/（人/km^2）	2	10	40
旱灾农作物受灾面积/（hm^2/km^2）	0.41	3.63	8.90
旱灾直接经济损失/（万元/km^2）	0.03	0.25	0.50

表 5.24　宁夏各区域 1978～2010 年旱灾灾情变化

灾情要素	引黄灌区	中部干旱带	南部山区
旱灾受灾人口/（万人/10a）	0.24	16.55**	10.42**
旱灾农作物受灾面积/（万 hm^2/10a）	0.06	2.99**	−0.19
旱灾直接经济损失/（万元/10a）	79.10**	4855.06**	2216.37**

**为通过了 0.01 的显著水平，*为通过了 0.05 的显著水平

（3）农户对干旱变化及其影响的感知分析。

随气候的暖干化，宁夏干旱亦在随之加剧，并对农业生产和经济社会的发展产生严重影响。而当地农户和政府部门对干旱变化及其影响的认识程度，关乎未来旱灾的防治。为此，课题组于 2012 年 9 月对宁夏干旱变化及其影响进行了广泛考察和调研。

调查结果显示，宁夏干旱总体在加重、频次在增加、强度在增大。321 户被调查对象中，56.1%的人认为宁夏干旱在加重（稍微加重或加重很多），64.5%的人认为干旱灾害发生的频次在增加（增加很多、稍微增加），65.4%的人认为干旱灾害发生的强度在增强（增强很多、稍微增强）。此外，该地区农户对上述三项的选择人数比例均高于政府人员的评判。

干旱对宁夏农业生产影响较为严重。调查结果显示，321 户被调查对象中，91.3%的人认为干旱对农牧业生产的影响程度大，农户和政府人员的这一比例分别为 87.8%和 96.8%。此外，有81.3%的调查对象认为，该地区干旱造成的影响中，以"粮食减产或绝收"为主。

上述分析表明，宁夏人们认为当地干旱在加重，对农业生产影响较大。可见，当地居民的上述认识与宁夏干旱变化及其影响的客观事实基本一致。

3）干旱适应行动与规划

根据政府间气候变化专门委员会（Intergovernmental Panel on Climate Change，IPCC）的定义，人类系统的适应是对实际或预期的气候及其影响进行调整的过程，目的是减低危害或利用有利机会（IPCC，2012）。因此，适应既关乎现在又影响未来。依据宁夏地区已实施的适应举措的持续时间、影响范围与程度，将它们粗略的分为适应战略与应对措施。宏观适应战略主要解决重大问题，预期达到良好的、长期的效果，其持续时间在10 年甚至以上；应对措施主要解决某一地区或某一经济部门当前迫切的问题，其可立竿见影，持续时间较短。

（1）宏观战略与规划。

a. 生态环境建设战略

过去几十年，宁夏区域平均年气温显著变暖 1.4～2.08℃，降水量略有减少，气候变暖与人类活动的双重影响导致宁夏地区的草地锐减，沙漠化严重。生态环境的严重退化不仅影响农牧业的健康发展，而且加重了气候干旱的影响。为了遏制草地进一步退化，建设山川秀美的生态环境，2003 年，宁夏政府通过出台舍饲圈养、人工草地建设与其他相关扶持政策，在全区实施草地禁牧政策。与此同时，亦实施了退耕还林，退牧还草政策。这些政策实施 10 多年来，宁夏地区生态环境明显好转，退牧区的林草覆盖度由 2003 年前的大约 30%增加到 2013 年的 50%，草地理论承载力亦显著上升。

b. 建设现代高效节水农业战略

在宁夏，农业是用水大户，农业用水占全区总用水量的93%。因此，如果用现代高效节水技术取代现有灌溉方法，宁夏的节水潜力巨大。滴灌就是最有效的灌溉方式之一。然而，调查发现，尽管宁夏政府通过财政补助、人员培训等措施推广喷滴灌技术，但在农村地区推广很困难，农民依旧使用大水漫灌。这种状况严重阻碍了建设高效节水农业的努力与进程。因此，2004 年，宁夏地区开始实施土地流转政策。在流转耕地上，均实施了如时针式喷灌仪，喷灌、滴灌等节水技术。然而，尽管宁夏政府大力推广土地有序流转，但我们的调查发现，有 2/3 的被调查者不愿意流转耕地，绝大多数农民们认为耕地是他们的命脉，他们主要担忧流转后生活难以为继。可见，宁夏地区建设现代高效节水农业的道路的漫长的。

c. 跨流域调水规划

宁夏位于黄河流域上游，然而一方面由于黄河地表径流量较小，只有 580 亿 m³，而且含沙量世界第一，另一方面由于黄河流经的甘肃、宁夏、内蒙古、山西和陕西均依赖黄河水供给。为解决黄河流域水供需矛盾，1987 年实施了黄河水供给分配方案，根据这一方案，宁西地区只能消耗 40 亿 m³ 的黄河水。干旱加剧与社会经济发展共同致使宁夏对水的需求显著增加。尽管宁夏政府寄希望通过实施高效节水农业来节约农业用水，然而由于其漫长的建设过程，这种举措不能满足当下的用水需求。因此，跨流域调水就成为优先考虑的措施，宁夏政府希望通过实施跨流域调水彻底解决该地区缺水问题，不过，目前该举措仍在规划中。

（2）具体的应对措施。

a. 农业种植结构调整

如上所述，农业是宁夏的用水大户，降低农业用水是成功适应干旱与水短缺的关键。在缓慢建设现代高效节水农业的过程中，农业结构调整是实现节水目标的一种重要措施，也是迄今为止比较成功的措施之一。宁夏历来就有种植水稻与大米的习惯，而这两品种耗水量大，相比较而言，玉米与马铃薯的耗水量较小。因此，宁夏的种植结构调整就是通过逐渐减少水稻与小麦的种植面积，增加玉米与马铃薯的种植面积。宁夏农业种植结构调整始于 2000 年，至 2012 年，水稻和小麦的种植面积显著减少，只占总作物种植面积的 29.6%，而玉米与马铃薯的种植面积占到了总作物种植面积的 70.4%（杨发与陈彩芳，2012）。作物结构调整在一定程度上既降低了农业用水，又增加了农民们的收入（杨发与陈彩芳，2012）。

b. 扬水工程

中部干旱带占宁夏全区面积的 42%，这里常年气候干旱多风，年降水量只有 200～300mm，农业生产、人畜严重缺水。为解决这一地区的水短缺问题，宁夏政府实施了扬水工程、旱作农业节水技术、雨水收集与移民搬迁等措施。本小节只介绍扬水工程。扬水工程就是从宁夏北部引黄灌区取水，经逐级提升到达海拔相对较高的中南部地区，既供给这两个地区工农业用水，又解决人畜饮水问题。扬水工程在宁夏地区的东、中和西部均有分布，如西部的固-海扬水工程，灌溉面积 5 万 hm²，中部的红寺堡扬水工程，灌溉面积 3.67 万 hm²，东部的盐-环-定扬水工程，灌溉面积 1.62 万 hm²。为了解决这些扬水工程覆盖范围之外地区的人畜饮水问题，截至 2010 年，宁夏已建成 560 个集中供水点。这些大型工程与集中供水点极大地解决了宁夏中南部地区 10.29 万 hm² 的农田灌溉与工业用水问题，以及 3360 万人的饮水问题。

c. 旱作节水技术

除了从北部扬水，扩大中南部地区灌溉面积之外，宁夏各级政府通过财政补贴杠杆，在中南部地区大力推广旱作节水技术，这些技术包括地膜覆盖、雨水收集、砂砾地膜覆盖与设施农业。

d. 移民搬迁

在宁夏，移民搬迁是一种重要的干旱适应措施，该措施从 2010 年开始实施。移居者原来居住的地方均为中南部山区，干旱缺水，交通不便。为了解决这些人们的缺水与交通问题，宁夏政府大力投入，修建了 274 个移民新村与相关配套设施。截至 2014 年年底，346000 人搬迁到新建的村庄。

e. 其他措施

除了上面提及的这些适应行动与规划之外，宁夏政府还实施了一些其他的政策与措施：升级现有灌渠，降低渗漏；颁布实施 2007 节水法；实施干旱监测与建立早期预警系统；发展应急救援计划；积极推广农业保险，降低干旱灾害的影响。

总之，宁夏对干旱与水短缺的适应行动是围绕农业、工业、社会生活和生态环境开展的，是多维的，涉及政策制度性措施、工程性措施、技术性措施、结构性措施、社会性措施与其他措施（表 5.25）。

表 5.25　宁夏干旱适应行动与规划

措施	具体行动与规划
政策与制度措施	通过舍饲圈养、人工草地建设实行全区禁牧；退耕还林与退牧还草，生态修复，建设良好的生态环境
	建立节水法规，科学利用水资源，节约用水
	建立水权交易制度，高效使用水资源
	实施土地流转政策，建立现代高效节水农业
工程性措施	改造、维护现有灌渠、降低渗漏
	扩建扬水工程，供给中南部地区农业用水，扩大灌溉面积
	有效运行集雨蓄水工程，充分利用有限的雨水
	实行跨流域调水工程，增加供水量，极大地提升对未来干旱与水资源短缺的适应能力
技术性措施	实施干旱监测与预警预报系统
	推广喷、滴灌等高效灌溉技术，高效利用有限的降水与其他水资源
	硒砂压地覆膜，高效利用有限的降水与其他水资源
	推广抗旱品种，提高作物抗旱能力
结构性措施	调整农业种植结构，减少农业用水
社会性措施	发展应急与救助计划，增强防御能力
	公众宣传，提高节水意识
	移民调村，应对干旱，改善移居者的生存生活环境
其他措施	大力发展农业保险与其他金融工具，降低干旱灾害的影响

4）干旱适应路径与目标

实施适应行动与规划以应对气候变化的终极目标是实现社会经济的可持续发展，在宁夏这一生态环境脆弱、水资源短缺，干旱增加地区，只有一条正确的适应路径才能实现上述目标。在干旱半干旱的许多国家这种状况是相似的。在澳大利亚，为了应对干旱与水危机，实现生态健康和社会经济可持续发展，优先从农业部门着手。在宁夏地区，可用黄河水被规定的约束条件下，建设现代高效节水农业既是适应目标，又是通往社会经济可持续发展的重要途径，上面述及的绝大多数适应战略与应对措施均是围绕农业，目的是提高用水效率，极大地降低农业用水量；农业节约的水量，通过水权交易机制转移给工业，以促进工业发展，然后发展的工业反哺农业。这样，宁夏地区的这些战略与措施形成了一条新的路径，该路径可持续利用水资源，实现社会经济的可持续发展（图 5.46）。

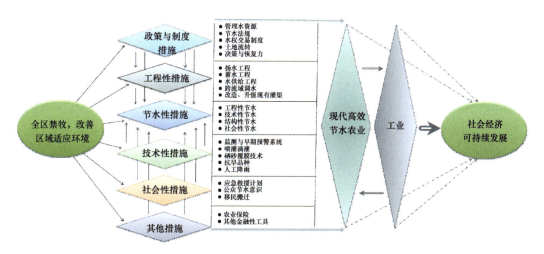

图 5.46　宁夏地区干旱适应路径与目标，以及不同措施之间的关系

3. 宁夏与澳大利亚新南威尔士州案例对比研究

新南威尔士州气候因地理环境不同而异（图 5.47），沿海气候最温和，无严寒酷暑，一年四季雨量充沛，愈向内陆，降水愈少，至达令河西岸则成为沙漠。该州主要有 4 种气候类型：热带沙漠气候（西北部）、亚热带草原气候（中部和南部）、温带海洋性气候（东南部）和亚热带湿润气候（东部沿海）。河流可分为两类，大分水岭区以东的河流，流程短但水量丰富；大分水岭以西的河流，流程长而水量小，甚至趋于干涸，如墨累河及其支流达令河。

1）干旱变化及影响

（1）气象干旱的时空变化。

采用 12 个月时间尺度每年 12 月的 SPEI 值代表年 SPEI 值，采用 3 个月时间尺度 11 月、2 月、5 月和 8 月的 SPEI 值分别代表春季、夏季、秋季和冬季的值，分析 1971～2013 年新南威尔士州 SPEI 指数变化特征。结果显示，1971～2013 年，新南威尔士州年 SPEI 呈减小趋势，减速为 0.21/10a（$P>0.05$）（图 5.48），且全年四季 SPEI 均呈减小趋势（图略），春季、

图 5.47　澳大利亚新南威尔士州（New South Wales）地理位置

夏季、秋季和冬季SPEI值减速分别为0.20/10a（$P<0.05$）、0.08 /10a（$P>0.05$）
和 0.10 /10a（$P>0.05$）。由此表明，该州气候在年际和季节尺度上均呈现变干趋势，其
中春季变干相对最为迅速，但其变化趋势均不显著。

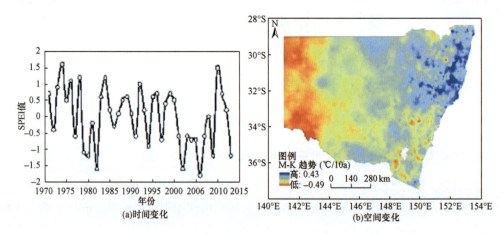

图 5.48　1971～2013 年新南威尔士州年 SPEI 值时间和空间变化

1971～2013 年，新南威尔士州总体呈变干趋势，但空间上呈现明显的变化差异。该
州西部地区变干最为迅速，其次是中部地区，东部沿海相对较缓，尤其东北部沿海地区
呈现变湿趋势。

（2）干旱的影响。

环境影响。干旱已对澳大利亚的生态环境造成了重要影响，突出表现为全国性定期
发生的沙尘暴，以及达令河出现断流现象（Alston and Kent 2004）。除干旱外，由此产生
的环境问题已成为许多家庭的额外负担，甚至导致当地农村家庭之间信任丢失。

经济影响。干旱对澳大利亚经济增长的影响显著。澳大利亚农业与资源经济局

（ABARE）曾估计，2002～2003 年大旱使澳大利亚的经济增长下降 0.9 个百分点，约 66 亿澳元（Alston and Kent，2004）。2002～2003 年，新南威尔士州的谷物生产者受旱尤为严重，灌溉水源的缺乏严重影响夏季棉花和水稻的播种；该州的伯克（Bourke）在干旱时期因载畜量、销售量的下降及牲畜的死亡导致收入严重受损，大多数家庭指出在此期间的牲畜承载力仅为正常时的 1/3，估计干旱措施的成本约需 10 万澳元（Alston and Kent，2004）。

社会影响。 干旱已对贫困、农场家庭、小企业和农村社区造成了不同程度的影响。①贫困问题：当没有降雨或降雨较少时，可能会遭遇持续一段时间没有或只有极少的现金流入农场，处于危机时期的农村家庭除资金相对匮乏外，其心里贫困或精神贫困在干旱时期会加重（Alston and Kent，2004）。Stehlik 的研究表明，农场家庭成员从他们的社区、社会活动和社团中撤出，会导致社会资本损失和人脉削弱。②农村家庭问题：Stehlik 等（1999）发现遭遇干旱的农民家庭需应对各种与生产相关的紧张局势，包括：维持或降低生产水平的程度；是否全职或兼职运行农场，以及（或者）是否寻求非农工作；有限的资金应如何花费；是否保持独立或寻求干旱救灾；是否离开农场；政府支持的可获得性（Stehlik et al.，1999）。同时，干旱增加了协助应对干旱工作的劳动力负担，并产生了与农场运作相关的社会影响。此外，干旱还引起财政危机导致家庭因压力而影响成员健康、因非农工作的寻求而影响农场工作时间和家庭内部矛盾、婚姻冲突和与社区互动减少等与农民家庭生活管理等相关的社会影响。③农村社区问题：相较于城市地区，澳大利亚农村的贫困程度更高、范围更广、时间更长。农村社区的失业是 2001～2003 年干旱的显著特点之一，副总理 John Anderson 指出，农村和地区社区失去了 70000 个工作岗位，这些工作包括农场工人和农村社区受干旱影响的工人（Alston and Kent，2004）。

2）国家干旱政策与改革

（1）国家干旱政策发展历史。

20 世纪中期，澳大利亚干旱政策聚焦于尝试通过扩大灌溉发展抗旱农业。1971 年，政府政策转向认为干旱是一种自然灾害，在联邦与各州自然灾害救助与恢复安排下，为受旱人们提供支持。1989 年，干旱被从上述安排中解除，经评审判定之前的干旱政策缺乏针对性，扭曲了农场输入价格，抑制了农民为干旱做准备的积极性。1992 年，联邦与各州政府基于自力更生和风险管理原则，就国家干旱政策达成一致，一系列计划被放于合适的位置，以支持农民改善他们的管理技能（Botterill 2005）。1992 年国家干旱政策描述了澳大利亚干旱政策的广泛背景，设定了澳大利亚政府提供支持和帮助的总体办法。该政策的目标包括：①鼓励主要生产者和澳大利亚农村其他部门采取自力更生的办法来应对气候变异；②气候压力增大时期，促进澳大利亚农业和环境资源基础的维护与保护；③促进农业和农村产业的早期恢复，符合长期可持续的水平。

2008 年 2 月 29 日在凯恩斯召开的 Promary 产业部长级论坛上，部长们达成一致，认为目前干旱和极端事件的应对办法，在气候变化背景下不再是最合适的。干旱政策需进一步改进，以为自力更生和干旱准备创造环境，鼓励采取恰当的气候变化管理实践。干旱政策的评估和改进与气候变化政策的发展是同步的，计划（programs）将把澳大利亚农民置于最可能遭遇气候变化的位置。澳大利亚政府通过三个独立的评估，进行了一项全面的干旱政策国家评估。该评估将支持政策的发展，更好地帮助农民和农村社区为气候变做准备。评估主要包括：①生产委员会干旱支持措施的经济评价；②评估专家小组针对干旱对农民家庭和农村社区社会影响进行评价；③气象局和联邦科学与工业研究组织（CSIRO）对未来可能的气候格局和目前的极端事件标准（20～25 年一遇）进行气候评价。

（2）干旱救助计划（drought assistance programs）。

在国家干旱政策的引导下，引入了许多干旱救助计划，包括农村调整计划（rural adjustment scheme）、干旱救灾付款（drought relief payment），农场管理存款计划（farm management deposits scheme）和农村金融咨询服务（rural financial counselling service）等。一系列其他支持计划，与国家干旱政策不直接相关，农民可通过澳大利亚国家、各州和领地政府获得。

农村调整计划提供补助款和利息补贴、干旱救灾款，为被宣布为特殊情况地区的农民提供收入支持。1997 年，这些计划变成了特殊情况利息补贴和特殊情况救灾款。目前"特殊情况"的定义是在 1999 年发展的。被宣布为特殊情况的事件，必须是：①罕见和严重的，即不只是平均 20～25 年发生一次，规模必须很大；②导致农业收入在很长一段时间（超过 12 个月）出现罕见和严重的衰退；③是无法预测的或者是结构调整过程中的一部分。

（3）国家干旱计划改革（national drought program reform）。

2013 年由澳大利亚国家、州和领地政府签署了关于国家干旱计划改革的政府间协议。该协议的目标为：①帮助农民家庭和主要生产者适应气候变率增强的影响，并为之为做准备；②鼓励农民家庭和主要生产者采取自力更生的方法来管理他们的业务风险；③确保困难的农民家庭可以获得家庭补助款；④确保农民家庭容易获得合适的社会支持服务；⑤提供管辖区针对旱灾需求的响应框架。

在政府干旱改革的新方案下，将会开展以下计划：①农场家庭津贴；②改进农场管理存款计划、获得其他的税收措施；③国家农场业务培训方法；④一种社会支持服务供给的协调、合作方式；⑤告知农民决策信息的工具和技术。这些计划的目的在于帮助农民预防和管理干旱的影响及其他挑战，而不是等他们出现危机时才提供帮助。

协议将促进主要生产者具有改进管理业务风险的能力，并且在艰难时期为农民家庭提供支持。在此协议下，将实施以下措施：①农场家庭支持付款（farm household support payment）、农场管理存款（farm management deposits）；②持续获得农场管理存款（farm management deposits，FMDs）和税收措施；③国家农场业务培训施方法；④一种社会支持服务供给的协调、合作方式；⑤告知农民决策信息的工具和技术。

为了实现本协议中的目标与承诺，每个政党有其特定的角色和职责。联邦政府的职责包括：①推进基于个人需求的时限性农民家庭支持付款，包括驱动行为改变的互惠义务，以及支持互惠义务的案例管理；②为主要生产者持续提供税收优惠，以支持农民风险管理，包括农场管理存款（FMD）计划；③在此协议下推进联邦政府计划；④经与各州和领地磋商后，发展联邦政府实施计划；⑤在该协议下，监督与评价联邦计划的推进与执行；⑥报道联邦计划的推进和这些计划对协议中所制定的结果实现的贡献。各州与领地的职责包括：①鼓励全国农场业务培训办法的推动和理解；②经与联邦政府磋商后，推动各州或领地实施计划；③经与联邦政府磋商后，发展一个州或领地的实施计划；④监督和评价在该协议下州或领地计划的推进和执行；⑤报道州或领地计划的推进以及这些计划对协议中所制定目标实现的贡献。联邦政府与各州、领地共同的职责包括：①通过协调、合作方式提供社会支持服务；②为通知农民决策的工具和技术的发展做贡献；③通过联邦政府与州、领地之间持续合作和协作实现协议中所制定的目标；④考虑更加有效和高效地推动目前与协议中所制定目标有关的计划的方法；⑤共享协议目标相关的信息，包括实施以前计划有关变更的通知；⑥通过参与活动来实现本协议；⑦就协议中新的或修订的部分进行谈判；⑧根据该协议为推动服务和产出的评价与评估提供指导或做贡献。

3）干旱适应措施现状

在国家干旱政策的指导下，澳大利亚各地区尤其是新南威尔士州已针对干旱采取了诸多适应措施（表 5.26）。

表 5.26 澳大利亚新南威尔士州干旱适应措施及对策

措施	具体行动和对策
政策与制度措施	国家干旱政策
	干旱影响优惠贷款
	干旱恢复优惠贷款
	税收优惠
经济支持措施	农场管理存款
	农场家庭津贴
	农场金融
科学、技术与管理措施	气候预报
	水资源分配与利用
	农作物和牲畜管理
	害虫、树木、土壤管理
	农场业务管理培训
	开发干旱饲养计算 APP

措施	具体行动和对策
社会服务性措施	社会与社区支持服务
	干旱社区计划
	农场债务纠纷调解
	农村金融咨询服务
	风险管理与保险建议
	提供专门的干旱援助联系方式
其他措施	财产管理计划
	农业金融论坛
	碳农场未来计划
	动物健康
	保险
	……

4）宁夏与新南威尔士州干旱适应综合对比分析

由上述分析可以看出，相较于宁夏地区，澳大利亚新南威尔士州的干旱适应更加注重政策的引导、经济的支持、能力的培养和社会服务，而且干旱措施更为具体，干旱的针对性更强。两案例区干旱适应的差异，与其气候、地形和水源等自然条件密切相关，同时受经济、交通等多因素综合影响（表 5.27）。

表 5.27　宁夏和新南威尔士州干旱适应的驱动因素

要素	宁夏回族自治区	新南威尔士州（NSW）
气候	属典型的温带大陆性气候，冬季寒冷干燥、夏季酷暑少雨	气候类型多样，沿海气候温和，无严寒酷暑，四季雨量充沛，越向内陆，降水越少，至达令河西岸则成为沙漠
地形	南高北低、山地迭起、平原错落，以丘陵、平原、山地和沙地为主	地形复杂多样，大致分为沿海区、大分水岭区、中西部坡地丘陵区和西部荒漠区
水源	黄河从宁夏北部穿流而过，为主要用水来源	河流众多，大分水岭以东的河流流程短但水量丰富；大分水岭以西的河流，流程长而水量小，甚至趋于干涸
经济	宁夏是中国西北地区主要的粮食生产区，但同时属于中国的经济落后地区	农牧业发达，其农畜产品在澳大利亚占有重要地位；该州拥有全国重要的小麦产区、美利奴羊毛产地和水果、蔬菜生产中心。较高的经济发展水平为应对干旱提供了重要的经济保障
交通	以公路为主，陆地和空中运输均不发达，尤其乡村地区交通不便	海陆空运输均很发达，交通非常便捷
社会	保障体系尚不健全，缺乏对干旱的社会支持服务	社会保障体系十分健全，突出特点为实行分类保障、设计细腻、覆盖人口全面，注重干旱等问题的社会服务

4. 粮食主产区环境风险防范结构优化案例

1）优化目标

农村地区种植业自然灾害风险防范政府财政投入的优化目标是在有限财政资金

投入的限制条件下，最大化减轻种植业自然灾害风险。最大化减轻种植业自然灾害在国家与种植业生产者两个层面的优化目标不尽相同。对于国家和区域而言，种植业自然灾害风险防范以减少因灾粮食减产、保障粮食安全为首要目标。该目标一般以降低粮食减产的实物量（kg）为计量。对于种植业生产者而言，种植业自然灾害风险防范以减少粮食减产带来的收入波动为首要目标。该目标即可以挽回粮食减产的实物量（kg）为计量，也可以向生产者提供风险保障的货币单位（元）为计量。上述两个目标在本质上是一致的，可依据实际情况在模型中进行统一，以简化为单目标优化问题进行求解。

2）优化路径与变量

针对农村地区种植业生产中的自然灾害，我国政府目前在综合风险防范中的财政投入途径及其交互影响可用图 5.49 表示。

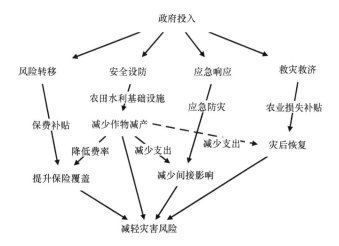

图 5.49 农村地区种植业自然灾害风险防范政府财政投入优化框架

具体措施包括：

（1）安全设防类。

政府财政资金投入到农田水利基本建设与防汛抗旱工程、装备，从而有效防御种植业自然灾害风险。此类投入的成本即为相关工程建设中的财政投入资金，效益应为工程建设后较未建设前所能够减少的粮食减产量（千克）。

（2）风险转移类。

当前我国政府在农业保险上投入大量资金用于保费补贴，鼓励农民参加农业保险、从而在自然灾害发生后获得保险赔偿，实现风险的有效转移。此类投入的成本即为政府在农业保险中投入的补贴资金，而效益可分为两部分：一是由于政府财政补贴资金的投入带动投保积极性从而新增保户；二是由于政府财政补贴使每位保户在购买农业保险的时候支出减少，从而直接获利。

（3）救灾救济类。

当前民政部门针对因灾粮食减产区域推行的冬令春荒救济制度，可帮助灾民因灾损失粮食后在缺粮时期渡过难关。

（4）应急管理类。

种植业自然灾害应急管理的主要方式是临时修缮、新增种植业防灾能力，如临时性给水或排水设施，主要由农业、水利以及国土等部门完成。此外，针对灾民主要采取临时转移安置、下拨救灾救济资金等方式进行应急，由民政部门完成。因此，农村地区种植业自然灾害风险防范中的应急管理措施在本质上是由安全设防投入和救灾救济投入共同完成。

3）常德市水稻因灾减产风险评估

综合自然灾害风险防范政府财政投入优化分析的基础是对研究区域风险特征的分析与风险的定量评估。为了针对研究区域晚稻生产风险进行评估，整理了 2000～2011年《湖南农村统计年鉴》中"各市、州、县粮食作物播种面积和产量"中关于常德市鼎城区粮食作物总产量的数据。在此基础之上，利用实际单产占预测单产的百分比（$\tilde{y}_t/\hat{y}_t$）作为随机误差，再利用下式计算无趋势单产：

$$y_t^{\text{det}} = \frac{\tilde{y}_t}{\hat{y}_t}\hat{y}_{2011} \tag{5.25}$$

式中，y_t^{det} 为研究区第 t（t=2000，2002，…，2011）年的无趋势晚稻单产；$\hat{y}_t$ 为第 t 年作物的实际晚稻单产；$\hat{y}_t$ 第 t 年的预测晚稻单产，即由去趋势模型预测的晚稻单产，$\hat{y}_{2011}$ 为 2011 年的预测晚稻单产。通过式（5.25），2011 年以前的历史单产都调整为 2011 年生产技术水平和自然环境条件下的晚稻单产，所得即是去趋势晚稻单产。

依据无趋势单产数据，利用参数估计的方法对县域单产的减产概率分布进行了拟合。在本研究中考虑到的备选拟合模型包括正态分布、对数正态分布、贝塔分布、韦伯分布。将各单产序列分别用四种函数进行拟合，再进行 Kolmogorov-Smirnov（K-S）检验；选取通过检验且标准误最小的函数作为最优拟合函数，最终得到该区域晚稻单产（kg/hm²）服从（6220，173）的正态分布，平方根误差为 0.0941，K-S 检验值为 0.246，P 值大于 0.15，通过检验。在此基础之上，利用 Matlab 软件随机生成 10000 年鼎城区单产减产量，绘制鼎城区晚稻单产减产量的超越概率曲线（图 5.50）以及单产减产率的超越概率曲线（图 5.51）。

从图中可以看出，依据产量数据求解得到的减产为正的超越概率约 50%，说明拟合结果计算正确。研究区 10 年一遇重现期的晚稻单产减产约为 220kg/hm²，对应减产率为 3.2%；50 年一遇重现期的晚稻单产减产可达到 400kg/hm²，对应减产率为 6.4%。期望减产量为 70.8kg/hm²，对应期望减产率为 1.1%。以鼎城区 2011 年晚稻播种面积 5.96万 hm² 计，鼎城区晚稻期望减产总损失约为 4219t/a。

4）结构性投入措施的效益-成本分析

（1）安全设防。

基于常德市当地政府提供的历史小农水事业费和政府防汛抗旱岁修费，以及历年因灾粮食减产数据，使用时间序列有限滞后分布模型进行了回归。在进行模型估计的过程中，考虑了某年政府投入（在实际模型中取按惯例取对数值）及其滞后项。分别考虑了一阶至四阶有限滞后分布模型，即在回归变量中加入 t–1、t–2、t–3、t–4 年的财政投入

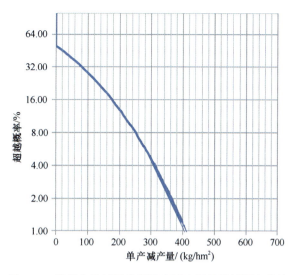

图 5.50　常德市鼎城区晚稻单产减产量的超越概率曲线

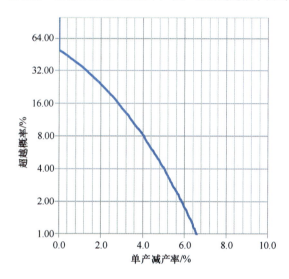

图 5.51　常德市鼎城区晚稻单产减产率的超越概率曲线

作为回归变量。与此同时，当年水旱灾害的强度也必须作为解释当年因水旱灾害造成粮食减产的重要因素。故而，依据历史气象数据分别计算了研究区历年旱、涝指数，也作为解释变量进入模型。

　　依据最小二乘法，对 1991～2004 年数据进行线性回归，采用 backward 方法逐步剔除不显著变量。在进行回归的过程中，分别考虑了一阶至四阶有限滞后分布模型，即在回归变量中加入 $t-1$、$t-2$、$t-3$、$t-4$ 年的财政投入作为回归变量。回归结果与 F 统计量显示，选取一阶有限滞后模型的解释效果最佳（表 5.28）。

　　从回归结果可知，回归模型同时反映了政府防汛抗旱投入对因旱涝灾害减产损失率的滞后效应，以及因旱涝灾害减产损失率对同年政府防汛抗旱投入的反馈作用。则其累计效果应为（0.116～0.181）＝ −0.064，即政府在防汛抗旱投入上每增加 10%（即原来的 1.1 倍），因灾减产率可相应下降约 0.0064，即 0.64 个百分点。政府投入的边际成本是上升的。

表 5.28   有限分布滞模型回归结果

变量	未标准化参数		显著性
	参数	标准误差	
常数项（constant）	0.597	0.482	0.247
政府防汛抗旱投入（万元）对数值（ln_invt）	0.116	0.062	0.091
前一年政府防汛抗旱投入（万元）对数值（ln_invt-1）	−0.180	0.067	0.025
年暴雨指标平均值（f_index）	0.005	0.002	0.036

依据模型，在假定上一年度防汛抗旱投入为固定（已发生）前提下，本年度预算新增防汛抗旱投入可带来的粮食减产率减少为

$$\Delta_{减产率} = 0.116 \times \left(\ln\left(\Delta inv_t + inv_t \right) - \ln inv_t \right) \tag{5.26}$$

依据研究区实际情况，以近年来政府年防汛抗旱投入为 1500 万元为基准值，并代入 2011 年鼎城区晚稻播种面积 59 600 hm^2 与多年鼎城区晚稻平均单产 6220 kg/ hm^2（依据历史数据测算），代入公式可计算得出常德市鼎城区进行防汛抗旱投入的主目标贡献（图 5.52）。在此基础之上，假定挽回的水稻减产率占所有自然灾害造成的水稻减产率的一半，可知保险费率将相应降低 $\Delta_{减产率}/2$，从而对农民参保率与总风险保障产生影响。在现行保险条款下，费率变化对参保率以及总保额的影响估算得到，并将结果绘制入图 5.52。

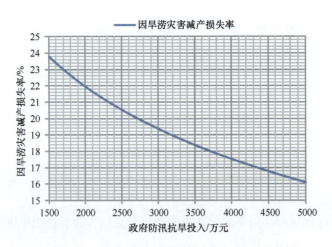

图 5.52   研究区政府防汛抗旱投入的效益-成本分析

（2）保费补贴。

政府进行种植业保险的保费补贴的重要目的是加强种植业保险的吸引力，从而提升农民参保率，为更多农民提供风险保障。因此，种植业保费补贴所获得的效益是补贴后新增投保农户被转移的风险，即对应的保险赔款的期望值进行度量。在给定保险条款（保额、保费与费率）的前提下，每个投保农民从保险公司获得的期望赔付（或参保的期望收益 r_{IN}）可计为：

$$r_{IN} = \int_t^1 x \cdot f\left(x\right)\mathrm{d}x, \mathrm{s.t.} x \in X \tag{5.27}$$

式中，x 为农民面临的随机损失（可为产量单位，或货币单位）；$f(x)$ 为随机损失的概率密度函数；X 是所有满足保险条款规定条件的损失 x 的集合。积分的上、下限 I 和 ι 分别表达了保险的启赔额度与封顶额度（保额）。对于整个区域而言，水稻生产者整体获得的期望赔付（即风险转移量）可表示为 r_{IN} 与参保人数 n_{IN} 的乘积，而参保人数是总人数与参保率之间的简单乘积关系：

$$n_{IN} = N \cdot \rho_{IN}\left(I, \pi, \sigma, \cdots\right) \tag{5.28}$$

一般认为，参保率 ρ_{IN} 由保额 I、保费水平 π 与保费补贴率 σ 以及其他保险产品特征共同决定。在此情况下，政府财政投入的总成本可计为

$$c_{IN} = N \cdot \rho_{IN}\left(I, \pi, \sigma, \cdots\right) \cdot \pi \cdot \sigma \tag{5.29}$$

即总参保人数乘以每人需缴纳保费再乘以补贴率。到此，保费补贴的效益-成本关系可表示为以补贴率为变量、保险产品属性为参数的函数：

$$R_{IN} = c_{IN}\left(\sigma; I, \pi, \cdots\right) \tag{5.30}$$

由此可知，求解保费补贴效益-成本函数的关系是理清政府补贴力度 σ 与参保率产生的影响，并获取相应的参数。为了揭示这一关键关系，本研究采取了在交通规划与市场调查领域广泛使用的选择实验方法（choice experiment），通过在现行水稻保险条款上构建虚拟条款与产品并进行选择实验的方式，获取研究区水稻种植者对不同保险条款的偏好程度与边际支付意愿。通过分层抽样的方式在湖南省选取 7 个县市，共获取 1004 份有效样本。在此基础之上，使用 Conditional Logit 对数据进行了估计。分析结果表明（表 5.29），水稻保险对于水稻生产者是有益的风险转移工具；水稻保险的保额、免赔水平、补贴力度与保费水平均对农民的参保意愿有显著影响。

表 5.29　基于 Conditional Logit 分析的水稻保险产品属性对参保意愿的影响

		回归参数	标准误差	Z 值	P>z	[95% 置信区间]
理赔	都不选	− 0.993	0.414	−2.400	0.017	[−1.805，−0.181]
	保额	0.002	0.000	5.710	0.000	[0.001，0.003]
	（秋后赔付）	− 0.171	0.147	−1.170	0.242	[− 0.459，0.116]
免赔	（15%起赔）	0.337	0.156	2.160	0.031	[0.031，0.643]
	补贴	0.031	0.005	6.070	0.000	[0.021，0.041]
	费率	− 0.220	0.049	−4.480	0.000	[− 0.316，− 0.124]

上述结果中给出了参保率与补贴力度之间的关系，相应确定政府补贴效益和成本。其中，政府总补贴效益应为开展保费补贴后的新增风险保障，收益 = 补贴后新增投保面积×单一农户投保期望收益。新增投保面积由总播种面积和新增参保率共同确定。政府总补贴支出则由总承保面积、单位面积保费水平和补贴率共同决定。在求出上述参数随补贴力度变化的响应之后，即可最终获得政府补贴支出与对应收益的关系（图 5.53）。

（3）救灾救济。

民政救灾通常被认为是减轻灾害风险的"事后"措施，因此在大多数情况下不能实现如保险或防灾措施等的"杠杆"作用，难以通过较小的投入而减少更大的风险。民政救灾

工作是由政府直接出资向灾民提供一定的保障，此种转移的本质是将灾民承受的一部分损失直接转移至政府。因此，每向灾民提供 1 元人民币的救助（款或物），相应的政府也必须要付出 1 元人民币的成本（款或物）。从此种意义上讲，民政救灾的成本与效益为 1∶1，且边际效益-成本为 0（图 5.54）。

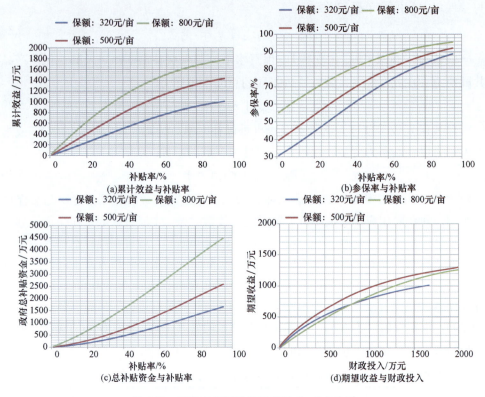

图 5.53　政府水稻保险补贴的效益-成本关系

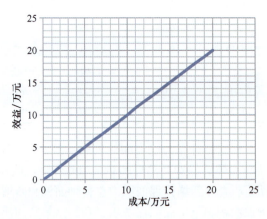

图 5.54　民政救灾救济的效益-成本曲线示意图

5）优化求解与决策

农业自然灾害风险防范政策优化问题可以描述成以下一个双目标优化问题：

$$\max_{X}[g_1(X), g_2(X)]^{\mathrm{T}},\tag{5.31}$$

其中

$$X = [x_1, x_2, x_3]\tag{5.32}$$

为投资分配方案，x_1 为区政府防汛抗旱投入，x_2 为区政府水稻保险补贴投入，x_3 为区政府救灾救济投入；X 须满足约束条件

$$x_1 \geqslant 0, x_2 \geqslant 0, x_3 \geqslant 0, x_1 + x_2 + x_3 \leqslant \overline{X}\tag{5.33}$$

$\overline{X}$ 为总投资额；g_1 为衡量"挽回农业减产"的目标函数，g_2 为衡量"新增保险保障"的目标函数，具体计算如下：

$$g_1(X) = g_{1,1}(x_1) + g_{1,2}(x_2) + g_{1,3}(x_3)\tag{5.34}$$

$$g_2(X) = g_{2,1}(x_1) + g_{2,2}(x_2) + g_{2,3}(x_3)\tag{5.35}$$

式中，$g_{i,j}(x_j)$ 计算区政府第 j 项投入对第 i 项目标的贡献；$g_{i,j}(x_j)$ 由 3 个效益-成本图 5.52，图 5.53d，图 5.54 中的相关曲线拟合而得。

上述农业自然灾害风险防范政策优化问题是一个双目标优化问题。通常不存在一种方案，可以同时最大化两个目标 g_1 和 g_2。大多数情况是，当我们调整投资分配方案使 g_1 增加时，g_2 很可能会减小。反之亦然。所以传统单目标最优的概念在这不能适用。求解多目标优化问题的基本目的是寻找 Pareto 最优解。假设 X^* 是一个 Pareto 最优解，那么它必须满足以下条件：对解空间里的任意其他解 X，必存在一个 $i \in [1, \ldots, N_{\text{Obj}}]$（$N_{\text{Obj}}$ 是目标函数的个数；在本农业自然灾害风险防范政策优化问题中，$N_{\text{Obj}} = 2$），使得

$$g_i(X) < g_i(X^*)\tag{5.36}$$

成立。对一个多目标优化问题，通常存在很多个不同的 Pareto 最优解。Pareto 最优解之间没有孰优孰劣的说法。所有的 Pareto 最优解就构成了该问题的 Pareto 最优面。Pareto 最优面是帮助解决多目标优化决策问题的关键。

利用结构-功能优化中的多目标算法，对常德实例进行了求解。图 5.55 和图 5.56 给出了各种总投资额条件下的 Pareto 最优面。显而易见，在总投资额给定的条件下，位于 Pareto 最优面上的分配方案才是决策者应该考虑的。对于任何非 Pareto 最优面上的分配方案，即图 5.55 和图 5.56 中的蓝色星点，总可以找到至少一个 Pareto 最优点，能够在同样的总投资额条件下，至少提高"挽回农业减产"和"新增保险保障"中的一项指标，而另一指标至少保持同样好。

虽然多基于目标优化的 Pareto 最优面比单目标优化的结果给出了更加丰富的决策支持信息，但往往单目标优化的结果更加简洁明了，人们通常更习惯于用一个综合的单目标来帮助理解和决策。显然，利用基于目标优化的 Pareto 最优面可以更加科学、灵活、有效地求解综合单目标最优方案。假设有如下一个综合单目标函数式中，w_1 和 w_2 是综合"挽回农业减产"与"新增保险保障"，即 g_1 和 g_2 两个原始单目标函数的权重。令 $w_1 g_1 = w_2 g_2$，可得

$$g_{\text{综合}} = w_1 g_1 + w_2 g_2,\tag{5.37}$$

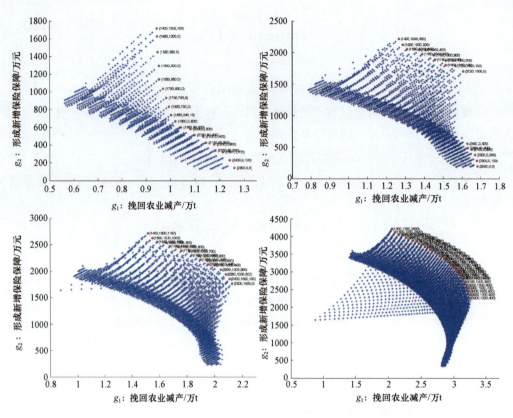

图 5.55　总投资为 2500 万、3000 万、3500 万和 5000 万时的 Pareto 最优面

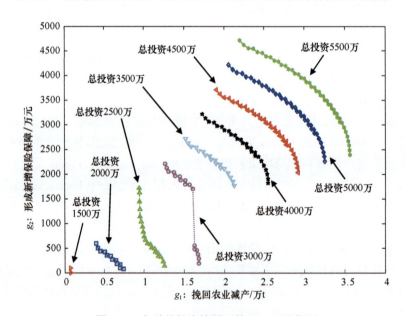

图 5.56　各种总投资情景下的 Pareto 最优面

$$g_1 = -\frac{w_2}{w_1} g_2 = \alpha g_2 , \tag{5.38}$$

式中，α 为每吨"挽回农业减产"可折合成多少万元"新增保险保障"的折合率。折合

率 α 能反映现实的经济环境。投资分配方案显然应该根据实际的经济环境来优化。当经济环境给定，折合率 α 也就可以通过相关经济数据确定。有了折合率 α 的数值后，我们就可以在目标函数平面上画一条以 α 为斜率的、与 Pareto 最优面相切的直线。相应的切点就是在给定经济环境下，即给定 α 值，的综合单目标最优投资分配方案。

以 5000 万总投资为例，给出了三种经济环境下的综合单目标最优投资分配方案。其中当折合率 $\alpha=0.06$ 万时，综合单目标最优投资分配方案为（1400，1000，2600），即红点；其中当折合率 $\alpha=0.15$ 万时，综合单目标最优投资分配方案为（2400，1000，1600），即深蓝点；其中当折合率 $\alpha=5$ 万时，综合单目标最优投资分配方案为（3600，1000，400），即粉点。图 5.57 说明，当农产品越值钱时，投资分配方案越应该向能直接减小农业损失的方案倾斜。

我们还可以利用 Pareto 最优面来评估一个综合单目标最优方案的适用性。图 5.56 给出了一个示例，以总投资为 3000 万元为例。图 5.58 中的蓝色点为所有的 Pareto 最优方案。假设我们选取方案（2000，1000，0），即深蓝色点。通过该点，我们画两条最早与任意其他 Pareto 最优点相切的直线，即图 5.58 中的红线和粉线，可以算出其"挽回农业减产"与"新增保险保障"之间的折合率 α 分别为 0.25 万和 1.8 万。这就说明，对任何折合率 α 处于 0.25 万和 1.8 万之间的情景，方案（2000，1000，0）都是最优的。从而我们可以评估出方案（2000，1000，0）的在综合单目标考量下的适用性。当所有 Pareto 最优方案的适用性都求得后，我们就可以通过比较而更好地决策投资分配方案。不难发

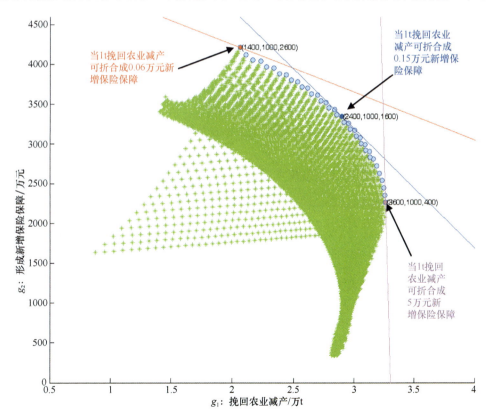

图 5.57　利用 Pareto 最优面求解综合单目标最优方案

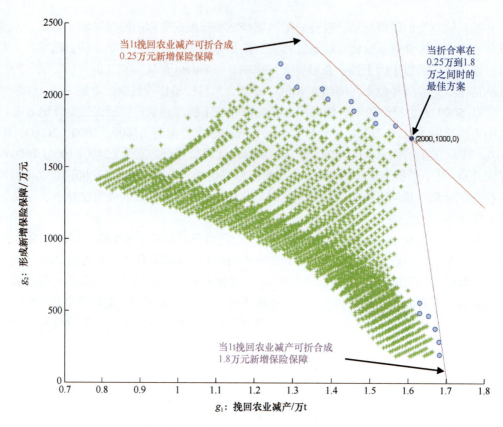

图 5.58　利用 Pareto 最优面评估综合单目标最优方案的适用性

现，在图 5.58 总投资为 3000 万元的情况下，方案（2000，1000，0）的适用性是最好的，应最先考虑。

　　需要指出的是，我们目前的研究工作主要还是集中在相关方法的研究上。关于利用 Pareto 最优面来评估农业自然灾害风险防范政策优化问题中的一个综合单目标最优方案的适用性，目前还没有开展全面深入的研究，但这将是我们随后应用研究工作的重要内容之一。在对优化方法的充分熟悉和掌握的情况下，随后的应用研究工作必将能事半功倍地开展。

5. 全球玉米案例及对比

1）数据和方法

　　研究区域（图 5.59）：全球玉米种植面积最大的是亚洲，31 年平均种植面积为 4238.87 万 hm^2，占比 32.16%。仅次于亚洲的是北美洲（3936.75 万 hm^2，29.87%）。随后，分别是非洲、南美洲、欧洲和大洋洲，占比为 17.09%、13.78%、7.05% 和 0.06%。从国家层面来看，全球种植面积排名前五位的国家分别是美国、中国、巴西、墨西哥和印度。此外，作为欧洲的主要玉米生产大国，法国的平均种植面积也达到了 1.3%。因此，本研究在以格点尺度进行分析的基础上，选择上述国家作为重点对象。

　　气象数据：本研究历史阶段采用的气象数据源自欧洲中期数值预报中心（ECMWF）研制的 ERA-Interim 再分析资料，主要利用了该资料所提供的 1981～2012 年间的逐日平

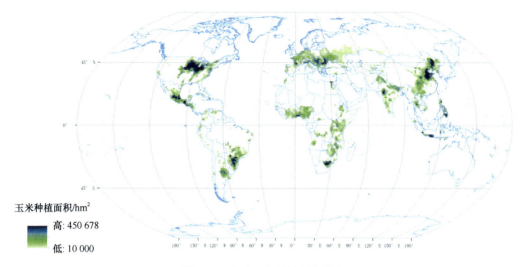

玉米种植面积/hm²

高: 450 678

低: 10 000

图 5.59　全球玉米种植面积分布

均温度（Tmean），最高温度（Tmax）和最低温度（Tmin），空间分辨率选定为 1°×1°。本研究未来情景预估采用中国气象局北京气候中心所开发的 BCC_CSM1.1-M 气候系统模式，该气候系统模式的大气模式分量为 BCC-AGCM2.2，水平分辨率为 T106，格网间距约为 1°。本研究利用了气候模式 1981～2011 年历史模拟及 2021～2050 年 RCP4.5 未来情景的逐日温度数据。鉴于在最近的未来近几十年，不同排放情景间的气温差异并不明显，因此本研究只选择 RCP4.5 中等排放情景代表未来。为方便对比分析，利用双线性插值法将气候模式数据统一插值到再分析资料的 1°×1° 的经纬格网上。

　　玉米种植密度数据、物候数据和产量数据：本节采用 MIRCA2000 编制的全球玉米种植面积数据，空间分辨率为 5′×5′，单位为 hm²。划定玉米的主要生长季，本书采用了自 SAGE（Center for sustainability and the global environment）的全球玉米物候数据，该数据记录了玉米播种日期和收获日期等变量，空间分辨率为 5′×5′。玉米产量数据采用 FAO（联合国粮食及农业组织）提供的 1981～2011 年国家级别的玉米单产数据，转换为亩产（kg/亩）。

　　研究区域的划定主要根据历史气象数据的空间分辨率，对玉米种植面积数据进行了重采样操作，以此确定全球玉米研究区域，。具体操作如下：首先，利用 ARCGIS 软件 fishnet 功能，生成与气象资料的空间分辨率一致的 1°×1° 的全球格网，将其与玉米种植面积数据叠置，识别出有玉米种植的格网；为保证每个评价格网内有较大的玉米种植面积，将超过 1 万公顷的评价格网划定为研究区域。

　　生长发育关键期的确定。将选定的研究区与全球玉米物候数据叠置，提取每个评价格网所对应的播种与收获日期，以此确定为该格点的玉米生长季。在参阅前人成果的基础上，估计从玉米关键期（穗期阶段）到收获期的时间占整个生长季的 55%，据此推算出关键期的开始日期。以该时间点为基础，向前推 10 天，向后延长 30 天，总计 40 天的时间，作为本书研究的关键生长期区间。适当扩大抽穗期的时间窗口，可以避免玉米种植的空间差异所导致抽穗期的不同，以期在最大程度上捕捉到玉米生长的敏感阶段。

　　国家单元气象数据处理。根据以上方法确定的各评价格网的种植面积数据，对各气象格点赋予相应的权重值，利用面积权重法计算国家单元的气象数据。

$$P(X) = \sum_{i=1}^{n} (\frac{A_i}{A} X_i) \qquad (5.39)$$

式中，$P(X)$ 为国家单元的气象数据；n 为该国家单元内气象格点的数目；A_i 为第 i 个气象格点所对应的评价格网中的玉米种植面积；A 为该国家单元内包含的所有评价格网中玉米种植面积的总和。面积权重法可以有效排除种植密度较小的格点数据带来的偏差，突出高种植密度区的气象数据，使最终的加权值更加符合作物的实际气象条件。

热冷害指标的选取主要参考相关研究并结合玉米生理过程对温度的敏感程度，确定关键生长期内高温阈值为 30℃，低温阈值为 16℃。基于格点尺度分别统计 1981～2011 年间日平均温度超过阈值的逐年热害、冷害天数（天），识别热冷害高风险地区，并通过时间趋势分析方法，反映近几十年来，全球热冷害指标的年际变化特征。

在构建热冷害-玉米产量的定量评估模型时，参照 Lobell 和 Wang 等对作物热冷害的研究，采用国际上较为通用的积温指标 GDD（Growing Degree Days），来表示玉米在关键生长期内受到的障碍型热冷害指标（HDD 和 CDD）。为了获得更为精确的极端积温指标，本研究利用正弦函数法插值获得逐时温度，在日平均温度超过阈值温度的基础上，计算当日对应的极端积温。具体计算方法如下所示：

$$\text{HDD}=\frac{1}{d}\sum_{i=1}^{d} HD_i \quad HD_i = \begin{cases} 0 & T_i < T_h \\ T_i - T_h & T_i \geqslant T_h \end{cases}$$
$$\text{CDD}=\frac{1}{d}\sum_{i=1}^{d} CD_i \quad CD_i = \begin{cases} 0 & T_i < T_c \\ T_c - T_i & T_i \geqslant T_c \end{cases} \qquad (5.40)$$

式中，d 为关键期内的小时数；T_i、HD_i、CD_i 分别为第 i 时的温度、热害积温、冷害积温；结合玉米生理过程对温度的敏感程度，T_h 为高温阈值 30℃，T_c 为低温阈值 16℃。

为了定量反映玉米单产对于热冷害指标的响应关系，本研究利用 SPSS PASW Statistics 软件，对全球主要的玉米生产国家构建多元线性回归方程。对于每个国家，拟合方程模型如下所示：

$$\log(Y_{i,t}) = \beta_0 + \beta_1 \cdot T_{i,t} + \beta_2 \cdot \text{HDD}_{i,t} + \beta_3 \cdot \text{CDD}_{i,t} + \varepsilon_{i,t} \qquad (5.41)$$

式中，year 为 1981～2011 年的时间序列（即 year=1，2，3，…，31）；$Y_{i,t}$、$T_{i,t}$、$\text{HDD}_{i,t}$、$\text{CDD}_{i,t}$、$\varepsilon_{i,t}$ 分别为第 i 个国家第 t 年对应的玉米去趋势后的气象产量，生长季均温，热害指标、冷害指标以及误差项。本研究预先对产量数据进行了对数化处理，采用半对数化模型。一方面，可以使产量更加符合正态分布；另一方面，使得回归系数（自变量的变化对应因变量的百分比变化）更易于解释，方便国家之间的横向比较。

2）玉米生长发育关键期内热冷害分析

孕穗和抽雄期是玉米产量形成最为关键的阶段，在此期间，如果遭遇低温或高温天气的影响，会使得作物生育延迟、发生生理障碍，从而造成障碍型减产。本研究选取了对玉米生长造成影响的绝对温度阈值，统计在关键生长期内，发生热害和冷害的天数，在时空分布上识别玉米高风险区。如图 5.60（a）所示，热害天数并没有呈现出非常明显的纬向分布规律，高纬地区也有热害的影响。受热害影响的区域较为分散分布在种植区中，如东欧、尼日利亚北部、印度北部、中国东北、华北地区、美国大部分区域、巴西西南部以及阿根廷等地区。其中尼日利亚北部、印度北部、中国华北地区以及美国的南部热害天数显著高于其他区域，年均天数超过了 5 天，为高风险区。如图 5.60（b），对应热害天数的趋势分布图，大部分热害区域表现出显著的上升趋势。上述天数较多的区域，其上升速率也较快，超过每年 0.1 天。而有少部分地区则出现一定的下降，如巴基斯坦和美国北部等。而对于冷害天数[图 5.60（c）]，全球整体上呈现出高纬度地区天数较多，而中低纬度天数较少的空间分布特点。整个欧洲是冷害天数最多的区域，其中德国年均天数超过了 11 天。其他区域，如南非、中国东北、西南部、美国北部以及阿根廷等也受到轻微的冷害影响。如图 5.60（d）所示，欧洲大部分区域，冷害天数的下降速率超过每年 0.1 天，在历史阶段，欧洲的玉米冷害已经得到极大程度的缓解。

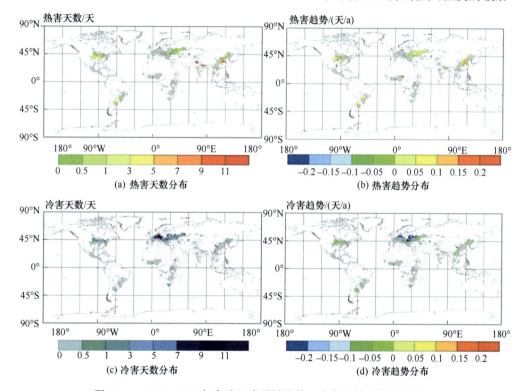

图 5.60　1981～2011 年全球玉米关键期热、冷害天数及其趋势变化

为了对不同国家种植玉米受到热冷害影响的面积比例进行对比分析，经统计得到表5.30。结果表明，当热害超过 1 天时，印度受影响的种植面积比例均值最大，为 35.00%。其次为中国和美国，均值分别为 33.07% 和 30.12%。而巴西、法国和墨西哥受热害影响的面积要小得多，仅有 2.47%，2.33% 和 2.25%。这三个国家中，巴西和墨西哥受影响的面积比例呈现显著的上升趋势，分别为每年 0.12% 和 0.11%。从全球范围来看，每年平均有 18.39% 的区域受到的热害超过 1 天，且 31 年中呈现显著的上升趋势，为每年 0.28%。当热害超过 5 天时，印度和中国受影响的面积比例有一定的下降，但仍远高于其他国家，均值分别为 21.09% 和 16.04%，这表明两个国家受较多热害天数影响的种植面积较大。而其余四个国家中，美国的下降幅度最大，降低 21.66%，值为 8.46%。在全球范围内，受影响的面积比例也下降到了 7.43%。

表 5.30　1981～2011 年基于国家单元的热冷害影响面积比例（%）及趋势系数（%/a）

国家	热害影响				冷害影响			
	超过 1 天		超过 5 天		超过 1 天		超过 5 天	
	均值/%	趋势/（%/a）	均值/%	趋势/（%/a）	均值/%	趋势/（%/a）	均值/%	趋势/（%/a）
巴西	2.47	0.12*	0.13	0.01	1.57	−0.14	0.00	0.00
中国	33.07	0.49	16.04	0.29	14.38	−0.34**	3.15	−0.06*
法国	2.33	0.08	0.33	0.03	67.61	−0.34*	34.23	−0.18
印度	35.00	0.20	21.09	0.24	3.66	0.00	0.00	0.00
墨西哥	2.25	0.11**	0.83	0.04**	12.27	−0.18	7.74	−0.05
美国	30.12	0.41	8.46	0.14	26.81	−0.85*	4.42	−0.05
全球	18.39	0.28*	7.43	0.12	23.19	−0.44**	8.45	−0.16*

**表示 0.01 的显著性水平，*表示 0.05 的显著性水平

对于冷害而言，当冷害超过 1 天时，法国受影响的种植面积比例均值最大，达到了 67.61%，并呈现显著的下降趋势，为每年 0.34%。其次分别为美国、中国和墨西哥，均值为 26.81%、14.38% 和 12.27%。中国对应的趋势呈显著下降，为 0.34%。其余两个国家，印度和巴西的受影响面积较小，仅为 3.66% 和 1.57%。在全球范围内，冷害影响面积达到了 23.19%，略高于同等天数的热害影响面积，且其对应显著的下降趋势，为每年 0.44%。当冷害超过 5 天时，各国都有很大幅度的下降，只有法国受影响的面积仍然较大，为 34.23%，这也突出了法国在玉米种植中所防范冷害的重要性与必要性。墨西哥、美国、中国则分别降低为 7.74%、4.42% 和 3.15%，巴西和印度将为 0。从全球范围内来看，仍有 8.45% 的区域受到了冷害的影响，且呈每年 0.16% 的显著下降趋势。

玉米种植区域广泛分布于 40°S～60°N，并且在 40°N 附近达到最大值。如图 5.61（a）所示，受到热害超过 1 天影响的玉米种植区域主要集中在北半球中高纬度的大陆区域（25°～50°N），这里也是玉米种植面积最高的纬度地带。相反，南半球受影响的绝对面积则较小。30 年的面积中值最高值为 200.7 万 hm^2（41°N），第 25 和 75 分位数最高值分别为 154.81 万 hm^2（37°N）和 338.44 万 hm^2（41°N）。图 5.61（c）所示，当热害天数更大，超过 5 天时，影响区域范围集中在 20°～40°N 之间。30 年的中值的最高值为 94.9 万 hm^2（37°N），第 25 和 75 分位数的最高值则分别为 81.18 万 hm^2（34°N）和 129.60 万 hm^2（37°N）。此外，从 30 年种植面积的第 25，50，75 分位数数据可以看出，当热害天数超过 1 天时，在中纬度地区（38°～45°N），受热害影响的面积在年际间具有很大的波动性。当热害超过 5 天时，在 38°～41°N，也具有一定幅度的波动。

根据图 5.62（a）所示，纬向受影响种植面积比例的图则更好地反映出该纬度的相对风险大小。受热害超过 1 天影响的种植面积比例分别在 20°～40°S，15°～20°N、20°～60°N 之间分别出现了峰值，最高比例达到 42.19%（32°S），53.30%（26°N），55.16%（37°N）。此处，南半球同一纬度受影响的相对也较高。当热害天数继续增加，超过 5 天时，受影响区域分别在 10°～20°N，20°～45°N 之间波动，出现峰值，最高比例分别为 20.76%（15°N），40.84%（33°N）。然而，在南半球受影响的种植面积比例则迅速降低，最高值仅为 8.98%（31°S）。这表明与北半球相比，南半球受到极端热害的情况相对较少。

与热害相比，受冷害影响的种植区绝对面积整体上集中于高纬度地区，中低纬度绝对面积较小。与热害相似，受冷害影响的南半球绝对种植面积也小。如图 5.61（b）所示，

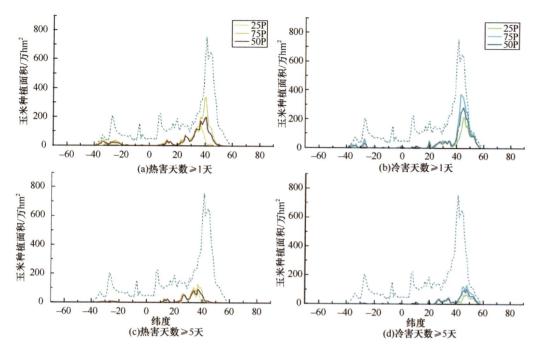

图 5.61 1981～2011 年热冷害影响下的纬向玉米种植面积分布（1 度）

其中，25P、75P 和 50P 分别表示 31 年中该纬度种植面积的第 25、75 和 50 分位数

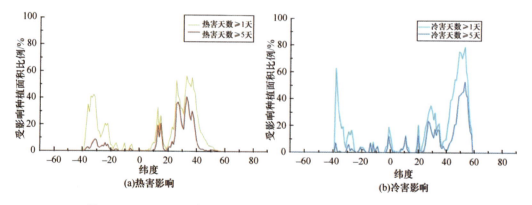

图 5.62 1981～2011 年热冷害影响下的纬向种植面积（50P）所占比例

受到冷害超过 1 天影响的玉米种植区域主要集中在北半球中高纬度的大陆区域（40°～60°N）。30 年的面积中值最高值为 283.03 万 hm²（45°N），第 25 和 75 分位数最高值分别为 214.76 万 hm²（45°N）和 373.98 万 hm²（43°N）。图 5.61（d）所示，当冷害超过 5 天时，影响区域范围集中在 40°～60°N。30 年的中值的最高值为 103.53 万 hm²（48°N），第 25 和 75 分位数的最高值则分别为 68.47 万 hm²（48°N）和 132.75 万 hm²（48°N）。此外，从 30 年种植面积的第 25、50、75 分位数数据可以看出，当冷害超过 1 天时，在 40°～50°N，受冷害影响的面积在年际间具有很大的波动性；当冷害超过 5 天时，在 40°～60°N，波动性同样较大。

根据图 5.62（b）所示，在纬向受影响种植面积比例的图中，受冷害超过 1 天影响的种植面积比例分别在 25°～40°S、20°～40°N、40°～60°N 出现峰值，最高比例达到 62.81%（38°S），35.22%（29°N），75.5%（49°N）。值得注意的是，在赤道附近和低纬度地区出现了两个较小的峰值，分别达到了 19.06%（1°S）和 12.86%（11°N）。当冷害超过 5 天时，受影响区域比例有一定的下降，分别在 25°～40°S 和 45°～55°N 下降幅度最大，峰值处最高比例为 6.98%（38°S），53.10%（53°N）。相对地，在赤道附近和中低纬度地区的下降幅度则明显较小。这表明这些种植区域虽然受到冷害影响的比例较低，但是冷害影响天数较多。

3）关键期热冷害对玉米产量影响的定量研究

通常来说，其他气候条件不变的前提下，在适宜的温度范围内，气温的上升对于玉米具有增产作用。但是当气温超过了玉米的最适生长温度后，普遍会出现作物需水量增加，干旱加剧等状况，从而造成减产。因此，在全球变暖的背景下，气温升高可以延长作物的生长季，扩展作物的种植面积，有利于高纬度地区的粮食生产，但不利于中低纬度地区的粮食生产。本研究按照一定的原则（即 FAO 玉米单产数据记录保持连续，并且种植面积大于 1 万 hm^2）对玉米种植国家进行了挑选，最后选定了 83 个国家，利用其 31 年的平均单产和生长季均温的截面数据绘制散点图（图 5.63）。经分析可知，对于当前适合种植玉米的国家而言，产量与生长季均温呈显著负相关，相关系数为– 0.476（$p<0.05$）。利用一元线性方程对数据拟合，可知 R^2 为 21%，均温可解释 21%的产量变化，且温度每升高 1℃，产量下降 9.1%。由于不同国家单产并不仅仅由温度决定，还会受作物品种，技术水平，管理方式等差异的影响。因此在未考虑其他因素的情况下，该图具有一定的局限性，但仍可在一定程度上反映出二者之间的关系。此外，大量文献也在不同尺度上证明了气温变化对于农作物产量的影响。Lobell 等（2011）的研究表明，在国家及全球尺度上，中国，巴西，法国和全球的玉米产量会随着气温的上升而大幅减产（2.5%～10%）。Zhang 等（2016）同样在中国县级尺度上研究了气候变化对农作物的影响，结果表明，1980～2008 年，中国大部分区域温度对玉米产量具有负面影响，其中山东和河南最为敏感，生长季均温每上升 1℃，会造成 5%～10%的减产。

不同国家的单产水平有着非常显著的差异，这既受到当地生产技术、管理水平约束，又有气候环境的影响。总体来看，发达国家如美国和法国的玉米单产处于较高水平，31 年的亩产均值达到了 536.52 kg 和 526.21 kg。随后是中国，亩产均值为 307.96 kg，而巴西、墨西哥和印度的亩产均值分别为 180.05 kg、158.99 kg 和 113.84kg，处于较低的水平。全球尺度的亩产均值为 277.45kg。美国是印度亩产的 4.7 倍，由此可见差异之大。

通常，在气候因子和作物产量的统计研究中，产量可分解为三个部分：趋势产量、气候产量和随机误差。趋势产量是用来反映历史时期科技进步所带来的产量增长，气候产量为气候要素等短周期变化因子影响的波动产量变化。多数统计研究需要首先对产量进行去趋势处理，从而分离得到气候产量，再进一步定量研究气候因子对产量的贡献大小。

为了准确地得到不同国家的气候产量，首先需要拟合趋势产量。本研究选用 5 种常用的模拟（线性，二次，三次，四次和对数模型），采用 AIC 检验法，确定了各国最优拟合模型。结果如表 5.31 所示，可以看出，各国的趋势产量模型拟合精度较为理想，其中，巴西最高，为 95.10%，美国最低，为 67.49%。结合图 5.64 可知，巴西、中国、美国和印度的单产保持快速增长趋势，而法国、墨西哥和全球的单产在持续增长多年后有所停滞。在计算得到各国不同年际的趋势产量后，即可计算得到对应的气候产量。

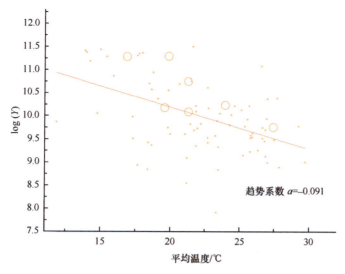

图 5.63　不同国家玉米年均单产与生长季均温散点图

大图标为玉米种植面积排在前 6 位的国家

表 5.31　各国玉米趋势产量拟合结果

国家	拟合方程	拟合精度（R^2）
巴西	$Y=5.189\times10^{-6}x^4 - 3.767\times10^{-4}x^3 + 9.305\times10^{-3}x^2 - 5.463\times10^{-2}x + 4.848$	95.10%
中国	$Y=4.364\times10^{-5}x^3 - 2.667\times10^{-3}x^2 + 6.202\times10^{-2}x + 5.274$	90.08%
法国	$Y=-4.099\times10^{-4}x^2 + 2.850\times10^{-2}x + 5.935$	81.07%
印度	$Y=2.387\times10^{-2}x + 4.326$	85.13%
墨西哥	$Y=-5.302\times10^{-5}x^3 + 2.709\times10^{-3}x^2 - 1.538\times10^{-2}x + 4.802$	92.50%
美国	$Y=1.550\times10^{-2}x + 6.0235$	67.49%
全球	$Y=-2.928\times10^{-5}x^3 + 1.575\times10^{-3}x^2 - 7.594\times10^{-3}x + 5.4383$	90.11%

注：式中，Y 为玉米趋势产量，x 为年份（1981～2011 年）

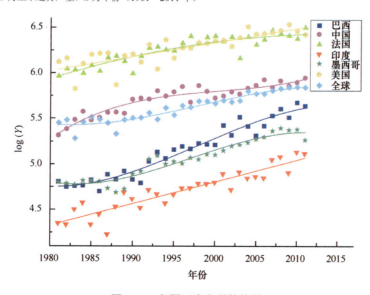

图 5.64　各国玉米产量趋势图

本研究利用多元回归方程来分析生长季均温、关键生长期热害和冷害指标对玉米气候产量的影响程度。如图 5.65 所示，在 1981～2011 年，中国、印度、美国和全球的玉米产量对于热害指标的波动更为敏感，呈现出显著的负影响（$p<0.05$）。如图 5.66 所示，热害强度（HDD）每升高 1℃，上述国家和全球的玉米产量将分别减少 2.21%（0.30%～4.11%）、2.93%（0.41%～5.44%）、4.95%（2.24%～7.66%）、6.76%（1.54%～11.99%）。而墨西哥玉米产量对热害强度的波动并无显著变化，相反对冷害更为敏感（$p<0.05$）。冷害强度每升高 1℃，墨西哥的玉米产量将减少 3.71%（0.28%～7.13%）。可以看出热冷害对于不同国家的影响并不相同，在分析的 6 个国家以及全球尺度上，巴西和法国的玉米产量对于本研究选取的指标均未表现出显著相关性。巴西玉米生产所承受的热、冷害一直较轻，31 年间热害强度（HDD）和冷害强度（CDD）的年均值仅有 0.027 和 0.01℃。因此，热冷害对玉米生产的影响很弱。相比而言，法国在这 31 年中几乎不存在热害，仅在 1982 和 2003 年出现了较为明显的热害，热害强度（HDD）分别为 0.04 和 1.09℃，而冷害强度（CDD）则达到了年均 4.2℃。由于法国地处高纬度地区，生长季积温不足，很容易受到低温冷害影响，一开始并不适合大范围种植玉米。但是，法国非常重视育种工作，大力培育推广迎合本地的早熟耐寒的玉米杂交种。这使得该国虽然冷害影响较大，但由于采取了非常积极的适应性措施（如品种改良，科学管理，灾前防御等），由冷害引起的产量波动非常有限。此外，由于法国的冷害强度逐年降低（0.55℃/10a），这对玉米的影响程度将更加有限。

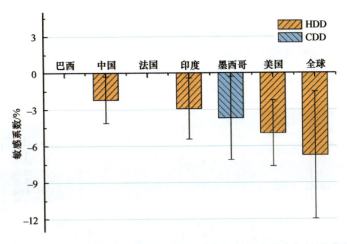

图 5.65　1981～2011 年基于国家单元的玉米产量对热冷害指标的敏感系数

　　结合上述各国热冷害指标的趋势变化，可以得到在 31 年中由热冷害所引起的单产的变化。如图 5.66 所示，中国、印度、美国和全球的热害强度每 10 年分别增加了 0.51℃，0.21℃，0.23℃，0.23℃。相应地，由热害造成的单产每 10 年损失分别为 1.13%（0.15%～2.11%），0.64%（0.09%～1.19%），1.12%（0.51%～1.73%）和 1.54%（0.35%～2.73%）。而墨西哥由于冷害强度的降低，每 10 年减少 0.14℃，因此会形成一定的增产，达到 0.53%（0.04%～1.01%）。

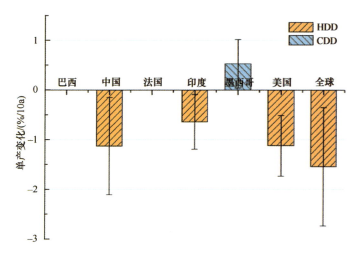

图 5.66　1981～2011 年基于国家单元的因热冷害造成的玉米单产变化

4）未来全球玉米生长发育关键期内热冷害变化

在全球变暖的背景下，未来玉米关键期内的热冷害天数也会有所变化。如图 5.67（a）所示，与历史阶段相比，全球范围内受热害影响的种植区范围并没有明显扩张。然而，

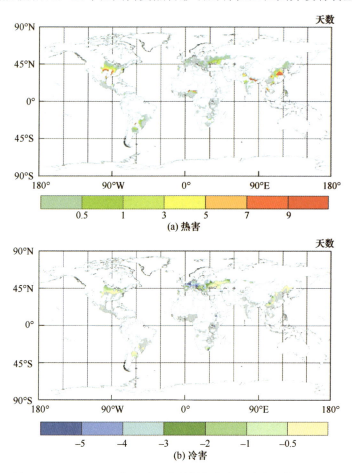

图 5.67　2021～2051 年全球玉米关键期热害、冷害天数均值变化

未来关键期内热害年均天数都有一定程度的增加。其中，尼日利亚北部、印度北部、中国东部以及美国南部的增加幅度最大，31 年均值增长幅度超过了 5 天。其余地区热害天数增幅小于 1 天。而如图 5.67（b）所示，对于冷害，未来全球种植区内关键期冷害天数相应地减少，历史阶段中受冷害影响天数较多的欧洲、南非以及美国北部的降幅最为明显，年均值降低幅度超过 1 天，其中西欧比东欧的降低幅度更大。其余大部分区域，冷害天数降低幅度小于 0.5 天。

同样，本研究统计得到未来玉米生长关键期内受热冷害影响的面积比例。如表 5.32 所示，当热害超过 1 天时，美国成为受影响面积比例最大的国家，达到 50.94%，其次分别为印度和中国，均值分别为 46.55% 和 46.46%。巴西、墨西哥和法国等受热害影响较少的国家也均有一定程度的上升，达到 6.94%、6.29% 和 4.98%。就与历史阶段的增长幅度而言，美国的增幅最大，为 20.82%。其次较大的为中国、印度，分别增加13.39%、11.55%；巴西、墨西哥和法国的增幅略小，分别为 4.47%、4.04% 和 2.64%。从全球范围来看，受影响面积比例增加到 29.73%，增长了 11.34%。当热害超过 5 天时，印度、中国、美国仍然是受影响面积最大的三个国家，均值分别为 33.45%、29.47%和 22.66%。而与历史阶段相比的增长幅度，则依次为美国、中国和印度，值为 14.20%、13.43% 和 12.35%。在全球范围内，受影响的面积比例也上升到了 15.34%，增幅高达7.9%。由此可以看出，美国在未来阶段受热害影响面积比例的增幅是最大的，法国则最小。

表 5.32　2021～2051 年基于国家单元的热冷害影响面积比例变化　　　单位：%

| 国家 | 未来热害影响 | | | | 未来冷害影响 | | | |
| | 超过 1 天 | | 超过 5 天 | | 超过 1 天 | | 超过 5 天 | |
	均值	变化	均值	变化	均值	变化	均值	变化
巴西	6.94	4.47	1.94	1.82	0.00	−1.57	0.00	0.00
中国	46.46	13.39	29.47	13.43	9.39	−4.99	1.81	−1.34
法国	4.98	2.64	0.00	−0.33	35.03	−32.58	11.48	−22.75
印度	46.55	11.55	33.45	12.35	3.41	−0.26	0.00	0.00
墨西哥	6.29	4.04	2.38	1.55	7.15	−5.12	3.25	−4.49
美国	50.94	20.82	22.66	14.20	11.71	−15.09	0.54	−3.88
全球	29.73	11.34	15.34	7.90	13.54	−9.65	4.14	−4.31

对于冷害而言，当天数超过 1 时，法国仍然是受影响面积比例最大的国家，达到了35.03%，远高于其他国家。其次分别为美国、中国、墨西哥和印度，均值为 11.71%、9.39%、7.15% 和 3.41%。而巴西受冷害影响的面积已经降低为 0。就与历史阶段的降低幅度而言，法国的降幅最大，为 32.58%。其次分别为美国、墨西哥、中国、巴西和印度，分别为 15.09%、5.12%、4.99%、1.57% 和 0.26%。在全球范围内，冷害影响面积降低为 13.54%，降幅为 9.65%。当冷害天数超过 5 时，各国受冷害影响的面积大幅减少，只有法国略高，为 11.48%。其余国家的冷害影响已经微乎其微。而法国的降幅也高达22.75%。从全球范围内来看，只剩 4.14% 的区域的冷害天数大于 5，降幅为 4.31%。这表明，在未来阶段，玉米种植的冷害风险非常有限，大幅降低。

5）未来适应性措施影响分析

随着未来气温上升、CO_2 等温室气体的浓度增加，作物的热量环境和种植制度将发生很大的变化，采取合适的适应性措施是降低作物脆弱性，保证未来粮食稳定生产的重要手段。一方面，气候变暖会改变现有品种的物候期，如播种期、开花期提前，整个作物生长周期缩短，种植期延长等。然而由于累积热量的增加导致的作物生长周期缩短会减弱作物抵御气候波动的能力，显著降低干物质积累，从而造成减产。另一方面，未来气候的波动性加强，极端温度事件，尤其是热害发生的可能性明显变大，这都会对玉米的生产造成极大的威胁。通常，农民应对气候变化有很多种措施，如调整种植模式、改变作物品种、优化管理方式如灌溉、施肥等技术手段。具体到应对玉米关键生长期的热冷害，主要包括如下方式：灵活调整播种期，使得作物生长的关键生长期避开极端天气；改良作物品种，发展耐热、耐寒等优质品种，提高作物抵御极端温度的能力；精细化管理，在作物遇到热冷害时采取水调温等措施改善农田小气候。鉴于未来阶段玉米受到热害的影响较为突出，因此在不同的适应性措施下，重点对各国家玉米在关键期时受到热害影响的种植面积比例进行敏感性测试。

如表 5.33 所示，采用改良的玉米耐热品种,对应的高温阈值分别调整为 31℃和 32℃时，各国受到热害（超过 1 天）影响的面积比例都有大幅下降。当阈值温度为 31℃时，中国为受影响面积比例最大的国家，达到 34.61%，其次分别为印度和美国，均值分别为 33.03%和 30.50%。而巴西则为受热害影响最少的国家，为 2.32%。就降低幅度而言，美国的降幅最大，为 20.45%。其次较大的为印度和中国，分别降低 13.52%和 11.85%；法国的降幅最小，仅为 2.10%。从全球范围来看，受影响面积比例降低到 18.88%，下降10.85%。当阈值温度为 32℃时，中国、印度和美国仍然是受影响面积最大的三个国家，均值分别为 22.94%、18.31%和 15.37%。而与 30℃高温阈值相比，降低幅度依次为美国、印度和中国，值为 35.57%、28.24%和 23.52%。在全球范围内，受影响的面积比例降低到 10.87%，降幅高达 18.85%。由上述分析可知，耐热品种的推广对美国最为有利，可大大降低该国受影响的面积。

表 5.33　未来气候情境下不同玉米耐热品种受热害影响的面积比例变化　单位：%

国家	热害影响（超过 1 天）			
	品种 A 耐热阈值（31℃）		品种 B 耐热阈值（32℃）	
	均值	变化	均值	变化
巴西	2.32	−4.62	0.96	−5.98
中国	34.61	−11.85	22.94	−23.52
法国	2.87	−2.10	1.45	−3.53
印度	33.03	−13.52	18.31	−28.24
墨西哥	2.64	−3.65	1.03	−5.26
美国	30.50	−20.45	15.37	−35.57
全球	18.88	−10.85	10.87	−18.85

如表 5.34 所示，根据未来生长季温度相对于历史阶段的差值，按照 4 天/℃和 6 天/℃对关键生长期进行前后调整分析。结果如表所示，整体来看，物候期的调整对于各个国家降低热害影响面积的作用并不明显，而且对于不同国家而言，有正有负，并不统一。

当物候期提前时，巴西、中国、法国受影响面积比例有所降低，而印度、墨西哥和美国则有所增加。从变化幅度的绝对值来看，美国最大，分别为 3.58% 和 6.07%，说明美国对物候期的调整较为敏感。当物候期推迟时，巴西、中国、法国和印度受影响面积比例有所升高，墨西哥和美国则降低，同样，美国的变化幅度绝对值最大。在全球范围内，物候期的提前增大热害影响面积，物候期推迟降低热害影响面积。但是鉴于变化幅度不超过 2%，可以说明物候期的调整对于未来降低热害风险的作用并不明显。改良品种，发展耐热性好，营养价值、产量高的优质玉米才是适应未来气候变化，抵抗高温热害最有效的方法。现阶段，非盈利国际组织国际玉米和小麦改良中心（CIMMYT），正在南亚大力推广"抵抗玉米热害"的一个五年计划（2012~2017 年），旨在帮助南亚国家发展玉米耐热品种，更好应对气候变化对玉米可持续生产所带来的危害，满足人类对玉米的需求，这也是未来玉米生产的重点发展方向。

表 5.34　未来气候情境下物候期调整后的热害影响面积比例变化　　单位：%

国家	热害影响（超过 1 天）							
	试验 I （提前 4 天/℃）		试验 II （提前 6 天/℃）		试验III （推迟 4 天/℃）		试验IV （推迟 6 天/℃）	
	均值	变化	均值	变化	均值	变化	均值	变化
巴西	6.49	−0.45	6.53	−0.41	7.24	0.30	7.31	0.37
中国	45.26	−1.20	45.00	−1.46	46.77	0.31	47.55	1.09
法国	3.54	−1.44	3.63	−1.35	4.98	0.00	4.88	0.09
印度	46.74	0.19	45.88	0.67	46.88	0.32	47.93	1.38
墨西哥	6.42	0.14	6.43	0.15	5.52	−0.77	5.20	−1.09
美国	54.52	3.58	57.01	6.07	46.77	−4.18	42.97	−7.97
全球	30.35	0.62	30.90	1.18	28.82	−0.91	28.06	−1.66

5.2.3　典型城市化地区环境风险适应性案例研究及对比

1. 卡特里娜飓风与南方冰冻雨雪灾害对比

我们基于综合灾害风险防范的功能优化模式，选取同为气象巨灾的南方雪灾与卡特里娜飓风灾害应对案例，通过对比这两场巨灾应对，比较中国和美国不同国家体制之下在备灾，应急，恢复，重建等四个环节应对巨灾的共性与差异，从而寻求建立效率与效益平衡最优的综合防灾减灾功能优化模式。

1）两场巨灾灾害系统复杂性比较

根据灾害系统的结构与功能特征，灾害系统复杂性可分成三大类群，即灾害群、灾害链以及灾害遭遇。其中灾害链与灾害遭遇分别具有累加与叠加效应，可使致灾强度大幅度放大，形成巨灾。总的来说，本书中的两例巨灾都具有典型的链式和遭遇效应（图 5.68）。

在链式效应方面：①在中国，南方雪灾引发的雨雪、冰冻和冻雨酿成前所未有的大范围断电事故、道路结冰与机场关闭，由此诱发的灾害链效应直接导致灾区铁路、公路、电力、通信等生命线和生产线系统不能正常运转，人员、信息、物资流动受阻，形成历史上罕见的"断电缺水""道路堵塞""大量车辆和人员滞留"的现象（图 5.68）。我国电力供应对电煤依赖性高，受电煤生产和运输影响很大。南方雪灾造成交通多处中断，给电煤运输带来了巨大的困难，导致南方地区火电厂存煤严重不足，进一步给已经脆弱不堪的电力系统雪上加霜；而电力系统的崩溃又直接影响到了正处于春运大负荷载量的铁道系统。②在美国，卡特里娜飓风引发的风暴潮与洪水不仅冲垮了新奥尔良市稳固的堤坝，还将这座城市孤立了起来。整个城市的基础设施以及生命线如电力、通信、公路、供水、抽水泵等系统完全崩溃，由此诱发的灾害链效应直接导致"政府应对巨灾系统"崩溃（图 5.68）。尽管灾后新奥尔良市的确存在一些暴力犯罪事件，但更多的是媒体夸大，甚至是不实的报道。由于当时官方也无法准确辨识谣言，出于安全的考虑，于灾后第二天暂时停止了人员搜救、通信系统维修、医疗救助等工作，转而将维稳作为首要工作。官方对于安全形势的误判，致使后期救援形势严重恶化。

在遭遇效应方面：①在中国，南方雪灾中，尤其是在海拔超过 350m 以上的山区，第一次冷空气过程中形成的冰层不断在白天融化、晚上又重新凝结，再加上"遭遇"后续不断补充降水与降雪的四次冷空气过程，逐渐积累变厚。五次冷空气过程遭遇的事件产生了"渐变—累积—突变"效应，急剧地扩大了致灾因子的强度，使得其从一场"瑞雪"转为罕见的巨灾。②在美国，卡特里娜飓风"遭遇"了极其脆弱的区域——新奥尔良市。新奥尔良市位于海湾地区，其平均高度低于海平面 1.82m，极易受飓风洪水侵袭。为了防卫这座城市免遭飓风洪水袭击，从 18 世纪初，政府便开始修建工程浩大复杂的飓风与洪水防护系统。但圣伯纳德大堤等几段重要的堤坝在飓风登陆瞬间便垮塌。联邦防护系统失效是继切尔诺贝利事件之后发生的最严重的工程灾难，是导致飓风肆虐的直接原因。

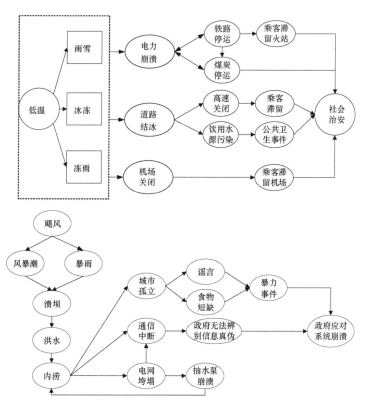

图 5.68　2008 年中国南方雨雪冰冻灾害与 2005 年美国卡特里娜飓风之灾害链示意图

2）中美综合风险防范功能模式对比

综合风险防范功能优化模式主要包含了"备灾、应急、恢复、重建"四个环节，这四个环节可由于国家体制与国情的不同而有很大的区别。中国与美国国家体制不同、国情也有区别，两国的综合灾害风险防范的功能优化模式自然也有很大的差异。尽管无法断言两种国家体制下的哪种功能模式最好，但可以通过比较，吸收两种国家体制下的好的经验，进而完善各国的综合风险防范模式。

（1）备灾。

在中国，2003年"非典"之后，党和政府提出了加快突发公共事件应急能力的建设。2003年5月7日，国务院第7次常务会议审议通过了《突发公共卫生事件应急条例》；2005年1月26日，国务院第79次常务会议讨论通过《国家突发公共事件总体应急预案》；2006年国务院授权新华社相继发布了《国家自然灾害救助应急预案》、《国家突发公共事件总体应急预案》、《国务院关于全面加强应急管理工作的意见》等规范性文件；2007年8月30日，第十届全国人大常委会第29次会议通过了《中华人民共和国突发事件应对法》，并于当年11月1日起施行。从此，中国应对灾害、特别是巨灾有法可依。基于南方雪灾的发展趋势，中国政府先期只启动了"二级响应"，但实际上已经启动了"一级响应"；并设立了"国务院煤电油运和抗险救灾指挥中心"临时机构，在京广大通道运输几近瘫痪情况下，统筹煤电运输以及指导应对南方雪灾工作。同时，以党中央为中心，形成灾区"自上而下"的包括国家、省、地（市）、县（市）、乡（镇）统一的应对灾害系统，保障了灾害信息畅通，实施了举国防范与应对。

在美国，2001年"9·11"恐怖袭击后，美国采取了有效手段保证联邦、州和地方政府的协调，并逐步变革了灾难响应的管理。2002年11月组建国土安全部（DHS），2003年将负责紧急响应的美国应急事务管理局（FEMA）合并为国土安全部的下属单位。突发事件发生后，由地方政府采取最初的响应行动，当响应能力和资源不足时，可通过请求邻近地方政府支持；当事件比较严重时，则请求州政府或通过州与州之间的"互助协议（Emergency Management Assistant Compact，EMAC）"请求周边有关州支持；当且只当事件严重到超出以上方式均无法应对时，才可以请求联邦支援。即使如此，联邦政府并不承担灾害应对的主要职责。美国联邦政府依据《斯坦福法案》，形成了"求援—援助"的被动应对灾害模式，通常称为"拉拖"体系（pull system）。在卡特里娜飓风应对过程中，这一体系受到质疑，美国众议院的报告明确评价美国政府在卡特里娜飓风应对过程中，缺乏领导力，是一场主动的失败。为了应对严重突发事件，联邦政府也已意识到有必要突破依赖传统的"自下而上"分层方式，主动向需要援助的影响地区提供支持，即通过"推动"体系（push system），在未接到地方援助请求情况下便开始实施援助。2012年应对超强飓风桑迪时，联邦政府便吸取了"被动"应对的教训，主动进入"推动"体系，获得了较好的抗灾救灾效果。

综上所述，在中国，巨灾发生时，根据《国家自然灾害救助应急预案》，国家减灾委员会启动一级响应，中央核心决策层便会采取自"上而下"式主动应灾。而在美国，当总统根据《斯坦福法案》宣布重要灾害事件后，州和地方政府即可通过"拉拖"或"推动"体系获得联邦援助时，但联邦政府并非灾害应对的主要负责人。

（2）应急。

已有研究（Wang et al.，2013）比较过在这两场巨灾案例中，发现中美两国的灾害预警系统各有长处。南方雪灾发生初始，中国国家气象中心便已发出二级预警，并且在相当长的时间里保持二级预警。然而南方雪灾预警并未获得经济运行实体部门以及地方政府的足够重视。虽然在灾害过程的前两个阶段有关部门应对相对缓慢，但从第三阶段开始有了积极的响应。1月25日，国家减灾委，民政部与中国气象局启动了灾害应急预案和四级应急响应。当天，中共中央总书记胡锦涛主持召开中共中央政治局会议，专门研究当前雨雪冰冻灾情，全面保障群众生产生活工作，要求干部深入第一线，指挥应急抢险工作。1月27日，国务院主持召开了电视电话会议，全面部署应对南方雪灾工作；同时国家减灾委将四级响应直接提高到二级应急响应。1月28日，温家宝总理率相关负责人赴湖南灾区，并于1月29日在湖南长沙宣布成立应急工作组，集中力量解决湖南灾害应急工作。同日，国务院牵头发改委等23个单位，成立了"煤电油运和抢险抗灾应急指挥中心"，并将应急指挥中心办公室设在国家发展改革委员会，全面统筹协调煤电油运和抢险抗灾中跨部门、跨行业、跨地区的工作。在第四次灾害来临前夕（1月30日），中央军委主席胡锦涛要求有关部队全力支持灾区抗灾救灾，帮助受灾群众排忧解难，共同为夺取抗灾救灾胜利而努力。温家宝总理于2月1日下午再次赶赴湖南，与此前成立的应急工作组和地方主要领导共同分析当前的灾害形势，明确提出抢险抗灾工作的三项重要工作——"通电、通路和安民"。2月3日，胡锦涛总书记再次强调要千方百计"保交通、保供电、保民生"。在第五次灾害结束后，胡锦涛总书记于2月10日再次做出重要指示，要求部队在前一段积极投身抢险救灾的基础上，继续支持受灾地区搞好恢复重建，为夺取抗灾救灾全面胜利做出更大的贡献（图5.69）。

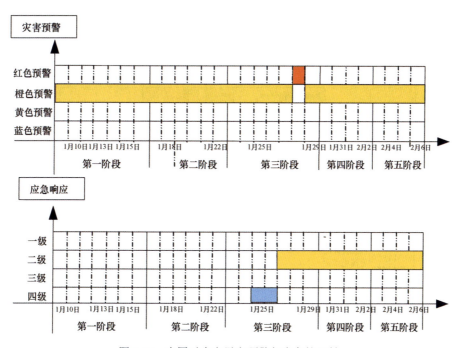

图5.69　中国对南方雪灾预警与应急协调性

2005 年 8 月 24 日，热带气旋被正式定名为卡特里娜飓风开始，随着美国国家飓风中心（NHC）不断发布预警信息，地方、州政府与联邦政府不断做出预警应对。在飓风第一次登陆佛罗里达州之前，FEMA 便成立飓风联络小组，为州和地方政府提供预警更新与应急的技术支持。在飓风于 8 月 25 日首次登陆后，FEMA 一方面启动电视电话会议协调联邦、州和地方政府之间的应对工作，另一方面向受灾地区调用大量物资。这两项工作一直持续到飓风第二次登录之后，FEMA 所做的灾前物资储备工作也是有史以来规模最大的一次。NHC 在 8 月 26 日发布了预警报告，准确指出 Katrina 有可能增强为 4 或 5 级飓风，并将于 8 月 29 日登陆新奥尔良东部。美国气象服务中心主管约翰逊后来称赞 NHC 整整提前了 48 个小时，史无前例地给出了如此精确的气象预报!尽管在接下来的几天中，联邦、州与地方政府都进行了紧张的灾前预备，但是从几个细节中仍然可以看出各级政府以及当地人们并没有预估到这场飓风的真正破坏力。准确预警发布一天后（27 日），新奥尔良市长纳金才只对其中两个县（St. Tammany 和 Jefferson Parish）发布了强制转移命令，而后只是强烈建议住西岸的阿尔及尔人、住在老城区与低洼地带的人们尽快撤离至安全地带。当日，NHC 主管梅菲尔德给州和地方政府打私人电话着重强调这次飓风威力极大，可能产生极大的损失，并建议纳金发布强制转移命令；然而直至 28 日早晨，纳金接到布什总统的催促电话后，才对全市发布强制转移命令。当时新奥尔良市约有 437 186 的常住人口，其中超过 130 000 的居民没有车，而没有车在美国是一大出行障碍。政府并没有为这批人提供解决途径，只是建议其"求助邻居、朋友或亲戚"。虽然当地宗教团体启动"兄弟互助计划"为老弱病残人群以及没有私人交通工具的人们提供疏散帮助，但力量微薄。相比于登陆前即被宣布为"国家重点事件"的丽塔飓风，卡特里娜飓风直到登陆后两天，才被姗姗来迟地宣布为"国家重点事件"。正如布什总统在新奥尔良市杰克逊广场发表的讲话中承认的那样，"各级政府的救援系统协调不力，在飓风影响的最初几天就遭到了完全破坏"（图 5.70）。

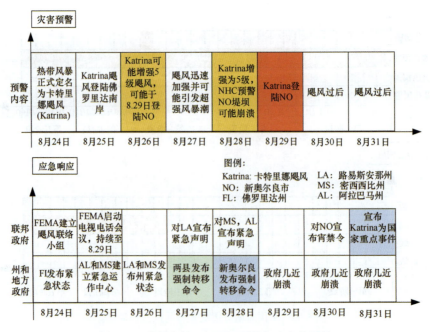

图 5.70　美国卡特里娜飓风预警与应急协调性

综上所述，在南方雪灾灾害过程的前两个阶段，有关部门应灾相对缓慢。但从第三阶段灾情严重恶化引起相关部门重视后，中国各级政府和部门便开始了积极有力的响应，不遗余力争取抗灾救灾胜利。而在卡特里娜飓风中，地方与州政府、联邦政府及时按照程序做出预警应对。可一旦巨灾超出程序化应急响应的能力后，联邦政府无法及时进入主动的"推动"系统，主导灾害应对，致使州和地方政府在飓风登陆瞬间便濒临崩溃，大量灾民身处险境。

（3）恢复。

在中国，南方雪灾造成 13 个省份电力系统运行受到影响，173 个县（市）停电，共造成 110kV 及以上线路倒塔 8709 基，断线 2.7 万余条，变电站停运 1497 座。由于倒塔停电，北京至广州、上海至昆明两大主要铁路干线部分区域运输受阻。全国累计有 23 万 km 的公路因结冰多次封闭，出现严重拥堵，110 万条公路客运班线停开，影响 3400 万余人次正常出行。重灾区的城镇、特别是广大山区和偏远地区农村，有可能处于长期"断水断电"的状态。巨灾发生后，胡锦涛总书记，温家宝总理等中央和国务院领导深入一线，指挥和指导抗灾救灾工作，在取得阶段性成果的基础上，提出了"保交通，保电力，保民生"的目标。国务院煤电油运抢险抗灾指挥中心围绕"保交通、保供电、保民生"的总体应对方针从 2 月 2 日到 2 月 22 日，接连发布了 22 个公告，对因灾造成的生产线系统、生命线系统以及可能引起的次生灾害的防御进行了详细的安排。由于该中心的综合协调作用，对全国交通有重要影响的京珠高速于 2 月 4 日全线打通，此后一周内，灾区主要交通干线相继打通。到 2 月 23 日，20727.5 万受灾人口均得到妥善安置。至 3 月 8 日，国家电网公司、南方电网公司所辖受灾电网全面恢复正常运行。在一个月不到的情况下，中国政府即基本完成了灾后恢复过程，保证了社会系统的稳定，让普通民众过上了安稳的春节（图 5.71）。

图 5.71　南方雪灾灾后恢复进程

在美国，卡特里娜飓风给多个州造成了严重破坏，为灾后恢复过程中如基础设施、医疗物品、物资和避难所等的修复与供应提出了巨大的挑战。灾后第一天，美国国土安全部启动了一个虚拟的全国联合信息中心，协调各部们进行灾后恢复工作。9 月 1 日，全国协调中心与 MCI 通信公司和美国电报电话公司等著名通信企业初步恢复了路易斯安那州和密西西比州的移动通信系统，并开始全面的通信维修工作。9 月 3 日，卫生和福利部从全国战略储备库向路易斯安那州发出了总共 100t 的医疗物资，派出包括流行病学、食品卫生、公共卫生和毒理学专家组成的 24 支公共卫生医疗队伍，为无法获得医疗服务的灾民提供救助。9 月 17 日，FEMA 拨出 10 亿美元援助款，向每位合格或已经登记的灾民发放 2000 美元的现金，帮助其解决生活问题，但由于管理不善，引发灾民骚乱，一度被迫停止发放。FEMA 原计划在 10 月 1 日前完成全部避难所人员的转移工作，但直到 10 月中旬，仍有 1.6 万人滞留避难所，无法按时完成转移工作。在整个过程中，由于地方和州政府的应对能力已被破坏，联邦政府被迫承担了原本由州和地方政府承担的职能（图 5.72）。但 FEMA 协调其他联邦机构的效率较低，加之过度官僚化和程序化，使得灾后恢复进展缓慢，引发民众普遍不满。然而，在此期间，大量的非盈利组织、宗教组织、私人部门以及其他志愿者团结一致，自发向灾区提供医疗、资金和住房支持，在几乎没有政府的帮助和指导下，非政府组织自愿投入灾区救援、相互协调，并以创新精神极大地帮助政府缓解了救援的困难。

图 5.72　卡特里娜飓风灾后恢复进程

在"保交通、保供电、保民生"的总体减灾方针，中国政府高效地完成了灾后恢复的过程，保证了社会系统的稳定，让普通民众过上了安稳的春节。而美国，联邦政府被迫承担了原本由州和地方政府承担的职能，加之 FEMA 协调其他联邦部局的效率较低，使得灾后恢复进程缓慢，引发民众普遍不满。

（4）重建。

南方雪灾过后，中国国家和南方电网公司明确表示，2008 年 3 月底前恢复正常运行，农村地区则在 4 月份全面恢复；民政部则表示 48.5 万间倒塌民房于 6 月底完成恢复重建。对于因灾倒损房屋仍集中和分散安置的 166 万人群众，政府会妥善保障他们的基本生活直至新房完成。事实上，整个灾后重建的进度也是基本上按照预期高效完成。灾后，民政部会同财政部，先后向 19 个受灾省份紧急下拨中央自然灾害生活补助资金 5.35 亿元，向 7 个重灾省份的城乡低保对象发放临时补贴资金 7.1 亿元（其中城市低保 3.45 亿元，农村低保 3.65 亿元）。截至 3 月份，中央财政总共拨款 90 亿元，用于恢复重建。在重灾区湖南郴州，除基础设施损毁之外，全市受损乔木林的蓄材量约达 1400 万 m³，受损木材价值达近 32 亿元。国家实施"以收代赈"项目，用财政资金收购受损山林，为当地林业恢复重建起到重要资金支持作用，也可解决国家所需的造纸原料。同时，对灾区科技型企业实施恢复重建的特别信贷支持，予以国家贴息贷款，免贷款担保，以迅速恢复这些企业的正常生产，带动广大灾区整个工农业生产的迅速恢复。尽管中国保险业积极赔付，但保险赔偿占灾损比仍然明显偏低，这表明保险覆盖面太低。至 2009 年 1 月 21 日，各保险和再保险公司总共赔付约 90 亿元，整个保险赔偿占灾损比只有 5.6%。多数企业、基础设施、农作物没有参加保险，有的即使参加了保险，也只是选择了常规高风险项目，保障不全面（图 5.73）。到目前为止，我国通过资本市场—保险行业进行巨灾重建的范围与力度有限，主要通过国家和地方财政拨款进行灾后重建。

在卡特里娜飓风期间，异地安置了约 77 万人，相当于 20 世纪 30 年代美国大平原南部大尘暴期人口大迁移以来的最大转移行动。灾后，因住宅被毁而无家可归的人们获得住房的过程非常缓慢，灾后两个月，还有 4500 多人仍住在避难所里，直到 2006 年年

图 5.73　南方雪灾灾后重建进程

初，聚集在避难所的人数才大幅下降。然而即使返回家园，他们所需的基本服务还是十分缺乏。到 2006 年 1 月，新奥尔良市区 85% 的公立学校还未开学；在市中心，大约 2/3 的零售食品店还未开门营业；一半左右的公交线路还未恢复运营；大型医院仍处于停诊状态。Kates 等认为新奥尔良城市完全恢复重建需要至少 8~9 年的时间，其恢复前景可以说并不太乐观。灾后暂居在 FEMA 提供的房车中的 92 000 户家庭，一年后（2006 年 8 月），只降至 70 000 户家庭，直到六年后（2012 年 7 月），所有的家庭才搬离房车，入住永久住房。尽管 FEMA 向 915 884 户家庭以及个人发放了将近 58 亿美元的救济款以帮助他们租房、修理房间以及搬家，但帮助有限，令绝大多数贫困人群难以顺利完成灾后恢复。灾后，新奥尔良市的人口也恢复缓慢，该市 437 186 人口在飓风灾害五个月后降为 158 253 人，至 2012 年，上升为 369 250，但只恢复到灾前人口的 84%。在美国，保险与再保险公司在重建中发挥了重要的作用。各保险和再保险公司接到相关报案 175 万件，赔付 436 亿美金，保险赔偿占灾损比高达 45.4%。保险公司受益于前三年良好的市场环境与可观的利润增长，尽管飓风造成的损失极为惨重，但没有危及整个保险行业的偿付能力（图 5.74）。总而言之，在美国，整个保险行业非常成熟与完善、覆盖面很广，使多数企业、基础设施、农作物以及个人可以获得大量的保险赔偿进行灾后重建，而不用完全依赖各级政府灾后拨款。

图 5.74　卡特里娜飓风灾后重建进程

比较发现，中国在当年就基本完成了恢复重建的过程，美国却花了至少 7 年的时间。无疑，中国集一国之力进行巨灾应对的"举国应灾范式"有着极高的效率，效益却值得商榷；而美国在恢复重建的过程中充分发挥了市场的资源配置作用，尽管效率低些，效益却很高。

3）结论与讨论

通过对比同为巨灾的 2008 年雨雪冰冻灾害与 2005 年卡特里娜飓风灾害，发现两者在灾害系统复杂性方面都具有非常典型的链式效应与遭遇效应，但是中美两国在应对巨灾的四个环节上却具有显著差异：第一，备灾：中国发生巨灾时，启动一级响应，中央核心决策层采取"自上而下"式主动应对模式;美国发生巨灾时,总统宣布重大灾害后,联邦政府,州和地方政府形成"自下而上"式被动应对的模式。第二,应急:在中国,预警之初不易获得相关部门的足够关注;只有灾情极具严峻并引起相关部门重视,各级政府部门才开始积极有力的响应。在美国,当预警发布时,联邦政府,州和地方政府会按照章程就开始及时应对;但过于程序化,无法应对超出现有应对能力的巨灾。第三,恢复:①在中国,中央政府部门能够协调各级政府,在灾后能够高效地完成恢复。②在美国,由于联邦政府与地方和州政府分工明确,一旦灾情超过地方和州政府的应对能力,联邦政府无法在第一时间主导灾后恢复,因而恢复缓慢。第四,重建:①在中国,巨灾发生后,以"举国应对范式",迅速帮助灾民与灾区走出困境,很少发挥市场作用,效率很高,效益值得商榷。②在美国,巨灾发生后,联邦政府、州、地方政府、个人之间的职责分工明确,且充分调动市场的资源配置功能,效率很低,效益很高。

通过以上对比分析,可以从中获得中美两国在巨灾应对的优势与不足。例如:①在巨灾备灾中:中国"自上而下"的主动应对模式,能够快速地调集大量的人力、物力与财力,但容易造成资源配置不合理;美国"自下而上"的被动应对模式,能够根据地方和州政府的实际需求进行资源的合理配置,但难以在超出地方和州政府应对能力的巨灾中,短时间迅速调用资源。②在巨灾应急中:在中国,基于灾情严峻状况,国家减灾委启动一级响应时,"自上而下"的主动应对模式能够在短时间内迅速协调各级政府进行有效应急。在美国,基于灾情严峻情况,总统发布国家重大自然灾害事件,"自下而上"的被动应对模式就难以应对超出地方和州政府能力的巨灾,从而导致应急不力。③在巨灾恢复中:在中国,"自上而下"的主动应对模式使得在各级地方政府无力应对巨灾时,中央政府能够在短时间内迅速起到主导作用,实现快速有效的灾后恢复,达到社会稳定。在美国,"自下而上"的被动应对模式使得在地方和州政府无力应对灾情时,联邦政府无法在短时间内组织灾后恢复,从而恢复缓慢。④在巨灾重建中:在中国,以"举国应对范式"迅速帮助灾区重建,但很少发挥市场作用,几乎完全依赖中央财政支出。在美国,联邦、州和地方政府、个人职责分明,市场资源配置起重要作用,份额高达45.4%,但重建时间历时长。

综上所述,美国在巨灾应对管理中的备灾、应急中的预警部分与灾后重建利用市场机制的对策,值得中国借鉴;但在应急行动与恢复阶段,美国应该借鉴中国主动高效的应对策略。近年来,巨灾,尤其是超出现有应对能力的超级巨灾时有发生,在这种情况下,如果能够结合中国式"自上而下"的主动应对模式与美国式"自下而上"的分层被动应对模式,形成"自上而下"与"自下而上"一体化的综合巨灾应对模式对防灾减灾显得异常重要。

2. 北京与凤凰城适应对策对比

随着全球气候变化和城市热岛效应,城市极端高温事件频发,城市热浪正逐渐成为一种严重的城市灾害。本研究选取北京和美国凤凰城(Phoenix, Arizona)两地对其高温热害现象以及应对措施/法律法规进行了对比。

研究表明,北京高温热浪现象呈逐年上升趋势,高温热害使脑血管病、心脏病和呼吸道等疾病发病率增多,死亡率相应增高,特别是老年人的死亡率增高更为明显。据统计，截至 2013 年年底，北京 65 岁及以上户籍老年人口 191.8 万人，占总人口的 14.6%。而凤凰城 65 岁及以上老年人口为 12.7 万，占总人口的 8.4%。相比凤凰城，北京面临更为严峻的高温热害风险。

表 5.35 列出了北京和凤凰城在工程性措施、非工程性措施以及法律法规三个方面的行动对比。通过对比研究标明，北京更关注能源结构的调整，运用节能减排措施缓解气候暖化的问题，这与我国自上而下的政策指导关系紧密。而美国凤凰城更多的是从城市自身缓解气候变化的影响的角度出发，开展具体的适应性措施。工程措施方面，凤凰城注重树冠盖度的增加，同时配合开展大面积屋顶降温措施，特别是对公共房屋实施有计划的白色屋顶行动（图 5.75）。凤凰城在节能建筑方面推行了强制性的量化标准，对用水和能耗的减少有明确的要求。凤凰城注重政府帮助推动非营利组织的适应气候变化项目的实施，并鼓励私人资本参与相关项目，用于城市可持续发展的建设。北京仍然需要大力推行节能建筑，推广屋顶绿化；加强热岛效应的宣传教育，关注弱势群体，广泛发动志愿者力量；在制定宏观节能减排法规的基础上，应制定更为具有针对性的强制性行政法规（如凤凰城 The Green Construction Code 规定所有新修建筑必须使，用节能屋顶）。同时，应当将气候变化适应与环境治理、可持续发展等诸多问题协同设计和推进，实现多种措施并举而产生更大的综合协同效能。

图 5.75　凤凰城的高低树冠结构（a）与清凉屋顶（b）

表 5.35　凤凰城与北京市气候变化应对政策对比

应对	北京	凤凰城
工程性措施		
节能屋顶/道路	130 多万平方米屋顶绿化（<1%城市屋顶面积）	52 000 平方英尺节能屋顶，也称白色屋顶；建设节能道路
城市树冠覆盖度		2030 年达到 25%
优化绿地布局方式	有	有
节能建筑/材料强制性要求		新修建筑必须满足能耗要求。相比 1992 年规定，新建建筑必须降低水的使用（50%景观，20%内部），以及整体降低 30%的能耗。
开发路面降温材料		已启动

应对	北京	凤凰城
优化能源结构	提高天然气消费比例/智能电网/清洁生产/发展可再生能源等	
非工程性措施		
跨部门多利益相关者的城市气候研究合作		有
建立健全应对高温热浪事件的技术体系	有	有
加强相关部门的合作	有	有
高精度多点气象观测站点	有	有
宣传加深居民对热岛效应的认识	少	多
市政府参与推动非盈利组织可持续项目		治理了 297 英亩被污染土地，创造了 3 千个就业岗位，获得 2 亿 9 千万美元的私人投资。
环境技术相关的专业培训		启动了四个月的短期环境技术工作培训项目。
关心弱势群体	高温工作人员（建筑、快递以及修理行业）未能享受政策	志愿者服务网络
法律法规		
出台相关法律法规	《国务院关于加强节能工作的决定》（2006 年） 《国务院关于印发节能减排综合性工作方案的通知》（2007 年） 《中华人民共和国节约能源法》（2007 年） 《国务院批转节能减排统计监测及考核实施方案和办法的通知》 《中国应对气候变化的政策与行动》白皮书（2008 年） 《中华人民共和国循环经济促进法》（2008 年） 推动可再生能源发展的财税政策，包括： 《风力发电设备产业化专项资金管理暂行办法》（2008 年） 《秸秆能源化利用补助资金管理暂行办法》（2008 年）规定，对符合支持条件的企业，根据企业每年实际销售秸秆能源产品的种类、数量这算消耗的秸秆种类和数量，中央财政按一定标准给予综合补偿。 《太阳能光电建筑应用财政补助资金管理暂行办法》（2009 年） 《民用建筑节能条例》 《公共机构节能条例》	Urban Heat Island Task Force The Green Construction Code Cross-Cutting（CC）Issues Residential，Commercial，Industrial and Waste Management（RCI）Sectors Energy Supply（ES）Sector Transportation and Land Use（TLU）Sector Agriculture and Forestry（AF）Sectors U.S. Mayor's Climate Protection Agreement Green Buildings

①1 平方英尺≈0.09m²；②1 英亩≈0.405hm²

3. 城市化地区环境风险防范结构优化案例

1）优化目标

城市化地区结构破坏型自然灾害风险防范政府财政投入的优化目标仍然是在有限财政资金投入的限制条件下，最大化减轻自然灾害风险。然而，在城市化地区，结构破坏型自然灾害的损失与风险主要体现在两个方面：经济损失与人员伤亡。因此，针对此类自然灾害进行风险防范的政府财政投入是双目标共存的，即尽可能减少因灾造成的经济损失，同时应尽可能减少人员伤亡。由于对人类生命的价值评估在经济学中本身存在争议，而在社会学层面则更强调生命无价，因此上述两个重要目标难以统一到一个维度，而必须采用多目标优化模型予以实现。

2）优化变量与路径

针对城市化地区的结构破坏型自然灾害风险的结构优化路径可用图 5.76 表示。

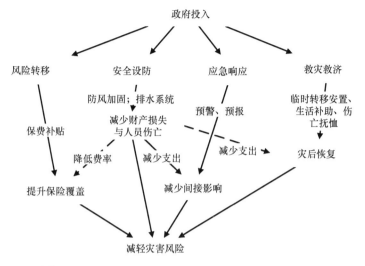

图 5.76　台风环境风险防范的结构优化实现关系示意图

结构性投入措施具体包括以下四类。

安全设防类：政府财政资金投入到基础设施建设如建筑加固、城市防洪、给排水设施、避难所建团等方面。此类投入的成本即为相关工程建设中的财政投入资金，效益应分别以减少的经济损失（万元）和人员伤亡（人）分别计量。

风险转移类：当前我国政府仍然在讨论自然灾害保险方案。当自然灾害保险方案出台，政府予以财政资金对保费进行补贴后，补贴所能带动的自然灾害保险市场为城镇居民提供的风险保险（即灾后及时的保险赔付金额）。保险作为一种灾前安排、灾后补偿的措施，无法减少人员伤亡，因此其效益主要以保险的损失进行计量。

救灾救济类：在城市化地区发生自然灾害后，民政部门也会安排灾民紧急转移、安置，并在一定时间内提供相应提供生活必需品与救灾资金，帮助灾民渡过难关。这一点与农村地区的种植业自然灾害类似。其成本即是由民政部门提供相应救灾支出，其效益如第 2 章分析所述，与其成本等价。

应急管理类：城市化地区结构破坏性自然灾害中，应急管理在挽回经济损失、挽救人员生命方面有着十分重要的作用，这一点与种植业自然灾害应急管理有显著区别。有效的灾中应对与应急管理可以极大程度地减轻间接经济损失，并且有效地挽救人员生命。应急管理的成本应以在灾中应急时期政府的财政投入为计量。其效益较为复杂。针对经济损失，应急管理的效果应以挽回的间接经济损失为计量；针对人员伤亡，应以应急管理时间挽救的人员生命为计量。

3）深圳市台风风险建模

深圳地处珠江三角洲前沿（图 5.77），属亚热带海洋性气候。深圳市常年主导风向为东南偏东风，平均每年受热带气旋（台风）影响 4～5 次。据统计，2003 年 9 月，台风"杜鹃"号称 24 年来对珠三角影响最大的台风，台风正面袭击了深圳市，共造成 22

人死亡，全市直接经济损失 2.5 亿元。

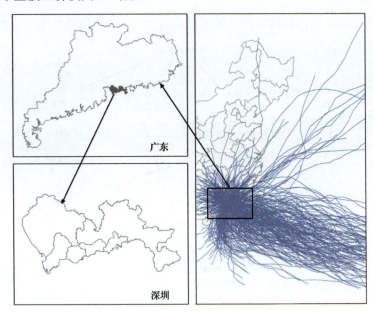

图 5.77　研究区域及随机台风事件路径集

为了能够定量地评估综合风险防范结构性投入的效益-成本，首先利用台风风险模型对深圳市台风大风引起的建筑物损害进行了模拟和仿真。

致灾因子危险性建模：利用北京师范大学减灾与应急管理研究院研发的西北太平洋随机台风事件集（图 5.77），挑选了影响到深圳的历史台风路径，利用参数风场模型在 1km 格网上对历次台风的过程极大风速进行了模拟；取各县区所辖所有格网模拟风速的中位数作为该区（县）的台风风灾致灾强度。

建筑物暴露数据：从深圳市房地产评估发展中心提供的深圳市各区各类建筑类型、层高和占用类型的面积数据。在此基础上，依据各类型的重置成本（表 5.36）物理损失折算为经济损失（以元为单位计）。

表 5.36　不同建筑结构类型的重置成本

建筑类型与占用类型	层高	重置成本/（元/m²）
钢，所有	所有	937
钢混，工业	10	1829
钢混，民居	10	1623
钢混，商业	10	1623
钢混，公共	10	1560
钢混，其他所有	10，5	1282
钢混，所有	2	953
混合，所有	10	922
混合，所有	5	750
混合，所有	2	582
砖木，所有	10	875
砖木，所有	5	700
砖木，所有	2	526
其他，所有	所有	326

承灾体脆弱性曲线：由于国内缺乏相应关键数据，使用美国联邦应急管理局（FEMA）推出的环境风险评估模型 HAZUS-HURRICANE 中关于建筑物飓风脆弱性的预设曲线，依据建筑结构（钢结构、钢混结构、混合结构、砖木结构、其他）、层高（2 层、5 层和 10 层以上）以及占用类型（工业、商业、居住等）设定了脆弱性的经验参数，从而得出了不同结构类型的物理损失（以 m² 为单位计）。

利用上述模型及数据，评估了深圳市台风建筑损失风险，作为本底风险曲线（图 5.78），用于进一步开展成本-效益分析和系统结构优化使用。

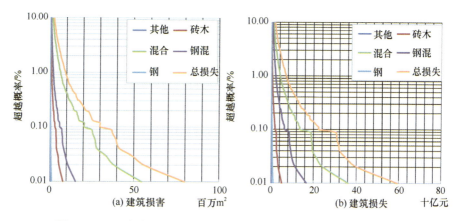

图 5.78　深圳市台风灾害建筑物损害（a）及损失（b）风险评估结果

4）风险防范结构性投入的成本-效益分析

在图 5.79 的框架下：

总效益 = 不采取措施时的风险 – 采取措施后的风险

总成本 = 政府直接财政支出

结构优化的目标是使环境风险最小化。

（1）安全设防。

假定深圳市政府通过提高建筑物的强度以降低其对台风大风致灾因子的脆弱性。共设定五种情景（表 5.37）。其中，强化的单位成本以重置成本的差额计算。总成本为各类型总面积与对应单位成本的乘积；总效益以能够减产的期望经济损失计算。

表 5.37　提高建筑物防风能力的情景表

情景编号	措施
情景Ⅰ	将其他结构强化为砖木结构
情景Ⅱ	将其他结构强化为砖木结构 将砖木结构强化为混合结构
情景Ⅲ	将其他结构与砖木结构均强化为混合结构
情景Ⅳ	将其他结构强化为砖木结构 将砖木结构强化为混合结构 将混合结构强化为钢混结构
情景Ⅴ	将其他结构、砖木结构和混合结构全部强化为钢混结构

依据情景设置与重置成本参数，利用台风模型分别计算了情景Ⅰ-Ⅴ对应的总损失情况（表 5.38、表 5.39）。

表 5.38　不同情景下深圳市台风灾害损害与防风加固效益、成本情况

情景	总暴露/km²	年期望损害/km²	损害率/%	加固/升级成本/万元	减少年期望损害/km²
0	899.124	0.989	0.1100	—	—
I	899.124	0.986	0.1096	29 700 000	0.0023
II	899.124	0.983	0.1093	63 490 000	0.0060
III	899.124	0.982	0.1092	67 800 000	0.0070
IV	899.124	0.813	0.0904	2 922 940 000	0.1765
V	899.124	0.789	0.0877	3 312 100 000	0.2005

表 5.39　不同情景下深圳市台风灾害损失（重置成本）变化

情景	总暴露/万元	年期望损失/万元	损失率/%	减少年期望损失/万元
0	78 982 100.0	75 497	0.0957	—
I	79 279 100.0	75 913	0.0956	−470
II	79 617 000.0	75 740	0.0952	−275
III	79 660 100.0	75 717	0.0951	−248
IV	108 211 500.0	84 933	0.0786	−10 671
V	112 103 100.0	86 096	0.0769	−11 986

仿真结果确认了防风加固的作用。随着加固等级不断上升，建筑物的总体脆弱性也逐渐降低，以损失面积为测量的年期望物理损失逐渐降低。深圳市建筑的主体以混合结构、钢混结构为主，因此情景 I -III中加固效果并不很明显，而情景IV和V则十分明显。从现有情况加固到情景 V 可以使总体物理损失率降低 0.03%。

然而，从以重置成本衡量的经济损失变化来看，防风加固反而可能导致更高的经济损失——尽管加固使得脆弱性降低，但相应建筑物重置成本也会上升、暴露总价值升高。二者综合作用下，年期望经济损失会略有上升、而经济损失率则仍然会下降。

在其他工程性防灾措施研究中，通常会考虑的重要收益是挽救生命。在本研究中，由于台风模型本身难以支持对人员伤亡的概率估计，因此只能利用历史数据进行概算。在 2000～2007 年间，深圳市年均因台风死亡人口 3.125 人。若防风加固可以将死亡人口风险降低一半，则相当于挽救生命 1.56 人/a。利用文献中提供的统计生命价值（value of statistical life），分别取最低 7.5 万美元/人和最高 600 万美元/人，可知对应的挽救生命效益约为最低 72 万元/a 或最高 580 万元/a。然而，即使将这一收益与减少建筑物经济损失的收益共同考虑，也难以使其变回正数。

通过仔细分析各个情景下的损失结构可知，通过建筑物加固或重置，可以有效地降低建筑物风灾的脆弱性，从而降低损失率（表 5.38，损失率一列）；然而，在加固或重置后，原有建筑结构升级为重置成本更高的其他建筑结构，致使暴露增加（表 5.39，总暴露）。在当前情景设置下，二者综合作用的结果恰恰使得风险在整体上未有非常显著的增加，甚至略有减少。

（2）风险转移。

假定深圳市政府通过提供台风保险补贴用于增强台风风险转移的效果。根据灾害保险需求的一般规律，当有政府提供的保费补贴时，居民购买灾害保险的意愿会升高、因

而参保率会相应上升，相应地会有更多建筑和居民获得保险提供的风险保障。而此部分新增的风险保险所对应的期望保险赔付即可视作政府保费补贴的效益。

由于防风加固可以降低台风灾害的物理损失率，在公平费率的假定条件下，设防水平提高会相应使保险公司调低纯费率水平，从而获得与政府提供保险补贴类似的效果。而由于纯费率降低引起的新增风险保障则应视作政府防风加固投资的溢出效益。

依据随机效用理论，居民参加台风保险的概率（亦即参保率）由参加保险后的间接效用决定：$\mathrm{Pr(par)} = \exp v_1 / (1 + \exp v_1)$；而参保的间接效用是保险合同条款所规定的具体风险保障决定的：$v_1 = C + \beta_1 \cdot \mathrm{cov} + \beta_2 \cdot \mathrm{subr} + \beta_3 \cdot \mathrm{premr}$，包括保险的保额 COV、补贴率 subr 以及保险费率 premr。C、β_i 均为模型参数。利用课题组成员的相关研究成果，设定参数 $C = -1.355, \beta_1 = 0.003, \beta_2 = 0.008, \beta_3 = -0.050$。

根据设定参数可知，在给定防风加固情景 S、建筑类型、政府补贴力度的前提下，有保险保障的台风建筑物损失的期望值增量为：

$$\mathrm{E}\Delta IL = \sum_c \left[\begin{array}{l} \mathrm{premr}_{c,s} \cdot \mathrm{AE}_{c,s} \cdot \mathrm{Pr}(\mathrm{cov}_c, \mathrm{premr}_s, \mathrm{subr}) \\ -\mathrm{premr}_{c,b} \cdot \mathrm{AE}_{c,b} \cdot \mathrm{Pr}(\mathrm{cov}_c, \mathrm{premr}_b, 0) \end{array} \right] \tag{5.42}$$

式中，AE 为总暴露水平。至此，在特定加固情景条件下政府的保费补贴取得的收益即为 $\mathrm{E}\Delta IL(\mathrm{suber} \mid \mathrm{premr})$，而特定补贴力度条件下政府防风加固取得的效益则为 $\mathrm{E}\Delta IL(\mathrm{premr} \mid \mathrm{suber})$。

将防风加固各情景的物理损失率以及各项参数代入式（5.42），即可相应获得两类措施取得的效益图 5.79。

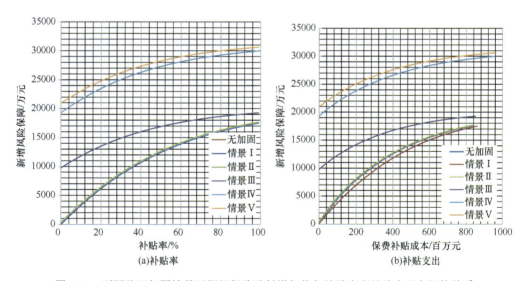

图 5.79　不同防风加固情景下期望保险赔付增加值与补贴率和补贴支出之间的关系

（3）救灾救济。

依据根据我国现行民政救灾制度的规定，灾害发生后，民政部门要及时下拨救灾应急资金，调运救灾应急物资，确保受灾群众的生活安排。根据中央自然灾害生活救助对一般受灾地区倒塌房屋补助 1 万元，本节的救灾补助假设每户按 100m² 算，则政府救灾

表 5.41　居民环境风险适应措施的行动意愿影响因素

变量	非常愿意 vs. 非常不愿意		比较愿意 vs. 非常不愿意		比较不愿意 vs. 非常不愿意	
	B	Sig.	B	Sig.	B	Sig.
截矩	4.773	0.000	4.462	0.000	2.406	0.000
适应成本	−0.002	0.000	−0.001	0.000	0.000	0.900
措施 1	0.624	0.000	0.585	0.000	0.394	0.001
措施 2	0.629	0.000	0.529	0.000	0.462	0.044
措施 3	0.445	0.000	0.431	0.001	0.270	0.004
措施 4	0.305	0.023	0.214	0.102	0.147	0.300
措施 5	0.245	0.071	0.241	0.069	0.093	0.520
措施 6	0.877	0.000	0.696	0.000	0.448	0.000
措施 7	0.639	0.000	0.572	0.000	0.312	0.008

依据上述分析结果，分别估计了不同适应性政策情景条件（下包括适应措施组合与适应成本），居民自主参与环境风险适应的概率（图 5.80），并可据此制订环境风险适应措施与补贴政策。

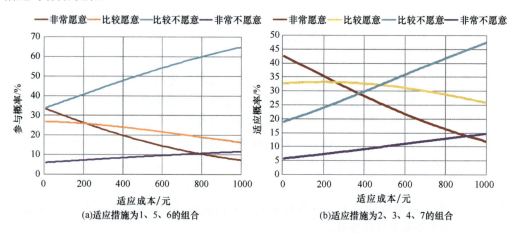

图 5.80　环境风险居民自主适应的行动概率

5.3.2　典型区环境风险的适应性对策

1. 典型干旱农区适应性对策

结合宁夏地区已有干旱适应现状及存在问题，参考澳大利亚新南威尔士州干旱适应的成功经验，典型干旱农区未来旱灾的应对需以"节水"为核心，由危机应对转向以风险防范适应为理念，走政策引导、经济与技术支持、技能培训、社会服务和风险管理相结合的可持续发展道路。

1）政策与制度方面

- 加强干旱法律、法规的执行力度，以国家和地方干旱政策为指导；
- 建立干旱影响、恢复的贷款优惠政策；